U0315638

高职高专"十二五"规划教材

高炉冶炼操作与控制

侯向东　主编

北　京
冶金工业出版社
2025

内 容 提 要

本书按照任务驱动的教学思路，详细介绍了炼铁厂装料、值班室、炉体监控、热风炉、喷煤、炉前、除尘等岗位核心工作任务的操作技术以及相关的基本原理、主要设备等方面的系统理论知识，同时配有大量的复习题与适用的技能训练项目，供学习者巩固与提高。全书理论与实践并重，融职业资格要求于项目任务之中，加强了对学习者动手能力的培养。

本书可作为高等职业技术院校冶金技术专业的教学用书，也可作为钢铁冶金企业技师、高级技师的培训教材，还可供从事炼铁生产行业的工程技术人员参考。

图书在版编目（CIP）数据

高炉冶炼操作与控制／侯向东主编 . —北京：冶金工业出版社，2012.2
（2025.2 重印）
高职高专"十二五"规划教材
ISBN 978-7-5024-5820-1

Ⅰ.①高… Ⅱ.①侯… Ⅲ.①高炉炼铁—高等职业教育—教材 Ⅳ.①TF53

中国版本图书馆 CIP 数据核字（2012）第 005221 号

高炉冶炼操作与控制

出版发行	冶金工业出版社	**电 话**	（010）64027926
地 址	北京市东城区嵩祝院北巷 39 号	**邮 编**	100009
网 址	www. mip1953. com	**电子信箱**	service@ mip1953. com

责任编辑 郭冬艳 美术编辑 彭子赫 版式设计 葛新霞
责任校对 王贺兰 责任印制 禹 蕊
北京印刷集团有限责任公司印刷
2012 年 2 月第 1 版，2025 年 2 月第 6 次印刷
787mm×1092mm 1/16；27 印张；651 千字；416 页
定价 49.00 元

投稿电话 （010）64027932 投稿信箱 tougao@cnmip. com. cn
营销中心电话 （010）64044283
冶金工业出版社天猫旗舰店 yjgycbs. tmall. com
（本书如有印装质量问题，本社营销中心负责退换）

前　言

本书是根据国家高职高专课程改革的要求，依据冶金行业职业技能标准和职业技能鉴定规范，并在编者总结多年教改和教学经验的基础上，结合现代高炉生产工艺特点，积极与行业、企业合作而编写的。全书围绕炼铁厂的核心工作任务展开，主要内容包括高炉炼铁原燃料的识别、高炉基本操作制度的制定与调剂、高炉炉体结构的监控与维护、高炉装料操作、送风系统操作、炉况的判断与处理、高炉强化冶炼操作、高炉炉前操作、高炉煤气除尘操作、高炉特殊炉况操作以及炼铁新技术。

本书每部分内容一般由【学习目标】【相关知识】【技术操作】【问题探究】【技能训练】五个栏目组成。【学习目标】指导学习者明确学习内容和学习要求；【相关知识】涵盖了与炼铁厂核心操作任务密切联系的基本原理、生产工艺及主要生产设备；【技术操作】主要体现了高炉生产各岗位的核心操作任务及技术操作规程；【问题探究】提出了一些学习过程中需要思考的问题；【技能训练】列出了操作高炉的实用而可行的实训项目，学生通过模拟实训、案例分析以及计算机仿真实训，可以体验高炉炼铁生产的核心操作过程，从而缩短与生产实践的距离。

与以往教材相比，本书增加了【技术操作】与【技能训练】两个栏目，用生产现场的核心操作任务与实用可行的实习实训项目作为突破口，实施高职高专专业教材的改革，紧扣培养应用型、技术型人才的教学目标，突出了高职高专强化实际操作的教育特点，体现了以能力培养为本位的职教特色。此外，本书形式新颖、内容实用，而且在编写过程中全力体现以学生为主体的教学思想，具有极强的工学结合特色。

本书由山西工程职业技术学院侯向东担任主编，参编人员还有山西工程职业技术学院于强、任中盛、薛方、王明海、陈聪、郝赳赳、杨平平，太原钢铁集团公司曹建华、张爱国，长治钢铁集团公司张联兵、李强，济源职业技术学院郭江，兰州资源环境职业技术学院马琼，吉林电子信息职业技术学院包丽明。

编写本书时参阅了炼铁方面的相关文献，并且参考了有关人员提供的资料与经验，在此向有关人员和单位一并表示衷心感谢。

　　由于编者水平所限，加之完稿时间仓促，不足之处在所难免，敬请广大读者批评指正。

编　者

2011 年 10 月

目　　录

绪论 ……………………………………………………………………………………… 1

学习目标 ………………………………………………………………………………… 1

相关知识 ………………………………………………………………………………… 1

  0.1　高炉炼铁生产工艺流程 …………………………………………………… 1

  0.2　高炉炼铁车间平面布置 …………………………………………………… 2

  0.3　高炉冶炼产品及用途 ……………………………………………………… 5

    0.3.1　生铁 ……………………………………………………………… 5

    0.3.2　高炉炉渣和高炉煤气 …………………………………………… 6

  0.4　高炉生产主要技术经济指标 ……………………………………………… 7

问题探究 ………………………………………………………………………………… 8

技能训练 ………………………………………………………………………………… 8

1　高炉炼铁原燃料的识别与分析 ……………………………………………… 9

学习目标 ………………………………………………………………………………… 9

相关知识 ………………………………………………………………………………… 9

  1.1　铁矿石 ……………………………………………………………………… 9

    1.1.1　铁矿石的种类及性质 …………………………………………… 9

    1.1.2　高炉冶炼对铁矿石的质量要求 ………………………………… 11

  1.2　熔剂 ………………………………………………………………………… 15

    1.2.1　高炉炼铁常用熔剂 ……………………………………………… 15

    1.2.2　高炉冶炼对碱性熔剂的质量要求 ……………………………… 16

    1.2.3　碳酸盐熔剂直接入炉对高炉冶炼的影响 ……………………… 17

  1.3　辅助原料 …………………………………………………………………… 17

    1.3.1　金属附加物 ……………………………………………………… 17

    1.3.2　洗炉剂 …………………………………………………………… 17

    1.3.3　护炉含钛物 ……………………………………………………… 18

  1.4　燃料 ………………………………………………………………………… 18

    1.4.1　焦炭 ……………………………………………………………… 19

    1.4.2　喷吹煤粉 ………………………………………………………… 21

技术操作 ………………………………………………………………………………… 22

  任务1-1　原燃料的筛分检测 ………………………………………………… 22

    任务 1-2　原燃料的质量分析 …………………………………………… 22

问题探究 ………………………………………………………………………… 23
技能训练 ………………………………………………………………………… 23

2　高炉基本操作制度的制定与调节 …………………………………… 25

学习目标 ………………………………………………………………………… 25
相关知识 ………………………………………………………………………… 25
  2.1　铁矿石的还原理论 ……………………………………………………… 25
    2.1.1　高炉内还原剂的选择 ……………………………………………… 25
    2.1.2　铁氧化物还原的热力学 …………………………………………… 27
    2.1.3　铁氧化物直接还原与间接还原的比较 …………………………… 33
    2.1.4　铁矿石还原反应的动力学 ………………………………………… 37
    2.1.5　非铁元素的还原 …………………………………………………… 39
    2.1.6　生铁的形成与渗碳过程 …………………………………………… 44
  2.2　高炉造渣与脱硫 ………………………………………………………… 46
    2.2.1　高炉渣的成分与要求 ……………………………………………… 46
    2.2.2　高炉解剖研究 ……………………………………………………… 47
    2.2.3　高炉内的成渣过程 ………………………………………………… 52
    2.2.4　高炉渣的物理性质 ………………………………………………… 53
    2.2.5　熔渣结构及矿物组成 ……………………………………………… 60
    2.2.6　生铁去硫 …………………………………………………………… 64
    2.2.7　生铁的炉外脱硫 …………………………………………………… 68
  2.3　炉缸内燃料的燃烧反应 ………………………………………………… 72
    2.3.1　燃烧反应 …………………………………………………………… 72
    2.3.2　炉缸煤气成分的计算 ……………………………………………… 73
    2.3.3　燃烧带 ……………………………………………………………… 75
    2.3.4　适宜鼓风动能的选择 ……………………………………………… 83
    2.3.5　煤气上升过程中的变化 …………………………………………… 85
    2.3.6　高炉内的热交换 …………………………………………………… 87
  2.4　高炉内炉料和煤气的运动 ……………………………………………… 90
    2.4.1　炉料下降的条件 …………………………………………………… 90
    2.4.2　炉料运动与冶炼周期 ……………………………………………… 95
    2.4.3　非正常情况下的炉料运动 ………………………………………… 99
    2.4.4　煤气流的分布 ……………………………………………………… 100
  2.5　炼铁计算 ………………………………………………………………… 105
    2.5.1　配料计算 …………………………………………………………… 106
    2.5.2　物料平衡计算 ……………………………………………………… 111
    2.5.3　热平衡计算 ………………………………………………………… 113
    2.5.4　现场操作计算 ……………………………………………………… 117

2.6　高炉基本操作制度的分析与调剂 ……………………………………………… 122
　2.6.1　炉缸热制度 …………………………………………………………… 122
　2.6.2　造渣制度 ……………………………………………………………… 125
　2.6.3　送风制度 ……………………………………………………………… 127
　2.6.4　装料制度 ……………………………………………………………… 133
技术操作 …………………………………………………………………………… 139
　任务2-1　高炉当班的生产组织 ………………………………………………… 139
　任务2-2　高炉炉况的日常调剂 ………………………………………………… 140
问题探究 …………………………………………………………………………… 141
技能训练 …………………………………………………………………………… 142

3　高炉炉体的监控与维护 …………………………………………………… 145
学习目标 …………………………………………………………………………… 145
相关知识 …………………………………………………………………………… 145
3.1　高炉炉型 ……………………………………………………………………… 145
　3.1.1　高炉炉容的确定 ……………………………………………………… 145
　3.1.2　高炉炉型的表示方法 ………………………………………………… 146
　3.1.3　高炉炉型尺寸与高炉冶炼的关系 …………………………………… 147
　3.1.4　高炉炉型计算例题 …………………………………………………… 152
3.2　高炉炉衬 ……………………………………………………………………… 154
　3.2.1　高炉炉衬的破损机理 ………………………………………………… 154
　3.2.2　高炉用耐火材料 ……………………………………………………… 156
　3.2.3　高炉炉衬的结构 ……………………………………………………… 164
3.3　砖量计算 ……………………………………………………………………… 171
　3.3.1　高炉用耐火砖的尺寸 ………………………………………………… 171
　3.3.2　高炉砌砖量的计算 …………………………………………………… 172
3.4　高炉炉体冷却设备 …………………………………………………………… 174
　3.4.1　高炉冷却介质与冷却系统 …………………………………………… 174
　3.4.2　高炉常用冷却设备 …………………………………………………… 176
　3.4.3　高炉冷却制度 ………………………………………………………… 180
3.5　风口、渣口与铁口 …………………………………………………………… 184
　3.5.1　风口装置 ……………………………………………………………… 184
　3.5.2　渣口装置 ……………………………………………………………… 188
　3.5.3　铁口装置 ……………………………………………………………… 189
3.6　高炉本体钢结构 ……………………………………………………………… 189
　3.6.1　高炉炉壳 ……………………………………………………………… 189
　3.6.2　高炉承重结构 ………………………………………………………… 190
　3.6.3　高炉炉体平台与走梯 ………………………………………………… 191
3.7　高炉基础 ……………………………………………………………………… 192

3. 7. 1　高炉基础的负荷 ……………………………………………… 192

3. 7. 2　对高炉基础的要求 …………………………………………… 193

技术操作 …………………………………………………………………… 193

任务 3-1　高炉炉体的监控 ………………………………………… 193

任务 3-2　高炉炉体的维护 ………………………………………… 195

问题探究 …………………………………………………………………… 196

技能训练 …………………………………………………………………… 197

4　高炉装料操作 ……………………………………………………… 199

学习目标 …………………………………………………………………… 199

相关知识 …………………………………………………………………… 199

4. 1　高炉上料系统 …………………………………………………… 199

4. 1. 1　高炉上料方式 …………………………………………… 200

4. 1. 2　高炉上料设备 …………………………………………… 200

4. 2　高炉炉顶设备 …………………………………………………… 210

4. 2. 1　双钟炉顶设备 …………………………………………… 210

4. 2. 2　无钟炉顶设备 …………………………………………… 211

技术操作 …………………………………………………………………… 216

任务 4-1　高炉槽下炉料的筛分、称量与运输操作 …………… 216

任务 4-2　高炉炉顶布料操作 ……………………………………… 218

任务 4-3　高炉装料系统故障的诊断与处理 …………………… 219

问题探究 …………………………………………………………………… 220

技能训练 …………………………………………………………………… 221

5　送风系统操作 ……………………………………………………… 222

学习目标 …………………………………………………………………… 222

相关知识 …………………………………………………………………… 222

5. 1　高炉鼓风机 ……………………………………………………… 222

5. 1. 1　高炉鼓风机的类型与特性 …………………………… 222

5. 1. 2　高炉鼓风机的选择 …………………………………… 228

5. 1. 3　提高鼓风机出力的途径 ……………………………… 232

5. 2　热风炉的类型与结构 …………………………………………… 232

5. 2. 1　内燃式热风炉 …………………………………………… 233

5. 2. 2　外燃式热风炉 …………………………………………… 240

5. 2. 3　顶燃式热风炉 …………………………………………… 241

5. 3　热风炉用耐火材料 ……………………………………………… 245

5. 3. 1　热风炉的破损机理 …………………………………… 245

5. 3. 2　热风炉用耐火材料的类型与特性 …………………… 245

5. 4　热风炉附属设备 ………………………………………………… 247

　　　5.4.1　燃烧器 ……………………………………………………… 247
　　　5.4.2　热风炉管道与阀门 …………………………………………… 250
　　　5.4.3　助燃风机 ……………………………………………………… 256
　　5.5　热风炉燃料及燃烧计算 …………………………………………… 256
　　　5.5.1　热风炉用燃料 ………………………………………………… 256
　　　5.5.2　热风炉煤气燃烧的有关计算 ………………………………… 257
　　5.6　热风炉的操作制度 ………………………………………………… 259
　　　5.6.1　热风炉烧炉指标的确定 ……………………………………… 259
　　　5.6.2　热风炉的燃烧制度 …………………………………………… 260
　　　5.6.3　热风炉的送风制度 …………………………………………… 262
技术操作 …………………………………………………………………… 265
　　任务 5-1　热风炉的换炉操作 ………………………………………… 265
　　任务 5-2　热风炉的休风与复风操作 ………………………………… 266
问题探究 …………………………………………………………………… 267
技能训练 …………………………………………………………………… 268

6　高炉炉况的判断与处理 ……………………………………………… 269

学习目标 …………………………………………………………………… 269
相关知识 …………………………………………………………………… 269
　　6.1　高炉炉况的判断方法 ……………………………………………… 269
　　　6.1.1　高炉炉况的直接判断法 ……………………………………… 269
　　　6.1.2　高炉炉况的间接判断法 ……………………………………… 272
　　　6.1.3　高炉炉况的综合判断 ………………………………………… 275
　　6.2　正常炉况的特征与失常炉况的类型 ……………………………… 276
　　　6.2.1　正常炉况的特征 ……………………………………………… 276
　　　6.2.2　失常炉况的类型 ……………………………………………… 277
技术操作 …………………………………………………………………… 277
　　任务 6-1　高炉煤气流分布失常的判断与处理 ……………………… 277
　　任务 6-2　高炉大凉与炉缸冻结的判断与处理 ……………………… 280
　　任务 6-3　炉料分布失常的判断与处理 ……………………………… 281
　　任务 6-4　炉型失常的判断与处理 …………………………………… 287
　　任务 6-5　炉缸堆积的判断与处理 …………………………………… 289
问题探究 …………………………………………………………………… 290
技能训练 …………………………………………………………………… 291

7　高炉强化冶炼操作 …………………………………………………… 292

学习目标 …………………………………………………………………… 292
相关知识 …………………………………………………………………… 292
　　7.1　高炉强化途径 ……………………………………………………… 292

7.2　精料 ……………………………………………………………………… 293

7.3　高压操作 …………………………………………………………………… 296

　7.3.1　高压操作对高炉冶炼的影响 ………………………………………… 296

　7.3.2　高压操作工艺 ………………………………………………………… 297

7.4　高风温操作 ………………………………………………………………… 299

　7.4.1　高风温对高炉冶炼的影响 …………………………………………… 299

　7.4.2　提高风温的途径 ……………………………………………………… 301

7.5　高炉富氧鼓风操作 ………………………………………………………… 303

　7.5.1　富氧鼓风对高炉冶炼的影响 ………………………………………… 303

　7.5.2　高炉富氧鼓风工艺 …………………………………………………… 304

7.6　鼓风湿度的调节与低硅生铁的冶炼 ……………………………………… 306

　7.6.1　鼓风湿度的调节 ……………………………………………………… 306

　7.6.2　低硅生铁的冶炼 ……………………………………………………… 306

7.7　喷吹燃料操作 ……………………………………………………………… 307

　7.7.1　高炉喷吹用煤粉的种类及要求 ……………………………………… 307

　7.7.2　喷吹煤粉对高炉冶炼的影响 ………………………………………… 308

　7.7.3　高炉综合喷煤操作 …………………………………………………… 312

　7.7.4　高炉喷煤的工艺流程 ………………………………………………… 313

　7.7.5　热烟气系统 …………………………………………………………… 315

　7.7.6　煤粉制备系统 ………………………………………………………… 316

　7.7.7　煤粉喷吹系统 ………………………………………………………… 321

技术操作 …………………………………………………………………………… 326

　任务 7-1　煤粉的制备操作 ………………………………………………… 326

　任务 7-2　煤粉的喷吹操作 ………………………………………………… 327

问题探究 …………………………………………………………………………… 331

技能训练 …………………………………………………………………………… 332

8　高炉炉前操作 ………………………………………………………………… 333

学习目标 …………………………………………………………………………… 333

相关知识 …………………………………………………………………………… 333

8.1　炉前工作平台 ……………………………………………………………… 333

　8.1.1　风口平台 ……………………………………………………………… 333

　8.1.2　出铁场 ………………………………………………………………… 333

8.2　渣铁系统主要设备 ………………………………………………………… 338

　8.2.1　开铁口机 ……………………………………………………………… 338

　8.2.2　堵铁口泥炮 …………………………………………………………… 341

　8.2.3　堵渣口机 ……………………………………………………………… 343

　8.2.4　铁水处理设备 ………………………………………………………… 345

　8.2.5　炉渣水淬处理工艺及设备 …………………………………………… 347

8.3　炉前操作的指标与出铁口的维护 ……………………………………… 351

　　8.3.1　炉前操作的指标 …………………………………………………… 351

　　8.3.2　出铁口的维护 ……………………………………………………… 353

技术操作 ………………………………………………………………………… 357

　　任务 8-1　出铁操作 ……………………………………………………… 357

　　任务 8-2　撇渣器操作 …………………………………………………… 360

问题探究 ………………………………………………………………………… 362

技能训练 ………………………………………………………………………… 362

9　高炉煤气除尘操作 ……………………………………………………… 363

学习目标 ………………………………………………………………………… 363

相关知识 ………………………………………………………………………… 363

9.1　高炉煤气管道与粗除尘设备 ………………………………………… 364

　　9.1.1　煤气输送管道与阀门 ……………………………………………… 364

　　9.1.2　粗除尘设备 ………………………………………………………… 366

9.2　高炉湿法除尘工艺及设备 …………………………………………… 368

　　9.2.1　湿法除尘工艺 ……………………………………………………… 368

　　9.2.2　湿法除尘设备 ……………………………………………………… 369

　　9.2.3　湿法除尘的附属设备 ……………………………………………… 373

9.3　高炉干法除尘工艺及设备 …………………………………………… 377

　　9.3.1　干法除尘工艺 ……………………………………………………… 377

　　9.3.2　干法除尘设备 ……………………………………………………… 378

技术操作 ………………………………………………………………………… 382

　　任务 9-1　布袋除尘器的清灰操作 ……………………………………… 382

　　任务 9-2　高炉切煤气、引煤气操作 …………………………………… 382

问题探究 ………………………………………………………………………… 383

技能训练 ………………………………………………………………………… 383

10　高炉特殊炉况操作 …………………………………………………… 384

学习目标 ………………………………………………………………………… 384

相关知识 ………………………………………………………………………… 384

10.1　高炉休风与复风操作 ………………………………………………… 384

　　10.1.1　短期休风与复风操作 ……………………………………………… 384

　　10.1.2　长期休风与复风操作 ……………………………………………… 385

　　10.1.3　高炉紧急休风操作 ………………………………………………… 389

10.2　高炉开炉操作 ………………………………………………………… 390

　　10.2.1　设备验收及试车 …………………………………………………… 390

　　10.2.2　烘炉 ………………………………………………………………… 391

　　10.2.3　开炉料的准备 ……………………………………………………… 393

10.2.4　开炉装料操作 ……………………………………………… 396

10.2.5　开炉操作 …………………………………………………… 397

10.3　高炉停炉操作 ……………………………………………………… 400

10.3.1　填充法停炉操作 …………………………………………… 401

10.3.2　空料线法停炉操作 ………………………………………… 402

问题探究 ……………………………………………………………………… 405

技能训练 ……………………………………………………………………… 405

11　炼铁新技术 ………………………………………………………………… 407

学习目标 ……………………………………………………………………… 407

相关知识 ……………………………………………………………………… 407

11.1　高炉冶炼过程的自动化及控制 …………………………………… 407

11.1.1　高炉冶炼过程的计算机控制 ……………………………… 407

11.1.2　高炉基础自动化 …………………………………………… 407

11.1.3　高炉过程控制职能 ………………………………………… 408

11.1.4　高炉过程专家系统 ………………………………………… 408

11.2　非高炉炼铁 ………………………………………………………… 408

11.2.1　直接还原法 ………………………………………………… 409

11.2.2　熔融还原法 ………………………………………………… 413

问题探究 ……………………………………………………………………… 415

技能训练 ……………………………………………………………………… 415

参考文献 ……………………………………………………………………… 416

绪　　论

【学习目标】

（1）了解炼铁生产的任务；
（2）了解高炉炼铁车间平面布置的形式；
（3）掌握高炉冶炼产品及用途；
（4）会计算高炉生产的技术经济指标；
（5）会描述高炉炼铁生产工艺流程。

【相关知识】

0.1　高炉炼铁生产工艺流程

高炉炼铁生产是用还原剂在高温下将含铁原料还原成液态生铁的过程。高炉操作者的任务就是在现有条件下科学地利用一切操作手段，使炉内煤气分布合理，炉料运动均匀顺畅，炉缸热量充沛，渣铁流动性良好，能量利用充分，从而实现高炉稳定顺行、高产低耗、长寿环保的目标。

生铁的冶炼是借助高炉本体及其附属系统来完成的。高炉是冶炼生铁的主体设备，它是一个用耐火材料砌筑的直立式圆筒形炉体，其工作空间自上而下由炉喉、炉身、炉腰、炉腹、炉缸五部分组成，下部是炉底与炉基，最外层是钢板制成的炉壳，在炉壳和耐火材料之间有冷却设备。附属系统主要有供料系统、送风系统、喷煤系统、渣铁处理系统与煤气除尘系统，其生产工艺流程如图 0-1 所示。

（1）供料系统，包括储矿槽、储焦槽、称量、筛分与运输等一系列设备，其任务是将高炉冶炼所需的铁矿石、焦炭、熔剂与辅助炉料连续不断地装入高炉。

（2）送风系统，包括鼓风机、热风炉及一系列管道和阀门等，其任务是连续可靠地供给高炉冶炼所需的热风。

（3）喷煤系统，包括原煤的储存和运输、煤粉的制备和收集及喷吹等设施，其任务是均匀稳定地向高炉喷吹大量煤粉，以煤代焦，降低焦炭消耗。

（4）渣铁处理系统，包括出铁场、开铁口机、泥炮、炉前吊车、铁水罐车及水冲渣设备等，其任务是及时处理高炉排放出的渣、铁，保证高炉生产正常进行。

（5）煤气除尘系统，包括煤气管道、重力除尘器、洗涤塔、文氏管、脱水器等，其任务是将高炉冶炼所产生的煤气经过一系列的净化处理，使其含尘量降至 $10mg/m^3$ 以下，以满足用户对煤气质量的要求。

高炉炼铁过程是连续不断进行的，高炉上部不断装入炉料和导出煤气，下部不断鼓入空气（有时富氧）和定期排放出渣、铁。入炉料主要有含铁物料、焦炭和熔剂等。

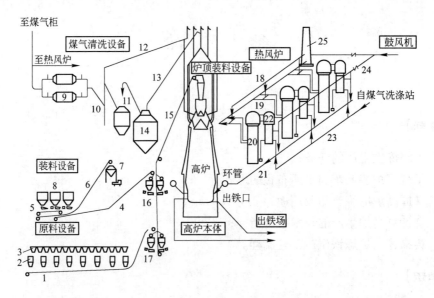

图 0-1　高炉炼铁生产工艺流程

1—矿石输送皮带机；2—称量漏斗；3—储矿槽；4—焦炭输送皮带机；5—给料机；

6—粉焦输送皮带机；7—粉焦仓；8—储焦槽；9—电除尘器；10—调节阀；11—文氏管除尘器；

12—净煤气放散管；13—下降管；14—重力除尘器；15—上料皮带机；16—焦炭称量漏斗；

17—矿石称量漏斗；18—冷风管；19—烟道；20—蓄热室；21—热风主管；22—燃烧室；

23—煤气主管；24—混风管；25—烟囱

0.2　高炉炼铁车间平面布置

　　高炉炼铁车间平面布置直接关系到相邻车间和公用设施是否合理，也关系到原料和产品的运输能否正常连续进行。此外，设施的共用性及运输线、管网线的长短对产品成本及单位产品投资也有一定影响。因此，规划车间平面布置时一定要考虑周到。

　　合理的平面布置应符合下列原则：

　　（1）在工艺合理、操作安全、满足生产的条件下，应尽量紧凑，并合理地共用一些设备与建筑物，以求少占土地和缩短运输线、管网线的距离。

　　（2）有足够的运输能力，保证原料及时入厂和产品（副产品）及时运出。

　　（3）车间内部铁路、道路布置要畅通。

　　（4）要考虑扩建的可能性，在可能条件下留一座高炉的位置。在高炉大修、扩建时进行的施工和安装作业及材料和设备的堆放等，不得影响其他高炉正常生产。

　　高炉炼铁车间平面布置的形式可分为以下四种：

　　（1）一列式布置。一列式高炉平面布置如图 0-2 所示，其主要特点是：高炉与热风炉在同一列线，出铁场也布置在高炉列线上，三者成为一列，并且与车间铁路线平行。这种布置形式可以共用出铁场、炉前起重机、热风炉值班室和烟囱，节省投资；热风炉距高炉近，热损失少。但是其运输能力低，在高炉数目多、产量高时，运输不方便，特别是在一座高炉检修时车间调度复杂。

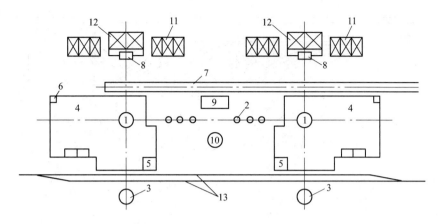

图 0-2　一列式高炉平面布置图

1—高炉；2—热风炉；3—重力除尘器；4—出铁场；5—高炉计器室；6—休息室；
7—水渣沟；8—卷扬机室；9—热风炉计器室；10—烟囱；11—储矿槽；
12—储焦槽；13—铁水罐车停放线

（2）并列式布置。并列式高炉平面布置如图 0-3 所示，其主要特点是：高炉与热风炉分设于两条列线上，出铁场布置在高炉列线上，车间铁路线与高炉列线平行。这种布置形式可以共用一些设备和建筑物，节省投资；高炉之间距离近。但是其热风炉距高炉远，热损失大，并且热风炉靠近重力除尘器，劳动条件差。

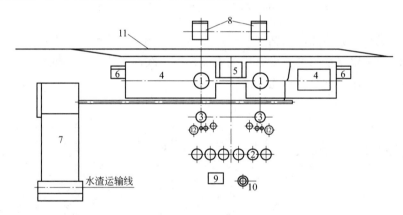

图 0-3　并列式高炉平面布置图

1—高炉；2—热风炉；3—重力除尘器；4—出铁场；5—高炉计器室；6—休息室；7—水渣池；
8—卷扬机室；9—热风炉计器室；10—烟囱；11—铁水罐车停放线；12—洗涤塔

（3）岛式布置。岛式高炉平面布置如图 0-4 所示，其主要特点是：每座高炉和它的热风炉、出铁场、铁水罐车停放线等组成一个独立的体系，并且铁水罐车停放线与车间两侧的调度线成一定的交角，角度一般为 11°～13°。岛式布置形式的铁路线为贯通式，空的铁水罐车从一端进入炉旁，装满铁水的铁水罐车从另一端驶出，运输量大，并且设有专用辅助材料运输线。但是其高炉间距大，管线长；设备不能共用，投资高。

（4）半岛式布置。半岛式布置是岛式布置与并列式布置的过渡，高炉和热风炉列线与车间调度线间的交角增大到 45°，因此高炉间距离近，并且在高炉两侧各有三条独立的、

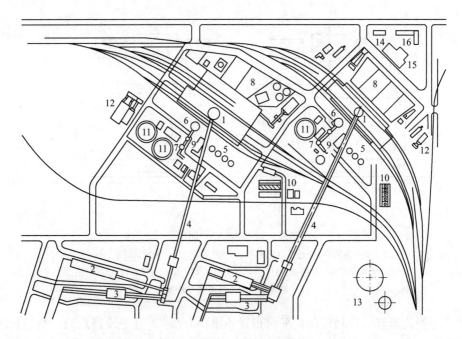

图 0-4　岛式高炉平面布置图

1—高炉及出铁场；2—储焦槽；3—储矿槽；4—上料皮带机；5—热风炉；6—重力除尘器；

7—文氏管；8—干渣坑；9—计器室；10—循环水设施；11—浓缩池；12—出铁场除尘设施；

13—煤气罐；14—修理中心；15—修理场；16—总值班室

有尽头的铁水罐车停放线和一条辅助材料运输线，如图 0-5 所示。其出铁场与铁水罐车停放线垂直，缩短了出铁场长度；设有摆动流嘴，出一次铁可放置多个铁水罐车。近年来新建的大型高炉多采用这种布置形式。

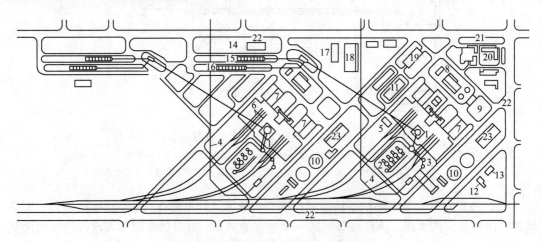

图 0-5　半岛式出铁场的高炉平面布置图

1—高炉；2—热风炉；3—除尘器；4—净煤气管道；5—高炉计器室；6—铁水罐车停放线；7—干渣坑；

8—水淬电器室；9—水淬设备；10—沉淀室；11—炉前除尘器；12—脱水机室；13—炉底循环水槽；

14—原料除尘器；15—储焦槽；16—储矿槽；17—备品库；18—机修间；19—碾泥机室；

20—厂部；21—生活区；22—公路；23—水站

0.3　高炉冶炼产品及用途

高炉生产的产品是生铁，副产品有炉渣、煤气及煤气带出的炉尘。

0.3.1　生铁

生铁也可分为普通生铁和合金生铁，前者包括炼钢生铁和铸造生铁，后者主要是锰铁和硅铁。普通生铁占高炉冶炼产品的98%以上。生铁是碳含量大于2%的铁碳合金，工业生铁碳含量一般为2.5%~6.67%，并含有硅、锰、硫、磷等元素，这些元素对生铁的性能均有一定的影响。

（1）碳（C），在生铁中以两种形态存在，一种是石墨碳（游离碳），主要存在于铸造生铁中，石墨很软、强度低，它的存在能增加生铁的铸造性能；另一种是化合碳（碳化铁），主要存在于炼钢生铁中。碳化铁硬而脆、塑性低，当其含量适当时可提高生铁的强度和硬度。

（2）硅（Si），能促使生铁中所含的碳分离为石墨状，能去氧，还能减少铸件的气眼、降低铸件的收缩量，但含硅过多也会使生铁变硬、变脆。

（3）锰（Mn），能溶于铁素体和渗碳体。在高炉炼制生铁时，锰含量适当，可提高生铁的铸造性能和切削性能。

（4）磷（P），属于有害元素，它的存在将使生铁增加硬脆性，使钢材产生冷脆性，优良的生铁磷含量应低于0.025%。但由于磷降低了生铁熔点，可改善铁水的流动性，这是有的制品内往往磷含量较高的主要原因。

（5）硫（S），在生铁中是有害元素，它可与铁化合成低熔点的FeS，使生铁产生热脆性和降低铁液的流动性，故含硫高的生铁不适于铸造。

生铁质硬而脆，几乎没有塑性变形能力，因此不能通过锻造、轧制、拉拔等方法加工成形。

（1）炼钢生铁。炼钢生铁的碳主要以碳化铁的形态存在，这种生铁坚硬而脆，几乎没有塑性，是炼钢的主要原料。表0-1列出了炼钢生铁标准。

表 0-1　炼钢生铁牌号及化学成分（YB/T 5296—2006）

铁　种			炼　钢　生　铁		
铁号	牌　号		炼 04	炼 08	炼 10
	代　号		L04	L08	L10
化学成分/%	C		≥3.50		
	Si		≤0.45	<0.45~0.85	<0.85~1.25
	Mn	一组	≤0.40		
		二组	>0.40~1.00		
		三组	>1.00~2.00		
	P	特级	≤0.100		
		一级	>0.100~0.150		
		二级	>0.150~0.250		
		三级	>0.250~0.400		

铁　种			炼　钢　生　铁
化学成分/%	S	特类	≤0.020
		一类	>0.020～0.030
		二类	>0.030～0.050
		三类	>0.050～0.070

注：各牌号生铁的碳含量均不作为报废的依据。

（2）铸造生铁。铸造生铁中的碳以片状的石墨形态存在，它的断口为灰色，通常又称为灰口铁。由于石墨质软，具有润滑作用，因而铸造生铁具有良好的切削、耐磨和铸造性能。但它的抗拉强度不够，故不能锻轧，只能用于制造各种铸件，如铸造各种机床床座、铁管等。表0-2所示为铸造生铁牌号及化学成分国家标准。

表0-2　铸造生铁牌号及化学成分（GB/T 718—2005）

牌　号		Z14	Z18	Z22	Z26	Z30	Z34
化学成分/%	C			>3.30			
	Si	≥1.25～1.6	>1.6～2.0	>2.0～2.4	>2.4～2.8	>2.8～3.2	>3.2～3.6
	Mn 一组			≤0.50			
	二组			>0.50～0.90			
	三组			>0.90～1.30			
	P 一级			≤0.060			
	二级			>0.060～0.100			
	三级			>0.100～0.200			
	四级			>0.200～0.400			
	五级			>0.400～0.900			
	S 一类			≤0.030			
	二类			≤0.040			
	三类			≤0.050			

（3）合金生铁。高炉可生产品位较低的硅铁、锰铁等铁合金。合金生铁能够用于炼钢脱氧和合金化或其他特殊用途。

0.3.2　高炉炉渣和高炉煤气

（1）高炉炉渣。高炉炉渣是高炉炼铁产生的一种副产品，它的主要成分为CaO、SiO_2、MgO、Al_2O_3等，冶炼1t生铁产生的渣量为300～500kg。一般将其冲制成水渣，作为水泥原料；还可制成渣棉，作为隔声、保温材料等。

（2）高炉煤气。高炉煤气为炼铁过程中产生的副产品，主要成分为CO、CO_2、N_2、H_2，其中可燃成分约占25%，热值为3000～3500kJ/m³，产生的煤气量为1600～2000m³/t。其作为气体燃料，经除尘后可用于烧热风炉、烟气炉等。

0.4 高炉生产主要技术经济指标

（1）高炉有效容积利用系数（η_u）。高炉有效容积利用系数是指每昼夜每立方米高炉有效容积的合格生铁产量，即高炉每昼夜的合格生铁产量（P）与高炉有效容积（V_u）之比：

$$\eta_u = \frac{P}{V_u}$$

η_u 是高炉冶炼的一个重要指标，η_u 越大，高炉生产率越高。2010 年，我国重点企业的高炉有效容积利用系数平均为 2.589t/（m³·d）左右，一些 400m³ 级高炉最高达到 4.116t/（m³·d）。

（2）入炉焦比（K）、煤比（M）、综合焦比（$K_综$）和燃料比（$K_燃$）。这些指标用来反映高炉的能耗情况。

1）入炉焦比。入炉焦比是指冶炼每吨生铁消耗的干焦量，即每昼夜干焦消耗量 Q_K 与每昼夜合格生铁产量 P 之比：

$$K = \frac{Q_K}{P}$$

焦炭消耗量占生铁成本的 30%～40%，欲降低生铁成本，必须力求降低焦比。焦比大小与冶炼条件密切相关，一般情况下入炉焦比为 270～400kg/t，喷吹煤粉可以有效地降低焦比。

2）煤比。冶炼每吨生铁消耗的煤粉量称为煤比。当每昼夜煤粉的消耗量为 Q_M 时，则：

$$M = \frac{Q_M}{P}$$

3）综合焦比。综合焦比是指冶炼每吨生铁消耗的综合干焦量：

综合干焦量 = 干焦量 + 煤粉量×煤粉置换比

$$K_综 = \frac{Q_K + Q_M \cdot N}{P}$$

式中，N 为煤粉的置换比。单位质量煤粉所代替的焦炭质量称为煤粉置换比，它表示煤粉利用率的高低。一般煤粉的置换比为 0.7～1.0。

4）燃料比。燃料比是冶炼单位生铁高炉所消耗的各种燃料之和，通常为焦比与煤比之和：

$$K_燃 = \frac{Q_K + Q_M}{P}$$

2010 年，全国重点企业高炉平均入炉焦比为 369kg/t，最低为 306kg/t；平均煤比为 149kg/t，最高为 191kg/t；平均燃料比已经降低到 518kg/t，首钢京唐炼铁厂的燃料比最低（不包括焦丁）为 454kg/t。

（3）冶炼强度（I）和综合冶炼强度（$I_综$）。

1）冶炼强度。冶炼强度是指每昼夜每立方米高炉有效容积消耗的干焦量，即高炉每昼夜焦炭消耗量 Q_K 与有效容积 V_u 的比值：

$$I = \frac{Q_K}{V_u}$$

2）综合冶炼强度。综合冶炼强度是指每昼夜每立方米高炉有效容积消耗的综合干焦量：

$$I = \frac{Q_{\mathrm{K}} + Q_{\mathrm{M}} \cdot N}{V_{\mathrm{u}}}$$

冶炼强度表示高炉的作业强度，它与鼓入高炉的风量成正比，在焦比不变的情况下，冶炼强度越高，高炉产量越大。当前国内外大型高炉的冶炼强度一般在 1.00～1.05。

（4）生铁合格率。化学成分符合国家标准的生铁称为合格生铁，合格生铁占生铁总产量的百分数为生铁合格率。它是衡量产品质量的指标。

（5）生铁成本。生产 1t 合格生铁所消耗的所有原料、燃料、材料、水电、人工等一切费用的总和，称为生铁成本。

（6）休风率。休风率是指高炉休风时间占高炉规定作业时间（日历时间减去计划大、中修时间和封炉时间）的百分数。休风率反映高炉设备维护和操作水平。2010 年，全国重点企业的高炉休风率平均为 1.635%，最低是 0.400%。实践证明，休风率降低 1%，产量可提高 2%。

（7）炉龄。炉龄即高炉一代寿命，是指从点火开炉到停炉大修之间的冶炼时间，或是指高炉相邻两次大修之间的冶炼时间。大型高炉一代寿命为 10～15 年。衡量炉龄的另一指标为每立方米炉容在一代炉龄期内的累计产铁量。世界先进高炉的单位炉容累计产铁量超过 1 万吨，我国宝钢 3 号高炉一代炉龄累计产铁超过 5700 万吨，单位炉容产铁量达 1.309 万吨，根据国际上通行的衡量高炉长寿的标准，它是目前世界上最长寿的高炉之一。

【问题探究】

0-1　高炉冶炼的产品有哪些，各有何用途？

0-2　简述高炉生产工艺流程。

0-3　评价高炉生产都有哪些技术经济指标，各自的意义如何？

【技能训练】

项目 0-1　计算高炉生产指标

（1）某 750m³ 高炉日产生铁 2000t，干焦炭消耗 700t，煤粉消耗 320t，煤粉置换比为 0.8，计算高炉当日有效容积利用系数、入炉焦比、煤比、燃料比及综合冶炼强度。

（2）某高炉有效容积为 1200m³，当日入炉焦炭 1105t，入炉矿石 4033t，计算当日焦炭冶炼强度（保留两位小数）。

项目 0-2　描述高炉生产工艺流程

高炉炼铁原燃料的识别与分析

【学习目标】

(1) 掌握高炉炼铁用铁矿石的种类、性质;
(2) 掌握高炉炼铁用辅助原料的种类、性质;
(3) 掌握高炉冶炼对铁矿石的质量要求;
(4) 明确高炉炼铁用燃料的种类、作用;
(5) 掌握高炉冶炼对焦炭的质量要求;
(6) 能够根据原燃料的外观识别炼铁常用的铁矿石、辅助原料、焦炭及煤粉;
(7) 能够从外观以及相关数据判断分析烧结矿、球团矿与焦炭的质量。

【相关知识】

1.1 铁矿石

1.1.1 铁矿石的种类及性质

高炉炼铁用铁矿石有天然铁矿和人造富矿两大类。人造富矿主要是烧结矿与球团矿。

1.1.1.1 天然铁矿

自然界中含铁矿物很多,但能被高炉炼铁利用的主要是磁铁矿、赤铁矿、褐铁矿、菱铁矿和钒钛磁铁矿等类型。各种铁矿石的分类及其主要特性列于表1-1。

表1-1 铁矿石的分类及其主要特性

矿石名称	化学式	理论铁含量/%	矿石堆积密度/t·m^{-3}	颜色	冶炼性能		
					实际铁含量/%	有害杂质含量	强度及还原性
磁铁矿	Fe$_3$O$_4$	72.4	4.9~5.2	黑色	45~70	S、P 高	坚硬、致密、难还原
赤铁矿	Fe$_2$O$_3$	70.0	4.9~5.3	红色	55~60	S、P 低	软、较易破碎、易还原
褐铁矿	水赤铁矿 2Fe$_2$O$_3$·H$_2$O 针赤铁矿 Fe$_2$O$_3$·H$_2$O 水针铁矿 3Fe$_2$O$_3$·4H$_2$O 褐铁矿 2Fe$_2$O$_3$·3H$_2$O 黄针铁矿 Fe$_2$O$_3$·2H$_2$O 黄赭石 Fe$_2$O$_3$·3H$_2$O	66.1 62.9 60.9 60.0 57.2 15.1	4.0~4.5 3.0~4.4 3.0~4.2 3.0~4.0 2.5~4.0	黄褐色、暗褐色至绒黑色	37~55	S 低、P 高低不等	疏松、易还原

矿石名称	化学式	理论铁含量/%	矿石堆积密度/t·m⁻³	颜色	冶炼性能		
					实际铁含量/%	有害杂质含量	强度及还原性
菱铁矿	$FeCO_3$	48.2	3.8 ~ 3.9	黄白色、浅褐色或深褐色	30 ~ 40	S 低、P 较高	易破碎、焙烧后易还原
钒钛磁铁矿	$FeTiO_3$	36.8			15 ~ 35（TiO_2 1 ~ 15、V_2O_5 0.1 ~ 2）	S 高、P 较低	致密、强磁性

（1）磁铁矿。磁铁矿的化学式为 Fe_3O_4，脉石主要是硅酸盐。其结构致密，晶粒细小，用粗瓷片在矿石上刻划时留下黑色条痕，堆积密度为 $4.9 ~ 5.2t/m^3$，具有强磁性、半金属光泽，含 S、P 较高，还原性差。

（2）赤铁矿。赤铁矿的化学式为 Fe_2O_3，脉石大部分是硅酸盐。其具有半金属光泽，组织致密，颜色暗红，铁含量越高，颜色就越深，甚至接近黑色，但条痕为樱红色；具有弱磁性，呈致密块状或结晶块状（称镜铁矿）产出，也有呈土状产出的；堆积密度为 4.9 ~ $5.3t/m^3$，含 S、P 较低，易破碎、易还原。

（3）褐铁矿。褐铁矿是含结晶水的氧化铁，化学式为 $nFe_2O_3 · mH_2O$（$n = 1 ~ 3$，$m = 1 ~ 4$）。褐铁矿中绝大部分含铁矿物是以 $2Fe_2O_3 · 3H_2O$ 的形式存在，脉石多为砂质黏土和石英。其有黄褐色、暗褐色至绒黑色多种颜色，条痕呈黄褐色，还原性好，无磁性，堆积密度为 2.5 ~ $4.5t/m^3$。

（4）菱铁矿。菱铁矿的化学式为 $FeCO_3$，脉石含碱性氧化物。其有黄白色、浅褐色或深褐色等多种颜色，性脆，无磁性。菱铁矿经过焙烧分解出 CO_2 气体，铁含量即提高，矿石也变得疏松多孔，易破碎，还原性好。其含 S 低、含 P 较高，堆积密度为 3.8 ~ $3.9t/m^3$。

（5）钒钛磁铁矿。钒钛磁铁矿是铁、钒、钛共生的磁性铁矿，钒绝大部分和铁矿物呈现类质同象，赋存于钛磁铁矿中，所以钒钛磁铁矿有时也称为钛磁铁矿。我国钒钛磁铁矿床分布广泛、储量丰富，已探明储量 98.3 亿吨，远景储量达 300 亿吨以上，主要分布在四川攀枝花-西昌、河北承德、陕西汉中等地区。其中，攀枝花-西昌地区是我国钒钛磁铁矿的主要成矿带，也是世界上同类矿床的重要产区之一。四川攀枝花的钒钛磁铁矿中平均含 Fe 30.55%、TiO_2 10.42%、V_2O_5 0.30%。

1.1.1.2　烧结矿

烧结矿是一种由不同成分黏结相与铁矿物黏结而成的多孔块状集合体。它是混合料经干燥（水分蒸发）、预热（结晶水和碳酸盐分解）、燃料燃烧（产生还原氧化和固相反应）、熔化（生成低熔点液相）和冷凝（铁矿物与黏结相结晶）等多个阶段后生成的产品。

烧结矿一般可分为酸性（$w(CaO)/w(SiO_2) < 0.5$）、自熔性（$w(CaO)/w(SiO_2) = 0.9 ~ 1.4$）和高碱度烧结矿（$w(CaO)/w(SiO_2) > 1.6$）三种，是我国高炉炼铁的主要原料（约占重点企业含铁原料的 70% ~ 85%），且绝大部分是高碱度烧结矿。

高碱度烧结矿的含铁矿物为磁铁矿、赤铁矿，黏结相主要是铁酸一钙（CaO ·

Fe_2O_3）、铁酸二钙（$2CaO \cdot Fe_2O_3$）以及少量的硅酸二钙（$2CaO \cdot SiO_2$）和硅酸三钙（$3CaO \cdot SiO_2$）。其外观一般呈致密块状，大气孔少，气孔壁厚，熔结较好，断面呈青灰色金属光泽；孔隙率为 40% ~ 50%，大部分是直径大于 0.15mm 的开口气孔，直径小于 0.15mm 的微气孔占全部气孔的 10% ~ 20%。烧结矿自然堆角为 31° ~ 35°，堆积密度约为 1.8t/m³。一般情况下，碱度为 1.8 ~ 2.0 的烧结矿具有强度高、还原性能好、低温还原粉化率低、软熔温度高等特点。

1.1.1.3 球团矿

球团矿是细磨铁精矿在加水润湿的条件下，通过造球机滚动成球，再经干燥、固结而成的含有较多微孔的球形含铁原料。目前，世界上生产的球团矿有酸性氧化性球团（包括氧化镁酸性球团等）、自熔性球团和白云石熔剂性球团三种，但我国高炉生产普遍采用的是碱度在 0.4 以下的酸性氧化性球团矿，它通常与高碱度烧结矿配合作为高炉的炉料结构。

酸性球团矿的粒度在 6 ~ 15mm 之间，矿物主要为赤铁矿，一般铁含量在 65% 左右，SiO_2 含量为 4% ~ 6%，FeO 含量很低（1% 左右），硫含量较低，其他杂质含量因原料不同而异，总量不超过 3% ~ 4%。结晶完善的酸性球团矿呈钢灰色，条痕为赭红色。球团矿铁分高，堆积密度大（约 2.27t/m³），可增加高炉料柱的有效质量；机械强度高，单个球的抗压强度常在 2000N 以上，转鼓指数可达到 93%（标准 +6.3mm），能够进行远距离的运输而不粉化；孔隙率在 20% ~ 25% 之间，其中开口气孔占 70% 以上，还原性比较好；自然堆角小，仅为 24° ~ 27°，易于滚动，容易发展中心气流。

1.1.2 高炉冶炼对铁矿石的质量要求

铁矿石是高炉冶炼的主要原料，其质量的好坏与冶炼过程及技术经济指标有极为密切的关系。决定铁矿石质量的主要因素是其化学成分、物理性质及冶金性能。高炉冶炼对铁矿石的要求是：铁含量高，脉石少，有害杂质少，化学成分稳定，粒度均匀，具有良好的还原性及一定的机械强度等性能。

1.1.2.1 品位

铁矿石品位即指铁矿石的铁含量，用 $w(TFe)$ 表示。品位是评价铁矿石质量的主要指标，天然铁矿石有无开采价值、开采后能否直接入炉冶炼及其冶炼价值如何，均取决于其品位。

铁矿石铁含量高，有利于降低焦比和提高产量。因为随着铁矿石品位的提高，脉石数量减少，熔剂用量和渣量也相应减少，既节省热量消耗，又有利于炉况顺行，并可降低生产过程污染物的排放量。根据生产经验，入炉铁矿品位降低 1%，高炉燃料比会升高 1.5%，产量下降 2.5%，渣量增加 30kg/t，高炉少喷煤 15kg/t。

从矿山开采出来的铁矿石，铁含量一般在 30% ~ 60% 之间。品位较高，经破碎、筛分后可直接入炉冶炼的称为富矿。一般当实际铁含量大于理论铁含量的 70% 时，方可直接入炉。而品位较低，不能直接入炉的称为贫矿。贫矿必须经过选矿和造块后才能入炉冶炼。

1.1.2.2 脉石成分

铁矿脉石中 SiO_2 含量较高，在现代高炉冶炼条件下，为了得到一定碱度的炉渣，就必须在炉料中配加一定数量的碱性氧化物与 SiO_2 作用。铁矿石中 SiO_2 含量越高，需加入的碱性氧化物越多，生成的渣量也越多，必将使焦比升高、产量下降。所以，铁矿石中 SiO_2 含量越低越好。

脉石中含碱性氧化物（CaO、MgO）较多的矿石，冶炼时可少加或不加石灰石，对降低焦比有利，具有较高的冶炼价值。

1.1.2.3　有害杂质

矿石中的有害杂质是指那些对冶炼有妨碍或使冶炼时不易获得优质产品的元素，主要有 S、P、Pb、Zn、As、K、Na 等。

（1）硫。硫在矿石中主要以硫化物形态存在。硫的危害主要表现在：

1）当钢中的硫含量超过一定量时，会使钢材具有热脆性。这是由于 FeS 和 Fe 结合而成的低熔点（985℃）合金冷却后凝固成薄膜状，并分布于晶粒界面之间，当钢材被加热到 1150～1200℃ 时，硫化物首先熔化，使钢材沿晶粒界面形成裂纹。

2）降低铸造生铁的流动性，阻止 Fe_3C 分解，使铸件产生气孔、难以切削并降低其韧性。

3）显著降低钢材的焊接性、抗腐蚀性和耐磨性。

国家标准对生铁的硫含量有严格的规定，炼钢生铁允许硫含量（质量分数）不能超过 0.07%，铸造生铁不可超过 0.06%。虽然高炉冶炼可以去除大部分硫，但需要高温、高碱度炉渣，这对增铁节焦是不利的，因此矿石中的硫含量要小于 0.3%。

（2）磷。磷也是钢材的有害成分，其以 Fe_2P、Fe_3P 形态溶于铁水。因为磷化物是脆性物质，冷凝时聚集于钢的晶界周围，减弱晶粒间的结合力，使钢材在冷却时产生很大的脆性，从而造成钢的冷脆现象。由于磷在选矿和烧结过程中不易除去，在高炉冶炼中又几乎全部还原进入生铁，所以控制生铁磷含量的唯一有效途径就是控制原料的磷含量。

（3）铅和锌。铅和锌常以方铅矿（PbS）和闪锌矿（ZnS）的形式存在于矿石中。在高炉内铅是易还原元素，其密度大于铁水，但又不溶解于铁水，所以还原产生的铅沉积于炉缸铁水层下部，渗入砖缝破坏炉底砌砖，甚至使炉底砌砖浮起。铅又极易挥发，在高炉上部被氧化成 PbO，黏附于炉墙上，易引起结瘤。一般要求矿石中的铅含量低于 0.1%。高炉冶炼中锌全部被还原，不溶于铁水，其沸点低（905℃），很容易挥发。当锌在炉内又被氧化为 ZnO 时，部分 ZnO 沉积于炉身上部的炉墙上，形成炉瘤；部分渗入炉衬的孔隙和砖缝中，引起炉衬膨胀，既破坏炉衬，又容易使高炉风口上翘，破坏炉况的顺行。矿石中的锌含量（质量分数）应小于 0.1%。

（4）砷。砷在矿石中含量较少，与磷相似，在高炉冶炼过程中其全部被还原进入生铁。钢中含砷也会使钢材产生"冷脆"现象，并降低钢材的焊接性能。一般要求矿石中的砷含量小于 0.07%。

（5）碱金属。碱金属主要是钾和钠，一般以硅酸盐形式存在于矿石中。冶炼时，其在高炉下部高温区被直接还原，生成大量碱蒸气，随煤气上升到低温区后又被氧化成碳酸盐而沉积于炉料和炉墙上，其中一部分随炉料下降，从而反复循环积累。碱金属的危害主要为：与炉衬作用生成钾霞石（$K_2O \cdot Al_2O_3 \cdot 2SiO_2$），体积膨胀 40% 而损坏炉衬；与炉衬作用生成低熔点化合物，黏结在炉墙上，易导致高炉结瘤；与焦炭中的碳作用生成化合物（CK_8、CNa_8），体积膨胀很大，破坏焦炭高温强度；进入铁矿石中，使矿石膨胀粉化，从而影响高炉料柱的透气性。因此，要限制矿石中 K_2O 与 Na_2O 的总含量不超过 0.6%。

（6）铜。铜在钢材中具有两重性，铜易被还原并进入生铁。当钢中铜含量（质量分数）小于 0.3% 时，能改善钢材的抗腐蚀性；当超过 0.3% 时，又会降低钢材的焊接性，并引起钢的"热脆"现象，使其在轧制时产生裂纹。一般铁矿石允许铜含量不超过 0.2%。

1.1.2.4　有益元素

矿石中的有益元素主要指对钢铁性能有改善作用或可提取的元素，如锰（Mn）、铬（Cr）、钴（Co）、镍（Ni）、钒（V）、钛（Ti）等。当这些元素达到一定含量时，可显著改善钢的可加工性、强度以及耐磨、耐热和耐腐蚀等性能。同时，这些元素的经济价值很大，当矿石中这些元素含量达到一定数量时，可视为复合矿石进行综合利用。

1.1.2.5　还原性

铁矿石的还原性是指铁矿石被还原性气体 CO 或 H_2 还原的难易程度。它是评价铁矿石质量的重要指标，铁矿石的还原性好，有利于降低高炉燃料比。

铁矿石的还原性可用其还原度指数（RI）来评价，即矿石还原 3h 后所达到的脱氧百分数。还原度越高，矿石的还原性越好。对于烧结矿来说，生产中习惯使用 FeO 含量代表其还原性。FeO 含量高，表明烧结矿中难还原的硅酸铁多，烧结矿过熔而使结构致密、孔隙率低，故还原性差。合理的指标是 FeO 含量在 8% 以下，但多数企业为 10%，有的甚至更高。根据国内外实践经验，烧结矿中 FeO 含量每减少 1%，高炉焦比下降 1.5%，产量增加 1.5%。

影响铁矿石还原性的因素主要有矿物组成、矿物结构的致密程度、粒度和孔隙率等。组织致密、孔隙率小、粒度大的矿石，还原性较差。一般来说，磁铁矿因结构致密，最难还原；赤铁矿有中等的孔隙率，比较容易还原；褐铁矿和菱铁矿被加热后将分别失去结晶水和 CO_2，使得矿石孔隙率大幅度增加，最易还原；烧结矿和球团矿由于孔隙率高，其还原性一般比天然富矿要好。

1.1.2.6　粒度及机械强度

矿石的粒度是指矿石颗粒的直径，它直接影响着炉料的透气性和传热、传质条件。

高炉入炉矿石的粒度要求在 5~40mm 之间，小于 5mm 的粉末是不能直接入炉的。确定矿石粒度时，必须兼顾高炉气体力学和传热、传质几方面的因素。在有良好透气性和强度的前提下，降低炉料粒度有利于改善矿石的还原性。通常，大高炉矿石粒度为 8~40mm，中小高炉矿石粒度为 5~35mm，分级入炉。

矿石的机械强度是指矿石抗冲击、耐摩擦、耐挤压的能力。随着高炉炉容的不断扩大，入炉铁矿石的强度也要相应提高。铁矿石的强度低，在转运过程中会产生大量粉末，使入炉成本上升；入炉后产生大量粉末，既增加了炉尘损失，又阻塞了煤气通路，降低了料柱的透气性，使高炉操作困难。

落下强度（F）、转鼓强度（T）和抗磨强度（A）是评价烧结矿与球团矿的冷强度、测量其抗冲击能力的指标。一般认为，$F = 80\% \sim 83\%$ 的烧结矿属于合格烧结矿，$F = 86\% \sim 87\%$、$T \geq 70.00\%$、$A \leq 5.00\%$ 的烧结矿为优质烧结矿。对入炉球团矿的要求是：抗压强度大于 2000N/球，落下强度大于 85%。

1.1.2.7　软化性

铁矿石的软化性包括铁矿石的开始软化温度和软化温度区间两方面。铁矿石在一定的荷重下，收缩率为4%时的温度通常称为开始软化温度，收缩率为40%时的温度称为软化终了温度。软化温度区间是指矿石开始软化到软化终了的温度范围。高炉冶炼要求铁矿石的开始软化温度要高（800℃以上），软化温度区间要窄。反之，会使铁矿石在高炉内过早地形成初渣，成渣位置高，软熔区大，将使料柱透气性变差，并增加炉缸热负荷，严重影响冶炼过程的正常进行。我国部分铁矿石的开始软化温度见表1-2。

表1-2　我国部分铁矿石的开始软化温度

矿石名称	开始软化温度/℃	矿石名称	开始软化温度/℃	矿石名称	开始软化温度/℃	矿石名称	开始软化温度/℃
武安赤铁矿	785	樱桃园赤铁矿	1030	海南岛矿	940	应城子矿	985
七道沟磁铁矿	865	马鞍山矿	860	孤山矿	975	通远矿	935
弓长岭富矿	940	龙烟矿	890	磁山矿	955	尖山矿	955

1.1.2.8　低温还原粉化性

矿石的低温还原粉化性是指铁矿石在低温还原过程中发生碎裂粉化的特性。炉料的低温还原粉化一般在400～600℃区间内发生，即开始于料线下3～5m处，在7m处基本停止。炉料粉化对块状带料柱的透气性危害极大，将导致炉况不顺、产量下降和焦比升高。

烧结矿的粉化主要是由于α-Fe_2O_3转变成γ-Fe_2O_3时，发生了由立方晶系六方晶格向等轴晶系立方晶格的转变，晶格扭曲的巨大内应力使其破裂和粉碎，特别是烧结矿中由磁铁矿再氧化而形成的骸晶状菱形赤铁矿，粉碎更为严重。因此，低温还原粉化率与Fe_2O_3的含量及晶状形态有密切关系，其含量越高，α-Fe_2O_3的晶态量越多，粉化越严重；此外，还与烧结矿碱度、其他脉石成分以及在炉内低温还原粉化区的停留时间有关。

球团矿则在温度为570～1000℃的区间内还原粉化较严重。随着氧化物还原各阶段的进行，正常情况下球团矿有20%～25%的体积膨胀率，造成的粉化率为30%～35%。低碱度或自熔性球团比酸性球团更容易产生高粉化率，其原因很多，如Fe_2O_3还原成Fe_3O_4，再还原成Fe_xO时所引起的晶格常数和晶形的变化；FeO还原成金属Fe时铁晶须的生成；球团矿中铁矿物的结晶形状与连接键的形式；渣相的性质及数量；碱金属氧化物、锌、钒等杂质或有色金属的含量；还原时气体逸出的压力及碳的沉积等。

某些天然块矿入炉时由于内含水分迅速蒸发和各项热膨胀不均，也会引起不同程度的膨胀爆裂和粉化现象。对人造富矿的低温还原粉化，可以通过生产工艺和成分调整来改善；对天然矿，则往往限制其入炉配比量。

铁矿石这种性能的强弱以低温还原粉化率（RDI）来表示，多数厂家规定烧结矿的$RDI_{+6.3}$ > 65%、$RDI_{-0.5}$ < 15%。生产实践证明，入炉料的低温还原粉化率每增加5%，生铁减产约1.5%。

1.1.2.9　各项指标的稳定性

铁矿石的各项理化指标只有保持相对稳定，才能最大限度地发挥生产效率。在前述各项指标中，矿石品位、脉石成分与数量、有害杂质含量的稳定性尤为重要。高炉冶炼要求炉料化学成分的波动范围是：含铁原料$w(TFe)$ < ±0.5%～1.0%，$w(SiO_2)$ < ±0.2%～0.3%；烧结矿碱度 < ±0.03～0.10。

1.1.2.10 合理的炉料结构

炉料结构是指炼铁时装入高炉含铁炉料的构成，即天然富铁矿（块矿）、烧结矿和球团矿三类炉料在使用时的搭配组合。其他少量的含铁料，如钢渣、废铁等不包含在炉料结构的概念之中。长期的生产实践表明，还没有哪一种含铁炉料在单一使用时能够完全满足高炉强化冶炼的要求。工厂要根据自己的矿石供应情况和各种矿石的特性，确定它们的合理配比，以使高炉获得良好的技术经济指标和经济效益。这种炉料的合理搭配称为合理的炉料结构。

组织合理炉料结构的原则是：

（1）高炉不加或少加石灰石，造出适宜碱度的高炉渣；

（2）使炉料具有良好的高温冶金性能，在炉内形成合理、稳定的软熔带，以利于高炉强化和提高冶炼效果；

（3）矿种不宜过多，以2、3种为宜，因为复杂的炉料结构将给企业管理和高炉生产带来困难。

合理的炉料结构依具体情况而有所不同，大致有三种类型：

（1）我国大多数厂家和日本高炉的炉料结构是以高碱度烧结矿为主，搭配球团矿和天然富矿；

（2）北美洲高炉的炉料结构主要是酸性与碱性球团矿搭配；

（3）欧洲一些厂家则是烧结矿和球团矿配比差不多，各占一半。

我国是一个贫矿多、复合矿多，且大量从澳大利亚、巴西、印度及南非进口铁矿资源的国家，各厂家在组织原料时，应根据厂家所在地的资源及运输条件，本着有效利用资源、降低成本、提高经济效益和可持续发展的原则，确定适宜的炉料结构，并尽量提高精料水平。

1.2 熔剂

1.2.1 高炉炼铁常用熔剂

由于造渣的需要，高炉配料中常加入一定数量的助熔剂，简称熔剂。熔剂在高炉冶炼过程中的主要作用是：与矿石中脉石及焦炭灰分中的高熔点氧化物（SiO_2 1713℃，Al_2O_3 2050℃，CaO 2570℃）结合生成低熔点的炉渣，并实现良好分离，顺利从炉缸流出；去除有害杂质硫，确保生铁质量。

高炉冶炼使用的熔剂按其性质可分为碱性、酸性和中性三类。当矿石中的脉石主要为碱性氧化物时，可加入酸性熔剂。作为酸性熔剂使用的有石英（SiO_2）、均热炉渣（主要成分为 $2FeO \cdot SiO_2$）及含酸性脉石的铁矿等。生产中酸性熔剂的使用量较少，只有在某些特殊情况下才考虑加入。

高炉使用含酸性脉石的矿石冶炼时，使用碱性熔剂。由于燃料灰分和绝大多数脉石的成分都是酸性的，因此普遍使用碱性熔剂。常用的碱性熔剂有石灰石、白云石、蛇纹石等，近年来也有用转炉钢渣代替石灰石和白云石作为熔剂来调节炉渣碱度的。

中性熔剂如铝矾土和黏土页岩，在生产上极少采用。

近年来，随着高碱度烧结矿和酸性球团矿炉料结构在我国的普遍采用，调节炉渣碱度所需直接入炉的熔剂量越来越少。

1.2.1.1　石灰石

石灰石是一种碳酸盐熔剂，由方解石以及其他杂质组成。它的主要成分为碳酸钙（$CaCO_3$），属于三方晶系，其常见的晶体为菱面体。纯石灰石在自然界中很少，常与其他物质组成混合物。石灰石的氧化钙实际含量为 50% 左右，还含有少量的 MgO、SiO_2 和 Al_2O_3 等成分。高炉内石灰石加热到 700 ~ 800℃ 时开始分解，900 ~ 1000℃ 以上时剧烈分解，放出 CO_2 并吸收热量。

1.2.1.2　白云石、菱镁石和蛇纹石

白云石、菱镁石和蛇纹石都属于含镁熔剂。在炉料中加入它们，可以调整炉渣的 CaO 含量，改善炉渣的流动性，增强其稳定性，提高炉渣的脱硫能力。

一般常用的含镁熔剂为白云石，它是一种碳酸盐熔剂，其化学式为 $CaMg(CO_3)_2$。白云石较脆，硬度（HM）为 3.5 ~ 4.0，密度为 2.8 ~ 2.9g/cm^3，焙烧至 700 ~ 900℃ 时则失去 CO_2，成为 CaO 和 MgO 的混合物。白云石的主要成分为：CaO 26% ~ 35%，MgO 17% ~ 24%，SiO_2 1% ~ 5%，Al_2O_3 0.5% ~ 3.0%，Fe_2O_3 0.1% ~ 3%，CO_2 43% ~ 46%。

我国少数企业也用菱镁石（$MgCO_3$）和蛇纹石（$3MgO \cdot 2SiO_2 \cdot 2H_2O$）作含镁熔剂，在国外（如日本、欧洲等许多国家）以蛇纹石、菱镁石作含镁熔剂较为普遍。

1.2.1.3　转炉钢渣

转炉钢渣是转炉炼钢过程中产生的一种副产品，属于碱性渣。它由生铁中的硅、锰、磷、硫等杂质在熔炼过程中氧化而成的各种氧化物，以及这些氧化物与熔剂反应生成的盐类所组成。转炉钢渣的矿物组成中有 10% 左右为 CaO、MgO 等氧化物的单相或固溶体，20% 左右为铁酸盐，还夹有少量铁粒。其视密度约为 3g/cm^3，强度高，熔化温度也高。我国太钢、广钢、八钢等企业均曾采用转炉钢渣代替石灰石做高炉熔剂的工业试验与生产，取得了节焦和降低成本的良好效果。对于含钒、铌等元素的钢渣，被烧结和炼铁后，还可富集后回收。

入炉钢渣的适宜粒度为 10 ~ 30mm，当用量较少时，钢渣在矿槽内长期储存会出现风化现象。转炉钢渣的化学成分波动很大，应混匀后再使用。现在，柳钢高炉钢渣用量为 25 ~ 30kg/t。美国高炉普遍使用钢渣，美钢联钢渣用量为 100 ~ 130kg/t。

1.2.1.4　硅石

硅石的主要成分是 SiO_2，在降低炉渣碱度时使用。不过，目前炼铁过程中，当下调炉渣碱度时，越来越多的企业不用硅石，而用 SiO_2 含量较高的天然块矿代替，由于其加入量比硅石多，易于控制，避免了炉渣碱度的剧烈波动；另外，在 SiO_2 加入的同时也带来了铁元素，有助于减少高炉渣量。

1.2.2　高炉冶炼对碱性熔剂的质量要求

高炉冶炼对碱性熔剂的质量要求如下：

（1）碱性氧化物（CaO + MgO）含量要高，酸性氧化物（SiO_2 + Al_2O_3）含量要低，即石灰石的有效熔剂性要高。否则，冶炼单位生铁的熔剂消耗量增加，渣量增大，焦比升高。一般要求石灰石中 CaO 的质量分数不低于 50%，SiO_2 和 Al_2O_3 的总质量分数不超过 3.5%。石灰石的有效熔剂性是指熔剂按炉渣碱度的要求，除去本身酸性氧化物所消耗的碱

性氧化物外,剩余部分的碱性氧化物含量。它是评价熔剂质量的重要指标,可用下式表示:

$$石灰石的有效熔剂性 = w(CaO)_{熔剂} + w(MgO)_{熔剂} - w(SiO_2)_{熔剂} \cdot \frac{w(CaO + MgO)_{炉渣}}{w(SiO_2)_{炉渣}}$$

(2)有害杂质硫、磷含量要低。石灰石中一般硫的质量分数只有 0.01% ~ 0.08%,磷的质量分数为 0.001% ~ 0.03%。

(3)要有一定的机械强度及合理的粒度,以保证承受多次转运时不成为粉末,长期存放时机械强度也不降低。

直接入炉的碳酸盐熔剂的粒度上限,以其在到达 900℃ 温度区域时能全部分解为准。适宜的石灰石入炉粒度范围是:大中型高炉为 20 ~ 50mm,小型高炉为 10 ~ 30mm,入炉前应筛除粉末及泥土杂质。

1.2.3 碳酸盐熔剂直接入炉对高炉冶炼的影响

碳酸盐在下降过程中将发生分解反应,其通式可以表示为:

$$MeCO_3 \Longrightarrow MeO + CO_2 - Q$$

碳酸盐分解对高炉冶炼的影响表现在以下几方面:首先,碳酸盐分解是吸热反应,要消耗一部分热量($CaCO_3$ 的分解热(1kgCO_2)为 4042kJ/kg,$MgCO_3$ 的分解热为 2485kJ/kg),增加了高炉的热支出。其次,一部分石灰石在高温区分解,产生的 CO_2 会与焦炭中的碳发生气化反应(40% ~ 70%),既消耗了焦炭,削弱了其料柱骨架作用,减少了风口前燃烧的焦炭量,又造成双重吸热,使高炉焦比升高。此外,碳酸盐分解产生的 CO_2 会冲淡还原气氛,降低煤气的还原能力,不利于发展间接还原。根据统计,每增加 100kg 碳酸盐,焦比升高 30 ~ 40 kg/t。

消除碳酸盐熔剂直接入炉冶炼的不良影响的措施有:

(1)采用自熔性或高碱度烧结矿,可使高炉不加或少加碳酸盐熔剂。

(2)缩小熔剂的粒度,改善分解条件,尽可能使其在高炉上部分解。

1.3 辅助原料

1.3.1 金属附加物

金属附加物主要是机械加工的残屑和余料、钢渣加工线回收的小铁块、铁水罐中的残铁、不合格的硅铁、镜铁等各种碎铁以及矿渣铁。所有的金属附加物必须进行加工处理,防止大块加入而造成装料和布料设备故障。要求的标准是:

(1)一级品,含铁 80%,含硫不大于 0.1%。

(2)二级品,含铁 65%,含硫不大于 0.1%。

1.3.2 洗炉剂

洗炉剂包括轧钢皮、均热炉渣、锰矿和萤石等。

(1)轧钢皮。轧钢皮是钢坯(钢锭)在轧制过程表面氧化层脱落所产生的氧化铁鳞片,常呈片状,故称铁鳞。轧钢皮密度大(4.5 ~ 5.0g/cm^3),呈青黑色,含铁高(60% ~ 75%)。其大部分为小于 10mm 的小片,在料厂筛分后,大于 10mm 的部分可作为炼铁的洗炉剂。

（2）均热炉渣。均热炉渣是钢锭、钢坯在均热炉中的熔融产物，有时混有少量的耐火材料。这类产物组织致密，FeO 含量很高，在高炉上部很难还原。集中使用时，可起洗炉剂的作用。高炉利用这些含 FeO 及其硅酸盐的洗炉剂，可以造熔化温度较低、氧化性较高的炉渣，对于清洗碱性黏结物或堆积物比较有效。

（3）锰矿。锰矿除了可以用来满足冶炼锰铁等铁种对锰含量的要求外，也可用作洗炉剂来消除碱性黏结物堆积和石墨碳堆积。这是因为硅酸锰组成的高炉渣熔点比较低，为 1150～1250℃，提高渣中 MnO 的含量能够降低炉渣的熔点；硅酸锰的还原需要消耗一定的 CaO，渣中 MnO 在一定浓度范围内还有降低高碱度炉渣黏度的作用，有利于消除炉缸碱性黏结物的堆积；铁水中的 Mn 能与 C 结合成碳化物而溶于生铁，随着碳含量的提高，铁水凝固点进一步降低，有利于铁水流动性的改善，所以加入锰矿可以消除石墨碳的堆积。由于有一定的脱硫作用，采用锰矿时可适当降低炉渣碱度。锰矿石强度较差，其入炉粒度以 10～40mm 为宜。

（4）萤石。萤石的化学成分为 CaF_2，在炼铁造渣过程中，由于 F^- 能代替 O^{2-} 促进硅氧复合阴离子解体，使其结构变简单，并能消除 CaO 含量高的难熔物质，从而使炉渣的熔点与黏度显著降低，迅速改善炉渣的流动性，但其对炉衬侵蚀严重。这种洗炉剂对于消除炉缸石墨碳形成的堆积，效果不太理想。质量好的萤石常呈黄色、绿色、紫色、透明并具有玻璃光泽，硬度为 4，密度为 3.1～3.2g/cm³，性脆，熔点很低（约为 930℃）。质量较差的萤石则呈白色，表面带有褐色条斑或黑色斑点，且硫化物含量较多。炼铁对萤石的要求是：$w(CaF_2) > 65\%$，$w(SiO_2) < 23\%$，$w(S) < 0.15\%$，其他杂质尽量少，粒度为 5～50mm。

1.3.3　护炉含钛物

高炉含钛物护炉技术已经在我国普遍推广。目前国内的护炉含钛物有含钛块矿、钛渣及含钛烧结矿与球团矿。含钛炉料护炉的基本原理是，炉料中的 TiO_2 在炉内高温还原气氛下可以还原成 Ti，并与 C、N 生成 TiC、TiN 及其连接固溶体 Ti（NC）。这些钛的氮化物和碳化物在炉缸、炉底生成、发育和集结，与铁水及铁水中析出的石墨等凝结在离冷却壁较近的、被侵蚀严重的炉缸、炉底砖缝和内衬表面。由于钛的碳化物与氮化物熔化温度很高（纯 TiC 为 3150℃，TiN 为 2950℃，TiNC 是固溶体，熔点也很高），从而对炉缸、炉底的内衬起到保护作用。

在使用含钛矿护炉时，应根据高炉的侵蚀情况因地制宜地加入 TiO_2，过少则起不到护炉作用；过多则炉渣变稠，会给操作带来困难。因此，应通过试验确定其合适加入量。许多高炉的生产实践表明，正常的 TiO_2 加入量维持在 5kg/t，不仅不影响高炉冶炼，而且起到护炉效果。当高炉下部侵蚀严重或在炉役后期，钛矿护炉可延缓或挽救炉缸烧穿的严重危机。

1.4　燃料

目前，我国高炉燃料多为焦炭和喷吹煤粉，重油已在 20 世纪 70 年代后半期从高炉生产中退出。

1.4.1 焦炭

1.4.1.1 焦炭的作用

焦炭是高炉冶炼的重要燃料,它在冶炼过程中的作用是:

(1) 燃烧发热,为高炉冶炼提供足够的温度,使渣铁熔化并使各种化学反应得以进行。

(2) 提供还原剂—氧化碳和碳,与铁氧化物反应,将铁还原出来。

(3) 支撑料柱,维持高炉内料柱的透气性。焦炭在料柱中占 1/3 ~ 1/2,它的粒度比矿石大,在高温下既不软化也不熔化,对改善高炉料柱的透气性与透液性有重要作用,特别是在高炉下部,其使煤气流能够顺利通过并合理分布。

(4) 作生铁渗碳剂。纯铁熔点很高(1535℃),在高炉冶炼的温度下难以熔化;但是当铁在高温下与燃料接触而不断渗碳后,其熔化温度逐渐降低,可达 1150℃。这样,生铁在高炉内能顺利熔化、滴落,与脉石组成的熔渣良好分离,保证高炉生产过程连续不断地进行。生铁碳含量达 3.5% ~ 4.5%,主要来自焦炭。

随着高炉喷煤技术的应用和风温水平的提高,焦炭作为发热剂、还原剂、渗碳剂的作用相对减弱,而其料柱骨架的作用却越来越重要。

1.4.1.2 高炉冶炼对焦炭的质量要求

(1) 固定碳含量要高,灰分要低。固定碳和灰分是焦炭的主要组成部分,两者互为消长关系。固定碳含量高,单位焦炭提供的热量和还原剂就多,灰分含量相应降低。焦炭灰分高,不但使固定碳含量降低,还带来如下一系列不良影响:

1) 灰分成分中约 80% 是 SiO_2 和 Al_2O_3,灰分增加,则高炉渣量随之增加。高炉灰分每增加 1%,需补入为 SiO_2 增量 1.1 倍的 CaO,高炉渣量增加数为燃料比的 1%,约合 5kg/t。

2) 灰分在炼焦过程中不能熔融,对焦炭中各种组织的黏结不利,使裂纹增多、强度降低。

3) 灰分与焦炭的膨胀性不同,在高炉加热后,灰分颗粒周围产生裂纹,使焦炭裂化、粉碎。

4) 灰分中的碱金属和 Fe_2O_3 等都对焦炭的气化反应起催化作用,使焦炭反应性指数增高,影响反应后的强度。

1995 年以后,宝钢配合煤中强黏结性煤比并未增加,且低于国内平均水平;但由于降低了配合煤的灰分,其黏结性能、结焦性能得到改善,焦炭质量全面提高。

(2) 硫分要少。高炉燃料(焦炭和煤粉)带入的硫量约占高炉硫负荷的 80%,根据生产实际,焦炭中的硫每增加 0.1%,焦比会增加 1% ~ 3%,生铁减产 2% ~ 5%。

(3) 挥发分要低。挥发分是焦炭成熟程度的标志。挥发分低,说明结焦后期热分解与热聚缩程度高,气孔壁材质致密,有利于焦炭显微硬度、耐磨强度和反应后强度的提高。因此,挥发分以低为好,合适的挥发分在 0.7% ~ 1.4% 之间。

(4) 焦炭水分要少且稳定。焦炭水分波动会引起入炉干焦量的变化,即焦炭真实负荷的波动,从而造成热制度的波动,因此,水分稳定比水分值更重要。但水分过高,焦粉会黏附在焦块上不易筛除,从而带入高炉,这也是不利的,因此,希望水分稳定在较低水平。利用中子测水和自动补偿技术,保持配料的焦炭负荷不变,可以消除水分波动对高炉冶炼的影响。

（5）磷和碱金属也是需要控制的成分。

（6）焦炭机械强度要高。焦炭机械强度包括抗碎强度与耐磨强度。焦炭承受冲击力时将沿结构的裂纹或缺陷处碎成小块，焦炭抵抗这种破坏的能力称为抗碎强度（M_{40}）。当焦炭外表面承受的摩擦力超过气孔壁强度时将产生碎屑粉末，焦炭抵抗此种破坏的能力称为耐磨性或耐磨强度（M_{10}）。M_{40}与M_{10}指标从总体上反映了焦炭在高炉冶炼过程中保持粒度的能力。M_{40}与M_{10}指标好的焦炭，特别是M_{10}指标好的焦炭，能较好地抵抗高炉中各种因素的侵蚀和作用，使高炉技术经济指标得到改善。生产实践的经验数据为：M_{40}每升高1%，高炉利用系数增加 0.04t/($m^3 \cdot$ d)，综合焦比下降 5.6kg/t；M_{10}每改善 0.2%，高炉利用系数增加 0.05t/($m^3 \cdot$ d)，综合焦比下降7kg/t。而高炉使用强度差的焦炭时，则产生多种不良后果，见表1-3。

表1-3　高炉使用强度差的焦炭时产生的后果

部　位	后　　果
块状带	焦粉增多，炉尘损失增多，阻力增大
软熔带	某些焦炭层内焦粉多，影响煤气的再分布
滴落带	粉焦使气流阻力增大，通过该区的煤气减少，通过其下的焦炭层而流下炉墙的煤气增多，边缘气流增强；同时，区内滞留的熔融物增多
风口区	回旋区深度减小、高度增加、边缘气流增多，气流难以到达高炉中心；渗透性变坏，铁水、熔渣淤积，引起风口烧坏和灌渣
炉　缸	中心气流少，炉缸温度降低，铁渣成分变坏、流动不良、排放困难，形成炉缸堆积
全　局	上部气流分布紊乱，下部风压升高，高炉热交换、还原和顺行全部破坏

（7）焦炭粒度要合适、均匀、稳定。焦炭的平均粒度是矿石平均粒度的 3~5 倍，为40~50mm，具体要求应根据高炉容积、操作水平和指标水平，并以焦炭本身强度为基础来考虑。焦炭粒度要均匀，这样才能使高炉有良好的透气性和透液性。焦炭粒度的稳定与否取决于焦炭强度，有些国家选用的焦炭粒度虽小，但强度极好，M_{40}在 80% 以上，M_{10}在7% 以下；有些国家焦炭强度较差，则应提高粒度下限。我国高炉对焦炭粒度的要求为：大高炉焦炭粒度为 40~80mm，中小高炉焦炭粒度为 25~60mm。如果入炉焦炭粒度的允许下限控制过高，对合理利用焦炭资源不利。20 世纪 80 年代初，日本新日铁高炉曾将 7~20mm 的小块焦混到矿石中使用，历时 8 个月，证明确实有改善煤气利用率和料柱透气性的作用。1989 年 8 月，攀钢 3 号高炉做了焦丁与矿石混装试验，取得良好的冶炼效果。1993 年 4 月，武钢 5 号高炉在提高入炉焦炭粒度下限的同时，将筛下焦中 10~30mm 的小块焦与矿石混装入炉，也取得了较好的效果。国内外大量研究表明：在入炉矿石中混加部分焦丁后，高炉径向的矿焦比（O/C）值分布优于层装。焦丁较均匀地混在烧结矿中，可以在一定程度上改变块状带和软熔带的结构，使其低压差区扩大且高压差区的 Δp 值下降。焦丁颗粒混于软熔层中，改变了软熔层熔融不透气的物理状况，使软熔带乃至整个料柱的透气性得到改善。此外，焦丁粒度小、易气化，在炉内将优先参与熔损反应，从而减少了冶金焦的熔损，使风口焦的平均粒度增大，炉缸的焦炭强度提高。因焦丁与矿石接触良好，故焦丁熔损反应时所产生的 CO 可立即和矿石起还原反应，这既强化了煤气的作用，减少了

直接还原耗碳，又有利于传热、传质和化学反应。高炉入炉的适宜焦丁量为 20～50kg/t。

（8）焦炭的高温性能要好。焦炭的高温性能包括反应性 *CRI* 和反应后强度 *CSR*。反应性是指焦炭发生气化反应的速度，它是衡量焦炭在高温状态下抵抗气化能力的化学稳定性指标。高炉冶炼过程中焦炭破碎主要由化学反应消耗碳造成，如焦炭气化反应（$C + CO_2 = 2CO$）、焦炭与炉渣反应（$C + FeO = Fe + CO$）、铁焦反应（$C + 3Fe = Fe_3C$）。焦炭的反应性高，在高炉内熔损的比例就高，最终导致焦炭结构疏松、气孔增大、气孔壁变薄，强度下降过程加剧，因此，希望焦炭的反应性低些。反应后强度是衡量焦炭在经受碱金属侵蚀状态下保持高温强度的能力，显然，希望焦炭反应后强度高些。

焦炭质量是高炉生产稳定顺行的基础，尤其是在高炉采用大喷煤的情况下更是如此。大量高炉喷煤后，由于焦比的下降，焦炭负荷由全焦冶炼时的 3.0 以下升高到 4.0～5.0，甚至达 6.0，工作条件的恶化要求焦炭必须具有更高的强度，才能在到达风口时仍然保持其原始粒度。鉴于焦炭灰分对高炉冶炼过程，特别是焦炭质量本身的全面影响，而我国焦炭质量最突出的弱点又恰恰是灰分高，因此强调降低焦炭灰分。此外，还要密切关注焦炭粒度、强度和水分的变化，及时对高炉进行调剂，保证高炉稳定、顺行。

据统计，高炉在高冶炼强度和高喷煤比条件下，焦炭质量水平对高炉指标的影响率在 35% 左右。焦炭质量变化对高炉生产的影响见表 1-4。

表 1-4 焦炭质量变化对高炉生产的影响

焦炭质量变化	高炉燃料比	利用系数	生铁产量
M_{40}，+1.0%	-5.0kg/t	+4%	+1.5%
M_{10}，-0.2%	-7.0kg/t	+4%	+4%
灰分，+1.0%	+（1.0%～2.0%）	（渣量 +2%）	-（2%～2.5%）
硫分，+0.1%	+（1.5%～2.0%）		-（2%～5%）
水分，+1.0%	+（1.1%～1.3%）		-5%
CSR，+1.0%	-（5%～11%）		
CRI，+1.0%	+（2%～3%）		
<5mm 粒级，+7%	+1.6%		

1.4.2 喷吹煤粉

现在，我国冶金企业多数高炉都采用喷吹煤粉的工艺，以节约焦炭、降低成本。高炉喷吹煤粉的类型主要是无烟煤、烟煤，也可喷吹褐煤或焦粉。一般情况下，无烟煤挥发分低、可磨性和燃烧性差，但发热量很高；而烟煤则挥发分高、可磨性和燃烧性好，不过发热量低。所以单一喷吹哪一种煤都不经济。如果将这两种煤按一定比例配合起来喷吹，扬长避短，可获得最佳经济效果。高炉喷吹用煤应能满足高炉工艺的要求，这样有利于提高置换比和扩大喷煤量。高炉冶炼对喷吹煤粉的要求是：

（1）煤粉灰分越低越好，一般要求低于或接近焦炭灰分，最高不大于 15%。煤粉水分要低于 1%，以便于输送，并减少在炉缸中的吸热反应。

（2）硫含量越低越好，一般要求小于 0.7%，最高不大于 1.0%。

（3）胶质层厚度适宜，一般要求小于 10mm，以免在喷吹过程中风口结焦和堵塞喷枪，影响喷吹和高炉正常生产。

（4）煤的可磨性要好，这样，制粉耗电少，磨煤机台时产量高，可以降低成本。因为高炉喷煤需要将煤磨到一定粒度，例如小于 0.088mm（180 目）粒级比例达到 85%。煤粉粒度细，有利于采用气动输送，减轻对管道的磨损；并有利于在风口前迅速而完全地燃烧，促进炉况的顺行。

（5）煤的燃烧性能要好，即着火点温度低，燃烧性、反应性强。燃烧性能好的煤在风口有限的空间、时间内能充分燃烧，少量未燃煤粉也因反应性强而与高炉煤气中的 CO_2、H_2O 反应气化，不给高炉冶炼带来麻烦。此外，燃烧性能好的煤也可磨得粗些，这样就为降低磨煤能耗和费用提供了条件。

（6）煤的发热值要高。因为喷入高炉的煤是以其放出的热量和形成的还原剂来代替焦炭在高炉内提供的热源和还原剂，其发热值越高，在高炉内放出的热量越多，置换的焦炭量也就越多。

（7）煤的灰分熔点温度要高一些。当灰分熔点温度太低时，风口容易挂渣和堵塞喷枪。灰分熔点温度主要取决于 Al_2O_3 含量，当其含量占灰分总量的 40% 时，煤灰的软化温度会超过 1500℃。

【技术操作】

任务 1-1　原燃料的筛分检测

原燃料的粒度对高炉料柱的透气性有很大的影响，生产时每班必须进行取样筛分检测。某 1380m³ 高炉的筛分检测内容如下。

A　取样

取样时，随机在料仓振动筛出口处均衡采取，采样重量为 10~50kg。取样时间在每班接班后 2h 内进行，特殊情况下由值班工长决定并报车间。

B　筛分

取样后分别使用不同孔径的筛子对原燃料进行筛分检查，其检测内容（粒度组成）为：

机烧	<5mm	5~10mm	10~25mm	>25mm
球团	<10mm	10~15mm	>15mm
焦炭	<25mm	25~40mm	40~60mm	>60mm

C　记录

最后将筛分结果如实记录，并填写报表数据，供操作人员进行高炉操作时参考。

任务 1-2　原燃料的质量分析

A　烧结矿质量的分析

（1）观察烧结矿的颜色。发现白点较多时，烧结矿易碎裂，粉末含量增加较多。

（2）观察烧结矿强度的变化。强度变差时，烧结矿入炉后易碎，造成高炉料柱透气性变差。

（3）观察烧结矿粒度、粒度组成的变化（根据筛分检测结果）。特别要注意小于 5mm

的粉末含量的变化，当小于 5mm 的粉末含量增加较多时，易造成高炉料柱透气性变差、高炉煤气流边缘或中心自动加重现象。

（4）观察 FeO 含量的变化（根据化验成分）。FeO 含量高，表明烧结矿中难还原的硅酸铁多，烧结矿过熔而使结构致密、孔隙率低、还原性差。

B 焦炭质量的分析

（1）观察焦炭外观。好的焦炭块度大、气孔小、密实、均匀，手掂沉重，呈银灰色，焦炭块近似为方形或长方形，敲打发出清脆的金属声，棱角分明。

（2）观察焦炭粒度的变化。小于 15mm 粉末的含量增加，料柱透气性变差，高炉接受风量的能力减弱。

（3）观察强度的变化。焦炭内部颜色暗黑，碎裂纹增多，强度较差，入炉后粉末增加，高炉接受风量的能力减弱。

（4）观察含水量的变化。如果水分含量不高，外表呈银灰白色。当焦炭含水量大时，易造成实际入炉焦炭量的减少和高炉热制度的波动，同时，增加入炉粉焦量会影响料柱透气性。

【问题探究】

1-1 高炉用铁矿石的类型有哪些？

1-2 高炉冶炼对铁矿石的质量要求是什么？

1-3 碳酸盐直接入炉对高炉冶炼有何影响？

1-4 焦炭在高炉中的作用是什么，焦炭灰分对高炉冶炼有什么影响？

1-5 为什么要降低焦炭的反应性（CRI）？

1-6 计算：用含铁 50%、含磷 0.17% 的矿石冶炼炼钢生铁，生铁中 $w[\text{Fe}] = 92\%$，试计算说明用这种矿石能否炼出含磷合格的生铁（生铁允许最高含磷 0.4%，冶炼每吨生铁由熔剂、燃料带入的磷按 0.3kg 计）？

【技能训练】

项目 1-1 识别炼铁原燃料

根据出示的原燃料试样，写出相应的原料名称与主要化学成分。

项目 1-2 写出焦炭的质量分析报告

根据表 1-5 所示焦炭的理化指标，写出焦炭的质量分析报告。

表 1-5 焦炭的理化指标

焦炭名称	工业分析/%				灰分中 $K_2O + Na_2O$ /%	热强度/%	
	灰分	挥发分	硫分	固定碳		CRI	CSR
山丹焦	16.80	1.53	1.09	81.89	1.608	35.8	48.6
大地焦	15.15	1.65	0.96	83.40	1.769	33.5	50.4
铁西焦	13.43	1.04	0.88	85.59	0.924	31.17	54.28

项目 1-3　写出烧结矿的质量分析报告

根据表 1-6 所示烧结矿的理化指标，写出烧结矿的质量分析报告。

表 1-6　烧结矿的理化指标

名称	化学成分/%									筛分 <5mm /%	碱度
	TFe	FeO	CaO	MgO	SiO$_2$	Al$_2$O$_3$	S	P	ZnO		
烧结矿 1	49.24	8.02	15.54	2.54	8.42	1.90	0.19	0.043	0.044	12.33	1.85
烧结矿 2	55.12	13.24	9.39	2.98	7.22	1.86	0.20	0.042	0.245	16.25	1.30

项目 1-4　写出球团矿的质量分析报告

根据表 1-7 所示球团矿的理化指标，写出球团矿的质量分析报告。

表 1-7　球团矿的理化指标

名称	化学成分/%						碱度	RI /%	$RDI_{-0.5}$ /%	荷重软化温度/℃		
	TFe	FeO	CaO	MgO	SiO$_2$	K$_2$O + Na$_2$O				$t_{开始}$	$t_{终了}$	Δt
球团矿 1	61.5	0.64	0.54	0.38	5.97	0.159	0.09	52.2	11.96	945	1155	210
球团矿 2	61.71	2.93	4.14	0.52	4.13		1.00	76.7	12.89	998	1201	203

2 高炉基本操作制度的制定与调节

【学习目标】

（1）理解铁氧化物还原反应的热力学规律，掌握直接还原与间接还原对碳素消耗的影响特点；

（2）理解未反应核模型理论，掌握影响矿石还原速度的因素；

（3）掌握硅、锰、磷在高炉内的还原条件，生铁渗碳及生铁的形成过程；

（4）了解高炉炉渣的成分和作用、炉渣碱度的含义及表达式，掌握高炉炉渣结构、矿物组成、性质及其对高炉冶炼的影响；

（5）掌握高炉内炉渣脱硫的条件和影响生铁硫含量的因素；

（6）掌握燃烧反应、燃烧带及焦炭回旋区对高炉冶炼的影响，掌握高炉煤气上升过程中的变化及高炉内的热交换过程；

（7）掌握炉料下降的条件、炉料在高炉内的分布与运动、高炉内煤气流的分布及炉料和煤气运动的相互影响；

（8）了解选择与确定高炉基本操作制度的依据；

（9）会进行炼铁配料计算、物料平衡计算与热平衡计算；

（10）能够进行炉料的校正；

（11）能够对高炉基本操作制度进行分析，并根据具体条件进行上部调剂与下部调剂。

【相关知识】

高炉冶炼是一个连续而复杂的物理、化学过程，它不但包含炉料下降与煤气流上升之间产生的热量和动量的传递，还包括煤气流与矿石之间的传质现象。只有动量、热量和质量的传递稳定进行，高炉炉况才能稳定顺行。操作制度是根据高炉具体条件（如高炉炉型、设备水平、原料条件、生产计划及品种指标要求）制定的高炉操作准则，选择合理的操作制度是高炉操作的基本任务。高炉基本操作制度包括炉缸热制度、造渣制度、送风制度和装料制度。合理的操作制度应能保证煤气流的合理分布和良好的炉缸工作状态，促使高炉稳定顺行，从而获得优质、高产、低耗和长寿的冶炼效果。

2.1 铁矿石的还原理论

2.1.1 高炉内还原剂的选择

金属与氧的亲和力很强，除个别金属能从其氧化物中分解出来外，几乎所有金属都不能靠简单加热的方法从氧化物中分离出来，必须依靠某种还原剂夺取氧化物中的氧，使之变成金属元素。高炉冶炼过程基本上就是铁氧化物的还原过程（除铁的还原外，高炉内还有少量硅、锰、磷等元素的还原），还原反应贯穿整个高炉冶炼的始终。

金属氧化物的还原反应常用下列通式表示：

$$MeO + B \xrightarrow{} Me + BO \tag{2-1}$$

式中　MeO——被还原的金属氧化物；

　　　Me——还原得到的金属；

　　　B——还原剂；

　　　BO——还原剂被氧化得到的产物。

从式（2-1）看出，MeO 失去 O 被还原成 Me，B 得到 O 而被氧化成 BO。从电子论的实质来看，氧化物中金属离子是经历获得电子的过程，还原剂是经历失去电子的过程。

根据化学反应发生的条件可知，选择还原剂的热力学条件是：

$$\Delta_f G^{\ominus}(BO) < \Delta_f G^{\ominus}(MeO) \tag{2-2}$$

显然，还原剂氧化物的标准生成吉布斯自由能（$\Delta_f G^{\ominus}$）越小，其与氧的亲和力越大，夺取氧的能力就越强。

图 2-1 列举出高炉中常见氧化物的标准生成吉布斯自由能随温度变化的关系（对 $1 mol O_2$ 而言）。

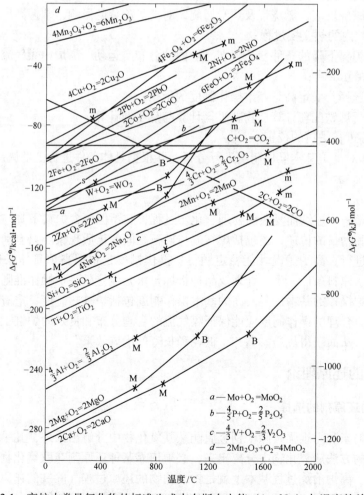

图 2-1　高炉中常见氧化物的标准生成吉布斯自由能（$1 mol O_2$）与温度的关系

在图 2-1 上位置越低的氧化物，其 $\Delta_f G^{\ominus}$ 值越小（负值越大），该氧化物越稳定，越难还原。凡是在铁以下的物质，其单质都可用来还原铁的氧化物，例如，Si 可以还原 FeO，如果两线有交点，则交点温度即为开始还原温度。高于交点温度，下面的单质能还原上面的氧化物；低于交点温度，则反应逆向进行。如两线在图中无交点，那么下面的单质一直能还原上面的氧化物。从热力学的有关手册数据以及图 2-1 中可以了解到，高炉冶炼常遇到的各种金属元素还原的难易顺序（由易到难）为：Cu，Pb，Ni，Co，Fe，Cr，Mn，V，Si，Ti，Al，Mg，Ca。从热力学角度来讲，按前面顺序排列的各元素中，排在铁后面的各元素均可作为铁氧化物的还原剂。

由于铁是需要量很大的普通金属，作为还原剂的物质必须在自然界中储存量大、易开采、廉价且不易造成环境污染。因此，从热力学与经济学两者的角度共同考虑，高炉生产中选择碳素、CO 及 H_2 作为还原剂。

在高炉冶炼条件下，Cu、Pb、Ni、Co、Fe 为易被全部还原的元素，Cr、Mn、V、Si、Ti 为只能部分被还原的元素，Al、Mg、Ca 为不能被还原的元素。

2.1.2 铁氧化物还原的热力学

炉料中铁氧化物的存在形态有 Fe_2O_3、Fe_3O_4、Fe_xO 等，但最后都是经 Fe_xO 的形态被还原成金属 Fe。Fe_xO 是立方晶系氯化钠型的缺位晶体，称为方铁矿，常称为"浮士体"，$x = 0.87 \sim 0.95$。但在讨论 Fe_xO 参与化学反应时，为方便起见，仍将其记为 FeO，并认为它是有固定成分的化合物。

生产实践和科学研究都已经证明，铁氧化物无论用何种还原剂还原，其还原顺序都是由高级氧化物向低级氧化物逐级变化的，变化顺序（高于 570℃时）为：

$Fe_2O_3 \rightarrow Fe_3O_4 \rightarrow FeO \rightarrow Fe$，此时各阶段的失氧量可写为：

$$3Fe_2O_3 \rightarrow 2Fe_3O_4 \rightarrow 6FeO \rightarrow 6Fe$$
$$1/9 \qquad 2/9 \qquad 6/9$$

可见，第一阶段（$Fe_2O_3 \rightarrow Fe_3O_4$）失氧数量少，因而还原是容易的，越到后面失氧量越多，还原越困难。一半以上（6/9）的氧是在最后阶段，即从 FeO 还原到 Fe 的过程中被夺取的，所以铁氧化物中 FeO 的还原具有最重要的意义。

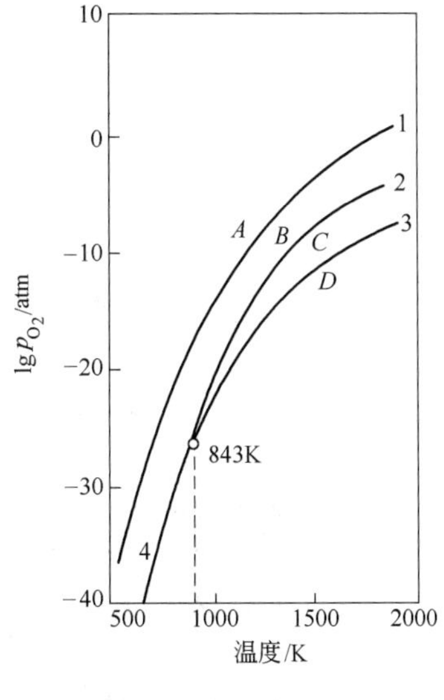

铁氧化物的分解压与温度的关系（如图 2-2 所示）指出：低于 570℃时，$p_{O_2}(FeO) > p_{O_2}(Fe_3O_4)$，FeO 不稳定，会立即按下式分解：

$$4FeO =\!=\!= Fe_3O_4 + Fe \qquad (2-3)$$

所以，此时的还原顺序是：$Fe_2O_3 \rightarrow Fe_3O_4 \rightarrow Fe$。

图 2-2 铁氧化物的分解压与温度的关系

铁的高价氧化物的分解压比低价氧化物大，故在高炉的温度条件下，除 Fe_2O_3 不需要还原剂（只靠热分解）就能得到 Fe_3O_4 外，Fe_3O_4、FeO 必须使用还原剂夺取其中的氧。

2.1.2.1   用 CO 还原铁氧化物

矿石入炉后，在加热温度未超过 1000℃ 的高炉中上部，铁氧化物中的氧是被煤气中 CO 夺取而产生 CO_2 的。这种还原过程不是直接用焦炭中的碳素作还原剂，故称为间接还原，其还原反应方程式为：

低于 570℃ 时 $3Fe_2O_3 + CO \rightleftharpoons 2Fe_3O_4 + CO_2 + 27130kJ$ (2-4)

$Fe_3O_4 + 4CO \rightleftharpoons 3Fe + 4CO_2 + 17160kJ$ (2-5)

高于 570℃ 时 $3Fe_2O_3 + CO \rightleftharpoons 2Fe_3O_4 + CO_2 + 27130kJ$

$Fe_3O_4 + CO \rightleftharpoons 3FeO + CO_2 - 20888kJ$ (2-6)

$FeO + CO \rightleftharpoons Fe + CO_2 + 13600kJ$ (2-7)

当 Fe_2O_3、Fe_3O_4 等为纯物质时，其活度 $a_{Fe_2O_3} = a_{Fe_3O_4} \approx 1$，这些反应的平衡常数为：

$$K_p = \frac{p_{CO_2}}{p_{CO}} = \frac{\varphi(CO_2)}{\varphi(CO)}$$

式中　$\varphi(CO_2)$，$\varphi(CO)$——分别为某一温度下，反应处于平衡状态时 CO_2、CO 的浓度，%。

在不计气相中其他惰性成分（如 N_2）的条件下，$\varphi(CO) + \varphi(CO_2) = 100\%$，联解上两式可得：

$$\varphi(CO) = \frac{1}{K_p + 1} \times 100\%$$ (2-8)

对不同温度和不同铁氧化物而言，由于 K_p 值不同（CO 还原铁氧化物反应的基本热力学数据见表 2-1），可求得不同温度下的平衡气相成分 $\varphi(CO)$，绘成图 2-3。

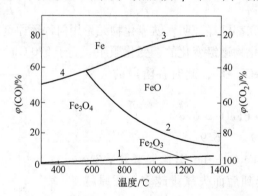

图 2-3　用 CO 还原铁氧化物的平衡气相成分与温度的关系

表 2-1　CO、H_2 还原铁氧化物的基本热力学数据

反 应 式	$\Delta H^\ominus / J \cdot mol^{-1}$	$lgK_p = f(T)$
$3Fe_2O_3 + CO = 2Fe_3O_4 + CO_2$	-67240	$lgK_p = 2726/T + 2.144$
$Fe_3O_4 + CO = 3FeO + CO_2$	-22400	$lgK_p = -1373/T - 0.341lgT + 0.41 - 10^{-3}T + 2.303$
$1/4 Fe_3O_4 + CO = 3/4Fe + CO_2$	-25290	$lgK_p = -2462/T - 0.99T$
$FeO + CO = Fe + CO_2$	-13190	$lgK_p = 688/T - 0.9$
$3Fe_2O_3 + H_2 = 2Fe_3O_4 + H_2O$	-21810	$lgK_p = -131/T + 4.42$
$Fe_3O_4 + H_2 = 3FeO + H_2O$	-63600	$lgK_p = -3410/T + 3.61$
$1/4 Fe_3O_4 + H_2 = 3/4Fe + H_2O$	-20520	$lgK_p = -3110 + 2.72T$
$FeO + H_2 = Fe + H_2O$	-28010	$lgK_p = -1225/T + 0.845$

图 2-3 中曲线 1 为反应 $3Fe_2O_3 + CO \rightleftharpoons 2Fe_3O_4 + CO_2$ 的平衡气相成分与温度的关系曲线。它的位置很低，说明平衡气相中 CO 浓度很低，几乎全部为 CO_2。换句话讲，只要少量的 CO 就能使 Fe_2O_3 还原。这是因为反应 $3Fe_2O_3 + CO \rightleftharpoons 2Fe_3O_4 + CO_2$ 的平衡常数 K_p 在不同温度下的值都很大，或者说 Fe_2O_3 的分解压很大，其反应很容易向右进行，一般把它看作不可逆反应。该反应在高炉上部低温区就可全部完成。

曲线 2 是反应 $Fe_3O_4 + CO \rightleftharpoons 3FeO + CO_2$ 的平衡气相成分与温度的关系曲线。它向下倾斜，即平衡气相中 CO 的浓度随温度的升高而降低，说明随温度升高 CO 的利用程度提高，这个反应是吸热反应，温度升高有利反应向右进行。当温度一定时，平衡气相成分是定值。如果气相中的 CO 浓度高于这一定值，反应向右进行；低于这一定值，反应则向左进行，使 FeO 进一步被氧化而成 Fe_3O_4。

曲线 3 是反应 $FeO + CO \rightleftharpoons Fe + CO_2$ 的平衡气相成分与温度的关系曲线。它向上倾斜，即反应平衡气相中 CO 的浓度随温度的升高而增大，说明 CO 的利用程度随温度的升高而降低，该反应属于放热反应，升高温度时不利于反应向右进行。

曲线 4 是反应 $Fe_3O_4 + 4CO \rightleftharpoons 3Fe + 4CO_2$ 的平衡气相成分与温度的关系曲线。它与曲线 3 一样，是向上倾斜的，并在 570℃ 的位置与曲线 2、3 相交，这说明该反应仅在 570℃ 以下才能进行，升高温度不利于反应向右进行。由于温度低，反应进行的速度很慢，该反应在高炉中发生的数量不多，其意义也不大。

曲线 2、3、4 将图 2-3 分为三部分，分别称为 Fe_3O_4、FeO、Fe 的稳定存在区域。稳定区的含义是该化合物在该区域条件下能够稳定存在，例如在 800℃ 条件下，还原气相在该区域中保持 $\varphi(CO) = 20\%$ 时，投进 Fe_2O_3 将被还原成 Fe_3O_4，而投进 FeO 则被氧化成 Fe_3O_4，所以稳定存在的物质只有 Fe_3O_4。若想在 800℃ 下得到 FeO 或 Fe，必须把 CO 的浓度相应保持在 35.1% 以上或 65.3% 以上才有可能。所以，稳定区的划分取决于温度和气相成分两方面。

由于 Fe_3O_4 和 FeO 的还原反应均属可逆反应，即在某温度下有固定平衡成分，用 1molCO 不可能把 1mol Fe_3O_4（或 FeO）还原为 3molFeO（或金属 Fe），而必须要有更多的还原剂 CO，才能使反应后的气相成分满足平衡条件需要。或者说，为了使 1mol Fe_3O_4 或 FeO 能彻底还原完毕，必须要加过量的还原剂 CO 才行。所以，更正确的反应式应写为：

高于 570℃ 时　　　　　　$Fe_3O_4 + nCO \rightleftharpoons 3FeO + CO_2 + (n-1)CO$

　　　　　　　　　　　　$3FeO + nCO \rightleftharpoons 3FeO + CO_2 + (n-1)CO$

低于 570℃ 时　　　　　　$Fe_3O_4 + 4nCO \rightleftharpoons 3Fe + 4CO_2 + 4(n-1)CO$

式中　n——还原剂的过量系数，其大小与温度有关，其值大于 1。

n 可根据平衡常数 K_p 求得，也可按平衡气相成分求得：

$$K_p = \frac{p_{CO_2}}{p_{CO}} = \frac{\varphi(CO_2)}{\varphi(CO)} = \frac{1}{n-1} \tag{2-9}$$

则

$$n = 1 + \frac{1}{K_p} \tag{2-10}$$

将 $K_p = \varphi(CO_2)/\varphi(CO)$ 代入式 (2-10)：

$$n = \frac{1}{\varphi(CO_2)} \tag{2-11}$$

正因为如此，高炉中不可能将 CO 完全转变成 CO_2，炉顶煤气中必定还有一定数量的CO 存在。CO 转变成 CO_2 的程度称为煤气 CO 的利用率，用 η_{CO} 表示，$\eta_{CO} = \dfrac{\varphi(CO_2)}{\varphi(CO) + \varphi(CO_2)} \times 100\%$，其值越大，表明煤气化学能的利用程度越高。高炉煤气中，η_{CO} 的值一般为 $40\% \sim 50\%$。

2.1.2.2　用 H_2 还原铁氧化物

在不喷吹燃料的高炉上，煤气中的 H_2 浓度仅为 $1.8\% \sim 2.5\%$，它主要由鼓风中的水分在风口前高温分解产生。在喷吹燃料（特别是烟煤、天然气）的高炉内，煤气中 H_2 的浓度显著增加，可达 $5\% \sim 8\%$。氢与氧的亲和力很强，所以氢也是高炉冶炼中的还原剂。用氢还原铁氧化物的顺序与 CO 还原时一样，即：

$$高于 570℃ \qquad 3Fe_2O_3 + H_2 \Longrightarrow 2Fe_3O_4 + H_2O + 21800kJ \qquad (2\text{-}12)$$

$$Fe_3O_4 + H_2 \Longrightarrow 3FeO + H_2O - 63570kJ \qquad (2\text{-}13)$$

$$FeO + H_2 \Longrightarrow Fe + H_2O - 27700kJ \qquad (2\text{-}14)$$

$$低于 570℃ \qquad 3Fe_2O_3 + H_2 \Longrightarrow 2Fe_3O_4 + H_2O + 21800kJ$$

$$Fe_3O_4 + 4H_2 \Longrightarrow 3Fe + 4H_2O - 146650kJ \qquad (2\text{-}15)$$

上述反应除式（2-12）为不可逆反应外，其余均为可逆反应，即在一定温度下有固定的平衡常数 $K_p = \dfrac{p_{H_2O}}{p_{H_2}} = \dfrac{\varphi(H_2O)}{\varphi(H_2)}$。用 H_2 还原铁氧化物的平衡气相成分与温度的关系，如图 2-4 所示。

曲线 1、2、3、4 相应表示反应式（2-12）、式（2-13）、式（2-14）和式（2-15）的平衡气相成分与温度的关系。曲线 2、3、4 向下倾斜，说明均为吸热反应，随温度升高，平衡气相中的还原剂含量降低，而 H_2O 含量增加，这与 CO 的还原不同。

为了比较，将图 2-4 与图 2-3 绘成图 2-5。可见，用 H_2 和 CO 还原 Fe_3O_4 和 FeO 时的平衡曲线都交于 810℃。当温度低于 810℃ 时，$\dfrac{p_{H_2O}}{p_{H_2}} < \dfrac{p_{CO_2}}{p_{CO}}$；当温度等于 810℃ 时，$\dfrac{p_{H_2O}}{p_{H_2}} = \dfrac{p_{CO_2}}{p_{CO}}$；当温度高于 810℃ 时，$\dfrac{p_{H_2O}}{p_{H_2}} > \dfrac{p_{CO_2}}{p_{CO}}$。

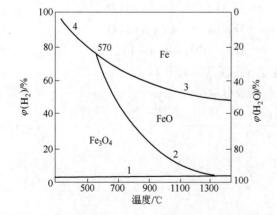
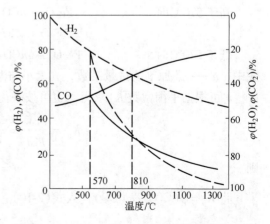

图 2-4　用 H_2 还原铁氧化物的平衡气相成分与温度的关系　　图 2-5　Fe-O-C 与 Fe-O-H 系气相平衡成分比较

以上说明 H_2 的还原能力随温度的升高不断提高，在 810℃ 时，H_2 与 CO 的还原能力相同；在 810℃ 以上时，H_2 的还原能力高于 CO 的还原能力；而在 810℃ 以下时，CO 的还原能力高于 H_2。

H_2 与 CO 的还原相比，其相同点是：

（1）均属间接还原，间接还原也可定义为用 CO 或 H_2 作还原剂、生成 CO_2 或 H_2O 的反应。

（2）反应前后气相体积没有变化，即反应不受压力影响。

（3）除 Fe_2O_3 的还原外，Fe_3O_4、FeO 的还原均为可逆反应。为了使铁氧化物能彻底还原，都需要过量的还原剂。

（4）高炉内发生反应的温度区域为低于 1100℃ 的温度区域。

其不同点是：

（1）从反应的热力学因素来看，在 810℃ 以上时，H_2 的还原能力高于 CO；在 810℃ 以下时，则相反。

（2）从反应的动力学因素来看，因为 H_2 与其反应产物 H_2O 的分子半径均比 CO 与其反应产物 CO_2 的分子半径小，因而扩散能力强。此外，H_2 黏度小、导热快、传输氧的能力强，其还原反应速度比 CO 还原反应速度要快。

（3）在高炉冶炼条件下，H_2 既是还原剂又是催化剂。H_2 在 CO 和 C 的还原过程中，把从铁氧化物中夺取的氧又传给了 CO 或 C，起着中间媒介的传递作用。H_2 起催化作用的反应式如下：

在低温区

$$FeO + H_2 =\!=\!= Fe + H_2O$$
$$+)\quad H_2O + CO =\!=\!= H_2 + CO_2$$

$$FeO + CO =\!=\!= Fe + CO_2$$

在高温区

$$FeO + H_2 =\!=\!= Fe + H_2O$$
$$+)\quad H_2O + C =\!=\!= H_2 + CO$$

$$FeO + C =\!=\!= Fe + CO$$

可见，H_2 在中间积极参与还原反应，而最终消耗的还是 C 和 CO。H_2 在高炉冶炼过程中只有一部分参加还原，得到产物 H_2O。据统计，在入炉总 H_2 中，有 30% ~ 50% 的 H_2 参加还原反应并变为 $H_2O_{(g)}$，而大部分 H_2 则随煤气逸出炉外。

实践表明，H_2 在高炉下部高温区内的还原反应激烈，其量为炉内参加还原反应 H_2 量的 85% ~ 100%。而直接代替 C 还原的 H_2 量占炉内参加还原反应 H_2 量的 80% 以上，另外一少部分则代替了 CO 的还原。因此，H_2 的存在可以改善还原过程，促进间接还原的发展和焦比的降低。

在高炉中 H_2 的利用率总是高于 CO，高炉操作数据的统计表明，两者存在下述关系：

$$\eta_{H_2} = (0.88\eta_{CO} + 0.1) \times 100\%$$

2.1.2.3 用固体碳还原铁氧化物

用固体碳还原铁氧化物，生成气相产物 CO 的反应称为直接还原。

由于矿石在高炉上部的低温区内已进行了高炉煤气的间接还原（即矿石在到达高温区之前已受到一定程度的还原），高温区残存下来的铁氧化物主要以 FeO 的形式存在（在崩料、坐料时也可能有少量未经还原的高价铁氧化物落入高温区），因而高炉内铁氧化物直接还原的方程式通常写为：

$$FeO + C \rule[0.5ex]{2em}{0.4pt} Fe + CO - 152200kJ \qquad (2\text{-}16)$$

不同物理状态的矿石，其直接还原的方式也是不同的。矿石在软化和熔化之前，由于与焦炭的接触面积很小，反应的速度会很慢，所以其直接还原反应实际上是借助于碳气化反应（$C + CO_2 \rule[0.5ex]{1.2em}{0.4pt} 2CO$）的叠加来实现。

$$FeO + CO \rule[0.5ex]{2em}{0.4pt} Fe + CO_2 + 13600kJ$$
$$+)\qquad CO_2 + C \rule[0.5ex]{2em}{0.4pt} 2CO - 165800kJ$$
$$\overline{\quad FeO + C \rule[0.5ex]{2em}{0.4pt} Fe + CO - 152200kJ \quad}$$

以上两步反应中，起还原作用的仍然是气体 CO，但最终消耗的是固体碳，故称为直接还原。直接还原 1kgFe 需要吸收的热量为 $\dfrac{152200}{56} = 2720kJ$。

因为碳的气化反应是可逆反应，所以两步式的直接还原不是在任何条件下都能进行的。该反应只有在高温下才能向右进行，此时直接还原才存在。

反应 $CO_2 + C \rule[0.5ex]{1.2em}{0.4pt} 2CO$ 前后气相体积发生变化（由 1mol CO_2 变为 2mol CO），因此反应的进行不仅与气相成分有关，还与压力有关，提高压力有利于反应向左进行。

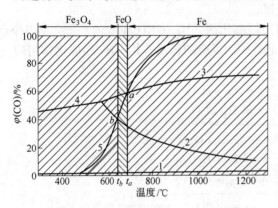

图 2-6　碳的气化反应对还原反应的影响

图 2-6 所示是反应 $CO_2 + C \rule[0.5ex]{1.2em}{0.4pt} 2CO$ 在 1atm（$p = p_{CO} + p_{CO_2} = 10^5 Pa$）下平衡气相成分与温度的关系曲线与图 2-3 的合成图。图 2-6 中，曲线 5 分别与曲线 2、3 交于 b 和 a，两点对应的温度分别是 $t_b = 647℃$，$t_a = 685℃$。

由于碳气化反应的存在，使图 2-3 中的三个稳定区发生了变化。温度高于 685℃ 的区域内，曲线 5 下方，CO 的浓度都低于气化反应达到平衡时气相中 CO 的浓度，而且高炉内又有大量碳存在，所以碳的气化反应总是向右进行，直到气相成分达到曲线 5 为止。在 685℃ 以上的区域内，气相中 CO 的浓度总是高于曲线 1、2、3 的平衡气相中 CO 的浓度，使反应向右进行，直到 FeO 全部还原到 Fe 为止。所以说，高于 685℃ 的区域是 Fe 的稳定存在区。

温度低于 647℃ 的区域内，曲线 5 的位置很低，与前面分析情况相反，碳的气化反应向左进行，即发生 CO 的分解反应，使气相中 CO 减少、CO_2 增多，最后导致 Fe_3O_4 与 FeO 的还原反应也都向左进行，直到全部 Fe 与 FeO 氧化成 Fe_3O_4 并使反应达到平衡为止。所以，温度低于 647℃ 的区域为 Fe_3O_4 的稳定存在区。

温度在 647~685℃ 之间的区域内，曲线 5 的位置高于曲线 2 而低于曲线 3。同理可知，Fe_3O_4 的还原反应向右进行，FeO 的还原反应向左进行，所以该区为 FeO 的稳定存在区。

综上所述，当有碳的气化反应存在时，铁氧化物的稳定区发生变化，由主要依据煤气成分变为以温度界限划分。但高炉内的实际情况又与以上分析不相符，在高炉内低于 685℃ 的低温区，已见到有 Fe 被还原出来，其主要原因有以下几方面：

（1）上述讨论是在平衡状态下得出的结论，而高炉内由于煤气流速很大，煤气在炉内停留时间很短（2~6s），煤气中 CO 的浓度又很高，故使还原反应未达到平衡。

（2）任何反应在低温下的反应速度都很慢，反应达不到平衡状态，所以气相中 CO 浓度在低温下远远高于其平衡气相成分。高炉中除风口前的燃烧区域为氧化区域外，其余都为较强的还原气氛，铁的氧化物则易被还原成 Fe。

（3）685℃是在压力为 $p_{CO} + p_{CO_2} = 10^5 Pa$ 的前提下获得的，而实际高炉内的 $\varphi(CO) + \varphi(CO_2) \approx 40\%$，即 $p_{CO} + p_{CO_2} = 0.4 \times 10^5 Pa$。压力降低，碳的气化反应平衡曲线应向左移动，故高炉内还原生成铁的反应温度应低于 685℃。

（4）碳的气化反应不仅与温度、压力有关，还与焦炭的反应性有关。据测定，一般冶金焦炭在 800℃ 时开始气化反应，到 1100℃ 时明显加速。此时，气相中 CO 浓度几乎达 100%，而 CO_2 浓度几乎为零。故 1000℃ 的等温线常作为高炉内直接还原与间接还原的分界线。这样可以认为高炉内低于 800℃ 的低温区不存在碳的气化反应，也就不存在直接还原，故称为间接还原区。高于 1100℃ 时，气相中不存在 CO_2，也可认为不存在间接还原，所以把该区域称为直接还原区。而在 800~1100℃ 的中温区，两种还原反应都存在，称为混合区，见图 2-7。

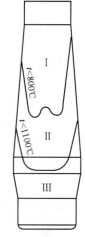

图 2-7　高炉内铁的还原区
示意图
Ⅰ—间接还原区；Ⅱ—混合区；
Ⅲ—直接还原区

在高炉下部的高温区，软熔、熔融滴落的铁氧化物(渣中)的直接还原通过以下方式进行：

$$(FeO) + C_{焦} \Longrightarrow [Fe] + CO_{(g)} \tag{2-17}$$

$$(FeO) + [Fe_3C] \Longrightarrow 4[Fe] + CO_{(g)} \tag{2-18}$$

由于液态渣与焦炭表面接触良好，扩散阻力也比气体在曲折的微孔隙中阻力小，加之又处于高温下，反应速度常数很大，故这类反应的速率很高，Fe 的总回收率大于 99.7%，一般只有极少量的 Fe 进入炉渣中。如遇炉况失常、渣中 FeO 较多时，会造成直接还原增加，而且大量吸热反应还会引起炉温剧烈波动。

2.1.3　铁氧化物直接还原与间接还原的比较

高炉内进行的还原方式共有两种，即直接还原和间接还原。各种还原在高炉内的发展程度可以用铁的直接还原度以及高炉的直接还原度来衡量。

2.1.3.1　铁的直接还原度(r_d)与高炉的直接还原度(R_d)

根据铁氧化物还原的热力学分析可知，高炉内铁的高价氧化物（Fe_2O_3、Fe_3O_4）还原到低价氧化物（FeO）全部为间接还原。从 FeO 的还原开始，以直接还原方式还原出来的铁量与被还原的总铁量之比称为铁的直接还原度，以 r_d 表示：

$$r_d = \frac{m(Fe)_直}{m(Fe)_{生铁} - m(Fe)_料} \tag{2-19}$$

式中　$m(Fe)_直$——FeO 以直接还原方式还原出的铁量，kg；

　　　$m(Fe)_{生铁}$——生铁中的总铁量，kg；

　　　$m(Fe)_料$——炉料中以元素铁的形式带入的铁量，通常指入炉废铁中的铁量，kg。

r_d 处于 0~1 之间，通常为 0.4~0.6。相应地，铁的间接还原度为：

$$r_i = 1 - r_d$$

高炉冶炼过程中，直接还原夺取的氧量 $m(O)_d$（包括还原 Fe、Si、Mn、P 及脱硫等）与还原过程夺取的总氧量 $m(O)_t$ 之比称为高炉的直接还原度，以 R_d 表示：

$$R_d = \frac{m(O)_d}{m(O)_t} = \frac{m(O)_d}{m(O)_d + m(O)_i} \tag{2-20}$$

式中　$m(O)_d$，$m(O)_i$——分别为直接还原与间接还原夺取的氧量；

　　　　$m(O)_t$——还原夺取的总氧量。

上述两个指标都可以评价冶炼过程中直接还原的发展程度。r_d 虽然没有包括非铁元素的直接还原，但在冶炼条件较稳定时能灵敏地反映出还原过程的变化，应用较为广泛。

2.1.3.2　铁氧化物直接还原与间接还原对耗碳量的影响

在高炉内如何控制各种还原反应来改善燃料的热能和化学能的利用，是降低燃料比的关键问题。高炉最低的燃料消耗并不是通过全部直接还原或全部间接还原获得，而是在两者比例适当的条件下获得，这一理论可以通过下面的计算（不加废铁，以吨铁为计算单位）与分析证明。

A　还原剂碳量消耗的计算

（1）用于直接还原铁的还原剂碳量消耗：

$$m(C)_d = \frac{12}{56} \times r_d \cdot w[Fe] \times 10^3$$

式中　$m(C)_d$——生产 1t 生铁直接还原的耗碳量，kg；

　　　　$w[Fe]$——生铁中元素 Fe 的百分含量，%；

　　　　r_d——铁的直接还原度。

（2）用于间接还原铁的还原剂碳量消耗：

$$FeO + nCO \Longrightarrow Fe + CO_2 + (n-1)CO$$

$$m(C)_i = \frac{12}{56} \times n \cdot r_i \cdot w[Fe] \times 10^3 = 0.214 \times n(1-r_d) \cdot w[Fe] \times 10^3$$

式中　$m(C)_i$——生产 1t 生铁间接还原的耗碳量，kg；

　　　　n——还原剂的过量系数。

图 2-8 指出，高炉风口区燃烧生成的 CO 首先遇到 FeO 进行还原：

$$FeO + n_1CO \Longrightarrow Fe + CO_2 + (n_1 - 1)CO$$

$$n_1 = 1 + \frac{1}{K_{p1}}$$

式中，K_{p1} 为平衡常数。还原 FeO 之后的气相产物 $CO_2 + (n_1 - 1)$ CO 在上升过程中遇到 Fe_3O_4，如果能保证从 Fe_3O_4 中还原出相应数量的 FeO，下列反应就可成立：

$$\frac{1}{3}Fe_3O_4 + CO_2 + (n_1 - 1)CO \Longrightarrow FeO + \frac{4}{3}CO_2 + \left(n_1 - \frac{4}{3}\right)CO$$

该反应平衡常数为：

$$K_{p2} = \frac{\varphi(CO_2)}{\varphi(CO)} = \frac{\frac{4}{3}}{n_1 - \frac{4}{3}}, \quad n_1 = \frac{4}{3}\left(\frac{1}{K_{p2}} + 1\right)$$

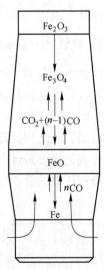

图 2-8　高炉内 CO 还原铁氧化物的示意图

为与 FeO 的还原进行区别，这里把 Fe_3O_4 还原的过量系数 n_1 改写成 n_2，即 $n_2 = \frac{4}{3}$

$(\frac{1}{K_{p2}} + 1)$。当 $n_1 = n_2$ 时，FeO 与 Fe_3O_4 还原时的耗碳量均可满足，相应的耗碳量也是最低的理论耗碳量（$n_1 = n_2 = n$）。不同温度下的 n_1 和 n_2 值，列于表 2-2。

表 2-2 不同温度下的 n_1 和 n_2 值

反应式的 n 值	600℃	700℃	800℃	900℃	1000℃	1100℃	1200℃
$FeO \xrightarrow{n_1 CO} Fe$	2.12	2.5	2.88	3.17	3.52	3.82	4.12
$1/3 Fe_3O_4 \xrightarrow{n_2 CO} FeO$	2.42	2.06	1.85	1.72	1.62	1.55	1.50

将表 2-2 中的数值绘成图 2-9。由于 FeO 的还原是放热反应，所以 n_1 随温度升高而上升；而 Fe_3O_4 的还原为吸热反应，故 n_2 随温度升高而降低。若同时保证两个反应，应取其中的最大值。当 $n_1 = n_2 = n$ 时（即 a 点），是保证两个反应都能完成的最小还原剂消耗量。从图 2-9 可见，在 630℃ 时，$n_1 = n_2 = 2.33$，从而可计算出间接还原时还原剂的最小消耗量（kg）为：

$$m(C)_i = \frac{12}{56} \times n(1 - r_d) \cdot w[Fe] \times 10^3$$
$$= 499.3(1 - r_d)w[Fe]$$

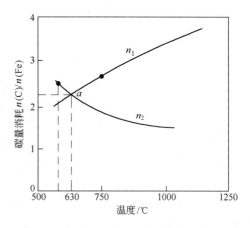

图 2-9 CO 还原铁氧化物的 n 值与温度的关系

可见，仅从还原剂消耗来看，生产出 1t 生铁（不包括其他元素等直接还原的耗碳），全部直接还原的耗碳量要比全部间接还原的耗碳量少。

从还原剂消耗量的角度分析直接还原与间接还原最佳比例的问题时必须考虑到，在高温区进行直接还原所产生的 CO，其上升到高炉上部低温区时仍可参加间接还原反应，无需另行消耗碳来制造 CO。或者说，如果由直接还原产生的 CO 丝毫不加以利用地从炉内逸出，很明显只能造成碳的浪费。故两者的最佳比例，也就是得到最低耗碳量的比例为高温区直接还原产生的 CO 恰好满足间接还原在热力学上所要求的数量。

B 发热剂碳量消耗的计算

从还原反应的热效应来看，间接还原是放热反应：

$$FeO + CO = Fe + CO_2 + 13600kJ$$

还原 1kgFe 的放热量为 $\frac{13600}{56} = 243kJ$；而直接还原则是吸热反应：

$$FeO + C = Fe + CO - 152200kJ$$

还原 1kgFe 的吸热量为 $\frac{152200}{56} = 2720kJ$，两者绝对值相差 10 倍以上。从热量的需求来看，发展间接还原大为有利。

作为发热剂消耗的碳量，$m(C)_Q$ 可根据高温区域热平衡求出：

$$m(C)_Q = \frac{Q_{渣铁} + w[Fe] \times 10^3 \times r_d \times 2720 + Q_{其他} - Q_{风} - Q_{料}}{9797} \quad (2\text{-}21)$$

式中　$Q_{渣铁}$——冶炼 1t 生铁铁水与炉渣从高温区带走的热量，kJ；

　　　$Q_{其他}$——冶炼 1t 生铁高温区的其他热量消耗，包括硅、锰、磷的还原耗热，炉渣脱硫耗热以及高温区的热损失等，kJ；

　　　$Q_{风}$——冶炼 1t 生铁鼓风带入的热量，kJ；

　　　$Q_{料}$——冶炼 1t 生铁炉料带入高温区的热量，kJ；

　　　2720——直接还原 1kg 铁的耗热量，kJ/kg；

　　　9797——1kg 碳燃烧生成 CO 时的发热量，kJ/kg。

显然，随 r_d 的增加 $m(C)_Q$ 升高。

C　综合讨论

综上所述，高炉中碳的消耗应满足三方面需求，即作为直接还原还原剂的消耗、间接还原还原剂的消耗和发热剂的消耗。为了说明清楚，把 $m(C)_d$、$m(C)_i$ 和 $m(C)_Q$ 与铁的直接还原度 r_d 的关系绘在同一图上，如图 2-10 所示。横坐标为铁的直接还原度 r_d，纵坐标为单位生铁的耗碳量（只考虑铁氧化物的还原）。左端纵轴代表全部为间接还原行程，右端纵轴代表全部为直接还原行程。$m(C)_Q$ 建立在 $m(C)_d$ 基础上，由于生产中热损失有所不同，$m(C)_Q$ 线在图中会有相互平行的上下移动。

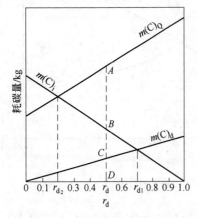

图 2-10　r_d 对高炉耗碳量的影响

（1）当高炉生产处于 r_d（即 D 点）时，直接还原消耗的碳量为 CD，间接还原消耗的碳量为 BD，最终消耗的碳量应是两者中的较大者 BD，而不是两者之和。其原因是高炉下部直接还原生成的 CO 产物，在上升过程中仍能继续用于高炉上部的间接还原。而最低的还原剂消耗量应该是 $m(C)_d = m(C)_i$，即 $m(C)_d$ 与 $m(C)_i$ 线的交点。可见，仅从还原剂需要的角度考虑，最低还原剂消耗量所对应的铁的直接还原度为 r_{d1}。

（2）若同时考虑热量消耗所需的碳量，如高炉的之 r_d 仍处于 D 点，则此时为了保证热量消耗，在风口前要燃烧 AC 数量的碳才行，那么高炉所需的最低耗碳量应该是 AD 所确定的值，而不是 AD + BD，即取 $m(C)_Q$ 与 $m(C)_i$ 之间的大值（AC）再加上 CD。其原因是为了满足 $m(C)_Q$，需在风口前燃烧 AC 数量的碳来产生热量；燃烧生成的 CO 在上升中能继续用于间接还原，所以取 $m(C)_Q$ 与 $m(C)_i$ 之间的大者；而直接还原消耗的碳量 CD 仍需保证，所以最终消耗的碳量为 AD。最低耗碳量所对应的 r_d 一般在 0.2~0.3 范围内，而最低耗碳量所对应的铁的直接还原度称为理想的铁的直接还原度。由此可见，理想的高炉行程既非全部直接还原，也非全部间接还原，而是两者有一定的比例。

（3）高炉冶炼处于 D 点时，直接还原消耗碳量为 CD，而用于热量消耗需在风口前燃烧的碳量为 AC。风口前燃烧和直接还原都生成 CO，其中，BD 部分用在间接还原，而 AB

部分则以 CO 形式离开高炉，此即高炉煤气中化学能未被利用的部分，它是通过操作等方法可以继续挖掘的潜力。请注意，AB 并不等于炉顶煤气中 CO 的数量，因为 BD 中包含一部分被可逆反应平衡所需的 CO，这部分 CO 加上 AB 数量的 CO，再扣去铁、锰等高价氧化物还原到 FeO、MnO 所消耗的 CO，才是最终从炉顶离开的 CO 数量。

（4）生产中铁的直接还原度往往在 0.35 ~ 0.6，大于 $r_{d理想}$，故高炉耗碳量主要取决于热量消耗与直接还原消耗的碳量之和，而不取决于间接还原的耗碳量，此即高炉焦比由热平衡来计算的理论依据。由此推论，一切降低热量消耗的措施均能降低焦比。

（5）高炉工作者当前的奋斗目标仍是降低 r_d。不能认为 100% 间接还原是非理想行程而对间接还原的意义注意不够，降低 r_d 也是当前降低燃料比的有效措施之一。

（6）降低耗碳量的基本途径是：降低高炉热量消耗，比如减少碳酸盐入炉量等；降低铁的直接还原度，比如减少烧结矿中的 FeO 含量等。

2.1.4　铁矿石还原反应的动力学

动力学的研究内容既包括反应机理，也包括反应速度，而研究气体还原固态铁矿石的反应机理和反应速度的规律，是促进间接还原发展、提高冶炼效率与降低燃料消耗的基础课题。

2.1.4.1　还原反应机理

铁氧化物的还原反应机理是指 Fe_2O_3 或 Fe_3O_4 分子与 CO 或 H_2 作用的全过程。历年来有关这一课题的研究报告积累丰富，到了 20 世纪 60 年代后期，多数冶金工作者趋向于认为，还原的全过程是由一系列互相衔接的次过程所组成，很多时候由两个或更多的次过程复合控制。在还原过程的不同阶段，过程的控制环节还可能转化。由于对各个次过程所起作用的理解不同，科学家提出了多种还原过程的机理模型，如未反应核模型、层状模型、准均相模型和中间模型等。其中，未反应核模型已普遍被人们所接受，它比较全面地解释了铁氧化物的整个还原过程，见图 2-11。未反应核模型理论的要点是：铁氧化物从高价到低价逐级还原，当一个铁矿石颗粒还原到一定程度后，外部形成了多孔的还原产物－铁壳层，而内部尚有一个未反应的核心。随着反应的推进，这个未反应核心逐渐缩小，直到完全消失。整个反应过程按以下顺序进行：

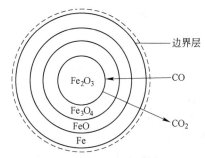

图 2-11　铁氧化物的还原反应机理图

（1）气体还原剂（CO、H_2）通过气相边界层，向铁矿物表面进行外扩散；

（2）气体还原剂继续穿过还原产物层，向反应界面进行内扩散；

（3）还原剂被反应界面吸附，发生界面化学反应，气体产物脱离吸附；

（4）气体产物通过多孔的固体还原产物层，向气相边界层进行内扩散；

（5）气体产物通过气相边界层，向外进行外扩散。

由此，可将矿石还原反应过程分成三个主要环节：

（1）外扩散环节。还原性气体通过边界层向矿块表面或气体产物自矿块表面向边界层扩散。

（2）内扩散环节。还原性气体或气体产物通过矿块或固态还原产物层的大孔隙、微孔隙向反应界面或脱离反应界面而向外扩散。

（3）反应界面的化学反应环节。反应界面的化学反应包括如下过程：

1）还原性气体在反应界面上的吸附。CO 和 H_2 都能在固体铁氧化物表面上被吸附，但 H_2 的吸附能力比 CO 大，且 H_2 的扩散系数大于 CO，所以 H_2 还原铁氧化物的速度大于 CO。高炉中的 N_2 也能被吸附，它减少了还原剂的被吸附点，因而对还原过程不利。

2）吸附的还原剂与铁氧化物的晶格发生作用，改变了铁离子的价位。铁氧化物首先是在吸附有还原剂的界面（包括多孔结构的内表面）上失去氧，吸收还原剂释放的电子而使铁离子价位降低，如三价铁离子转变为二价铁离子，这些电子不断充填原三价铁离子的空位，形成一种过饱和状态，使晶格发生畸变和重建。当矿石铁氧化物为 Fe_3O_4 或 $\gamma\text{-}Fe_2O_3$ 时，它们与 $\alpha\text{-}Fe$ 均为立方晶系，晶格转变与重建并不困难，因而还原初期孕育的时间也不长。当氧化物为 $\alpha\text{-}Fe_2O_3$ 时，尽管其向 Fe_3O_4 转变时晶格变化较大，但因在固相内 $Fe^{2+} \cdot Fe^{3+} \cdot 4O^{2-}$ 离子团有较大的过饱和度，且易于形成裂纹和孔隙，所以 Fe_2O_3 的还原比 Fe_3O_4 更容易些。另外，在界面上形成的二价铁离子能通过固相晶格向未反应区扩散，通过离子扩散使反应界面向未反应区推移，因而 O^{2-} 暴露在表面与还原剂作用；同时，未反应区内的 O^{2-} 也能向反应界面扩散，并不断被还原剂除去，直到整个矿物被还原完为止。还原反应速度就与这些离子的扩散速度有关。在反应界面逐渐向未反应核矿块核心推移的过程中，其还原速度具有自动催化特性，见图2-12。还原初期，由于新相生成困难，还原速度很慢，称为诱导期；还原中期，新相界面不断扩大，对晶核长大有催化作用，使还原速度达到最大，此阶段称为自动催化期；还原末期，新相汇合成整体，使新、旧相的交界面大为缩减，还原速度下降，此阶段称

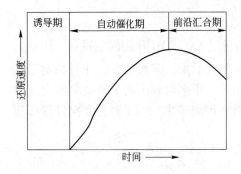

图 2-12　氧化铁还原速度的变化特征

为前沿汇合期。由此可见，新相核形成的难易程度和自动催化作用直接影响铁矿石的还原速度，还原速度最大值的出现时间与温度有关，温度升高，反应速度加快，达到最大值的时间缩短。

3）气体产物脱离吸附。还原产生的气体产物 CO_2 和 H_2O 将脱离吸附。气相中若有 CO_2 和 H_2O 存在，将使还原速度减慢。

由未反应核模型理论可知，矿石的还原是自外向内进行的。但是，由于矿石种类不同，则矿物组成和结构不同，因而矿石自外向内还原的方式也不尽相同。例如，矿石具有带式结构时，反应将在各带同时进行；当矿石孔隙多、呈蜂窝状结构（烧结矿）时，反应在外部与内部同时进行，会形成许多反应中心。

2.1.4.2　还原反应速度

总体的还原反应速度主要是由阻力最大的环节决定的，因而铁氧化物还原过程的总速度取决于内扩散、外扩散以及界面化学反应三个环节中最慢的一步。当反应速度受扩散速度限制时，还原反应速度受扩散规律控制，此时反应处于"扩散速度范围"；当反应速度受化学反应速度控制时，反应处于"化学反应动力学范围"；当两个环节都影响反应速度

时，则反应处于"中间速度范围（过渡速度范围）"。根据研究，高温下还原反应容易处于内扩散范围，而在低温下则容易处于化学反应动力学范围。就高炉而言，由于炉内煤气流速很高，气体边界层厚度已达到稳定的最小值，外扩散不再是高炉铁氧化物还原反应的限制环节，因而反应速度受到内扩散和界面反应的共同影响，一切影响内扩散速度与界面反应速度的因素都将影响矿石的还原反应速度。高炉内影响铁矿石还原反应速度的主要因素有：

（1）矿石的粒度、孔隙率与组成。

1）缩小矿石的粒度，既可以增加单位体积料层内矿石与气体还原剂的接触面积，又可以降低内扩散阻力，因此有利于加快还原反应速度。但是当矿石粒度缩小到一定程度后，使反应过程转变到化学反应动力学范围时，其将不再起作用，此时的粒度称为"临界粒度"。高炉冶炼条件下，临界粒度为 3~5mm。

2）矿石的孔隙率在很大程度上决定了矿石的还原性。在很多情况下，内扩散往往是还原过程的限制环节。孔隙率大，尤其是开口气孔多，会加速内扩散过程；反之，矿石结构致密或多为封闭型气孔时，还原性显著降低。

3）FeO 的形核形态对还原产物金属铁层的结构也有很大影响。当浮士体的纯度高及还原温度较高时，生成的金属铁层较为疏松，内扩散阻力小。铁矿物结构不同，其还原的难易程度也有很大差别，一般矿石还原由易到难的顺序是：球团矿，褐铁矿，高碱度烧结矿，菱铁矿，赤铁矿，磁铁矿。

（2）温度。一般来说，随着温度的升高，界面化学反应速度加快。在温度为 800~1000℃ 的范围内，温度对反应的加速作用最为重要；高出此范围，如矿石达到软化、熔融温度后，将引起体积收缩和孔隙率减小，反应过程将从化学反应动力学范围转向扩散速度范围，总反应速度反而会减慢。因此，矿石在转入高温区前应得到充分还原。

（3）高炉煤气成分。高炉煤气是由 CO、H_2、N_2、CO_2 组成的。CO、H_2 浓度增加，还原剂与矿石的接触面积增大，反应速度加快。尤其是 H_2 浓度增加后，由于 H_2 的扩散系数和反应速率常数都比 CO 大，所以提高 H_2 浓度将加快还原反应速度。如果 N_2 和 CO_2 浓度增加，它们在反应界面的吸附过程中就会占据活性点，从而减少 CO、H_2 的吸附量，阻碍还原过程的进行。

（4）煤气压力与气流分布。煤气压力是通过对气体浓度的影响起作用，因此，当反应过程处于内扩散和化学反应动力学范围时，提高煤气压力，吸附量增加，反应速度加快，有利于矿石还原；同时，提高压力还使碳的气化反应变慢，使 CO_2 消失的温度区域提高到 1000℃ 左右，有利于中温区间接还原的发展。一般来说，在压力低时提高压力的效果比在压力高时明显。煤气流分布合理，矿石与气体还原剂的接触面积增大，对加快矿石的间接还原十分重要。

2.1.5 非铁元素的还原

2.1.5.1 锰的还原

锰是高炉冶炼中常遇到的金属，高炉中的锰主要由锰矿石带入，一般铁矿石中也都含有少量锰。高炉内锰氧化物的还原是从高价向低价逐级进行的，其顺序为：

$$6MnO_2 \rightarrow 3Mn_2O_3 \rightarrow 2Mn_3O_4 \rightarrow 6MnO \rightarrow 6Mn$$

由于 MnO_2 和 Mn_2O_3 的分解压都比较大，在 $p_{O_2} = 98066.5Pa$ （1atm）时，MnO_2 分解温度为 565℃，Mn_2O_3 分解温度为 1090℃，气体还原剂（CO、H_2）将高价锰氧化物还原到低价 MnO 是比较容易的。在高炉的炉身上部，锰的高价氧化物可全部转化为 MnO，其反应式为：

$$3Mn_2O_3 + CO \longrightarrow 2Mn_3O_4 + CO_2 + 170120kJ \qquad (2-22)$$

$$Mn_3O_4 + CO \longrightarrow 3MnO + CO_2 + 51880kJ \qquad (2-23)$$

上述氧化物的还原皆为放热反应，热效应值较大，这就是冶炼锰铁的高炉炉顶温度较高的原因之一。

但 MnO 是相当稳定的化合物，其分解压比 FeO 分解压小得多，比 FeO 更难还原。在 1400℃ 的纯 CO 气流中，只能有极少量的 MnO 被还原，平衡气相中的 CO_2 浓度只有 0.03%。由此可见，高炉内 MnO 的间接还原是不可能进行的。MnO 的还原只能用 C 进行，而且 MnO 多呈 $MnO \cdot SiO_2$ 状态，因而铁水中的 Mn 是从炉渣中还原出来的，即成渣后渣中（MnO）与炽热焦炭或饱和［C］接触时发生反应，其反应式如下：

$$(MnO) + C \longrightarrow [Mn] + CO - 261291kJ \qquad (2-24)$$

还原 1kgMn 的耗热量为 $\frac{261291}{55} = 4750kJ$，它比直接还原 1kgFe 的耗热量（2720kJ）约高 1 倍，所以高温是锰还原的首要条件。

当有 CaO 存在时，发生下列反应：

$$MnSiO_3 + CaO + C \longrightarrow Mn + CaSiO_3 + CO - 228200kJ \qquad (2-25)$$

如碱度更高时形成 Ca_2SiO_4，此时锰还原耗热量可少些，可见，高碱度炉渣是锰还原的重要条件。此外，若高炉内有已还原的 Fe 存在，锰与铁水能无限互溶，形成近似理想的溶液，降低了［Mn］的活度；同时，随着［Mn］的增加，铁水的黏度降低，流动性也将明显改善，这些都有利于锰的还原。

锰在高炉内有部分随煤气挥发，到达高炉上部又被氧化成 Mn_3O_4。在冶炼普通生铁时，有 40%～60% 的锰进入生铁，有 5%～10% 的锰挥发进入煤气，炉温越高，挥发进入煤气中的锰越多。

2.1.5.2 硅的还原

不同的铁种对其硅含量有不同要求，硅铁合金要求硅含量要高，铸造生铁则要求硅含量在 1.25%～4.0%，一般炼钢生铁的硅含量应小于 1%。目前高炉冶炼低硅炼钢生铁，其硅含量已降低到 0.3%～0.4%，甚至更低。

生铁中的硅主要来自脉石以及焦炭灰分中的 SiO_2，SiO_2 是比较稳定的化合物，其分解压很低（1500℃ 时为 3.6×10^{-19} MPa），生成热很大，所以 Si 比 Fe 和 Mn 都难还原，只能在高温下（液态）靠固体碳直接还原，反应式为：

$$SiO_2 + 2C \longrightarrow Si + 2CO - 627980kJ \qquad (2-26)$$

还原 1kgSi 的耗热量多达 $\frac{627980}{28} = 22430kJ$，相当于还原 1kgFe（直接还原）所需热量的 8 倍，是还原 1kgMn 耗热量的 4 倍，因而常常把还原产生硅量的多少作为判断高炉热状态的标准。提高炉温，有利于促进硅的还原；而生铁硅含量升高，往往表明炉温升高。此外，生铁中硅含量对生铁的物理性能也有重大影响。

硅的还原也是逐级进行的（$SiO_2 \rightarrow SiO \rightarrow Si$），中间产物 SiO 的蒸气压比 Si 和 SiO_2 的都大，在 1890℃ 时可达 1atm（98066.5Pa），所以风口附近的 SiO 在还原过程中可挥发成气体。由于气态 SiO 的存在改善了与焦炭接触的条件，也促进了 Si 的还原。SiO_2 的还原也可借助于被还原出来的 Si 进行，其反应方程式分别如下：

$$SiO_2 + C === SiO + CO \tag{2-27}$$
$$SiO + C === Si + CO \tag{2-28}$$
$$SiO_2 + Si === 2SiO \tag{2-29}$$

未被还原的 SiO 在高炉上部重新被氧化，凝成白色的 SiO_2 微粒，部分随煤气逸出，部分随炉料下降，影响高炉顺行。因此，当风口前理论燃烧温度很高时，容易导致高炉悬料。

除受温度影响外，生铁硅含量的高低还与 SiO_2 的活度有关，其值越大，硅的还原量越大。当反应（2-26）达到平衡时，铁中硅含量（质量百分数）$w[Si]_\%$ 可由下式表示：

$$w[Si]_\% = K \frac{a_{SiO_2}}{f_{Si} \cdot p_{CO}^2} \tag{2-30}$$

式中　K——平衡常数，$\lg K = \dfrac{29246}{T} + 18.03$（$T$ 为热力学温度，K）；

a_{SiO_2}——SiO_2 的活度；

f_{Si}——生铁中 Si 的活度系数；

p_{CO}——气相中 CO 的分压。

SiO_2 的活度与 SiO_2 的存在形态有关。焦炭灰分中 SiO_2 的活度可认为是 1，即其呈自由态存在而炉渣中 SiO_2 的活度只有焦炭中的 1/20～1/10。冶炼低硅生铁时，生铁中的 Si 主要来自焦炭灰分，因此，使用高灰分焦炭和高灰分喷吹燃料，渣量太大以及初渣碱度太低，对冶炼低硅生铁都是不适宜的；相反，使用高碱度烧结矿以及提高渣中 MgO 含量，都可以降低渣中 SiO_2 的活度，减少硅的还原。在冶炼铸造生铁时，焦炭灰分带入的 SiO_2 量是有限的，不及渣中带入量的 1/6～1/5，实际上，来自焦炭和来自炉渣的硅的还原量几乎差不多。

根据平衡移动原理，硅的还原受压力影响也是很明显的。大型高炉顶压高、炉内压力大，有利于降低生铁硅含量和能耗，而小高炉则相反，因此，用小高炉冶炼含硅高的铸造生铁就比大高炉更为经济、合理。

高炉内由于有 Fe 存在，还原产生的 Si 能与 Fe 在高温下形成很稳定的硅化物 FeSi（也包括 Fe_3Si 和 $FeSi_2$ 等）而溶解于铁中，因此降低了还原时的热消耗和还原温度，从而有利于 Si 的还原，其反应为：

$$SiO_2 + 2C === Si + 2CO - 627980kJ$$
$$+) \qquad Si + Fe === FeSi + 80333kJ$$
$$\overline{\qquad\qquad\qquad\qquad\qquad\qquad\qquad\qquad}$$
$$SiO_2 + 2C + Fe === FeSi + 2CO - 547647kJ \tag{2-31}$$

从动力学来看，一切减少硅还原反应接触面积和接触时间的措施都有利于抑制硅的还原。

高炉解剖的研究和高炉生产取样的测定表明：硅在炉腰或炉腹上部才开始还原，达到风口水平面时还原出的硅量达到最高，是终铁硅含量的 2.34～3.87 倍。上述事实证明，硅是在滴落带被大量还原的，所以滴落带是高炉的增硅区。

含硅的铁滴在穿过渣层时，由于炉缸中存在硅氧化的耦合反应，比如：

$$[Si] + 2(FeO) = (SiO_2) + 2[Fe] \tag{2-32}$$

$$[Si] + 2(MnO) = (SiO_2) + 2[Mn] \tag{2-33}$$

$$[Si] + 2(CaO) + 2[S] = (SiO_2) + 2(CaS) \tag{2-34}$$

有一部分 Si 又会重新氧化生成 SiO_2，风口水平面铁水中的硅含量比终铁中的要高出许多，所以风口以下是高炉的降硅区。

国外高炉大都不生产铸造生铁，需要铸造生铁时往往采用炉外增硅的技术。我国从 20 世纪 80 年代开始，一些厂也稳定地采用此法。铁水增硅是向铁水中添加硅铁，使铁水硅含量达到预定值的一种铁水处理工艺，主要用于将炼出的炼钢生铁增硅成铸造生铁，它可以解除高炉生产中转变铁种的麻烦和由此带来的产量损失和焦比升高。铁水增硅的方法基本上有两种，即高炉出铁过程中在撇渣器后投入硅铁块增硅、铁水罐中喷硅铁粉增硅。前一种方法硅铁的回收率较低，为 80% 左右；而铁水罐喷平均粒度为 0.6mm 硅粉时，回收率在 90% 以上。所以，铁水罐喷粉法与铁水沟投入法相比，能耗低，经济效益好，而且易于控制，劳动条件也优越。

2.1.5.3　磷的还原

炉料中的磷主要以磷酸钙 $(CaO)_3 \cdot P_2O_5$ 的形态存在，有时也以磷酸铁（又称蓝铁矿）$(FeO)_3 \cdot P_2O_5 \cdot 8H_2O$ 的形态存在。

磷酸铁脱水后比较容易还原，在 900℃ 时用 CO 可以从蓝铁矿中还原出磷来：

$$2[(FeO)_3 \cdot P_2O_5] + 16CO = 3Fe_2P + P + 16CO_2 \tag{2-35}$$

在温度高于 950℃ 时进行直接还原：

$$2[(FeO)_3 \cdot P_2O_5] + 16C = 3Fe_2P + P + 16CO \tag{2-36}$$

还原生成的 Fe_2P 和 P 都溶于铁水中。

磷灰石是较难还原的物质，它在高炉内首先进入炉渣，被炉渣中的 SiO_2 置换出自由态 P_2O_5 后再进行直接还原：

$$2(CaO)_3 \cdot P_2O_5 + 3SiO_2 = 3Ca_2SiO_4 + 2P_2O_5 - 917340kJ$$

$$+) \quad 2P_2O_5 + 10C = 4P + 10CO - 1921290kJ$$

$$\overline{2Ca_3(PO_4)_2 + 3SiO_2 + 10C = 3Ca_2SiO_4 + 4P + 10CO - 2838630kJ} \tag{2-37}$$

还原出 1kgP 需要的耗热量为 $\frac{2838630}{4 \times 31} = 22892kJ$。磷属于难还原元素，但在高炉条件下一般能全部还原。这是由于：

(1) 炉内有大量的碳，炉渣中又有过量的 SiO_2，而还原出的 P 又溶于生铁而生成 Fe_2P，并放出热量；

(2) 置换出的自由态 P_2O_5 易挥发，改善了与碳的接触条件；

(3) 磷本身也很易挥发，而挥发的 P 随煤气上升，在高炉上部又全部被海绵铁吸收。

因此，要控制生铁中的磷含 [P] 量，只有控制原料的磷含量，使用低磷原料。

此外还有人认为，当炉料中磷含量较高时，采用高碱度炉渣冶炼可以阻止 10% ~20% 的磷酸钙还原，而直接进入炉渣。

2.1.5.4 铅、锌、砷的还原

铅在炉料中以 $PbSO_4$、PbS 等形式存在。铅是易还原元素,可全部还原,其反应式为:

$$PbSO_4 + Fe + 4C = FeS + Pb + 4CO \qquad (2-38)$$

$$PbS + CaO = PbO + CaS \qquad (2-39)$$

$$PbO + CO = Pb + CO_2 \qquad (2-40)$$

还原出的铅不溶于铁水,由于其密度大于生铁($\rho_{Pb} = 11.34 \times 10^3 kg/m^3$,$\rho_{Fe} = 7.86 \times 10^3 kg/m^3$)而熔点又低(327℃),还原出的铅很快穿入炉底砖缝,破坏炉底的衬砖。铅在1550℃时沸腾,在高炉内有部分铅挥发上升,而后又被氧化并随炉料下降,再次还原,从而循环富集,使沉积炉底的铅越来越多,有时也能形成炉瘤,破坏炉衬。我国鞍山和龙烟铁矿中均含有微量的铅,高炉内无法控制其还原,只能定期排除沉积的铅,如在炉底设置专门的排铅口、出铁时降低铁口高度或提高铁口角度等。

高炉炉尘、转炉炉尘以及某些铁矿中含有少量的锌(如南京凤凰山矿)。锌在矿石中常以 ZnS 的形态存在,有时也以碳酸盐或硅酸盐状态存在。随着温度升高,碳酸盐能分解为 ZnO 和 CO_2,硅酸盐也会被 CaO 取代出来,ZnO 可被 CO、H_2 和固体碳所还原:

$$ZnO + CO = Zn + CO_2 - 65980kJ \qquad (2-41)$$

$$ZnO + H_2 = Zn + H_2O - 107280kJ \qquad (2-42)$$

锌在高炉内 400~500℃ 的区域内就开始还原,一直到高温区才还原完全。还原出的锌易于挥发,在炉内循环富集,破坏高炉顺行。部分渗入炉衬的锌蒸气在炉衬中冷凝下来,并氧化成 ZnO,使得炉衬体积膨胀、风口上翘;而凝附在内壁的 ZnO 沉积,将形成炉瘤。

铁矿中砷的含量不多,属于易还原元素,还原后进入生铁并与铁化合成 $FeAs$,会显著降低钢的焊接性。试验表明,无论高炉冷行还是热行、炉渣碱度高还是低,砷均能被还原进入生铁。

对于含铅、锌、砷的原料,可采用氯化焙烧等预处理方法将其分离出去,但在工业上实施尚有一定的困难,所以常用配矿方法来控制它们的入炉数量。

2.1.5.5 碱金属的还原

碱金属还原进入生铁的数量并不多,但其因在炉内能够循环富集,给冶炼过程带来很大的影响而备受重视。碱金属矿物主要是以硅铝酸盐和硅酸盐的形态存在,前者如长石类 $K_2O \cdot CaO \cdot 3SiO_2$、霞石类 $K_2O \cdot Al_2O_3 \cdot 2SiO_2$ 和白云母 $KAl_2(AlSi_3O_{10})(OH)_2$ 等,后者如钾钙硅石 $K_2O \cdot Al_2O_3 \cdot 2SiO_2$ 和钠闪石 $NaFe^{2+}Fe^{3+}(Si_4O_{11})OH$ 等。这些碱金属矿物的熔点都很低,在 800~1100℃ 之间全部被熔化,进入高温区时,一部分进入炉渣,一部分则被 C 还原成 K、Na 元素。由于金属 K、Na 的沸点只有 799℃ 和 882℃,因而它们还原出来后立即气化并随煤气上升,在不同的温度条件下又与其他物质反应而转化为氰化物、氟化物和硅酸盐等,但大部分被 CO_2 氧化成为碳酸盐,例如:

$$2K(g) + 2CO_2 = K_2CO_3 + CO \qquad (2-43)$$

产物 K_2CO_3 在低于 900℃ 时是固体,若高于 900℃ 将熔化。当其随炉料下降到温度高于 1050℃ 的区域时,反应逆向进行,即 K、Na 重新被还原。因此在高炉上部的中低温区,K、Na 是以金属和碳酸盐的形式进行循环和富集的。

K、Na 的氰化物是在高于 1400℃ 的高温区生成的，反应方程式为：

$$3C + N_2 + K_2O \cdot Al_2O_3 \cdot 2SiO_2 \Longrightarrow 2KCN(g) + Al_2O_3 + 2SiO_2 + 3CO \qquad (2\text{-}44)$$

气态的氰化物上升到低于 800℃ 的区域时液化，而达低于 600℃ 的区域时则转变为固体粉末。它们再度随炉料下降，并重新被还原生成氰化物。因此，K、Na 的氰化物是在 600 ~ 1600℃ 范围内进行循环和富集的。

碱金属在高炉中危害很大，其能降低矿石的软化温度，使矿石尚未充分还原就已熔化滴落，增加了高炉下部直接还原的热量消耗；能引起球团矿的异常膨胀而严重粉化；能强化焦炭的气化反应能力，使反应后强度急剧降低而粉化；液态或固态碱金属还会黏附于炉衬上，既能使炉墙严重结瘤，又能直接破坏砖衬。

目前控制炉内碱金属量的方法主要是降低炉料带入的碱量，在操作中降低炉渣碱度、控制较低炉温以增加炉渣排碱量。国内一些高炉常常定期集中地进行排除碱金属量的操作。表 2-3 列出了一些国外厂家限制入炉碱金属量的要求。

表 2-3　国外厂家限制入炉碱金属量的要求

厂　名	碱金属（$K_2O + Na_2O$）限额 /$kg \cdot t^{-1}$	厂　名	碱金属（$K_2O + Na_2O$）限额 /$kg \cdot t^{-1}$
日本新日铁公司	2.5	美国 J&L 阿里奎帕厂	5.0
日本川崎制铁公司	3.1	德国 ATHschwelgen 工厂	4.0
加拿大 Dofasco 工厂	2.8	瑞典 Granges Steel 工厂	7.0

2.1.6　生铁的形成与渗碳过程

铁矿石在高炉内总的停留时间波动于 5 ~ 8h 之间，其中 1 ~ 2h 用于完成由高价氧化物转变为浮士体（Fe_xO）的气-固相还原过程，再用 1 ~ 2h 将一半或稍多的 Fe_xO 以间接还原的方式还原为金属铁。进入 1000℃ 以上的高温区后，炉料升温到软化以及熔融温度后成渣，渣中未还原的液态 Fe_xO 要靠固体碳或铁中溶解的碳以极快的速度完成还原过程。无论是低温还原后形成的海绵铁，还是所得的液态铁，在下降过程中将不断地吸收碳而发生渗碳反应。同时，液态铁滴在滴落过程中还会吸收［Si］、［S］等元素。当铁滴穿过炉缸中积存的渣层时，在数以秒计的短暂时间内将完成液态渣铁成分的最后调整（即渣-铁间的氧化还原反应），形成最终生铁，流出高炉。

因此，生铁的形成过程主要是已还原的金属铁中逐渐溶入合金元素和不断渗碳的过程。

2.1.6.1　渗碳反应

高炉内生铁形成的主要特点是必须经过渗碳过程。研究认为，高炉内渗碳过程大致可分为以下三个阶段：

（1）固体金属铁的渗碳，即海绵铁的渗碳。在高炉上部有部分铁矿石在固态时就被还原成金属铁，随着温度升高，逐渐有更多的铁被还原出来。刚还原产生的铁呈多孔海绵状，称为海绵铁。这种早期出现的海绵铁成分比较纯，几乎不含碳。海绵铁在下降过程中将少量吸收 CO 在低温下分解产生的化学活泼性很强的炭黑（粒度极小的固体碳），其反应式为：

$$2CO =\!=\!= CO_2 + C_黑$$
$$+)\quad 3Fe(s) + C_黑 =\!=\!= Fe_3C(s)$$
$$\overline{3Fe(s) + 2CO =\!=\!= Fe_3C(s) + CO_2}\tag{2-45}$$

一般说这一阶段的渗碳发生在 800℃ 以下的区域，即在高炉炉身的中上部位有少量金属铁出现的固相区域。此阶段的渗碳量占全部渗碳量的 1.5% 左右。

（2）液态铁的渗碳。这是在铁滴形成之后，铁滴与焦炭直接接触的过程中进行的，其反应式为：

$$3Fe(1) + C_焦 =\!=\!= Fe_3C(1)\tag{2-46}$$

据高炉解剖资料分析，矿石在进入软熔带后，出现致密的金属铁层和具有炉渣成分的熔结聚体。当其继续下降进入 1300 ~ 1400℃ 的高温区时，形成由部分氧化铁组成的低碱度渣滴，且在焦炭空隙之间出现金属铁的"冰柱"，此时金属铁以 γ-Fe 形态存在，碳含量达 0.3% ~ 1.0%，由相图分析得知此金属仍属于固体。继续下降至 1400℃ 以上的区域后，"冰柱"经炽热焦炭的固相渗碳，熔点降低，此时才熔化为铁滴并穿过焦炭空隙而流入炉缸。由于液体状态下的铁与焦炭的接触条件得到改善，加快了渗碳过程，生铁碳含量立即增加到 2% 以上，到炉腹处的金属铁中碳含量已达 4%，与最终生铁的碳含量相差不多。

（3）炉缸内的渗碳。炉缸部分只进行少量渗碳，一般渗碳量只有 0.1% ~ 0.5%，其反应式为：

$$3Fe(1) + C_焦 =\!=\!= Fe_3C(1)$$

可见，生铁的渗碳是沿着整个高炉的高度进行的，在滴落带尤为迅速。任何阶段渗碳量的增加都会导致终铁碳含量升高。

生铁的最终碳含量与温度有关。在 Fe-C 平衡相图上，1153℃ 共晶点处的饱和碳含量为 4.3%，随着温度的提高其饱和碳含量将升高，有如下关系：

$$w[C]_\% = 1.3 + 2.57 \times 10^{-3}t\tag{2-47}$$

式中　$w[C]_\%$ ——饱和碳含量；

　　　　t ——铁水温度，℃，在 1153 ~ 2000℃ 范围内适用。

此外，碳在铁中的溶解度还受铁中其他元素，特别是 Si 和 Mn 的影响。

Mn、Cr、V、Ti 等能与 C 结合成碳化物而溶于生铁，因而能提高生铁碳含量。例如普通生铁中，随着 [Mn] 含量的增加，[C] 含量提高，铁水凝固点进一步降低，有利于铁水流动性的改善，生产中通过加入锰矿来消除石墨碳堆积就是利用这个道理。Mn 含量为 15% ~ 20% 的锰铁，其碳含量常为 5% ~ 5.5%；Mn 含量为 80% 的锰铁，碳含量达 7% 左右。

Si、P、S 能与铁生成化合物，促使 Fe_3C 分解，使化合碳游离为石墨碳，使生铁碳含量降低。比如，硅铁碳含量只有 2% 左右。

凝固生铁中碳的存在形态有两种，即碳化物形态（Fe_3C、Mn_3C）和石墨碳形态。如果是以碳化物形态存在，生铁的断面呈银白色，又称白口铁；如果是以石墨碳状态存在，生铁的断面呈暗灰色，又称灰口铁。灰口铁具有一定的韧性和耐冲击性，易于切削加工。碳元素在生铁中的存在形态还与铁水的冷却速度有关。当生铁中 Si、Mn 及其他元素的含量相同时，其冷却速度越慢，析出的石墨碳越多，形成灰口铁断面。

冶炼普通生铁时，碳含量常用下列经验公式估算：

$$w[C]_\% = 4.3 - 0.27w[Si]_\% - 0.32w[P]_\% + 0.03w[Mn]_\% - 0.032w[S]_\% \quad (2-48)$$

[S] 的影响也可忽略。

随着高炉冶炼技术的发展，高炉内煤气总压力和 CO、H_2 含量对生铁碳含量的影响越来越大。目前研究认为，炉内压力每提高 10kPa，生铁碳含量提高 0.045%。总的来说，铁水中的 [C] 总是达到该条件下的饱和状态，几乎无法人为调节。现代高炉炼钢生铁的铁水碳含量在 4.5% ~ 5.4% 之间波动。

2.1.6.2　其他少量元素的溶入

在高炉条件下能被还原的铁矿石中其他非铁元素氧化物，大部分可溶入铁水，其溶入量与各元素还原出的数量以及还原后形成化合物的形态有关。生产者根据生铁品种规格的要求，可有意地促进或抑制某些元素的还原过程。对某些特殊的稀有元素，则应尽可能地促进其还原入铁，以提高它们在炼铁工序中的回收率，为下道工序的提取创造条件。

生铁中的常规元素有 Mn、Si、S、P。Mn 与 Fe 的性质及晶格形式相近，所以它们可形成近似理想溶液，即高炉内能还原得到的 Mn 皆可溶入铁水中，因此，铁水中的锰量基本上是由原料配入的锰含量来决定的。Si 与 Fe 有较强的亲和力，能形成多种化合物，高炉中能还原的 Si 皆可溶入铁水。生产中可通过控制炉渣碱度、炉缸热状态等办法来调节生铁硅含量。一般高炉可经济地冶炼硅含量达 12% 的低硅铁合金以及硅含量为 1.25% ~ 3.25% 的铸造生铁，而炼钢生铁的硅含量则波动在 0.2% ~ 1.0% 的较宽范围内。有害元素 P、As、S 都与铁有较强的亲和力，炉料带入的 P、As 均可 100% 还原进入生铁，因此，这两者只能通过配矿来控制。S 虽然在 γ-Fe 中溶解度不高（1350℃时为 0.05%），但是已溶入的 S 及 FeS 可稳定地存在于铁液中，在凝固过程中形成共晶体或以低熔点混合物聚集在晶格间，对钢铁造成危害。

2.2　高炉造渣与脱硫

高炉渣主要是铁矿石中的脉石以及焦炭（或其他燃料）燃烧后剩余的灰分。按我国目前使用的原料条件，每炼 1t 生铁产生 300 ~ 500kg 炉渣，国外已达 300kg 左右。炉渣数量及其性能直接影响高炉的顺行、生铁的产量和质量以及焦比。因此，选择合适的造渣制度是高炉高产、优质、低耗、长寿的重要环节。"要想炼好铁，必须造好渣"就是炼铁工作者多年实践的经验总结。

2.2.1　高炉渣的成分与要求

2.2.1.1　高炉渣的成分

普通高炉渣主要由 SiO_2、Al_2O_3、CaO、MgO 四种氧化物组成，除此之外，还有少量的其他氧化物和硫化物。用焦炭冶炼的高炉炉渣成分（质量分数,%）的大致范围是：

SiO_2	Al_2O_3	CaO	MgO	MnO	FeO	CaS	$K_2O + Na_2O$
30 ~ 40	8 ~ 18	35 ~ 50	< 10	3	< 1	< 2.5	< 1.5

这些成分及含量主要取决于原料的成分和高炉冶炼的铁种。冶炼特殊铁矿的高炉渣还会有其他成分，如冶炼包头含氟矿石时，渣中含有 18% 左右的 CaF_2；冶炼攀枝花钒钛磁

铁矿时，渣中含有20%~25%的TiO_2；冶炼酒泉含BaO的高硫镜铁矿时，渣中含有6%~10%的BaO；冶炼锰铁时，渣中MnO含量为8%~20%。

炉渣中的各种成分可分为碱性氧化物和酸性氧化物两大类。在炉渣离子理论中，将熔融炉渣中能提供氧离子（O^{2-}）的氧化物称为碱性氧化物，能吸收氧离子的氧化物称为酸性氧化物。有些既能提供又能吸收氧离子的氧化物则称为中性氧化物或两性氧化物，从碱性氧化物到酸性氧化物的排列顺序为：

$$K_2O \rightarrow Na_2O \rightarrow BaO \rightarrow PbO \rightarrow CaO \rightarrow MnO \rightarrow FeO \rightarrow ZnO \rightarrow MgO \rightarrow$$
$$CaF_2 \rightarrow Fe_2O_3 \rightarrow Al_2O_3 \rightarrow TiO_2 \rightarrow P_2O_5$$

碱性氧化物可与酸性氧化物结合形成盐类，酸碱性相距越大，结合力就越强。以碱性氧化物为主的炉渣称为碱性炉渣，反之称为酸性炉渣。炉渣的很多物理化学性质与其酸碱性有关，表示炉渣酸碱性的指数称为炉渣碱度（R），它是指炉渣中碱性氧化物与酸性氧化物的质量分数之比。

炉渣碱度的表示方法有以下三种：

（1）$R = \dfrac{w(\text{CaO}) + w(\text{MgO})}{w(\text{SiO}_2) + w(\text{Al}_2\text{O}_3)}$ 称为四元碱度，又称全碱度，常在0.85~1.15的范围内。

（2）$R = \dfrac{w(\text{CaO}) + w(\text{MgO})}{w(\text{SiO}_2)}$ 称为三元碱度。在一定的冶炼条件下，渣中Al_2O_3含量比较固定，生产过程中也难以调整，故常在计算中不考虑Al_2O_3这一项。三元碱度在1.2~1.4之间。

（3）$R = \dfrac{w(\text{CaO})}{w(\text{SiO}_2)}$ 称为二元碱度。同样，炉渣中MgO含量也是比较固定的，生产中一般情况下也不常做调整，故往往不用MgO一项。由于二元碱度的计算比较简单，且调整方便，又能满足一般生产工艺的需要，因此在实际生产中大部分使用二元碱度这一指标。

生产中，碱度大于1.0的炉渣常被称为碱性炉渣，碱度小于1.0的炉渣则称为酸性炉渣。我国大中型高炉选用的二元炉渣碱度一般波动在1.0~1.2之间。

2.2.1.2 对高炉炉渣的要求

高炉冶炼对炉渣有如下要求：

（1）炉渣要有合适的化学成分、良好的物理性质，在高炉内能熔融成液体并与金属分离而顺利地流出炉外，不给冶炼操作带来任何困难。

（2）要有选择还原与调整生铁成分的能力。例如冶炼低硅生铁时，可通过造碱性渣来抑制Si的还原。

（3）要具有充分的脱硫能力，保证炼出优质生铁。

（4）能满足允许煤气顺利通过渣铁及渣气良好分离的力学条件。

（5）要具有形成渣皮、保护炉衬的能力。例如我国包头矿中含有CaF_2，会强烈腐蚀炉衬，造渣时应保证有足够的CaO，从而限制或削弱其侵蚀能力。

2.2.2 高炉解剖研究

高炉冶炼是个连续生产的过程，而整个过程是从风口前燃料的燃烧开始。燃烧产生的高温煤气与下降的炉料做相向运动，高炉内的一切反应均发生于煤气和炉料的相向运动及互相作用之中。高炉是一个密闭的、连续的逆流反应器，故对这些过程不能直接观察，而直观了解炉内情况的有效办法是对高炉进行解剖研究。

高炉解剖是将进行正常冶炼的高炉突然停止鼓风，并且急速降温（通常用 N_2，有时也采用水冷）以保持炉内原状，然后将高炉剖开，进行全过程的观察、录像以及分析化验等各个项目的研究考察，此项工作称为高炉解剖研究。下面介绍高炉解剖研究的一些成果。

2.2.2.1　炉料下降过程中的层状分布现象

高炉解剖研究和模型实验均已证明，在冶炼过程中，炉内料柱基本上是整体下降的，称为层状下降或活塞流。高炉内堆积成料柱状的炉料受逆流而上的高温还原气流作用，不断被加热、分解、还原、软化、熔融、滴落，并最终形成渣铁熔体而分离。产生上述一系列炉料形态变化的区域，基本上取决于温度场在料柱中的分布。通常将炉料形态发生变化的五个区域称为五带或五层（见图 2-13）。

（1）块状带。炉内料柱的上部，即炉料软熔前的区域，主要进行氧化物的热分解和气体还原剂的间接还原反应。块状带的温度在炼焦的最终温度以下，所以焦炭承受热作用的影响很小，焦炭块度和强度下降很少，块状带透气性较好。矿石与焦炭始终保持着炉喉布料明显的层状结构缓缓下降，但层状逐渐趋于水平，而且厚度也逐渐变薄。炉料在下降过程中趋向平坦的原因有两个：一方面，从炉喉到炉身下部高炉的断面逐渐扩大，料层发生横向位移，使料层变薄；另一方面，由于风口回旋区的焦炭燃烧，燃烧带上方料速比其他区域要快。

（2）软熔带。当温度达到 900～1100℃ 时，炉料开始软化黏结，其过程参见图 2-14。当还原出部分金属铁后，块矿表面包围着一些软化的渣膜，它可以成为黏结剂而使炉料彼

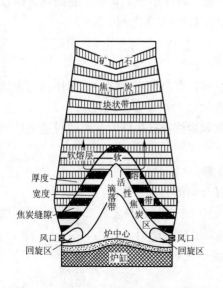

图 2-13　高炉内炉料形态变化示意图

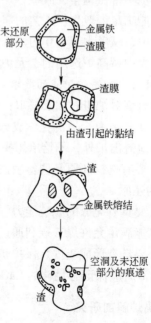

图 2-14　矿石软化黏结过程示意图

此黏结和融合在一起。当炉料中含有碱金属一类物质时,其会与 SiO_2 组成低熔点的化合物,使软化黏结开始温度降低到 700~800℃ 的范围内。当温度达到1200℃ 左右时,铁之间虽已牢固结合,但仍能辨别出不同种类的矿石。随着温度的继续升高和还原反应的进行,矿石中心残存的浮士体也逐渐消失,此时形成渣、铁共存的十分致密的整体,矿石层中凡是处于同一等温线的部分几乎都黏结成一个整块。炉料从软化到熔融的区域称为软熔带,它是由许多固态焦炭层和黏结在一起的半熔融矿石层组成的。软熔带的上沿是软化线,下沿是熔化线,它和矿石的软熔温度区间相一致,其最高部分称为软熔带的顶部,最低部分称为软熔带的根部。软熔带内,焦炭与矿石相间,层次分明。矿石由表及里逐渐软化熔融,有一定的塑性,所以此时矿石料块的气孔和料块间隙急剧减少,显然煤气穿过软熔层的可能性极小,还原过程几乎停顿,同时透气性极差,煤气流经软熔带的阻力大大增加。而焦炭仍呈块状,起到疏松和使气流畅通的作用,像窗户一样,因此被称为"焦窗"。日本斧胜依据高炉解体的实际状况,建立了高炉透气阻力模型进行研究,利用模型计算的结果是:如果矿石层透气性指标是1,焦炭层则为13,而软熔层只有 0.2~0.25。由此可知,三者透气性指标之比为软熔层:矿石层:焦炭层 = 1:4:52。由于这一区域碳的气化反应剧烈,焦炭中碳的损失可达 30%~40%,所以焦炭强度下降较快,块焦减小很明显,同时也有许多碎焦和焦粉产生,不利于气流的通畅。因此,焦炭块度均匀和 CO_2 反应后强度的改善对高炉软熔带状态有重要的作用。测定数据表明,煤气在料柱内流动的阻力损失有 60% 发生在软熔带。因此,软熔带在料柱中形成的位置高低以及径向分布的相对高度、厚度及形状对冶炼过程有极大的影响。

(3)滴落带。当温度高于1400℃ 时,软熔带开始熔化,渣铁分别聚集并滴落下来,炉料中铁矿石消失。位于软熔带之下,渣铁完全熔化后呈液滴状落下的区域称为滴落带。此区域内含铁炉料已经熔化,但焦炭尚未燃烧,其承受滴落液态渣铁的冲刷,完成铁的渗碳过程。滴落带的焦炭一般能保持一定的块度与强度,有一定的透气性,它是上升气流的通道。因此,该区域料柱是由焦炭构成的塔状结构,并可分为下降较快的疏松区和更新很慢的中心死料区(或炉芯)两部分。疏松区的焦炭将填充到风口前燃烧的空间内,发生燃烧反应;而中心下部料柱的焦炭由于受到上面炉料的重力、下部渣铁液体的浮力和四周鼓风的压力,形成一个平衡状态,因而处于相对静止状态,成为中心死料区或呆滞区。中心死料区的焦炭基本不能参与燃烧,主要进行渗碳溶解、直接还原,少部分在被渣铁浮起挤入燃烧带时气化消耗,因而更新很慢,需要 7~10 天的时间。液态渣铁在焦炭空隙间滴落的同时,继续进行直接还原、渗碳等高温反应,特别是非铁元素的还原反应。

(4)风口燃烧带。燃料燃烧产生高温热能和气体还原剂的区域,称为风口燃烧带。焦炭在风口前由于被高速鼓风气流所带动,形成一个半空状态的焦炭回旋区,焦炭是在回旋运动的气流中悬浮并燃烧的,这个区域是高炉中唯一存在的氧化性区域,回旋区的径向深度达不到高炉的中心,因而在炉子中心仍然堆积着一个圆丘状的焦炭死料柱,构成滴落带的一部分。

(5)渣铁带。炉缸下部渣铁熔体存放的区域称为渣铁带,其由液态渣铁以及浸入其中的焦炭组成。在这一区域内,铁滴穿过渣层以及渣-铁界面时最终完成必要的渣-铁反应(脱硫及硅氧化的耦合反应),得到合格的生铁。

2.2.2.2　软熔带及其对高炉冶炼的影响

软熔带的形状一般可分为以下三种（见图2-15）。

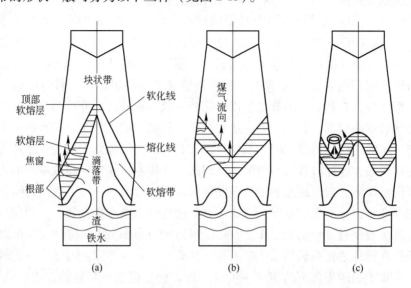

图 2-15　软熔带形状示意图
(a) 倒 V 形；(b) V 形；(c) W 形

（1）倒 V 形软熔带。它的形状像倒写的英文字母"V"。当软熔带呈倒 V 形时，它对高炉冶炼的影响表现为以下几个方面：

1）由于中心气流发展，有利于活跃中心。

2）燃烧带产生的煤气易于穿过中心焦炭柱并横向穿过软熔带的焦窗折射向上（即煤气的径向流动是从内圆向外圆流动），空间较大，因而有利于降低高炉内煤气流的压差和改善煤气流的二次分布。

3）由于边缘气流相对较弱，可以减轻煤气对炉墙的冲刷和降低炉衬承受的热负荷。

4）倒 V 形软熔带可使下降的液态渣铁沿风口回旋区的四周和前端流下，由于和煤气接触的条件好，渣铁温度高，炉缸煤气热能利用最好。

因此，倒 V 形软熔带的特点是：中心温度高，边缘温度低，煤气利用较好，而且对高炉冶炼过程的一系列反应具有很好的影响。

（2）V 形软熔带。它的形状像英文字母"V"。与倒 V 形软熔带正好相反，V 形软熔带是气流中心过重而边缘过轻的结果。在这种情况下，中心炉料堆积，料柱的透气性变差，料柱阻力增加，大量煤气从边缘通过，不利于能量的利用，砖衬破坏也十分严重。此外，与倒 V 形软熔带相比，V 形软熔带使液态渣铁直接穿过死料堆而进入炉缸，渣温常常不足，煤气热能利用不好，出现铁温高、渣温低以及生铁高硅、高硫的现象。可见，V 形软熔带的特点是：边缘温度高，中心温度低，煤气利用差，不利于炉缸进行一系列的反应。高炉操作中应该尽量避免 V 形软熔带。

（3）W 形软熔带。它的形状像英文字母"W"。一般来说，W 形软熔带与倒 V 形软熔带相比，前者的阻力损失要大，因为其包含的焦炭层数较少，而且煤气的径向流动既有从外圆向内圆的流动，又有从内圆向外圆的流动，流向的冲突也会增加阻力损失。W 形软熔带是中心与边缘两道气流适当发展的结果，是长期以来在原料不精、上下部调节手段少的情况下高炉操作的传统形式，已不能满足高炉进一步强化和降低燃料比的要求。它的特点与效果都处于以上两者之间。

目前，倒 V 形软熔带被公认为是最佳软熔带。各种形状的软熔带对冶炼进程的影响列于表 2-4。

表 2-4　各种形状的软熔带对冶炼进程的影响

影响内容　　　　　　形状	倒 V 形	V 形	W 形
铁矿石预还原	有利	不利	中等
生铁脱硫	有利	不利	中等
生铁硅含量	有利	不利	中等
煤气利用	利用好	差	中等
炉缸中心活跃性	中心活跃	不活跃	中等
炉墙维护	有利	不利	中等

软熔带的形状主要受装料制度与送风制度影响，前者属于上部调剂，后者属于下部调剂。当上部边缘处矿石分布多、下部鼓风动能较大时，一般都是接近倒 V 形的软熔带；反之，基本上属于 V 形软熔带。

当软熔带宽度增加时，由于煤气通过软熔带的横向通道加长，煤气阻力增加；反之，当软熔带宽度变窄时，煤气容易通过。

当软熔带顶点位置高时，由于包含的焦炭层数多，增加了软熔带中的焦窗数目，减小了煤气阻力，有利于强化冶炼。当软熔带平坦时，气窗面积小，煤气阻力较大。实践证明，高度较高的软熔带属于高产型，一般利用系数大的高炉为此种类型；高度较矮的软熔带属于低焦比型，燃料比低的先进高炉大多为此种类型。

软熔带厚度增加意味着矿石批重加大，虽因焦窗厚度相应增加可使煤气通道阻力减小，但焦窗数目减少，而且由于扩大料批后块状带中分布到中心部分的矿石增加，煤气阻力呈增加趋势，从而使总的煤气阻力和总压差可能升高，不利于强化和高炉顺行。只有适当的焦层、矿层厚度才能实现总阻力最小。即使是倒 V 形软熔带，其根部的宽度与厚度也不能太大。如果变成倒 U 形软熔带，就会使高炉边缘区软熔层的宽度与厚度都增加，阻力反而更大。

一般来说，软熔带位置较低时，由于温度梯度增大，软熔层的宽度与厚度都减少，阻力也减小；同时，能扩大块状带的区域，使间接还原充分进行，提高煤气的利用率，降低焦比。反之，软熔带位置高时，不仅使间接还原区域缩小，还不利于改善料柱的透气性；并且由于高炉成渣早，流动进入炉缸时带入的热量少，因而不利于炉缸温度的提高。不过，软熔带位置过低也不利于炉况顺行，如果直到炉腹才开始熔化成渣，则因炉腹形状是上大下小的圆锥形，会引起炉料在炉腹处卡塞，造成难行。软熔带位置的高低和厚度主要取决于矿石的软熔性，当矿石开始软熔温度较高、软化到熔化的范围较小时，高炉内软熔带的位置低，软熔层就薄。各种不同的矿石具有不同的软熔性能，它们的软熔温度与软熔区间要通过实验确定。在操作中不希望软熔带的位置有所变化，因为它是引起难行和生成炉瘤的原因之一，特别是在软熔带下移时更会如此。

2.2.3　高炉内的成渣过程

高炉成渣过程是将炉料中不进入生铁和煤气的其他成分软化、熔融并汇合成为液态炉渣与生铁分离的过程。因此，从矿石中固相组分的相互作用开始，到软化黏结，再到风口区焦炭燃烧后剩余灰分的溶入，造渣过程一直在进行。可见，高炉渣从开始形成到最后排出经历了一段相当长的过程。开始形成的渣称为"初渣"，最后排出炉外的渣称为"末渣"或"终渣"。初渣到终渣之间，其化学成分和物理性质处于不断变化过程的炉渣称为"中间渣"。

2.2.3.1　初渣的形成

初渣形成过程包括固相反应、软化和熔融。

（1）固相反应。在高炉上部的块状带，发生游离水的蒸发、结晶水或菱铁矿的分解反应，矿石被间接还原（还原度可达 30% ~ 40%）。同时，在这个区域发生各物质的固相反应，形成部分低熔点化合物。固相反应主要是在脉石与熔剂之间或脉石与铁氧化物之间进行的。比如，当用生矿冶炼时，其固相反应是在矿块内部 SiO_2 与 FeO 之间以及矿块表面脉石（或铁的氧化物）与黏附的粉状 CaO 之间进行，最终形成 $2FeO \cdot SiO_2$ 以及 $CaO-Fe_2O_3$、$CaO-SiO_2$、$CaO-FeO-SiO_2$ 等类型的低熔点化合物。当高炉使用自熔性烧结矿（或自熔性球团矿）时，固相反应主要在矿块内部的脉石之间进行。

（2）软化和熔融。固相反应形成的低熔点化合物，在进一步加热时首先发生少量的局部熔化（这就是矿石软黏颗粒外面的渣膜）。由于液相的出现改善了其与熔剂间的接触条件，矿石在继续下降和升温过程中进一步熔化就汇聚成为初渣。

初渣中 FeO 和 MnO 的含量较高，这是因为铁、锰氧化物还原产生的 FeO、MnO 能与 SiO_2 结合生成熔点很低的硅酸盐，如 $2FeO \cdot SiO_2$ 在 1100 ~ 1209℃ 时即熔化。当矿石越难还原或高炉上部还原过程越不充分时，初渣中的 FeO 含量就越高，一般在 10% 以下，少数情况高达 30%。高炉内生成初渣的区域称为软熔带（过去也称成渣带）。很明显，矿石开始软化温度越低，高炉内液相初渣出现得就越早。因此，当使用冶金性能较好的人造富矿，特别是高品位、低 SiO_2 的高碱度烧结矿时，由于其矿石软熔温度高、低熔点化合物量少，所以软熔带位置较低，软熔区间较窄，非常有利于透气性的改善以及冶炼的顺行和强化。相反，当大量采用难还原的生矿冶炼时，形成的低熔点化合物 $2FeO \cdot SiO_2$ 就会很多，不仅会使软熔带出现的位置升高、软熔区间拉大，引起煤气流的阻力增加，还会使大量未被充分加热的高 FeO 初渣迅速落入下部高温区，造成大量直接还原耗热，引起焦比升高或导致炉凉失常。

2.2.3.2　中间渣的变化

初渣在滴落和下降的过程中，FeO 因不断还原而减少，SiO_2 和 MnO 的含量也由于 Si 和 Mn 还原进入生铁而有所降低；另外，由于 CaO、MgO 不断溶入渣中，使炉渣碱度不断升高，而炉渣的流动性会随着温度的升高而变好。当炉渣经过风口带时，焦炭灰分中大量的 Al_2O_3 与一定数量的 SiO_2 进入渣中，炉渣碱度又会降低。所以，中间渣的化学成分和物理性质都处在变化中，它的熔点、成分和流动性之间互相影响。

中间渣的这种变化反映出高炉内造渣过程的复杂性。对使用天然矿和石灰石的高炉来说，熔剂在炉料中的分布不可能很均匀，加上铁矿石品种和成分方面的差别，在不同高炉部位生成的初渣，它们的成分和流动性从一开始就不均匀一致。在以后的下降过程中总的趋势是化学成分渐趋均匀，但在局部区域内这种成分的变化可能是较大的。比如，在高FeO 和高 CaO 的区域内，当温度升高时 FeO 被急速还原，炉渣的熔化温度会急剧升高。如果炉渣在下降过程中，由煤气和热焦炭得到的热量不足以补偿其成分变化造成的熔点升高所需的热量，则已熔化的初渣可能会重新凝固，黏附于炉墙上形成局部结厚，甚至结成炉瘤。对使用成分较稳定的自熔性或熔剂性熟料的高炉来说，冶炼情况就大为改善，因为在入炉前炉料已完成了矿化成渣，所以在高炉内的成渣过程较为稳定，只要注意操作制度和炉温的稳定就可基本排除以上弊病。可见，造渣过程的稳定性十分重要。当然，使用高温强度好的焦炭以保证炉内煤气流的正常分布，也是中间渣顺利滴落的基本条件之一。

2.2.3.3 终渣的生成

中间渣进入炉缸后，在风口区被氧化的部分铁及其他元素将在炉缸中重新还原进入铁水，使渣中 FeO 含量有所降低。当含硅的铁滴穿过渣层时，由于炉缸中存在硅氧化的耦合反应，炉渣中 SiO_2 的含量升高，炉渣碱度有所降低。当铁流或铁滴穿过渣层和渣-铁界面进行脱硫反应后，渣中 CaS 将有所增加。最后，从不同部位和不同时间聚集到炉缸的炉渣相互混匀，形成成分和性质稳定的终渣，定期排出炉外。通常所指的高炉渣均指终渣。终渣对控制生铁的成分、保证生铁的质量有重要影响。终渣的成分是根据冶炼条件，经过配料计算确定的。在生产中若发现终渣不当，可通过配料调整使其达到适宜成分。

造渣数量也是直接影响冶炼过程强化的根本因素。当矿石品位低时，冶炼单位生铁的渣量大，软熔带的透气阻力将增大；同时，还使滴落带中渣焦比增大，造成渣液在焦炭孔隙中的滞留量升高，增加了发生液泛现象的危险性。

2.2.4 高炉渣的物理性质

高炉渣的物理性质是指其熔化性、流动性（黏度）、表面性质及上述特性的稳定性。

2.2.4.1 熔化性

熔化性是指炉渣熔化的难易程度。它可用熔化温度和熔化性温度这两个指标来衡量。

A 熔化温度

熔化温度是指熔渣完全熔化为液相时的温度，或液态炉渣冷却时开始析出固相的温度，即相图中液相线或液相面的温度。炉渣不是纯物质，没有一个固定的熔点，炉渣从开始熔化到完全熔化是在一定的温度范围内完成的。熔化温度是炉渣熔化性的标志之一，熔化温度高表明炉渣难熔，熔化温度低则表明其易熔。

图 2-16 为 $CaO\text{-}SiO_2\text{-}Al_2O_3\text{-}MgO$ 四元渣系的等熔化温度图。

当 $w(Al_2O_3) = 5\% \sim 20\%$、$w(MgO) < 20\%$ 时，在 $w(CaO)/(SiO_2) \approx 1.0$ 的区域里，其熔化温度比较低。

当 Al_2O_3 含量低时，随着碱度的增加，熔化温度增加得比较快。当 $w(Al_2O_3) > 10\%$ 以后，由于较多的 Al_2O_3 存在削弱了 $w(CaO)/w(SiO_2)$ 变化的影响，随碱度增加熔化温度增加得较慢，低熔化温度区域扩大了，增强了炉渣稳定性。

在 $w(CaO) = 30\% \sim 45\%$ 和 $w(CaO)/w(SiO_2) = 1.0 \sim 1.2$ 的范围内（即常见的高炉炉

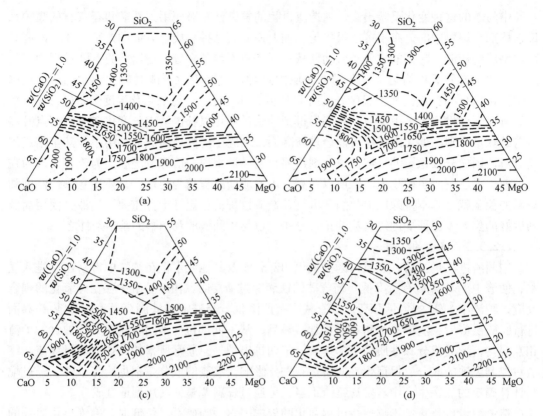

图 2-16　CaO-SiO₂-Al₂O₃-MgO 四元渣系的等熔化温度图

(a) $w(Al_2O_3) = 5\%$；(b) $w(Al_2O_3) = 10\%$；(c) $w(Al_2O_3) = 15\%$；(d) $w(Al_2O_3) = 20\%$

渣成分)，随着渣中 MgO 含量的增加，熔化温度不断降低。当 $w(MgO) < 8\%$ 时，熔化温度降低得较快；当 $w(MgO) > 10\%$ 后，其对熔化温度的影响减弱；当 $w(MgO) > 15\%$ 时，熔化温度反而升高。

在二元碱度低于 1.0 的区域内熔化温度较低，但因脱硫能力和炉渣流动性不能满足高炉要求，所以一般不选用。如果碱度超过 1.0 很多，炉渣成分则处于高熔化温度区域。

炉渣熔化温度的选择要考虑以下几方面的影响：

(1) 对软熔带位置高低的影响。难熔炉渣的开始软化温度较高，从软化到熔化的范围小，在高炉内的软熔位置低，软熔层薄，有利于高炉顺行；但在炉内温度不足的情况下可能黏度高，影响料柱透气性。易熔炉渣在高炉内的软熔位置较高，软熔层厚，料柱透气性差；但其流动性好，有利于高炉顺行。

(2) 对高炉炉缸温度的影响。难熔炉渣在熔化前下降速度慢、受热充分、吸收的热量多，进入炉缸时携带的热量也多，有利于提高炉缸温度。若炉渣熔化温度过低，必然在固态时受热不足，使终渣温度降低，难以保证得到高质量的产品。实践证明，欲生产硅、锰含量高且出炉温度高的"热"铁，除需保证有足够高的燃烧温度外，炉渣有适当高的熔化温度也是必要条件之一。

(3) 对高炉内热量消耗和热量损失的影响。难熔炉渣流出炉外时带走的热量较多，热损失增加，使焦比升高；易熔炉渣则相反。

（4）对炉衬寿命的影响。当炉渣熔化性温度高时，炉渣易凝结而形成渣皮，对炉衬起保护作用；易熔炉渣因其流动性过大，则会冲刷炉墙。

（5）选择熔化温度时，必须兼顾流动性和热量两个方面的因素。

各种不同成分炉渣的熔化温度可以从四元渣系熔化温度图中查得。实际高炉渣的成分除了以上四种主要成分外，还有 MnO、FeO 等成分，这些成分均能降低炉渣的熔化温度。所以，从图中查出的熔化温度数值要比该成分炉渣的实际熔点高 $100 \sim 200$ ℃，而与炉渣出炉时的温度基本相似，生产中合适的炉渣熔化温度为 $1300 \sim 1400$ ℃。

B 熔化性温度

熔化性温度是指炉渣从不能流动转变为能自由流动时的温度。高炉生产要求炉渣在熔化后必须具有良好的流动性。有的炉渣（特别是酸性渣）加热到熔化温度后并不能自由流动，仍然十分黏稠，例如，$w(SiO_2) = 62\%$、$w(Al_2O_3) = 14.25\%$、$w(CaO) = 22.25\%$ 的炉渣在 1165 ℃下熔化后，即使再升高 $300 \sim 400$ ℃，它的流动性仍然很差，所以说，对高炉生产有实际意义的不是熔化温度而是熔化性温度。熔化性温度高，表示炉渣难熔，反之，则炉渣易熔。熔化性温度可通过测定炉渣黏度-温度（η-t）曲线来确定，如图 2-17 所示。

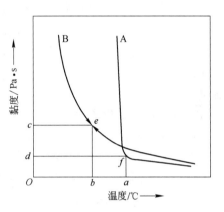

图 2-17 炉渣黏度-温度曲线

图 2-17 中，A 渣的转折点为 f，当温度高于 t_a 时，渣的黏度较小（d 点），有很好的流动性；当温度低于 t_a 之后，黏度急剧增大，炉渣很快失去流动性，因此 t_a 就是 A 渣的熔化性温度。一般碱性渣属于这种情况，取样时渣滴不能拉成长丝，渣样断面呈石头状，俗称短渣或石头渣。B 渣的黏度随温度降低而逐渐升高，在 η-t 曲线上无明显转折点，一般取其黏度值为 $2.0 \sim 2.5$ Pa·s 时的温度（相当于 t_b）为熔化性温度。$2.0 \sim 2.5$ Pa·s 为炉渣能从高炉顺利流出的最大黏度。为统一标准，常取 45° 直线与 η-t 曲线相切的点 e 所对应的 t_b 为熔化性温度。一般酸性渣的特性类似于 B 渣，取样时渣滴能拉成长丝，且渣样断面呈玻璃状，俗称长渣或玻璃渣。

2.2.4.2 黏度

炉渣黏度直接关系到炉渣流动性，而炉渣流动性又直接影响高炉顺行和生铁质量等指标，它是高炉工作者最关心的炉渣性能指标之一。

炉渣黏度是指速度不同的两层液体之间的内摩擦系数。它是对流体流动过程中内部相邻各层间的内摩擦力大小的量度。

如果设一层液体的流速为 v，另一层液体的流速为 $v + dv$，两液层间的接触面积为 S、距离为 dx、内摩擦力为 F，则可得出下列关系：

$$F = \eta \cdot S \cdot \frac{dv}{dx} \qquad (2-49)$$

式中　η——内摩擦系数（即黏度），Pa·s。

炉渣黏度是流动性的倒数，黏度越大，流动性越差。

A　影响炉渣黏度的因素

对均相的液态炉渣来说，决定其黏度的主要因素是成分和温度；而在非均相的状态下，固态悬浮物（渣中固相质点）的性质和数量对黏度有重大影响。

a　温度对炉渣黏度的影响

从炉渣黏度-温度关系曲线可以看出，炉渣的黏度随温度的升高而降低。其原因是温度升高能供给液体流动所需要的黏流活化能，同时又能使某些复合负离子群解体或消除渣内固相分散物（即增大它们在渣中的溶解度）。

一般来说，在足够的过热条件下（高于熔化性温度），碱性渣的黏度比酸性渣低些，以后的变化不大；而长渣在高于熔化性温度后，虽然黏度仍随温度的升高而降低，但黏度值往往高于短渣，这一点在炉渣离子理论中可以得到解释。因为酸性渣内有较复杂的硅氧离子存在，温度下降时其黏度随温度的变化较小，当冷却到接近凝固点时，由于庞大的硅氧离子扩散得较慢，来不及在晶格上排列，以致形成冷状态的玻璃体。对碱性渣而言，因其中的复合负离子较小，扩散能力大些，当冷却到接近凝固点时，在瞬间之内就会从完全流动变为不完全流动；另外，也是因为其结晶能力较强，容易生成固相物质，所以碱性渣的黏度随温度的变化较大。

生产中要求高炉渣在 1350～1500℃时具有较好的流动性，一般在炉缸温度范围内，适宜的黏度值应在 0.5～2.0Pa·s 之间，通常不大于 1Pa·s，最好为 0.4～0.6Pa·s；但过低时则流动性过好，对炉衬有冲刷侵蚀作用。

b　炉渣成分对黏度的影响

图 2-18 是 CaO-SiO_2-MgO-Al_2O_3 四元渣系的黏度图，Al_2O_3 含量分别为 5%、10%、15%、20%，温度分别为 1400℃和 1500℃。

渣中 SiO_2 含量为 35% 左右时黏度最低，若再增加 SiO_2 含量，黏度逐渐增加。此时黏度线几乎与 SiO_2 浓度线平行。

CaO 对炉渣黏度的影响正好与 SiO_2 相反。随着渣中 CaO 含量的增加，可使黏度逐渐降低，$w(CaO)/w(SiO_2)=0.8～1.2$ 之间的黏度最低。如果继续增加 CaO，黏度则急剧上升。因为在酸性渣中增加碱性物质 CaO，可以使酸性渣中复杂的硅氧离子解体成简单的硅氧离子，从而使炉渣黏度降低；而在碱性渣中增加碱性物质，炉渣的熔化温度升高，致使该温度下炉渣不能完全熔化成均一液相，在液相中有悬浮的固相结晶颗粒，会使黏度升高。

MgO 对炉渣黏度的影响与 CaO 相似。在 $w(MgO)<20\%$ 范围内，随着 MgO 的增加，炉渣黏度下降。特别是在酸性渣中，当保持 $w(CaO)/w(SiO_2)$ 不变而增加 MgO 时，这种影响更为明显。如果三元碱度$(w(CaO)+w(MgO))/w(SiO_2)$不变而用 MgO 代替 CaO 时，这种作用不明显。但无论何种情况，MgO 含量都不能过高，否则由于$(w(CaO)+w(MgO))/w(SiO_2)$ 的值太大，将使炉渣难熔，造成黏度增高且脱硫率降低。下面是一组炉渣在 1350℃时其黏度随 MgO 含量变化的数据：

渣中 MgO 含量/%	1.52	5.10	7.35	8.68	10.79
黏度/Pa·s	2.45	1.92	1.52	1.18	1.18

可见在 1350℃时，若 MgO 含量从 1.52% 增加至 7%，炉渣黏度降低近一半；当 MgO 含量超过 10% 以后，炉渣黏度不再降低。所以一般认为，炉渣中 $w(MgO)=7\%～9\%$ 较为合适，同时也有利于改善炉渣的稳定性和难熔性。

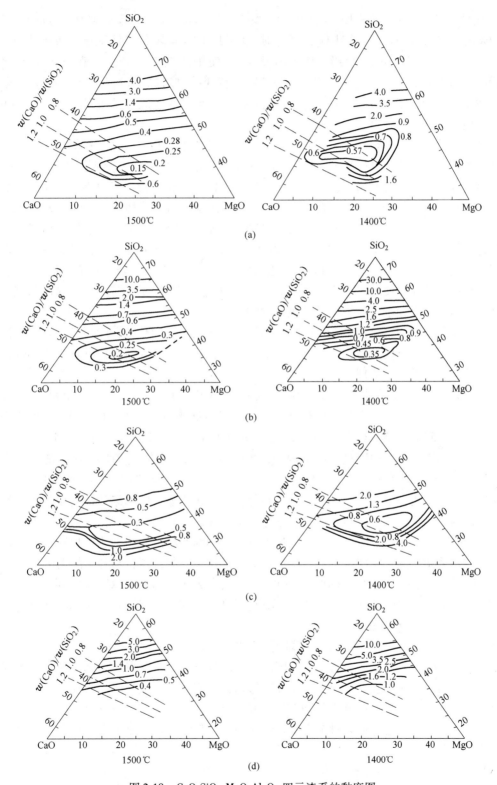

图 2-18 CaO-SiO$_2$-MgO-Al$_2$O$_3$ 四元渣系的黏度图

（a）$w(Al_2O_3)=5\%$；（b）$w(Al_2O_3)=10\%$；（c）$w(Al_2O_3)=15\%$；（d）$w(Al_2O_3)=20\%$

Al_2O_3 对炉渣黏度的影响比 CaO 和 SiO_2 要小。含 CaO 30% ~50% 的炉渣，当 $w(Al_2O_3)$ ≈10% 时，黏度最小；当 $w(Al_2O_3)$ < 5% 时，增加 Al_2O_3 能降低炉渣黏度、改善炉渣的稳定性；$w(Al_2O_3)$ > 15% 后，继续增加 Al_2O_3 又会使炉渣黏度上升。若渣中 $w(CaO)/(w(SiO_2) + w(Al_2O_3))$ 的值固定，SiO_2 与 Al_2O_3 互相变动时对黏度没有影响。Al_2O_3 一般视为酸性物质，所以当 Al_2O_3 含量高时，炉渣碱度应取得高些或通过增加 MgO 含量来降低炉渣流动性。

当炉渣中 $w(FeO)$ < 20% 时，随其含量的增加能显著降低炉渣黏度；但由于高炉终渣中它的含量很低（小于1%），对黏度影响不大，有时出现高 FeO 渣往往是由炉温不足、还原不充分造成的，此时由于渣温很低，FeO 也改善不了流动性。不过在初渣中它的影响却很大，随着还原的进行，FeO 在渣中含量的剧烈波动也造成了初渣黏度的很大波动。

当炉渣中 $w(MnO)$ < 15% 时，随其含量的增加能显著降低炉渣黏度。因为锰矿及其含锰的各种氧化物易被气体还原剂还原为 MnO，由氧化锰形成的硅酸盐所组成的高炉炉渣熔点都比较低，为 1150 ~1250℃，因此，提高渣中 MnO 的含量能够降低炉渣的熔点；此外，由于硅酸锰的还原需要消耗一定的 CaO，渣中 MnO 在一定浓度范围内还有降低高碱度炉渣黏度的作用，有利于消除炉缸碱性黏结物的堆积。

一般含氟炉渣的熔化温度为 1170 ~1250℃，比普通炉渣低 100 ~200℃。含氟炉渣黏度很小，在一定的温度下增加渣中 CaF_2 含量，能显著降低炉渣黏度，改善其流动性，用萤石洗炉就是利用这个道理。

高钛炉渣是一种熔化温度高、流动区间窄小的"短渣"，其液相温度为 1395 ~1440℃。可操作的渣铁温度范围只有 90℃左右，比冶炼普通矿小 100℃。TiO_2 虽然本身黏度并不高，1450℃、$w(TiO_2)$ = 5% ~30% 时其黏度小于 0.5 Pa·s；但是在生产中发现，高钛渣会自动变稠，其原因是在高炉内强还原气氛之下，炉渣中少量的 TiO_2 被还原成 Ti 后，将与 C、N 结合生成高熔点的物质 TiC、TiN、Ti(NC)，这些物质在高炉内成固相分散状存在，会使炉渣黏度升高。此外，这些碳化物、氮化物还常以网络状结构聚集在铁滴表面，使铁滴难以聚合、难以与炉渣分离，进一步造成黏度升高，形成渣中带铁，增加了铁损失。因此，用钛磁铁矿冶炼时要注意炉渣自动变稠的问题。同样，也可以利用此原理来保护炉衬，例如，近年来我国推广了钛渣护炉的操作法，起到了自动补炉的作用。

当矿石中含有 $BaSO_4$ 时，渣中将存在 BaO，当其含量低于 7% 时，对高炉渣的黏度影响不大。BaO 含量增高时其影响与 CaO 相近，因而此时可以适当降低炉渣碱度和提高 MgO 含量。

c　渣中固相质点的影响

当熔渣中出现或存在固相质点（即固态微粒）时，两者之间将要产生液-固界面，这会使液体流动时需要克服的阻力大增。因此，有固相质点熔渣的黏度要远大于相同组成的单相熔渣的黏度。渣中悬浮物越多，其黏度值越大。例如，从风口喷吹煤粉时，如果煤粉不能完全燃烧，残余的碳粒就会使滴落带中熔渣的黏度显著增大，破坏炉况顺行。又如，当炉衬严重侵蚀时，通过加入钛矿，有少量的 TiC、TiN、TiNC 固相质点存在，也会使熔渣的黏度增大。

B　炉渣黏度对冶炼行程的影响

炉渣黏度对冶炼行程的影响很大，其主要表现为：

（1）炉渣黏度影响成渣带以下料柱的透气性。黏度过大的初渣能堵塞炉料间的空隙，使料柱透气性变坏，从而增加煤气通过时的阻力。这种炉渣也易在高炉炉墙上结成炉瘤，引起炉料下降不顺，形成崩料和悬料等生产故障。

（2）炉渣黏度影响炉缸工作。过于黏稠的炉渣（终渣）容易堵塞炉缸，不易从炉缸中自由流出，使炉缸壁结厚，缩小炉缸容积，造成操作上的困难，有时还会引起渣口和风口大量烧坏。

（3）炉渣黏度影响炉渣的脱硫能力。炉渣的脱硫能力与其流动性也有一定关系，炉渣流动性好，有利于改善脱硫反应时的扩散作用。

（4）炉渣黏度影响炉前操作。黏度高的炉渣易发生黏沟、渣口凝渣等现象，造成放渣困难。

（5）炉渣黏度影响高炉寿命。黏度高的炉渣在炉内容易形成渣皮，可起到保护炉衬的作用；而黏度过低、流动性好的炉渣则会冲刷炉衬，缩短高炉寿命。如含 CaF_2 和 FeO 较高的炉渣流动性过好，对炉缸和炉腹的砖墙不仅有机械冲刷，还有化学侵蚀的破坏作用。生产中应通过配料计算调整终渣的化学成分，使其具有适当的流动性。一般在 1500℃时，黏度应不大于 1.0Pa·s。

适宜的炉渣黏度是保持高炉具有良好透气性，有利于各种还原反应顺利进行、炉况顺行、冶炼强化、保护炉衬、活跃炉缸，获得良好技术经济指标的重要保证。

2.2.4.3　表面性质

炉渣的表面性质是指液态炉渣与煤气间的表面张力和渣-铁间的界面张力。表面张力的物理意义可以理解为生成单位面积的液相与气相新交界面所消耗的能量，如渣层中生成气泡即是生成了新的渣-气交界面。

表面张力值与物质表面层质点作用力的类型有关。金属的表面张力为 1～2N/m，而高炉渣的表面张力在 0.2～0.6N/m 之间，只有液态金属的 1/3～1/2，这就是由金属质点质量大、金属键作用力强所致。由多种金属氧化物组成的炉渣的表面张力值，可由各种纯氧化物的表面张力按各自摩尔分数值加权求和得到，即：

$$\sigma_t = \sum x_i \sigma_i \tag{2-50}$$

式中　σ_t——合成渣的表面张力，N/m；

x_i——i 组分的摩尔分数；

σ_i——纯 i 组分的表面张力，N/m。

不同温度下各种造渣氧化物的表面张力，列于表 2-5。

表 2-5　不同温度下各种造渣氧化物的表面张力

氧化物	$\sigma / \times 10^{-3}N \cdot m^{-1}$			
	1300℃	1400℃	1500℃	1600℃
CaO		614	586	
MnO		653	641	
FeO		584	560	
MgO		512	502	
Al_2O_3		640	630	448～602
SiO_2		285	286	
TiO_2		380		223
K_2O	16.8	156		

炉渣中有些组分（如 SiO_2、TiO_2、CaF_2 等）的表面张力值较低，当渣中大量存在这些物质时会降低炉渣的表面张力，使高炉内的气体穿过渣层出现困难，这些不易逸出渣层的气体形成稳定的气泡而使炉渣成为泡沫渣，其原理及现象与肥皂泡极为相近。而炉渣表面张力与黏度之比（σ/η）的降低是形成稳定泡沫渣的充分必要条件。因为炉渣的表面张力小，意味着生成渣中气泡耗能少（比较容易）；而炉渣的黏度大，则气泡薄膜比较强韧，另外气泡在渣层内上浮困难，生成的小气泡不易聚合或不易逸出渣层之外。这类泡沫渣在炉内加大了液体在焦窗中滞留的数量，严重时还会造成液泛，从而引起难行、悬料，给高炉操作带来很大的麻烦；而排出炉外时，由于大气压力低于炉内压力，存在于渣中的气泡体积膨胀，泡沫现象更严重，造成渣沟、渣罐外溢，容易引起事故。我国冶炼钒钛磁铁矿及含 CaF_2 矿石的高炉都曾遇到过这类问题，其原因就是 TiO_2、CaF_2 是表面活性物质，易降低炉渣的表面张力。

界面张力存在于液态渣、铁之间，一般为 $0.9 \sim 1.2N/m$，界面张力小的物理意义与表面张力相似，即容易形成新的渣、铁间的相界面。而炉渣的黏度一般比液态金属高 100 倍以上（铁水在 1400℃ 的黏度值为 $0.0015Pa \cdot s$），故常会造成铁珠"乳化"为高弥散度的细滴而悬浮于渣中，出现很大的渣中带铁现象，从而造成较大的铁损。所以炉渣 σ/η 偏小，是容易造成铁珠悬浮于渣中的原因。

炉渣的表面性质是近年来才引起冶金界重视的课题，无论是在理论上、实验技术上还是在工业实践的应用上都有待大力发展。

2.2.4.4　稳定性

炉渣稳定性是指炉渣的化学成分或外界温度波动时，对炉渣物理性能的影响程度。若炉渣的化学成分波动后对炉渣的物理性能影响不大，称此渣具有良好的化学稳定性；同理，如外界温度波动对其炉渣的物理性能影响不大，称此渣具有良好的热稳定性。炉渣稳定性影响炉况稳定性，使用稳定性差的炉渣易引起炉况波动，给高炉操作带来困难。生产过程中由于原料条件、操作制度等常有波动，会使炉渣化学成分或炉内温度发生波动，因此，只有具有良好稳定性的炉渣才能维持高炉的正常生产。

判断炉渣化学稳定性的好坏，可以依据炉渣等熔化性温度图和等黏度图。若该炉渣成分位于图中等熔化性温度线或等黏度线密集的区域内，表明化学成分略有波动，则炉渣熔化性温度或黏度波动很大，炉渣化学稳定性很差；相反，位于等熔化性温度线或等黏度线稀疏区域的炉渣，其化学稳定性就比较好。通常在炉渣碱度等于 $1.0 \sim 1.2$ 的区域内，炉渣的熔化性温度和黏度都比较低，可认为其稳定性好，是适于高炉冶炼的炉渣。而碱度小于 0.9 的炉渣其稳定性虽好，但由于脱硫效果差，生产中不常采用。渣中含有适量的 MgO（$5\% \sim 15\%$）和 Al_2O_3（小于 15%）时，都有助于提高炉渣的稳定性。

2.2.5　熔渣结构及矿物组成

熔渣的各种物理化学性质以及金属与熔渣之间的反应都与熔渣的结构有关，现有关于熔渣结构的理论是根据凝固渣的结构分析与熔渣在高温下的某些性质（如黏度、密度、导电性和电解性等）间接推断出来的。

关于熔渣的结构理论存在两种理论学说，即分子理论和离子理论。

2.2.5.1 分子理论

分子理论是在固体渣的化学、岩相和 X 射线分析以及状态图研究的基础上建立的，其主要论点为：

（1）熔融的炉渣是由一些自由的简单氧化物（如 FeO、MnO、MgO、CaO、SiO$_2$、P$_2$O$_5$、Al$_2$O$_3$ 等）分子和由这些自由氧化物所形成的复杂化合物（如 2FeO·SiO$_2$、CaO·SiO$_2$ 和 4CaO·P$_2$O$_5$ 等）分子组成，高炉渣中各种矿物的组成如表 2-6 所示。当冶炼特殊矿石（如钒钛磁铁矿）时，还会有 CaO·TiO$_2$、MgO·TiO$_2$ 和 Al$_2$O$_3$·TiO$_2$ 等含钛矿物。

表 2-6　高炉渣中各种矿物的组成

矿物种类	分子式	化学成分/%				熔化温度/℃
		CaO	SiO$_2$	Al$_2$O$_3$	MgO	
假硅灰石	CaO·SiO$_2$	48.2	51.8	—	—	1540
硅钙石	3CaO·SiO$_2$	58.2	41.8	—	—	1475
甲型硅灰石	2CaO·SiO$_2$	65.0	35.0	—	—	2130
尖晶石	MgO·Al$_2$O$_3$	—	—	71.8	28.2	2135
钙镁橄榄石	CaO·MgO·SiO$_2$	35.9	38.5	—	25.6	1498
镁蔷薇辉石	3CaO·MgO·2SiO$_2$	51.2	36.6	—	12.2	—
钙长石	CaO·Al$_2$O$_3$·2SiO$_2$	20.1	43.3	36.6	—	1550
黄长石	m(2CaO·MgO·2SiO$_2$)	—	—	—	—	—
	n(2CaO·Al$_2$O$_3$·SiO$_2$)	—	—	—	—	—
镁方柱石	2CaO·MgO·2SiO$_2$	41.2	44.1	—	14.7	1458
铝方柱石	2CaO·Al$_2$O$_3$·SiO$_2$	40.8	22.0	37.2	—	1590
斜顽辉石	MgO·SiO$_2$	—	60.0	—	40.0	1557
透辉石	CaO·MgO·2SiO$_2$	25.9	55.6	—	18.5	1391

（2）熔渣是理想溶液，可以用理想溶液各定律来进行定量计算。

（3）酸性氧化物和碱性氧化物相互作用形成复杂化合物，且处于化学动平衡状态，随温度升高，复杂化合物的解离度增大，自由氧化物的浓度增加，只有自由氧化物才能与金属相作用。例如，渣、铁间的脱硫反应可看成是铁中的 FeS 分子与渣中自由的 CaO 分子间发生反应的结果：

$$（CaO）+[FeS]=（FeO）+（CaS）$$

由于各种矿物在炉渣中的解离度不同，可以利用这一差别控制化学反应的进行。

分子理论可以形象而简明地说明与炉渣有关的种种化学反应，定性地判断反应进行的条件、难易及方向等，甚至可以测定较稳定的平衡常数。不过，关于液态炉渣的分子学说不能真实地反映炉渣的本性，一些问题也不能加以解释，如酸性渣与碱性渣的黏度为什么存在巨大的差别、为什么液态炉渣具有导电性等。尽管如此，由于其计算简单和应用方便，直到今天这种理论仍被广泛地应用。

2.2.5.2 离子理论

由于熔融炉渣可以导电，其电导率值和典型离子化合物的电导率值相近，而远大于分子组成的液态绝缘体；熔渣还可以电解，在阴极上析出金属等。可以肯定，冶金熔渣中确实存在着带电质点，即高温冶金熔渣具有离子结构。

熔渣的离子理论认为，在熔渣中金属元素大部分都失去自己的价电子而形成简单的阳离子，如 Fe^{2+}、Mn^{2+}、Mg^{2+}、Ca^{2+} 等；非金属元素能取得外来的电子而形成简单的阴离子，如 O^{2-}、S^{2-}、F^- 等。此外，由于离子间电化学力的作用，熔渣中离子半径小、电荷多的 Si^{4+} 和 Al^{3+} 等正离子（见表2-7）可以与负离子中半径最小的 O^{2-} 之间相互吸引，组成多种复杂的负离子团，如 SiO_4^{4-}、AlO_3^{3-}、PO_4^{3-} 等，并具有相当的稳定性。这些负离子团的结构形式分别为：

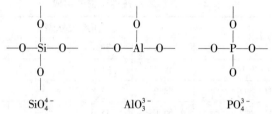

表 2-7　高炉渣熔体中的离子电荷及有效半径

离子电荷	Si^{4+}	Al^{3+}	Mg^{2+}	Fe^{2+}	Mn^{2+}	Ca^{2+}	P^{5+}	O^{2-}	S^{2-}
有效半径/nm	0.039	0.057	0.078	0.083	0.091	0.106	0.34	0.132	0.174

SiO_4^{4-} 是空间四面体结构（见图2-19），它是构成液态渣的基本结构单元。四面体角上的 O^{2-} 可以被相邻的 Si^{4+} 所共有，则众多的四面体可形成向三维空间延伸的网状结构，而其总体的化学成分为 SiO_2（见图2-20）。此网状结构中的每个质点由于离子键力的相互制约而不能任意移动，这就是前面提及的纯 SiO_2 黏度特别高的原因。

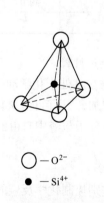

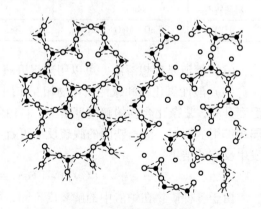

○ — O^{2-}

● — Si^{4+}

图 2-19　SiO_4^{4-} 阴离子团的空间
　　　　四面体结构

图 2-20　熔融 SiO_2 以四面体为基本单元
　　　　构成的空间网状结构

由于炉渣中 Al_2O_3 和 P 的含量远不及 SiO_2，此外 AlO_3^{3-} 和 PO_4^{3-} 只能提供 3 个共价键的 O^{2-}，故其在液态炉渣结构中不占有重要地位。下面以 SiO_4^{4-} 构成的复杂阴离子团为例进行讨论。

当熔融的 SiO_2 中加入一个二价碱性氧化物分子（CaO 或 MgO）时，则消灭了一个被

两个相邻的 Si^{4-} 所共有的 O^{2-}，简化了 SiO_4^{4-} 空间网络的复杂程度，故可导致黏度下降。此时结构式的变化如下：

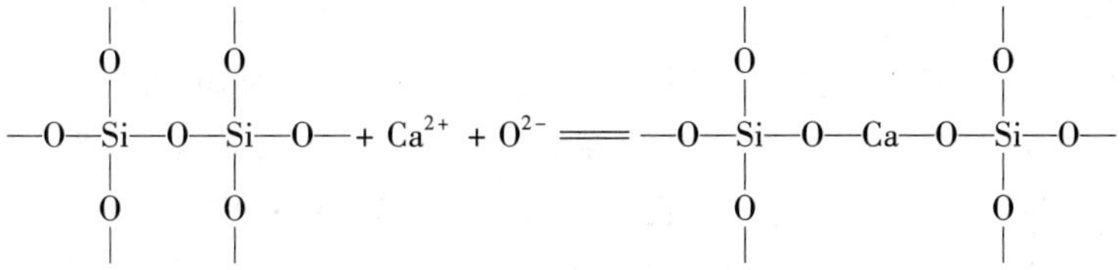

$$-O-Si-O-Si-O-+Ca^{2+}+O^{2-} = -O-Si-O-Ca-O-Si-O-$$

当熔融的 SiO_2 中加入一个碱金属氧化物分子（K_2O 和 Na_2O）时，则可提供两个阳离子（$2K^+$ 或 $2Na^+$）和一个 O^{2-}，将在网状结构中造成一个断口，使其降低黏度的效果更为强烈。此时结构式的演变如下：

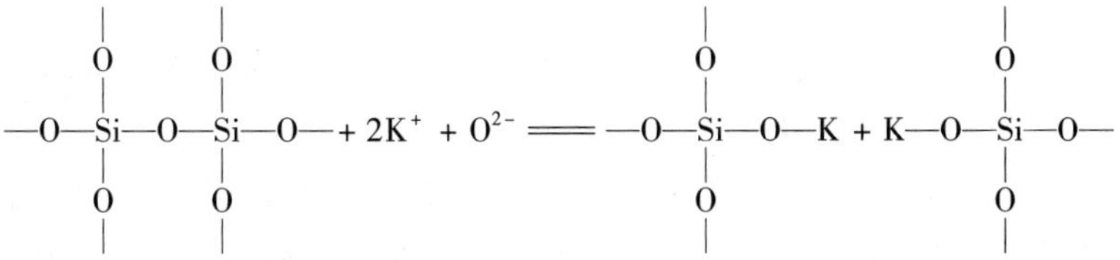

$$-O-Si-O-Si-O-+2K^++O^{2-} = -O-Si-O-K+K-O-Si-O-$$

当加入一个 CaF_2 分子时，不但提供了一个二价阳离子 Ca^{2+}，还提供了两个极强的一价负离子 $2F^-$，F^- 可取代结构中 O_2^- 的位置，也造成了断口；同时还置换出 $Ca^{2+}+O^{2-}$ 的自由离子，去破坏另一个共有的四面体中的 O^{2-}，故其降低黏度的作用尤为突出。此时结构式的转化如下：

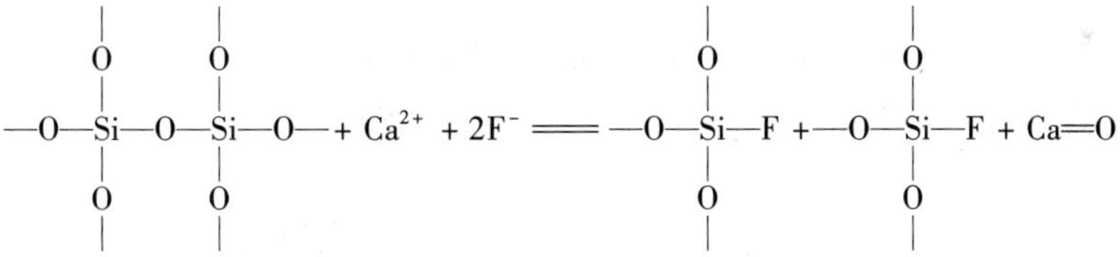

$$-O-Si-O-Si-O-+Ca^{2+}+2F^- = -O-Si-F+-O-Si-F+Ca=O$$

当降低熔渣 $w(MeO)/w(SiO_2)$ 的比值时，O^{2-} 的数量不足以形成单独的 SiO_4^{4-}，于是便发生 SiO_4^{4-} 的聚合现象，见图 2-21。

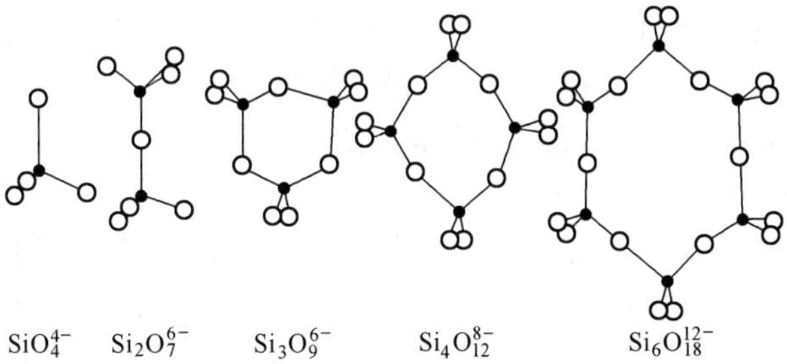

$$SiO_4^{4-} \quad Si_2O_7^{6-} \quad Si_3O_9^{6-} \quad Si_4O_{12}^{8-} \quad Si_6O_{18}^{12-}$$

图 2-21 硅氧阴离子结构

在正硅酸盐中氧与硅的原子比等于 4（$n(O)/n(Si)=4$），向渣中加入 SiO_2 使 $n(O)/n(Si)$ 值降为 3.5 时，相邻的两个 SiO_4^{4-} 便共用一个 O^{2-}（即公共氧电桥）而结合成 $Si_2O_7^{6-}$，$3MeO \cdot 2SiO_2$ 型硅酸盐即属于这种链式结构。进一步使熔渣中的 $n(O)/n(Si)$ 值降到 3 时，SiO_4^{4-} 将聚合成具有环状结构的 $Si_3O_9^{6-}$、$Si_4O_{12}^{8-}$、$Si_6O_{18}^{12-}$ 等，$CaO \cdot SiO_2$ 就具有这种结构。如更进一步降低渣中 $n(O)/n(Si)$ 值，SiO_4^{4-} 还会聚合成更复杂的结构，如 $(Si_4O_{11}^{6-})_n$、$(Si_2O_5^{2-})_n$。

总之，SiO_2 在熔渣中具有复杂的多晶结构，其通式可写为 $Si_xO_y^{z-}$。随着渣中 $n(O)/n$ (Si) 值的减小，即渣中碱性氧化物浓度的降低，SiO_4^{4-} 会聚合成越来越复杂的阴离子团；相反，随着 $n(O)/n(Si)$ 值的增大，硅氧离子团的结构会变得简单。$n(O)/n(Si)$ 值实际上就是炉渣碱度，因为氧离子是由碱性氧化物提供的。显然，提高碱度会使 O^{2-} 增多，能使具有复杂结构的硅氧离子团解体为简单的 SiO_4^{4-}，使炉渣黏度降低。因此，渣中硅氧离子体结构的复杂程度对炉渣性质有巨大影响。

2.2.6 生铁去硫

硫在生铁中是有害元素，保证获得硫含量合格的铁水是高炉冶炼中的重要任务。

2.2.6.1 硫在高炉中的变化

高炉内的硫来自矿石、焦炭和煤粉。冶炼每吨生铁时由炉料带入的总硫量称为硫负荷。炉料中的燃料带入的硫量最多，占 80% 左右。焦炭中的硫主要是有机硫，也有部分以 FeS 和硫酸盐的形态存在于灰分中。矿石及熔剂中的硫则主要以硫化铁（FeS_2、FeS）为主，也有少量呈硫酸钙、硫酸钡及其他金属（Cu、Zn、Pb）的硫化物形态。

随着炉料的下降，当温度达到 565℃ 以上时，FeS_2 开始分解生成单质 S 或 SO_2 进入煤气：

$$FeS_2 === FeS + S \tag{2-51}$$

分解生成的 FeS 在高炉上部少量被 Fe_2O_3 和 H_2O 所氧化：

$$FeS + 10Fe_2O_3 === 7Fe_3O_4 + SO_2 \tag{2-52}$$

$$3FeS + 4H_2O === Fe_3O_4 + 3H_2S + H_2 \tag{2-53}$$

硫酸钙等盐类在与 SiO_2 等接触时分解或生成 SO_3 进入煤气，也会与 C 作用生成 CaS 进入渣中：

$$CaSO_4 + SiO_2 === CaSiO_3 + SO_3 \tag{2-54}$$

$$CaSO_4 + 4C === CaS + 4CO \tag{2-55}$$

焦炭中的有机硫在到达风口区之前就几乎全部挥发进入煤气了，而焦炭灰分中的硫和喷吹燃料中的硫则在风口前燃烧时生成 SO_2 进入煤气。

煤气中的 SO_2 在高温下与 C 接触可被还原成单体 S：

$$SO_2 + 2C === 2CO + S \tag{2-56}$$

随煤气上升的硫，大部分被炉料中的 CaO、FeO 和海绵铁所吸收，分别以 CaS、FeS 的形式进入炉渣和生铁，只有一小部分随煤气逸出。冶炼炼钢生铁时挥发的硫量占 5% ~ 15%，冶炼铸造生铁时最高可达 30%。途中被炉料吸收的 S 随着炉料下降，一部分会形成循环富集现象，如图 2-22 所示。冶炼每吨铁由炉料带入的硫量为 2.83kg，重油带入的硫量为 0.4kg，风口处燃烧生成的硫量为 1.92kg；在燃烧之前先挥发了 0.75kg 硫，这些硫在上升到熔融滴落带时被滴落的渣和铁吸收 0.85kg，煤气中硫浓度降低；继续上升到软熔带，该处透气性很差，炉料吸硫能力很强（1.24kg），而至块状带时则吸硫较少（0.58kg）。由于硫在炉内的循环，软熔滴落带的总硫量比实际炉料带入的硫量要多，最终从煤气挥发带走的硫量应包括在差额 0.35kg 中。可见，在高炉中下部有相当数量的硫进行气化→吸收→再气化→再吸收的循环过程。

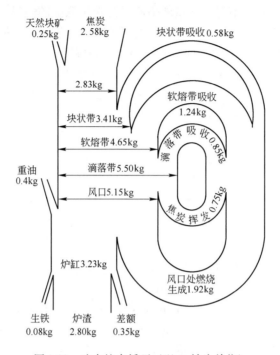

图 2-22 硫在炉内循环（以 1t 铁为单位）

2.2.6.2 决定生铁硫含量的因素

由于炉料带入高炉的硫在炉内分配于铁水、炉渣和煤气之中，进入铁水的硫量可根据硫的平衡计算：

$$m(S)_{料} = m[S] + m(S) + m(S)_{气}$$

进而推导出：

$$w[S]_\% = m(S)_{料} - m(S)_{气} - nw(S)_\% \tag{2-57}$$

$$w[S]_\% = \frac{m(S)_{料} - m(S)_{气}}{1 + nL_S} \tag{2-58}$$

式中 $m(S)_{料}$——生产 100kg 生铁炉料带入的总硫量，kg；

$m[S]$——生产 100kg 生铁铁水中的硫量，kg；

$m(S)$——生产 100kg 生铁渣中的硫量，kg；

$m(S)_{气}$——生产 100kg 生铁随煤气挥发的硫量，kg；

n——渣比，生产 1kg 生铁的渣量，kg/kg；

$w[S]_\%, w(S)_\%$——分别为炉渣和铁水中硫的质量百分数；

L_S——硫在渣、铁之间的分配系数，$L_S = \dfrac{w(S)_\%}{w[S]_\%}$。

可见，铁水硫含量的高低取决于以下四方面因素：

（1）炉料带入的总硫量。炉料（矿石和燃料）中带入的硫量越少，生铁硫含量越低，生铁质量越有保证。同时，由于炉料带入的硫量减少，可减轻炉渣的脱硫负担，从而减少熔剂用量并降低渣量，这对降低燃料消耗和改善炉况顺行都是有利的。目前高炉原料在采用烧结矿和球团矿的条件下，由于矿石和熔剂带入的硫量不多，主要应重视燃料（焦炭和喷吹煤粉）的硫含量。降低燃料硫含量的措施一是选用低硫的燃料，二是洗煤过程中尽力去除无机硫。高炉生产中，操作人员应经常根据炉料的变化情况掌握和校核硫负荷的大小和变动，做到心中有数。硫负荷指的是冶炼 1t 生铁炉料带入的总硫量，生产中要求硫负荷尽量低于 5kg/t。现场对硫负荷（kg/t）的计算公式如下：

$$硫负荷 = \frac{每批料（燃料 + 矿石 + 熔剂）入炉硫的总和}{每批料的出铁量}$$

[例 2-1]　　已知条件如下：

原料名称	料批组成/kg	$w(Fe)/\%$	$w(S)/\%$
烧结矿	7000	50.8	0.028
海南岛矿	500	54.5	0.148
锰 矿	170	12.0	—
干 焦	2420	—	0.74

解　先计算各种原料带入的铁量和硫量：

	铁量/kg	硫量/kg
烧结矿	$7000 \times 0.508 = 3556$	$7000 \times 0.00028 = 1.96$
海南岛矿	$500 \times 0.545 = 272.5$	$500 \times 0.00148 = 0.74$
锰 矿	$170 \times 0.12 = 20.4$	
焦 炭		$2420 \times 0.0074 = 17.908$

每批料的出铁量为：　　　　$3848.9/0.94 = 4094.57kg$（0.94 为生铁的铁含量）

硫负荷为：　　　　　　　　$20.608/4094.57 = 5.03kg/t$

（2）随煤气挥发的硫量。挥发逸出炉外的硫实际只是气体硫中的一部分。影响挥发硫量的主要因素有两方面：

1）焦比和炉温。焦比和炉温升高时，生成的煤气量增加，煤气流速加快，煤气在炉内的停留时间缩短，被炉料吸收的硫量减少，从而增加了随煤气挥发的硫量。当然，由于焦比提高而造成硫负荷的提高也不可忽视。

2）碱度和渣量。石灰和石灰石的吸硫能力很强，当炉渣碱度高时，容易增加炉料的吸硫能力；当碱度不变而增加渣量时，也会增加吸硫能力而减少硫的挥发。据生产统计，冶炼不同品种的生铁时，由于高炉热制度、炉渣碱度、渣量以及煤气在高炉内的分布等因素不同，挥发硫量的比例如下：

生铁品种	炼钢生铁	铸造生铁	硅铁及锰铁
挥发硫量/%	小于 10	15 ~ 20	40 ~ 60

（3）相对渣量。当前两个因素不变时，相对渣量越大，生铁中的硫量越低。但一般不采用这一措施去硫，因为增加渣量必然升高焦比，反而使硫负荷增加，同时焦比和熔剂用量的增加也增大了生铁的成本；增加渣量还会恶化料柱透气性，使炉况难行和减产。现代高炉一般采用高品位矿石，实现低渣量操作。在低渣量操作过程中，只有认识低渣量冶炼的特点和要求，建立适应低渣量操作的有关制度和调节方法，才能充分发挥低渣量操作的

优势。如果仍然沿用大渣量条件下高炉操作形成的操作制度、调节手段以及操作习惯，就会出现炉况波动大、稳不住、出号外铁甚至结瘤的现象。

（4）硫的分配系数 L_S。硫的分配系数 L_S 代表炉渣的脱硫能力，L_S 越高，生铁中的硫量越低。硫负荷和渣量主要与原料条件（即外部条件）有关，硫的分配系数则与炉温、造渣制度及作业的好坏有密切关系。

2.2.6.3 炉渣脱硫

原燃料带入高炉的硫有 80% 左右是靠炉渣脱除的，故在一定冶炼条件下，生铁的脱硫主要是通过提高炉渣的脱硫能力（即提高 L_S）来实现的。

A 炉渣的脱硫反应

据高炉解剖研究证实，铁水进入炉缸前的硫含量比出炉铁水的硫含量高得多，由此可认为，正常操作中主要的脱硫反应是在铁水滴穿过炉缸时的渣层和炉缸中渣、铁相互接触时发生的。

炉渣中起脱硫作用的主要是碱性氧化物 CaO、MgO、MnO 等（或其离子）。从热力学角度来看，CaO 是最强的脱硫剂，其次是 MnO，最弱的是 MgO。按分子理论的观点，渣、铁间脱硫反应分以下三个步骤进行：

$$[FeS] = (FeS) \tag{2-59}$$

$$(FeS) + (CaO) = (CaS) + (FeO) \tag{2-60}$$

$$(FeO) + C = [Fe] + CO(g)$$

即在渣-铁界面上首先是铁中的 FeS 向渣面扩散并溶入渣中，然后与渣中的 CaO 作用生成 CaS 和 FeO。CaS 只溶于渣而不溶于铁，FeO 则被固体碳还原生成 Fe 和 CO，CO 气体离开反应界面时产生搅拌作用，将聚积在渣-铁界面的生成物 CaS 带到上面的渣层，加速 CaS 在渣内的扩散，从而加速炉渣的脱硫反应。总的脱硫反应方程式可写成：

$$[FeS] + (CaO) + C = [Fe] + (CaS) + CO - 149140 \text{kJ} \tag{2-61}$$

B 影响炉渣脱硫能力的因素

（1）炉渣温度。温度对炉渣脱硫能力的影响是多方面的。高温会提供脱硫反应所需的热量，加快脱硫反应速度；能加速 FeO 的还原，减少渣中 FeO 的含量；使铁中的硅含量提高，增加铁水中硫的活度系数；还能降低炉渣黏度，有利于扩散进行，这些都有利于 L_S 的提高。所以，炉温的波动是生铁硫含量波动的主要因素，控制稳定的炉温是保证生铁合格的主要措施。对高碱度炉渣，提高炉温更有意义。

（2）炉渣化学成分。

1）炉渣碱度。碱度 $w(\text{CaO})/w(\text{SiO}_2)$ 是影响炉渣脱硫的重要因素，碱度高，则炉渣的脱硫能力强。因为炉渣中 CaO 多会增加渣中 O^{2-} 的浓度，从而使炉渣脱硫能力提高。特别是在低渣量冶炼的条件下，由于低渣量使得渣中 CaO 的绝对数减少，不利于生铁脱硫。实践经验表明，在一定炉温下有一个合适的碱度，碱度过高反而会降低脱硫效率。其原因是碱度太高，炉渣的熔化性温度升高，在渣中将出现 $2\text{CaO} \cdot \text{SiO}_2$ 固体颗粒，降低炉渣的流动性，影响脱硫反应进行时离子间的相互扩散。高碱度渣只有在保证良好流动性的前提下，才能发挥较强的脱硫能力；此外，高碱度渣稳定性差，容易造成炉况不顺。

2）MgO、MnO 等碱性氧化物。MgO、MnO 等碱性氧化物也具有一定的脱硫能力，但由于 MgS、MnS 不及 CaS 稳定，故其脱硫能力较 CaO 弱。在渣中一定范围内增加 MgO、MnO 能降低炉渣熔化温度和黏度（MgO 还能提高炉渣的稳定性），还可以提高总碱度，这就相当于增加了 O^{2-} 的浓度，有利于脱硫。但以 MgO、MnO 代替 CaO，将降低脱硫能力。

3）FeO。终渣中 FeO 含量高是炉温低、还原不完全的表现，炉温对炉渣脱硫能力的不利影响远远大于少量 FeO 对脱硫效果改善的作用。

4）Al_2O_3。Al^{3+} 能与 O^{2-} 结合形成铝氧复合负离子，从而降低渣中氧离子的浓度。因此，当碱度不变而增加渣中 Al_2O_3 含量时，炉渣的脱硫能力就会降低。

（3）炉渣黏度。降低炉渣黏度、改善 CaO 和 CaS 的扩散条件，都有利于脱硫（特别是在反应处于扩散范围时）。

（4）其他因素。除以上因素外，为提高生铁的合格率和炉内的脱硫效率，应重视和改进生产操作。当煤气分布不合理、炉缸热制度波动、高炉结瘤和炉缸中心堆积时，必然降低炉渣的脱硫效率。目前高炉内，硫在铁水和熔渣间的分配尚未达到平衡，为此，增加铁水和熔渣的接触条件对脱硫有好处，但不可因此而延长出铁的间隔时间。

总之，高炉内脱硫的情况取决于多方面因素，既要考虑炉渣的脱硫能力，又需从动力学方面创造条件，使其反应加快进行。

2.2.6.4 实际生产中有关脱硫问题的处理

当炉渣碱度未见有较大波动，但炉温降低、铁水硫含量有上升出格趋势时，首先应解决炉温问题，如喷吹高炉可以适当增加喷煤量，有后备风温时可以提高风温，有加湿鼓风设施时要减少湿分或关闭加湿。如果下料过快，则要及时减风，控制料速。如由长期性原因导致炉温降低，应考虑适当减轻焦炭负荷。

当炉渣碱度变低、炉温降低时，应在提高炉缸温度的同时适当提高炉渣碱度，待变料下达，看碱度是否适当；也可临时加 20~30 批稍高碱度的炉料以应急，防止 [S] 的升高（但需注意炉渣流动性）。

炉温高、炉渣碱度高而生铁硫含量不低时，要校核硫负荷是否过高，如有此因，要及时调整原料。如原料硫负荷不高，脱硫能力差，可能是由于炉渣流动性差、炉缸堆积所造成，应果断降低炉渣碱度以改善流动性，提高 L_S 值。

炉温高、炉渣碱度与流动性合适而生铁硫含量不低时，主要是由硫负荷过高造成的。

当低渣量操作导致生铁硫含量有上升出格趋势时，应提高碱度，并采用高风温和富氧等措施，保证生铁和炉渣具有足够的物理热和化学热。例如，苏钢高炉渣量由 650kg/t 降至 300~350kg/t 时，由于对低渣量冶炼的特殊性认识不足，曾经出现过号外铁，经过半年多的生产实践和摸索，将炉渣碱度由原来的 1.02~1.05 提高到 1.12~1.18，MgO 含量保持在 9%~11%，实行全风温送风，风温为 1000~1050℃，富氧率为 0.5%~0.8%，煤比为 100~120kg/t，生铁硫含量降低并稳定在 0.03% 左右。

2.2.7 生铁的炉外脱硫

生铁的炉外脱硫就是在铁水流出高炉后、进入炼钢炉前，通过加入炉外脱硫剂进行脱硫。这种方法早先只是作为一种补救措施临时性地应用于硫含量过高的生铁，以避免产出不合格生铁；但近年来为适应冶炼优质钢的需要（优质钢生产要求生铁 $w[S] < 0.01\%$ 甚

至在0.005%以下），而高炉生产特低硫铁水又比较困难，所以必须辅以炉外脱硫。此外，当原料中碱金属含量很高（碱负荷大于5kg/t）时会严重影响炼铁生产，为适应高碱金属原料的冶炼和提高高炉的生产能力，迫使寻求新的生产工艺，即采用低碱度渣操作并进行铁水的炉外脱硫。

2.2.7.1　炉外脱硫剂

炉外脱硫剂应具有成本低、效率高、使用方便、反应速度快而不爆炸、脱硫后易与铁水分离、产生的硫化物稳定，产生的刺激性烟气少等特点，目前主要有以下几种。

A　碳酸钠（Na_2CO_3）

碳酸钠俗称苏打，是应用较广的脱硫剂。它使用方便，可在出铁时均匀撒在铁水沟或铁水罐内进行脱硫，其脱硫反应为：

$$Na_2CO_3 === Na_2O + CO_2$$
$$+)　　Na_2O + FeS === Na_2S + FeO$$

$$\overline{Na_2CO_3 + FeS === Na_2S + FeO + CO_2 - 205518kJ} \tag{2-62}$$

反应生成的Na_2S不溶于铁水而上浮成渣，生成的CO_2对铁水起搅动作用。铁水中部分Si、Mn被氧化成SiO_2及MnO，由于反应吸热和铁水搅动，铁水温度要降温30~100℃。

当炉渣碱度不足时，Na_2S分解使铁水回硫：

$$Na_2S + SiO_2 + FeO === Na_2O \cdot SiO_2 + FeS \tag{2-63}$$

苏打的加入量视生铁的原始硫含量和要求达到的硫含量而定，一般为化学反应计量的3~7倍。例如，当生铁硫含量为0.1%~0.12%时，若要将其降到0.04%~0.06%，则需要加入铁水质量0.5%的Na_2CO_3。根据本钢经验，当生铁原始硫含量为0.05%~0.09%时，要使硫含量降低到0.045%以下，1t生铁需加入4~10kg苏打，1kg苏打能使1t生铁硫含量降低5%~10%。

苏打熔点为852℃，当温度在1300℃以上时，苏打急剧气化而受到损失。脱硫剂本身的利用率太低，一般仅为25%~30%，有时甚至不到10%，所以苏打的脱硫效率较低，不适于原始硫含量在0.025%以下的铁水进一步脱硫。

B　氧化钙（CaO）

氧化钙即石灰，来源广，价格便宜，其脱硫反应为：

$$CaO + FeS + C === CaS + Fe + CO \tag{2-64}$$

石灰的脱硫效率较强，其脱硫效率主要取决于石灰和铁水的混合及接触情况。用专门的喷吹设备将CaO粉喷入铁水罐，加以搅拌以加速反应产物CaS在铁水中的扩散，可使铁水硫含量降至0.03%。我国某厂用压缩空气吹石灰进行脱硫试验，在7min内其脱硫效率能达到70%以上。

石灰的用量取决于生铁的硫含量和石灰的加入方法，一般为生铁硫含量的10倍，可按生铁质量的1%~10%考虑。

当生铁中的硅参与反应时，生成的Ca_2SiO_4附着于CaO颗粒表面，会降低脱硫速度和效率。铁水硫含量小于0.03%时，很难用CaO进一步降低生铁硫含量，如图2-23所示。另外，用石灰进行炉外脱硫时，要求脱硫剂应有较高浓度，根据国内外试验，每立方米气体吹入30~40kg的石灰粉比较合适。石灰粉的粒度要小于0.3mm，并保证纯净。吹粉用的气体最好是非氧化性的。如有特殊需要，可在石灰粉中加入部分强还原剂（如镁粉、铝粉等），以使铁水中的硫含量降低到 0.004% 以下。

CaO 为固相，参与脱硫反应时对铁水罐砖衬侵蚀不大。在 CaO 中加炭粉可以提高其利用率。

C 碳化钙（CaC_2）

碳化钙俗称电石，是搅拌法和喷吹法脱硫工艺中应用最广泛的脱硫剂，其反应如下：

$$CaC_2 + FeS \Longrightarrow CaS + 2C + Fe \tag{2-65}$$

CaC_2 的反应能力和脱硫速度比苏打和石灰都高，适合于快速处理大量铁水。因为它的脱硫反应属于固-液多相反应，在其颗粒表面进行，增大了反应界面和扩散速度，可提高脱硫效率。由于 CaC_2 熔点高（2300℃），在铁水中不熔化，故要求将 CaC_2 制成粉状，再用有效的喷吹机械和搅拌设备喷入铁水，这样可脱硫至 0.01% 以下；但其粒度也不宜太细，否则会因反应过激而影响操作安全。铁水最终硫含量与 CaC_2 用量的关系见图 2-24。

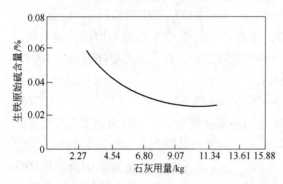

图 2-23 石灰用量与生铁原始硫含量的关系

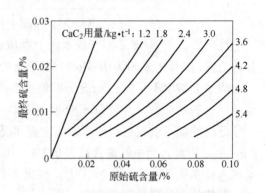

图 2-24 铁水硫含量与 CaC_2 用量的关系

碳化钙脱硫反应是放热反应，脱硫过程的温降比较小，生成的 CaS 可牢固地结合在渣中，不产生回硫现象。

应用 CaC_2 脱硫剂特别要注意安全，因为它受潮湿时产生乙炔气，会引起爆炸，而且其粉末接触人体有刺激性。储存 CaC_2 时采用密封容器，气力输送介质为无水 N_2。

D 镁（Mg）

镁与 CaO、CaC_2、Na_2CO_3 等传统的脱硫剂相比，与铁水中硫的亲和力最大，因此其反应速度快、脱硫效果好，能将铁水中的硫脱到 0.01% 以下。

用镁脱硫时发生下列反应：

$$Mg_{(g)} + [S] \Longrightarrow MgS_{(s)} \tag{2-66}$$

由于反应迅速且放热，脱硫过程中铁水温度下降少，MgS 稳定，适于处理大量铁水。但镁的熔点（651℃）和沸点（1107℃）都很低，低于铁水温度且不溶于生铁，如果把镁块或镁粉投入铁水罐上面，则会因迅速蒸发而发生爆炸，引起金属的喷溅和逸出桶外镁蒸气的燃烧。因此用镁进行炉外脱硫时，必须采用特殊的方法把镁送入铁水熔池中间。通常为了防止镁的迅速气化，可将它稀释（例如做成合金）或钝化（即采用充填剂，例如制成镁焦、镁锭、镁白云石团块以及其他镁基脱硫剂），然后通过一套机械装置，将这些镁块、镁焦、镁锭等送入熔池中间，使镁在铁水中蒸发上升，进行脱硫反应。

镁焦脱硫法是工业上采用较多的一种方法。镁焦的制作方法如下：将预热过的焦炭投入到已熔化的镁水中，使焦炭的孔隙中浸透镁水，制成含镁45% ~ 50%、块重0.9 ~ 2.2kg的镁焦，用专门容器压入铁水中进行脱硫。焦炭为缓解镁挥发的钝化剂，在脱硫过程中不减少。

E　复合脱硫剂

单一使用苏打粉或石灰粉脱硫效率低，配入适量的促进剂后可显著提高脱硫效率。促进剂一般分为三类：

（1）活性剂，含有能提高铁水中硫的活度、使反应界面保持还原性气氛的元素，如C、Al等，一般复合脱硫剂使用焦粉和铝粉。

（2）发气剂，如$CaCO_3$，能使铁水中分解出CO_2而起搅拌作用，以促进脱硫反应快速进行。

（3）助熔剂，如萤石，能降低脱硫渣的熔点和黏度，有利于铁中硫向渣中扩散，以提高脱硫效率。

有试验认为，下列复合脱硫剂的脱硫效果比较好：

（1）60%熟石灰，25% ~ 30%食盐，10% ~ 15%萤石；

（2）50%生石灰，20%焙烧苏打，30%萤石。

此外，还有使用电石（CaC_2）、NaOH以及苏打、石灰、萤石粉或CaO、NaCl等混合脱硫剂的。

2.2.7.2　炉外脱硫常用方法

（1）撒放法。最简单的炉外脱硫法是往高炉流铁沟或铁水罐内撒放苏打。苏打可在出铁前撒放，也可在出铁后添加到铁流中或铁水面上。由于苏打加入铁水后立即熔化，其粒度大小对它与铁水的相互作用程度很少产生影响，因此苏打可以为粉末、细粒或团块的形状。这种脱硫方法比较古老，因为它不需要专门的特殊设备，操作简单；但从实际操作情况来看，由于难以保证脱硫剂与铁水充分而均匀地接触，脱硫效率低、不稳定，操作时放出大量烟气，因此已经逐渐被淘汰。

（2）摇动法。摇动法是指铁水和脱硫剂同时由不同的加入位置加入摇包，用机械装置摇动摇包，使其围绕垂直中心做偏心转动，以促进脱硫剂与铁水的混合搅拌。

（3）搅拌法。搅拌法主要分为机械搅拌法和气泡搅拌法。

1）机械搅拌法，是将耐火材料制成的搅拌器插入铁水中，以一定的速度旋转，同时加入脱硫剂，利用铁水翻腾旋回使卷入其中的脱硫剂充分利用，脱硫效率高且稳定。生产中有多种机械搅拌方法，其中有代表性的是KR法（见图2-25）。十字形的大型搅拌器在铁水罐熔池深部转动，铁水受它的搅拌作用上下翻滚，脱硫剂与铁水充分混合。停止转动时脱硫剂浮在表面上，开始转动后表面上看不到脱硫剂，表明混合很好。以碳化钙（占70% ~ 80%）与一种辅助反应剂的混合物为脱硫剂，处理10 ~ 12min，脱硫效率可达80% ~ 98%。

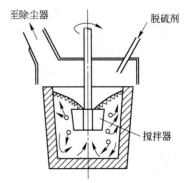

图2-25　KR法搅拌脱硫示意图

2）气泡搅拌法，是在加入脱硫剂的铁水罐中喷吹气体（氮气和氩气），由于铁水翻腾产生搅拌，使铁水与脱硫剂充分反应。此法与机械搅拌法的原理相同，日本广畑采用此法的脱硫效率较高。

（4）喷吹法。喷吹法是利用某种压缩气体作载运气体，通过插入式喷枪将粉状脱硫剂吹入铁水熔池深处，在搅拌混合的同时进行脱硫反应。载气不仅用于输送脱硫剂，还可选择适当的载气来控制脱硫反应，例如，用氩气喷吹镁粉可以降低反应的激烈程度。喷吹法脱硫效率高、处理时间短，适于处理大量铁水，目前已经成为主要的工业规模的铁水脱硫工艺。

（5）浸入法。使用镁焦脱硫时多采用此法。通常将定量镁焦装入薄壁金属匣内，然后置于带孔的石墨钟罩内，以插销固定，再将组装好的脱硫装置用吊车运至铁水罐处，使其进入铁水面之下。

除以上脱硫方法外，国内外还有真空脱硫、电解脱硫、金属脱硫以及电磁搅拌脱硫等许多方法，有的停留在实验室，有的已开始用于生产。

综上所述，高炉炉外脱硫是今后的发展方向，当前应考虑以下几点：

（1）寻求一种廉价而实用的脱硫剂；

（2）寻求简便而有效的操作工艺和设备，达到高效率、低成本；

（3）为渣、铁的接触创造良好而有效的条件，并保持铁水有一定温度；

（4）创造还原性或中性的脱硫气氛，防止高硫渣及杂质混入铁水。

2.3　炉缸内燃料的燃烧反应

2.3.1　燃烧反应

焦炭是高炉炼铁的主要燃料，入炉焦炭中的碳除了少部分消耗于直接还原和溶解于生铁（渗碳）外，有70%以上在风口前与鼓入的热风相遇燃烧。此外，还有从风口喷入的燃料（煤粉、重油、天然气），也要在风口前燃烧。

风口前碳的燃烧反应是高炉内最重要的反应之一，它对高炉冶炼有着非常重要的作用，具体如下：

（1）燃料燃烧后产生还原性气体 CO 和少量的 H_2，并放出大量热，满足高炉对炉料的加热、分解、还原、熔化、造渣等过程的需要，即燃烧反应既提供还原剂，又提供热能。

（2）燃烧反应使固体碳不断气化，在炉缸内形成自由空间，为上部炉料不断下降创造了条件。风口前燃料燃烧是否均匀有效，对炉内煤气流的初始分布、温度分布、热量分布以及炉料的顺行情况都有很大影响。所以说，没有燃料燃烧，高炉冶炼就没有动力和能源，就没有炉料和煤气的运动，一旦停止向高炉内鼓风（休风），高炉内的一切过程都将停止。

炉缸内除了燃料的燃烧外，直接还原、渗碳、脱硫等尚未完成的反应都要集中在炉缸内最后完成，最终形成流动性较好的铁水和熔渣，从渣口、铁口排出。可见，炉缸反应既是高炉冶炼过程的起点，又是高炉冶炼过程的终点，炉缸工作的好坏对高炉冶炼过程起决定性作用。

高炉炉缸内的燃烧反应与一般的燃烧过程不同，它是在充满焦炭的环境中进行的，即在空气量一定而焦炭过剩的条件下进行。由于没有过剩的氧，燃烧反应的最终产物是 CO、

H_2 及 N_2。

碳与氧的燃烧反应如下：

（1）在风口前氧气比较充足，最初完全燃烧和不完全燃烧反应同时存在，产物为 CO 和 CO_2，反应式为：

完全燃烧（相当于 1kgC 放热 33390kJ）　　　$C + O_2 \Longrightarrow CO_2 + 4006600kJ$ 　　　（2-67）

不完全燃烧（相当于 1kgC 放热 9790kJ）　　$C + \dfrac{1}{2}O_2 \Longrightarrow CO + 117490kJ$ 　　（2-68）

（2）在离风口较远处，由于自由氧的缺乏及大量焦炭的存在，而且炉缸内温度很高，氧气充足处产生的 CO_2 也会与固体碳进行碳的气化反应：

$$CO_2 + C \Longrightarrow 2CO - 165800kJ$$

（3）干空气的成分为 $\varphi(O_2):\varphi(N_2) = 21:79$，而氮不参加化学反应，这样干风燃烧时炉缸中最终的燃烧反应产物是 CO 和 N_2，总的反应式可表示为：

$$2C + O_2 + \frac{79}{21}N_2 \Longrightarrow 2CO + \frac{79}{21}N_2 \tag{2-69}$$

（4）由于鼓风中还含有一定数量的水分，水分在高温下与碳将发生以下反应：

$$H_2O + C \Longrightarrow H_2 + CO - 124390kJ \tag{2-70}$$

实际生产条件下，燃料燃烧的最终产物（炉缸煤气成分）是由 CO、H_2 和 N_2 组成的。

2.3.2　炉缸煤气成分的计算

2.3.2.1　干风燃烧时煤气成分的计算

从式（2-69）可知，$1m^3 O_2$ 燃烧后生成 $2m^3 CO$ 和 $\dfrac{79}{21}m^3 N_2$，则 $1m^3$ 干风（不含水分的空气）的燃烧产物为：

$$\varphi(CO) = 2 \times \frac{1}{2 + \dfrac{79}{21}} \times 100\% = 34.7\%$$

$$\varphi(N_2) = \frac{79}{21} \times \frac{1}{2 + \dfrac{79}{21}} \times 100\% = 65.3\%$$

2.3.2.2　湿风燃烧时煤气成分的计算

当鼓风中有一定水分时，从式（2-70）可知，随鼓风湿度的增加，煤气中 H_2 和 CO 的量将会增加，而且吸收热量。煤气成分的计算如下，设鼓风湿度为 $f(\%)$，则：

$1m^3$ 湿风中的干风体积 = $1 - f$ （m^3）

$1m^3$ 湿风中 O_2 量 = $0.21(1 - f) + 0.5f = 0.21 + 0.29f$ （m^3）

$1m^3$ 湿风中 N_2 量 = $0.79(1 - f)$ （m^3）

$1m^3$ 湿风中燃烧产物的成分为：

$$V_{CO} = 2 \times (0.21 + 0.29f) \quad (m^3)$$

$$\varphi(CO) = \frac{V_{CO}}{V_{CO} + V_{N_2} + V_{H_2}} \times 100\%$$

$$V_{H_2} = f \quad (m^3)$$

$$\varphi(H_2) = \frac{V_{H_2}}{V_{CO} + V_{N_2} + V_{H_2}} \times 100\%$$

$$V_{N_2} = 0.79(1-f) \quad (m^3)$$

$$\varphi(N_2) = \frac{V_{N_2}}{V_{CO} + V_{N_2} + V_{H_2}} \times 100\%$$

所以，炉缸煤气的总体积为：

$$V_{CO} + V_{H_2} + V_{N_2} = 2 \times (0.21 + 0.29f) + f + 0.79(1-f)$$

$$= 1.21 + 0.79f \quad (m^3)$$

即炉缸煤气的体积大约是鼓风量的 1.21 倍。

对不同鼓风湿度，炉缸煤气成分的计算结果列入表 2-8。

表 2-8　不同鼓风湿度下的炉缸煤气成分

鼓风湿度/%	含水量/g·m^{-3}	炉缸煤气成分(体积分数)/%		
		CO	N$_2$	H$_2$
0	0	34.7	65.3	0
1	8.04	34.96	64.22	0.82
2	16.08	35.21	63.16	1.63
3	24.12	35.45	62.12	2.43
4	32.16	35.70	61.08	3.22

注：18kg 水蒸气在标准状态下的体积是 22.4m^3，则 1m^3 水蒸气的含水量为 $\frac{18 \times 1000}{22.4} = 804g/m^3$，当 $f = 1\%$ 时，则含水量约为 8.04g/m^3。

因此，增加鼓风湿度（加湿鼓风）时，炉缸煤气中 H$_2$ 和 CO 的含量增加，N$_2$ 含量减少，有利于发展间接还原。

2.3.2.3　富氧鼓风时炉缸煤气成分的计算

设干风中 O$_2$ 含量为 ω；湿风中 H$_2$O 含量为 f，则 1m^3 鼓风（湿风）中 O$_2$ 总体积 V_{O_2} = $(1-f)\omega + 0.5f$。下面用三种计算单位分别计算煤气成分。

（1）以燃烧 1kgC 为单位：

$$V_{CO} \approx 1.8667 m^3$$

$$V_{H_2} = V_{风} \cdot f \quad (m^3)$$

$$V_{N_2} = V_{风} \cdot (1-f)(1-\omega) \quad (m^3)$$

式中　$V_{风}$——燃烧 1kgC 所需的风量，m^3/kg：

$$V_{风} = \frac{22.4}{2 \times 12} \times \frac{1}{(1-f)w + 0.5f} \tag{2-71}$$

（2）以 1m^3 鼓风为单位：

$$V_{CO} = [(1-f)\omega + 0.5f] \times 2 \quad (m^3) \tag{2-72}$$

$$V_{H_2} = f \quad (m^3) \tag{2-73}$$

$$V_{N_2} = (1-f)(1-\omega) \quad (m^3) \tag{2-74}$$

（3）以 1t 铁为单位（并喷吹含 H$_2$ 的燃料）：

$$V_{CO} = \frac{22.4}{12} m(C)_{风} \quad (m^3)$$

$$V_{H_2} = V'_{风} f + \frac{22.4}{2} m(H_2)_{喷} \quad (m^3)$$

$$V_{N_2} = V'_{风}(1 - f)(1 - \omega) + \frac{22.4}{28} m(N_2)_{喷} \quad (m^3)$$

式中　　　　$V'_{风}$——冶炼1t铁所需的风量，m^3/t；

　　　　　　$m(C)_{风}$——冶炼1t铁风口前燃烧的碳量，kg/t；

$m(H_2)_{喷}, m(N_2)_{喷}$——分别为冶炼1t铁喷吹燃料中带入的 H_2 及 N_2 量，kg/t。

表2-9反映了某高炉富氧鼓风后炉缸煤气成分的变化。

表 2-9　某高炉富氧鼓风后炉缸煤气成分的变化

鼓风 O_2 含量 /%	鼓风湿度/%	炉缸煤气成分/%		
		CO	N_2	H_2
21.0	2.0	35.21	63.16	1.63
22.0	2.0	36.52	61.86	1.62
23.0	2.0	37.80	60.59	1.61
24.0	2.0	39.07	59.33	1.60
25.0	2.0	40.82	58.10	1.58

可见在富氧鼓风时，炉缸煤气中 N_2 含量减少，CO 含量相对增加。

当高炉喷吹燃料时，由于喷吹燃料中含有较高的 H_2 含量，炉缸煤气中 H_2 含量显著升高。

最终炉缸煤气成分为 $\varphi(CO) = 33\% \sim 36\%$、$\varphi(H_2) = 1.6\% \sim 5.6\%$、$\varphi(N_2) = 58\% \sim 62\%$ 的高温还原气体。

2.3.3　燃烧带

2.3.3.1　燃烧带与风口回旋区

通常将风口前发生燃料燃烧反应的区域称为燃烧带。

传统高炉由于容积小、冶炼强度低，焦炭在风口前的燃烧状态与炉条上炭的燃烧过程相似，炭块是相对静止的，而炉料只有垂直下降，没有水平方向的移动。这种典型的层状燃烧带的特点是：沿风口中心线 O_2 不断减少，而 CO_2 随 O_2 的减少则增多，达到一个峰值后再下降，直至完全消失。CO 在 O_2 接近消失时出现，在 CO_2 消失处其含量达到最高值。图 2-26 所示为沿风口径向煤气成分的变化，也称"经典曲线"。

现代高炉由于冶炼强度高、风口风速大

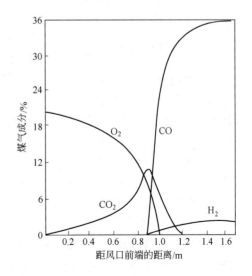

图 2-26　沿风口径向煤气成分的变化

（100~200m/s），在强大气流的冲击下，风口前焦炭已不是处于静止状态下的层状燃烧，而是将风口前的焦炭推动，在风口前形成一个疏松且近似球形的自由空间，通常称为焦炭回旋区，如图 2-27 所示，焦炭块在其中做高速回旋运动，速度可达 10m/s 以上。此回旋区外围是一层厚为 100~200mm 的焦炭疏松层，称为中间层。此区一方面受内部循环的焦炭和高温气流的作用，另一方面受外围焦炭的摩擦阻力，虽然中间层的焦炭已失去了回旋运动的力量，但仍较为疏松，且因摩擦而堆积了小于 1.5mm 的碎焦。高炉解剖中风口区的研究报告证实了这一结构特征的存在。

　　燃烧带中有自由氧存在的区域称为氧气区，反应为：$C + O_2 = CO_2$。

　　从自由氧消失直到 CO_2 消失的区域称为 CO_2 还原区，反应为：$CO_2 + C = 2CO$。

　　由于燃烧带是高炉内唯一属于氧化气氛的区域，因此有时也称其为氧化带。

　　在燃烧带中，当氧过剩时，碳首先与氧反应生成 CO_2，只有当氧含量开始下降时 CO_2 才与 C 反应，使 CO 急剧增加、CO_2 逐渐消失。燃烧带的范围可按 CO_2 消失的位置确定，常以 CO_2 含量降到 1%~2% 的位置定为燃烧带的界限。

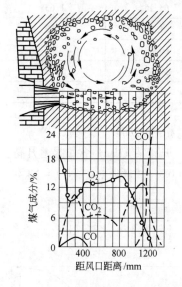

图 2-27　燃烧带煤气成分

　　风口回旋区比燃烧带的范围略小些，但回旋区是指在鼓风动能的作用下焦炭做机械运动的区域，是燃烧带的氧化区部分；而燃烧带是指燃烧反应的区域，它是根据煤气成分来确定的，是焦炭回旋区与中间层（还原区）的总称，故燃烧带比回旋区略大些。

　　与以上燃烧特点相对应的煤气成分的分布情况也发生了变化，如图 2-27 下部所示。自由氧不是逐渐地而是跳跃式地减少，在离风口 200~300mm 处有增加，在 500~600mm 的长度内保持相当高的含量，直到燃烧带末端才急剧下降并消失。CO_2 含量的变化与 O_2 的变化相对应，分别在风口附近和燃烧带末端 O_2 急剧下降处出现两个高峰。

　　第一个 CO_2 含量高峰处，O_2 含量急剧下降，并有少量 CO 出现，这是由于煤气成分受到从上面回旋运动而来的煤气流的混合，加之 C 与 CO 被氧化，因而使 CO_2 含量迅速升高、O_2 含量急剧下降。在两个 CO_2 含量最高点和 O_2 含量最低点之间，气流遇到的焦炭较少，故气相中保持较高的 O_2 含量和较低的 CO_2 含量。当气流到达回旋区末端时，由于受致密焦炭层的阻碍而转向上方运动，此时气流与大量焦炭相遇，燃烧反应激烈进行，出现 CO_2 含量的第二个高峰，这是燃烧与高速循环气流叠加的结果；同时，O_2 含量急剧下降直到消失。O_2 含量急剧下降前出现的高峰是取样管与上方气流中心相遇的结果，因为在流股中心保持有较高的 O_2 含量。

　　2.3.3.2　理论燃烧温度与炉缸温度

　　A　理论燃烧温度

　　理论燃烧温度（$t_{理}$）是指风口前燃料燃烧所能达到的最高平均温度，即假定风口前燃料燃烧放出的热量（化学热）以及热风和燃料带入的物理热全部传给燃烧产物时达到的最高温度，也就是炉缸煤气尚未与炉料参与热交换前的原始温度。它现在已成为高炉操作者判断炉缸热状态的重要参数。根据燃烧带绝热过程的热平衡，风口前理论燃烧温度用下式表示：

$$t_{理} = \frac{Q_{碳} + Q_{风} + Q_{燃} - Q_{水} - Q_{喷}}{c_{CO}V_{CO} + c_{N_2}V_{N_2} + c_{H_2}V_{H_2}} = \frac{Q_{碳} + Q_{风} + Q_{燃} - Q_{水} - Q_{喷}}{V \cdot c_{p煤}} \qquad (2-75)$$

式中　　　$t_{理}$——风口前理论燃烧温度，℃；

$Q_{碳}$——风口区碳燃烧生成 CO 时放出的热量，kJ/t；

$Q_{风}$——热风带入的物理热，kJ/t；

$Q_{燃}$——燃料带入的物理热，kJ/t；

$Q_{水}$——鼓风及喷吹物中水分的分解热，kJ/t；

$Q_{喷}$——喷吹物的分解热，kJ/t；

c_{CO}，c_{N_2}，c_{H_2}——分别为 CO、N_2、H_2 的比热容，kJ/($m^3 \cdot$ ℃)；

V_{CO}，V_{N_2}，V_{H_2}——分别为炉缸煤气中 CO、N_2、H_2 的体积，m^3/t；

V——炉缸煤气的总体积，m^3/t；

$c_{p煤}$——理论温度下炉缸煤气的平均比热容，kJ/($m^3 \cdot$ ℃)。

风口前理论燃烧温度计算复杂，生产中可根据经验式进行计算，常用的经验式为：

$$t_{理} = 1570 + 0.808t_{风} + 4.37W_{O_2} - 4.4W_{煤} - 5.85W_{湿} \qquad (2-76)$$

式中　　$t_{理}$——风口前理论燃烧温度，℃；

$t_{风}$——热风温度，℃；

W_{O_2}——富氧量，m^3/km^3；

$W_{煤}$——喷吹煤粉的量，kg/km^3；

$W_{湿}$——鼓风湿分，g/m^3。

风口前理论燃烧温度的水平与以下因素有关：

（1）鼓风温度。当鼓风温度在 1100℃ 左右时，其带入的显热约占总热量的 40%。显然，鼓风温度升高，鼓风带入的物理热增加，$t_{理}$ 升高。一般每 100℃ 风温可影响 $t_{理}$ 80℃。

（2）鼓风中 O_2 含量。当鼓风中 O_2 增加、N_2 含量减少时，虽因风量的减小而减少了鼓风带入的物理热，但由于 V_{N_2} 降低的幅度较大，煤气总体积减小，$t_{理}$ 会显著升高。鼓风氧含量每增加 1%，影响 $t_{理}$ 35～45℃。

（3）鼓风湿度。鼓风湿度增加，水分分解热增加，则 $t_{理}$ 降低。在湿度较低时，每 1% 的鼓风湿度使 $t_{理}$ 降低 40～45℃；在湿度很高（10%～20%）时，$t_{理}$ 降低 30～35℃。

（4）喷吹燃料量。高炉喷吹后，由于喷吹物的加热、分解和裂化，使 $t_{理}$ 降低。各种燃料由于分解热不同，对 $t_{理}$ 的影响差别很大。例如，含 H_2 22%～24% 的天然气分解吸热为 3350kJ/m^3；含 H_2 11%～13% 的重油分解吸热为 1675 kJ/kg；含 H_2 2%～4% 的无烟煤分解吸热为 1047kJ/kg，烟煤比无烟煤高出 120kJ/kg。通常，喷吹天然气使 $t_{理}$ 降低的幅度最大，其次为重油、烟煤、无烟煤。每喷吹 10kg 的煤粉，降低 $t_{理}$ 20～30℃，无烟煤为下限，烟煤为上限。

（5）炉缸煤气体积。炉缸煤气体积不同时也会直接影响到 $t_{理}$，当炉缸煤气体积增加时，$t_{理}$ 降低，反之则升高。

实践证明，保持适当的风口前理论燃烧温度是高炉顺行的基础。过高的 $t_{理}$ 容易造成

SiO 的大量挥发气化，使高炉发生悬料等事故，而过低的 $t_{理}$ 又使炉缸热量不足。宝钢的经验是，在喷煤 230kg/t 时，$t_{理} \geq 2050$℃。炉容较小的高炉 $t_{理}$ 可低一些，但中心温度也不能低于 1900℃，否则应给予热补偿。

我国高炉习惯上采用中等理论燃烧温度操作，即为 2050 ~ 2150℃，随着喷吹量的提高，有向低限发展的趋势。日本高炉习惯上用高理论燃烧温度操作，达到 2300 ~ 2350℃，与较高的炉渣碱度配合，使放出的铁水温度达到 1506℃左右。

在燃烧带内，有部分碳燃烧生成 CO_2（完全燃烧），此时比生成 CO（不完全燃烧）时要多放出热量。因此，炉缸煤气中 CO_2 含量最高的区域即是燃烧带中温度最高的区域，也称燃烧焦点，其温度称为燃烧焦点温度。不同条件下 CO_2 在炉缸内的最高点在不断变化，故不便计算燃烧焦点温度。

B　炉缸温度

生产中所指的炉缸温度常以铁水的温度为标志。一般要求小于 $2000m^3$ 级高炉的铁水温度在 1500℃左右，$1200m^3$ 级高炉的铁水温度为 1470 ~ 1500℃，$620m^3$ 级高炉的铁水温度为 1450 ~ 1480℃，$350m^3$ 级高炉的铁水温度不低于 1400℃。理论燃烧温度与炉缸温度两者有本质上的区别。例如，喷吹燃料后，$t_{理}$ 要降低，而炉缸温度却往往升高，所以理论燃烧温度不等于炉缸温度，但 $t_{理}$ 是高炉操作中重要的参考指标。

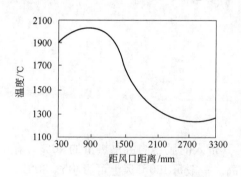

图 2-28　沿半径方向的炉缸温度的变化

炉缸煤气既是热源又是传热介质，因此，炉缸温度分布与煤气流分布密切相关。处于炉缸边缘的燃烧带是炉缸内温度最高的区域，由边缘向中心随着煤气量的逐渐减少，温度也逐渐降低，这是炉缸温度分布的一般规律，如图 2-28 所示。理想的炉缸温度分布应该是风口前的燃烧焦点温度不过分高，但沿炉缸半径方向的温度梯度减少，炉缸整体活跃、热量充足。达到这种理想状态会使高炉的物惯性和热惯性增加，即当高炉的原料成分或热供给有所波动时，在一段时间内对铁水温度、$w[Si]$、$w[S]$ 的影响较小。

不同的高炉，由边缘向炉缸中心温度降低的程度是不同的，高炉操作人员的责任就是设法使炉缸内的煤气分布和温度分布达到均匀、合理，提高或保持足够的炉缸中心温度。因为炉缸工作均匀、活跃是高炉获得高产、优质、低耗的重要基础，而保持足够的炉缸中心温度，使渣、铁保持液体熔融状态并具有良好的流动性，是炉缸工作均匀、活跃的重要条件。反之，炉缸中心温度过低会使中心的炉料得不到充分加热和熔化，不利于各项反应的进行，从而造成"中心堆积"，严重影响冶炼进程。当冶炼炼钢生铁时，炉缸中心温度不应低于 1350℃；当冶炼锰铁或硅铁时，炉缸中心温度应为 1500 ~ 1650℃。影响炉缸中心温度的主要因素如下：

（1）焦炭负荷和煤气热能利用情况；

（2）风温、鼓风的成分以及炉缸中心煤气量分布的状况；

（3）所炼生铁的品种及造渣制度（主要指炉渣熔化性）；

（4）炉缸内的直接还原度（R_d）；

(5) 燃料的物理化学性质及炉缸料柱的透气性。

炉缸内的温度分布不仅沿炉缸半径方向不均匀，沿炉缸圆周的温度分布也不完全均匀。表 2-10 所示为某高炉 8 个风口中的 4 个风口前平均温度的测定数据。

表 2-10 各风口前平均温度 （℃）

测定日期	各风口前平均温度				全部风口前平均温度
	2 号	4 号	6 号	8 号	
第 1 天	1675	1775	1800	1650	1725
第 2 天	1650	1750	1800	1650	1710
第 3 天	1750	1850	1700	1600	1725
第 4 天	1825	1775	1800	1700	1775
10 天平均	1729	1778	1778	1693	1742

各风口前温度不同有以下三个原因：

（1）炉料偏行，布料不匀，煤气分布不合理而产生管道行程，某些地区下料过快，造成局部直接还原相对增加。

（2）风口进风不均匀，靠近热风主管一侧的风口可能进风稍多一些，另一侧的风量就小一些；另外，在热风管混风不匀的情况下，也可能造成进风时风温和风量的不均匀。如果结构上不合理（例如各风口直径不同，进风环管或各弯管的内径不同），将使各风口前温度有更大的差别。

（3）铁口和渣口位置的影响。一般渣口、铁口附近与其他部位相比下料较快、温度较低，铁口附近更为明显。表 2-10 中的 8 号风口位于铁口方向，它前面的温度较低。

为使高炉炉缸工作均匀、活跃和炉缸中心有足够的温度，重要措施是采用合理的送风制度和装料制度。生产中常采用不同直径的风口来调剂各风口前的进风情况，以使炉缸温度分布尽可能地均匀、合理。比如，当铁口上方因经常出铁而下料较快时，可适当缩小铁口两侧的风口。

操作人员可通过各个风口窥视孔观察和比较其亮度及焦炭的活跃情况，判断炉缸的热制度和圆周的下料情况。

2.3.3.3 燃烧带对炉缸工作的影响

燃烧带大小对炉缸工作的影响主要表现在以下几个方面：

（1）对炉内煤气流分布的影响。燃烧带是高炉煤气的发源地，燃烧带的大小决定着炉缸煤气的初始分布，并在较大程度上决定和影响煤气流在高炉内上升过程中的第二次分布（软熔带的煤气分布）和第三次分布（块状带的煤气分布）。煤气初始分布合理将有利于煤气热能和化学能的充分利用，有利于高炉顺行和焦比的降低。

燃烧带长，炉缸中心煤气发展；相反，燃烧带缩小至炉缸边缘，边缘煤气流发展。燃烧带向周围扩大，将使沿圆周方向的煤气分布更加均匀，从而有利于炉缸工作的均匀、活跃。

（2）对炉缸温度分布的影响。高炉内煤气是热量的主要传递者，煤气在中心和边缘的数量决定了高炉中心和边缘的温度水平。燃烧带长，可促使煤气流向中心扩展，使炉缸中心保持较高的温度，控制焦炭堆积数量，维持炉缸有良好的透气性和透液性；反之，燃烧带短，炉缸中心温度则降低，这不仅不利于炉缸内化学反应的充分进行，还会使炉缸中心不活跃和热量不充足，同时，煤气流对炉墙的过分冲刷将使高炉寿命缩短。通常，希望燃烧带较多地伸向炉缸的中心，但燃烧带过分向中心发展会造成"中心过吹"和边缘煤气流不足，从而增加炉料与炉墙之间的摩擦阻力（边缘下料慢），不利于高炉顺行。如果燃烧带较小而向风口两侧发展，又会造成"中心堆积"。

（3）对炉料下降的影响。燃料在燃烧带燃烧为炉料的下降腾出了空间，它是促进炉料下降的主要因素。在燃烧带上方的炉料总是比其他地方松动，而且下料快。适当扩大燃烧带（包括纵向和横向）可以缩小炉料的呆滞区域，扩大炉缸活跃区域的面积，提高整个高炉料柱的松动程度，有利于高炉的顺行。燃烧带的均匀分布将促使炉料均匀下降。若送风不均匀，燃烧状况差异增大，就将造成炉料下降的不均匀。

因此，为了保证炉缸工作的均匀和活跃，必须有适当大小的燃烧带；为了促进炉料顺行，希望燃烧带的水平投影面积越大越好；从炉缸的周围来看，希望燃烧带连成环形，这些可通过改变送风参数（风量、风压、风温等）以及风口的数目、形状、长短等进行调剂。

2.3.3.4　影响燃烧带大小的因素

研究影响燃烧带大小的因素主要是为了在实际生产中合理控制燃烧带，以获得合理的初始煤气流分布。可以说，燃烧带及其控制是高炉下部调剂的理论基础。

现代高炉上燃烧带的大小主要取决于鼓风动能，其次与燃烧反应速度、炉料状况有关。

A　燃烧反应速度

通常，当燃烧速度增加、燃烧反应在较小范围内完成时，则燃烧带缩小；反之，燃烧速度降低，则燃烧带扩大。

但在有明显回旋区的高炉上，燃烧带的大小主要取决于回旋区的尺寸，而回旋区的大小又取决于鼓风动能的高低，此时燃烧速度仅是通过对 CO_2 还原区的影响来影响燃烧带大小。但 CO_2 还原区占燃烧带的比例很小，因此可以认为燃烧速度对燃烧带的大小无实际影响。

B　炉缸料柱阻力

若中心料柱疏松、透气性好、煤气通过的阻力小时，即使鼓风动能较小也能维持较大（长）的燃烧带，炉缸中心煤气量仍然会是充足的；相反，若炉缸中心料柱紧密，煤气不易通过，即使有较大的鼓风动能燃烧带也不会扩展较大。

C　鼓风动能

鼓风所具有的机械能，反映了鼓风克服风口前料层的阻力向炉缸中心扩大和穿透的能力。

鼓风动能是使焦炭做回旋运动的根本因素，鼓风动能小，燃烧带则短，边缘气流发展；鼓风动能大，燃烧带就长，有利于中心气流的发展。但鼓风动能过大也会对高炉冶炼产生负作用：一方面，中心煤气流过大导致煤气流失常；另一方面，随着鼓风动能的增大，燃烧带并不成比例地向中心扩展，而是在达到某个值后，在风口前出现逆时针与顺时针方向旋转的两股气流（如图2-29中4、8风口所示）。顺时针（向风口下方）回转的涡流阻碍下部过渡层及碎焦层的移动和更新（如图 2-29 中 4、8 风口下部的黑色死角所示），常引起风口前沿下端的频繁烧损。风口喷吹燃料工艺推广初期，由于尚未掌握此项新工艺的操作规律，鼓风动能过大（部分原因是喷吹的辅助燃料在直吹管内已有部分提前燃烧，使总煤气量增大），曾出现大量风口被烧坏的现象；采取扩大风口直径的措施后，此现象消失。

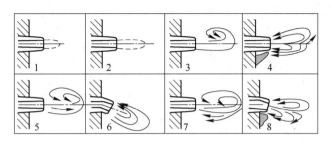

图 2-29　鼓风动能对燃烧带的影响

不考虑喷吹时，鼓风动能可用下式表示：

$$E = \frac{1}{2}mv^2 \tag{2-77}$$

每秒钟进入一个风口的鼓风质量为：

$$m = \frac{Q_0 \rho_0}{60 \times n} \tag{2-78}$$

标准状态下鼓风通过风口时达到的速度为：

$$v_0 = \frac{Q_0}{60 \times nS} \tag{2-79}$$

实际状态下鼓风通过风口时达到的速度为：

$$v = \frac{(273 + t_{风}) \times 0.1013}{273 \times (0.1013 + p_{风})} \times v_0 \tag{2-80}$$

则

$$E = 4.12 \times 10^{-13} \times \frac{(273 + t_{风})^2 \times Q_0^3}{n^3 S^2 \times (0.1013 + p_{风})^2} \tag{2-81}$$

式中　E——鼓风动能，J/s；

　　ρ_0——标准状态下的鼓风密度，其值为 1.293kg/m³；

　　v——鼓风速度（实际状态下），m/s；

　　Q_0——标准状态下进入高炉的鼓风流量，m³/min；

　　$t_{风}$——鼓风温度，℃；

　　$p_{风}$——鼓风表压力，MPa；

　　n——工作风口数目，个；

　　S——工作风口的平均截面积，m²/个。

或

$$E = 4.12 \times 10^{-10} \times \frac{(273 + t_{风})^2 \times Q_0^3}{n^3 S^2 \times (101.3 + p_{风})^2} \tag{2-82}$$

式中　E——鼓风动能，kW；

　　$p_{风}$——鼓风表压力，kPa。

由式（2-81）和式（2-82）可以看出，鼓风动能与风量、风温、风压及风口面积等因素有关。

鼓风动能正比于风量的三次方，因此增加风量，鼓风动能显著增大，燃烧带也相应扩大。由于风量在日常操作中变动相对频繁，应给予相当的重视。图 2-30 所示为不同风量时燃烧带长度的变化。

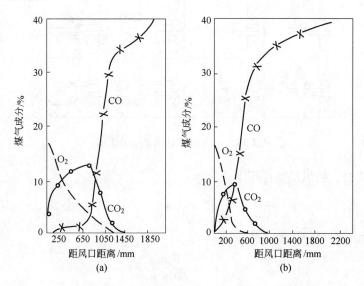

图 2-30　不同风量时燃烧带长度的变化
（a）大风量；（b）小风量

一方面，提高风温使鼓风体积膨胀，风速增加，动能增大，使燃烧带扩大；然而另一方面，风温升高使燃烧反应加速，因而所需的反应空间（即燃烧带）相应缩小。一般来说，风温升高，燃烧带扩大。

高压操作时，由于炉内煤气压力升高，因而风压也升高，使鼓风体积压缩而质量不变，故炉内气流速度降低，鼓风动能减小，燃烧带缩短。所以，提高炉顶压力，容易引起边缘气流发展。

在风量、风温和其他条件一定时，鼓风动能与工作风口截面积的平方成反比，这也是调整风口尺寸、风口加套等下部调剂的理论基础。改变风口直径（即改变进风面积）就改变了风速，鼓风动能随之改变。当进风量不变时，扩大风口将导致风速下降，鼓风动能减小，燃烧带缩短，边缘气流发展。

鼓风动能与工作风口数目成反比，由于一代炉役的风口数目不会发生变化，正常情况下很少考虑；而在各代炉役之间，它的变动应予以足够重视。当高炉临时堵风口时，不但缩小了总进风面积，同时也减小了进风风口数目，实际上对鼓风动能的影响也是三次方关系，这对确保足够的鼓风动能、恢复炉况很有效。

由以上分析可知，鼓风动能是一个取决于风量、风温、风压和风口截面积等条件的综合指标，可用不同的手段获得相同的鼓风动能。对于高炉而言，最重要的不是鼓风动能数值本身，而是由它所体现的合理的煤气流分布。比如，生产中常常出现这样的情况，鼓风动能数值是相同的，但是煤气分布却不一样。首钢某高炉曾两次测得鼓风动能同是

6500kg·m/s，一次是风口面积较大，风量、风压等关系相适应，燃烧带各向尺寸适宜（见图2-31（a））；另一次主要是依靠缩小风口面积，提高风速，使燃烧带变得窄长，炉缸活跃面积减小（见图2-31（b））。结果前者炉况顺行，生产指标良好；后者则不接受风量，风压很高，气流不稳，经常崩料，炉况不顺，风口大量烧坏。

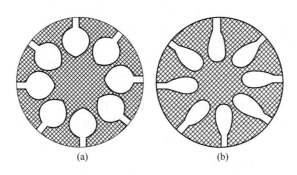

(a)   (b)

图2-31 炉缸截面上燃烧带的分布

因此，适宜的鼓风动能应保证获得既向中心延伸又在圆周有一定发展的燃烧带，实现炉缸工作的均匀、活跃与炉内煤气的合理分布。

2.3.4 适宜鼓风动能的选择

判断鼓风动能大小的直观表象见表2-11。

表2-11 判断鼓风动能的直观表象

因素	鼓风动能合适	鼓风动能过大	鼓风动能过小
风压	稳定，有正常波动	波动大而有规律	曲线死板，风压升高时容易悬料、崩料
探料尺	下料均匀、整齐	下料不均匀，出铁前下料慢，出铁后下料快	下料不均匀，容易出现滑料现象
炉顶温度	区间正常，波动小	区间窄，波动大	区间较窄，四个方向有交叉
风口工作	各风口均匀、活跃、破损少	风口活跃，但显凉，严重时破损较多，发生于内侧下沿	风口明亮但不均匀，有生降，破损多
炉渣	渣温充足，流动性好，上渣带铁少，渣口破损少	渣温不均匀，上渣带铁多、难放，渣口破损多	渣温不均匀，上渣热、带铁多，渣口破损多
生铁	炉温充足，炼钢生铁冷态是灰口，有石墨碳析出	炉温常不足，炼钢生铁冷态是白口，石墨碳析出少，硫含量低	炉温常不足，炼钢生铁冷态是灰口，石墨碳析出很少，硫含量高

不同的冶炼条件有不同的适宜鼓风动能，选择适宜鼓风动能时应考虑下列因素：

（1）炉容。高炉容积扩大后，炉缸直径增加，需要有较大的鼓风动能才能保证合适的中心气流，消除中心堆积。适宜鼓风动能与高炉容积的关系见表2-12。高炉容积相近时，矮胖型多风口的高炉其鼓风动能也要求大一些。因在同一冶炼强度下，多风口高炉的每个风口进风量少，故需较小的风口直径以提高风速和鼓风动能。在同一冶炼条件下，当高炉运行时间较长、炉衬侵蚀严重时，鼓风动能也应大些，以控制边缘气流的过分发展。

表 2-12　炉缸直径与风速、鼓风动能的关系参考表

高炉容积/m³	600	1000	1500	2000	2500	3000	4000
炉缸直径/m	6.0	7.2	8.6	9.8	11.0	11.8	13.5
鼓风动能/kJ·s⁻¹	35~50	40~60	50~70	60~80	70~100	90~110	110~140
风速/m·s⁻¹	100~180	100~200	120~200	150~220	160~250	200~250	200~280

（2）冶炼强度。冶炼强度是影响燃烧带和煤气分布的重要因素。在一般情况下，提高冶炼强度，鼓风动能增大，燃烧带扩大；相反，降低冶炼强度，鼓风动能减小，燃烧带缩小。若造成中心煤气量过多、边缘堆积，应减小鼓风动能；若造成边缘气流过大、中心堆积，应增大鼓风动能。这一规律的特点是适宜的鼓风动能与冶炼强度成反比关系，即冶炼强度高时可采用较小的鼓风动能，冶炼强度低时宜采用较大的鼓风动能。表 2-13 所示为鞍钢 3 号高炉（831m³）冶炼强度与鼓风动能的关系。

表 2-13　鞍钢 3 号高炉（831m³）冶炼强度与鼓风动能的关系

试验阶段	1	2	3	4	5
冶炼强度/t·(m³·d)⁻¹	0.800	0.911	1.020	1.149	1.230
冶炼强度提高/%	0	14.0	27.5	44.5	54.0
风口（直径×风口数）/mm×个	130×12	130×14	130×7+140×7	160×14	160×6+180×8
风口面积/m²	0.160	0.186	0.239	0.281	0.313
风口面积扩大/%	0	11.6	51	76	96
实际风速/m·s⁻¹	263	251	223	196	182
鼓风动能/kJ·s⁻¹	67.50	61.40	55.30	48.70	44.30

（3）原料条件。原料条件对煤气初始分布的影响也比较明显。一般来说，原料条件好（如粉末少、品位高、渣量少、高温冶金性能好等），则炉缸透气性好，煤气容易扩散，使燃烧带缩小，为保证中心煤气流，应采用较大的鼓风动能；原料条件差，则应减小鼓风动能。图 2-32 所示为梅山高炉烧结矿中小于 5mm 粉末的含量与鼓风动能的关系。

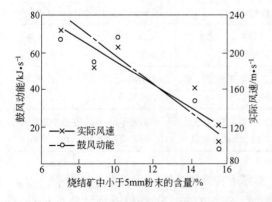

图 2-32　梅山高炉烧结矿中小于 5mm 粉末的含量与鼓风动能的关系

（4）压力影响。风压升高，鼓风动能降低，促使燃烧带缩小，边缘气流增加。所以在高压操作时应适当增大风量，提高鼓风动能，以抑制边缘气流。而当压力降低过多时，则应采取相反的调剂措施。

（5）喷吹燃料。高炉喷吹燃料后，有25%~40%的燃料在风口内燃烧，使鼓入炉内的空气温度升高，燃烧产物的体积增大，鼓风动能增加，中心气流增加，因此要适当减小鼓风动能。表 2-14 所示为某高炉喷吹量与鼓风动能的关系。不过，近几年随着冶炼条件的变化出现了相反的现象，即随着喷煤量的增加和利用系数的提高，焦炭负荷增加，使得料柱的透气性变差，煤粉在风口前燃烧量增加，煤粉的分解热增加，回旋区径向长度缩短，从而导致边缘煤气流增强，中心气流受到抑制，大量煤粉堆积在中心。这时不但不能扩大风口面积，反而需缩小风口面积，适当提高鼓风动能，使未燃煤粉在炉内均匀分布，同时保持一定的回旋区长度，保证煤气流分布合理。例如，武钢 4 号高炉煤比由 117.6kg/t 稳步提高到 138.1kg/t 时，风口进风面积由 0.3767m² 逐渐减小到 0.3560m²，日常风量并没有减少，高炉炉况稳定顺行。因此当煤比变动量大时，鼓风动能和风速的变化方向应根据实际情况决定。

表 2-14　某高炉喷吹量与鼓风动能的关系

冶炼强度/t·(m³·d)⁻¹	1.027	1.173	1.03	1.10	1.235
喷吹量/%	0	0	23.5	24.8	26.6
实际风速/m·s⁻¹	252	229	215	213	191
鼓风动能/kJ·s⁻¹	5770	5040	4256	4348	3852

（6）富氧鼓风。高炉富氧鼓风时将加快燃烧速度，减小燃烧产物体积，最终导致燃烧带缩小。当富氧率高时，应考虑将风口直径向减小的方向调整，以增大鼓风动能，获得适宜的煤气分布。

当然，某座高炉适宜的鼓风动能不是一个定值，而是有一个很大的范围，下部调剂的合理调剂空间也正对应与此。

2.3.5　煤气上升过程中的变化

风口前燃料燃烧产生的煤气和热量，在上升过程中与下降炉料进行一系列传导和传质过程，研究高炉内煤气上升过程中的变化，可以帮助分析冶炼过程。

2.3.5.1　煤气上升过程中体积和成分的变化

煤气上升过程中体积和成分的变化，如图 2-33 所示。

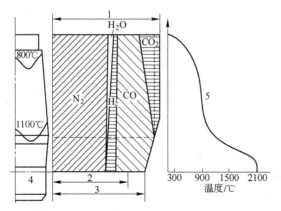

图 2-33　煤气上升过程中体积、成分和温度沿炉子高度的变化

1—炉顶煤气量 $V_{顶}$；2—风量 $V_{风}$；3—炉缸煤气量 $V_{缸}$；4—风口水平；5—煤气温度

（1）CO 先增加后减少。这是因为煤气在上升过程中，Fe 与 Si、Mn、P 等元素的直接还原生成一部分 CO，也有部分碳酸盐在高温区分解出的 CO_2 与 C 作用生成 CO。到了中温区，因有大量间接还原进行又消耗了 CO，所以 CO 量是先增加而后又减少的。

（2）CO_2 逐渐增加。在高温区 CO_2 不稳定，所以炉缸、炉腹处的煤气中 CO_2 量几乎为零。而在以后的上升过程中，由于有了间接还原和碳酸盐的分解，CO_2 逐渐增加。由于间接还原时消耗 1 体积的 CO 仍生成 1 体积的 CO_2，此时 CO 的减少量与 CO_2 的增加量相等，如图 2-33 中虚线左边的 CO_2 即由间接还原生成，而虚线右边则代表碳酸盐分解产生的 CO_2 量，总体积有所增加。

（3）H_2 逐渐减少。鼓风中水分分解、焦炭和煤粉中的 H_2 都是氢的来源。H_2 在上升过程中有 1/3 ~ 1/2 参加间接还原生成 H_2O，所以在上升过程中逐渐减少。

（4）N_2 绝对量不变。鼓风中带入大量 N_2，少量是焦炭中的有机 N_2 和灰分中的 N_2。N_2 不参加任何化学反应，故其绝对量不变。

最后，到达炉顶的煤气成分的大致范围（体积分数,%）如下：

CO_2	CO	N_2	H_2
15 ~ 22	20 ~ 25	55 ~ 57	约 2.0

一般情况下，炉顶煤气中 CO 与 CO_2 的总量比较稳定，其含量为 38% ~ 42%。改善煤气化学能利用的关键是提高 CO 的利用率（η_{CO}）和 H_2 的利用率（η_{H_2}）。炉顶煤气中 CO_2 含量越高，H_2 含量越低，则煤气化学能利用越好；反之，CO_2 含量越低，H_2 含量越高，则煤气化学能利用越差。

煤气总的体积自下而上有所增大。一般在全焦冶炼条件下，炉缸煤气量约为风量的 1.21 倍，炉顶煤气量为风量的 1.35 ~ 1.37 倍；喷吹燃料时，炉缸煤气量为风量的 1.25 ~ 1.30 倍，炉顶煤气量为风量的 1.4 ~ 1.45 倍。

2.3.5.2 煤气上升过程中压力的变化

煤气从炉缸上升，穿过软熔带、块状带到达炉顶，其本身压力能降低（见图 2-34），产生的压头损失（Δp）可表示为 $\Delta p = p_{缸} - p_{喉}$。炉喉压力 $p_{喉}$ 主要取决于高炉炉顶结构、煤气系统的阻力和操作制度（常压或高压操作）等，它在条件一定时变化不大；炉缸压力 $p_{缸}$ 主要取决于料柱透气性、风温、风量和炉顶压力等，一般不测定，其值用热风压力表示。所以，高炉内料柱阻力 Δp 常近似表示为：

$$\Delta p = p_{热} - p_{顶} \qquad (2-83)$$

当操作制度一定时，料柱阻力（透气性）的变化主要反映在热风压力 $p_{热}$ 上，热风压力增大，阻力变大，即说明料柱透气性变差。

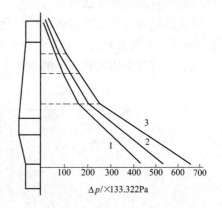

图 2-34　本钢高炉煤气静压力分布

1—冶炼强度为 0.985$t/(m^3 \cdot d)$；2—冶炼强度为 1.130$t/(m^3 \cdot d)$；3—冶炼强度为 1.495$t/(m^3 \cdot d)$

正常操作的高炉，炉缸边缘到中心的煤气压力是逐渐降低的，若炉缸料柱透气性好，中心的煤气压力较高（压差小）；反之，中心的煤气压力较低（压差大）。

压力变化在高炉下部比较大（压力梯度大），而在高炉上部则较小。随着风量加大（冶炼强度提高），高炉下部压差（梯度）变化更大，这说明此时高炉下部料柱阻力的增长值提高。由此可见，改善高炉下部料柱的透气性（减少渣量、降低炉渣黏度等）是进一步提高冶炼强度的重要措施。

2.3.6 高炉内的热交换

高炉内的热交换是指煤气流与炉料之间的热量传递。由于热量传递，煤气温度不断降低，炉料温度不断升高，这个热交换过程是一个复杂的过程。

2.3.6.1 高炉内的热交换过程

由于煤气与炉料的温度沿高炉高度不断变化，要准确计算各部分传热方式的比例很困难。大体上可以说，炉身上部主要进行的是对流热交换；炉身下部温度很高，对流热交换和辐射热交换同时进行；料块本身与炉缸渣铁之间主要进行传导传热。

热交换可用下列基本方程式表示：

$$dQ = \alpha S \left(t_{\text{气}} - t_{\text{料}} \right) d\tau$$

式中　　dQ——$d\tau$ 时间内煤气传给炉料的热量，kJ；

　　　　α——传热系数，$kJ/(m^2 \cdot h \cdot ℃)$；

　　　　S——散料每小时流量的表面积，m^2；

　　$t_{\text{气}} - t_{\text{料}}$——煤气与炉料的温度差，℃；

　　　　$d\tau$——热交换时间，h。

单位时间内炉料吸收的热量与炉料表面积、煤气与炉料的温度差及传热系数成正比，而 α 又与煤气流速、温度、炉料性质有关。在风量、煤气量、炉料性质一定的情况下，dQ 主要取决于炉料与煤气的温差 $t_{\text{气}} - t_{\text{料}}$。

研究表明，高炉内的温度场虽因各高炉具体情况的不同而千差万别，然而，沿高度方向上煤气与炉料温度的分布却有共同的规律，这种变化规律可用图 2-35 表示。

沿高炉高度上煤气与炉料之间的热交换分为三段，即上段热交换区、中段热交换平衡区和下段热交换区。在上、下两段热交换区内，煤气和炉料之间存在着较大的温差（$\Delta t = t_{\text{气}} - t_{\text{料}}$），而且下段比上段还大。$\Delta t$ 随高度而变化，在上段是越向上越大，在下段是越向下越大，因此，在这两个区域内存在着激烈的热交换。在中段，Δt 较小，而且变化不大（小于20℃），热交换不激烈，被认为是热交换的动态平衡区，也称热交换空区。

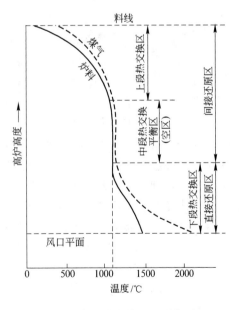

图 2-35　高炉热交换过程示意图

2.3.6.2 水当量概念

高炉是竖炉的一种，竖炉热交换过程有一个共同的规律，即温度沿高度的分布呈 S 形变化。

为研究和阐明这个问题，常引用"水当量"概念。所谓水当量，就是单位时间内通过高炉某一截面的炉料（或煤气），其温度升高（或降低）1℃所吸收（或放出）的热量，即单位时间内使煤气或炉料改变1℃所产生的热量变化，单位为 kJ/(h·℃)。

$$W_料 = G_料 \cdot c_料 \tag{2-84}$$

$$W_气 = V_气 \cdot c_气 \tag{2-85}$$

式中　$W_料$, $W_气$——分别为炉料水当量和煤气水当量，kJ/(h·℃)；

　　　　$G_料$, $V_气$——分别为通过高炉某一截面上的炉料量（kg/h）和煤气量（m³/h）；

　　　　$c_料$, $c_气$——分别为炉料的比热容(kJ/(kg·℃))和煤气的比热容(kJ/(m³·℃))。

高炉不是一个简单的热交换器，因为在煤气和炉料进行热交换的同时还进行着传质等一系列的物理化学反应。

2.3.6.3　高炉热交换的基本规律

在高炉下段热交换区，由于炉料中直接还原反应激烈进行和熔化造渣等都需要消耗大量的热，越到下部需热量越大，因此，$W_料 > W_气$，且不断增大。即单位时间内通过高炉下部某一截面使炉料温度升高1℃所需的热量远大于煤气温度降低1℃所放出的热量，热量供应相当紧张，虽然煤气温度迅速下降，但炉料温度升高并不快，这样两者之间就存在较大的温差 Δt，而且越向下 Δt 越大，使热交换激烈进行。

煤气上升到中部某一高度后，由于直接还原等耗热反应减少、间接还原放热反应增加，$W_料$ 逐渐减小直至某一时刻与 $W_气$ 相等，即 $W_料 = W_气$。此时煤气和炉料间的温度差很小（$\Delta t \leqslant 20℃$）并维持相当一段时间，煤气放出的热量和炉料吸收的热量基本保持平衡，炉料的升温速率大致等于煤气的降温速率，热交换进行缓慢，成为空区。当用天然矿冶炼而使用大量石灰石时，空区的开始温度取决于石灰石激烈分解的温度，即 900℃ 左右；在使用高碱度烧结矿（高炉不加石灰石）时，空区温度取决于直接还原开始大量发展的温度，即 1000℃ 左右。

煤气从空区进入上段热交换区后，由于此处进行炉料的加热、蒸发和分解以及间接还原反应等，所需热量较少，因而 $W_料 < W_气$，即单位时间内炉料温度升高1℃所吸收的热量小于煤气降温1℃所放出的热量，热量供应充足，炉料迅速被加热，即炉料装入高炉后不久便被加热到与煤气差不多的温度。

现代高炉中，$W_料$ 在上部为 1800~2500kJ/(t·℃)，在下部为 5000~6000 kJ/(t·℃)；而 $W_气$ 在上、下部基本相同，为 2000~2500kJ/(t·℃)。

2.3.6.4　高炉热交换规律的应用

高炉内煤气和炉料的热交换过程具有良好的接触条件，热交换效率很高，生产中如果能正确运用热交换规律，便能改善煤气能量利用，减少燃料消耗。

A　高炉上部热交换及影响高炉炉顶温度的因素

根据区域热平衡和热交换原理，在上段热交换区的任一截面上，煤气所含的热量应等于固体炉料吸收的热量与炉顶煤气带走的热量之和（不考虑入炉料的物理热），即：

$$W_气 \cdot t_气 = W_料 \cdot t_料 + W_气 \cdot t_顶$$

所以

$$t_气 = \frac{W_料}{W_气} \cdot t_料 + t_顶$$

当上段热交换终了、进入空区时，$t_气 \approx t_料 \approx t_空$，则：

$$t_顶 = \left(1 - \frac{W_料}{W_气}\right) \cdot t_空 \qquad (2-86)$$

式中 $t_空$，$t_顶$——分别为热交换空区和炉顶煤气的温度，℃。

在原料、操作稳定的情况下，$t_空$ 一般变化不大，故 $t_顶$ 主要取决于 $W_料/W_气$。

由此可知，影响 $t_顶$ 的因素是：

(1) 煤气在炉内合理分布，煤气与炉料充分接触，$t_顶$ 则低；相反，煤气分布失常，过分发展边缘或中心气流甚至产生管道行程，$t_顶$ 则升高。

(2) 燃料比降低，作用于单位炉料的煤气量减少，煤气的水当量 $W_气$ 减小，$W_料/W_气$ 的值增大，$t_顶$ 降低；反之，煤气量增大，煤气水当量增大，$W_料/W_气$ 的值减小，$t_顶$ 升高。喷吹煤粉可使 $W_料$ 增大，$t_顶$ 降低；但是若喷煤的置换比不高，喷煤后高炉的燃料比没有降低，则由于 $W_气$ 的增加而使 $t_顶$ 升高。

(3) 炉料的性质。增大焦炭负荷可使 $G_料$ 增加，从而增大 $W_料$。炉料中如水分高，在上部蒸发时要吸收更多热量，即 $W_料$ 增大，$W_料/W_气$ 的值增大，$t_顶$ 则降低。如果使用焙烧过的干燥矿石，炉顶温度 $t_顶$ 相应较高，如使用热烧结矿，$t_顶$ 更高。

(4) 提高风温后，若燃料比降低，则煤气量减少，$t_顶$ 会降低；如果燃料比不变，则煤气量变化不大，对 $t_顶$ 的影响也不大。

(5) 采用富氧鼓风时，由于 N_2 含量减少，煤气量减少，使 $W_气$ 降低，$W_料/W_气$ 的值升高，从而使 $t_顶$ 降低。

炉顶温度是评价高炉热交换的重要指标。正常操作时，$t_顶$ 常在 150～200℃。

B 高炉下部热交换及影响炉缸温度的因素

高炉下部，$W_料/W_气 > 1$，根据热平衡和热交换原理，可推出下段热交换区炉缸温度与 $W_气/W_料$ 值的关系：

$$W_料 \cdot t_缸 - W'_料 \cdot t_空 = W_气 \cdot t_气 - W'_气 \cdot t_空$$

当下部热交换终了、煤气上升到达空区时，$W'_料 \approx W'_气$，即 $W'_料 \cdot t_空 = W'_气 \cdot t_空$，则：

$$t_缸 = \frac{W_气}{W_料} \cdot t_气 \qquad (2-87)$$

式中 $t_缸$——炉缸渣铁温度，℃；

$t_气$——炉缸煤气温度，℃；

$W'_料$，$W'_气$——空区部位炉料与煤气的水当量，kJ/(h·℃)。

可见，凡能提高 $t_气$、降低 $W_料$、提高 $W_气/W_料$ 值的措施，都有利于 $t_缸$ 的升高。

影响 $t_缸$ 的因素是：

(1) 风温提高，$t_气$ 升高，$t_缸$ 增加。

(2) 风温提高后，若焦比降低，则煤气量减少，$W_气$ 降低，又使 $t_缸$ 降低，其结果是 $t_缸$ 可能变化不大；如果焦比不变，则 $t_缸$ 增加。

(3) 富氧鼓风时，N_2 减少，煤气量减少，$W_气/W_料$ 降低，然而富氧可大大提高 $t_气$，结果使 $t_缸$ 升高。

C 关于热交换空区的问题

无论高炉大小、操作条件如何，在高炉炉身中下部总是存在热交换空区。只要上、下段热交换区之间隔着空区，则上、下段热交换区是相对独立而互不影响的，这也是可以利用下部区域热平衡来计算高炉焦比的理论依据。

由于高炉空区的热交换作用非常微弱，过去冶金界有这样一种观点，认为可以缩短高炉高度以充分利用高炉容积、提高高炉生产率。在实际高炉生产中，不乏有效高度相差悬殊而炉顶温度相差无几的高炉实例，故炉型发展趋向于矮胖型。

但高炉过矮将导致煤气利用恶化。

事实上，高炉热交换空区把高炉分为两段，上段主要是对炉料进行加热和预还原，而下段主要是进行最终冶炼加工和过热，空区起着缓冲作用。如高炉偶然的坐料或崩料不会影响到焦比的升高，空区越大，高炉热惯性越大，则热量波动越小。因此，试图过大地减小高炉高度是不利的。与此相反，过分增加高炉高度以保持较大的空区也是不经济的，而且不利于高炉的顺行和强化。

2.4　高炉内炉料和煤气的运动

炉料和煤气的运动是高炉炼铁的特点，一切物理化学过程都是在其相对运动中完成的。在高炉冶炼过程中，必须保证炉料和煤气的合理分布和正常运动，这样才能使高炉冶炼持续、稳定、高效地进行。

2.4.1　炉料下降的条件

2.4.1.1　炉料下降的基本条件

炉料下降的基本（必要）条件是在高炉内不断存在着促使炉料下降的自由空间。形成这一空间的原因有：

（1）焦炭在风口前的燃烧。焦炭占料柱总体积的50%～70%，而且有70%左右的碳在风口前燃烧掉，为上部炉料的下降提供了35%～40%的空间。

（2）焦炭中的碳参加直接还原的消耗，提供了11%～16%的空间。

（3）固体炉料在下降过程中，小块料不断充填于大块料的间隙中并使之受压而体积收缩；此外，矿石熔化形成液态的渣、铁，引起炉料体积缩小，可提供30%的空间。

（4）定期从炉内放出渣、铁，腾出的空间为15%～20%。

仅仅具备基本条件并不能保证炉料可以顺利下降，例如高炉在难行、悬料之时，风口前的燃烧虽然还在缓慢进行，但炉料的下降却停止了。

2.4.1.2　炉料下降的力学条件（充分条件）

炉料下降的力学（充分）条件可以通过料柱受力分析来获得。一般把高炉料柱的下降看成是保持层状状态整体下降的活塞流，其料柱下降的动力可用数学形式表达为：

$$F = W_{料} - p_{墙摩} - p_{料摩} - \Delta p = W_{有效} - \Delta p \qquad (2\text{-}88)$$

式中　F——决定炉料下降的力；

　　$W_{料}$——炉料在炉内的总重；

　　$p_{墙摩}$——炉料与炉墙之间的摩擦阻力；

　　$p_{料摩}$——料块相互运动时颗粒之间的摩擦阻力；

　　Δp——煤气对炉料的支撑力（压差）；

　　$W_{有效}$——炉料的有效重力，$W_{有效} = W_{料} - p_{墙摩} - p_{料摩}$。

炉料的有效重力（$W_{有效}$）是指炉料自身重力克服了炉墙对炉料的摩擦力以及炉料之间的摩擦力后，垂直作用于底部的重力。炉料下降的力学条件是：

$$F = W_{有效} - \Delta p > 0 \tag{2-89}$$

$W_{有效}$ 越大，Δp 越小，此时 F 值越大，即越有利于炉况顺行；反之，不利于炉况顺行。当 $W_{有效}$ 接近或等于 Δp 时，将产生难行和悬料；当局部 $W_{有效} < \Delta p$ 时，高炉出现管道行程。

总体上来说，具备上述两项条件则具备了炉料顺利下降的条件。但在高炉内部炉料的分布和状态不是均匀的，故沿高炉高度方向煤气的压降梯度不是均等的，孔隙率大的料层的料层压降梯度小，软熔层或粉末聚集层的料层压降梯度大，在分析炉内炉料下降时不能只考虑总的压降，更重要的是局部的压降梯度是否危及了炉料的正常运动。因此，在料柱中每个局部位置，也应保持其 $W_{有效} > \Delta p$。

另外需要注意的是，$F > 0$ 是炉料下降的力学条件，并且其值越大，越有利于炉料下降，但是 F 值的大小对炉料下降的快慢影响并不大。影响下料速度的因素主要取决于单位时间内焦炭燃烧的数量，即下料速度与鼓风量和鼓风中的氧含量成正比。

2.4.1.3 影响有效重力的因素

（1）高炉设计参数。炉腹角 α（炉腹与炉腰部分的夹角）减小，炉身角 β（炉腰与炉身部分的夹角）增大，此时炉料与炉墙之间的摩擦阻力会增大，即 $p_{墙摩}$ 增大，有效重力 $W_{有效}$ 则减小，不利于炉料顺行；反之，α 增大，β 缩小，则 $W_{有效}$ 提高，有利于炉料顺行。但 α 过大（如增大到 $90°$），风口前高温火焰容易将炉腹砖衬烧坏；而 β 过小，则边缘气流过分发展，对煤气能量利用和砖衬保护都不利，所以必须全面考虑。随着风口数目的增加，扩大了燃烧带炉料的活动区域，减小了 $p_{墙摩}$ 和 $p_{料摩}$，有利于 $W_{有效}$ 的提高。矮胖型高炉的 $W_{有效}$ 较大，有利于顺行。当前高炉炉型趋于矮胖型（H/D 减小），尤其适合于高度较高的大型高炉。

（2）炉料的运动状态。下降过程中，处于运动状态炉料的摩擦阻力均小于静止状态炉料的摩擦阻力，所以说，运动状态炉料的有效重力比静止状态炉料的有效重力大。保持适当的冶炼强度，保证有相当数量的焦炭被燃烧而产生一定的空间，使料柱保持适当的下降速度，也会增加其有效重力；当然，排放渣、铁等扩大高炉下部空间的措施也是有利于增加炉料有效重力的。

（3）炉料的堆积密度。炉料的堆积密度增大，$W_{料}$ 增大，有利于 $W_{有效}$ 增大。因此，焦比降低后随着焦炭负荷的提高，炉料的堆积密度提高，对顺行是有利的。

（4）其他。生产高炉上影响 $W_{有效}$ 的因素更为复杂，如渣量的多少、成渣位置的高低、初渣的流动性、炉料下降时的均匀程度、炉墙表面的光滑程度等，都会造成 $p_{墙摩}$、$p_{料摩}$ 的改变，从而影响炉料有效重力的变化。

目前对高炉软熔带以下的高温区（即存在固、液相的混合区域），有关炉料有效重力的直接数据还较少，尚待进一步研究。

2.4.1.4 影响 Δp 的因素

高炉内煤气对炉料的支撑力 Δp 可表示为：

$$\Delta p = p_{缸} - p_{喉} \approx p_{热} - p_{顶} \tag{2-90}$$

式中　$p_{缸}$——煤气在炉缸风口水平面的压力，kPa；

　　　$p_{喉}$——料线水平面炉喉煤气压力，kPa；

　　　　$p_热$——热风压力，kPa；

　　　　$p_顶$——炉顶煤气压力，kPa。

　　由于高炉内整个料柱都是散料体床层，煤气是在堆积颗粒的空隙间曲折流动的，并且在高温区还有渣、铁液相的存在，其阻力损失非常复杂。为了确定煤气通过高炉料柱时的压力损失，多年来曾有许多人对其进行了深入的研究。

　　A　影响块状带 Δp 的因素

　　埃根（Ergun）依据实验提出散料层 Δp 的表达式：

$$\frac{\Delta p}{H} = 150\frac{\mu\omega(1-\varepsilon)^2}{\phi^2 d_0^2 \varepsilon^3} + 1.75\frac{\rho_0\omega^2(1-\varepsilon)}{\varepsilon^3 d_0 \phi} \tag{2-91}$$

式中　H——料层高度，m；

　　　　μ——气体黏度，Pa·s；

　　　　ω——煤气平均流速，m/s；

　　　　ε——散料孔隙率，$\varepsilon = 1 - \gamma_堆/\gamma_块$；$\gamma_堆$ 为散料堆积密度（t/m³），$\gamma_块$ 为料块密度（t/m³）；

　　　　ϕ——形状系数，它等于等体积的圆球与料块的表面积之比，或表示为散料粒度与圆球形状粒度不一致的程度，$\phi < 1$；

　　　　d_0——料块的平均粒径，mm；

　　　　ρ_0——散料体床层密度，kg/m³。

　　式（2-91）前一项代表层流，后一项代表紊流。一般高炉内非层流，故前一项为零，即：

$$\frac{\Delta p}{H} = 1.75\frac{\rho_0\omega^2(1-\varepsilon)}{\varepsilon^3 d_0 \phi} \tag{2-92}$$

移项可得：

$$\frac{\omega^2}{\Delta p} = \frac{\phi d_0}{1.75H\rho_0}\left(1 - \frac{\varepsilon^3}{1-\varepsilon}\right) \tag{2-93}$$

　　影响块状带 Δp 的因素可归纳为三个方面：其一是原料方面，主要包括炉料的孔隙率、形状系数、粒度组成等；其二是煤气流方面，包括煤气的流量、流速、密度、黏度、压力、温度等；其三与操作有关。这里只做一般的定性分析。

　　（1）炉料的孔隙率。由式（2-92）可知，炉料的孔隙率越大，料柱的透气性越好，煤气对下降炉料的支撑阻力越小，越有利于炉况顺行。增大炉料的孔隙率、降低 Δp，首先应提高焦炭和矿石的强度，减少入炉原料的粉末，特别要提高矿石的高温强度和降低焦炭的气化反应能力；其次要大力改善入炉原料的粒度组成，加强原料的整粒工作，使炉料粒度均匀。图 2-36 所示是料层孔隙率与大、小料块直径及数量比的关系。对于粒度均一的散料，孔隙率与原料粒度无关，一般在 0.4~0.5。炉料粒度相差越大，小块越易堵塞在大块孔隙之间。由图 2-36 可知，实验得到的直径比 $D_小/D_大 = 0.01~0.5$ 之间的七种情况中，ε 都小于50%，当小块占30%、大块占70%时，ε 值为最小。而且 $D_小/D_大$ 的值越小（见图 2-36 中曲线1），料柱孔隙率 ε 越小；反之，$D_小/D_大$ 的值越大，即粒度差减小，此时不但 ε 增大，其波动幅度也变小（见图 2-36 中曲线7，近于水平）。因此，为改善料柱透气性，除了筛去粉末和小块外，最好采用分级入炉（如分成 10~25mm 和 5~10mm 两级），达到粒度均匀。将不同粒级炉料布入不同的径向位置以调节煤气流的分布，这就是分级入炉的理论基础。

（2）炉料的粒度。一般来说，增大原料粒度对改善料层透气性、降低 Δp 有利。实验证实（见图2-37），随料块直径的增加，料层相对阻力减小；但当料块直径超过一定数值（$D > 25mm$）后，相对阻力基本不降低。当料块直径在 6 ~ 25mm 范围内时，随着粒度减小，相对阻力增加得不明显；若粒度小于6mm，则相对阻力显著升高。可见，适于高炉冶炼的矿石的粒度范围是 6 ~ 25mm。5mm 以下的粉末危害极大，这是筛除粉末的理论基础；对 25mm 以上的大块，对冶炼益处不多，反而会增加还原的困难，应予以破碎，使用天然矿时尤需如此。因此，靠增大原料粒度来提高炉料间的孔隙率以降低 Δp 是有限的。

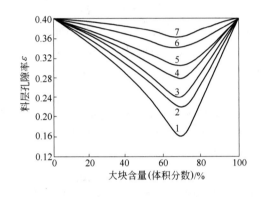

图2-36 料层孔隙率与大、小料块直径及数量比的关系
$D_小/D_大$：1—0.01；2—0.05；3—0.1；4—0.2；
5—0.3；6—0.4；7—0.5

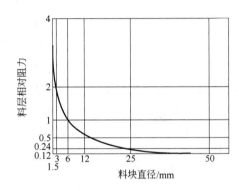

图2-37 炉料透气性的变化与矿块粒度
（用计算直径 D 表示）的关系

（3）炉料的形状系数。根据埃根公式可知，炉料的形状系数增大，Δp 则减小。与焦炭相比，烧结矿的形状系数比较小，故矿石层的 Δp 大于焦炭层的 Δp（矿石层阻力比焦炭层阻力大 10 ~ 20 倍）。因此，矿层与焦层厚度比大的地方，煤气流动阻力大、流量少。因此，控制矿层与焦层厚度比的分布是高炉上部调剂最常用的方法。一般形状与某些材料的形状系数列于表2-15。

表2-15 一般形状与某些材料的形状系数

形 状	形状系数	材料名称	形状系数
球形	1.00	煤粉	0.730
圆柱体形	0.873	煤粒（10mm）	0.649
立方体形	0.805	筛下矿石	0.571
方柱体形	0.610	石灰石	0.455
圆盘形	0.472	焦炭	0.72
方板形	0.431	球团矿	0.92
圆形沙状	0.806	烧结矿	0.65
有棱角的形状	0.671	白云石	0.87
粗糙的形状	0.595		

（4）煤气的流速。由于 $\Delta p \propto \omega^2$，即 Δp 随煤气流速的增加而迅速增加，见图 2-38。因此，降低煤气流速 ω 能明显降低 Δp。然而，对一定容积和截面的高炉，煤气流速与煤气量或鼓风量成正比；在焦比（燃料比）不变的情况下，风量（或冶炼强度）又与高炉生产率成正比，这就形成了强化和顺行的矛盾。若风量过大，超过了料柱透气性允许的程度，会引起煤气流分布失常，形成管道行程，此时尽管 Δp 不会过高，但大量煤气得不到充分利用，必然导致炉况恶化。

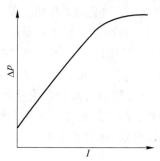

图 2-38　冶炼强度 I 与料柱全压差 Δp 的关系

（5）煤气的温度。煤气的体积受温度影响很大，例如，1650℃的空气体积是常温下的 6.5 倍。所以当炉内温度增高时，煤气体积增大，如料柱其他条件变化不多，煤气流速增大，此时 Δp 增大，这直接反映在热风压力的变化上。例如炉温升高，热风压力随之升高，当炉况向凉时热风压力则降低。

（6）煤气的压力。当炉内煤气的压力升高、体积缩小、流速降低时，有利于炉况顺行。如果保持原 Δp 水平，则允许增加风量以强化冶炼和增产，这就是当代高炉采用高压操作的优越性。

（7）其他因素。除了上述有关煤气和炉料方面的因素以外，生产中 Δp 还受其他因素的影响。例如，在矿、焦层交替堆叠时，上矿下焦的界面上会形成混合渗入层，使煤气流通阻力增加 20%～30%。因此，采用分装或大批重可减少矿-焦界面的混合数量，从而降低 Δp。

B　影响软熔带 Δp 的因素

据杜鹤桂教授研究，气体通过软熔带的阻力损失与软熔带各参数之间存在如下关系：

$$\Delta p = K \frac{L^{0.183}}{n^{0.46} h_c^{0.93} \varepsilon^{3.74}} \tag{2-94}$$

式中　Δp——软熔带单位高度上的阻力损失；

L——软熔带的宽度；

n——焦炭夹层的层数；

h_c——焦炭夹层的高度；

ε——焦炭夹层的孔隙率。

由此可见，软熔带越窄，焦炭夹层的层数越多，夹层越厚，孔隙率越大，则软熔带透气性越好。软熔带的形状对 Δp 也有重要的影响。在软熔带高度大致相同的情况下，煤气通过倒 V 形软熔带时的 Δp 最小，W 形软熔带的 Δp 最大，V 形软熔带的 Δp 居中。

C　影响滴落带 Δp 的因素

滴落带是由焦炭床层构成的，但在空隙中有渣铁液滴落和滞留。由于煤气和渣铁液滴相向运动且共用一个通道，因此，煤气流通阻力显然会随着渣铁滞留量的增加而升高。而渣铁的滞留量与其黏度、表面张力等有关，当液态渣铁的黏度增大、表面张力降低时，渣铁的滞留量就增加，从而导致 Δp 升高，破坏顺行，严重时造成高炉行程失常。

总之，加强原料管理，确保原料的"净"、"匀"，并提高焦炭的机械强度与高温强度，采用合理的基本操作制度，能明显地改善高炉料柱的透气性，确保炉料的顺利下降。

2.4.2 炉料运动与冶炼周期

2.4.2.1 高炉下料情况的探测

高炉的下料情况直接反映冶炼进程的好坏，生产中通过探料尺的变化可以了解炉内的下料情况。图 2-39 所示是探料尺工作曲线，当炉内料面降到规定的料线时，探料尺提到零位 A 点，布料溜槽旋转，料流阀打开，将炉料装入炉内，探料尺又快速下降至料面（C 点），并随料面一起缓慢向下运动；当其重新降至料线（B 点）时，探料尺又自动提到零位（D 点），进行下批料的装入。BD 线代表料线的高度，此线越长，表示料线越低。AE 线所示方向表示时间，它是两批料时间的间隔。$BD-AC$ 表示一批料在炉喉所占的高度。AC 是加完料后料面离开零位的距离（后尺）。CB 线的斜率就是炉料下降速度，当 CB 线变水平时斜率等于零，下料速度为零，此即悬料；当 CB 变成与纵轴平行的直线时，说明瞬间下料速度很快，即崩料。分析探料尺工作曲线能看出下料是否平稳或均匀。如果探料尺停停走走，说明炉料下行不理想（设备机械故障除外），再发展下去就可能难行。如果两个探料尺指示不相同，说明是偏料。如果后尺 AC 很短，说明有假尺存在，料尺可能陷入料面或陷入管道，造成料线提前到达的假象，多次重复此情况，可考虑适当降低料线。

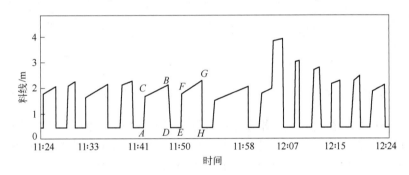

图 2-39　探料尺工作曲线

生产中控制料速的主要方法是加风量以提高料速，减风量、增加喷煤量以降低料速。

2.4.2.2 炉料在炉喉的分布

炉料在炉喉的分布基本上是矿石和焦炭的分布。一般矿石层透气性差，焦炭层透气性好，因此矿石和焦炭在炉喉各点的比例就成为影响煤气流分布的重要因素。实践表明，焦炭多的区域煤气流分布多，因而炉料温度升高；矿石多的区域煤气流分布少。炉料在炉喉内的分布在下降过程中基本保持不变，因此，布料对煤气流的影响不是对一批料的影响，而是对整个固体料柱的作用。

无料钟炉顶采用旋转溜槽布料时，溜槽以一定的角速度旋转，使炉料在溜槽中的运动除了受质量力作用沿溜槽向下滑动之外，还受离心力和惯性力作用沿溜槽截面做横向运动。当炉料离开旋转溜槽时，由于离心作用将使炉料落点外移，炉料向堆尖外侧滚动多于向内侧滚动，形成料面的不对称分布，外侧料面较平坦，这种现象称为溜槽布料旋转效应，转速越大效应越强。当溜槽同一角度多圈放料时，自然偏析现象比料钟式布料要严重，因为多圈放料时炉料随溜槽转动而不断落到原始料面上，大粒度多滚向堆尖外侧，小粒度则在堆尖附近，相当于自然分级，每圈都重复这种分级，如果溜槽倾角不变，结果将导致粒度偏析加大（见图 2-40）。因此采用无钟布料器时，炉料粒度应当整齐；如不整齐，必须采取多环或螺旋布料以减少粒度偏析。

如果两种不同粒度的炉料同时或分别装入炉内，在炉料界面上就会互相渗透形成混合层。由于混合层孔隙率小，对煤气阻力大，故不利于高炉强化。矿石与焦炭的粒度差别越大，混合层所占的比例越高。

矿石落入炉内时由于会对其下的焦炭层产生推挤作用，焦炭将发生径向迁移，从而使料面变形（见图 2-41）。最终结果是矿石落点处焦炭层厚度减薄，矿石层自身则增厚；而炉喉中心区焦炭层增厚，矿石层随之减薄。

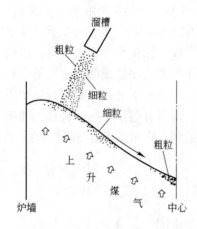

图 2-40　旋转溜槽布料料面

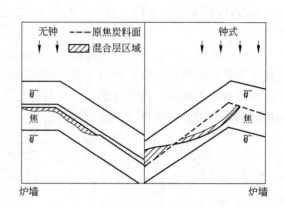

图 2-41　不同装料方式的料面形状示意图

以上这些不同炉料在料面上的相互作用被称为界面效应。界面效应给高炉带来的缺陷是明显的，首先，它破坏了炉料的层状结构，使布料操作复杂化；其次，由于矿焦的相互作用，界面上的混合层是难以避免的，它的产生会恶化料柱的透气性。

一般来说，不同炉料的粒度差越大，界面效应越强；料线越深，界面效应越强；而批重大的炉料，界面效应较少；分装时由于先下的炉料料面已稳，在被后下的炉料撞击、推挤时变形较小，从而其比同装的界面效应小；分装不等料线，界面效应最小；无钟布料的界面效应也小；钟式高炉采用倒同装料制时，界面效应则比较强烈。

2.4.2.3　滴落带液态渣铁的运动

渣铁液滴脱离软熔带时，由于受到煤气流穿过焦炭夹层时的径向运动影响，将产生偏流，其偏流方向与软熔带的位置有关。倒 V 形软熔带，液流由炉中心向边缘偏流；V 形软熔带则恰好相反，液流向中心偏流；而 W 形软熔带，则是中心和边缘的液流从两个方向向中间环区偏流。

当进入风口平面时，倒 V 形软熔带使液流进入回旋区，受回旋区气流的作用沿着其四周和前端流下，由于和煤气的接触条件好，渣铁温度高，炉缸煤气热能利用最好；相反，V 形软熔带使液流直接穿过死料堆而进入炉缸，渣温常常不足，煤气热能利用差，出现铁温高、渣温低、生铁高硅高硫的现象，炉衬也易侵蚀；而 W 形软熔带则介于上述两者之间。

2.4.2.4　高温区内焦炭的运动

从滴落带到炉缸均被由焦炭构成的料柱所充满，在每个风口处都因焦炭回旋运动而形成一个疏松带,见图 2-42。

(1) A 区域。A 区域是焦炭向回旋区运动的主流。高温区焦炭的运动与渣铁在炉缸内的存储量有关。当炉缸排放渣铁后,焦炭仅从疏松区进入燃烧带燃烧。当渣铁在炉缸内集聚到一定数量后,焦炭柱开始漂浮,这时炉缸中心部的焦炭一方面受到料柱的压力,另一方面又受到渣铁的浮力,使中心的焦炭经过熔池,从燃烧带下方迂回进入燃烧带。

(2) B 区域。B 区域为焦炭滑移区,降落速度明显减小;一般来说,A、B 区圆锥界面的水平夹角 $\theta_1 = 60° \sim 65°$。

(3) C 区域。C 区域内,焦炭已基本不向回旋区运动,形成一个接近圆锥形的炉芯部分。从高炉解剖研究可知,炉芯部夹角 $\theta_2 = 40° \sim 50°$,运动速度很慢。炉芯焦炭的移动主要受渣铁的积蓄和排放的影响。它在液态渣铁的浸泡中受到很大的浮力,因而随着出铁周期的变化会有一定幅度的"浮起"

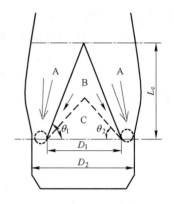

图 2-42 高炉下部炉料运动的模式图
A—焦炭向风口区下降的主流区;B—滑移区;
C—死料堆;θ_1—A、B 区圆锥界面的水平夹角;
θ_2—C 区圆锥表面的水平夹角;D_1—死料堆底部
在直径方向的宽度;D_2—炉缸直径;
L_c—B 区锥顶距风口中心平面的高度

和"沉降"运动。随着渣铁积蓄量的增加,其受到的浮力也越来越大,在渐渐浮起的过程中,滴落带焦炭疏松区的孔隙被压缩而减小,加之风口区煤气在死料堆中可流动区域的缩小,因而出现出铁前风压升高、回旋区缩短和风口区焦炭回旋运动不活跃等现象。相反,出铁后由于死料堆的沉降减少了浮力的挤压作用,使得滴落带焦炭孔隙率增大,因而炉缸容易活跃。炉芯部焦炭的滞留时间较长,其更新周期大约要一周的时间,这部分炉料的运动速度不仅取决于中心部分炉料的熔化和焦炭中碳消耗于还原反应而产生的体积收缩,同时还取决于炉缸中心焦炭在燃烧带下方参加燃烧反应的数量。可见,引起高炉下部炉料运动的原因,主要是焦炭向回旋区流动、直接还原、出渣、出铁等。

2.4.2.5 炉料下降的速度

A 炉料下降的平均速度

炉料下降的平均速度 $\bar{u}$ 可用下式近似计算:

$$\bar{u} = \frac{V}{24S} \tag{2-95}$$

式中 V——每昼夜装入高炉的全部炉料体积,m^3;

S——炉喉截面积,m^2;

或写成:

$$\bar{u} = \frac{V_u \eta_u V'}{24S} \tag{2-96}$$

式中 V_u——高炉有效容积,m^3;

η_u——高炉有效容积利用系数,$t/(m^3 \cdot d)$;

V'——吨铁炉料的体积,m^3/t。

一定条件下,利用系数越高,下料速度越快;每吨铁的炉料体积越大,下料速度也越快。

　　B　高炉不同部位的下料速度

　　高炉内不同部位炉料的下料速度是不一样的,一般遵循以下规律:

　　(1) 沿高炉半径炉料的运动速度不相等。距炉墙一定距离处下料速度最快,高炉解剖的结果也证明了这一点。炉料刚进炉喉的分布都有一定的倾斜角,即离炉墙一定距离处料面高,炉子中心和紧靠炉墙处的料面低。随着炉料下降,倾斜角变小,料面变平坦,说明距炉墙一定距离处炉料的下降比半径上的其他地方要快。因为这里是燃烧带的上方,产生很大的自由空间,同时这个区域炉料最松动,有利于炉料的下降。此外,由于布料时在距炉墙一定距离处的矿石量总是相对多些,此处矿石下降到高炉中下部时被大量还原和软化成渣,炉料的体积收缩比半径上的其他地方都要大。

　　(2) 沿高炉圆周方向炉料的运动速度不一致。由于热风总管与各风口的距离不同,阻力损失也不相同,致使各风口的进风量相差较大(有时各风口进风量之差可达 25% 左右),造成各风口前的下料速度不均匀。另外,在渣口、铁口方位经常排放渣、铁,因此在渣口、铁口的上方炉料下降速度相对较快。

　　(3) 不同高度处炉料的下降速度不相同。炉身部分由于炉子断面自上而下逐渐扩大,下料速度也将发生变化。炉身下部下料速度最小。到炉腹处,由于断面开始收缩,炉料的下降速度又有所增加。从高炉解剖研究的资料可见,随着炉料下降,料层厚度逐渐变薄,这显然是由炉身部分的断面向下逐渐扩大所造成,证明了炉身部分下料速度是逐渐减小的。

　　C　冶炼周期

　　冶炼周期是指炉料在炉内停留的时间,习惯的计算方法是:

$$t = \frac{24V_u}{PV'(1-C)} \tag{2-97}$$

因为

$$\eta_u = \frac{P}{V_u}$$

所以

$$t = \frac{24}{\eta_u V'(1-C)}$$

式中　　t——冶炼周期,h;

　　　　V_u——高炉有效容积,m^3;

　　　　P——高炉日产量,t/d;

　　　　V'——1t 铁的炉料体积,m^3/t。

　　　　C——炉料在炉内的压缩系数,大中型高炉 $C \approx 12\%$,小型高炉 $C \approx 10\%$ 。

　　式 (2-97) 为近似公式,因为炉料在炉内除固态体积收缩外,还有变成液相或气相的体积收缩等,它可看作是固体炉料在不熔化状态下于炉内的停留时间。

　　生产中常以料线平面到达风口平面时的下料批数作为冶炼周期的表达方法。如果知道这一下料批数,又已知每小时下料的批数,就能方便地算出变料、休风料到达炉缸的时间,从而掌握炉况变化的动向和休风或停炉的时间。

$$N_{批} = \frac{V}{(V_矿 + V_焦)(1-C)} \tag{2-98}$$

式中　　$N_{批}$——由料线平面到风口平面间的炉料批数;

　　　　V——风口以上的工作容积,m^3;

$V_{矿}$——每批料中矿石料（包括熔剂）的体积，m^3；

$V_{焦}$——每批料中焦炭的体积，m^3。

通常，天然矿石的堆积密度取 $2.0 \sim 2.2t/m^3$，烧结矿为 $1.6t/m^3$，焦炭为 $0.45 \sim 0.55t/m^3$。

冶炼周期是评价冶炼强化程度的指标之一。冶炼周期越短，利用系数越高，意味着生产越强化。冶炼周期还与高炉容积有关，小高炉料柱短，冶炼周期也短。如容积相同，矮胖型高炉易接受大风，料柱相对较短，故冶炼周期也较短。我国大中型高炉的冶炼周期一般为 $6 \sim 8h$，小型高炉为 $3 \sim 4h$。

2.4.3 非正常情况下的炉料运动

2.4.3.1 超越现象

炉料在下降过程中存在纵向再分布现象，即超越现象，从而造成纵向矿、焦相对位置的变化，这主要是受纵向料速差异的影响。而原料性质，如密度、形状、大小等都对炉料的下降速度产生不同的影响。质量大的、光滑的、细小的、液态的炉料具有超前下降的能力，例如，当矿石熔融后以液态渣铁形式滴落时就会超越固态焦炭而先入炉缸。正常生产属于连续作业，前后各料批中的焦炭负荷一致，即使存在超越现象，前后超越结果也能维持原有矿焦结构，影响不明显。但在变料时应对超越问题予以注意，如改变铁种时，由于造成新料批的物料不是同时下到炉缸，往往会得到一些中间产品。因此，由炼钢生铁改炼铸造生铁时，可先提炉温后降碱度；与此相反，由铸造生铁改炼炼钢生铁时，则先提碱度后降炉温，争取在铁种改变时做到一次性过渡到要求的生铁品种。

2.4.3.2 炉料的流态化

在高炉内，煤气流速随风量的增加而增加。随着风量增加，流速提高，Δp 迅速增大。当流速达到一定值时，散料开始松动而膨胀，孔隙率增加，若压力损失（煤气对炉料的阻力）等于进而大于粒子的重量，则散料颗粒变成悬浮状态，使整个散料变成固态的流体，此时散料即处于流态化状态，煤气的流速即为散料流态化的临界速度。如煤气流速进一步增加，达到散料颗粒的自由沉降速度（等速沉降），颗粒就会随煤气流一同上升；当气体流速超过等速沉降时便将颗粒带走，形成所谓的管道，将形成管道时的风量作为高炉界限风量的主要依据。

实际生产中，由于炉料颗粒的直径、密度、外形等不同，它们被流化的速度也不相同。颗粒越大，密度越大，料层孔隙率越大，越不易流化，见图 2-43。炉料中，一般焦炭先于矿石流化（这时同料批的矿石相分离而单独下降，分离下降的结果将导致炉凉），小颗粒比大颗粒易于流化。高炉生产中，由于炉料块度相对较大且冶炼强度不高，不至于造成散料全部流化；但由于原料的不均一性，尤其是粉末多、强度差时，产生局部流化是完全可能的，冶炼强度高时尤其如

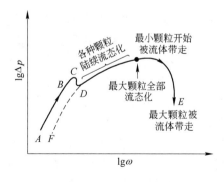

图 2-43 颗粒大小和密度不同时的流态化

此。高炉炉尘即是粉料流化的结果，管道也是局部流化的表现，操作中探料尺有时出现"零尺"假象，也可能是由焦炭流化造成的。流化现象会限制高炉的强化，因此，生产中

应加强原料的整粒、筛除粉末、高压操作、采用大料批等，以利于减少和防止流化产生。

2.4.3.3 液泛现象

在高炉下部滴落带，焦炭是唯一的固体炉料，在这里穿过焦炭向下滴落的液态渣铁与向上运动的煤气反向流动，当气体流速升高到一定值、煤气压力梯度的垂直分量大于液体的重力时，液体被气体吹起而不能降落，这一现象即为液泛现象。液泛现象的发生将使液态渣铁被煤气带入软熔带或块状带，随着温度的降低，渣铁黏度增大甚至凝结，阻损增大，容易造成难行、悬料。对每种操作条件下的高炉来说，都存在一个界限气体流速，超过这一流速便产生液泛。

液泛现象不仅与气流速度有关，也与滴落的液体数量、煤气流量、滴落带的孔隙率、炉渣黏度以及炉渣界面张力等有关。降低煤气流速和体积、改善焦炭强度、提高滴落带的孔隙率、降低炉渣黏度、提高品位、减少渣量等措施，都会使液泛现象发生的几率大大减少。

2.4.4 煤气流的分布

煤气流在炉内的分布状态直接影响矿石的加热和还原以及炉料的顺行状况。研究煤气运动的目的是了解煤气的运动性质和控制条件，以改善高炉的冶炼过程。

2.4.4.1 煤气流分布的基本规律——自动调节原理

气流分布存在自动调节作用。一般认为，各风口前煤气压力（$p_口$）大致相等，炉喉截面处各点压力（$p_喉$）也都一样。因此可以说，任何通路的 $\Delta p = p_口 - p_喉$。

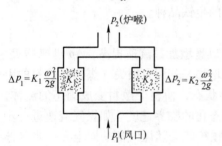

图 2-44 气流分布自动调节原理示意图

如图 2-44 所示，p_1、p_2 分别代表 $p_口$ 与 $p_喉$，煤气分别从 1 和 2 两条通道上升，各自的阻力系数和流速为 K_1、ω_1 和 K_2、ω_2。由于 $K_1 > K_2$，煤气通过时的阻力分别为 $\Delta p_1 = K_1\omega_1^2/2g$ 与 $\Delta p_2 = K_2\omega_2^2/2g$，此时煤气的流量在通道 1 和 2 之间自动调节。因为 K_1 较大，在通道 1 中煤气量自动减少而使 ω_1 降低，在通道 2 中煤气量分布增加而使 ω_2 逐渐增大，最后达到 $K_1\omega_1^2/2g = K_2\omega_2^2/2g$ 为止。显然，阻力大的通道气流分布较少，阻力小的通道气流分布较多，这就是煤气分布的自动调节。

一般炉料中矿石的透气性比焦炭要差，所以炉内矿石集中区域的阻力较大，煤气量的分布必然少于焦炭集中区域。但并非煤气流全部从透气性好的地方通过。因为随着流量的增加，流速二次方的程度加大，压头损失大量增加，当 $\Delta p_1 = \Delta p_2$ 之后，自动调节达到相对平衡。ω_2 如若再加大，煤气量将会反向调节。只有在风量很小的情况下（如刚开炉或复风不久的高炉），煤气产生较少，由于气流改变引起的压头损失也很小，煤气不能渗进每一个通道，只能从阻力最小的几个通道中通过。在此情况下，即使延长炉料在炉内的停留时间，高炉内的还原过程也得不到改善，只有增加风量，多产生煤气量，提高风口前的煤气压力和煤气流速，煤气才能穿透进入炉料中阻力较大的地方，促使料柱中煤气分布改善。所以说，高炉风量过小或长期慢风操作时，生产指标不会改善。但是，增加风量也不是无限的，因为风量超过一定范围后，与炉料透气性不相适应，会产生煤气管道，煤气利用会严重变坏。

2.4.4.2 高炉内煤气分布的检测和分析

检测炉内煤气分布的常用方法有以下几种。

（1）根据炉喉截面的煤气取样，分析各点的 CO_2 含量，间接测定煤气分布。通常，在炉喉与炉身交界部位的四个方向上设有四个煤气取样孔（见图2-45），按规定时间要在四个方向上取煤气样，取样方法为：将取样管伸入高炉的取样孔内，由于取样管头部有一小孔洞，煤气将沿小孔洞进入管中而被导至炉外，然后用橡皮囊盛取。一般一个方向取五个样，1点靠近炉墙边缘，5点在炉喉中心，3点在大料钟边缘对应的位置，2点在1与3点之间，4点在3与5点之间。四个方向共取20点煤气样，然后化验各点煤气样中 CO_2 的含量，绘出曲线（见图2-46），操作人员即可根据曲线判断各方位煤气的分布情况。

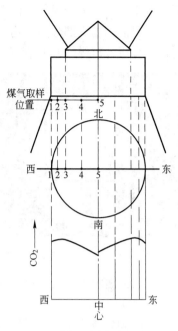

图2-45　煤气取样点位置分布

分析 CO_2 曲线可以从以下几方面着手：

1）看曲线的边缘点与中心点 CO_2 含量的差值。边缘 CO_2 含量低，则边缘气流发展；相反，中心 CO_2 含量低，则中心气流发展。因为高炉内矿石少、焦炭多的部位透气性好，通过的煤气量多，而还原产生的 CO_2 少，故 CO_2 含量低的部位CO含量高，煤气流分布必然多；反之，CO_2 含量高的部位CO含量少，煤气流分布必然少。图2-46（a）所示是煤气在边缘分布多、中心分布少的情况，也称边缘气流型曲线。图2-46（b）所示是中心轻、边缘重，又称中心气流型曲线。图2-46（c）所示是边缘与中心同时发展的两道气流型煤气曲线（也称双峰型），它介于前两者之间。

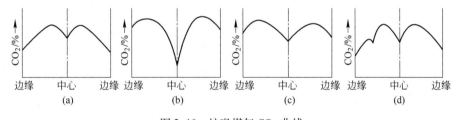

图2-46　炉喉煤气 CO_2 曲线

（a）边缘气流型；（b）中心气流型；（c）两道气流型；（d）管道行程

2）看曲线的平均水平。曲线的平均水平提高，则表明煤气化学能利用改善。

3）看曲线的对应性。对称性好，表明煤气分布均匀；曲线不对称，最低 CO_2 含量点不在中心或边缘，则可能出现管道（见图2-46（d））甚至结瘤。长期某方向曲线水平低，可能是炉料偏行。

4）看曲线各点 CO_2 的含量。各点间所代表的炉喉圆环面积是不一样的，所以各点 CO_2 含量值对总的煤气利用的影响不同。2点影响最大，1、3点次之，5点最小，故2、3点 CO_2 含量高，则相对来说煤气利用好。

为了正确判断各点煤气的利用和分布情况，煤气取样孔的位置应设在炉内料面以下，否则取出的已是混合煤气，没有代表性。在低料线操作、料面已降至取样孔以下时，不可取气。目前国内大部分高炉均是间断的人工操作取气，先进高炉已采用自动连续取样，通过自动分析各点煤气 CO_2 含量，可判断出煤气分布的连续变化情况。

图 2-47　炉顶煤气流分布图像

（2）通过红外成像，判断炉顶煤气流的分布。红外线法装置是将红外线摄像机光学扫描系统安装在炉头上，将搜集的红外光反射到监测器中，经过信号转换和处理输出到显示器上，给出料面等温线和分色的温度区带以及某一直径上的温度分布曲线，为操作者很直观地提供了料面温度分布图像。此外，利用热图像仪提供的信息也可判断炉料下降和煤气分布的情况，光束强处表示煤气流分布多，暗处表明煤气流分布少，见图 2-47。

（3）利用十字测温装置，间接测定煤气在炉顶不同方位的分布。比如在料面以上 700～800mm 的高度上，安装两个互相垂直并向中心沿料面下倾的固定探测管，内装热电偶（或称十字形探测器），每个直径方向上可测 9～13 个点，见图 2-48。根据所测温度可以画出两个直径方向上的温度分布曲线，如图 2-49 所示。当炉喉四周温度高时，意味着边缘煤气流分布多；温度低时，表明边缘煤气流分布少。用炉喉温度分布可以判断炉喉煤气流的分布情况，它比 CO_2 曲线更易连续测量，为高炉行程的自动控制提供更多的信息。十字测温与炉喉 CO_2 曲线的关系见图 2-50。

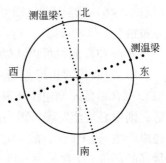

图 2-48　测温梁布局

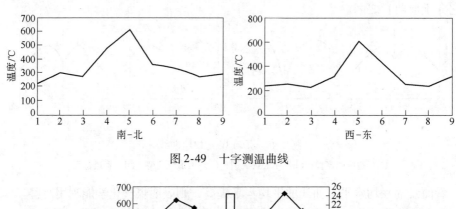

图 2-49　十字测温曲线

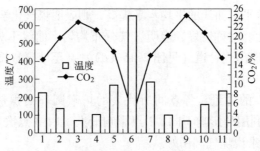

图 2-50　十字测温与炉喉 CO_2 曲线的关系

（4）其他方法。随着高炉的大型化和现代化，还涌现出很多检测炉内煤气分布的方法，如红外线连续分析炉喉和炉顶煤气成分的方法；雷达微波装置测量料面形状，快速显示料面各处温度分布的方法等。

炉喉煤气流在半径方向上的分布情况取决于装料制度与原料条件。如果含有较少 CO_2 的强烈煤气流保持在很窄的边缘区和有限的中心圆环区内，则高炉的热状态相对稳定。

2.4.4.3 不同类型煤气流分布的比较

高炉煤气流分布曲线主要归纳为四种类型，即边缘发展型、双峰型、平峰型、中心发展型（包括中心开放性）。

边缘发展型（见图 2-46（a））是指边缘处 CO_2 含量很低，而中心处 CO_2 含量很高，表明大量煤气未经充分利用即从炉喉边缘逸出料面。由于高炉边缘所占的面积比中心大得多，从煤气能量利用的角度分析，改善边缘煤气利用所带来的效益比中心大。边缘过轻，炉墙侵蚀严重，煤气能量利用变差；长时间过轻，会导致炉缸中心堆积。可以推断，其相应的软熔带为 V 形。这样的煤气分布使中心炉料呆滞，易导致炉缸中心堆积，气流分布很不稳定，因而对顺行不利。某高炉在 2008 年时边缘气流发展，炉缸工作失常、中心堆积，煤气曲线呈馒头形，气流分布很不稳定，边缘管道不断，仅 9 月份一个月就烧坏风口 44 个，累计停风 713min，生产受到严重破坏。由于边缘发展，炉缸不活，吹管经常灌渣、烧穿；此外，中心堆积后高炉不接受风量，脱硫效果较差，炉温少许波动时铁水硫含量马上升高，容易发生质量事故。许多厂都出现过边缘发展的煤气分布，危害很大。边缘发展型煤气流分布从长远考虑，对高炉炉体和冶炼进程都有严重危害，有经验的高炉工作者总是力图改变这种状况，使煤气分布趋向于合理。

双峰型（见图 2-51（a））的煤气流分布则表明边缘和中心煤气流都较发展，而中心和边缘之间的环形区域煤气流较弱，与前者相比煤气利用较好，炉顶混合煤中 CO_2 含量较高，炉顶煤气温度较低，同时消除了边缘和中心的炉料呆滞区，炉缸均匀、活跃，因而炉况顺行。当炉料的冶金性能不佳、渣量大、焦炭强度差且粉末多时，采用双峰型煤气分布是比较合理的。因为煤气浮力对不同粒度炉料的影响不同，在一般冶炼强度下，煤气浮力只相当于直径为 10mm 粒度矿石质量的 5%～8%，相当于 10mm 焦炭质量的 1%～2%。但煤气浮力与炉料质量的比值因粒度缩小而迅速升高，这对于小于 5mm 炉料的影响不容忽视。块状带中炉料的孔隙率在 0.3～0.4 之间，一般冶炼强度下煤气流速能达到 4～8m/s，可把 0.3～2mm 的矿粉与 1～3mm 的焦粉吹出料层，煤气离开料层进入无料区后速度骤降，携带的粉料又落至料面，如果边缘气流较强，则粉末落在中心；如果中心气流较强，粉末落在边缘。所以，使用含粉较多的原料时，无论是只发展边缘还是只发展中心气流，都避免不了粉末形成局部堵塞的现象，导致炉况失常。只有保持两条煤气通路，才能使粉末集中于既不靠近炉墙也不靠近中心的中间环形带内，炉况才能顺行。不过，双峰型煤气流分布的煤气利用水平不是很高，长期来看，对高炉长寿不利。

平峰型（见图 2-51（b））是指炉喉半径方向上 CO_2 曲线比较平坦，这种煤气流分布表明高炉横截面上单位矿石量通过的煤气量相等，煤气分布均匀。从传热、传质的角度来看，这时煤气的化学能和热能利用最充分。但这种曲线煤气阻力最大，需维持较高的压差操作，对高炉原料条件、设备条件及技术水平都要求很高，一般条件的高炉很难长期维持顺行。日本室兰 4 号高炉的试验表明，当煤气流分布较接近于平峰型时，炉喉煤气径向温度分布近似为一条直线，径向煤气利用率也较接近，比中心发展型有所提高，但高炉顺行遭到破坏，悬料次数增加 2 倍。

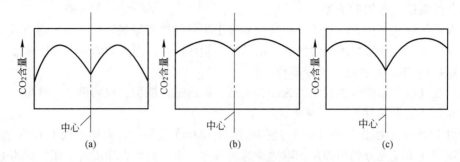

图 2-51　我国高炉炉喉合理煤气流分布曲线
(a) 双峰型；(b) 平峰型；(c) 中心发展型

中心发展型（见图 2-51 (c)）是指中心处 CO_2 含量低，而边缘处 CO_2 含量高的煤气分布形式。当中心火柱窄而强、边缘煤气流稳定时，这种中心发展型煤气也称为中心开放型（有人形象地称其为"喇叭型"或"展翅型"曲线）。国内外大中型高炉生产实践表明，保持边缘和中间部分 CO_2 含量的高水平，在适当范围内打开中心，有利于维持高炉中心料柱良好的活跃性和透气性，而且这种煤气分布使得炉墙温度相对较低，炉体散热少，煤气利用率较高，燃料比较低，炉墙受煤气冲刷少，可延长炉衬寿命。这种煤气流分布是高炉大型化的产物，因为进入 20 世纪 80 年代后，随着高炉炉缸直径的不断增大，中心容易产生堆积，需要发展中心气流以吹透中心。此外，入炉矿石品位提高，热矿改冷矿，整粒技术得到普遍推广，焦炭质量也有所改善，这时为了提高煤气利用水平，必须采用加重边缘的上、下部调剂制度；而为了保证高炉顺行，又必须打开中心煤气通路，这样就形成了中心较边缘低得多的"开放型" CO_2 煤气曲线。

日本炼铁工作者依据高炉解剖的事实，认为中心开放型煤气流分布是大型高炉最佳的煤气流分布，见图 2-52。日本钢管公司提出以改变炉喉矿焦比来控制煤气分布，使中心成为煤气通道，尽力抑制边缘气流。其所确定的炉料和煤气的理想分布遵循以下原则：

（1）在高炉大部分横断面上，煤气和固体炉料接触均匀，能最大限度地利用煤气；

（2）中心煤气流峰值强而窄，能保持高炉的透气性和稳定操作；

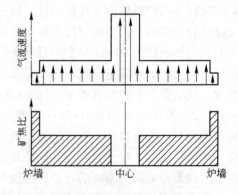

图 2-52　日本确定的炉料与煤气的合理分布

（3）提高边缘的矿焦比，限制炉体热损失和炉墙磨损。

应当注意的是，中心开放型煤气曲线与中心过吹（有中心管道）的"漏斗型" CO_2 分布曲线是完全不同的。后者中心下料快，高炉中心料面过低，破坏了正常的布料规律；边缘过重，煤气供给炉墙的热量不足，很容易引起软熔带附近的炉料黏结到炉墙上，形成炉墙结厚，这种煤气流分布曲线是不合理的。某 $1372m^3$ 的高炉在生产过程中，通过加重边缘使得中心 CO_2 含量值由 13.1%（5月份）降低到 10.6%（7月份）后，顺行逐渐改善；但 8 月份中心 CO_2 含量值降到 6.4% 后，顺行虽改善，燃料比却升高，见表 2-16。可见，长期进行下去将恶化生产指标，这种中心气流型的煤气分布与中心开放型有本质区别。

表 2-16　某高炉不同煤气分布的燃料比

月份	生铁硅含量/%	折算燃料比/kg·t^{-1}	煤气 CO_2 含量/%				
			1	2	3	4	5
5	0.49	512.1	15.4	18.6	20.5	18.0	13.1
7	0.56	533.9	17.4	19.9	20.2	16.4	10.6
8	0.53	534	17.7	20.7	21.4	14.6	6.4

高炉合理的煤气流分布是指在一定的冶炼条件下，既能保证高炉顺行，又能使煤气的热能、化学能利用达到最佳的煤气流分布。它由所用原燃料的性质决定，由送风制度和装料制度来完成。各种煤气流分布曲线对高炉冶炼的影响见表 2-17。

表 2-17　煤气流分布曲线的类型及其对高炉冶炼的影响

类型	名　称	煤气曲线形　状	煤气温度分　布	软熔带形　状	煤气阻力	对炉墙侵蚀	炉喉温度	散热损失	煤气利用	对炉料要求
I	边缘发展型				最小	最大	最高	最大	最差	最差
II	双峰型				较小	较大	较高	较大	较差	较差
III	中心开放型				较大	最小	较低	较小	较好	较好
IV	平峰型				最大	较小	最低	最小	最好	最好

类型	名　称	形成的原因和条件	采用的装料制度	高炉寿命
I	边缘发展型	原燃料条件差、强度低、粉末多，渣量大（在 500kg/t 以上）	小料批，低负荷，以倒装为主	短
II	双峰型	原燃料粒度组成差，渣量大（400~500kg/t）	料批不大，负荷不高，正、倒装混合循环装料	短
III	中心开放型	原燃料质量好，粉末筛除，渣量为 350kg/t 左右，高炉较强化	料批较大，负荷较高，正装	较长
IV	平峰型	原燃料质量很好，渣量在 250kg/t 左右，冶炼强度为 0.95~1.05t/（m^3·d）	大料批，重负荷，正装	长

2.5　炼铁计算

　　高炉炼铁计算主要有配料计算、物料平衡计算、热平衡计算及现场操作计算等，这是确定高炉各种物料用量、选择各项生产指标和工艺参数的重要依据，也是全面地、定量地分析高炉冶炼过程及能量利用的一种有效方法。

2.5.1　配料计算

高炉配料计算的目的是在某种冶炼条件下，根据造渣制度和生铁成分的要求，计算配料中各种矿石、熔剂及焦炭的用量。

2.5.1.1　原始数据的计算与核查

A　原料成分

入炉物料的化学成分见表 2-18。

表 2-18　入炉物料的化学成分　　　　　　　　　（%）

品种	TFe	Mn	P	S	FeO	CaO	MgO	SiO$_2$	Al$_2$O$_3$
烧结矿	53.01	0.093	0.047	0.031	10.18	10.80	3.74	9.76	1.00
天然矿	43.00	0.165	0.021	0.134	9.20	9.03	2.10	16.34	2.32
石灰石			0.004	0.003		40.68	12.15	1.38	0.34

现场提供的化验成分不全面，应按元素在原料中的存在形态补全应有的组成，并使各组分含量之和等于 100%，这样才能保证计算结果的正确和合理。

烧结矿中硫以 FeS 形态存在，因此烧结矿硫含量应当换算为 FeS 含量，即：

$$w(\text{FeS})_{烧} = \frac{88}{32} \times 0.031\% = 0.085\%$$

天然矿中硫以 FeS$_2$ 形态存在，则：

$$w(\text{FeS}_2)_{天然} = \frac{120}{64} \times 0.134\% = 0.25\%$$

石灰石中硫以 SO$_3$ 形态存在，则：

$$w(\text{SO}_3)_{石灰石} = \frac{80}{32} \times 0.003\% = 0.01\%$$

烧结矿中锰以 MnO 形态存在，则：

$$w(\text{MnO})_{烧} = \frac{71}{55} \times 0.093\% = 0.12\%$$

天然矿中锰以 MnO$_2$ 形态存在，则：

$$w(\text{MnO}_2)_{天然} = \frac{87}{55} \times 0.165\% = 0.26\%$$

烧结矿、天然矿中以及石灰石中磷以 P$_2$O$_5$ 形态存在，则：

烧结矿中 $w(\text{P}_2\text{O}_5)_{烧} = \frac{142}{62} \times 0.047\% = 0.11\%$

天然矿中 $w(\text{P}_2\text{O}_5)_{天然} = \frac{142}{62} \times 0.021\% = 0.05\%$

石灰石中 $w(\text{P}_2\text{O}_5)_{石灰石} = \frac{142}{62} \times 0.004\% = 0.01\%$

烧结矿中铁一部分以 FeO、FeS 形态存在，剩余部分以 Fe$_2$O$_3$ 形态存在，则：

$$w(\mathrm{Fe_2O_3})_{烧} = \frac{160}{112} \times (53.01\% - \frac{56}{72} \times 10.18\% - \frac{56}{88} \times 0.085\%) = 64.10\%$$

天然矿中铁分别以 FeO、FeS$_2$ 及 Fe$_2$O$_3$ 形态存在，则：

$$w(\mathrm{Fe_2O_3})_{天然} = \frac{160}{112} \times (43.0\% - \frac{56}{72} \times 9.20\% - \frac{56}{120} \times 0.25\%) = 51.10\%$$

石灰石和天然矿中 CaO 和 MgO 分别以 CaCO$_3$ 和 MgCO$_3$ 形态存在，因此其中 CO$_2$ 含量为：

$$石灰石中\ w(\mathrm{CO_2})_{石灰石} = \frac{44}{56} \times 40.68\% + \frac{44}{40} \times 12.15\% = 45.33\%$$

$$天然矿中\ w(\mathrm{CO_2})_{天然} = \frac{44}{56} \times 9.03\% + \frac{44}{40} \times 2.1\% = 9.38\%$$

通过以上的补充计算，各化合物成分之和应等于 100%，但实际上仍然不是 100%，各项之和不足 100% 的部分可确定为烧损量，计算结果为：烧结矿烧损量 = 0.1%。

如果配料中加入石灰石熔剂，进行配料计算时，烧结矿和天然矿之间的配比是根据它们的供应情况决定的。在以后计算中，假定烧结矿和天然矿以 97∶3 混合使用，以此计算混合矿成分。例如，混合矿的铁含量 $w(\mathrm{Fe})_{矿}$ = 53.01% × 0.97 + 43% × 0.03 = 52.70%，用同样方法计算出的混合矿、焦炭及喷吹煤粉成分如表 2-19 ~ 表 2-21 所示。

表 2-19 原料成分 (%)

原料名称	TFe	Mn	P	S	Fe$_2$O$_3$	FeO	MnO$_2$	MnO	SiO$_2$	Al$_2$O$_3$	CaO	MgO	P$_2$O$_5$	FeS	FeS$_2$	SO$_3$	烧损 CO$_2$	合计
烧结矿	53.01	0.093	0.047	0.031	64.10	10.18		0.12	9.76	1.00	10.80	3.74	0.11	0.085			0.10	100.0
天然矿	43.00	0.165	0.021	0.134	51.10	9.20	0.26		16.34	2.32	9.03	2.10	0.05		0.25		9.38	100.0
混合矿	52.70	0.095	0.047	0.034	63.71	10.15	0.01	0.12	9.96	1.05	10.75	3.70	0.11	0.085	0.01		1.15	100.0
石灰石			0.004	0.003					1.38	0.34	40.68	12.15	0.01			0.01	45.33	100.0

表 2-20 焦炭成分 (%)

固定碳	灰分 (12.17)							挥发分 (0.90)					有机物 (1.30)			合计	TS	游离 H$_2$O
	SiO$_2$	Al$_2$O$_3$	CaO	MgO	FeO	FeS	P$_2$O$_5$	CO$_2$	CO	CH$_4$	H$_2$	N$_2$	H$_2$	N$_2$	S			
85.63	5.65	4.83	0.76	0.12	0.75	0.05	0.01	0.33	0.33	0.03	0.06	0.15	0.40	0.40	0.50	100.0	0.52	4.80

表 2-21 喷吹煤粉成分 (%)

C	H$_2$	O$_2$	H$_2$O	N$_2$	S	灰分 (14.70)					合计
						SiO$_2$	Al$_2$O$_3$	CaO	MgO	FeO	
75.80	4.30	3.80	0.77	0.44	0.19	8.40	4.40	0.55	0.15	1.20	100.0

B 冶炼条件

(1) 各种元素在渣、铁中的分配率，具体如下：

元素	Fe	Mn	P	S
渣中 (μ)	0.003	0.50	0	—
铁中 (η)	0.997	0.50	1.00	—
挥发	—	—	—	0.06

(2) 生铁成分。生铁成分根据计划生铁品种、生铁[Si]和[S]的含量以及矿石情况假

定。本例题假定的生铁成分为：

元素	Fe	Si	Mn	S	P	C
质量分数/%	94.99	0.50	0.09	0.03	0.09	4.30

生铁成分的估算也可参考那树人教授根据原燃料条件、生铁主要成分以及元素收得率推导出的以下公式进行。例如，规定生铁中［Si］、［S］的质量分数为 $w[Si]_\%$、$w[S]_\%$，则其他成分估算如下：

$$w[P]_\% = \frac{A \cdot w(P)_{\%矿}}{1000}$$

$$w[Mn]_\% = \frac{A \cdot w(Mn)_{\%矿}}{1000}\eta_{Mn}$$

$$w[C]_\% = 4.3 - 0.27w[Si]_\% - 0.32w[S]_\% + 0.03w[Mn]_\% - 0.32w[P]_\%$$

$$w[Fe]_\% = 100 - w[Si]_\% - w[S]_\% - w[Mn]_\% - w[P]_\% - w[C]_\%$$

式中　A——简化计算的吨铁混合矿用量，kg。

$$A = \frac{1000 \times (95.7 - 0.73w[Si]_\% - w[S]_\%)}{w(TFe)_{\%矿} + 0.68w(P)_{\%矿} + 0.515w(Mn)_{\%矿}}$$

式中，$w(TFe)_{\%矿}$，$w(P)_{\%矿}$，$w(Mn)_{\%矿}$ 分别为混合矿中铁、磷、锰的质量百分数；$w[Fe]_\%$，$w[Si]_\%$，$w[S]_\%$，$w[Mn]_\%$，$w[P]_\%$，$w[C]_\%$ 分别为生铁中相应元素的质量百分数。

（3）炉渣碱度。炉渣碱度根据原料条件和生铁品种确定。本例中取二元碱度 R_2 = 1.03。

（4）燃料比。燃料比参照同类型高炉的情况进行选择。本例取入炉焦比为 450kg/t，煤比为 120kg/t。

2.5.1.2　配料计算方法

（1）高炉冶炼使用熔剂的情况。根据矿石的供应情况、冶金性能，预先定出几种矿石的配比，算出一种混合矿的成分，再根据铁平衡求得混合矿用量，按炉渣碱度要求计算熔剂的用量。

（2）高炉冶炼不使用熔剂的情况。当高炉使用高碱度烧结矿、不配加熔剂而用含酸性脉石较多的生矿或球团矿来调剂炉渣碱度时，可通过列出铁平衡、碱度方程求得各种矿石用量。

2.5.1.3　高炉冶炼使用熔剂的配料计算

以 1t 铁为基准进行计算。

（1）矿石需要量计算。由铁平衡计算矿石需要量：

$$矿石需要量 = \frac{10^3 w[Fe] - m(Fe)_焦 - m(Fe)_煤 + m(Fe)}{w(TFe)_矿} \tag{2-99}$$

式中　$w(TFe)_矿$——混合矿的铁含量，%。

其中　焦炭带入的 Fe 量 $m(Fe)_焦 = 450 \times (\frac{56}{72} \times 0.0075 + \frac{56}{88} \times 0.0005) = 2.77kg$

煤粉带入的铁量 $m(Fe)_煤 = 120 \times 0.012 \times \frac{56}{72} = 1.12kg$

进入渣中的 Fe 量 $m(Fe) = 949.9 \times \frac{0.003}{0.997} = 2.86kg$

需混合矿供应的总 Fe 量 $\sum m(\mathrm{Fe})_{\text{矿}} = 949.9 - 2.77 - 1.12 + 2.86 = 948.87\mathrm{kg}$

则　混合矿需要量 $= \dfrac{948.87}{0.5270} = 1800.5\mathrm{kg}$

（2）熔剂用量计算。

$$石灰石用量\ G = \frac{\left(\sum m(\mathrm{SiO_2})_{\text{料}} - \dfrac{60}{28} \times 10^3 w[\mathrm{Si}]\right) R_2 - \sum m(\mathrm{CaO})_{\text{料}}}{w(\mathrm{CaO})_{\text{有效}}} \qquad (2\text{-}100)$$

其中　混合矿带入的 CaO 量 $m(\mathrm{CaO})_{\text{矿}} = 1800.5 \times 0.1075 = 193.73\mathrm{kg}$

焦炭带入的 CaO 量 $m(\mathrm{CaO})_{\text{焦}} = 450 \times 0.0076 = 3.42\mathrm{kg}$

煤粉带入的 CaO 量 $m(\mathrm{CaO})_{\text{煤}} = 120 \times 0.0055 = 0.66\mathrm{kg}$

炉料共带入 CaO 量 $\sum m(\mathrm{CaO})_{\text{料}} = 193.73 + 3.42 + 0.66 = 197.81\mathrm{kg}$

混合矿带入的 SiO$_2$ 量 $m(\mathrm{SiO_2})_{\text{矿}} = 1800.5 \times 0.0996 = 179.33\mathrm{kg}$

焦炭带入的 SiO$_2$ 量 $m(\mathrm{SiO_2})_{\text{焦}} = 450 \times 0.0565 = 25.43\mathrm{kg}$

煤粉带入的 SiO$_2$ 量 $m(\mathrm{SiO_2})_{\text{煤}} = 120 \times 0.084 = 10.08\mathrm{kg}$

炉料共带入 SiO$_2$ 量 $\sum m(\mathrm{SiO_2})_{\text{料}} = 179.33 + 25.43 + 10.08 = 214.84\mathrm{kg}$

则　$$G = \frac{\left(214.84 - \dfrac{60}{28} \times 0.5\% \times 10^3\right) \times 1.03 - 197.81}{0.4068 - 0.0138 \times 1.03} = 31.72\mathrm{kg}$$

考虑机械损失后，混合矿、石灰石和焦炭的实际需要量见表 2-22。

表 2-22　实际需要量

名　称	干料/kg	机械损失/%	水分/%	实际用量/kg
混合矿	1800.5	3		1800.5 × 1.03 = 1854.5
石灰石	31.72	1		31.72 × 1.01 = 32.04
焦　炭	450	2	4.8	450 × 1.068 = 480.6
合　计	2282.22			2367.14

（3）渣量和炉渣成分计算。

1）进入炉渣的 S 量。

炉料的总 S 量 $m(\mathrm{S})_{\text{料}} = 1800.5 \times 0.00034 + 31.72 \times 0.00003 + 450 \times 0.0052 + 120 \times 0.0019 = 3.18\mathrm{kg}$

进入生铁的 S 量 $m[\mathrm{S}] = 0.3\mathrm{kg}$

进入煤气的 S 量 $m(\mathrm{S})_{\text{气}} = 3.18 \times 0.06 = 0.19\mathrm{kg}$

则　进入炉渣的 S 量 $m(\mathrm{S}) = 3.18 - 0.3 - 0.19 = 2.69\mathrm{kg}$

2）进入炉渣的 FeO 量 $m(\mathrm{FeO}) = 2.86 \times 72/56 = 3.68\mathrm{kg}$

3）进入炉渣的 MnO 量 $m(\mathrm{MnO}) = 1800.5 \times 0.00095 \times 0.5 \times 71/55 = 1.10\mathrm{kg}$

4）进入炉渣的 SiO$_2$ 量 $m(\mathrm{SiO_2}) = 214.84 - 10.7 + 31.72 \times 0.0138 = 204.58\mathrm{kg}$

5）进入炉渣的 CaO 量 $m(\mathrm{CaO}) = 197.81 + 31.72 \times 0.4068 = 210.71\mathrm{kg}$

6）进入炉渣的 Al$_2$O$_3$ 量 $m(\mathrm{Al_2O_3}) = 1800.5 \times 0.0105 + 450 \times 0.0483 + 120 \times 0.044 + 31.72 \times 0.0034 = 46.01\mathrm{kg}$

7）进入炉渣的 MgO 量 $m(\text{MgO}) = 1800.5 \times 0.037 + 450 \times 0.0012 + 120 \times 0.0015 + 31.72 \times 0.1215 = 71.19\text{kg}$

综上，炉渣成分如下：

成分	SiO$_2$	CaO	Al$_2$O$_3$	MgO	MnO	FeO	S/2	合计
质量/kg	204.58	210.71	46.01	71.19	1.10	3.68	1.35	538.62
质量分数/%	37.99	39.12	8.54	13.22	0.20	0.68	0.25	100

炉渣碱度为：$R_2 = w(\text{CaO})/w(\text{SiO}_2) = 1.03$，$R_3 = (w(\text{CaO}) + w(\text{MgO}))/w(\text{SiO}_2) = 1.38$

将炉渣中 CaO、MgO、SiO$_2$、Al$_2$O$_3$ 四个组元之和折为 100%，按折算后的各组分百分含量，从相应的 CaO-MgO-SiO$_2$-Al$_2$O$_3$ 四元渣系熔化温度图中查得该炉渣熔化温度为 1300～1350℃，1450℃下的黏度为 0.3Pa·s，可以满足高炉冶炼需要。

（4）生铁成分校核。

$w[\text{P}]_\% = (1800.5 \times 0.00047 + 450 \times 0.0001 \times 62/142 + 31.72 \times 0.00004)/1000 = 0.09$

$w[\text{Mn}]_\% = (1.10 \times 55/71)/1000 = 0.09$

$w[\text{S}]_\% = 0.03$

$w[\text{Fe}]_\% = 94.99$

$w[\text{Si}]_\% = 0.5$

$w[\text{C}]_\% = 100 - (94.99 + 0.09 + 0.5 + 0.03 + 0.09) = 4.3$

校验结果与原设计生铁成分基本相符。如不符合，可在铁种合理范围内变更碳量，否则要重新给定生铁成分，重算一遍。

2.5.1.4　高炉冶炼不使用熔剂的配料计算

例如，某高炉使用的烧结矿成分见表 2-23，其他条件与以上例题相同。

表 2-23　高碱度烧结矿成分　　　　　　　　　（%）

原料名称	TFe	Mn	P	S	Fe$_2$O$_3$	FeO	MnO	SiO$_2$	Al$_2$O$_3$	CaO	MgO	P$_2$O$_5$	FeS	烧损 CO$_2$	合计
烧结矿	53.01	0.093	0.047	0.031	64.10	10.18	0.12	6.94	1.00	12.80	3.74	0.11	0.09	0.92	100.0

以 1t 铁为计算单位，设烧结矿用量为 x（kg），生矿用量为 y（kg）。依据铁平衡列出方程：

$$0.5301x + 0.43y + 450 \times \left(\frac{56}{72} \times 0.0075 + \frac{56}{88} \times 0.0005\right) + 120 \times 0.012 \times \frac{56}{72}$$

$$= 10^3 \times 0.9499 + 949.9 \times \frac{0.003}{0.997}$$

依据二元碱度列出方程：

$$R_2 = \frac{0.1280x + 0.09y + 450 \times 0.0076 + 120 \times 0.0055}{0.0694x + 0.1634y + 450 \times 0.0565 + 120 \times 0.084 - 10^3 \times 2.14 \times 0.005} = 1.03$$

解得：$x = 1269.42\text{kg}$

$y = 641.77\text{kg}$

其他步骤略。

2.5.2 物料平衡计算

通过配料计算已算出每吨生铁的各种原燃料的消耗和渣量，高炉生产中还需要鼓风并产生煤气，若进一步算出入炉风量和产生的煤气量，就包括了全部物质的收入与支出，根据物质不灭定律两者必须相等，这就是物料平衡的内容，它是对配料计算正确性的校验。

物料平衡计算还可用实际生产数据（包括原燃料耗量、生铁成分、炉渣成分、渣量、炉尘量及成分等）作为计算基础，用来检查、校核入炉物料和产品计量的准确性，计算风量和煤气量，算出各种有关参数（如铁的直接还原度、氢的利用率等），便于技术经济分析。

2.5.2.1 补充条件

利用配料计算的原始条件和计算结果，并根据经验选定铁的直接还原度 $r_d = 0.45$；鼓风湿度 $f = 1.5\%$（即 $12g/m^3$），熔剂中 40% 的 CO_2 在高温区与 C 反应，即 $b_{CO_2} = 0.4$。

2.5.2.2 根据碳平衡计算入炉风量

（1）计算风口前燃烧的碳量。

根据碳平衡，风口前燃烧的碳量为：

$$m(C)_风 = m(C)_焦 + m(C)_煤 - m(C)_铁 - m(C)_d$$

其中　焦炭带入的固定碳量 $m(C)_焦 = 450 \times 0.8563 = 385.34kg$

煤粉带入的固定碳量 $m(C)_煤 = 120 \times 0.758 = 90.96kg$

共计燃料带入的碳量 $m(C)_燃 = 385.34 + 90.96 = 476.3kg$

溶于生铁的碳量 $m(C)_铁 = 1000 \times 0.043 = 43.0kg$

直接还原铁、硅、锰、磷消耗的碳量 $m(C)_d = (\frac{12}{56}w[Fe] \cdot r_d + \frac{24}{28}w[Si] + \frac{12}{55}w[Mn] + \frac{60}{62}w[P]) \times 10^3 + \frac{12}{44}G \cdot w(CO_2)_熔 \cdot b_{CO_2}$

$= \frac{12}{56} \times 949.9 \times 0.45 + \frac{24}{28} \times 5 + \frac{12}{55} \times 0.9 + \frac{60}{62} \times 0.9 + \frac{12}{44} \times 31.71 \times 0.4533 \times 0.4 = 98.53kg$

则　$m(C)_风 = 476.33 - 43 - 98.53 = 334.80kg$

风口前碳的燃烧率 $K_C = (334.80/476.3) \times 100\% = 70.29\%$

（2）计算入炉风量。

$$V_风 = \frac{m(C)_燃 \cdot K_C \times \frac{22.4}{24} - V_{O_2煤}}{0.21 + 0.29f} \tag{2-101}$$

式中　$V_风$——入炉风量，m^3；

K_C——风口前碳的燃烧率，一般为 65% ~ 70%；

$V_{O_2煤}$——煤粉供给的氧量，m^3：

$$V_{O_2煤} = (M \cdot w(O_2)_煤 + M \cdot w(H_2O)_煤 \times \frac{16}{18}) \times \frac{22.4}{32}$$

$w(O_2)_煤$——煤粉中 O_2 含量，%；

$w(H_2O)_煤$——煤粉的水分，%。

鼓风中氧浓度 $= 0.21 \times 0.985 + 0.5 \times 0.015 = 0.2144m^3/m^3$

风口前燃烧碳所需的氧量 $= 476.3 \times 70.29\% \times \dfrac{22.4}{24} = 312.48 m^3$

煤粉供给的氧量 $V_{O_2煤} = \left(120 \times \dfrac{0.038}{32} + 120 \times \dfrac{0.0077}{2 \times 18}\right) \times 22.4 = 3.75 m^3$

$$V_{风} = \dfrac{312.48 - 3.75}{0.2144} = 1440 m^3$$

$1 m^3$ 鼓风质量 $= \dfrac{0.21 \times 0.985 \times 32 + 0.79 \times 0.985 \times 28 + 0.015 \times 18}{22.4} = 1.28 kg/m^3$

全部鼓风质量 $= 1440 \times 1.28 = 1843.2 kg$

2.5.2.3　计算煤气成分与数量

(1) H_2 量。

$$煤气中的 H_2 量 = V(H_2)_焦 + V(H_2)_煤 + V(H_2)_风 - V(H_2)_{还原}$$

其中　焦炭挥发分及有机物中的 H_2 量 $V(H_2)_焦 = 450 \times (0.0006 + 0.004) \times \dfrac{22.4}{2} = 23.19 m^3$

煤粉分解出的 H_2 量 $V(H_2)_煤 = 120 \times \left(0.043 + \dfrac{0.0077 \times 2}{18}\right) \times \dfrac{22.4}{2} = 58.94 m^3$

鼓风中水分分解出的 H_2 量 $V(H_2)_风 = V_风 \cdot f = 1440 \times 0.015 = 21.60 m^3$

入炉总 H_2 量 $= 23.19 + 58.94 + 21.60 = 103.73 m^3$

在有喷吹的情况下,有 40% 的 H_2 参加还原,则参加还原反应的 H_2 量 $V(H_2)_{还原} = 103.73 \times 0.4 = 41.49 m^3$

则　进入煤气中的 H_2 量 $= 103.73 - 41.49 = 62.24 m^3$

(2) CO_2 量。

Fe_2O_3 还原成 FeO 生成的 CO_2 量 $= 1800.5 \times 0.6371 \times 22.4/160 = 160.6 m^3$

FeO 间接还原生成的 CO_2 量 $= 949.9 \times (1 - 0.45) \times 22.4/56 = 208.98 m^3$

MnO_2 还原成 MnO 生成的 CO_2 量 $= 1800.5 \times 0.0001 \times 22.4/87 = 0.05 m^3$

H_2 参加的还原反应相当于同体积的 CO 所参加的反应,CO_2 生成量中应减去 $41.49 m^3$。

总计间接还原生成的 CO_2 量 $= 160.6 + 208.98 + 0.05 - 41.49 = 328.14 m^3$

石灰石分解产生的 CO_2 量 $= 31.72 \times 0.4533 \times (1 - 0.4) \times 22.4/44 = 4.39 m^3$

焦炭挥发分中的 CO_2 量 $= 450 \times 0.0033 \times 22.4/44 = 0.76 m^3$

混合矿中分解出的 CO_2 量 $= 1800.5 \times 0.0115 \times 22.4/44 = 10.54 m^3$

因此,煤气中总 CO_2 量为:

$$328.14 + 4.39 + 0.76 + 10.54 = 343.8 m^3$$

(3) CO 量。

风口前碳燃烧产生的 CO 量 $= 334.80 \times 22.4/12 = 624.96 m^3$

直接还原产生的 CO 量 $= 98.53 \times 22.4/12 = 183.92 m^3$

焦炭挥发分中的 CO 量 $= 450 \times 0.0033 \times 22.4/28 = 1.19 m^3$

熔剂中 CO_2 分解产生的 CO 量 $= 31.72 \times 0.4533 \times 0.4 \times 22.4/44 = 2.93 m^3$

间接还原消耗的 CO 量 $= 328.14 m^3$

则 煤气中 CO 总量 $= 624.96 + 183.93 + 1.19 + 2.93 - 328.14 = 484.9\text{m}^3$

（4）N_2 量。

鼓风带入的 N_2 量 $= 0.79(1 - f)V_风 = 0.79 \times (1 - 0.015) \times 1440 = 1120.5\text{m}^3$

焦炭带入的 N_2 量 $= 450 \times 0.0055 \times 22.4/28 = 1.98\text{m}^3$

喷吹煤粉带入的 N_2 量 $= 120 \times 0.0044 \times 22.4/28 = 0.42\text{m}^3$

煤气中总 N_2 量 $= 1120.5 + 1.98 + 0.42 = 1122.9\text{m}^3$

综上，干煤气总量及其组成如下：

成分	H_2	CO_2	CO	N_2	合计
体积/m^3	62.2	343.8	484.9	1122.9	2013.8
体积分数/%	3.09	17.07	24.08	55.76	100.0

$$1\text{m}^3\ 煤气质量 = \frac{0.1707 \times 44 + 0.0309 \times 2 + 0.2408 \times 28 + 0.5576 \times 28}{22.4} = 1.336\text{kg/m}^3$$

全部煤气质量 $= 2013.8 \times 1.336 = 2679.4\text{kg}$

还原生成的 H_2O 量 $= \dfrac{41.49 \times 18}{22.4} = 33.34\text{kg}$

焦炭中的物理水量 $= 450 \times 0.048 = 21.6\text{kg}$

则 煤气中总水量 $= 33.34 + 21.6 = 54.94\text{kg}$

炉料机械损失 $= 2367.14 - 2282.21 - 21.6 = 63.3\text{kg}$

2.5.2.4 编制物料平衡表

根据有关原始资料及计算结果编制物料平衡表，见表 2-24。

表 2-24 物料平衡表

收入项	质量/kg	支出项	质量/kg
混合矿	1854.05	生 铁	1000.00
石灰石	32.04	炉 渣	538.62
焦 炭	480.60	炉 尘	63.30
鼓 风	1843.20	煤 气	2679.40
煤 粉	120.00	煤气中水	54.94
合 计	4329.9	合 计	4336.26
绝对误差	6.36	相对误差	0.15%

注：相对误差要小于 0.3%，否则重新计算。

2.5.3 热平衡计算

高炉热平衡是按照能量守恒定律，以物料平衡为基础来计算的。通过热平衡计算可以了解冶炼过程的能量利用情况，找出改善热量利用、降低焦比的途径，指导高炉生产。

热平衡有若干种不同的计算方法，下面利用物料平衡的计算条件及结果，通过实例说明常用的热平衡计算方法。

2.5.3.1 补充条件

（1）鼓风温度取 1060℃；

（2）高炉炉顶温度为200℃。

2.5.3.2　计算热量收入

（1）风口前碳燃烧放热（Q_C）。1kg 碳燃烧生成 CO 放热 9790kJ，则：

$$Q_C = 9790m(C)_{风} = 9790 \times 334.8 = 3277692kJ$$

（2）鼓风带入的有效物理热（$Q_风$）。

1060℃时，干空气的比热容为 1.42kJ/（$m^3 \cdot$ ℃），水蒸气的比热容为 1.73 kJ/（$m^3 \cdot$ ℃），则含水 1.5% 的湿空气的比热容为：

$0.985 \times 1.42 + 0.015 \times 1.73 = 1.425$kJ/（$m^3 \cdot$ ℃）

鼓风带入的物理热 $= 1440 \times 1.425 \times 1060 = 2175120$kJ

$1m^3 H_2O$ 分解热为 10799kJ，则：

风中水分分解吸热 $= 10799 \times V_风 \times f = 10799 \times 1440 \times 0.015 = 233258$kJ

1kg 煤粉分解热为 1255kJ，则：

喷吹煤粉分解吸热 $= 120 \times 1255 = 150600$kJ

因此，鼓风带入的有效物理热 $Q_风 = 2175120 - 233258 - 150600 = 1791262$kJ

综上，总热收入 $Q_收 = Q_C + Q_风 = 3277692 + 1791262 = 5068954$kJ

2.5.3.3　计算热量支出

（1）氧化物还原及脱硫耗热（$Q_还$）。

1）铁氧化物的还原耗热（Q_{Fe}）。为了计算铁氧化物还原反应的热消耗，必须先确定原料中自由 Fe_2O_3、Fe_3O_4 和以 Fe_2SiO_4 形态存在的 FeO 以及分别用 CO、H_2 和 C 还原的铁量。一般认为焦炭和煤粉中的 FeO 以 Fe_2SiO_4 形态存在；而烧结矿中的 FeO 有 20% 以 Fe_2SiO_4 形态存在，其余以 Fe_3O_4 形态存在，因此：

Fe_2SiO_4 中的 FeO 总量 $= 1800.5 \times 0.97 \times 0.1018 \times 0.20 + 450 \times 0.0075 + 120 \times 0.012 = 40.37$kg

其中进入炉渣 3.68kg，则剩余 Fe_2SiO_4 中的 FeO 总量 $= 40.37 - 3.68 = 36.69$kg，参加还原反应。

Fe_3O_4 中的 FeO 量 $= 1800.5 \times 0.1015 - 1800.5 \times 0.97 \times 0.1018 \times 0.2 = 147.19$kg

Fe_3O_4 中的 Fe_2O_3 量 $= 147.19 \times 160/72 = 327.09$kg

Fe_3O_4 总量 $= 147.19 + 327.09 = 474.28$kg

自由 Fe_2O_3 量 $= 1800.5 \times 0.6371 - 327.09 = 820.00$kg

还原所需热量的计算过程是，先将不同形态的铁氧化物还原至 FeO，然后将 FeO 还原至 Fe：

$Fe_2O_3 + CO = 2FeO + CO_2 - 1549$kJ，$Fe_3O_4 + CO = 3FeO + CO_2 - 20888$kJ

$2Fe_2SiO_4 = 4FeO + 2SiO_2 - 47522$kJ，$FeO + H_2 = Fe + H_2O - 27718$kJ

$FeO + C = Fe + CO - 152161$kJ，$FeO + CO = Fe + CO_2 + 13605$kJ

Fe_2O_3 还原成 FeO 吸热 $= 820 \times (-1549)/160 = -7939$kJ

Fe_3O_4 还原吸热 $= 474.28 \times (-20888)/232 = -42702$kJ

Fe_2SiO_4 分解吸热 $= 36.69 \times (-47522)/144 = -12105$kJ

H_2 参加 FeO 还原反应吸热 $= 41.49 \times (-27718)/22.4 = -51389$kJ

FeO 直接还原吸热 $= 1000 \times 0.9499 \times 0.45 \times (-152190)/56 = -1161685$kJ

$$FeO\ 间接还原放热 = \frac{949.9 \times (1 - 0.45) - 41.49 \times \dfrac{56}{22.4}}{56} \times 13605 = 101726kJ$$

则 $Q_{Fe} = 101726 - 7939 - 42702 - 12105 - 51389 - 1161685 = -1174094kJ$

2）其他氧化物的还原耗热。

由 SiO_2 还原成 $1kgSi$ 需耗热 $22430kJ$，则：

$$Q_{Si} = 5 \times (-22430) = -112150kJ$$

由 MnO 还原成 $1kgMn$ 需耗热 $5222kJ$，则：

$$Q_{Mn} = 0.9 \times (-5222) = -4699.8kJ$$

由 P_2O_5 还原成 $1kgP$ 需热量 $15492kJ$，则：

$$Q_P = 0.9 \times (-15492) = -13943kJ$$

3）脱硫耗热（Q_S）。以 CaO 脱硫为主，脱去 $1kgS$ 需热量 $6056kJ$，则：

$$Q_S = 2.67 \times (-6056) = -16169.5kJ$$

氧化物还原及脱硫耗热总计：

$$Q_{还} = Q_{Fe} + Q_{Si} + Q_{Mn} + Q_P + Q_S$$
$$= -1174094 - 112150 - 4699.8 - 13943 - 16169.5 = -1321056kJ$$

（2）碳酸盐分解耗热（$Q_{盐}$）。

混合矿与石灰石中含有碳酸盐，分别以 $CaCO_3$、$MgCO_3$ 形态存在，则：

熔剂中 $CaCO_3$ 含 CO_2 量 $= 31.72 \times 0.4068 \times 44/56 = 10.14kg$

熔剂中 $MgCO_3$ 含 CO_2 量 $= 31.72 \times 0.4533 - 10.13 = 4.25kg$

混合矿中 CO_2 量 $= 1800.5 \times 0.0115 = 20.7kg$

从 $CaCO_3$ 中分解出 $1kgCO_2$ 耗热 $4042kJ$，从 $MgCO_3$ 中分解出 $1kgCO_2$ 耗热 $2485kJ$，则：

碳酸盐分解吸热 $= (20.7 + 10.14) \times (-4042) + 4.25 \times (-2485) = -135217kJ$

熔剂与天然矿带入的 CaO 与 MgO 在高炉内形成钙铝硅酸盐时，$1kg(CaO + MgO)$ 放热 $1130kJ$。

天然矿中 $CaO + MgO$ 量 $= 1800.5 \times 0.03 \times (9.03 + 2.10) = 6.01kg$

熔剂中 $CaO + MgO$ 量 $= 31.72 \times (0.4068 + 0.1215) = 16.76kg$

成渣热 $= (6.01 + 16.76) \times 1130 = 25730kJ$

$Q_{盐} = -135217 + 25730 = -109487kJ$

（3）炉料中的游离水蒸发吸热（$Q_{水}$）。

水由 $25℃$ 升温至 $100℃$ 汽化吸热 $2594kJ/kg$，则：

$$Q_{水} = 450 \times 0.048 \times (-2594) = -56030kJ$$

（4）铁水带走热量（$Q_{铁}$）。

铁水热容为 $1130kJ/kg$，则：

$$Q_{铁} = 1000 \times (-1130) = -1130000kJ$$

（5）炉渣带走热量（$Q_{渣}$）。

炉渣热容为 $1715kJ/kg$，则：

$$Q_{渣} = 538.62 \times (-1715) = -923733kJ$$

（6）炉顶煤气带走热量（$Q_{顶}$）。

在炉顶温度（200℃）下，煤气各成分的比热容为：

成分　　　　　　　　　CO_2　　CO　　N_2　　H_2　　H_2O

比热容/kJ·$(m^3 \cdot ℃)^{-1}$　1.796　1.310　1.302　1.302　1.516

干煤气的比热容 = $1.796 \times 0.1707 + 1.310 \times 0.2408 + 1.302 \times 0.5576 + 1.302 \times 0.0309$ = 1.3882kJ/$(m^3 \cdot ℃)$

干煤气带走的热量 = $2013.8 \times 200 \times (-1.3882) = -559111$kJ

煤气中水汽带走的热量 = $54.94 \times (22.4/18) \times (-1.516) \times (200 - 100) = -10365$kJ

炉尘带走的热量（炉尘比热容为 0.837kJ/$(kg \cdot ℃)$） = $63.3 \times (-0.837) \times 200 =$ -10596kJ

合计炉顶煤气及炉尘带走热量为：

$Q_顶 = -559111 - 10365 - 10596 = -580072$kJ

（7）热损失（$Q_失$）。

$Q_失 = Q_收 - (Q_还 + Q_盐 + Q_水 + Q_铁 + Q_渣 + Q_顶)$

= $5068954 - (1321056 + 109487 + 56030 + 1130000 + 923733 + 580072) = 948576$kJ

2.5.3.4　编制热平衡表

根据计算结果编制热平衡表，见表 2-25。

表 2-25　热平衡表

热收入	热量/kJ	百分比/%	热支出	热量/kJ	百分比/%
风口前碳燃烧	3277692	64.66	氧化物还原及脱硫	1321056	26.06
鼓风带入	1791262	35.34	碳酸盐分解	109487	2.16
			游离水蒸发	56030	1.11
			铁水带走	1130000	22.29
			炉渣带走	923733	18.22
			炉顶煤气带走	580072	11.44
			热损失	948576	18.72
合　计	5068954	100	合　计	5068954	100
绝对误差	0		相对误差		0

2.5.3.5　高炉有效热量利用率计算

在高炉冶炼过程的全部热消耗中，除了炉顶煤气带走热量和热损失外，其余各项热消耗都是不可缺少的，这些热消耗称为有效热量，其占全热消耗的比例称为有效热量利用率。

$$\eta_{有效} = \frac{Q_{有效}}{Q_{全}} \times 100\% \qquad (2-102)$$

式中　$Q_{有效}$——有效热量消耗，kJ；

　　　$Q_{全}$——全部热量消耗，kJ。

本例中：

$$\eta_{有效} = \frac{5068954 - 580072 - 948576}{5068954} \times 100\% = 69.84\%$$

2.5.4 现场操作计算

现场操作计算是高炉工长的一项重要工作，其要求简便、快捷、及时，要紧扣炉况和冶炼条件的变化，在计算中忽略对结果影响不大的因素，并应用平日积累的经验数据。现场操作计算结果直接指导操作调剂，不但要快而且要尽量准确，为此，要求工长平时注意积累经验数据，计算要与现场实际相结合。

2.5.4.1 批料出铁量与出渣量计算

高炉冶炼中总有少量铁（0.3% ~0.5%）进入炉渣，而焦炭及喷吹煤粉带入的铁量通常也仅有几千克，与渣中铁量相近。因此，为简化工艺计算，也可认为生铁中的铁全部由矿石带入，而渣中的铁由燃料带入。如果考虑铁元素的收得率，则计算公式如下：

$$E = \frac{\sum m(\text{Fe})_{料}}{w[\text{Fe}]} \cdot \eta_{\text{Fe}} \qquad (2\text{-}103)$$

式中　　E——批料出铁量，t/批；

　$\sum m(\text{Fe})_{料}$——批料总铁量，t/批；

　$w[\text{Fe}]$——生铁中的铁含量，%；

　　η_{Fe}——生铁收得率，%。

$$批料出渣量 = \frac{\sum m(\text{CaO})_{料}}{w(\text{CaO})} \qquad (2\text{-}104)$$

式中　$\sum m(\text{CaO})_{料}$——批料 CaO 总量，t/批；

　　$w(\text{CaO})$——渣中 CaO 的含量，%。

[**例 2-2**]　已知某高炉的炉料结构为烧结矿81%、海南矿19%，焦批为18.5t/批，焦炭负荷为 4.2t/t，小时料批为 8 批/h，喷煤量为48t/h，$w[\text{Fe}] = 94.4\%$，焦炭灰分为12.5%，煤粉灰分为11.5%，生铁的收得率为0.998。其他成分忽略不计，炉渣中 $w(\text{CaO}) = 42.0\%$，原燃料成分见表2-26。计算：（1）批料出铁量；（2）批料出渣量。

表 2-26　原燃料的成分　　　　　　　　（%）

名　称	TFe	CaO
烧结矿	57.83	9.98
海南矿	55.99	0.30
焦炭灰分		0.60
煤粉灰分		0.68

解　矿批 = 18.5 × 4.2 = 77.7t/批

烧结矿批重 = 77.7 × 81.0% = 62.94t/批

海南矿批重 = 77.7 × 62.94 = 14.06t/批

$$E = \frac{62.94 \times 57.83\% + 14.06 \times 55.99\%}{94.4\%} \times 0.998 = 46.8\text{t/批}$$

每批料的喷煤量 = 48/8 = 6t/批

$\sum m(\text{CaO})_{料} = 62.94 \times 9.98\% + 14.06 \times 0.30\% + 18.5 \times 12.5\% \times 0.60\% + 6 \times 11.5\%$ $\times 0.68\% = 6.33\text{t/批}$

批料出渣量 = 6. 33/0. 42 = 15t/批

2.5.4.2　变料计算

A　矿石品位变化时焦批的调整

一般来说，矿石铁含量降低，出铁量减少，负荷没变时焦比升高、炉温上升，因此应加重负荷；相反，矿石品位升高，出铁量增加，炉温下降，因此应减轻焦炭负荷。焦比与焦批有如下关系：

$$焦比 = \frac{焦批}{批料出铁量}$$

如果焦炭负荷调整是按焦比不变的原则进行，在矿批不变的情况下，焦批变化量由下式计算：

$$\Delta J = \frac{P \cdot (w(\mathrm{Fe})_{后} - w(\mathrm{Fe})_{前})\eta_{\mathrm{Fe}} \cdot K}{w[\mathrm{Fe}]} \tag{2-105}$$

式中　　　　　　ΔJ——焦批变动量，kg/批；

　　　　　　　　P——矿批，t/批；

$w(\mathrm{Fe})_{前}$，$w(\mathrm{Fe})_{后}$——分别为波动前、后的矿石铁含量，%；

　　　　　　　η_{Fe}——铁元素进入生铁的比率（生铁收得率），%；

　　　　　　　　K——焦比，kg/t；

　　　　　　$w[\mathrm{Fe}]$——生铁的铁含量，%。

但高炉冶炼通常的经验是，矿石品位提高1%，焦比降低 1.5% ~ 2.0%，因此，焦批的调整量还应考虑焦比变动的因素。可见，矿石品位变化后焦批的调整如按式（2-105）计算，结果误差较大。

现场常用下列公式计算：

$$J_{后} = \frac{J_{前} w(\mathrm{Fe})_{后}}{w(\mathrm{Fe})_{前}}\left[1 - (w(\mathrm{Fe})_{后} - w(\mathrm{Fe})_{前}) \cdot \alpha\right] \tag{2-106}$$

式中　$J_{后}$——品位变化后的焦批，kg/批；

　　　$J_{前}$——品位变化前的焦批，kg/批；

　　　α——矿石品位波动1%时对焦比的影响值（此值根据高炉冶炼的经验数据选取，常取2）。

[例2-3] 已知烧结矿铁含量由53%降至48%，原综合焦比为580kg/t，矿批为18t/批，$\eta_{\mathrm{Fe}} = 0.997$，生铁中 $w[\mathrm{Fe}] = 95\%$，问焦批如何变动？焦炭负荷将调整到多少？

解　品位变化前的焦批为：

$$J_{前} = 18 \times 0.53 \times 0.997 \times 580/0.95 = 5807 \text{ kg/批}$$

则：　　　　$J_{后} = \frac{5807 \times 0.48}{0.53} \times \left[1 - (0.48 - 0.53) \times 2\right] = 5785 \text{ kg/批}$

品位变化后的焦炭负荷 $H_{后} = \dfrac{18}{5.785} = 3.11$

焦批由原来的5807kg/t降低到5785kg/t，变料后的焦炭负荷为3.11。

B　生铁硅含量变化时焦批的调整

生产中炉温习惯用生铁 [Si] 含量来表示。高炉炉温的改变通常用调整焦炭负荷的方法来实现，一般情况下，生铁 $w[\mathrm{Si}]$ 每变化1%，影响焦比 40 ~ 60kg/t，小高炉取上限。

当固定矿批、调整焦批时，可用下式计算：

$$\Delta J = \Delta w[\text{Si}]_{\%} \cdot m \cdot E \qquad (2\text{-}107)$$

式中　ΔJ——焦批变化量，kg/批；

$\Delta w[\text{Si}]_{\%}$——炉温变化量；

m——$w[\text{Si}]$每变化1%时焦比的变化量，$m = 40 \sim 60$kg/t；

E——批料出铁量，t/批。

当固定焦批、调整矿批时，矿批调整量（ΔP）由下式计算：

$$\Delta P = J_{前} \cdot H_{后} - P_{前}$$

式中　$P_{前}$——原矿批，t/批；

$H_{后}$——调整后的焦炭负荷。

[例 2-4]　已知：某高炉矿批为40t/批，矿石铁含量为54%，综合焦批为12.121t/批，生铁中 $w[\text{Fe}] = 94\%$。当 $w[\text{Si}]$ 从0.4%提高到0.6%时，计算：（1）矿批不变时，应加焦多少？（2）焦批不变时，需减矿多少？

解　设 $w[\text{Si}]$ 每变化1%时焦比的变化量为0.05 t/t，则：

$$E = \frac{40 \times 54\% \times 99.8\%}{94\%} = 23\text{t/批}$$

矿批不变时，焦批调整量为：

$$\Delta J = \Delta w[\text{Si}]_{\%} \times 0.05 \times 23 = 0.2 \times 0.05 \times 23 = 0.23\text{t/批}$$

焦炭负荷：$H_{后} = \dfrac{40}{0.23 + 12.121} = 3.24$

$$\Delta P = 12.121 \times 3.24 - 40 = -0.73\text{t/批}$$

综上，矿批不变，应加焦0.23t/批；焦批不变，应减矿0.73t/批。

固定矿批、调整焦批时，有的厂也用下列公式进行估算：

$$\Delta P = \Delta w[\text{Si}]_{\%} \cdot m \cdot E \cdot H_{后} \qquad (2\text{-}108)$$

式中　ΔP——矿批调整量，kg/批；

$H_{后}$——调整后的焦炭负荷。

C　焦炭固定碳含量变化时焦批的调整

当焦炭灰分变化时，其固定碳含量也随之变化，因此相同数量的焦炭发热量变化。为稳定高炉热制度，必须调整焦炭负荷，调整的原则是保持入炉的总碳量不变。

当固定矿批、调整焦批时，每批焦炭的变动量为：

$$\Delta J = \frac{(w(\text{C})_{前} - w(\text{C})_{后}) \cdot J_{前}}{w(\text{C})_{后}} \qquad (2\text{-}109)$$

式中　　　　ΔJ——焦批变动量，kg/批；

$w(\text{C})_{前}, w(\text{C})_{后}$——波动前、后焦炭的碳含量，%；

$J_{前}$——原焦批，kg/批。

[例 2-5]　已知焦批为620 kg/批，焦炭中固定碳含量由85%降至83%时，焦批如何调整？

解　由式（2-109）计算焦批变动量：

$$\Delta J = [(0.85 - 0.83) \times 620]/0.83 = 15\text{kg/批}$$

当固定碳降低后，每批料应多加焦炭 15kg。

一般来说，焦炭固定碳含量改变时焦炭灰分含量也会变化，而灰分的主要成分是 SiO_2，为保持炉渣碱度不变，还要调整石灰石的用量，其计算式为：

$$\Delta\phi = \frac{(J_后 \cdot w(SiO_2)_后 - J_前 \cdot w(SiO_2)_前) \cdot R}{w(CaO)_{有效}} \tag{2-110}$$

式中　　　　　　　$\Delta\phi$——批料石灰石的调整量，kg/批；

$w(SiO_2)_前, w(SiO_2)_后$——分别为灰分波动前、后焦炭中 SiO_2 的百分含量，%；

R——炉渣二元碱度。

D　焦炭硫含量改变时焦批的调整

根据高炉冶炼经验，焦炭硫含量每改变 0.1%，影响焦比（焦炭负荷）改变 1.5%，因此：

$$J_后 = J_前 \cdot \left(1 + \frac{\Delta w(S)_{\%焦}}{0.1} \times 0.015\right) \tag{2-111}$$

[例 2-6]　已知高炉原焦批为 500kg/批，炉渣碱度为 1.10，石灰石的有效熔剂性为 50%，焦炭成分变化见表 2-27，试计算新焦批（焦炭中硫含量变化 1%，影响焦比改变 1.5%）。

表 2-27　焦炭成分变化　　　　　　　　　　　　（%）

成　分	固定碳	S	灰分	灰分中 SiO_2
原焦炭	84	0.70	14	48
新焦炭	82	0.75	16	48

解　因固定碳含量改变，变更后的焦批量为：

$$J_{1后} = 500 \times 0.84/0.82 = 512.2kg$$

因硫含量改变，应变更的焦批量为：

$$J_{2后} = 512.2 \times \left[1 + \frac{0.75 - 0.70}{0.1} \times 0.015\right] = 516.0kg$$

根据式（2-110），可以计算得石灰石的调整量为：

$$\Delta\phi = \frac{(516.0 \times 16\% \times 48\% - 500 \times 14\% \times 48\%) \times 1.1}{50\%} = 13.26kg（取 13kg）$$

应将焦批调整到 516kg，并补加石灰石 13kg。

E　风温变化时焦比的调整

高炉生产中由于多种原因，可能出现风温较大的波动，从而导致高炉热制度的变化。为保持高炉操作稳定，必须及时调节焦炭负荷。

高炉使用的风温水平不同，风温对焦比的影响也不同，按经验可取下列数据：

风温水平/℃　　　　　　　800~900　900~1000　1000~1100　1100~1200　>1200

风温影响燃料比的系数 β/%　　4.3　　　　3.8　　　　3.5　　　　3.2　　　　3.0

$$\Delta K = \frac{\Delta t}{100} \cdot \beta \cdot K_{综} \tag{2-112}$$

式中　ΔK——焦比变化量，kg/t；

　　　Δt——风温变化量，℃；

　　　β——影响燃料比的系数，%；

　　　$K_{综}$——综合焦比，kg/t。

[例2-7]　高炉入炉焦比为476kg/t，煤比为80kg/t，煤粉置换比为0.8，风温影响焦比系数按0.035%计。计算风温（干）由1030℃提高到1080℃时焦比的变化量。

解　综合焦比 = 476 + 80 × 0.8 = 540kg/t

焦比的变化量 = 0.035% ×（1080 - 1030）× 540 = 9.45kg/t

风温提高后，焦比可降低9.45kg/t。

F　喷吹物变化时焦批的调整

目前大部分高炉都喷吹煤粉，当喷吹量发生变化时，要及时根据喷吹物的置换比、焦炭负荷以及小时料批数计算应调整的焦炭量，以保持稳定的燃料比。

$$每批增减焦炭量 = \frac{每小时喷吹物的减增量}{小时料批数} × 置换比 \qquad (2-113)$$

[例2-8]　某高炉原喷煤42t/h，风温为1200℃，鼓风湿度为8g/m³，每小时下5批料，每批料出铁量为60t。现因设备故障预计5h后喷煤量降到36t/h，请计算每批料需补多少焦炭？

解　设煤粉的置换比为0.8，则：

$$每批料补加的焦炭量 = \frac{42 - 36}{5} × 0.8 = 0.96t/批$$

每批料补加焦炭0.96t。

G　低料线时焦批的调整

高炉连续处于低料线作业时，炉料的加热变坏，间接还原度降低，必须补加适当数量的焦炭。表2-28所示为鞍钢处理低料线时的焦炭补加量，其对象是1000~2000m³高炉。对于能量利用较差的小高炉，参考表2-28中数据时补焦量要酌情加大。

表2-28　低料线深度、时间与焦炭补加量

低料线深度/m	低料线时间/h	焦炭补加量/%
<3.0	0.5	5~10
<3.0	1.0	8~12
>3.0	0.5	8~12
>3.0	1.0	15~25

H　长期休风时焦炭负荷的调整

高炉休风4h以上时都应适当减轻焦炭负荷，以利于复风后恢复炉况。减负荷的数量取决于以下因素：

（1）高炉容积。炉容越大，减负荷越少，否则相反。

（2）喷吹燃料。喷吹燃料越多，减负荷越多，否则相反。

（3）高炉炉龄。炉龄越长，减负荷越多，否则相反。

（4）休风时间。休风时间越长，减负荷越多，否则相反。

　　表 2-29 中列出了鞍钢高炉（600～1500m³）的经验数据。对中小型高炉，参考表 2-29 中数据时要酌情取较大值。

表 2-29　休风时间与负荷调整

休风时间/h	8	16	24	48	72
减负荷/%	5	8	10	10～15	15～20

2.6　高炉基本操作制度的分析与调剂

　　高炉基本操作制度包括送风制度、装料制度、造渣制度及热制度四个方面。选择好合理的操作制度是高炉操作的基本任务，它必须依据原料的理化性能、各种冶炼技术特征、设备状况、高炉炉型特点、大气温度和湿度变化、生铁品种以及企业生产经营计划的要求等加以选择。

　　各操作制度之间既密切相关又互相影响。合理的送风制度和装料制度，能够使煤气流合理分布，炉缸工作良好，炉况稳定顺行。但造渣制度和热制度不合适时也会影响煤气流分布和炉缸工作状态，从而引起炉况不顺。生产过程常因送风制度和装料制度不当而引起造渣制度和热制度的波动，导致炉况不顺。因此，要灵活运用上部调剂和下部调剂手段来操作高炉。

2.6.1　炉缸热制度

　　炉缸热制度是指高炉炉缸所具有的温度水平；或者说是根据冶炼条件，为获得最佳效益而选择的最适当的炉缸高温热量，它反映了高炉炉缸内热量收入与支出的平衡状态。

　　表示炉缸热制度的指标有两个。一是铁水温度，通常在 1400～1550℃ 之间，俗称"物理热"。炉缸渣铁温度主要受料速、炉料与煤气热流比、风口前理论燃烧温度以及炉缸热损失的影响。料速快，热流比大，意味着炉料在上部加热不充分，炉温将降低。理论燃烧温度降低，也会影响铁水温度。二是生铁硅含量，生铁中的硅全部是由直接还原得来的，炉缸热量越充足，生铁硅含量就越高，所以生铁硅含量的高低在一定条件下可以反映炉缸热量的多少，俗称"化学热"。一般情况下，当炉渣碱度变化不大时，两者基本是一致的，即化学热越高，物理热越高，炉温也越充沛。但生铁硅含量变化反映的不单是炉缸内渣铁温度，它还受滴落带大小、气氛和（SiO_2）反应活性等因素的影响。生产中要求两炉铁之间硅含量的波动小于 ±0.2%。

2.6.1.1　热制度的选择依据

　　（1）根据炉容的大小、铁种的需要、炉缸的结构形式来确定铁水温度与生铁硅含量的控制范围。小于 2000m³ 高炉的铁水温度应在 1500℃ 左右，1200m³ 级高炉的铁水温度为 1470～1500℃，620m³ 级高炉的铁水温度为 1450～1480℃，400m³ 级高炉的铁水温度不低于 1400℃。

　　冶炼炼钢生铁时，300～1000m³ 级高炉的生铁硅含量一般控制在 0.45%～0.75%；对于陶瓷杯结构的炉缸，$w[Si]$ 可控制在 0.30%～0.65%。采用大高炉冶炼炼钢生铁时，$w[Si]$ 可控制在 0.25%～0.55% 之间，$w[S]$ 控制在 0.03%；冶炼铸造铁时，应根据生铁牌号来确定生铁硅含量，如冶炼 18 号铸造生铁时，可将 $w[Si]$ 控制在 1.7% 左右。

（2）根据原燃料条件选择。原燃料硫含量高、物理性能好时，可维持偏高的炉温；原燃料条件好、成分稳定时，可维持偏低的生铁硅含量；冶炼钒钛矿石时，一般控制 $w[Ti]$ $+w[Si]=0.5\% \sim 0.6\%$。

（3）结合高炉设备情况选择。例如在炉役后期，炉缸炉墙受侵蚀变薄，当水温差升高达到警戒线时，要规定较高的炉温，将 $w[Si]$ 控制在 $0.85\% \sim 1.25\%$，必要时还可以改炼一段时间铸造生铁。因为提高生铁硅含量后有石墨碳析出，能形成保护层，减缓炉衬的侵蚀速度。当设备经常发生故障，高炉也因此经常减风或休风时，生铁硅含量的下限应适当提高。进行洗炉时，必须确保炉温在 $0.5\% \sim 1.0\%$ 的范围内。若高炉冷却设备漏水，在没有查明并及时处理的情况下，必须把炉温保持在中、上限水平。

（4）根据炉缸工作状况选择。炉缸工作均匀、活跃，生铁硅含量可低些；如果炉缸堆积，生铁硅含量必须相应提高。

（5）结合技术操作水平与管理水平进行选择。如原料中和混匀良好、高炉工长经验丰富、炉况调节及时准确，生铁硅含量下限可低些，实现铁水物理温度高的低硅操作。在确定硅含量的下限值时，必须根据情况留有余地，防止出现因连续低于规定下限炉温而导致的炉况失常。

2.6.1.2 影响热制度的主要因素

生产中任何影响炉缸热量收支的因素都会造成热制度的波动。例如，原燃料条件的变化（矿石品位、烧结矿 FeO 含量的波动等）、冶炼参数的变动（风温、湿度、富氧率、喷吹量等）以及冷却设备漏水、原燃料称量上的误差等都对高炉热制度有影响，见表 2-30。

表 2-30 影响高炉燃料比变化的因素

项 目		变动量	燃料比变化	项 目		变动量	燃料比变化
入炉品位		+1.0%	−1.5%	风温	>1150℃	+100℃	−8kg/t
烧结矿 FeO 含量		±1.0%	±1.5%		1050~1150℃	+100℃	−10kg/t
烧结矿碱度		±1.0 倍	±（3.0%~3.5%）		950~1050℃	+100℃	−15kg/t
熟料率		+10%	−（4%~5%）		<950℃	+100℃	−20kg/t
烧结矿中小于 5mm 粉末比例		+10%	+0.5%	顶压		+10kPa	−（0.3%~0.5%）
矿石金属化率		+10%	−（5%~6%）	鼓风湿度		+1g/cm³	+1kg/t
焦炭	M_{40}	+1.0%	−5.0kg/t	富氧		+1%	−0.5%
	M_{10}	−0.2%	−7.0kg/t	生铁硅含量		+0.1%	4~5kg/t
	灰分	+1.0%	+（1%~2%）	煤气 CO_2 含量		+0.5%	−10kg/t
	硫分	+0.1%	+（1.5%~2%）	渣量		+100kg/t	+40kg/t
	水分	+1.0%	+（1.1%~1.3%）	矿石直接还原度		+0.1	+8%
	转鼓	+1.0%	−3.5%	炉渣碱度		+0.1 倍	+3%
入炉石灰石		+100kg	+（6%~7%）	炉顶温度		+100℃	+30kg/t
碎铁		+100kg	−（20~40）kg/t	焦炭 CRS		+1%	−（0.5%~1.1%）
				CRI		+1%	+（2%~3%）
矿石硫含量		+1.0%	+5%	烧结球团转鼓		+1%	−0.5%

2.6.1.3　热制度的调节

热制度的调节方法是：首先分析清楚造成热制度失常的原因、类型及幅度，然后根据原因制定调节措施、调节量和采取调节措施的时间。热制度失常的调剂原则是：失常初期，先调剂对炉况影响较小的因素，而对炉况影响较大、需要做出较大牺牲的手段排在后面进行。

A　炉热的调节

（1）炉热的征兆。

1）风压逐步上升，接受风量困难，炉喉、炉身、炉顶温度普遍上升。

2）下料缓慢，风口明亮耀眼、无生降，各风口工作均匀。

3）渣铁温度升高，炉渣断口由褐玻璃状变为白石头状；生铁 $w[Si]$ 升高并超过规定范围，生铁 $w[S]$ 下降；铁量少，流动性差。

（2）炉热的调节。

1）在富氧喷吹的条件下，调节顺序为：减煤→加氧→加风→减风温→减焦。

2）向热料慢时，首先减煤，降低每批料的喷煤量，使之低于正常炉温时每批料的平均喷煤量。

3）炉温超过规定水平、炉况不顺时，可降低风温 100～200℃（不许超过 2h）。

4）采取上述措施后，若炉况顺行、热风压力低于额定风压，可加风 50～100m³/min。

5）料速正常、炉温经常高于正常水平时，可按降低生铁 $w[Si]$ 的多少减焦或加矿。

6）原料铁分或焦炭灰分变化时，应迅速增加焦炭负荷。

7）原燃料称量设备零点误差增大时，应迅速调回到正常零点，然后再按差值及当时的炉温水平调整焦炭负荷。

8）焦炭水分降低（正常为 5% 左右）时，应按要求减焦或补矿。

调节炉热时应注意热惯性，防止降温过猛而引起炉温大波动。

B　炉凉的调节

（1）炉凉的征兆。

1）风压下降，风量增加，下料转快且顺利，容易接受风温。

2）风口向凉，颜色发暗、发红，有生降，个别风口挂渣、涌渣甚至自动灌死。

3）渣铁温度下降，渣沟结壳，渣色变深，转为玻璃渣；渣中 $w(FeO)$ 升高，生铁 $w[Si]$ 大幅度下降，$w[S]$ 迅速升高。

4）炉顶、炉喉、炉身各部位温度趋低，冷却器温差普遍下降。

（2）炉凉的调节。一般的调剂顺序是：提高风温→减少湿分→加喷煤量→减轻焦炭负荷→减风。

1）炉凉料快时，首先加煤 1～3t/h，使每批料的喷煤量高于正常值 15%～20%。

2）风温有余地时，可增加风温 50～100℃。

3）采取上述措施后若料速过快制止不住，可减风 10%～20%，使料速低于正常水平。

4）料速正常、炉温经常低于正常水平时，可临时加焦或减轻焦炭负荷。

5）原料铁分或焦炭灰分升高时，应按规程减轻焦炭负荷。

6）原燃料称量设备零点误差增加时，应迅速调整到正常零点，然后再按差值及当时的炉温水平调整焦炭负荷。

7）焦炭水分升高（正常为5%）时，应按规程加焦或减矿。

8）风口漏水时，要及时处理和更换；冷却设备漏水时，应减少水量，严重时关死。

9）料速正常、炉温连续低于规定下限时，应临时加焦以防止大凉，然后再调整焦炭负荷。

喷吹煤粉有热滞后现象，增加喷煤并不能立即提高炉温，只有等喷吹煤粉改善了矿石的加热和还原后，矿石下降到炉缸，炉温才提高，热滞后时间为2.5~3.5h。风温的作用时间快一些，一般1.5~2h后可集中反映出来。风量、鼓风湿度、富氧则见效更快。而装料制度的变化，至少要等换完炉内整个固体炉料段（即一个冶炼周期）后才会反映出来。

下列情况下，必须及时而准确地调整焦炭负荷：

1）休风。长期休风时，炉料的预热和还原都比正常时差。休风时，热收入为零，热损失增大，为保证送风后有充足的炉温和尽快恢复炉况，休风料中应适当减负荷。

2）低料线。低料线时，煤气的合理分布遭到破坏，矿石预热、还原变差，热耗增加，应及时减负荷以免炉凉。

3）设备事故。例如当高炉被迫停止喷吹时，要及时补加与喷吹燃料相当的焦炭量。

4）改变铁种。这是因为不同的铁种需要不同的炉温和炉渣碱度。

5）气候变化。当雨量较大或长时间降雨时，为保持入炉干焦负荷不变，需要及时减负荷。

6）原燃料波动、炉况失常、风温不足等造成炉温不足时，都要调节焦炭负荷。

2.6.2 造渣制度

造渣制度是指根据原燃料条件和铁种要求，从脱硫和顺行角度出发，选择使炉渣的流动性、稳定性以及软熔带的温度区间都能满足高炉冶炼需要的炉渣组分。造渣制度是控制造渣过程和终渣性能的制度，控制造渣过程实际上就是控制软熔带，控制终渣性能是为了脱硫和控制生铁硅含量等。

2.6.2.1 高炉冶炼对选择造渣制度的要求

（1）炉料组分的选择应使初渣形成较晚、软熔带的温度区间较窄、FeO含量少，这有利于料柱透气性的改善。一般炉渣的熔化温度应在1300~1400℃，可操作的温度波动范围大于150℃。

（2）保证炉渣在一定温度下有较好的流动性、稳定性和足够的脱硫能力。1400℃下，炉渣黏度应小于$1Pa \cdot s$，炉渣能自由流动的温度为1400℃以上，炉渣从流动到不流动的温度范围比较宽。当炉渣温度波动±25℃、二元碱度波动±0.5时，炉渣应有稳定的物理性能。在炉温和碱度适宜的条件下，当硫负荷小于5kg/t时，L_S应为25~30；当硫负荷大于5kg/t时，L_S应为30~50。

（3）保证炉渣具有良好的热稳定性和化学稳定性，当炉渣成分或温度发生波动时，能够保持比较稳定的物理性能。

（4）当冶炼不同的铁种时，炉渣要能根据铁种的需要促进有益元素的还原、防止有害元素进入生铁。

（5）应有利于形成稳定的渣皮，维护高炉内型剖面的规整。

流动性最好的炉渣成分为：炼钢生铁，$w(CaO)/w(SiO_2) = 1.05~1.2$；铸造生铁，

$w(CaO)/w(SiO_2) = 0.9 \sim 1.05$，$w(MgO) = 6\% \sim 9\%$。$w(CaO) + w(MgO)$ 以 $48\% \sim 50\%$ 为宜。

2.6.2.2 确定炉渣碱度的原则

（1）根据冶炼生铁品种确定。冶炼硅铁、铸造生铁时，需要促进硅的还原，应选择较低的炉渣碱度冶炼。冶炼炼钢生铁时，既要控制硅的还原，又要有较高的铁水温度，宜选择较高的炉渣碱度。采用中小型高炉冶炼炼钢生铁时，炉渣碱度可保持在 $1.15 \sim 1.25$；采用大高炉冶炼炼钢生铁时，炉渣碱度通常在 $1.05 \sim 1.15$ 的范围内。冶炼锰铁时，应采用高 CaO 炉渣，有利于促进锰的还原。生铁品种与炉渣碱度的关系见表 2-31。

表 2-31　生铁品种与炉渣碱度的关系

铁种	硅铁	铸造生铁	炼钢生铁	低硅铁	锰铁
$w(CaO)/w(SiO_2)$	$0.6 \sim 0.9$	$0.95 \sim 1.10$	$1.05 \sim 1.25$	$1.10 \sim 1.25$	$1.20 \sim 1.50$

（2）根据原料条件确定。炉料硫含量较高时，提高炉渣碱度能够促进炉渣脱硫反应的进行，降低生铁硫含量。当渣量少、硫负荷大于 $5kg/t$ 时，炉渣二元碱度应保持在 $1.15 \sim 1.25$ 的范围内。当矿石碱金属含量较高时，为了减少碱金属在炉内循环富集的危害，可选用熔化温度较低的酸性炉渣。适当增加 MgO 含量（MgO 含量以 $7\% \sim 12\%$ 为宜），确保炉渣的流动性和稳定性，对脱硫、排碱及冶炼低硅生铁均有好处。

（3）根据渣量确定。若入炉料铁分高、渣量少、炉渣中 Al_2O_3 含量偏高时，应适当提高 MgO 含量至 $8\% \sim 12\%$，控制 $w(CaO)/w(SiO_2) = 1.15 \sim 1.20$。

（4）根据生产情况确定。处理一般炉缸堆积时，可用高炉温、高萤石和氧化锰渣洗炉；处理碱度过高造成的炉缸堆积时，采用比正常碱度低的炉渣清洗，即低碱度、高炉温洗炉。

2.6.2.3 炉渣碱度的调节

（1）下列因素变动时，当班工长应调节配料以保持要求的炉渣碱度。

1）因装入原料的 SiO_2、MgO、CaO 的含量发生变化而引起炉渣碱度变化时；

2）因改变铁种而需要变化炉渣碱度时；

3）因调整生铁硅含量而导致炉渣碱度有较大变化时；

4）硫负荷与喷煤比有较大变化时。

（2）调整炉渣碱度的方法。

1）增加（或减少）熔剂加入量。增加碱性熔剂，可以提高炉渣碱度；增加酸性熔剂，能够降低炉渣碱度。

2）改变矿比，调整入炉原料的综合碱度。在炉料结构中增加高碱度烧结矿的比例，可以提高炉渣碱度；增加酸性矿石的比例，能够降低炉渣碱度。冶炼炼钢生铁时，入炉原料的综合碱度可按 $1.25 \sim 1.35$ 把握，炉渣碱度一般在 $1.05 \sim 1.15$ 范围内。冶炼铸造生铁时，入炉原料的综合碱度可按 $1.10 \sim 1.20$ 把握，炉渣碱度一般在 $0.95 \sim 1.00$ 范围内。

（3）烧结矿碱度波动时的调节计算。

1）烧结矿碱度波动时每批料需调节石灰石的量：

$$石灰石量 \approx 2w(SiO_2)_烧 \cdot \Delta\gamma \cdot P_烧$$

式中　$w(SiO_2)_烧$——烧结矿中 SiO_2 的含量，%；

$\Delta \gamma$——烧结矿碱度的波动量;

$P_{烧}$——批料烧结矿量,kg/批。

2)烧结矿碱度波动时矿石配比的变动可按下式简易计算(批重 P 不变):

$$P_{烧} + P_{球} = P$$

$$R = \frac{P_{烧} \cdot R_{烧} + P_{球} \cdot R_{球}}{P_{烧} + P_{球}} = 1.25 \sim 1.35 \tag{2-114}$$

式中 $P_{烧}$,$P_{球}$,P——分别为烧结矿、球团矿与混合矿的批重,t/批;

$R_{烧}$,$R_{球}$,R——分别为烧结矿、球团矿与混合矿的碱度。

熔剂炉料要避免加到炉墙边缘,防止炉墙结厚和结瘤;碎铁等金属附加物应加到中心。

2.6.2.4 造渣制度调剂中的注意事项

(1)造渣制度与生铁硫含量的关系。在保证生铁质量的前提下,应尽可能地把炉渣碱度调剂到规定范围的下限。以往多注意单向调剂,即硫高提碱度。目前较好的操作应是双向调剂,即硫高提碱度、硫低降碱度。除非必要,一般来说,过低的铁水硫含量对高炉冶炼以及总的生产技术经济指标是有影响的。

(2)较大幅度调整炉渣碱度时,必须充分估计炉温状况是否许可。碱度已降,炉温未升,可能影响生铁质量;碱度已升,炉温不足或不稳,将影响顺行。所以较稳妥的做法是:将炉温置于合适水平后,再调整炉渣碱度。

(3)炉渣碱度控制过高不仅是浪费,而且是导致炉况失常的一个隐患。许多事例表明,确保铁水硫含量合格的首要措施在于维持稳定的炉温,这在冶炼低硅生铁时尤其重要。国外许多先进高炉渣量很少,铁水温度高而稳定。在此种条件下,为强化炉渣对生铁成分的控制作用,采用高碱度(1.20~1.25)渣操作,这不仅可满足冶炼低硫低硅生铁的需要,而且没有炉况不顺的顾虑。

(4)洗炉与操作制度的关系。洗炉分为维护性洗炉和事故性洗炉两类。维护性洗炉指的是定期使用酸料洗炉,事故性洗炉指的是高炉结厚或结瘤时用萤石或锰矿洗炉。洗炉剂可以均匀地加入料批内,数量约占矿批的5%,持续时间由洗炉效果而定,一般为7天左右;也可以集中装入高炉,即每5~10批料内加入1批洗炉剂,此方法计量较大,一般持续时间较短,具体由清洗效果决定,这种洗炉对处理下部结瘤有效。洗炉剂一般应装入炉子的边缘。洗炉时要变更造渣制度与热制度。因为洗炉会造成炉温降低,特别是黏结物熔化和脱落时炉缸需要大量的热量,所以洗炉过程应保持较高的炉温,一般控制在炉温上限操作。如果炉温太低,将失去洗炉的作用,甚至造成风口涌渣。比如,维护性洗炉时应稍退负荷、稍轻边缘,适当提炉温、降碱度,$w[\mathrm{Si}]$ 应比正常值高出1个牌号。洗炉过程要注意炉身温度的变化,控制风量与风压的对应关系;还要注意水温差的变化,达到规定标准时应停止洗炉。建议:洗炉墙时,弄清黏结方位后再定点布料;洗炉缸时,洗炉剂布入高炉中心;炉温比正常值高1~2个牌号;碱度比正常值低些;除洗瘤外,维持全风或正常风温。

2.6.3 送风制度

送风制度是指在一定的冶炼条件下,确定合适的鼓风参数和风口进风状态,控制适宜的炉腹煤气量,以达到煤气流初始分布合理、炉缸工作均匀活跃、炉况稳定顺行的目的。

送风制度的中心环节在于选择风口面积，以获得基本合适的风口风速和鼓风动能。风量、风温的调剂主要用于控制料速和炉温，对风速和鼓风动能的调剂只起辅助作用。送风制度稳定是煤气流稳定的前提，是炉温稳定和顺行的必要条件。

送风制度指标包括鼓风参数与风口参数两类，如风量、风温、风压、鼓风湿度、喷吹量、富氧率以及风口面积、长度、倾角和布局等。

2.6.3.1　送风制度的选择依据（下部调剂）

下部调剂指的是通过调节回旋区的形状和大小控制炉况，是其他调节手段的基础。

A　风量

选择风量的原则是风量必须要与料柱透气性相适应，建立最低燃料比的综合冶炼强度为 $1.0 \sim 1.1 t/(m^3 \cdot d)$ 的概念。不富氧时，冶炼每吨生铁消耗的风量值见表2-32。

表 2-32　冶炼每吨生铁消耗的风量值（不富氧）

燃料比/kg·t^{-1}	540	530	520	510	500
消耗风量/m^3·t^{-1}	≤1310	≤1270	≤1240	≤1210	≤1180

风量对高炉冶炼的下料速度、煤气流分布、造渣制度和热制度都会产生影响。一般情况下，风量与下料速度、冶炼强度和生铁产量成正比关系，但只有在燃料比降低或维持燃料比不变的条件下上述关系才成立，否则适得其反。

在炉况顺行和供料正常的情况下，应力求全风操作、固定风量操作，以充分发挥风机能力，提高高炉生产率。为此，要求各班风量波动不大于正常风量的3%，装料批数在±2批料范围内。

实践证明，使用风量过小时，由于燃烧的焦炭量和产生的煤气量过少，不利于提高炉温，也不利于初始煤气的合理分布。

风量的调节作用如下：

（1）控制料速，达到预期的冶炼强度，实现料速均衡不变；

（2）稳定气流，在炉况不顺的初期，减少风量是降低压差、消除管道以及防止难行、崩料和悬料的有效手段；

（3）在炉凉时，采取减风措施来控制下料速度，能使炉温稳定回升。

风量的调节要以透气性指数为依据，需要加减风时为了节能，由鼓风机来加减风，风闸全关。

由于风量变化直接影响炉缸煤气体积，正常生产时，每次加风不能过猛，否则将破坏顺行。一般每次调剂风量要在总风量的3%左右，而二次加风时间间隔应大于20min，加风量每次不能超过原风量的10%。

在非特殊情况下，应保持全风操作，不要轻易减风。必须减风时，减风要一次到位。在未出渣铁前，减风时应密切注意风口状况，避免风口灌渣。

一般炉热时不减风。炉凉时要先提风温、增加喷煤量，还不能制止炉凉时可适度减风（5%～10%），使料速达到正常水平。若低料线操作大于0.5h，应减风，不允许长期低料线作业。

B　风温

提高风温是强化高炉冶炼的主要措施。提高风温能增加炉缸高温热量的收入，改善喷煤的效果，同时增加了鼓风动能，活跃了炉缸。因此在高炉生产中，要用尽风温，充分发挥热风炉的能力及高风温对炉况的有利作用。

风温调节的原则如下：

(1) 经济性原则。只要条件许可，风温应稳定在最高水平，喷吹高炉尤其如此。

(2) 顺行原则。提高风温的速度要平稳，每次中小高炉可提高 20~40℃，大高炉可提高 50~100℃。在风温水平不高时，每小时可提高风温 2~3 次，降风温应一次到位。

由于提高风温会导致炉缸温度升高、上升煤气的上浮力增加而不利于顺行，在调剂时应注意以下几点：

(1) 因炉热而需要减风温时，幅度要大一些，一步到位地将风温减到高炉需要的水平；炉温向凉时，提风温幅度不宜过大，可分几次将风温提高到需要的水平，以防煤气体积迅速膨胀而破坏顺行。

(2) 在喷吹燃料的情况下，一般不使用风温调节炉况，而是将风温固定在较高水平上，用煤粉来调节炉温。这样可最大限度地发挥高风温的作用，维持合理的风口前理论燃烧温度。

(3) 风温对焦比有影响。风温越低，提高风温时降低焦比的效果越显著；反之，风温逐渐提高，降低焦比的效果逐步减小。风温在 1000℃ 左右时，每增减 100℃ 风温，影响焦比4%左右。

(4) 调剂风温一般在 1.5~2h 后起作用。降风温要损失焦比，会改变软熔带位置，对合理炉型有影响。

C 风压

风压直接反映炉内煤气量与料柱透气性的适应情况，它的波动是冶炼过程的综合反映，也是判断炉况的重要依据。在原燃料条件波动不大的情况下，操作中应稳定风量、风压及压差操作。风压的波动范围不宜大于5kPa，否则表明风量与料柱透气性不适应，炉况顺行变差。如果调整不及时，则风压逐渐升高，风量逐渐减少，当风压升高到一定限度时就会产生悬料。当原燃料强度降低、粉末增加、质量变差、风压不稳时，不能强行加风。

(1) 风压不稳时的调节。发生风压不稳的原因虽然很多，但关键是炉料的透气性与风量不适应，即料柱的孔隙可以顺利通过的煤气量低于实际的煤气量，气流受阻后便导致风压升高。由于料柱的孔隙率不是固定不变的，处于波动状态，所以风量与风压也随着波动。风压不稳的表现是：风压曲线不是一条波动很小的直线，而是上下波动频繁，波动范围超过5kPa，且透气性指数明显超过或低于正常水平。风压不稳时的调节措施如下：

1) 如果炉温高，可较大幅度降低风温（一次降 100~150℃）。

2) 如果炉温在正常范围内或偏低，可采取减风的措施（按风压操作），减风后使风压比原来低 10~20kPa。

3) 不管采取何种措施，必须待风压稳定后（下两批正常料）才能逐渐将风量加回到原水平。

(2) 风压突然冒尖时的调节。发现风压冒尖时必须及时减风，达到风量与风压对称的水平（按风压操作），否则容易发生崩料或悬料，具体操作如图 2-53 所示。风压突然冒尖时的调节措施如下：

1) 减风时必须一次到位，不仅要减到比原来的风压低，而且要比冒尖时高于正常风压的值低 2 ~ 3 倍。

2）减风后必须保持风压平稳，正常下两批料后才能逐渐将风量加回到原水平。如果加风过急，风压与风量不对称，表明高炉不接受风量，需第二次减风，不仅延误了时机，而且损失更大。

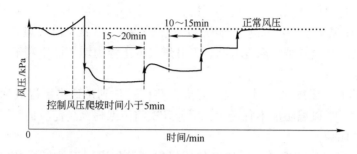

图 2 - 53　按风压操作曲线

D　鼓风湿度

全焦冶炼的高炉采用加湿鼓风最有利，它能控制适宜的理论燃烧温度，使风温固定在最高水平。加湿鼓风对炉温的影响是：

（1）1m³ 鼓风中每增加 1g 湿分，相当于降低约 9℃ 风温；但水分分解出的氢在炉内参加还原反应，又放出相当于 3℃ 风温的热量，所以一般考虑增加 1g 湿分需要补偿相当于 6℃ 风温的热量，可见加湿鼓风能够迅速改变炉缸热制度，从而迅速纠正炉温的变化。

（2）加湿鼓风对料速有影响，湿分在风口前分解出来的氧与焦炭燃烧，相当于增加鼓风中氧的浓度。1kg 湿分相当于 2.693m³ 的干风量，即 1m³ 干风量加 10g 湿分，相当于增加风量约 3%，因此，湿分又起到调节风量的作用。增加湿分，料速加快；减少湿分，料速减慢。

（3）加湿鼓风对高炉顺行的影响是：鼓风水分在炉缸内分解，使风口回旋区的温度有所降低，这样有利于消除由于高风温或炉热引起的热悬料或难行现象；由于加湿鼓风，煤气中氢含量增加，提高了间接还原率，使炉缸中心热能消耗减少；同时，加湿鼓风后可采用高风温操作，使炉缸中心热量收入增加，所以炉缸中心温度升高，促使炉缸热量充沛、温度分布趋于均匀，有利于炉况顺行、稳定。

如前所述，加湿鼓风需要热补偿，对降低焦比不利。因此，喷吹燃料的高炉基本上不采用加湿鼓风。近几年来，有些大气湿度变化较大的地区采用了脱湿鼓风技术，可使一年四季的送风量均衡，对稳定炉况和降低焦比非常有利。宝钢大喷煤以后，为了稳定喷煤量及提高煤粉燃烧率，也采用了脱湿鼓风。

E　喷吹量

喷吹燃料不仅在热能和化学能方面可以取代焦炭，而且也增加了一个下部调剂手段。喷吹煤粉的高炉应固定风温操作，用煤量来调节炉温。调节幅度一般为 0.5 ~ 1.0 t/h，最高不超过 2t/h，幅度不宜过大，以免影响气流分布和炉缸工作状态发生剧烈变化。炉温热行时减少喷煤量，炉温向凉时增加喷煤量。所以，用煤量调节炉温没有用风温或湿分来得快。热滞后时间大约为冶炼周期的 70%（3 ~ 4 h），煤的挥发分越高，热滞后时间越长。当喷吹设备临时发生故障时，必须根据热滞后时间准确地进行变料，以防炉温波动。

F 富氧率

空气中的氧气含量在标准状态下为21%，采用不同方法提高鼓风中的氧含量，称为富氧鼓风。富氧鼓风减少了煤气氮含量，使炉腹煤气量减少，单位生铁煤气生成量减少，可以提高风口前理论燃烧温度，有利于提高炉缸温度、提高冶炼强度及增加喷煤量，同时也增加了一个下部调剂手段。富氧后不仅能提高冶炼强度，还能增加产量。理论上，每提高鼓风氧含量1%，可增产3.89%；但实际上，因受其他条件的影响，增产率难以达到该值。一般风中氧含量由21%增至25%时，可增产3.2%~3.5%；风中氧含量由25%升到30%时，增产约3%；富氧1%，可增加喷煤比15~20kg/t，使煤气发热值提高3.4%。由于富氧后煤气体积会减小，要保持原来的风速，风口面积要缩小1.0%~1.4%。

应注意，富氧鼓风只有在炉况顺行的情况下才宜进行。一般情况下，在炉况顺行差，如发生悬料、塌料等情况及炉内压差高、不接受风量时，首先应减少氧量，并相应减少喷煤量。同样，低压或休风时，首先应停氧，然后停煤。在料速过快而引起炉凉时，首先要减少氧量，调节幅度控制在500~1000m³/h，最多不超过1500m³/h。

G 风口面积、长度和倾角

在一定风量下，风口面积和长度对风口的进风状态起决定性的作用，使用较大的风口和适当加长风口均有利于提高送风系统风量的均匀程度。生产实践表明，一定的冶炼强度必须与合适的鼓风动能相配合，一般情况下风口面积不宜经常变动。生产条件变化较大时，可采用改变风口进风面积的办法来调剂鼓风动能，有时也用改变风口长度的办法调节边缘与中心气流。选择风口面积的依据是：

（1）当原燃料条件改善，如原燃料强度高、粒度均匀、粉末和渣量少时，炉料透气性改善，有可能接受较高的鼓风动能和压差操作，否则相反。

（2）喷吹燃料使炉缸煤气体积增大，促使煤气流向炉缸中心发展，为防止中心气流过吹，应适当扩大风口面积；但当喷吹量增加到一定程度后，随着煤比和利用系数提高，回旋区径向长度缩短，将导致边缘煤气流增强，此时应采取缩小风口面积的措施。

（3）高炉失常时，由于长期减风操作而造成炉缸中心堆积，炉缸工作状态出现异常。为尽快消除炉况失常、发展中心气流、活跃炉缸工作，应采取缩小风口面积或堵死部分风口的措施。

（4）缩小一个或少量几个风口的直径，使风口出口的风速下降，而其相邻风口的风速增加；当全部或大部分风口的直径都缩小时，整个风口的平均风速才会增加。

选择风口长度的依据是：当高炉为低冶炼强度生产或炉墙侵蚀严重时，可采用长风口操作。因为使用长风口送风易使循环区向炉缸中心移动，有利于吹透中心和保护炉墙。风口长度一般为380~550mm，大型高炉控制在上限或者更长，如宝钢高炉的风口长度达到700mm左右。300m³高炉风口的长度大多在240~260mm。

生产实践表明，风口向下倾斜可使煤气直接冲向渣铁层，缩短风口与渣铁层之间的距离，有利于提高渣铁温度，而且有助于消除炉缸堆积和提高炉渣的脱硫能力。一般高炉风口向下倾斜的角度为0°~5°，小型高炉风口向下倾斜的角度可以稍大一些。但风口向下倾斜将分解鼓风动能，不利于发展中心气流。

H 风口布局

风口布局是指确定好风口直径与长度后，根据风口工作状态沿圆周进行合理的分布。

合适的风口布局能够保证炉缸工作均匀、活跃，渣铁物理热充沛。

高炉冶炼调节风口布局的原则如下：

（1）炉墙结厚部位应该用大风口、短风口；

（2）铁口难以维护，铁口两侧应该用小风口、长风口；

（3）煤气流分布不均、炉料偏行时，下料快的方位选小风口；

（4）炉缸工作不均、进风少的区域，应该选择大风口、增加进风量等。

多座大型高炉的生产实践表明，正常情况下，热风总管对面的 1 或 2 个风口的进风量比其他部位风口相对多些，因此在确定风口布局时要进行综合考虑。例如，涟钢与安钢 2200m³ 高炉，其围管与热风主管的接口位置的风量偏大，而对面风口的风量偏小，采用相同风口直径时，三岔口周围的风口多次发生管道行程，所以，涟钢与安钢 2200m³ 高炉的风口布局是，三岔口部位采用小风口，对面采用大风口。

2.6.3.2　送风制度检验指标

（1）风速和鼓风动能。判断鼓风动能是否合适的直接表象以及高炉有效容积与风速、鼓风动能的关系见 2.3.4 节中表 2-11、表 2-12。

（2）风口前理论燃烧温度。理论燃烧温度是风口前燃烧带热状态的主要标志。它的高低不仅决定了炉缸的热状态和煤气温度，还对炉料传热、还原、造渣、脱硫以及铁水温度、化学成分等产生重大影响。我国高炉风口前理论燃烧温度一般在 (2150 ± 50)℃。

（3）炉腹煤气量。炉腹煤气量是以上参数的综合体现。炉腹煤气量小时，高炉边缘气流发展，炉缸不活跃；反之，将使高炉中心过吹，这两种现象都影响到高炉的炉况。选择适宜的送风参数、保持合适的炉腹煤气量、实现合理送风，是高炉操作者时刻关注的内容。高炉生产中，在采取富氧和喷吹技术的条件下，一般采用下式简易计算炉腹煤气量 V_{BG}：

$$V_{BG} = 1.21 V_B + 2 V_{O_2} + \frac{4408 W_B (V_B + V_{O_2})}{18000} + \frac{22.4 H P_C}{120} \tag{2-115}$$

式中　　V_B——风量（不包括富氧量，标态），m³/min；

V_{O_2}——富氧量（标态），m³/min；

W_B——鼓风湿分（标态），g/m³；

H——煤粉氢含量，%；

P_C——喷煤量，kg/h。

（4）风口回旋区深度。回旋区的形状和大小反映了风口的进风状态，它直接影响煤气流初始成分和温度的分布以及炉缸的均匀、活跃程度。风口回旋区面积大，有利于炉缸工作均匀与炉况顺行；回旋区深一些，有利于活跃炉缸中心，控制焦炭堆积数量，维持炉缸中心良好的透气性和透液性。合适的回旋区深度与炉缸直径有关，炉缸直径越大，回旋区应该越深。此外，回旋区深度还受风速和鼓风动能的影响而变化，鼓风动能增加，回旋区深度也增加，边缘煤气流减少，中心气流增强。目前测定回旋区深度的方法，一是燃烧带气体成分分析法，通常以炉缸煤气中 CO_2 浓度减少至 1% ~ 2% 的位置为燃烧带边缘来表示回旋区深度；二是实测法，即用铁棒从风口插入，直接测量疏松的回旋区深度。

（5）风口圆周工作均匀程度。炉缸工作良好不仅要求煤气流径向分布合理，还要求风口圆周气流分布均匀。长时间的风口圆周工作不均匀会使炉衬遭到侵蚀，使正常的工作炉型遭到破坏。这种圆周工作的不均匀必然导致上部矿石预还原的程度不均匀，从而破坏炉缸工作的均匀与稳定，因此要求高炉风口合理布局。

2.6.4 装料制度

装料制度是指炉料装入炉内的方法，主要包括料线高低、批重大小、装料顺序、溜槽倾角等。装料制度的变动通常称为上部调剂。制定和调节装料制度可以实现对炉喉径向矿焦比的控制，调整炉料在炉喉的分布，从而达到煤气流合理分布、充分利用煤气的能量以及高炉稳定、顺行、高效生产的目的。

2.6.4.1 装料制度的选择依据

（1）装料制度是根据所要求的煤气分布类型确定的。合理的装料制度要力求使煤气分布达到所要求的方式。而煤气流分布形式的选择首先要考虑原料条件，如果粉末多，应采用双峰型煤气分布。因为使用含粉较多的原料时，必须保证使粉末集中于既不靠近炉墙也不靠近中心的中间环形带内，以保持两条煤气通路和高炉顺行。否则，无论是只发展边缘还是只发展中心，都避免不了粉末形成局部堵塞的现象，导致炉况失常。另外，还要考虑高炉容积。小型高炉料柱短，阻力小；炉缸直径小，中心容易活跃，原料条件好时，在布料上可争取煤气分布接近于平坦型的煤气分布。大高炉的炉缸直径大，中心不易活跃；料柱高，对煤气阻力大，多采用中心发展型的装料制度，既能保证高炉顺行，又使煤气能量得到较充分的利用。

（2）装料制度要与送风制度相适应。当装料制度以疏松中心为主时，下部应能接受较高的风速；当装料制度以发展边缘气流为主时，由于中心通路被矿石堵塞，则下部不可能接受较高的风速。无论是改变装料制度还是送风制度，均要考虑两者互相适应。例如，当改变长期边缘发展时，在装料制度方面不应过激地加重边缘负荷，而应逐步加重，以防边缘突然堵塞，使煤气流失去通路；与此同时，逐步提高风速，使煤气向中心延伸以活跃中心、削弱边缘气流。这样，上、下部调剂相互结合、互创条件，就能较快地改变发展边缘的错误操作。长期不能改变边缘发展，往往是上、下部调剂未能相互适应的结果。

（3）装料制度的选择要考虑煤气流速的影响。一般煤气流速低，高炉易顺行。炉顶压力高时，煤气流速低的高炉应争取采用接近于平坦型的装料制度进行生产。高冶炼强度、低顶压的高炉宜采用中心发展或接近中心发展型的装料制度。

2.6.4.2 装料制度（即上部调剂）的基本内容

A 料线高度

料线高度是指探料尺零位到炉内料面的距离。对双钟炉顶来说，探料尺零位指的是大钟打开时的下缘线；对无钟炉顶来说，则是指炉喉钢砖上沿或旋转溜槽处于垂直位置时距下端0.9m处（不同高炉有差别）。

生产中要求料线选择在碰撞点之上。否则会碰撞炉墙，然后反弹落下，从而使矿石对焦炭的冲击作用增大，粉末量增多；并使布料层紊乱，气流分布失去控制，加重界面效应。同时，料线过深还会使料面以上的工作空间不能充分利用，使得炉顶温度过高，一旦塌料发生，顶温会更高，从而加速设备的损坏。正常操作时，料线选在碰撞点之上，加料后余500mm左右即可。一般高炉正常料线深度为：中小高炉1.2~1.5m，大型高炉1.5~2.0m。特殊情况需要临时开大钟或转动旋转溜槽时，应根据批重核对料层厚度及料线高度，严禁装料过满而损坏大钟拉杆和旋转溜槽。料线一般是固定不变的，只有在其他调剂手段失灵时才改变，因为频繁变动料线会导致料线的准确性变差。

其他条件一定时，提高料线可使炉料堆尖远离炉墙，发展边缘气流；降低料线可使炉料堆尖靠近炉墙，发展中心气流，但深料线会加重界面效应。

高炉料线由两根（或三根）探料尺测明，为保证其准确性，探料尺零位在每次计划检修时都要校正。料线过低与过高均不利于炉顶设备的维护，生产中严禁低料线操作。正常生产时，两个探料尺相差小于 0.5m，个别情况下单尺上料应以浅尺为准，不准长期使用单尺上料。料线低于正常规定值 0.5m 以上或时间超过 1h 时，称为低料线。低料线 1h，要加 8% ~ 12% 的焦；料线超过 3m 时，要加 10% ~ 15% 的焦炭。高炉低料线时间长就应休风，也不允许长期慢风作业，否则会造成炉缸堆积和炉墙结厚。

由于无钟高炉的普及，变更料线的调剂手段基本上很少采用。

B　批重大小

批重是指一批料的质量。一批料中矿石的质量称为矿批，焦炭的质量称为焦批。批重

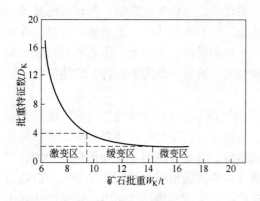

图 2-54　批重特征曲线

对布料的影响在于分布到边缘和中心的矿石厚度之比，厚度确定一批料分布的形状；两者的厚度之比反映了炉料在炉内的特点，这个值越大，表示矿石在边缘分布越多。图 2-54 所示是根据某中型高炉生产数据得到的矿石批重（W_K）与批重特征指数（D_K）的关系。D_K 为一批料分布于高炉边缘处的矿石厚度与中心处矿石厚度的比值。从图中看出，批重有三个不同的特征区，即激变区、缓变区和微变区。在激变区，当矿石批重少许变化时，边缘矿层厚度与中心矿层厚度之比就会发生急剧变化；在微变区，不论批重增加或减少，对炉料分布的影响都不大；在缓变区，批重变化对炉料分布的影响介于两者之间。所以，为保持炉况稳定顺行，高炉最大批重应选在微变区。

在一定冶炼条件下，每座高炉都有自己合适的批重，找到合适的批重后要尽量保持稳定。合适的批重与下列因素有关：

（1）与炉容有关。炉容越大，炉喉直径也越大，为保证煤气流合理分布，批重应相应增加，如表 2-33 所示。近年来，随着原燃料条件的逐步改善，矿石品位提高，炉料粉末减少，批重进一步有所增加，从而改善了煤气利用，降低了燃料比。

表 2-33　不同炉容的适宜批重

炉喉直径/m	3.5	4.7	5.8	6.7	7.3	8.2	9.8
高炉容积/m³	250	600	1000	1500	2000	3000	4000
矿石批重/t·批⁻¹	>7	>11.5	17	>24	>30	>37	>56
矿石厚度/m	0.46	0.41	0.40	0.43	0.45	0.44	0.46
焦炭厚度/m	0.59	0.44	0.43	0.46	0.48	0.47	0.49

（2）与冶炼强度有关。随着冶炼强度的提高，风量增加，中心气流加大，必须适当扩大矿石批重。此外，冶炼强度提高后，炉料下降速度及其均匀性也有所提高，从而改善了料柱的透气性，为扩大矿石批重、增加矿层厚度创造了条件。

（3）与喷煤量有关。当冶炼强度不变时，高炉喷吹燃料后，由于喷吹物在风口内燃烧，炉缸煤气体积和炉腹煤气速度增加，促使中心气流发展，需要适当扩大批重，抑制中心气流。但是随着冶炼条件的变化，近几年来在大喷煤量的高炉上出现了相反情况，随着喷煤量的增加，中心气流不易发展，边缘气流反而发展，这时不能加大批重。

一般情况下，小矿批加重边缘，当炉喉直径大而批重小时，中心无矿区范围大，焦炭不足以在中心形成稳固的平台，容易造成料面不稳定、探料尺工作存在滑尺的现象。增大矿批，矿焦界面减小，界面效应减少，料面趋于平坦，有加重中心与均匀气流的作用，同时使软熔带焦窗变大，料柱透气性改善。济钢 1750m³ 高炉扩大矿批前后的料面形状的对比见图 2-55。

但如果炉料的强度、粒度不是很理想，批重过大，透气性也会恶化，容易形成煤气的"两头堵"现象，高炉很难稳定。因此，调整矿批大小时应考虑其对煤气流的影响。

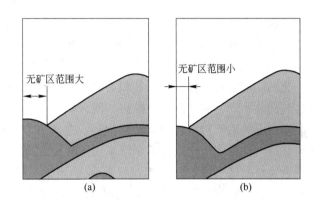

图 2-55　济钢 1750m³ 高炉扩大矿批前后的料面形状
（a）扩大矿批前；（b）扩大矿批后

C 装料顺序

焦炭和矿石入炉的先后次序称为装料顺序。先矿后焦的装入顺序称为正装，先焦后矿的装入顺序称为倒装；矿焦同时入炉的装入顺序称为同装，矿焦分别入炉的装入顺序称为分装。

由于高炉内矿石的堆角一般小于焦炭的堆角，所以装料顺序对煤气流分布影响的一般规律是：正装时边缘矿石多，加重边缘；倒装时边缘焦炭多，疏松边缘，发展边缘气流；分装比同装缓和。按加重边缘的作用，钟式炉顶装料顺序由重至轻的排列顺序见表 2-34。

表 2-34　钟式炉顶的装料顺序

加重等级	装入名称	装入顺序	装入方法
1	正同装	OOCC↓	
2	正分装	OO↓CC↓	
3	混同装	COOC↓OCOC↓COCO↓OCCO↓	$mA + nB$
4	倒分装	CC↓OO↓	A 表示：OOCC↓OCOC↓OOOO↓
5	倒同装	CCOO↓	B 表示：CCOO↓COCO↓COOC↓CCCC↓
6	双装	CCCC↓OOOO↓	

一般高炉均采用综合装料方法，即装料时采用两种程序，其中一个边缘较重，另一个边缘较轻，按规定的周期综合装入炉内，以便达到调整煤气流的目的。这种综合装料方法加重边缘的程度次于矿焦同装，但周期不宜太长，一般不大于 10 批。表 2-34 中，A、B 分别代表不同的装料顺序，m、n 则分别代表料批数，加重边缘的程度取决于 m/n 的值，比值增大，则加重边缘，反之则疏松边缘。随着正装比例的增加，煤气利用得到改善，混合煤气中 CO_2 含量会进一步的升高。

生产过程中，当装料制度采用小批重、高料线、高的倒装比例时，即使能获得较高的利用系数，经济效果也差，燃料高，寿命短，易出现边缘管道和中心堆积，生铁质量和炉温都不稳定。

对于钟式高炉而言，装料顺序的变更是调节高炉上部煤气流分布的主要手段；但对于目前常用的无钟高炉来说，这种调节手段已经很少采用了。

装料制度还有一种特殊的装料方式——混装。混装是指矿石和焦炭混合后装入高炉。混装与同装不同，同装虽然是矿焦一同入炉，但矿焦不混合，入炉后保持各自在炉内单具一层。而混装后不再存在独立的焦炭层，焦炭在软熔的矿石中起骨架作用，软熔层变薄，使料柱透气性得到改善。前苏联洛基诺夫教授发现，当矿石含粉率小于 20% 时，分层装料比混合装料的透气性好；在矿石含粉率为 20% ~ 30% 时，两种装料制度的料柱透气性相当；当矿石含粉率大于 25% 时，则混装的料柱透气性好。但混装后，料线、批重、装料次序、溜槽倾角等均不起调节作用，要改变煤气流的分布，只能依靠几种不同混合比例的矿焦按不同方式入炉，或依靠不同粒度造成的混合料分别入炉。使用这些方法时，装料设备及场地比目前的装料方式复杂庞大，投资必然增加，故很少采用。

D　溜槽倾角与布料份数

对于无钟炉顶来说，高炉上部煤气流的控制比双钟炉顶有更大的自由度，无钟炉顶与钟式炉顶布料方式的比较见表 2-35。生产中根据炉喉直径的不同，通常将其 8 ~ 11 等分，溜槽角度对应于每等份分成 8 ~ 11 个角度，由里向外，倾角逐渐增大。不同炉喉直径的高炉，其环位对应的倾角不同。布料时由外环开始逐渐向里环进行，可实现多种布料方式。无钟炉顶的典型布料方式有以下四种（见图 2-56）。

表 2-35　无钟炉顶与钟式炉顶布料方式的比较

项　　目	无钟炉顶布料	钟式炉顶布料
布料范围与布料方式	旋转溜槽的倾角可在 0° ~ 50° 范围内调节，炉料能布置在高炉炉喉边缘至中心的任意半径圆面上；布料手段灵活，可以按环形、螺旋形、扇形、定点、中心加焦五种方式将炉料布到炉喉断面的任何区域，起到稳定炉况、延长炉龄、提高产量的作用	大钟倾角一般为 50° ~ 53°，不能调节；仅有一种布料方式，炉料堆尖只能在大钟外缘至炉墙之间
灵活性	围绕高炉中心线可以实现任何宽度的环形布料，每次布料的料层厚度可以很薄，可以减少原料的偏析与滚动，各处的透气性比较均匀；由于原料以小股料流加入炉内，不影响炉喉煤气的通道，煤气带走的炉尘少	用大钟装料，原料猛然从大钟上一起落下，减少了煤气的通道，增加了煤气的速度，增加了炉尘吹出量
密封性	能保证炉顶可靠密封，炉顶压力最高可达 0.25MPa	密封性差，炉顶压力最高为 0.12MPa

项　目	无钟炉顶布料	钟式炉顶布料
煤气能量利用	使煤气在炉内上升时走曲折的道路，延长了其在炉内的停留时间，利于整个高炉截面的化学反应和煤气能量利用	煤气能量利用差
布料平台	无钟布料通过溜槽进行多环布料，易形成由焦炭组成的平台，料面由平台和漏斗组成，通过平台形式调整中心焦炭和矿石量，漏斗内用少量的焦炭稳定中心气流	无法形成布料平台
炉料偏析	炉料离开旋转溜槽时有离心力而使炉料落点外移，炉料在堆尖外侧滚动多于内侧，形成料面的不对称分布，外侧料面较平坦，此种现象称为溜槽布料旋转效应，转速越大，效应越强，采用多环布料与螺旋布料时，小粒度炉料可以分布在较宽的范围内，减少了炉料粒度偏析；多环布料时，料流小而面宽，布料时间长，矿石对焦炭的推挤作用小，平台范围内矿焦比稳定、层状清晰，利于稳定气流；因节流阀控制不准，可能出现非整圈布料现象	大钟开启时炉料下落初始速度为零，无旋转效应； 一次放料，小粒度随着堆尖的位置较多地集中在边缘，大粒度滚向中心，无法弥补自然偏析，而且矿石对焦炭层的冲击推挤作用较集中； 没有非整圈布料现象

（1）定点布料。定点布料是指倾动角与方位角都固定的一种布料方式，在高炉截面某点或某个部位发生管道或过吹时可使用。定点布料可以在 11 个倾角位置中的任意角度进行，操作时溜槽倾角和定点方位由人工手动控制。

（2）环形布料。环形布料因为能自由选择溜槽倾角，所以可在炉喉任一部位做单环、双环、多环布料，随着溜槽倾角的改变，可将焦炭和矿石布在距离中心不同的部位上，借以调整边缘或中心的气流分布。进行环形布料时，多数高炉通过固定布料器转数、调节节流阀的开度来实现规定的料层数目。

1）单环布料。单环布料是指只使用一个倾角布料。此方式料制单一，容易发生粒度偏析，料面坡度较大，炉料分布不均，较少采用。

2）双环布料。双环布料是指使用两个倾角布料。此方式粒度偏析现象减少，料面坡度较缓，炉料分布较均匀。

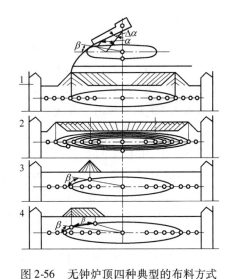

图 2-56　无钟炉顶四种典型的布料方式
1—环形布料；2—螺旋布料；
3—定点布料；4—扇形布料；
α—旋转溜槽与垂线方向的夹角；
β—旋转溜槽布料时在水平面的方位角

3）多环布料。多环布料是指使用三个及三个以上倾角布料。此方式炉料分布均匀，显著抑制偏析现象，煤气利用得到改善，生产中多用此法。

（3）扇形布料。溜槽布料倾角（α）不变而方位角（β）在任意选择的两个角度之间进行的布料方式，称为扇形布料。当产生偏料和局部崩料而导致煤气流分布失常时，在两方位角间重复布料可形成扇形料面。这种布料方式为手动操作，且时间不宜太长。

（4）螺旋布料。螺旋布料是倾动角与方位角都不固定的一种布料方式。从一个固定角位出发，布料溜槽在做匀速回旋运动的同时做径向运动，最终形成变径螺旋形的炉料分布。螺旋布料的径向运动是布料溜槽由外向里改变倾角而获得的，摆动速度由慢到快。这种布料方式能把炉料布到炉喉截面任一部位，根据生产要求不仅可以调整料层厚度，而且能获得较为平坦的料面。

用溜槽进行布料的规律是：溜槽倾角大，边缘布料多；溜槽倾角小，中心布料多。当 $\alpha_{焦} > \alpha_{矿}$ 时，边缘焦炭增多，利于发展边缘气流；而当 $\alpha_{矿} > \alpha_{焦}$ 时，边缘矿石增多，利于加重边缘。

首钢的经验是：矿、焦工作角度保持一定的差别，即 $\alpha_{矿} = \alpha_{焦} + (2° \sim 5°)$，对调节气流分布有利。布料时，矿角与焦角同时、同值增大，则边缘和中心同时加重；反之，矿角与焦角同时、同值减小，将使边缘和中心都减轻。单独增大矿角时，加重边缘，减轻中心；单独减小矿角时，加重中心，减轻边缘。单独增大焦角时，加重中心作用更大，控制中心气流十分敏感；单独减小焦角时，则中心气流发展。

改变溜槽倾角来调节煤气流时，对炉喉径向矿焦比（气流分布）影响作用由小到大的一般规律是：

影响小　$\alpha_{焦} = \alpha_{矿}$，布料时，$\alpha_{焦}$ 与 $\alpha_{矿}$ 同时、同值改变；

　　　　$\alpha_{焦} = \alpha_{矿}$，布料时，$\alpha_{焦}$ 与 $\alpha_{矿}$ 同时、不同值改变；

↓　　　$\alpha_{焦} \neq \alpha_{矿}$，布料时，$\alpha_{焦}$ 与 $\alpha_{矿}$ 同时、同值改变；

　　　　$\alpha_{焦} \neq \alpha_{矿}$，布料时，$\alpha_{焦}$ 与 $\alpha_{矿}$ 同时、不同值改变；

影响大　$\alpha_{焦} \neq \alpha_{矿}$，布料时，$\alpha_{焦}$ 与 $\alpha_{矿}$ 不同时、不同值改变。

2.6.4.3　判断装料制度是否合理的标准

（1）煤气利用率。煤气利用率 η_{CO} 的值在 0.5 以上时表明装料制度合理，在 0.45 左右时较合理，在 0.4 以下时较差，在 0.3 以下时则很差。

（2）炉喉煤气分析曲线。边缘气流型表明装料制度不合理，双峰型有两条通道适合于原料差的高炉，中心开放型适合于大中型高炉，平峰型煤气利用最好。

（3）炉顶温度。装料制度合理的标准为：中心 $500 \sim 600℃$，四周 $150 \sim 200℃$，四周各点温差不大于 $50℃$。

（4）炉顶煤气中 CO_2 含量（表示能源利用情况）。装料制度合理、煤气利用好时，$2000m^3$ 以上高炉，炉顶煤气中 CO_2 含量应在 $20\% \sim 24\%$ 范围内；$1000m^3$ 左右高炉，炉顶煤气中 CO_2 含量应为 $20\% \sim 22\%$；$1000m^3$ 以下高炉，炉顶煤气中 CO_2 含量应为 $18\% \sim 20\%$。

2.6.4.4　选择或变更装料制度时应注意的问题

（1）力求装料制度稳定，但在高炉出现压差升高、憋风、难行时应及时调整装料制度，用两条煤气通路来争取高炉顺行。一旦炉况恢复、各种仪表反映正常，应及时恢复原有的装料制度。还要经常注意炉墙温度和压量指数的变化，如果炉墙温度低于正常值，应及时调整装料制度。变更装料制度时应尽量固定几个因素、变更一个因素，否则会自乱阵脚。

（2）禁止长期使用剧烈发展边缘气流的装料制度。

（3）高炉冶炼一般希望废铁和石灰石装入高炉的中心。因炉顶和装料设备的结构不同，原料的装入顺序也不相同。料车式高炉，原料装入料车的顺序是：废铁→石灰石→矿石→锰矿；无料钟炉顶皮带上料的高炉，原料装入的顺序是：锰矿→烧结矿→球团矿→石灰石。

（4）使用倒分装时还可使用两个料线，当矿石料线高于焦炭料线时，有利于边缘气流的发展；相反，则有利于发展中心气流。

（5）变更装料制度时还要考虑热制度的波动。一般来说，改倒装，可疏松边缘、促进顺行，但有降炉温作用，炉凉时不宜采用，采用时应考虑减负荷；改正装，在抑制边缘气流的同时有提炉温作用，当高炉急剧转热时不可改正装以免悬料，一般应逐渐增加正装的比例；改双装，可加厚料层、促进煤气流均匀分布，但有堵中心的作用，可以在冶炼强度高或管道行程时使用。加净焦或空焦可迅速改善料柱透气性（加煤、提风温无此作用），补充因炉料预热还原不充分在炉缸内造成的大量热消耗，较大幅度地提高炉温，有利于尽快恢复炉况。与加煤、提风温相比，焦炭在炉缸能充分参加反应；而煤粉在条件不好时燃烧不完全，尤其是在失常炉况下会使炉渣黏度升高，给恢复炉况造成困难。

【技术操作】

任务 2-1　高炉当班的生产组织

A　接班前了解情况

（1）了解原燃料的槽存及理化指标，若发现不符合要求，应立即报告；

（2）了解高炉附属系统的工作是否正常；

（3）了解风口与风管工作是否正常、有无烧红部位、是否有烧穿危险；

（4）了解冷却壁是否有破损、冷却水温差是否有变化等。

B　对上班操作进行分析

（1）分析料批。按规定的料批是否达到或超过，分析前后 4h 料批的差量。一般情况下，当跑料不足时，炉温易向热发展；反之，炉温向凉发展。

（2）分析风温使用水平。分析风温是否在平均风温范围内。当其他条件变化不大时，若风温使用水平低于平均值，要防止炉温向凉，撤风温的幅度越大、时间越长，向凉的程度越大。

（3）分析炉温发展趋势。如果上班炉凉，应分析其提温的情况。

（4）分析喷煤量水平。应喷煤量超过平均水平时，炉子趋向转热，反之则转凉。

（5）分析氧气量使用水平。当氧量超过平均水平，料批也超过正常料批数时，应该防凉。如果料批没有增加，表明炉温向热。

（6）分析炉渣碱度的波动。炉渣碱度对 $w[S]$ 以及炉渣流动性有重要影响，炉渣碱度高有利于降低 $w[S]$。

（7）分析变料情况。上班临时加焦时，应注意焦炭下达到风口的时间，此时高炉有向热的可能。

（8）分析渣铁是否出净。一般渣、铁出净，则下料快；反之炉子受憋，则下料慢。

（9）分析高炉顺行情况。分析有无悬料、崩料、低料线等情况。

C　制定本班的操作方针

某高炉操作方针制定表见表 2-36。

表 2-36　某高炉操作方针制定表

生产量	(1) 出铁量；(2) 送风量；(3) 富氧量
燃料比	(1) 焦比；(2) 煤比；(3) 送风温度；(4) 送风湿度；(5) 焦丁比
原燃料	(1) 原燃料各品种使用比例；(2) 落地烧结矿的使用方法；(3) 落地焦炭的使用方法
装料制度	(1) 装入顺序；(2) 布料挡位；(3) 布料圈数；(4) 料线；(5) 指定工作探尺；(6) 焦炭或矿石批重
操　作	(1) 炉顶压力；(2) 铁水 $w[\mathrm{Si}]$ 控制范围；(3) 铁水温度控制范围；(4) 风量、风压控制范围；(5) 风口前燃烧温度控制范围；(6) 风口风速控制范围；(7) 鼓风动能控制范围；(8) 透气性指数控制范围；(9) 铁水 $w[\mathrm{S}]$ 控制范围和炉渣碱度控制范围
质　量	(1) 烧结矿、焦炭的质量要求；(2) 煤粉的品种、质量要求；(3) 槽下筛网尺寸及种类
休　风	(1) 休风时间；(2) 休风时的热补偿及方法
作业管理	(1) 炮泥的品种；(2) 炉前各沟耐材品种选择；(3) 煤粉喷枪的种类；(4) 出铁时间；(5) 铁口深度的控制范围；(6) 铁口钻头大小和铁棒直径；(7) 铁口打泥量
设备管理	(1) 炉体各部温度的管理基准值；(2) 各部位热负荷控制范围
其　他	(1) 非正常操作时作业及设备管理基准；(2) 高炉专家系统的使用方法；(3) 高炉长寿措施实施内容

D　照顾好下班

(1) 控制风压和压差在操作制度规定的范围内，如果上班为了多跑料而维持较高（超规定）的风压，下班就需适当退守，从而影响其生产指标。

(2) 炉温应控制在适当水平。交班时如果是下限炉温，下班接班后必须控制料速提炉温，也对其生产指标有影响。

任务 2-2　高炉炉况的日常调剂

A　炉温的调剂

以当日规定的 $w[\mathrm{Si}]$ ±0.1%、铁水温度 ±20℃ 为标准，如果是短期性的超出标准，必须调整喷煤量；如果是长期性的超出标准，应在调整喷煤量的同时根据情况调整氧量、风量、焦炭负荷。

B　炉渣碱度的调剂

以当日规定的炉渣碱度 ±0.03 为标准，超出标准时应采取调整烧结矿比例或下酸料的方法进行调节。

C　料速的调剂

以当日规定的小时料速 ±2 批为标准，若大于标准，必须采取减氧、减风，同时增加喷煤量的措施稳定综合负荷；若小于标准，首先应分析清楚原因，然后采取增加氧量、减少喷煤量的措施稳定综合负荷。

D 风温的调剂

以当日规定的风温 ±20℃ 为标准，不得随意变动。

E 风压与压差的调剂

风压波动上限规定：

$$p = p_0 + 3\delta$$

式中 p ——波动后的风压，kPa；

p_0 ——正常风压，kPa；

δ ——正常时风压的偏差值，kPa。

当风压有大的波动、超过上限规定时必须减风，减风幅度至少应为 20kPa。等风压平稳、料线均匀顺畅后方可加风，每次加风幅度不能过大，加风时间间隔应在 15min 以上。

F 喷煤量的调剂

以当日规定的喷煤量 ±0.3t 为标准，不得随意变动。需要超标准时，应立即与上级领导联系，同意后方可进行。考虑喷煤的热滞后，在有计划增减喷煤量时，一般在负荷调整 3~4h 后进行。每次调煤量不可大于 4t/h，同班同向调煤量不可大于 8t/h。

G 煤气流分布的调剂

（1）边缘气流发展时：增加边缘布矿量→加风→缩小风口面积（或采用长风口）→堵风口；

（2）中心气流发展时：增加中心布矿量→减风→扩大风口面积（或采用短风口）；

（3）管道行程时：停氧→定点布料→减风→减煤→减风温→坐料→定向堵风口。

【问题探究】

2-1 写出还原反应的通式。作为高炉还原剂的条件是什么，高炉内的还原剂有哪些？

2-2 什么是直接还原反应，什么是间接还原反应？比较两种还原反应的特点。

2-3 高炉中硅还原的条件是什么？

2-4 说明高炉中磷 100% 还原的原因。

2-5 高炉内直接还原、间接还原区域是如何划分的？

2-6 生铁形成过程中，碳是如何进入生铁的？

2-7 已知反应 $FeO + CO = Fe + CO_2$，$\Delta G^{\ominus} = -22800 + 24.27T$（J/mol），设体系中 $p_{CO}/p_{CO_2} = 0.7$，求反应的开始温度。

2-8 用 1000m^3 组成为 50% N_2、40% CO、10% CO_2 的气体在 1000℃ 条件下还原 FeO，试计算所获得的金属铁量。

2-9 若生铁中 $w[Si] = 0.4\%$、$w[Mn] = 0.5\%$、$w[P] = 0.03\%$、$w[Fe] = 93.5\%$，当 $r_d = 0.5$ 时，求直接还原 1kg 生铁的耗碳量。

2-10 炉渣的成分有哪些，炉渣的作用是什么？

2-11 什么是炉渣碱度，其表示方法有哪些？

2-12 软熔带有哪几种形式，它们对高炉冶炼有何影响？

2-13 炉渣的物理性质包括哪些方面，它们对高炉冶炼有何影响？

2-14 影响生铁中硫含量的因素有哪些，炉渣脱硫的条件是什么？

2-15 说明炉缸燃料燃烧的作用，写出焦炭在风口前的燃烧反应方程式。

2-16 在无喷吹的条件下，计算鼓风湿度为2%、富氧率为2%时炉缸煤气的组成。

2-17 什么是风口前理论燃烧温度，影响理论燃烧温度的因素有哪些？

2-18 说明炉缸中煤气成分、温度、压力在上升过程中的变化。

2-19 什么是燃烧带和焦炭回旋区，燃烧带对冶炼过程有哪些影响？

2-20 影响燃烧带大小的因素有哪些？

2-21 什么是鼓风动能，其表达式如何？

2-22 合适的鼓风动能应考虑哪些因素，鼓风动能对高炉冶炼有哪些影响？

2-23 什么是水当量，在高炉内煤气和炉料水当量是如何变化的？

2-24 为什么高炉上部炉料水当量小于煤气水当量，而高炉下部炉料水当量大于煤气水当量？

2-25 试述高炉内的热交换规律。怎样利用这一规律来改善煤气的能量利用？

2-26 炉料下降的条件有哪些，影响料柱压差的因素有哪些？

2-27 什么是冶炼周期？

2-28 炉喉煤气流分布有哪些形式，何为合理的煤气分布？

2-29 什么是高炉的热制度、造渣制度、送风制度和装料制度？

2-30 铁矿石还原过程与炉缸温度有何关系？

2-31 风量和料速对炉缸温度有何影响？

2-32 原燃料质量变化对炉缸温度有何影响？

2-33 日常操作中炉温控制有哪些手段，调剂时应遵循哪些原则？

2-34 高炉冶炼对选择造渣制度有哪些要求？

2-35 送风制度是否合理的评价指标有哪些？

2-36 什么是下部调剂，调剂的主要参数有哪些，调剂的目的是什么？

2-37 选择风量的原则是什么？

2-38 如何评价装料制度是否合理？

【技能训练】

项目2-1　现场核料与变料计算

（1）某高炉使用的炉料结构见表2-37，计算硫负荷为多少？

表2-37　炉料成分表

炉料名称	批重/kg·批$^{-1}$	TFe/%	S/%
烧结矿	21000	57.8	2.8
球团矿	2100	61.8	0.6
生矿	1100	62.05	3.5
焦炭	5700		0.65

（2）某1000m^{3}高炉风温为1100℃，风压为0.3MPa，有14个风口工作，风口直径为160mm，仪表记录风量 $V_{风仪}=2500$m^3/min，漏风率为10%，求实际风速和鼓风动能。

（3）某高炉 $V_u=1513$m^3，全焦冶炼，风量（标态）为3000m^3/min，风口焦炭燃烧率为72%，鼓风湿度为1%，焦炭固定碳含量为85%，矿批为30t/批，焦批为8t/批，计算冶炼周期（矿石堆积密度 $\gamma_{矿}=1.8t/m^3$，焦炭堆积密度 $\gamma_{焦}=0.45t/m^3$，炉料在炉内的体积缩减系数为 $C=0.14$）。

（4）某高炉使用烧结矿，铁含量由58.49%下降到52.5%，原矿批为56t/批，焦批为14t/批，综合焦比为528kg/t，求负荷变动量（η_{Fe} 取0.997）。

（5）已知某高炉炉料结构中含烧结矿80%，炉渣碱度 $R=1.1$，矿批为9000kg/批，焦批为2200kg/批，喷煤6t/h，料速为8批/h。铁的分配率为99.5%，生铁成分中 $w[Si]=0.6\%$。炉料成分见表2-38。问需配加球团矿和生矿各百分之几？

表2-38　炉料成分表

名　称	烧结矿	球团矿	生矿	焦	煤
CaO/%	8.1	0.6	2.0	0.7	0.2
SiO₂/%	4.5	8.0	12.6	5	7
TFe/%	57	62	56		

（6）已知矿批为21.6t/批，焦批为6.0t/批，烧结矿和块矿分别含铁45.5%、44.25%，生铁含铁92%，Fe进入生铁98.4%，当风温由1030℃提高到1080℃时，求焦比为多少？在焦批不变时，矿批变化多少（100℃风温影响焦比4%）？

（7）某高炉生产中焦炭质量发生变化，灰分由12%升高至14.5%，按焦批为1000kg/批、固定碳含量为85%计算，每批焦以调整多少为宜？

项目2-2　案例分析

某高炉在2006年10月10~15日期间，原燃料条件见表2-39。

表2-39　原燃料条件　　　　　　　　　　　　　　　　（%）

日　期	烧结矿粒度组成				焦炭分析	
	15~25mm	10~15mm	5~10mm	<5mm	CSR	CRI
2006.10.10	47.73	28.07	21.01	3.2	60.92	29.00
2006.10.11	37.09	23.37	30.06	9.48	57.18	31.50
2006.10.12	38.17	17.30	31.24	12.56	58.50	30.00
2006.10.13	32.47	25.54	32.55	9.45	56.30	30.30
2006.10.14	30.44	24.77	35.82	10.97	53.67	31.25
2006.10.15	28.01	24.76	31.35	15.67	55.62	31.90

从10月11日开始炉况失常，风量萎缩到3000m³/min，风压波动大，高炉不接受风量，对出铁晚点时间非常敏感，易憋炉；管道行程、崩料、塌料、悬料频繁，高炉顺行遭到彻底破坏，各项技术经济指标下滑。10月11日，全天平均风量为3860m³/min，比10日全天平均风量低90m³/min。11日16∶40，炉况突然难行，风压陡升，风机因承受不了风压而自动放风，为恢复炉况，被迫缩矿批、调矩阵。10月13日加全风后，高炉操作参数恢复至与11日相同。

　　10 月 15 日夜班 01：30 时，炉况难行，风量萎缩，把矩阵由 $O^{11109876}_{233212} C^{1098761}_{222223}$ 调整为 $O^{11109876}_{233221} C^{1098761}_{222224}$。04：30 时悬料，被迫处理炉况。高炉坐料后由于风量小，炉况顺行变差，矿批由 58t/批减小到 55t/批。08：00 时将矿批减到 50t/批，同时锐减焦炭负荷，矩阵变为 $O^{109876}_{33221} C^{1098761}_{222224}$。通过观察炉喉摄像，发现中心气流不畅，边缘气流又不稳定。17：00 时，矩阵调整为 $O^{11109876}_{133221} C^{1098761}_{222224}$，但由于透气性差，风量偏小，仅为 2950$m^3$/min，且塌料不断。18：20 时再次难行、悬料。为此，决定堵 8 号、14 号、21 号、28 号四个风口，减小矿批到 45t/批，停氧、停煤，实行全焦冶炼，集中加净焦洗炉；并从 10 月 15 日开始，炉料结构由 76% 烧结矿 +10% 唐山球团矿 +10% 水冶球团矿 +4% 海南矿改为 81% 烧结矿 +9% 水冶球团矿 +5% 锰矿 +5% 海南矿。

　　经过几天的处理，10 月 19 日的风量、风压恢复到 3850m^3/min、355kPa，炉况转入正常。

　　分析以下问题：

　　（1）处理炉况过程中，矩阵由 $O^{109876}_{33221} C^{1098761}_{222224}$ 变为 $O^{11109876}_{133221} C^{1098761}_{222224}$，希望能够起到什么作用？

　　（2）高炉坐料后，矿批由 58t/批减小到 55t/批，08：00 时再减到 50t/批，目的是什么？

　　（3）10 月 15 日 18：20 再次难行、悬料后，决定堵 8 号、14 号、21 号、28 号四个风口的意义何在？

　　（4）10 月 15 日开始，炉料结构发生了什么变化，其目的是什么？

　　（5）此次高炉炉况失常可能是由哪些原因导致的？

高炉炉体的监控与维护

【学习目标】

(1) 掌握高炉本体结构的组成与作用；

(2) 能够确定高炉座数和容积；

(3) 能够进行简单的炉型设计计算，能够进行砖型的选择与砖量的计算；

(4) 熟悉高炉砌筑用耐火材料的性能，了解高炉各部位炉衬的破损机理，会为高炉选择合适的耐火材料；

(5) 掌握高炉冷却的结构形式、作用，会选择合适的冷却设备；

(6) 熟知风口套的组成、作用、结构和破损机理；

(7) 掌握冷却制度，掌握冷却设备破损的原因、判断方法和处理措施；

(8) 了解高炉炉体的支撑结构，熟知对高炉基础的要求；

(9) 会根据炉体监控参数判断炉衬的工作状态；

(10) 能够提出高炉炉体的维护措施，提高高炉寿命。

【相关知识】

目前，全世界高炉炼铁仍是炼铁生产的主流程。2010 年全世界产铁 10.31 亿吨，非高炉炼铁产量只有 5655 万吨，占生铁总产量的 7%。高炉炉体是建立在高炉炉型基础上的高炉实体，从里到外依次是炉衬、冷却设备和炉壳，自上而下依次为炉顶、高炉内型、死铁层、炉底与炉基，周围是钢结构框架，热风围管环绕高炉，送风支管均匀布置在炉缸周围，连续为高炉送风。

高炉本体包括高炉炉型、炉衬、冷却设备、钢结构以及高炉基础等。

3.1　高炉炉型

3.1.1　高炉炉容的确定

高炉大小以高炉有效容积表示，高炉有效容积和高炉座数表明高炉车间的规模。高炉车间总容积可以根据生铁年产量来确定。

生铁年产量的确定有两种方式。

一是在设计任务书中直接给出，如果任务书给出多个品种生铁（如炼钢生铁与铸造生铁）的年产量，则应将铸造生铁年产量乘以折算系数，换算为炼钢生铁的年产量后，再求出总产量。折算系数与铸造生铁硅含量的关系见表 3-1。

表3-1　折算系数与铸造生铁硅含量的关系

铸造生铁代号	Z14	Z18	Z22	Z26	Z30	Z34
$w[\mathrm{Si}]/\%$	≥1.25~1.6	>1.6~2.0	>2.0~2.4	>2.4~2.8	>2.8~3.2	>3.2~3.6
折算系数	1.14	1.18	1.22	1.26	1.30	1.34

二是任务书给出钢锭产量，需要通过金属平衡来确定生铁年产量。一般单位钢锭的钢液消耗系数为1.01~1.02，吨钢的铁水消耗取决于炼钢方法、炼钢炉容大小、废钢消耗等因素，一般为1.05~1.10t，技术水平较高、炉容较大的高炉选低值；反之，取高值。

$$高炉总容积 = \frac{生铁年产量}{高炉有效容积利用系数 \times 高炉年工作日}$$

高炉有效容积利用系数一般直接选定。大高炉选低值，小高炉选高值。利用系数的选择应该既先进又留有余地，保证投产后短时间内达到设计产量。如果选择过高，则达不到预定的生产量；如果选择过低，则使生产能力得不到发挥。

高炉年工作日是指高炉一代期间扣除大修、中修、小修时间后，每年平均实际生产时间。

高炉设计参数的参考值见表3-2。

表3-2　高炉设计参数的参考值

炉容级别/m³	1000	2000	3000	4000	5000
设计年平均利用系数/t·(m³·d)⁻¹	2.0~2.4	2.0~2.35	2.0~2.3	2.0~2.3	2.0~2.25
设计年平均燃料比/kg·t⁻¹	≤520	≤515	≤510	≤505	≤500
设计年平均焦比/kg·t⁻¹	≤360	≤340	≤330	≤310	≤310

注：不包括特殊矿石炼铁的设计指标。

高炉炼铁车间的总容积确定之后，就可以确定高炉座数和一座高炉的容积。设计时，一个车间的高炉容积最好相同，这样有利于生产管理和设备管理。高炉座数的确定应从两方面考虑，一方面从投资、生产效率、管理等角度考虑，数目越少越好；另一方面从铁水供应、高炉煤气供应的角度考虑，则希望数目多些。确定高炉座数的原则是，应保证在一座高炉停产时铁水和煤气的供应不致间断。过去钢铁联合企业中高炉数目较多，近年来随着管理水平的提高，新建企业一般只有2座或3座高炉。

3.1.2　高炉炉型的表示方法

高炉炉型指的是高炉工作空间的内部剖面形状。好的高炉炉型应能实现炉料的顺利下降和煤气流的合理分布。高炉所使用的原燃料条件、操作条件以及采用的技术都对炉型尺寸有影响，所以，设计炉型必须与所使用的原燃料条件、冶炼铁种的特性、炉料运动以及煤气流运动相适应。

在生产过程中由于炉衬的不断侵蚀，炉型是变化的。高炉生产后形成的炉型称为操作炉型。操作炉型和设计炉型相比，变化主要体现为炉腰直径变大，炉腹高度增加，炉腹角、炉身角变小。在高炉一代炉役期内，往往炉役中期的生产技术指标比开炉时期要好，而炉役后期则技术指标又会变差。这说明炉役中期形成的炉型能更好地适应高炉冶炼的规律，这样形成的操作炉型应该是合理的操作炉型。由于炉役中期形成的炉型冶炼指标最好，在设计时应充分考虑这一变化规律，力求在生产中尽快地形成合理的操作炉型。近年来出现的薄壁炉衬的内型设计就是基于这一点，当然，薄壁炉型设计也减少了砌筑用耐火材料的使用量。

由于高炉冶炼过程和工作条件十分复杂，用理论计算方法设计出来的炉型难以满足生产需要。因此，现在高炉炉型设计仍然采用分析比较法和经验公式相结合的方法进行。合理炉型的设计方法是：

（1）参考已有炉型的计算方法，初步确定高炉内型各部位尺寸及其基本的比例关系。

（2）研究国内外高炉炉型的发展趋势，重点调整局部尺寸。

（3）收集国内外炉型资料，以炉容相近、原燃料及操作条件相近、生产指标先进的炉型为参考，对计算炉型尺寸做适当的调整。

高炉炉型各部位尺寸的表示方法见图3-1。

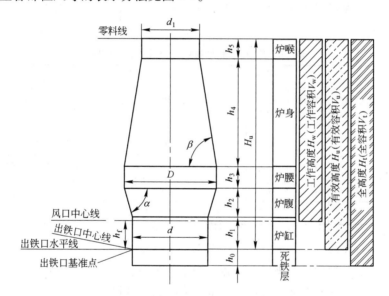

图 3-1 高炉炉型各部位尺寸的表示方法

H_u—有效高度，mm；V_u—有效容积，m^3；D—炉腰直径，mm；d—炉缸直径，mm；

d_1—炉喉直径，mm；h_0—死铁层厚度，mm；h_1—炉缸高度，mm；h_2—炉腹高度，mm；

h_3—炉腰高度，mm；h_4—炉身高度，mm；h_5—炉喉高度，mm；h_f—风口高度，mm；

α—炉腹角，(°)；β—炉身角，(°)

3.1.3 高炉炉型尺寸与高炉冶炼的关系

3.1.3.1 高炉有效容积和有效高度

我国规定，高炉有效容积（V_u）为高炉有效高度内包容的容积，高炉有效高度为高炉零料线到出铁口水平线之间的垂直距离。对钟式高炉而言，零料线是指高炉大钟下降位置的下缘线；对于无钟炉顶来说，零料线一般为旋转溜槽最低位置的下缘。日本高炉以内容积来表示高炉的大小，内容积是大钟开启时下沿以下1000mm处到出铁口底面水平线之间的容积。美国高炉以工作容积表示炉容，工作容积指的是大钟开启时底面以下915mm处到风口中心线之间的容积。欧美也有用高炉全容积来表示高炉大小的，全容积是指大钟开启时底面以下 915mm 处到炉底砖衬表面之间（包括死铁层）的容积。

高炉的有效高度对高炉内煤气与炉料之间的传热、传质过程有很大影响。在相同的炉容和冶炼强度条件下，增大有效高度，炉料与煤气流接触机会增多，有利于改善传热、传质过程，降低燃料消耗；但过分增加有效高度，料柱对煤气的阻力增大，容易形成料拱，对炉料下降不利，甚至破坏高炉顺行。高炉有效高度应适应原燃料条件，如原燃料强度、粒度及均匀性等方面的变化。生产实践证明，高炉有效高度与有效容积之间有一定关系，但不是直线关系，当有效容积增加到一定值后，有效高度的增加则不显著。

高炉有效高度与炉腰直径的比值（H_u/D）是表示高炉"矮胖"或"细长"的一个重要指标，不同炉型的高炉其比值范围是：

巨型高炉	大型高炉	中型高炉	小型高炉
约 2.0	2.5 ~ 3.1	2.9 ~ 3.5	3.7 ~ 4.5

随着高炉有效容积的增加，H_u/D 的值在逐渐降低。表 3-3 所示为国内外部分高炉炉型及 H_u/D 的值。

表 3-3　国内外部分高炉炉型及 H_u/D 的值

国　家	乌克兰	日　本			俄罗斯	中　国				
厂　别	克里沃罗格	鹿岛	君津	千叶	新利佩克	宝钢	武钢	马钢	包钢	首钢
炉　号	9	3	3	5	5	3	5	1	3	2
炉容/m³	5026	5050	4063	2584	3200	4350	3200	2545	2200	1726
H_u/m	33.5	32.8	32.6	30	32.2	31.5	30.6	29.4	27.3	26.7
D/m	16.1	16.3	14.6	12.1	13.3	15.2	13.4	12.0	11.6	10.7
H_u/D	2.08	1.95	2.23	2.48	2.421	2.072	2.283	2.45	2.353	2.495

3.1.3.2　炉缸

高炉炉型下部的圆筒部分为炉缸，在炉缸上分别设有风口、渣口与铁口，现代高炉大多不设渣口。炉缸下部储存液态渣铁，上部空间为风口的燃烧带。

A　炉缸直径

炉缸直径过大和过小都直接影响高炉生产。炉缸直径过大将导致炉腹角过大，边缘气流过分发展，中心气流不活跃而引起炉缸堆积，同时加速对炉衬的侵蚀；炉缸直径过小则限制焦炭的燃烧，影响产量的提高。炉缸截面积应保证一定数量的焦炭和喷吹燃料的燃烧，炉缸截面燃烧强度是高炉冶炼的一个重要指标，它是指每小时每平方米炉缸截面积所燃烧的焦炭数量，一般为 $1.00 ~ 1.25t/(m^2 \cdot h)$。炉缸截面燃烧强度的选择应与风机能力和原燃料条件相适应，风机能力大、原料透气性好、燃料可燃性好时，炉缸截面燃烧强度可选大些，否则选低值。

根据高炉每天燃烧的焦炭量可得到下列关系式：

$$\frac{\pi}{4}d^2 i_{燃} \times 24 = IV_u$$

得出：

$$d = 0.23 \sqrt{\frac{IV_u}{i_{燃}}} \tag{3-1}$$

式中 I——冶炼强度，$t/(m^3 \cdot d)$；

$i_{燃}$——炉缸截面燃烧强度，$t/(m^2 \cdot h)$；

d——高炉炉缸直径，m；

V_u——高炉有效容积，m^3。

计算得到的炉缸直径应该再用 V_u/A（A 为炉缸截面积）进行校核。不同炉容的 V_u/A 值见表 3-4。

表 3-4 不同炉容的 V_u/A 值

炉 型	大 型	中 型	小 型
V_u/A	22 ~ 28	15 ~ 22	10 ~ 13

B 炉缸高度

炉缸高度的确定包括铁口数目、渣口高度、风口高度、风口数目以及风口结构尺寸的确定。

（1）铁口数目。铁口位于炉缸下水平面，铁口数目的多少应根据高炉炉容或高炉产量而定，一般 $1000m^3$ 以下高炉设一个铁口，$1500 \sim 3000m^3$ 高炉设 2 或 3 个铁口，$3000m^3$ 以上高炉设 3 或 4 个铁口；或以每个铁口日出铁量达 $1500 \sim 3000t$ 设置铁口数目。原则上，出铁口数目取上限有利于强化高炉冶炼。

（2）渣口高度。渣口中心线与铁口中心线之间的距离称为渣口高度（h_z），它取决于原料条件，即渣量的大小。渣口过高，下渣量增加，对铁口的维护不利；渣口过低，易出现渣中带铁事故，从而损坏渣口。大中型高炉的渣口高度多为 $1.5 \sim 1.7m$。渣口高度也可以参照下式进行计算：

$$h_z = \frac{4bP}{\pi N C \rho_{铁} d^2} \tag{3-2}$$

式中 P——日产生铁量，t；

b——生铁产量波动系数，一般取 1.2；

N——昼夜出铁次数，次；

C——渣口以下炉缸容积利用系数，一般取 $0.55 \sim 0.60$，炉容大、渣量大时取低值；

$\rho_{铁}$——铁水密度，取 $7.1t/m^3$；

d——炉缸直径，m。

如果原燃料品位低、渣量多，小型高炉设一个渣口，大中型高炉设两个渣口，两个渣口的高度差为 $100 \sim 200mm$，也可在同一水平面上。渣口直径一般为 $50 \sim 60mm$。原燃料品位高、渣量少时，高炉一般设置多个铁口而不设渣口，例如，宝钢 $4063m^3$ 高炉设置 4 个铁口，唐钢 $2560m^3$ 高炉设置 3 个铁口，多个铁口交替连续出铁。

（3）风口高度。风口中心线与铁口中心线之间的距离称为风口高度（h_f），风口与渣口的高度差应能容纳上渣量和提供一定的燃烧空间。风口高度可参照下式计算：

$$h_f = \frac{h_z}{k} \tag{3-3}$$

式中 k——渣口高度与风口高度之比，一般取 $0.5 \sim 0.6$，渣量大时取低值。

（4）风口数目。风口数目主要取决于炉容大小，与炉缸直径成正比，还与预定的冶炼强度有关。风口数目多有利于减小风口间的"死料区"，改善煤气分布。确定风口数目可以按下式计算：

中小型高炉　　　　　　　　　　　$n = 2(d+1)$　　　　　　　　　　　（3-4）

大型高炉　　　　　　　　　　　　$n = 2(d+2)$　　　　　　　　　　　（3-5）

4000m³ 左右的巨型高炉　　　　　$n = 3d$　　　　　　　　　　　　　（3-6）

风口数目也可以根据风口中心线在炉缸圆周上的距离（s）进行计算：

$$n = \frac{\pi d}{s}$$　　　　　　　　　　　　　　　　（3-7）

式中，s 在 1.1~1.6m 之间取值。我国高炉设计曾经是小高炉取下限，大高炉取上限。日本设计的 4000m³ 以上的巨型高炉，s 取 1.1m，增加了风口数目，有利于高炉冶炼的强化。确定风口数目时还应考虑风口直径与入炉风速，风口数目一般取偶数。推荐的风口数目见表 3-5。

表 3-5　风口数目推荐值

高炉容积/m³	1000	2000	2500	3000	4000	5000
风口个数/个	16~20	24~28	26~30	28~32	34~38	40~42

（5）风口结构尺寸。风口结构尺寸（a）根据经验直接选定，一般为 0.35~0.50m。表 3-6 所示为不同容积高炉的风口结构尺寸。

表 3-6　不同容积高炉的风口结构尺寸

高炉容积/m³	250	600	1000	1500	2000	2560
a/mm	350	350	400	400	500	500

炉缸高度 h_1 可用下式表示：

$$h_1 = h_f + a$$　　　　　　　　　　　　　　　　（3-8）

3.1.3.3　炉腹

炉腹在炉缸上部，呈倒截圆锥形。炉腹的形状适应了炉料熔化滴落后体积的收缩，可稳定下料速度；同时，可使高温煤气流离开炉墙，既不烧坏炉墙又有利于渣皮的稳定；对上部料柱而言，使燃烧带处于炉喉边缘的下方，有利于松动炉料、促进炉况顺行。燃烧带产生的煤气量为鼓风量的 1.4 倍左右，理论燃烧温度为 2000~2300℃，气体体积剧烈膨胀，炉腹的存在可适应这一变化。

炉腹的结构尺寸是指炉腹高度（h_2）和炉腹角（α）。炉腹过高，有可能炉料尚未熔融就进入收缩段，易造成难行和悬料；炉腹过低，则减弱炉腹的作用。炉腹高度 h_2 可由下式计算：

$$h_2 = \frac{D-d}{2}\tan\alpha$$　　　　　　　　　　　　　（3-9）

炉腹角一般为 79°~83°，过大会使边缘煤气流过分发展，高炉挂渣困难；过小则增大对炉料下降的阻力，不利于高炉顺行。

3.1.3.4 炉腰

炉腹上部的圆柱形空间为炉腰,它是高炉炉型中直径最大的部位。炉腰处恰是冶炼的软熔带,透气性差,炉腰的存在扩大了该部位的横向空间,改善了透气条件。

在炉型结构上,炉腰起着承上启下的作用,使炉腹向炉身的过渡变得平缓,减小了死角。经验表明,炉腰高度(h_3)对高炉冶炼的影响不太显著,一般取$1 \sim 3m$,炉容大时取上限,设计时可通过调整炉腰高度来修定炉容。

炉腰直径(D)与炉缸直径(d)和炉腹角(α)、炉腹高度(h_2)相关,并决定了炉型的下部结构特点。大型高炉D/d的值取$1.09 \sim 1.15$,中型高炉取$1.15 \sim 1.25$,小型高炉取$1.25 \sim 1.5$。

3.1.3.5 炉身

炉身呈正截圆锥形,其形状适应炉料受热后体积的膨胀和煤气流冷却后体积的收缩,有利于减小炉料下降的摩擦阻力,避免形成料拱。炉身角对高炉煤气流的合理分布和炉料顺行影响较大。炉身角小,有利于炉料下降,但易发展边缘煤气流,使焦比升高;炉身角大,有利于抑制边缘煤气流,但不利于炉料下降,对高炉顺行不利。设计炉身角时要考虑原燃料条件,原燃料条件好,炉身角可取大值;相反,原料粉末多、燃料强度差时,炉身角取小值。高炉冶炼强度高、喷煤量大时,炉身角也应取小值。此外,炉身角还要适应高炉容积,一般大高炉由于径向尺寸大,径向膨胀量也大,这就要求炉身角小些;相反,中小型高炉的炉身角要大些。炉身角一般在$81.5° \sim 85.5°$之间取值。$4000 \sim 5000m^3$高炉的炉身角取值为$81.5°$左右。

炉身高度(h_4)占高炉有效高度的$50\% \sim 60\%$,保证了煤气与炉料之间传热和传质过程的进行,可按下式计算:

$$h_4 = \frac{D - d_1}{2}\tan\beta \tag{3-10}$$

3.1.3.6 炉喉

炉喉呈圆柱形,它是承接炉料、稳定料面、保证炉料合理分布的重要部位。炉喉直径(d_1)与炉腰直径(D)、炉身角(β)、炉身高度(h_4)相关,并决定了高炉炉型的上部结构特点。d_1/D的值在$0.64 \sim 0.73$之间。

炉喉高度应以能满足控制炉料分布与煤气流分布为宜,过高会使炉料挤紧而影响其下降,过低则难以满足装料制度调节的要求。大型高炉的炉喉高度一般为$2.5 \sim 3m$,中型高炉一般为$1.5 \sim 2m$,小型高炉一般为$1.0 \sim 1.5m$。

3.1.3.7 死铁层厚度

铁口中心线到炉底砌砖表面之间的距离称为死铁层厚度。死铁层是不可缺少的,其内残留的铁水可隔绝渣铁和煤气对炉底的侵蚀,其热容量可使炉底温度均匀、稳定,消除热应力的影响。高炉的死铁层厚度$h_0 = (0.15 \sim 0.2)d$。由于高炉冶炼不断强化,死铁层厚度有增加的趋势。目前国内外新设计的死铁层厚度由原来的$500 \sim 1000mm$增加到$1500 \sim 2500mm$,主要目的是增大死铁层对浸埋在渣铁中焦炭的浮力,减少死料柱下面铁水向铁口流动的阻力,减轻铁水环流对炉缸砖衬的冲刷侵蚀,可有效地保护炉缸。

近年来,炼铁工作者根据本厂的具体情况也提出了很多合理炉型各部位尺寸的比例关系。不同容积高炉炉型各部位尺寸比例关系的选择范围,见表3-7。

表 3-7　不同容积高炉炉型计算的主要参数

项　目	厚壁高炉经验式	薄壁高炉经验式
D/d	$1.10 \sim 1.20$ $(V_u = 300 \sim 1000 m^3)$	$1.14 \sim 1.20$ $(V_u = 2000 \sim 5000 m^3)$
d_1/d	一般为 $0.65 \sim 0.72$，大高炉取大值	$0.73 \sim 0.77$ $(V_u = 2000 \sim 5000 m^3)$
H_u/D	一般为 $2.0 \sim 4.0$	$1.9 \sim 2.4$ $(V_u = 2000 \sim 5000 m^3)$
h_1/m	$h_1 = (0.12 \sim 0.15)H_u$ 或 $h_1 = h_f + a(a = 0.5 \sim 0.7)$	$h_1 = (0.124 \sim 0.170)H_u$ $(V_u = 2000 \sim 5000 m^3)$
$\alpha/(°)$	一般为 $78 \sim 82$	$75 \sim 78$
h_3/m	调整高炉容积用，一般为 $1.0 \sim 3.0$	调整高炉容积用，一般为 $1.0 \sim 3.0$
$\beta/(°)$	一般为 $80 \sim 83$	一般为 $79 \sim 83$
h_f/m	$h_1 - h_f = 0.5 \sim 0.6$	$h_1 - h_f = 0.5 \sim 0.6$

3.1.4　高炉炉型计算例题

[**例 3-1**]　为年产炼钢生铁 280 万吨的高炉车间确定高炉内型尺寸。

解　（1）确定年工作日。

$$年工作日 = 365 \times 95\% = 347 \ 天$$

则日产生铁总量（$P_总$）为：

$$P_总 = \frac{280 \times 10^4}{347} = 8069.2 t$$

（2）确定高炉容积。选定高炉座数为 2 座，利用系数 $\eta_u = 2.0 t/(m^3 \cdot d)$，则每座高炉日产生铁量为：

$$P = P_总 /2 = 4035 t$$

每座高炉有效容积为：

$$V_u = \frac{P}{\eta_u} = \frac{4035}{2.0} = 2018 m^3$$

（3）炉缸尺寸。

1）炉缸直径。选定冶炼强度 $I = 0.95 t/(m^3 \cdot d)$，炉缸截面燃烧强度 $i_燃 = 1.05 t/(m^2 \cdot h)$，则：

$$d = 0.23 \sqrt{\frac{IV_u}{i_燃}} = 0.23 \times \sqrt{\frac{0.95 \times 2018}{1.05}} = 9.83 m, \ 取 \ d = 9.8 m$$

2）炉缸高度。

渣口高度 $h_z = \dfrac{4bP}{\pi NC\rho_铁 d^2} = \dfrac{4 \times 1.20 \times 4035}{3.14 \times 10 \times 0.55 \times 7.1 \times 9.8^2} = 1.64 m$，取 $h_z = 1.7 m$

风口高度 $h_f = \dfrac{h_z}{k} = \dfrac{1.7}{0.56} = 3.03 m$，取 $h_f = 3.0 m$

风口数目 $n = 2(d+2) = 2 \times (9.8+2) = 23.6$ 个，取 $n = 24$ 个

风口结构尺寸选取 $a = 0.5 m$，则炉缸高度为：

$$h_1 = h_f + a = 3.0 + 0.5 = 3.5 m$$

（4）死铁层厚度。选取 $h_0 = 1.5\mathrm{m}$。

（5）炉腰直径、炉腹角、炉腹高度。选取 $D/d = 1.13$，则：

$$D = 1.13 \times 9.8 = 11.07\mathrm{m}，取\ D = 11\mathrm{m}$$

选取 $\alpha = 80°30'$，则：

$$h_2 = \frac{D - d}{2}\tan\alpha = \frac{11 - 9.8}{2} \times \tan80°30' = 3.58\mathrm{m}，取\ h_2 = 3.5\mathrm{m}$$

校核 α：

$$\tan\alpha = \frac{2h_2}{D - d} = \frac{2 \times 3.5}{11 - 9.8} = 5.83，取\ \alpha = 80°16'1''$$

（6）炉喉直径、炉喉高度。选取 $d_1/D = 0.68$，则：

$$d_1 = 0.68 \times 11 = 7.48，取\ d_1 = 7.5\mathrm{m}$$

炉喉高度选取 $h_5 = 2.0\mathrm{m}$。

（7）炉身角、炉身高度、炉腰高度。选取 $\beta = 84°$，则：

$$h_4 = \frac{D - d_1}{2}\tan\beta = \frac{11 - 7.5}{2} \times \tan84° = 16.65\mathrm{m}，取\ h_4 = 17\mathrm{m}$$

校核 β：

$$\tan\beta = \frac{2h_4}{D - d_1} = \frac{2 \times 17}{11 - 7.5} = 9.71，取\ \beta = 84°7'21''$$

选取 $H_u/D = 2.56$，则：

$$H_u = 2.56 \times 11 = 28.16\mathrm{m}，取\ H_u = 28.2\mathrm{m}$$

求得：$h_3 = H_u - h_1 - h_2 - h_4 - h_5 = 28.2 - 3.5 - 3.5 - 17 - 2.0 = 2.2\mathrm{m}$

（8）校核炉容。

炉缸体积：$V_1 = \dfrac{\pi}{4}d^2 h_1 = \dfrac{3.14}{4} \times 9.8^2 \times 3.5 = 264.01\mathrm{m}^3$

炉腹体积：$V_2 = \dfrac{\pi}{12}h_2(D^2 + Dd + d^2) = \dfrac{3.14}{12} \times 3.5 \times (11^2 + 11 \times 9.8 + 9.8^2)$
$= 297.65\mathrm{m}^3$

炉腰体积：$V_3 = \dfrac{\pi}{4}D^2 h_2 = \dfrac{3.14}{4} \times 11^2 \times 2.2 = 209.08\mathrm{m}^3$

炉身体积：$V_4 = \dfrac{\pi}{12}h_4(D^2 + Dd_1 + d_1^2) = \dfrac{3.14}{12} \times 17 \times (11^2 + 11 \times 7.5 + 7.5^2)$
$= 1156.04\mathrm{m}^3$

炉喉体积：$V_5 = \dfrac{\pi}{4}d_1^2 h_5 = \dfrac{3.14}{4} \times 7.5^2 \times 2.0 = 88.36\mathrm{m}^3$

高炉容积：$V_u = V_1 + V_2 + V_3 + V_4 + V_5 = 264.01 + 297.65 + 209.08 + 1156.04 + 88.36$
$= 2015.2\mathrm{m}^3$

校核：$V_u/A = 2015.2/(\dfrac{3.14}{4} \times 9.8^2) = 26.73$

误差：$\Delta V = \dfrac{V_u - V'_u}{V'_u} = \dfrac{2015.2 - 2018}{2018} = 0.14\% < 1\%$

综上，炉型设计合理，符合要求。

（9）绘出炉型图。

3.2　高炉炉衬

高炉耐火材料砌筑的实体称为高炉炉衬。高炉炉衬的寿命决定高炉一代寿命的长短。它的作用是：

（1）构成了高炉的工作空间；

（2）直接抵抗冶炼过程中的机械、热和化学侵蚀；

（3）减少热损失；

（4）保护炉壳和其他金属结构免受热应力和化学侵蚀的作用。

由于高炉内不同部位发生不同的物理化学反应，高炉各部位炉衬所用的耐火材料是不同的。

3.2.1　高炉炉衬的破损机理

高炉炉衬的破损与冶炼条件有关。当冶炼制度与冷却条件等因素相对稳定时，炉衬侵蚀较慢或趋于相对稳定。高炉各部位冶炼条件不同，其侵蚀破坏的因素与程度也不尽相同。

3.2.1.1　炉底、炉缸的破损机理

高炉停炉大修后的炉底破损状况和生产中炉底温度的检测结果表明，炉底破损分两个阶段，第一阶段是铁水渗入使砖漂浮而形成深坑，第二阶段是熔结层形成后的化学侵蚀。见图3-2。

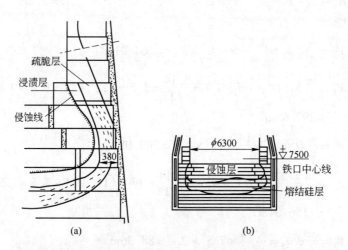

（a）　　　　　　　　　　　　　（b）

图 3-2　高炉炉缸、炉底侵蚀状况

（a）国外某高炉炉缸、炉底侵蚀状况；（b）首钢3号高炉第一代炉底侵蚀状况

铁水渗入的条件，一是炉底砌砖承受着液态渣铁、煤气压力、料柱重量的10% ~ 12%，二是砌砖存在砖缝和裂缝。当铁水在高压下渗入砖衬缝隙时会缓慢冷却，在1150℃时凝固，在冷凝过程中析出石墨碳，体积膨胀，从而又扩大了缝隙，如此互为因果，铁水可以渗入很深。由于铁水密度大于高铝砖和炭砖密度，在铁水的静压力作用下砖会漂浮起来。

当炉底侵蚀到一定程度后，侵蚀逐渐减弱，炉底砖衬在长期的高温高压下部分软化、重新结晶，形成熔结层。与下部未熔结的砖衬相比，熔结层的砖被压缩，孔隙率显著降低，体积密度显著提高，同时砖中氧化铁和碳的含量增加。熔结层中砖与砖已烧结成一个整体，能抵抗铁水的渗入，并且坑底面的铁水温度也较低，砖缝已不再是铁水渗入的薄弱环节了。这时炉衬的损坏主要转化为铁水中的碳将砖中二氧化硅还原成硅，并被铁水所吸收的化学侵蚀，反应如下：

$$SiO_{2(砖)} + 2[C] + [Fe] \Longrightarrow [FeSi] + 2CO$$

因此，熔结层表面的二氧化硅含量降低，而残铁和炉内凝铁中的硅含量增加，这时炉底的侵蚀速度大大减慢。

由此可见，炉底砖衬的侵蚀程度关键在于熔结层的形成位置。生产实践表明，采用炉底冷却的大高炉，炉底侵蚀深度为 $1 \sim 2m$；而没有炉底冷却的高炉，侵蚀深度可达 $4 \sim 5m$。

高炉炉缸侵蚀后的形状有两种，即"锅底形"和"象脚形"。锅底形是由于炉底中部侵蚀较多而形成。这种侵蚀多发生在小型高炉没有炉底冷却或者冷却不足，并使用高铝质耐火材料作为炉缸、炉底砖衬的结构，这时炉缸、炉底的破损机理主要是渣铁的熔蚀和冲刷，碱金属、重金属的破坏，还有洗炉剂（萤石等）的熔损。这种炉缸、炉底结构由于侵蚀快、寿命短，基本已经不再采用。

象脚形多发生在高炉炉缸中心区存在"死料区"和铁水环流的条件下。大中型高炉由于炉缸、炉底采用了炭砖水冷结构，而且炉缸直径大，中心存在的死料区较大，所以易发生这种侵蚀。此外，渣铁渗入炭砖环缝中导致炭砖发生脆化、碱金属的侵蚀以及炭砖尺寸过大致使其承受的热应力增大，也是炭砖环裂不可忽视的原因。相反，国外一些优质炭砖导热性能好、孔隙率低，这就有效地减缓了侵蚀。

3.2.1.2 炉腹、炉腰与炉身的破损机理

（1）上下折角处高温煤气和渣铁的冲刷、侵蚀。高炉内的煤气流速可达 $15 \sim 20m/s$，初始温度高达 $2200 \sim 2300℃$，且携带大量粉尘，上升的煤气流对炉衬有很大的冲刷作用。液态渣铁对炉身下部、炉腰、炉腹部位的侵蚀影响剧烈。炉身中上部的破损主要以炉料的摩擦为主。

（2）高热流强度的冲击。高炉内衬经受着高温和多变的热流冲击，特别是喷煤时，热流强度峰值比正常值高出很多。

（3）碱金属和锌的破坏作用。碱金属氧化物与陶瓷质耐火砖衬会发生化学反应，形成低熔点化合物，并与砖中的 Al_2O_3 形成钾霞石、白榴石，体积膨胀 $30\% \sim 50\%$，使砖衬剥落。锌在炉内的破坏作用则是，锌氧化物被 CO 还原成锌蒸气，发生循环富集，渗入砖缝和砌体中，使耐火砖发生体积膨胀而脆化。目前对于入炉原燃料的碱负荷和锌负荷，分别要求控制在小于 $3kg/t$ 和小于 $0.15kg/t$ 的范围内。

总的看来，高炉自上而下工作条件逐渐恶化，破坏程度逐渐加剧。

3.2.1.3 炉喉的破损机理

炉喉主要受炉料的频繁撞击和高温含尘煤气流的冲刷。如果炉喉部位的炉衬被破坏，布料与煤气流的分布将失去控制。为维持其圆筒形状不被破坏，炉喉材料应具有良好的抗打击能力，所以炉喉要用金属做成炉喉保护板（也称钢砖）。即便如此，它仍会在高温下失去强度，并由于温度分布不均而产生热变形。

高炉内任何部位炉衬的损坏都是诸多因素和破坏机理综合作用的结果。高炉寿命是高炉炉型、炉衬结构和材质、高炉冷却设备、冶炼条件等因素综合作用的结果。

3.2.2　高炉用耐火材料

根据高炉炉衬的操作条件和蚀损特征，要求耐火材料具有以下性质：

（1）耐火度要高。耐火度是指耐火材料开始熔化的温度。

（2）荷重软化点要高。荷重软化点是指将直径为 36mm、高 50mm 的试样在 0.2MPa 载荷下升温，当温度达到某一值时试样高度突然降低的温度。

（3）重烧线变化率要小。重烧线变化率是指烧成的耐火制品在持续升温条件下，承受恒定载荷时产生变形的温度。

（4）抗热震性要好。抗热震性也称为热震稳定性，它是指耐火制品对温度迅速变化所产生损伤的抵抗性能。

（5）抗渣性要高。抗渣性是指耐火材料在高温下抵抗炉渣侵蚀和冲刷作用的能力。高炉耐火材料的损坏约 50% 是由于炉渣侵蚀造成的。

（6）抗碱性要好。抗碱性是指耐火材料在高温下抵抗碱金属侵蚀的能力。

（7）抗氧化性要好。抗氧化性是指耐火材料在高温氧化性气氛下抵抗氧化的能力。

此外，对于散热材料来说，热导率要高；对于保温材料而言，保温性能要好。耐火砖外形尺寸准确，能够确保砖缝达到规定要求。

按照矿物组成分类，高炉常用的耐火材料有陶瓷质（硅酸铝质）耐火材料和炭质耐火材料两类。

3.2.2.1　陶瓷质耐火材料

陶瓷质耐火砖主要有黏土砖、高铝砖、刚玉砖等。

（1）黏土砖。黏土砖的 Al_2O_3 含量为 30%～48%，它有良好的物理力学性能，成本较低，主要用于大中型高炉的炉身上部。YB/T 5050—1993 将高炉用黏土砖按理化指标分为 ZGN-42、GN-42 两种牌号，YB/T 112—1997 规定高炉用磷酸浸渍黏土砖代号为 GLN-42，黏土砖的理化指标见表 3-8。

（2）高铝砖。高铝砖是以高铝矾土为主要原料制成的、用于砌筑高炉的耐火制品。与黏土砖相比，高铝砖的 Al_2O_3 含量高（大于 48%），耐火度与荷重软化点高，抗渣性与抗磨性好。YB/T 5015—1993 将高炉用高铝砖按理化指标分为 GL-65、GL-55、GL-48 三种牌号，见表 3-8。高铝砖常用于炉身上部与中部温度较低的区域。

表 3-8　高炉用黏土砖和高铝砖的理化指标

指　　标	黏土砖			高铝砖		
	ZGN-42	GN-42	GLN-42	GL-48	GL-55	GL-65
Al_2O_3 含量/%	≥42	≥42	41～45	≥48	≥55	≥65
Fe_2O_3 含量/%	≤1.6	≤1.7	≤1.8	≤2.0	≤2.0	≤2.0
耐火度/℃	≥1750	≥1750		≥1750	≥1770	≥1790
0.2MPa 荷重软化开始温度/℃	≥1450	≥1430	≥1450	≥1450	≥1480	≥1500

指标		黏土砖			高铝砖		
		ZGN-42	GN-42	GLN-42	GL-48	GL-55	GL-65
重烧线收缩/%	1500℃，2h					0~0.2	0~0.2
	1450℃，2h	0~0.2	0~0.3	-0.2~0	0~0.2		
显孔隙率/%		≤15	≤16	≤14	≤18	≤19	≤19
常温耐压强度/MPa		≥58.8	≥49.0	≥60	≥49.0	≥58.8	≥58.8
P_2O_5 含量/%				≥7			
抗碱性（强度下降率）/%				≤15			

（3）刚玉砖。刚玉砖主要用于高炉炉缸与炉底的陶瓷杯或陶瓷垫中。刚玉砖中 Al_2O_3 含量大于90%，它是以刚玉为主晶相的耐火材料制品。刚玉砖具有很高的常温耐压强度（可达340MPa）、高的硬度、高的荷重软化开始温度（高于1700℃）及很好的化学稳定性，对酸性或碱性渣、金属以及玻璃液等均有较强的抵抗能力。它的热震稳定性与其组织结构有关，致密制品的耐侵蚀性能良好，但热震稳定性较差。

过去陶瓷杯或陶瓷垫常用的耐火砖以黄刚玉、棕刚玉为主，现在则发展为主要以致密刚玉、微孔刚玉、刚玉莫来石、塑性相复合刚玉为主。

表 3-9、表 3-10 分别为刚玉砖以及加入 SiC 的塑性相结合刚玉砖的理化指标。棕刚玉砖是以棕刚玉为主要成分压制成型的耐火砖，加入 SiC 的复合棕刚玉砖具有良好的抗热震性和强度，且价格相对于刚玉砖便宜很多，可以部分代替刚玉砖用于高炉。表 3-11 所示为复合棕刚玉砖的理化指标。

表 3-9　刚玉砖的理化指标

项目	指标		项目	指标	
	高纯刚玉砖 DL-98	普通刚玉砖 GDL-95		高纯刚玉砖 DL-98	普通刚玉砖 GDL-95
$w(Al_2O_3)$/%	≥98.5	≥95	耐火度/℃	≥1790	≥1790
$w(Fe_2O_3)$/%	≤0.2	≤0.2	重烧线变化(1600℃,3h)/%	≤0.2	≤0.2
$w(SiO_2)$/%	≤0.3	≤3.0			
$w(R_2O)$/%	≤0.3	≤0.6	荷重软化开始温度/℃	≥1700	≥1650
体积密度/g·cm⁻³	≥3.0	≥2.8	热震稳定性（1100℃⇌水冷）/次	≥6	≥10
常温耐压强度/MPa	≥75	≥100			

3.2.2.2　碳质耐火材料

碳质耐火材料是指炭砖、石墨砖、碳化硅砖三个类别的耐火材料。

与陶瓷质材料相比，炭砖耐火度高，不熔化、不软化，3500℃时升华；耐侵蚀、耐磨、抗渗透性好；导热性高；热膨胀系数小，热稳定性好。但其易氧化，对氧化性气氛的抵抗能力差。一般碳质耐火材料在400℃时能被气体中的氧气所氧化，500℃时开始与水汽作用，700℃时与CO_2作用。

表3-10   加入SiC的塑性相结合刚玉砖的理化指标

项 目	指标		项 目	指标	
	高纯刚玉砖 GY1	普通刚玉砖 GY2		高纯刚玉砖 DL-98	普通刚玉砖 GDL-95
$w(Al_2O_3)/\%$	≥75	≥70	耐火度/℃	≥1790	≥1790
$w(Fe_2O_3)/\%$	≤1.0	≤1.0	重烧线变化(1500℃, 2h还原气氛)/%	0~0.1	0~0.1
$w(SiC)/\%$	9~11	9~11			
显孔隙率/%	≤15	≤16	荷重软化开始温度(0.6MPa)/℃	≥1680	≥1660
体积密度/g·cm⁻³	≥3.0	≥2.9	常温抗折强度/MPa	≥15	≥15
常温耐压强度/MPa	≥100	≥80	铁水熔蚀指数/%	≤1.0	≤1.0

表3-11   复合棕刚玉砖的理化指标

项 目	指标	项 目	指标
$w(Al_2O_3)/\%$	≥75	常温耐压强度/MPa	≥100
$w(Fe_2O_3)/\%$	≤1.0	重烧线变化(1500℃, 2h还原气氛)/%	0~0.2
$w(SiC)/\%$	≥14		
显孔隙率/%	≤15	荷重软化开始温度/℃	≥1660
体积密度/g·cm⁻³	3.0	耐火度/℃	≥1790

目前高炉常用的炭砖类型是大炭砖、热压小炭砖、微孔炭砖、超微孔炭砖，主要用于高炉炉底与炉缸部位。

石墨砖（石墨化炭砖、半石墨化炭砖）除具有炭砖的一般特性外，还具有较高的热导率，能够尽快导出炉底的热量，降低炉底温度，常用于高炉炉底部位。

与高铝砖相比，碳化硅砖抗渣性更好，热导率更高；侵蚀速度是黏土砖的1/6，是刚玉砖的1/4。与炭砖相比，碳化硅质材料发生氧化的反应温度要高一些，常用于高炉炉腹、炉腰、炉身中下部。

目前世界上一些国家使用的碳质耐火材料的情况如下：

（1）大炭砖。常规大尺寸炭砖是以煅烧无烟煤、焦炭为骨料，以沥青焦油为结合剂，经热混合、挤压成型、800~1400℃烧制及机械加工而成。炉缸常规大炭砖损坏的特征是在单环环形炭砖内形成环状裂缝。环状裂缝形成的机理除碱金属侵蚀外，还与大炭砖热导率较低（10W/(m·K)）引起的冷、热面温度差太大（可达1450℃）有关，它使炭砖在炉缸厚度方向上产生不易缓冲的差热膨胀。工作热面与冷面的体积膨胀差值在同一大炭砖中产生巨大的应力，导致距炭砖热面一定尺寸处形成环状裂缝。由于充满气体的炭砖环状裂缝降低了传热效果，炭砖热面不容易形成保护性"渣皮"，即使形成渣皮也会脱落。没有渣皮保护的炭砖，必将受到铁水及碱金属的剧烈侵蚀。YB/T 2804—2001中高炉炭块和炭键的理化指标见表 3-12。

表 3-12　高炉炭块和炭键的理化指标

项　目	指标		项　目	指标	
	炭块	炭键		炭块	炭键
灰分/%	≤10	≤2	体积密度/g·cm⁻³	≥1.50	—
耐压强度/MPa	≥30	≥30	耐碱性/级	C	—
显孔隙率/%	≤22	≤28	抗折强度/MPa	—	≥8

注：1. 热导率、透气率两项作为参考指标；
　　2. 每生产一座高炉的炭块，要为用户提供热导率和透气性指标。

（2）热压小炭砖。热压小炭砖采用小块热压成型以减小单块砖的温度梯度，其骨料及结合剂与常规炭砖相同。为提高抗碱性能，在配料中另加 9%～9.5% 的石英和硅石，使钠和钾优先与石英和硅石中的 SiO_2 反应，生成无破坏性的化合物，以消除使炭砖膨胀裂散的层状化合物。混合料送往可通电加热的特制砖模内，用液压机边加压边加热，2.5～8min 内温度升至 1000℃ 左右，使结合剂碳化，炽热的炭砖出模后经水淬冷及精磨加工处理，热压过程中挥发物逸出时留下的孔隙被压紧甚至封闭，其透气率仅为常规大炭砖的 1% 左右。这种低透气率并加入抗碱剂的热压炭砖，其热导率比常规大炭砖几乎高一倍，因此有利于炉缸炭砖热面凝固物料在早期形成渣皮保护层，防止或减轻高炉环境气体及熔体对炭砖的化学侵蚀。常规大炭砖与热压小炭砖的主要性能比较见表 3-13。

表 3-13　常规大炭砖与热压小炭砖的主要性能比较

项　目	体积密度/g·cm⁻³	常温抗压强度/MPa	抗折强度/MPa	灰分/%	透气率/mDa	热导率/W·(m·K)⁻¹			
						600℃	800℃	1000℃	1200℃
常规大炭砖	1.6	17.9	4.1	8.0	800	10.4	10.4	10.5	10.9
热压小炭砖（NMA 型）	1.62	30.5	8.1	10.0	9	18.4	18.8	19.3	19.7

注：1mDa = 0.987 × 10⁻³ μm²。

（3）微孔炭砖。微孔炭砖是以高温电煅烧无烟煤、人造石墨、碳化硅为主要原料，以煤焦油沥青为黏结剂，加上多种添加剂微粉，经过振动成型、高温焙烧、精磨加工而制成的，主要用于高炉炉底上部和炉缸、出铁口。微孔炭砖的理化指标（YB/T 141—1998）见表 3-14。

表 3-14　微孔炭块的理化指标

项　目	指标	项　目	指标
真密度/g·cm⁻³	≥1.9	抗碱性/级	U，LC
体积密度/g·cm⁻³	≥1.54	平均孔径/mm	≤0.5
显孔隙率/%	≤18	小于 1.0μm 比例/%	≥70

项　目	指　标	项　目		指　标
氧化率/%	≤10	热导率 /W·(m·K)$^{-1}$	25℃	≥7
透气率/mDa	≤14		300℃	≥9
抗折强度/MPa	≥36		600℃	≥10
铁水熔蚀指数/%	≤30		800℃	≥12

（4）国外炭砖。国外炭砖以美国 UCAR 公司生产的热压小炭砖、日本电极炭砖、法国炭砖为典型代表，表3-15 所示为其理化指标。

表 3-15　国外炭砖的理化指标

项　　目		美国 UCAR 公司			日　本	法　国
		NMA	NMD	NMS		AM101
体积密度/g·cm^{-3}		1.62	1.85	1.88	1.55	1.54
显孔隙率/%		22	13	11	17	14
耐压强度/MPa		41.6	34.2	45.6	32.3	31.3
灰分/%		12.78	8.36	20.56	4.25	5.00
氧化速度/mg·(cm^2·h)$^{-1}$					126.8	10.0
透气率/mDa		9	10	9.9	23~35	2000
孔径分布/%	75~76μm				5.70	
	2.5~6μm				27.50	
	2.5~100μm				45.30	
	100~300μm				21.60	
抗碱性/级，强度降低/%		U 或 LU	U	U	12.40	
体积膨胀/%					2.07	
热导率 /W·(m·K)$^{-1}$	25℃		45	45	10.0	6.5
	300℃		18.4 (600℃)		14.40	
	900℃		19.3 (900℃)		17.20	
	1200℃		19.7		22.30	

（5）石墨化炭砖。高炉用石墨化炭砖是以石油焦、沥青焦和煤沥青等为主要原料制成的。高炉用石墨化炭砖除了具有高炉炭砖的一般特性外，还具有较高的热导率，其理化指标应符合 YB/T 122—1997 的规定，见表3-16。

表 3-16　高炉用石墨化炭砖的理化指标

项　　目	指标	项　　目		指标
真密度/g·cm^{-3}	≥2.18	耐碱性/级		不低于 LC
体积密度/g·cm^{-3}	≥1.60	热导率/W·(m·K)$^{-1}$	25℃	≥45.0
显孔隙率/%	≤21		200℃	≥43.0
耐压强度/MPa	≥23.0		600℃	≥40.0
灰分/%	≤0.5		800℃	≥35.0

（6）半石墨化炭砖。半石墨化炭砖是以高温煅烧无烟煤、石墨、添加剂为主要原料制成的耐火产品。半石墨化炭砖的导热性能非常好，而且抗金属盐类腐蚀的能力也比普通炭砖好。我国某耐火厂生产的半石墨化炭砖的理化指标见表 3-17。

表 3-17　半石墨化炭砖的理化指标

项　　目		指标		
		WSB	HYB	GYB
真密度/g·cm^{-3}		—	≥1.9	≥1.9
体积密度/g·cm^{-3}		≥1.52	≥1.55	≥1.5
显孔隙率/%		≤18	≤20	≤20
氧化率/%		≤20	—	—
透气率/mDa		≤60	—	—
抗折强度/MPa		≥8.5	≥9	≥7.8
耐压强度/MPa		≥30	≥35	≥30
铁水熔蚀指数/%		≤30	—	—
抗碱性/级		U，LC	U，LC	—
平均孔径/mm		<1.25	—	—
小于1.0μm 比例/%		≥56	—	—
灰分/%		—	≤7	≤8
热导率/W·(m·K)$^{-1}$	25℃	≥7	≥8（800℃）	≥7（800℃）
	300℃	≥9		
	600℃	≥10		
	900℃	≥12		

（7）碳化硅砖。碳化硅砖的主要特征是 SiC 为共价结合，不存在通常情况下的烧结性，依靠化学反应生成新相达到工业生产烧结矿的要求。目前我国高炉用优质碳化硅砖的主要品种有氮化硅结合碳化硅砖（Si$_3$N$_4$-SiC）、Sialon 结合碳化硅砖和自结合（β-SiC 结合）碳化硅砖，主要用于炉腰和炉身下部。表 3-18、表 3-19 所示为这几种碳化硅砖的理化指标。

表 3-18　氮化硅结合碳化硅砖的理化指标

项　　目	指　　标		项　　目	指　　标	
	DTZ-1	DTZ-2		DTZ-1	DTZ-2
显孔隙率/%	≤17	≤19	$w(SiC)/\%$	≥72	≥70
体积密度/g·cm^{-3}	≥2.62	≥2.58	$w(Si_3N)/\%$	≥21	≥20
常温耐压强度/MPa	≥150	≥147	$w(Fe_2O_3)/\%$	≤1.5	≤2.0
抗折强度（1400℃）/MPa	≥43.0	≥39.2			

表 3-19　Sialon 结合碳化硅砖与自结合（β-SiC 结合）碳化硅砖的理化指标

项　　目	指　　标		项　　目	指　　标	
	Sialon 结合 SiC 砖	自结合 SiC 砖		Sialon 结合 SiC 砖	自结合 SiC 砖
$w(SiC)/\%$	≥72	87.76	常温抗折强度/MPa	≥54	48.3
$w(N)/\%$	>5.8		热态抗折强度/MPa	≥55	39.0
$w(Fe_2O_3)/\%$	≤0.5	0.42	热震稳定性（1100℃⟷水冷）/次	≥30	
荷重软化开始温度/℃	≥1700		线膨胀系数（200~1000℃）/℃$^{-1}$	≤4.9×10^{-6}	4.2×10^{-6}
显孔隙率/%	≤13	15	热导率/W·(m·K)$^{-1}$	≥25（20℃）≥13（1200℃）	
体积密度/g·cm^{-3}	≥2.8	2.7			
常温耐压强度/MPa	≥200	162	抗碱性/级	U	

（8）铝炭砖。高炉铝炭砖以特级高铝矾土熟料、鳞片状石墨及 SiC 为主要原料。一般大型高炉使用烧成铝炭砖（烧成温度不高于 1450℃），铝炭砖具有孔隙率低、透气率低、耐压强度高、热导率高、抗渣、抗碱、抗铁水溶蚀及抗热震性好等性能，常用于炉腰和炉身部位。烧成微孔铝炭砖是指平均孔径不大于 1μm 的孔容积占开口气孔总容积的比例不小于 70% 的烧成铝炭砖。烧成微孔铝炭砖按 YB/T 113—1997 中的理化指标分为三个等级，见表 3-20。

表 3-20　烧成微孔铝炭砖的理化指标

项　　目	指　　标		
	WLT-1	WLT-2	WLT-3
$w(SiC)/\%$	≥65	≥60	≥55
$w(N)/\%$	≥11	≥11	≥9
$w(Fe_2O_3)/\%$	≤1.5	≤1.5	≤1.5
常温耐压强度/MPa	≥70	≥60	≥50
抗碱性（强度性下降率）/%	≤10	≤10	≤15
体积密度/g·cm^{-3}	≥2.85	≥2.65	≥2.55
透气率/μm²(mDa)	≤4.94×10^{-4}（0.5）	≤1.97×10^{-3}（2.0）	≤1.97×10^{-3}（2.0）
平均孔径/μm	≤0.5	≤1	≤1
1μm 孔容积/%	≥80	≥70	≥70

我国建议采用的高炉耐火砖衬见表 3-21。

表 3-21 我国建议采用的高炉耐火砖衬

炉容/m³	炉底 热面/冷面	炉缸 热面/冷面	炉腹	炉腰 热面/冷面	炉身 下部	炉身 中部	热面/冷面/上部
300	高铝砖	铝炭砖	黏土砖或高铝砖	铝炭砖	铝炭砖	铝炭砖	高铝砖或黏土
	自焙炭砖	自焙炭砖		碳化硅砖	SiC 砖	SiC 砖	
1000	铝炭砖	刚玉莫来石或棕刚玉砖	碳化硅砖或高铝	铝炭砖	铝炭砖	铝炭砖	高铝砖或 SiC 砖
	半石墨化炭砖或自焙炭砖	石墨化炭砖		Si_3N_4-SiC 砖或 SiC 砖	Si_3N_4-SiC 砖或 SiC 砖	Si_3N_4-SiC 砖或 SiC 砖	
2000	铝炭砖	刚玉莫来石砖	NMD 型炭砖或半石墨化碳化硅砖	铝炭砖	铝炭砖	铝炭砖	高铝砖或 SiC 砖
	NMA 型炭砖或石墨化炭砖	石墨化炭砖或半石墨化炭砖		Si_3N_4-SiC 砖或 SiC 砖	Si_3N_4-SiC 砖或 SiC 砖	Si_3N_4-SiC 砖或 SiC 砖	
3000	铝炭砖	刚玉莫来石砖	NMD 型炭砖或半石墨化碳化硅砖	铝炭砖	铝炭砖	铝炭砖	高铝砖或 SiC 砖
	NMA 型炭砖或石墨化炭砖			Si_3N_4-SiC 砖或 SiC 砖	NMD 砖或 SiC 砖	NMD 砖或 SiC 砖	
4000	铝炭砖	刚玉莫来石砖	NMD 型炭砖或半石墨化碳化硅砖	铝炭砖	铝炭砖	铝炭砖	高铝砖或 SiC 砖
	NMA 型炭砖或石墨化炭砖			Si_3N_4-SiC 砖或 SiC 砖	NMD 型炭砖或 SiC 砖	NMD 型炭砖或 SiC 砖	

3.2.2.3 不定形耐火材料

高炉砌筑过程中还需要用到不定形耐火材料，作为填塞砖缝、充填缝隙、进行内衬修理等的材料。不定形耐火材料与定型耐火材料相比，具有成型工艺简单、能耗低、整体性好、抗热震性强、耐剥落等优点，还可以减小炉衬厚度、改善导热性等。高炉砌砖常用的不定形耐火材料主要有耐火泥浆、填料、捣打料、喷涂料、灌浆料等，其按成分可分为碳质不定形耐火材料和黏土质不定形耐火材料。

耐火泥浆的作用是填塞砖缝，使高炉内衬砌体黏结成一个整体。砖缝是高炉砌砖的薄弱环节，炉衬的侵蚀和破坏首先从砖缝开始，因此，耐火泥浆配料必须具有合适的胶结性和耐火度，保证砌砖时间内不干涸，以满足砖缝厚度及砖缝内泥浆饱满度的要求。此外，耐火泥浆还要保证高温下性能稳定、孔隙率低，其粒度组成也要与炉衬砖缝相适应。

填料是填充在两层炉衬之间的隔热物质或黏结物质。耐火填料一般应具有可塑性和良好的导热性能，以吸收砌体的径向膨胀和密封煤气，并利于冷却和降低损坏速度。填充高炉炉底板下部、冷却板两侧时，常用炭素填料。填充冷却壁之间、炉喉钢砖之间以及冷却壁与出铁口框、风口、渣口大套之间的缝隙时，常用铁屑填料，随着新材料、新工艺的开发，国内外高炉在这些部位也选用炭素材料作为填料。

捣打料是用人工或机械捣打方法施工，并通过加热硬化的不定形耐火材料。它可以在炉底水冷管中心线以上、炉底封板以上找平层以及高炉冷却壁之间填充捣打。

喷涂料是在炉腹中部以上炉壳内表面喷涂的不定形耐火材料。它可以提高炉体的气密性，防止炉壳龟裂变形。

一般来说，冷却壁与炭砖之间用 150 ~ 200mm 的炭捣料，冷却壁与炉壳之间用 15 ~ 20mm 的稀泥浆，炉身砌砖与炉壳之间用 100 ~ 150mm 的水渣石棉，炉身部位炉壳内喷涂 30 ~ 50mm 的不定形耐火材料，炉喉与炉壳之间用 75 ~ 150mm 的耐火泥，炉底水冷管中心线以上用 150 ~ 200mm 的炭捣层。

3.2.3　高炉炉衬的结构

3.2.3.1　炉底、炉缸

A　炉底、炉缸的结构

炉底与炉缸是高炉积存液态渣铁的部位，也是焦炭与煤粉燃烧的部位，工作环境十分恶劣，因此，它们是影响高炉寿命最关键的部分。为了延长其使用寿命，国内外在炉底、炉缸破损机理以及耐火砖质量，炉底、炉缸结构的改进方面做了大量的研究工作。

炉底结构有缓蚀型和永久型两种。20 世纪 50 年代以前，世界上大多数高炉采用缓蚀型炉底。缓蚀型炉底结构全采用高铝砖、黏土砖，不重视冷却，完全靠耐火材料来抵抗炉内的侵蚀，炉底厚度较大，高炉寿命较短，容易引发炉底、炉缸的烧穿事故。永久型炉底结构则是在炉底采用了高导热碳质耐火材料，其厚度比缓蚀型炉底减薄 2/3，重视炉底冷却，加强冷却效果，依靠在炉内尽早形成内衬的保护层来抵抗炉内的侵蚀，延长了炉底的寿命。目前缓蚀型炉底已被淘汰，多采用永久型，并形成了全炭砖炉底结构和综合炉底结构两大流派。

西欧各国一般用全炭砖薄炉底，炉底炭砖砌筑厚度为 2 ~ 2.5m，并在炉底的最底层砌导热性较高的石墨块。德国生产的挤压成型大炭砖截面达 600mm × 800mm，最长的炭砖达 6.4m，炉缸使用体积密度较高的炭砖。

日本一般采用综合炉底，炉底四周及下部砌大型炭砖，炭砖最大截面达 500mm × 600mm，上部砌黏土砖，炉底的最底层砌石墨砖或半石墨化碳化硅砖，炉缸采用抗碱性高的半石墨化炭砖或微孔炭砖。

我国高炉多数也是采用综合炉底，炉底四周和下部砌碳质耐火材料、上部砌陶瓷质耐火材料，过去多为黏土砖或高铝砖，现在采用刚玉类耐火材料做陶瓷杯或陶瓷垫。

从传热学角度来讲，综合炉底是绝热和导热机理的结合，全炭砖炉底则是完全的导热机理。全炭砖炉底虽然通过减薄炉底，同时采用高导热的优质炭砖满足了高导热、强冷却的要求，可以通过形成炉缸、炉底冷却保护层来抵抗铁水和炉渣对耐火材料的侵蚀；但是在实际的生产中，在开炉初期，由于操作和冷却不到位等原因，保护层不一定能很快形成，此时的炭砖侵蚀就会加剧。而综合炉底则在炭砖上表面加了层耐磨、低导热、抗碱、抗铁水侵蚀的优质陶瓷材料，在高炉生产初期就能保护炭砖。当这层陶瓷保护砖被侵蚀掉后又能很快形成炭砖的保护层，这种结构更能实现高炉炉底的长寿。

目前国内外综合炉底、炉缸结构主要有以下三种类型：

（1）大块炭砖砌筑，炉底设陶瓷垫。

（2）热压小块炭砖砌筑，炉底设陶瓷垫。

（3）大块或小块炭砖砌筑，炉底和炉缸设陶瓷杯。

其中，陶瓷杯+热压小炭砖的炉底、炉缸结构见图 3-3。

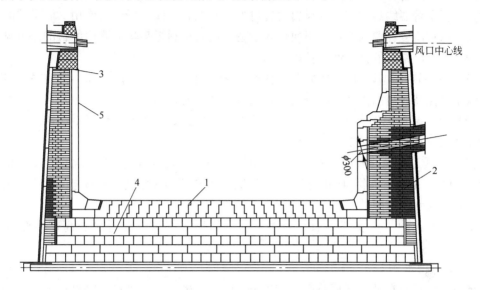

图 3-3 陶瓷杯+热压小炭砖的炉底、炉缸结构
1—陶瓷底垫；2—热压小炭砖；3—风口组合砖；4—大炭砖；5—陶瓷杯壁

陶瓷杯就是在炉底炭砖和炉缸炭砖的内缘砌筑专门设计的陶瓷材料，整个陶瓷材料在炉缸形成一个杯形结构。这种炉底结构一般采用普通炭砖、石墨化炭砖、半石墨化炭砖、微孔炭砖中的 2 或 3 种分层砌筑，炉缸侧壁采用半石墨化炭砖、微孔炭砖和超微孔炭砖中的 1 或 2 种区分砌筑，而整个炭砖内侧为优质陶瓷材料。陶瓷杯材料在其应用初期主要以黄刚玉、棕刚玉为主，现在则发展为主要以致密刚玉、微孔刚玉、刚玉莫来石、塑性相复合刚玉为主。见图 3-4。

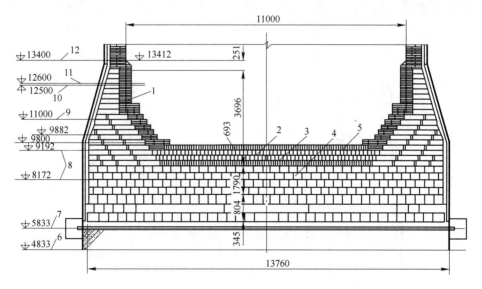

图 3-4 陶瓷杯结构
1—刚玉莫来石砖；2—黄刚玉砖；3—烧成铝炭砖；4—半石墨化自焙炭砖；5—保护砖；6—炉壳封板；
7—水冷管；8—测温电偶；9—铁口中心线；10，11—东西渣口中心线；12—炉壳拐点陶瓷垫和陶瓷杯是利用刚玉材料的高荷重软化温度、较强的抗渣铁侵蚀性能以及低导热性，使高温等温线集中在这些材料的砖衬内，起保温和保护炭砖的作用。而炭砖的高导热性又可以将陶瓷杯输入的热量很快传导出去，从而达到提高炉衬寿命的目的。可见，陶瓷杯炉底、炉缸结构的优越性包括以下几点：

（1）提高铁水温度。由于陶瓷杯的隔热保温作用，减少了通过炉底、炉缸的热损失，因此铁水可保持较高的温度，给炼钢生产创造了良好的节能条件。

（2）易于复风操作。由于陶瓷杯的保温作用，在高炉休风期间炉子冷却速度慢，热损失减少，这有利于复风时恢复正常操作。

（3）降低了铁水的渗透。铁水的凝固温度是1150℃，而陶瓷质内衬的内壁等温线很接近1150℃，由于耐火材料的膨胀减小，耐火制品和预制块之间的连接缝会变小，因此渗入孔缝处的铁水是有限的。

从国内外高炉生产实践来看，上述三种结构形式都可以获得延长高炉寿命的良好效果。

B　炉底砌筑

满铺炭砖炉底有卧砌（层高345~750mm）和立砌（层高800~1200mm）两种形式，见图3-5，各层与各列间的炭砖均以薄缝连接。

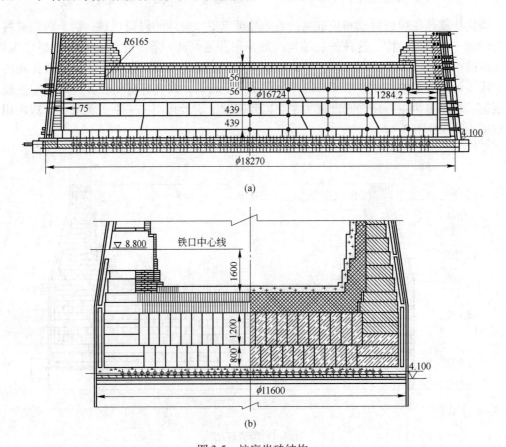

(a)

(b)

图3-5　炉底炭砖结构

（a）卧砌炉底炭砖；（b）立砌炉底炭砖

卧砌前，应根据炉子十字中心线和铁口中心线以及标高控制线，画出每层炭砖的层高和砖列长缝方向的控制线。大炭砖应采用支撑架砌筑，从中心开始，根据预砌时编号沿中心线准确砌筑中心炭砖列，检查合格后再砌第二列，当一侧砌完三列以上炭砖时，可两侧同时展开砌筑，千斤顶必须同步对称进行，以免产生偏离。一层炭砖砌完后，用炭捣料将周围的膨胀缝分层填捣密实，最后进行研磨找平。达到砌筑标准后，方可进行上一层砌筑，如此反复直至砌完炉底炭砖。

立砌时，从中心往两端逐块砌筑，第一列立砌炭砖砌完后，砌筑该列两端的卧砌炭砖，然后及时用木楔楔紧两端的膨胀间隙，往下依次逐列进行炭砖的干排和砌筑。砌完10列炭砖并复检无误后，两侧炭砖列即可同时进行砌筑。整层炭砖砌完后即可逐段分层进行周边炭捣。

陶瓷底垫有两层竖砌砖层（层高有345mm、400mm、462.5mm、500mm多种），既有与黏土（高铝）砖炉底一样砌成十字形的（见图3-6），也有砌成环形同心圆的（见图3-7）。环形同心圆通常的砌法是：根据炉底中心线的十字中心线，按设计每2或3个砖环尺寸画出圆环控制线。当底垫紧靠杯壁（或其他炉缸砌体）时，应紧靠杯壁（或其他炉缸砌体）一环一环地从外向中心砌筑，合门口留成外大内小的喇叭口，待中心砖砌完后，由中心向杯壁（或其他炉缸砌体）方向逐环合门。当底垫不紧靠杯壁（或其他炉缸砌体）时（杯壁与底垫之间留设膨胀缝），划出圆环控制线后，环形同心圆陶瓷底垫应先砌中心砖，再由中心向杯壁（或其他炉缸砌体）方向逐环砌筑。

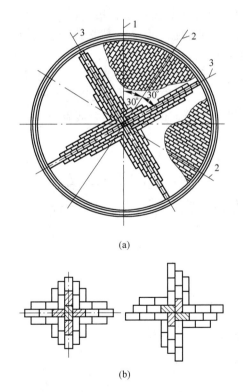

(a)

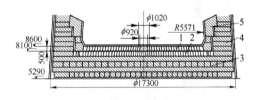

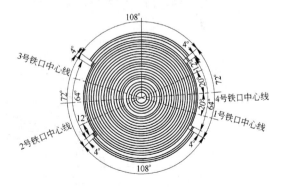

(b)

图3-6 黏土砖和高铝砖炉底砌砖
(a) 十字形砌砖；(b) 砌砖中心线
1—出铁口中心线；2—单数层中心线；3—双数层中心线

图3-7 环形同心圆陶瓷底垫
1—环形同心圆底垫；2—十字形底垫；
3—炉底炭砖；4—环形炭砖；5—陶瓷杯壁

C　炉缸砌筑

炉缸的工作条件与炉底相似，而且设有铁口、风口和渣口。由于担心炉缸区域有氧化性气氛，最初将炭砖砌到渣口中心线；但因冶炼过程中渣面将超过渣口，并且炭砖和黏土砖或高铝砖连接处为薄弱环节，后来把炭砖砌到渣口与风口之间。现在大型高炉已把炭砖砌至炉缸上沿，工作效果良好。炉缸砌筑时，根据铁口位置确定十字线上下相邻的砖层中心线相互错开30°~60°，其中，最上层砖的中心线与出铁口中心线错开成30°~60°夹角。

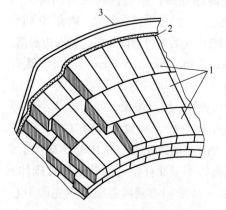

图3-8　炉缸砌砖图
1—砖环；2—炭素填料；3—冷却壁

黏土砖或高铝砖炉缸的砌筑从铁口开始向两侧进行，出铁口通道上下部侧砌。风口和渣口部位砌砖前应先安装好水套，靠水套的砖应做精加工，砌砖与水套之间保持15~25mm的缝隙，填充浓泥浆。铁口、风口和渣口砌砖紧靠冷却壁，缝隙为1~5mm，缝内填充浓泥浆。炉缸各层皆平砌，同层相邻砖环的放射缝应错开，上下相邻砖缝的垂直缝与环缝应错开，砖缝小于0.5mm，环缝为5mm，见图3-8。炉缸要求有一定厚度以防止烧穿，一般规定铁口水平面处的厚度为小高炉，575mm（230mm + 345mm）；中型高炉，920mm（230mm + 345mm × 2）；大型高炉，1150mm（230mm × 2 + 345mm × 2）或更厚。

炭砖炉缸砌筑以薄缝连接，炭砖的内表面设有保护层以防止开始时被氧化，一般都砌一层高铝砖。

如果是陶瓷杯炉缸，则炉缸壁由两个独立的圆环组成，外环为炭砖，内环为刚玉质预制块，两个圆环通过60mm厚的灰缝连接。大型高炉炉缸采用此结构时，应先砌筑陶瓷杯，后砌筑环状炭砖；而中小型高炉的杯壁砖不大，应先砌筑炭砖，后砌筑陶瓷杯。

风口、渣口和铁口可以采用非组合砖砌筑（见图3-9），也可采用组合砖砌筑。

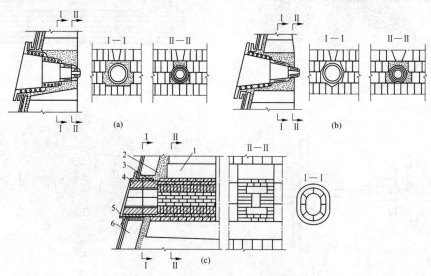

图3-9　渣口、风口和铁口的砌筑
（a）风口；（b）渣口；（c）铁口

1—炭砖；2—炭素填料；3—侧砌盖砖；4—异形砖；5—出铁口框；6—冷却壁

非组合砖砌筑出铁口时，出铁口框内的砌体应先砌。而风口和渣口宜在水套安装完毕后用水平砖层错台砌筑，砌体与风口、渣口水套之间留 15~25mm 的间隙，填以浓泥浆，水套上的盖砖要侧砌。

3.2.3.2 炉腹、炉腰与炉身

从炉腹到炉身下部的炉衬要承受煤气流冲刷、炉料磨损、初渣侵蚀、碱金属和锌蒸气渗透以及热震破坏作用，其也是影响高炉寿命的薄弱环节。为了形成合理、稳定的操作炉型，设计时炉衬的厚度、材质要与冷却设备的结构形式结合起来考虑。

由于开炉后炉腹部分炉衬很快被侵蚀掉，靠渣皮工作，所以我国高炉一般砌一层厚 345mm 的高铝砖，周围采用镶砖冷却壁。炉腹与薄壁炉腰用黏土砖或高铝砖砌筑时，砖紧靠镶砖冷却壁平砌，砖与冷却壁之间的缝隙用泥浆填满。砌砖时，相邻层砖缝要相互错开，砌至最后 10~15 层砖与上段砌体相接时，要注意控制炉墙的水平度。

炉腰是炉腹到炉身的过渡段，有厚壁炉腰、薄壁炉腰和过渡式炉腰三种结构形式，见图 3-10。

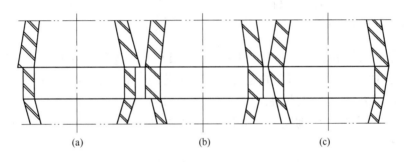

图 3-10　炉腰结构形式
（a）薄壁；（b）厚壁；（c）过渡式

高炉冶炼过程中部分煤气流沿炉腹斜面上升，在炉腹和炉腰交界处转弯，对炉腰下部冲刷严重，这部分炉衬侵蚀较快，使炉腹段上升，径向尺寸也有扩大。厚壁炉腰有利于这种转化，热损失少；薄壁炉腰不利于这种转化，但有固定炉型的作用；过渡式炉腰结构介于两者之间。可见，设计炉型和操作炉型的关系复杂，炉型设计时应全面认真考虑。

炉身砌砖厚度通常为 690~805mm，目前趋于向薄的方向发展。当炉身采用镶砖冷却壁时，炉腹、炉腰及炉身下部砌砖紧靠冷却壁，缝隙填充浓泥浆；每层砖平砌成环形，砌体与炉壳间隙为 100~150mm，填以水渣-石棉隔热材料。为防止填料下沉，每隔 15~20 层砖砌两层带砖，带砖与炉壳间隙为 10~15mm。

炉身用冷却水箱冷却时，砌砖方法与薄壁炉腰的砌筑方法相同，在有冷却水箱（冷却板）的部位，为平砌，砌体与冷却水箱间应按规定留出足够空隙，其间隙内填满浓泥浆。水箱周围两砖宽的砌体紧靠炉壳砌筑，砖与炉壳间留 10~15mm 的间隙。

在炉身无冷却器的其他区域，砌体与炉壳之间留 100~150mm 的间隙，内填水渣-石棉料。

炉身砖脱落是生产中普遍存在的问题，解决这一问题的方法除了改进冷却器结构和改善耐火砖材质外，增加砖托也是一种常见的方案，图 3-11 是宝钢的砖托结构示意图。

3.2.3.3 炉喉与炉头

炉喉不用耐火砖砌筑，而采用钢砖结构。目前大中型高炉炉喉一般都采用条状钢砖结构。其优点是生产中不易变形、脱落，且结构稳定、拆装方便。条状钢砖的结构见图3-12。

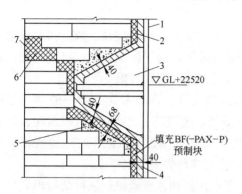

图 3-11　宝钢的砖托结构示意图

1—炉壳；2，5—填充料；3—砖托；
4—喷涂料；6—缓冲泥浆；7—白铁皮

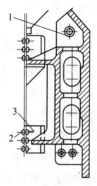 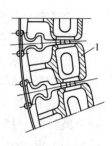

图 3-12　条状钢砖的结构

1—长钢砖；2—铆钉；3—吊挂装置

炉喉钢砖内浇注料的填充与钢砖的安装配合进行。每安装一层钢砖，充填一次浇注料，浇注料凝固后湿润养护24h，再进行下一层钢砖的安装。若为水冷钢砖，则在钢砖内的缝隙填充完毕后，在钢砖与炉壳之间一次填充浇注料。

炉头部位一般紧靠炉壳砌筑一层黏土砖，高炉炉头砌砖的作用是隔热和保护钢壳不受侵蚀和磨损。

炉衬砌筑的质量和炉衬材质具有同等的重要性，因此，对砌筑砖缝的厚度、砖缝的分布等都有严格的要求。高炉砌体砌筑砖缝的大小，根据不同部位砌体的工作环境及泥浆性质确定。有渣铁侵蚀的炉底和炉缸部位，砖缝要小些，其他部位可适当扩大些；使用黏土质或高铝质泥浆砌筑时砖缝应小些，而用高强度磷酸盐耐火泥浆砌筑时砖缝可扩大些。高炉各部位砌体的砖缝厚度见表3-22。

表 3-22　高炉各部位砌体的砖缝厚度

砌砖部位	砌砖类别	砖缝厚度/mm	砌砖部位	砌砖类别	砖缝厚度/mm
黏土砖或高铝砖砌体炉底	特	0.5	风口平台出铁场附近柱子的保护砖	IV	5.0
炉缸（包括铁口、渣口、风口通道）	特	0.5			
炉腹和薄壁炉腰	I	1.0	炭砖砌体炉底薄缝	III	2.5
厚壁炉腰	I	1.0			
炉身上部冷却箱以下	II	1.5	顶端斜接缝	II	1.5
炉身上部冷却箱以上	II	2.0	炉缸薄缝	II	2.0
炉喉钢砖区域	III	3.0	其他部位的薄缝	III	2.5
炉顶砌砖、炉底耐热混凝土	II	2.0	黏土砖保护层砌体	III	3.0
周围环状砌体	III	3.0			

3.3 砖量计算

3.3.1 高炉用耐火砖的尺寸

当高炉炉衬采用标准砖砌环状砌体时，厚度一致可以获得最小的水平缝。我国高炉用黏土砖、高铝砖、满铺炉底炭砖、环形炭砖以及石墨化炭砖的尺寸见表3-23～表3-26。

表3-23　高炉用黏土砖和高铝砖的形状及尺寸

砖　型	砖号	尺寸/mm			砖　型	砖号	尺寸/mm			
		a	b	c			a	b	b_1	c
直形砖	G-1	230	150	75	楔形砖	G-3	230	150	135	75
	G-7	230	115	75		G-4	345	150	125	75
	G-2	345	150	75		G-5	230	150	120	75
	G-8	345	115	75		G-6	345	150	110	75
	G-11	400	150	90		G-10	345	114	99	75
	G-30	460	150	90		G-31	460	150	130	75
						G-32	460	150	110	75
						G-33	460	114	94	75

表3-24　满铺炉底炭砖的尺寸

砌筑方法	标准尺寸/mm × mm × mm
卧　砌	400 × 400 × 2900
	400 × 400 × 2600
	400 × 400 × 2200
	400 × 400 × 1700
立　砌	400 × 400 × 1200
	400 × 400 × 800

表3-25　环形炭砖的尺寸

形　状	尺寸/mm				弯曲外半径($ab/(b-b_1)$)/mm	每环极限块数
	a	b	b_1	c		
	800	400	360	400	8020	125.664
	800	400	320	400	4010	62.832
	1000	400	350	400	8020	125.664
	1000	400	300	400	4010	62.832
	1200	400	340	400	8020	125.664
	1200	400	280	400	4010	62.832
	1400	400	330	400	8020	125.664
	1400	400	260	400	4010	62.832
	1600	400	320	400	8020	125.664
	1600	400	340	400	4010	62.832

表 3-26 高炉用石墨化炭砖的规格尺寸   （mm）

规格代号	宽度	高度	长度
SKG400 × 400	400	400	<3000
SKG400 × 500	400	500	<3000
SKG400 × 600	400	600	<3000
SKG500 × 500	500	500	<3500

3.3.2 高炉砌砖量的计算

在计算高炉砖量时，一般都不扣除风口、渣口、铁口及水箱所占的体积，砖缝可以忽略不计，此外一般还要考虑 2% ~ 5% 的损耗。如果需要计算砖的重量，则用每块砖的重量乘砖数即可。

3.3.2.1 炉底砌砖量的计算

炉底部位砖量可按砌砖总容积除以每块砖的容积来计算。求炉底每层的砖数时，可以用炉底砌砖水平截面积除以每块砖的相应表面积来计算。

3.3.2.2 环圈砌砖量的计算

高炉其他部位都是圆柱体或圆锥体，不论上下层还是里外层都要砌出环圈来，而砌成环圈时必须使用楔形砖。若砌任意直径的环圈，则需楔形砖和直形砖配合使用，一般以 G-1 直形砖与 G-3 或 G-5 楔形砖相配合，G-2 直形砖与 G-4 或 G-6 楔形砖相配合。由于要求的环圈直径不同，故直形砖和楔形砖的配合数目也不同。

如果单独用 G-3、G-4、G-5、G-6 楔形砖砌环圈，可用下式计算砖量：

$$n_x = \frac{2\pi a}{b - b_1}$$

式中 n_x——砌一个环圈的楔形砖数，块；

a——砖长度，mm；

b，b_1——分别为楔形砖大头宽度与小头宽度，mm。

由上式得知，每个环圈使用的楔形砖数 n_x 只与楔形砖两头宽度和砖长度有关，而与环圈直径无关。由此得出单独用 G-3 楔形砖砌环圈需要的砖数为：

$$n_{G-3} = \frac{2 \times 3.14 \times 230}{150 - 135} = 97 \text{ 块}$$

同理

$$n_{G-4} = \frac{2 \times 3.14 \times 345}{150 - 125} = 87 \text{ 块}$$

$$n_{G-5} = \frac{2 \times 3.14 \times 230}{150 - 1250} = 48 \text{ 块}$$

$$n_{G-6} = \frac{2 \times 3.14 \times 345}{150 - 110} = 54 \text{ 块}$$

而单独用上述四种楔形砖所砌环圈的内径依次是 4150mm、3450mm、1840mm、1897mm。

如果要砌筑任意直径的圆环，需要直形砖与楔形砖配合使用，直形砖砖数可由下式计算：

$$n_z = \frac{\pi d - n_x b_1}{b}$$

式中　n_z——直形砖数，块；

　　　d——环圈内径，mm；

　　　n_x——楔形砖数，砖型确定后是一常数，块；

　　b_1，b——分别为楔形砖小头宽度与直形砖宽度，mm。

[**例3-2**]　试用 G-3 与 G-1 砖砌筑内径为 7.2m 的圆环，求所需楔形砖数及直形砖数。

解　查表得：$n_{G\text{-}3} = 97$ 块，则：

$$n_z = \frac{\pi d - n_x b_1}{b} = \frac{3.14 \times 7200 - 97 \times 135}{150} = 65 \text{ 块}$$

综上，需要 G-3 砖 97 块、G-1 砖 65 块。

高炉砖量的简单确定也可以通过查计算尺进行，见图 3-13，其中 D 为砖环内径，a 为砖块长度，单位用 mm 表示。

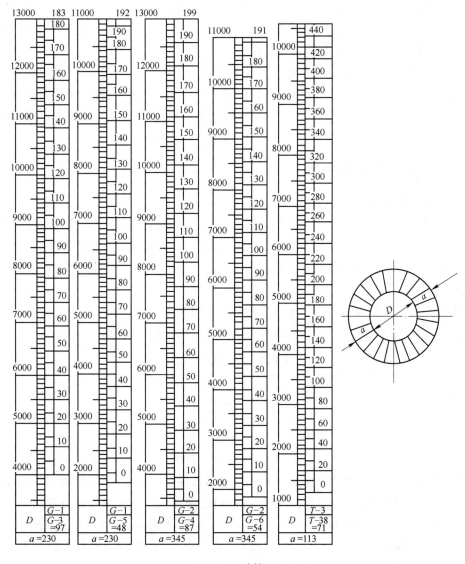

图 3-13　计算尺

3.4　高炉炉体冷却设备

高炉各部位由于工作条件不同，冷却器的作用也不完全相同，汇总起来共有以下几点：

（1）高炉炉底的冷却目的主要是增大炉底砖衬内的温度梯度，使铁水凝固的 1150℃ 等温面远离炉壳，防止炉底被渣铁烧漏，保护混凝土构件，使之不失去强度。

（2）冷却高炉炉缸、炉腹部位的目的主要是使炉衬表面形成保护性渣皮、铁壳、石墨层，并依靠渣皮保护或代替炉衬工作，维持合理的操作炉型。

（3）高炉中上部进行冷却是为了能够延缓耐火材料的侵蚀，以维护高炉内型。炉身部位冷却器还能够起到支撑高炉内衬、增强砌体稳定性的作用。

（4）任何部位进行冷却都有一个共同的功能，即保护炉壳和冷却设备免受破坏。冷却设备能够将传过来的热量迅速导出炉外，使之在距离冷却壁热面 150~300mm 处形成 300~400℃ 相对稳定的温度界面，把一切破坏作用控制在这一等温度界面之外（高于 400℃ 的区域内），从而保护炉壳和冷却设备免受破坏。

正常生产时，高炉炉壳只能在低于 80℃ 的温度下长期工作，炉内传出的高温热量由冷却水带走 80% 以上。只有 15% 的热量通过炉壳散失，不影响炉壳的气密性和强度。改进冷却结构设备、合理布置冷却设备、提高冷却介质质量，是进一步延长高炉寿命的重要措施。

3.4.1　高炉冷却介质与冷却系统

3.4.1.1　冷却介质

高炉的冷却介质可以是水、风及汽水混合物。但目前高炉冷却主要使用水冷，很少使用空气。这是因为水容量大、热导率大、便于运输、成本低廉；空气热容小、导热性差，热负荷大时不宜采用，而且排风机消耗能力大，冷却费用高。以前用过风冷炉底，现在其也被水冷炉底所取代。

在水冷系统中，冷却水的质量是保证冷却系统可靠工作的首要环节。评价冷却水质量的指标主要有水的硬度、水的稳定性温度范围等。水的硬度分类见表 3-27。

表 3-27　水的硬度分类

硬　度	0°~4°	4°~8°	8°~16°	16°~30°	>30°
性　质	很软水	软水	中等硬水	硬水	很硬水

注：德国度 1° 相当于 1L 水中含有 10mgCaO。

高炉冷却对水质的要求是：水中悬浮物不超过 200mg/L，暂时硬度不超过 10° 因为冷却水硬度高时容易在管壁内形成碳酸盐的沉积而导致结垢，水垢的导热系数极低，1mm 厚水垢可产生 50~100℃ 的温差，使得冷却器传热效率降低，造成冷却设备过热直至烧坏。据资料介绍，冷却壁内水垢厚度为 1mm 时，其热面最高温度增加 152℃；水垢厚度为 3mm 时，其热面最高温度增加 237℃；水垢厚度为 5mm 时，其热面最高温度增加 446℃，故定期用高压水、酸液清洗掉水垢是很重要的。

3.4.1.2 冷却系统

目前高炉冷却系统有工业水开路循环冷却系统、汽化冷却系统、软水（纯水）密闭循环冷却系统三种形式。这三种冷却系统的区别在于，其循环使用的冷却介质的热量散发方式不同。工业水开路循环冷却系统依靠冷却塔（池）中水的直接蒸发冷却，汽化冷却系统依靠水蒸发时水的汽化潜热来冷却，软水密闭循环冷却系统则通过热交换器间的换热来冷却。

（1）工业水开路循环冷却系统。工业水开路循环冷却系统（见图 3-14）是由动力泵站将凉水池中的水输送到冷却设备后，使其自然流回凉水池或冷却塔，把从冷却设备中带出的热量散发于大气。系统压力由水泵供水能力大小控制。该系统的优点是传热系数大，热容量大，便于输送，成本便宜。但其致命弱点是水质差，容易结垢而降低冷却强度，导致烧坏冷却设备，而且水的循环量大，能耗大。

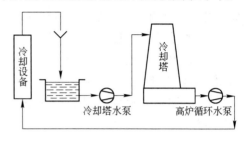

图 3-14 工业水开路循环冷却系统

（2）汽化冷却系统。汽化冷却系统（见图 3-15）则是利用下降管中水和上升管中汽水混合物的密度不同所形成的压头，克服整个循环过程中的阻力，从而产生连续循环、汽化吸热而达到冷却目的。汽化冷却系统的优点是：该系统最节水；冷却介质为软水，可防止结垢；自然循环不需要动力，在停电情况下仍能继续运行。汽化冷却的缺点是：冷却设备在承受大而多变的热负荷冲击下容易产生循环脉动，甚至可能出现膜状沸腾，致使冷却设备过热而烧坏；汽化冷却时冷却壁本体的温度比水冷时高，缩短了冷却壁的寿命。水冷却的冷却壁本体的最高温度已接近珠光体相变的温度，铸铁在 760℃ 时珠光体发生相变，使铸铁力学性能急剧变坏，因此使冷却壁寿命缩短。

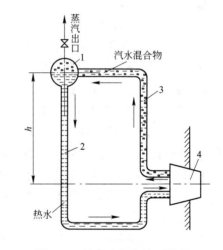

图 3-15 汽化冷却自然环原理
1—汽包；2—下降管；3—上升管；4—冷却器；
h—汽包中心线与冷却器中心线之间的距离

（3）软水密闭循环冷却系统。目前软水密闭循环冷却系统（见图 3-16）是较为合理的冷却系统。它是一个完全封闭的系统，用软水（采用低压锅炉软水即可）作为冷却介质，其工作温度为 40 ~ 45℃，由循环泵带动循环，将冷却设备中带出来的热量经过热交换器散发于大气。系统中设有膨胀罐，目的在于吸收水在密闭系统中由于温度升高而引起的膨胀。系统工作压力由膨胀罐内的 N_2 压力控制，使得冷却介质具有较大的热度而控制水在冷却设备中的汽化。软水密闭循环冷却系统具有以下优点：

1）冷却水质好，系统可靠性高，冷却效率高；该系统克服了汽化冷却和工业水冷却的固有缺点，把它们的优点集于一身；回路压力表的增加提高了水的沸腾点，同时降低了局部泡核沸腾的可能性，可以在较高的欠热度下工作。

2）水量消耗少。在软水系统循环中没有水的蒸发损失，流失也很少。正常软水补充量为系统总量的 1% ~ 3%。

3）动力消耗低。闭路系统与开路系统不同，系统中水泵的工作压力取决于膨胀罐内的充 N_2 压力，而水泵的扬程是由系统阻力损失决定的，冷却水的静压头能得到完全的利用。而在开路系统中，扬程除了取决于系统能力损失之外，还有附加供水点的高度和剩余水头。

4）水处理费用低。

5）冷却水管道以及冷却元件内无腐蚀、结垢、氧化现象，也没有生物污垢。

6）运用高灵敏度的泄漏检测系统，对每个冷却回路都进行了流量、流速、工作压力以及压力下降的分析。

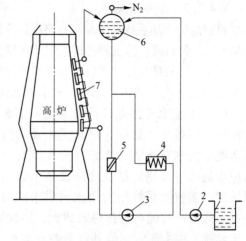

图 3-16　上置式软水密闭循环冷却系统
1—补水箱；2—补水泵；3—循环泵；4—空气冷却器；
5—逆止阀；6—膨胀水箱；7—冷却壁

3.4.2　高炉常用冷却设备

3.4.2.1　冷却壁

冷却壁安装在炉壳内部，其优点是炉壳不开口，密封性好；均匀分布在炉衬之外，冷却均匀，侵蚀后炉衬内壁光滑。它的缺点是消耗金属多，笨重，冷却壁损坏后难更换。

冷却壁按材质可分为以下几类：

（1）普通灰铸铁光面冷却壁。它的允许使用温度不高于 400℃，热导率比球墨铸铁和低铬铸铁高，适合于热流强度大且稳定的炉底、炉缸和风口带使用。

（2）低铬铸铁光面冷却壁。它是在普通灰铸铁冷却壁的基础上加入少量的铬（$w(Cr)$ ≤0.6%，国外还加入含 Cr 50% 的 Ni），提高了允许使用温度的极限。低铬铸铁冷却壁的导热性比灰铸铁冷却壁差，一般只使用于风口带。

（3）球墨铸铁镶砖冷却壁。球墨铸铁镶砖冷却壁本体材料的金相组织基体是铁素体和少量的珠光体。生铁中的碳以球状石墨的形式存在，它的热导率比普通铸铁略低。其特点是冷却壁受高温作用时发生裂纹，不向热影响区以外的区域传播，适合于炉腹、炉腰和炉身部位使用。过去镶砖冷却壁的材质是黏土砖、高铝砖，现在一般用碳化硅砖、Si_3N_4-SiC砖、半石墨化碳化硅砖、铝炭砖等。

（4）铜冷却壁。铜冷却壁用导热性高的铜作为冷却壁材质，而且其内设有铸入的水管，消除了气隙热阻。高炉正常工作条件下，铜冷却壁的工作温度只有 60℃ 左右。首钢生产实践表明，当铜冷却壁热端有 10mm 渣皮时，其最高温度低于 100℃；当炉内煤气温度从 1000℃ 变化到 1600℃ 时，铜冷却壁热面温度基本维持在 100℃ 左右，渣皮脱落后也还在 250℃ 以下。与其他材质的冷却壁相比，铜冷却壁更容易形成稳定的渣皮保护层，并且不容易脱落。即使渣皮脱落，铜冷却壁也可在 5~20min 内形成新的渣皮，而铸铁冷却壁则需约 4h 才能重建渣皮。

冷却壁按结构可分为光面冷却壁、镶砖冷却壁及起支撑砖衬作用的带凸台冷却壁，见图 3-17。

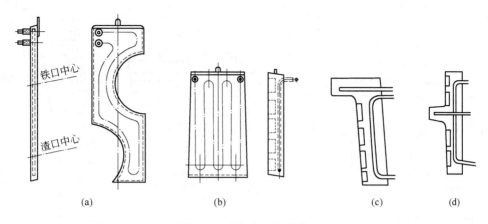

图 3-17 冷却壁基本结构

（a）渣铁口区光面冷却壁；（b）镶砖冷却壁；（c）上部带凸台镶砖冷却壁；（d）中间带凸台镶砖冷却壁

光面冷却壁导热性好、冷却均匀、效率高，能敏锐地反映铁水及熔渣对炉缸砖衬的冲刷、渗入和化学侵蚀等破坏作用的程度，主要用于炉缸冷却。

镶砖冷却壁冷却均匀、炉墙光滑、下料阻力小、耐磨、耐冲刷、炉壳完整，故强度与密封性较好，一般用于炉腹及以上部位的冷却。

带凸台冷却壁上的凸台有的在上部，有的在中部，且凸台处有两路水管冷却以保护凸台，在边角部位也设一路水管加强冷却，本体冷却水管在原来一路的基础上又在背面增加了另一路。当炉身采用带凸台镶砖冷却壁时，既有利于挂住渣皮，削弱煤气运动对冷却壁的冲刷，又能够起到支撑炉衬的作用。

3.4.2.2 冷却水箱

冷却水箱有扁水箱（冷却板）、支梁式水箱、青铜圆柱形水箱（冷却柱）三种类型，属于插入式冷却器。其特点是：冷却能深入到砖衬内，冷却深度及冷却强度大，拆换方便，易于维护，前两种还有支撑砖衬的作用。由于是点式冷却，冷却不均匀，容易造成侵蚀后炉墙内表面不平整而影响炉料的顺利下降，炉壳开孔多。

（1）扁水箱。扁水箱又称为冷却板（如图 3-18 所示），常由青铜与铸铁制成，内铸无缝钢管，厚度在 75～110mm 之间，长度和宽度则根据使用部位的需要确定。冷却板安装时要埋在砖衬内，其前面端部距高炉炉衬工作表面的砖厚一般为 230～345mm。冷却板通常用于厚壁炉腰、炉腰托圈、厚壁炉身中下部砖衬冷却，也有高炉全部用密集式铜冷却板冷却炉腹和炉身的。冷却板在炉腰托圈上面时，常采取密排布置。如果是冷却砖衬，则为上下层棋盘交错布置，上下层间距为 500～900mm，同层为 150～300mm。近年来，炉身下部炉衬的损坏也成为影响高炉寿命的薄弱环节。为了缓解炉身下部耐火材料的损坏和保护炉壳，在国内外一些高炉的炉身部位采用了冷却板和冷却壁交错布置的结构形式，既加强了耐火材料的冷却和支托作用，又使炉壳得到全面的保护。日本川崎制铁所的千叶 6 号高炉（4500m³）在炉身部位采用冷却板和冷却壁交错布置的结构，见图 3-19。

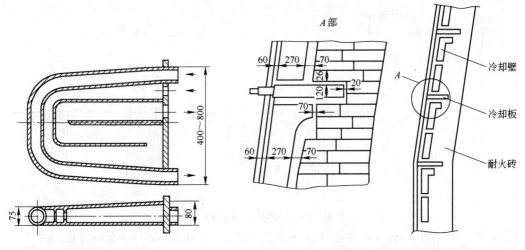

图 3-18　冷却板　　　　　　　　　图 3-19　冷却板和冷却壁交错布置的冷却结构

（2）支梁式水箱。支梁式水箱一般用铸铁铸造而成，也有用铸钢铸造而成的，其形状为中空长方楔形，水箱内铸有无缝钢管。冷却水管侧壁厚为 100～110mm，其余部分为 50mm 左右。水箱宽度一般为 200～300mm。长度应根据冷却炉衬的厚度确定，一般以700～800mm 为宜。水箱前端砌砖厚度一般为 460～575mm，有的最薄处砌砖厚度只有230mm。这种冷却器的结构如图 3-20（a）所示。支梁式水箱一般布置在炉身其他冷却设备的上部，布置方式为相邻上下两层棋盘式交错，上下两层间距为 600～1000mm，同层间距为 1300～1700mm。现在支梁式水箱有被改进后的凸台冷却壁所取代的趋向，已经很少采用。

（3）青铜圆柱形水箱。青铜圆柱形水箱又称冷却柱，见图 3-20（b），由冷却柱主体、冷却管和灌浆座三部分组成。灌浆座焊接在冷却柱主体上，冷却管安装在冷却柱主体内。冷却柱主要使用于炉体冷却壁损坏后炉衬遭受严重侵蚀、炉壳钢板发红及开裂的部位。其材质有钢管焊接与铜锻压成型两种。冷却柱的安装方法是在炉壳坏水箱的部位钻孔，将冷却柱插入并固定在炉壳钢板上通水冷却，热面辅以喷涂料造衬。

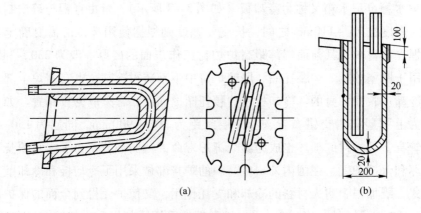

图 3-20　冷却水箱
（a）支梁式冷却水箱；（b）冷却柱

3.4.2.3 喷水冷却装置

喷水冷却是一种最简单的冷却方式，这种冷却是在炉壳外安装环形喷水管，喷水管直径一般为50~150mm。在喷水朝着炉皮的方向钻有5~8mm的喷水小孔，水喷在炉壳上面，并沿着炉壳向下流入集水槽，然后流入排水管排走。

炉外喷水冷却的特点是冷却不能深入炉内，冷却深度浅，一般用于小高炉。对于大中型高炉，喷水冷却主要在冷却设备损坏多的情况下作为一种辅助冷却的手段使用。国外有的大型高炉炉缸采用炭砖炉衬，为发挥炭砖炉衬导热性好的特点，在炉壳内不设冷却器，而采用炉外喷水的冷却方式，取得了满意的冷却效果。

3.4.2.4 炉底冷却设备

采用炭砖炉底的高炉，其炉底一般都应设冷却装置，防止炉基过热及热应力造成基墩开裂破坏。综合炉底结构的冷却装置是在炉底耐火砖砌体底面与基墩表面之间安装通风或通水冷却的无缝钢管，并把冷却钢管用炭捣料埋入找平。冷却管直径一般为146mm，壁厚8~14mm。冷却管布置的原则是在炉底中央排列较密，越往边缘排列越疏。目前国内外大型高炉普遍采用水冷形式。水冷炉底有两种供水方式：一是用炉缸排水供炉底冷却，二是由炉体给水总管供水。冷却水速应大于0.8m/s。水冷炉底的水管排列图见图3-21，排水管口高于水冷管平台以上，然后流入排水槽。

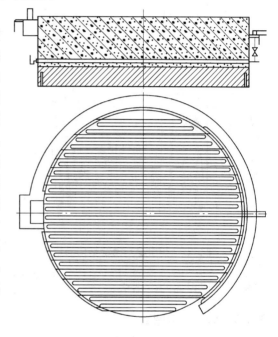

图3-21 水冷炉底的水管排列图

3.4.2.5 炉身冷却模块

为提高高炉炉身寿命，原苏联开发了一种炉身冷却模块结构并广泛应用于高炉生产。炉身冷却模块结构取消了砖衬和冷却壁，将冷却水管直接焊接在炉壳上，并浇铸耐热混凝土。它是由炉壳、厚壁钢管、耐热混凝土构成的大型冷却模块。冷却模块将炉身部位的炉壳沿径向分成数块，块数取决于炉前的起重能力，唐钢1260m³高炉是10块，图3-22为其结构示意图。

炉身冷却模块的制造可在停炉前预先进行，停炉后只进行吊装、焊接、浇注及对接缝等，相当于在高炉上整体组装炉身，大大缩短了大修工期，明显降低了炉身造价，在高炉大修初始即形成操作炉型。

3.4.2.6 高炉冷却壁（板）损害的主要原因及处理

高炉冷却壁（板）漏水分为管头漏和烧漏两种。前者往往是由于设计不合理，在生产中因热膨胀而切断的；后者则与高炉操作、冷却强度、冷却设备结构及材质有关。

（1）进水水管根部受剪切力断裂。剪切力产生的原因是新安装的冷却壁在开炉不久，由于炉壳和冷却壁热膨胀量不同而产生上下方向的剪切力。

（2）近几年高炉不断强化后，现有冷却壁不能承受过大的热量而导致冷却壁烧坏。特别是在炉役中后期，炉腹、炉身冷却壁烧坏较多。

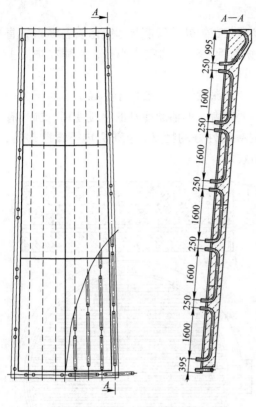

图 3-22　炉身冷却模块结构示意图

（3）冷却水质差。水中悬浮物含量太大或水的硬度较大时，易在冷却壁水管内产生沉淀或形成水垢，不仅缩小了冷却壁内水管的内径，降低了冷却强度，而且水垢的导热性差，易烧坏冷却壁。

（4）高炉操作因素的影响。炉温波动大，对炉腹、炉腰冷却壁渣皮起破坏作用，长期发展边缘气流或发生管道行程会造成冷却壁热流量过大等。

（5）若冷却壁铸造质量差，当高炉出现热震时，易造成冷却壁断裂。

确定冷却器漏水后，要判断漏水的严重程度。对漏水量不大的冷却壁，采取关小进水阀门的办法，使冷却器内水的压力接近炉内煤气压力，得到动态平衡，既可保证冷却壁冷却，又能减少水的流入。而当冷却器漏水严重时要及时将出水头堵死，同时关闭进水阀门，并在外部喷水冷却。对于损坏的冷却壁，外部喷水冷却工作要保证连续、均匀，应定期清理氧化铁皮，提高冷却效果，利用休风检修机会用铜冷却棒来代替损坏的冷却壁。

3.4.3　高炉冷却制度

高炉冷却制度是指控制适宜的冷却强度与冷却参数，确保操作炉型稳定，做好冷却设备的管理与维护工作，使冷却器与高炉寿命延长。

3.4.3.1　冷却水消耗量的控制

高炉冷却水消耗量取决于炉体热负荷。炉体热负荷是指单位时间内炉体热量的损失量。炉体热量的损失，除通过炉壳热辐射形式散失很少部分外，绝大部分是通过冷却器的冷却介质（主要是水）带走的。炉体总的热负荷与炉体总的冷却水用量之间的关系可近似地用下式表示：

$$Q = Mc(t - t_0)$$

式中　Q——炉体总的热负荷，kJ/h；

　　　M——炉体总的冷却水用量，kg/h；

　　　c——冷却水的比热容，kJ/(kg·℃)；

t_0，t——分别为冷却水的进、出水温度（平均值），℃。

由以上关系可知，炉体冷却水消耗量随着炉体热负荷的增加而增加，随进出水温差的增高而降低。但是在实际生产过程中，要想准确、及时地测出热负荷是困难的。因此，在考虑炉体热负荷时，一般是通过经验公式来进行粗略估算。大型高炉热负荷的经验计算公式如下：

$$Q = 0.12n + 0.0045V_u \qquad (3\text{-}11)$$

式中 Q——炉体热负荷，kJ/h；

n——高炉风口数目，个；

V_u——高炉有效容积，m^3。

高炉各部位由于工作条件不同，其热负荷也不相同；且同一部位炉体由于工作条件不稳定，热负荷也是在变化的。因此，高炉局部区域冷却水的消耗量，应根据所处部位的不同而随时调整。高炉局部区域的热负荷常用热流强度来表示。

热流强度是指单位时间单位面积的炉衬通过冷却器传递带走的热量。根据热平衡原理，可得到如下关系：

$$Q_1 = qF = M_1c(t - t_0) \qquad (3\text{-}12)$$

式中 Q_1——一个冷却器带走的热量，kJ/h；

q——一个冷却器承受冷却炉衬的热流强度，kJ/$(m^2 \cdot h)$；

F——一个冷却器承受的冷却炉衬面积，m^2；

M_1——一个冷却器的冷却水量，kg/h；

c——冷却水的比热容，kJ/$(kg \cdot ℃)$；

t_0，t——分别为冷却水的进、出水温度（平均值），℃。

可见，一个冷却器的耗水量取决于冷却区域炉衬的热流强度、冷却区域的面积大小以及冷却器的进出水温差。在实际生产中，一个冷却器所承受的冷却炉衬面积是不变的，而热流强度则是随炉况变化而变化的。冷却水温差应该控制在规定的范围之内。因此，一个冷却器的耗水量主要是根据炉况的变化（热流强度变化）来进行调节控制的。

武钢 $3200 m^3$ 高炉冷却壁各冷却区域的热流强度设计值见表3-28，炉体冷却水消耗量见表3-29。

表 3-28 高炉冷却壁各冷却区域的热流强度设计值

区 段	热流强度/kJ·$(m^2 \cdot h)^{-1}$	水温差/℃	热负荷/kJ·h^{-1}	冷却面积/m^2
炉身上部	29268	0.422	3782900	129.27
炉身中部	100328	2.241	29907900	289.07
炉身下部及炉腰	167200	3.173	51259340	306.58
炉腹	125400	10174	15035460	119.93
风口带	83600	0.370	3849780	46.06
炉缸区	16720	0.591	6224020	372.28
合 计			110059400	

表 3-29 高炉炉体冷却水消耗量

炉容/m^3	300	620	1000	1260	1500	3200	4063
耗水量/t·$(m^3 \cdot h)^{-1}$	2.0	1.6	1.4	1.75（循环水）	1.3	2.0	1.6

3.4.3.2 冷却水流速的控制

降低冷却水流速和增加进出水温差可以降低冷却水消耗量。但是冷却水流速太低则会使冷却水中的机械混合物沉淀，使进出水温差过高，形成局部沸腾而产生碳酸盐沉淀。这些沉淀物以水垢形式附于水管壁，使其导热能力大为下降，严重时冷却器会因过热而被烧坏。因此，冷却水流速和水温差的控制是以不发生水中机械混合物沉淀与不产生碳酸盐沉淀为原则的。

工业用冷却水经过供水池沉淀和过滤器过滤后，水中机械悬浮物的粒度已小于 4mm，含量也小于 $200mg/dm^3$。为了避免悬浮物在冷却器水管内出现沉淀，当滤网孔径为 4~6mm 时，最低水速应不低于 0.8m/s。表 3-30 所示为不同粒度的悬浮物不发生沉淀的冷却水流速要求。

表 3-30　不同粒度的悬浮物不发生沉淀的冷却水流速要求

悬浮物粒度/mm	0.1	0.3	0.5	1	3	4	5
冷却水流速/m·s^{-1}	0.02	0.06	0.10	0.20	0.30	0.60	0.80

风口的冷却水流速根据新日铁公司的试验得出，炉容与冷却水流速的关系式为：

$$v_L = 0.31 \left(\frac{V_u}{1000} \right)^2 + 7.2, v_H = 0.47 \left(\frac{V_u}{1000} \right)^2 + 11.6$$

式中　v_L——最低水速，m/s；

　　　v_H——最高水速，m/s；

　　　V_u——炉容，m^3。

选择风口水速 v_s 时，应该满足 $v_L < v_s < v_H$，这样才既经济又安全。按上式计算，高炉风口的冷却水流速至少应大于 7.2m/s，2000m³ 以上高炉风口的冷却水流速应大于 9.0m/s，这样才能使高炉风口长寿，这就要求供给高炉风口的冷却水压力要高、水量要多。有条件的高炉应考虑风口不仅单独供水，还要加压供水。表 3-31 所示为高炉冷却设备冷却水流速的参考值。

表 3-31　高炉冷却设备冷却水流速的参考值

参　数	各段冷却壁直段及蛇形管	凸台	炉底水冷管	风口小套	风口中
压力/MPa	≥1.0	≥1.0	≥0.5	≥1.6	≥0.7
流速/m·s^{-1}	≥1.8	≥2.0	≥2.0	≥15	≥5

3.4.3.3　冷却水温差的控制

冷却水进出水温差值的允许范围要保证水中碳酸盐不大量产生沉淀，其主要取决于碳酸盐含量和进出水温度。一般工业用循环冷却水的暂时硬度小于 10°（即 CaO 的体积质量小于 $100mg/dm^3$），经过多次加热后，碳酸盐开始沉淀温度为 50~60℃，而循环水温度一般低于 35℃。因此，只要冷却水的理论允许进出水温差控制在 15~25℃，就可以避免碳酸盐的沉淀。但是实际生产中冷却器的热流强度是不稳定的，考虑这种因素后，要求冷却器的实际进出水温差低于理论允许进出水温差。考虑冷却器热流强度波动的安全系数后 (φ)，实际进出水温差应用下式表示：

$$\Delta t = \varphi \Delta t_1 \tag{3-13}$$

式中　Δt——实际进出水温差，℃；

Δt_1——理论允许进出水温差，℃；

φ——热流强度波动安全系数。

φ 值大小与炉体部位有关，具体如下：

部位	炉腹、炉身	风口带	渣口以下	风口小套
φ	0.4~0.6	0.15~0.3	0.08~0.15	0.3~0.4

高炉各部位冷却水温差的控制标准参考值见表 3-32。

表 3-32　高炉各部位冷却水温差的控制标准参考值

冷却部位		炉容/m³		
	冷却水温差/℃	<620	620~1260	>1650
炉身上部		10~14	10~14	10~15
炉身中部		10~14	10~14	8~12
炉腰		8~12	8~12	7~12
炉腹		10~14	8~12	7~10
风口区域		4~6	3~5	3~5
炉缸三段冷却壁		<4	<4	<4
炉缸一、二段冷却壁	普通炭砖	<2	<2	<2
	国产微孔炭砖	<3	<3	<3
	NMA 型炭砖	≤5	≤5	≤5

3.4.3.4　冷却水压力的控制

由于高炉冶炼的进一步强化，炉内热流强度波动频繁，热震现象也比较严重，为了加强冷却，对水压提出了更高的要求。风口水压要求为 1.0~1.5MPa，其他部位冷却水压力至少要比炉内压力高 0.05MPa，以避免水管破裂后炉内煤气窜到水管里发生重大事故。高炉冷却水最低压力参考值见表 3-33。

表 3-33　高炉冷却水最低压力参考值

炉容/m³	≤100	300	620	>1000
主管及风口/MPa	0.18~0.25	0.25~0.30	0.3~0.34	0.34~0.4
炉体中部/MPa	0.12~0.20	0.15~0.20	0.20~0.25	0.25~0.30
炉体上部/MPa	0.08~0.098	0.10~0.14	0.14~0.16	0.16~0.20

3.4.3.5　水质调节和控制

除了调整以上参数外，提高冷却水质以防止冷却壁内水管结垢也是维护好炉体的重要内容。防止水垢的主要措施是进行水的预处理，即：逐步采用或全部采用软水闭路循环冷却系统；使用软化水或者除盐水（纯水）；工业水加药（缓蚀剂、螯合剂、阻垢分散剂及杀菌剂），达到防腐、阻垢、杀菌的能效，可以大大减缓腐蚀、污垢、微生物造成的危害并阻止水中沉淀物的生成。高炉冷却水水质的处理参考意见如表 3-34所示。

表 3-34　高炉冷却水水质的处理参考意见

水质等级	一等	二等	三等
总硬度/(°)	<8	8 ~ 16	>16
稳定性/℃	>80	65 ~ 80	50 ~ 65
工业处理意见	自然水、沉淀池处理	软水或提高稳定性处理	软水处理

3.5　风口、渣口与铁口

3.5.1　风口装置

风口装置起着使热风炉加热的热风通过热风总管、热风围管，再经风口装置送入高炉的作用。高炉对风口装置的要求是：接触严密、不漏风，耐高温、隔热且热损失少，耐用、拆卸方便且易于机械化。

3.5.1.1　风口装置的组成

风口装置一般由鹅颈管、伸缩管、导径管、弯管、直吹管、风口水套及附件等组成，见图 3-23。

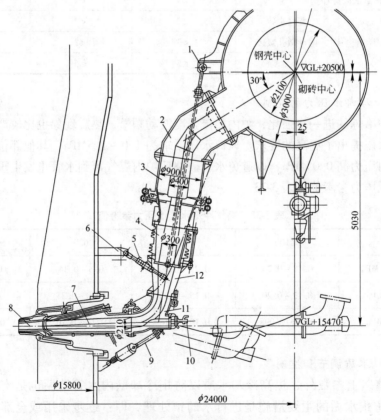

图 3-23　风口装置

1—横梁；2—鹅颈管 1；3—鹅颈管 2；4—伸缩管；5—拉杆；6—环梁；7—直吹管；
8—风口；9—松紧法兰螺栓；10—窥视孔；11—弯管；12—异径管

（1）鹅颈管。鹅颈管是上大下小的异径弯管，其形状应保证局部阻力损失越少越好。大中型高炉的鹅颈管用铸钢做成，内砌黏土砖或浇注不定形耐火材料，使之耐高温且热损失少。

（2）伸缩管。伸缩管的作用是调节热风围管和炉体因热膨胀引起的相对位移，内有不定形耐火材料浇注的内衬，下部内衬与伸缩管之间塞有陶瓷纤维棉，并装有多层垫圈。

（3）异径管。异径管用来连接不同直径的管道，上设吊杆和中部拉杆底座，用以安装张紧装置，用于稳定和紧固送风支管的位置，并使直吹管紧压在风口小套上。

（4）弯管。弯管用插销吊挂在鹅颈管上，也是铸钢材质，内衬黏土砖，后面有窥视孔装置，下端有一块用于拉紧固定的带肋的板。

（5）直吹管。现代大型高炉的直吹管一般由端头、管体、喷吹管、尾部法兰和端头冷却水管路五部分组成，如图 3-24 所示。早期的直吹管没有喷吹管和端头冷却水管路。增加喷吹管的目的是用于向高炉炉缸内喷吹煤粉，以降低焦比、强化冶炼。增加端头冷却水管路则是为了使直吹管能承受日益提高的风温影响。直吹管为带内衬的铸钢管，其内衬可以是耐火砖衬，也可用耐热混凝土捣固，以抵抗灼热的热风对管体的破坏和减少散热。

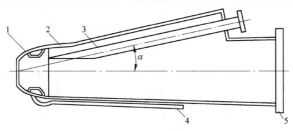

图 3-24 直吹管结构图

1—端头；2—管体；3—喷吹管；4—冷却水管；5—尾部法兰

（6）风口水套。高炉风口水套是保证高炉正常生产的关键部件。为了便于更换并减少备件消耗，风口通常做成锥台形的三段水套，见图 3-25。

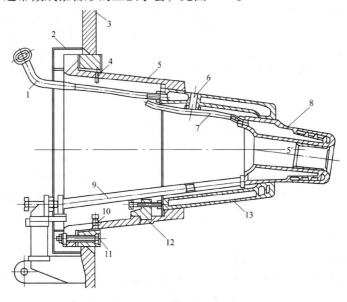

图 3-25 风口装置结构示意图

1—风口中套冷水管；2—风口大套密封罩；3—炉壳；4—抽气孔；5—风口大套；6，10—灌泥浆孔；
7—风口小套冷水管；8—风口小套；9—风口小套压紧装置；11—风口法兰；12—风口中套压紧装置；13—风口中套

1）风口大套。风口大套是铸入蛇形无缝钢管的铸铁冷却器，它有法兰盘状凸缘，用螺钉固定在炉壳上。当高炉采用高压操作时，为了防止泄漏煤气，在炉壳上设有风口压套，其上的法兰盘与风口大套上的法兰盘固定在一起。

2）风口中套。风口中套用铸造紫铜制作，其作用是支撑风口小套，其前端内孔的锥面与风口小套的外锥面相配合，上端的外锥面与大套相配合。风口中套的工作位置与风口小套相比，离炉缸较远，不直接接触热风和高炉内的气氛。但在大型高炉强化冶炼的工作条件下，风口中套周围仍受到300℃左右高温的影响。风口中套主要由本体和前帽两部分组成，分体铸造，加工后焊接而成。冷却水路分为前腔与后腔。前腔为前帽和本体上两道环形水道隔板形成的螺旋状冷却水道，后腔为前后相错的轴向隔板组的冷却水路。各水路要求连接畅通、表面光滑，以减少水流阻力。风口中套上端有一灌泥浆孔，用于安装时向风口中套与炉缸砌体间空隙灌耐火泥。在风口中套上端焊有一个5mm厚的钢圈，用于与风口大套焊接固定，并防止大套、中套连接处煤气泄漏。

3）风口小套。风口小套（以下简称风口）的形状有空腔水冷式、双腔旋流式、贯流式、双进双出式及偏心式等，见图3-26。贯流式风口工作时，冷却水首先通过前端热负荷最高而直径较小的第一道螺旋水道，以加强风口前端热交换；然后依次流过后面的各螺旋水道及空腔，由于后端截面积增加，水速变慢，水温升高，热交换变差，从而减弱了风口冷却对风温的降低作用；最后进入排水管流出。风口小套的直径是根据风量、风速来确定的，风口材质目前主要为高纯紫铜。从风口的强度、刚度、抗龟裂性能不同方面考虑，风口有锻制、铜板卷制、铸造等不同状态。铜板卷制风口重量低、成本低，但若壁厚太薄，则刚度不足，易发生变形。因高炉风口是通过水冷来保持风口运行于低温状态的，所以铜的纯度至关重要。

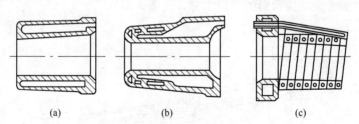

图3-26   风口小套的几种结构

（a）空腔式；（b）贯流式；（c）螺旋铜管式（多为斜风口）

高炉生产时，风口前段约有500mm伸入炉内，直接受到液态渣铁的热冲蚀和掉落热物料的严重磨损，容易失效。所以风口损坏的部位总是在露出的风嘴部分，大部分是在外圆柱的上面、下面和端面上发生。

3.5.1.2   风口破损的机理

风口损坏的机理主要有以下几种：

（1）熔损。这是风口常见的损坏原因。在热负荷较高时（如风口和液态铁水接触时，风口处热负荷将超过正常情况的一倍甚至更高），如果风口冷却条件差，冷却水压力、流速、流量不足，再加上风口前端出现的Fe-Cu合金层恶化了导热性，会使风口局部温度急剧升高，最终导致风口冲蚀熔化而烧坏。

（2）开裂。风口外壁处于1500～2200℃的高温环境中，而内壁则通以常温的冷却水；风口外壁承受鼓风的压力，内壁则承受冷却水的压力；并且这些温度和压力是经常变化的，从而造成风口材质的热疲劳与机械疲劳。风口在高温下会沿晶界及一些缺陷发生氧化腐蚀，降低了强度，造成应力集中，最后引起开裂。此外，风口中的焊缝处也容易开裂。

（3）磨损。风口前端伸入炉缸内，高炉内风口前焦炭的回旋运动以及上方炉料沿着风口上部向下滑落和移动，会造成对风口上表面的磨损。高炉喷吹煤粉时，如果插枪位置不当，内孔壁及端头处被煤粉磨漏的现象也时有发生。

为使风口能够承受恶劣的工作条件，延长其使用寿命，常采取以下三方面的措施：

（1）提高制作风口的紫铜纯度，以提高风口的导热性能；

（2）改进风口结构，增强风口冷却效果；

（3）对风口前端进行表面处理，提高其承受高温和磨损的能力。

当然，风口的使用寿命还与高炉采用的操作工艺、炉况、水冷条件等多种因素有关。

3.5.1.3　风口的检查与维护

目前常用的风口检漏方法有以下几种：

（1）流量差、水温差法。用流量差计确定进出水流量差值是否在正常范围内，若超过正常范围，则风口漏水；当进出水温差超过规定范围时，也可判定风口漏水。

（2）目测法。检查漏水时，若从风口各套接触面之间往外渗水或固定螺栓与护管焊缝处炉皮渗水，则判定为漏水。若煤气成分中 H_2 含量比平时上升0.5%，出水发白并带有白线，为漏水征兆。出水头向外喷煤气、喷火，也可判定为漏水。

（3）点燃法。采用点燃法检查风口漏水时，用明火试点，看是否能引燃出水头的煤气，如将煤气点燃，则判定为风口漏水。

（4）出水测试法。在难以肯定风口是否烧坏时，可慢慢关小进水阀门，使风口出水管的压力小于炉内煤气的压力，如果水中有气泡或喘气现象，则判定风口漏水。

（5）打压法。休风时用压力泵进行检漏。

在处理坏风口时，要根据观察的情况判断破损程度，分别按不同的方法处理，具体如下：

（1）当发现风口前端烧熔时，应加强风口外部的打水，关闭进水阀门，立即组织休风更换。

（2）如果风口破损严重、往炉内大量漏水、风口前端有凝铁和风口呈黄色时，说明风口内周围温度不足，应把水关得很小，立即组织休风更换。

（3）如果风口大量漏水、风口前端有较多的凝铁致使风口拉不下来时，可恢复送风几分钟，把风口凝铁烧化后再休风更换，但要特别注意安全。

（4）更换风口装置必须在出净渣铁、倒流休风的情况下进行。接到更换风口指令后，将卡机、大锤、长短钢钎、倒链、堵耙、管钳、吹氧管、有水炮泥及所换风口吹管等工具和备品准备齐全。

更换风口的程序如下：

（1）准备工具，拔出喷煤喷枪后挂好倒链、松开风口下边的拉杆螺栓，待高炉休风后卸下拉杆。

（2）倒流休风后将弯头的固定楔子打松，使弯头可前后活动。

（3）卸下直吹管并移开，立即用炮泥堵风口，并堵严捣紧。

（4）看水工卸开风口水管接头和进水管铁丝，关小进水量。

（5）从风口伸进带滑锤的拉钩，使钩头钩住风口前端上沿，拉动滑锤，将风口震活后拔掉胶皮管，关死进水，退去拉钩后取下风口。

（6）风口卸下后，观察风口前有无凝铁，如有，应清理干净。

（7）上风口。将灌满水的风口小套抬进中套里，摆正风口小套进出水管的位置，用长铁棍从左右两侧撞击，待风口小套撞紧、撞严后，看水工接水管，把水打开。

（8）用弯铁棍或扁担把直吹管前端抬起，用短钢钎伸进直吹管后端将其抬起，送进风口套内并逐渐往里送。弯头朝后拉，直到弯头可以压到直吹管后端时，用长钢钎伸进弯头窥视孔并直接插进风管后端，然后下压长钢钎，直到风管前端与风口接触时为止，此时调整插枪位置到正确方向。然后调整风管位置，使之与风口、弯头的球面接触无缝。最后依次上吹管、上密封圈并对正、紧销子、紧马力、上窥视孔盖、摘倒链、送风、整理工具。

（9）若遇风口断水、烧红难打时，先通水冷却后再打；若遇卡机打不进去、风口有渣难以清理时，用大氧烧掉渣铁后再更换。烧氧气时，风口各套下沿应撒黄沙保护，防止流出来的铁水烧坏风口各套。短风口换长风口时，要向里多烧一段并抠干净，以保证上风口时一次到位并上严。

（10）更换中套时打下风口，卸掉中套卡子后进行。

3.5.2　渣口装置

渣口装置位于风口与铁口水平面之间，其高度及各套的尺寸主要根据高炉容积、炉顶压力、渣量及高炉冶炼强度等因素来确定。为了便于加工制造、拆卸和安装，也因为各套的工作条件不同，一般高炉的渣口装置均由 3 或 4 个水套（大套、二套、三套和小套）及压紧固定件组成，如图 3-27 所示。

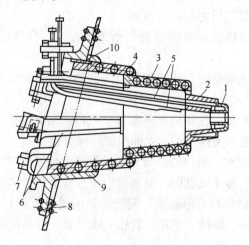

图 3-27　渣口装置

1—渣口小套；2—渣口三套；3—渣口二套；4—渣口大套；5—冷却水管；
6—挡杆；7—固定楔；8—炉皮；9—大套法兰；10—石棉绳

渣口大套、二套、三套用卡在炉皮上的楔子顶紧、固定，而渣口小套（下文简称渣口）则用进出水管固定到炉皮上。采用高压操作时，因炉内有巨大的推力，会将渣口各套抛出，故在各套上加没用楔子固定的挡杆。

三套和渣口小套直接与渣铁接触，热负荷大，采用导热性好的铜质空腔式结构。渣口直径一般为60mm，对高压操作的高炉则缩小到40mm。大套和二套由于有砖衬保护，不直接与铁水接触，热负荷较低，因而采用中间嵌有循环冷却水管的铸铁结构。

渣口大套安装在固定于炉壳上的大套法兰内，各套之间的接触面均加工成圆锥面，使彼此接触严密，又便于拆卸更换。大套和法兰接触面的间隙必须用黏土耐火泥加玻璃水的石棉绳塞紧，以免泄漏煤气。

渣口的放渣时间应该是熔渣面已达到或超过渣口中心线时，而实际生产中的放渣时间通常是依据铁渣量、上次出铁情况和上料批数来确定。如果上次铁没有出净，则放渣时间应提前。

渣口打开后，如果从渣口往外喷煤气或火星、渣流很小或没有渣流，说明炉缸内积存的熔渣还没有到达渣口水平面，此时应堵上渣口稍后再放。

实际生产中渣口非常容易损坏，应不断对渣口的材质进行改进，如采用等离子喷涂和合金质的小套等，以延长其使用寿命。目前大部分大型高炉已取消渣口。

3.5.3 铁口装置

铁口装置（铁口套）用于加强和保护铁口处的炉壳，铁口套和炉壳之间一般采用铆接。铁口套为ZG35铸钢件，形状一般为椭圆形，如图3-28所示。

3.6 高炉本体钢结构

3.6.1 高炉炉壳

炉壳是高炉的外壳，里面有冷却设备和炉衬，顶部有装料设备和煤气上升管，下部坐在高炉基础上，是不等截面的圆筒体。

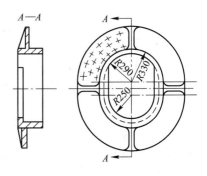

图3-28 高炉铁口套

炉壳的主要作用是固定冷却设备、保证高炉砌砖的牢固性、承受炉内压力和密封炉体，有的还要承受炉顶载荷和起到冷却内衬的作用（外部喷水冷却时）。因此，炉壳必须具有一定强度。

炉壳转折点的存在是为了使炉壳外形与炉衬、冷却设备配置相适应，但转折点减弱了炉壳的强度。由于固定冷却设备，炉壳需要开孔。炉壳转折点和开孔应避免开在同一个截面上。炉缸下部转折点应在出铁口框以下100mm处，炉腹转折点应在风口大套法兰边缘以上大于100mm处。炉壳开口处需补焊加强板。

炉壳厚度应与工作条件相适应，各部位厚度可由下式计算：

$$\delta = kD$$

式中　δ——计算部位炉壳厚度，mm；

　　　D——计算部位炉壳外弦带直径（对圆锥壳体采用大端直径），m；

　　　k——系数，mm/m，与弦带位置有关（见图3-29），其值见表3-35。

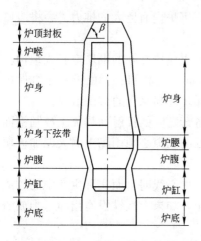

图 3-29　高炉炉体各带分界示意图

表 3-35　高炉各弦带 k 的取值

炉顶封板与炉喉	当 50° < β < 55°	4.0
	β > 55°	3.6
高炉炉身		2.0
高炉炉身下弦带		2.2
风口带到炉腹上折点		2.7
炉缸及炉底		3.0

炉身下弦带高度一般不超过炉身高度的 $1/4 \sim 1/3.5$。高炉下部钢壳较厚,这是因为此部位经常受高温的作用以及安装渣口、铁口和风口时开孔较多的缘故。我国某些高炉的炉壳厚度见表 3-36。

表 3-36　我国某些高炉的炉壳厚度

高炉容积/m³		100	255	620	620	1000	1513	2025	4063
高炉结构形式		炉缸支柱	自立式	炉缸支柱	自立式	炉体框架	炉缸支柱	炉体框架	炉体框架
高炉炉壳厚度/mm	炉底	14	16	25	28	28/32	36	36	65, 90（铁口区）
	风口区	14	16	25	28	32	32	36	90
	炉腹	14	16	22	28	28	30	32	60
	炉腰	14	J6	22	22	28	30	30	60
	托圈	16		30			36		
	炉身下部	8	14	18	20	25	30	28	炉身由下至上依次为 55、50、40、32、40
	炉顶及炉喉	14	14	25	25	25	36	32	
	炉身其他部位	8	12	18	18	20	24	24	

3.6.2　高炉承重结构

高炉承重结构（支撑结构）主要用于将炉顶载荷、炉身载荷传递到炉基,此外,还要解决炉壳密封问题。高炉承重结构主要有以下几种形式（见图 3-30）:

（1）炉缸支柱式。炉缸支柱用来承担炉腹或炉腰以上,经炉腰支圈传递下来的全部载荷。它的上端与炉腰支圈连接,下端则伸到高炉基座的座圈上。支柱向外倾斜 6°左右,以使炉缸周围宽敞。支柱的数目常为风口数目的 1/2 或 1/3,并且均匀分布在炉缸周围。这种结构的特点是节省钢材,但炉身炉壳易受热变形,风口平台拥挤,炉前操作不方便,并且大修时更换炉壳不方便。过去我国 255m³ 以下高炉多采用这种结构。

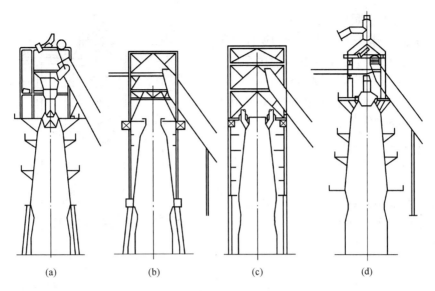

图 3-30 高炉本体钢结构
（a）炉缸支柱式；（b）炉缸炉身支柱式；（c）框架环梁式；（d）自立式

（2）炉缸炉身支柱式。炉顶装料设备和煤气导出管、上升管等的重量经过炉身炉壳传递到炉腰托圈，炉顶框架、大小钟载荷则通过炉身支柱传递到炉腰托圈，然后再通过炉缸支柱传递到基础上。煤气上升管和炉顶平台分别设有座圈和托座，大修更换炉壳时炉顶煤气导出管和装料设备等载荷可作用在平台上。这种结构降低了炉壳的负荷，安全可靠，但耗费钢材较多，投资高。

（3）框架式。目前我国高炉多采用这种结构。其特点是：由四根支柱连接成框架，与高炉中心成对称布置，框架下部固定在高炉基础上，顶端则支撑在炉顶平台上。风口平台以上部分的钢结构，有"工"字断面，也有圆形断面，圆筒内灌以混凝土。风口平台以下部分可以是钢结构，也可以采用钢筋混凝土结构。它承担炉顶框架上的载荷和斜桥的部分载荷，装料设施和炉顶煤气导出管的载荷仍由炉壳传到基础。按框架和炉体之间的关系，炉体框架可分为框架自立式和框架环梁式两种。框架与炉体间没有力的关系时为框架自立式，框架与炉体间有力的关系时为框架环梁式。用环形梁代替原炉腰支圈可以减少上部炉壳的载荷。这种结构由于取消了炉缸支柱，框架离开高炉一定距离，所以风口平台宽敞，炉前操作方便，有利于大修时高炉容积的扩大，但钢材消耗较多。

（4）自立式。炉顶全部载荷均由炉壳承受，炉体周围没有框架或支柱，平台走梯也支撑在炉壳上，并通过炉壳传递到基础上。其特点是：结构简单，操作方便，节约钢材，炉前宽敞，便于更换风口和炉前操作；但炉壳容易变形，高炉大修时炉顶设备需要另设支架。我国小型高炉多采用这种结构。

3.6.3 高炉炉体平台与走梯

高炉炉体凡是设置有人孔、探测孔、冷却设施及机械设备的部位，均应设置工作平台，以便于检修和操作。各层工作平台之间用走梯连接。我国宝钢 1 号高炉炉体平台设置情况如图 3-31 所示。

平台走梯应当满足以下要求：

（1）各层工作平台宽度一般应不小于1200mm，过道平台与走梯宽度一般为700～800mm，栏杆高度一般为1100mm。

（2）平台、走梯与炉壳之间的净空距离应能满足冷却器配管操作的需要，工作平台的标高应满足工作方便的要求。

（3）走梯上下层之间应尽量错开，坡度不得过大，一般以45°左右为宜。平台铺板及走梯踏板不得采用圆钢焊接，而应采用花纹板焊接，并应设置高100mm左右的踢脚板，以保证安全。

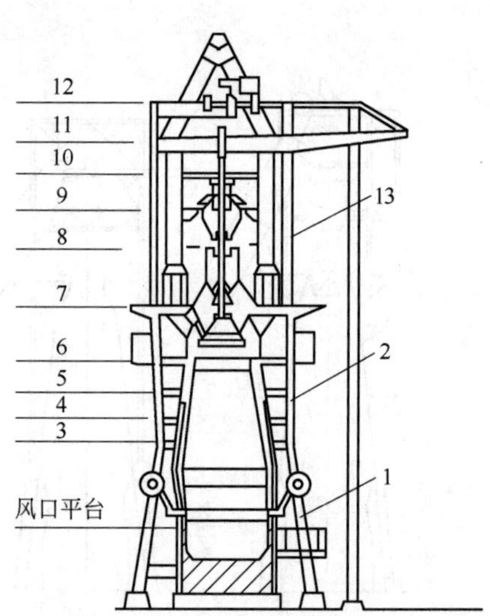

3.7　高炉基础

高炉基础是高炉下部的承重结构，它的作用是将高炉全部载荷均匀地传递到地基。

图 3-31　宝钢 1 号高炉炉体钢结构及炉体平台
1—下部框架；2—上部框架；
3～12—炉体平台；13—炉顶框架

高炉基础由埋在地下的基座部分和露出地面的基墩部分组成，见图3-32。

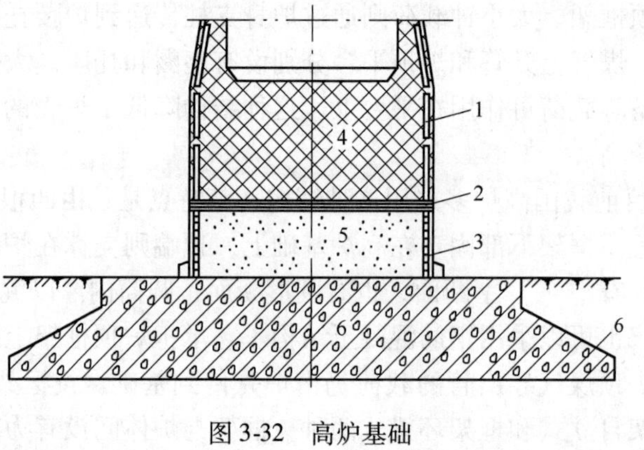

图 3-32　高炉基础
1—冷却壁；2—水冷管；3—耐火砖；4—炉底砖；5—耐热混凝土基墩；6—钢筋混凝土基座

3.7.1　高炉基础的负荷

高炉基础承受的载荷有静载荷、动载荷和热应力作用，其中，温度造成的热应力作用最危险。

（1）静载荷。高炉基础承受的静载荷包括高炉内部的炉料重量、渣液及铁液重量、炉体本身的砌砖重量、金属结构重量、冷却设备及炉顶设备重量等，另外还有炉下建筑物、斜桥、卷扬机等分布在炉身周围的设备重量。就力的作用情况来看，前者是对称的，作用在炉基上；后者则常常是不对称的，是引起力矩的因素，可能产生不均匀下沉。

（2）动载荷。生产中常有崩料、坐料等，其加给炉基的动载荷是相当大的，设计时必须考虑。

（3）热应力作用。炉缸中储存着高温的铁液和渣液，使炉基处于一定的温度下。由于高炉基础内温度分布不均匀，一般是里高外低、上高下低，这就在高炉基础内部产生了热应力。

3.7.2 对高炉基础的要求

（1）高炉基础应把高炉全部载荷均匀地传给地基，不允许发生下沉和不均匀下沉。高炉基础下沉会引起高炉钢结构变形、管路破裂。不均匀下沉将引起高炉倾斜，破坏炉顶正常布料，严重时不能正常生产。

（2）高炉基础应具有一定的耐热能力。一般混凝土只能在150℃以下工作，250℃时便有开裂现象，温度达到400℃时失去强度。钢筋混凝土在700℃时失去强度。过去由于没有耐热混凝土基墩和炉底冷却设施，炉底破损到一定程度后常引起基础破坏甚至爆炸。采用水冷炉底及耐热基墩后，可以保证高炉基础很好地工作。

基墩断面为圆形，直径与炉底相同，高度一般为2.5～3.0m，设计时可以利用基墩高度调节铁口标高。

基座直径与载荷及地基土质有关，基座底表面积可按下式计算：

$$A = P/KS_允 \tag{3-14}$$

式中　A——基座底表面积，m^2；

　　　P——包括基础质量在内的总载荷，t；

　　　K——小于1的安全系数，其取值视地基土质而定；

　　　$S_允$——地基土质允许的承压能力，MPa。

基座厚度由所承受的力矩计算，并结合水文地质条件及冰冻线等综合情况确定。

【技术操作】

任务3-1　高炉炉体的监控

加强炉体的监控是为了了解炉况和炉体的变化情况，有了完善的监控措施才能进一步加强炉体维护，实现高炉的长寿。

A　高炉冷却水温差的监控

冷却水温差直接反映了该冷却设备承受的热负荷状况。因此，应加强各段冷却壁水温差的检查，每班至少检查一次，若超过允许范围应及时采取措施。某1000m^3级高炉炉体各层冷却水温差的控制范围见表3-37。

表3-37　某1000m^3级高炉炉体各层冷却水温差的控制范围

部　位	冷却水温差/℃	部　位	冷却水温差/℃
炉　基	≤1.5	炉身下层	6～10
炉　缸	≤2	炉身中层	8～12
风口带	3～5	炉身上层	10～12
炉　腹	4～6	风口大套	3～5
炉　腰	6～10	风口中套	4～7
		风口小套	6～8

（1）炉缸水温差不得大于2～3℃，升高时必须立即采取减风、清洗冷却壁、提高给

水压力、增加冷却水量、减少冷却壁串联块数等措施。

（2）其他部位冷却壁的水温差超过规定值时，应堵塞水温差高的冷却壁上方的风口，适当加重边缘，对水温差超标的冷却壁要改用新水强制冷却，以保证冷却水温差控制在允许范围之内。

B　高炉各部位温度的监控

高炉各部位的温度直接反映了炉内温度分布情况，并间接反映了内衬侵蚀情况，可用它来了解内衬的温度及侵蚀情况，其灵敏度和可靠性优于冷却水温度差。目前每座现代化高炉均设有几百个温度检测装置，并输入计算机巡回检测。某 $1000m^3$ 高炉炉腹至炉身中部各点温度的控制范围见表 3-38。

表 3-38　某 $1000m^3$ 高炉炉腹至炉身中部各点温度的控制范围

测温点标高/m	测温点允许的温度范围/℃					
	1	2	3	4	5	6
13. 500	40 ~ 50	40 ~ 50	50 ~ 60	30 ~ 40	120 ~ 190	70 ~ 90
1. 924	55 ~ 75	150 ~ 200	100 ~ 150	100 ~ 250	200 ~ 350	100 ~ 150
17. 800	130 ~ 200	150 ~ 300	250 ~ 350	100 ~ 250	100 ~ 250	200 ~ 350
24. 500		190 ~ 280	200 ~ 230	190 ~ 220	140 ~ 180	140 ~ 170

（1）当高炉上下部测温点温度普遍上升至适宜温度上限或更高时，表明边缘煤气流旺盛，应及时增加边缘处矿石的比例，以减缓煤气流对炉墙的侵蚀和冲刷，保护炉体冷却设备。

（2）当高炉上下部炉壳温度普遍降至适宜温度下限或更低时，说明高炉边缘煤气流减弱，炉内黏结力大于侵蚀力，高炉表现为风压高、风量小，压差逐渐升高，应及时采取上部疏松边缘的装料制度以保证炉况顺行稳定，否则将导致高炉上部结厚或成渣带结厚。

C　高炉各部位热流强度的监控

热流强度（q）的大小是高炉冷却的依据，它能及时反映内衬、冷却壁所承受的热负荷，一旦超出范围，应采用有效的控制措施，以免炉衬严重侵蚀或炉墙结厚和结瘤。武钢2号高炉热流强度与炉衬侵蚀情况的对应关系见表 3-39。

表 3-39　武钢 2 号高炉热流强度与炉衬侵蚀情况的对应关系

指　标	内衬完整时	内衬侵蚀后	渣皮脱落后	结瘤时
$q/kW \cdot m^{-2}$	<11. 63	23. 36	58. 15 ~ 81. 41	3. 57

首钢的经验是，对于美联炭砖炉缸的高炉：

（1）$q \geq 11.63kW/m^2$，应加钒钛炉料护炉，保持铁中 $w[Ti] = 0.08\% \sim 0.1\%$；

（2）$q \geq 13.86kW/m^2$，应使铁中 $w[Ti] \geq 0.1\%$；

（3）$q \geq 15.12kW/m^2$，应停风堵塞该温差高的水箱上方的风口；

（4）$q \geq 17.45kW/m^2$，应停风凉炉。

对于国产炭砖炉缸的高炉：

（1）$q \geqslant 9.30 \text{kW/m}^2$，应保持铁中 $w[\text{Ti}] = 0.08\% \sim 0.1\%$；

（2）$q \geqslant 11.63 \text{kW/m}^2$，应使铁中 $w[\text{Ti}] \geqslant 0.1\%$ 并补炉；

（3）$q \geqslant 12.79 \text{kW/m}^2$，应停风堵塞该温差高的水箱上方的风口；

（4）$q \geqslant 15.12 \text{kW/m}^2$，应停风凉炉；

（5）炉缸冷却壁（包括铁口冷却壁）的热流强度大于某个规定值时，应通高压水冷却。当用高压水冷却而水温差仍超过规定时，应采取减小热流强度的措施。

D 冷却壁的破损监控

国内冷却壁监测方法普遍采用水温差和水流量来测定，这种方法的缺点一是反映不准，二是往往出现滞后现象。

为了及时而准确地掌握冷却壁的工作状况，不少高炉在冷却壁体内埋设测温元件，与相应部位的内衬温度做对比分析，可以更有效地了解冷却壁的工作状况。设有测温点的冷却壁应在铸造时留有测温孔，其直径根据测温元件而定。

任务 3-2 高炉炉体的维护

长期的高炉生产实践表明，实现高炉长寿不仅要靠合理的设计和良好的施工质量，还要在一代炉役的生产过程中进行有效的操作及维护。

A 实施精料技术

原燃料条件好容易使边缘气流及炉壁的热负荷得到有效的抑制，高炉更容易实现稳定、顺行和长寿。改善原燃料条件的主要内容是提高矿石品位、减少入炉粉末、稳定原燃料成分、提高焦炭强度及严格控制有害元素入炉等。

B 制定与实施合理的操作制度

（1）制定与实施合理的装料制度与送风制度，控制边缘气流。控制边缘气流是指在炉况顺行的前提下，保证炉体圆周方向和径向方向煤气流的合理分布。要改变以往开放边缘煤气流以获取高冶炼强度的旧观点。下部应采取增大鼓风动能、活跃炉缸中心的送风制度，上部应采取适当加重边缘的装料制度，降低炉衬的热负荷。

（2）制定与实施合理的造渣制度。合理的造渣制度不但是冶炼合格生铁的必要条件，而且对延长高炉寿命也有着十分重要的作用。最佳的炉渣成分及碱度应当尽量减少对砖衬的侵蚀，能形成稳定的渣皮，保护炉衬，减少热负荷的波动。近年来高炉多采用铜冷却壁及薄壁炉衬结构，依靠形成渣皮来隔热和保护冷却壁。但是如果炉渣成分不合理且经常波动，则生产中经常出现渣皮脱落，从而使得高炉中下部炉墙的热负荷频繁波动，造成炉衬的热震损害，使炉衬寿命缩短。

（3）制定与实施合理的冷却制度。热流强度和热负荷是衡量高炉冷却系统及冷却设备工作状态的重要参数，也是判断炉衬状态和煤气流分布的重要依据。根据热流强度的定义可知，控制了冷却器的水温差和水流量就控制了热流强度或者热负荷。也就是说，除了控制边缘煤气流可以减少衬体热负荷以外，还可以通过调整冷却器的水流量来实现对炉体热负荷的控制。高炉内热负荷大的区域往往在高炉炉身下部到炉腹的区域，此处不仅热流强度大，而且化学侵蚀也多，冷却壁容易破损，这是影响高炉寿命的薄弱环节。这一区域应加强冷却。

（4）实施合理的出铁制度，维护好出铁口。炉缸铁口区的维护是高炉长寿的关键因素之一，正常生产时出铁口的维护主要是靠炉缸内炮泥形成的泥包来保护，所以采用合理的出铁制度非常必要。合理的出铁制度包括以下几方面内容：出净渣铁、设置合理的出铁次数、保持正常的铁口深度、采用高质量的炮泥等。

C　高炉的功能性检修

高炉生产过程中，特别是炉役中后期，内衬和冷却设备的维修很重要，而采取科学的炉体维护措施是延长高炉寿命的关键所在。这种炉体维修技术有别于高炉的中修和大修，它是在高炉不停产的状态下进行炉衬修补的方法。

（1）炉体灌浆和硬质料压入。炉体灌浆是从高炉外通过灌浆孔灌入泥浆造衬。具体方法是：休风时在炉壳上钻孔，焊上灌浆管头，用高压泥浆泵通过管道将膏状耐火泥料压入炉内，使炉内耐火材料和耐火材料之间、耐火材料和炉内冷却器、炉壳之间被耐火泥料充填，达到封堵煤气、阻塞煤气通过间隙流动的目的。硬质料压入是指通过高压泥浆泵，把特定的耐火泥料从炉外穿过残留的炉衬压入炉内，利用炉内炉料对压入耐火泥料的挤压，使压入的耐火泥料在残留炉衬和炉料之间形成修补层，从而达到修补炉衬的目的。

（2）炉内喷涂造衬。炉内喷涂造衬是指采用空气输送散状耐火料，经喷枪喷射到被需要修复的部位，并使喷涂层达到一定的厚度要求。目前，喷涂方法有普通喷涂（人在炉内）、长枪喷涂和遥控喷涂（人在炉外）三种方式。

（3）钛矿护炉。在烧结矿中配加钛精矿粉时，加入量一般以 TiO_2 入炉量为 $6 \sim 8kg/t$ 为宜。用钒钛块矿入炉时，一般用量按 TiO_2 入炉量为 $5 \sim 7kg/t$ 考虑，这时铁水中的 $w[Ti]$ 一般控制在 $1.0\% \sim 1.5\%$。此外，也可以通过风口向炉内喷吹钒钛精矿粉；还可以 10% 的比例把钒钛精矿粉加入到炮泥料中，用正常碾泥工艺碾成泥，使用量和正常时相同。

【问题探究】

3-1　高炉炼铁的附属设备有哪几个系统？

3-2　高炉炉衬的作用是什么？分析高炉各部位炉衬的破损机理。

3-3　高炉常用的耐火砖有哪几种类型？分析各自特点。

3-4　陶瓷杯炉底有何特点？

3-5　高炉冷却有何意义？

3-6　冷却壁与冷却板的特点有哪些？

3-7　简述软水密闭循环冷却系统的工作原理，并说明其优越性。

3-8　风口的破损机理是什么，冷却设备如何检漏，冷却制度包括哪些内容？

3-9　我国高炉炉体结构的支撑形式有哪几种，它们的重力载荷传递方式是怎样的？

3-10　高炉炉基由哪几部分组成？

3-11　高炉炉体的监控内容主要包括哪些方面？

3-12　怎样才能维护好高炉炉体，延长高炉寿命？

【技能训练】

项目3-1 配写高炉炉体砌砖图说明书

为图3-33所示的高炉炉体砌砖图配写说明书，主要包括内容：

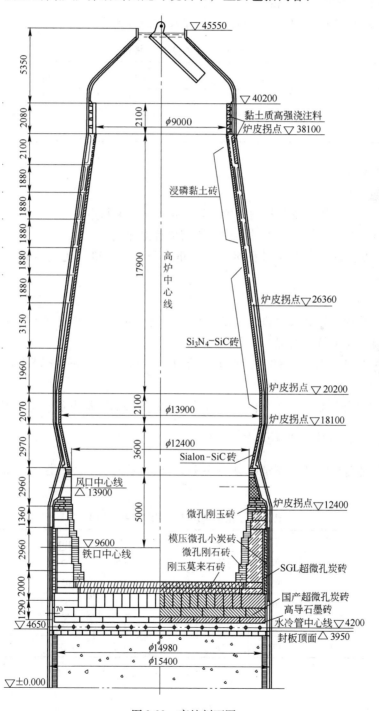

图3-33 高炉剖面图

（1）高炉内型。

1）写出高炉内型尺寸（包括死铁层的厚度），并计算此高炉的有效容积。

2）计算此高炉的年产量。条件是：高炉有效容积利用系数为 2.5t/（m³·d），年工作日为 350 天。

3）为该高炉配置风口数目。

4）校核表 3-40 所列的参数，对高炉内型尺寸进行评价。

表 3-40　校核参数及评价

校核参数	V_u/A	H_u/D	D/d	d_1/d	$\alpha/(°)$	$\beta/(°)$
评　价						

（2）高炉炉衬。

1）炉底与炉缸。

①炉底与炉缸使用了哪几种耐火砖，这些耐火砖有何特点？

②炉底与炉缸的砌筑属于哪种结构，该结构有何优点？

③计算高炉炉底用国产超微孔炭砖的数量。条件为：超微孔炭砖的尺寸为 400mm×400mm×1000mm。

2）炉腹、炉腰与炉身。

①炉腹、炉腰与炉身采用的耐火砖种类是什么？说明使用这些砌砖的理由。

②炉腰结构属于哪种类型？

③计算炉腹砌砖量。条件为：直形砖尺寸，345mm×150mm×75mm；楔形砖尺寸，345mm×（150、125）mm×75mm。

（3）高炉冷却设备。高炉不同部位可采用哪些类型的冷却设备？说明理由。

项目 3-2　分析高炉炉体的监控参数

某高炉炉体各层温度监测情况见表 3-41，分析该高炉可能发生了什么情况，并说明原因。

表 3-41　某高炉炉体各层温度监测情况　　　　　　　　（℃）

部　位	东	东北	北	西北	西	西南	南	东南
炉　腹	90	92	130	138	146	135	132	128
炉　腰	94	95	97	108	115	105	100	94
炉身上部	96	101	104	109	119	104	106	102
炉身中部	158	176	179	136	121	133	139	142
炉身下部	160	178	115	138	127	143	147	138

4 高炉装料操作

【学习目标】

（1）熟知现代高炉对原料供应系统、上料系统、炉顶布料系统的要求与工艺流程；

（2）掌握高炉上料主要设备的结构、用途、工作原理和操作程序，并能够对皮带上料与料车上料方式进行比较；

（3）了解钟式炉顶结构，掌握无钟炉顶主要设备的结构、用途、工作原理和操作程序；

（4）正确进行高炉槽下原料的筛分、称量与运输操作；

（5）正确进行高炉无钟炉顶布料操作；

（6）能够配合相关工种处理生产故障。

【相关知识】

4.1 高炉上料系统

原料是高炉炼铁的物质基础，按照高炉冶炼的要求及时、准确地上好每一批料是高炉上料操作的基本任务。

现代高炉炼铁生产的供料以储矿槽为界分为两部分。从原料进厂到高炉储矿槽属于原料厂管辖范围，通常分为集中供料和专用高炉供料两种。一般大型的比较先进的钢铁联合企业都采用集中供料，它完成原料的卸、堆、取、运作业，还需根据要求进行破碎、筛分和混匀作业，起到储存、处理并供应原料的作用。从高炉储矿槽到高炉炉顶装料设备由炼铁厂管辖，属于高炉上料系统，由储矿槽、槽下筛分设备、称量设备以及运输设备组成。它们的作用是根据冶炼工艺要求，把矿、焦等原燃料配成一定成分和质量的料批，然后由上料设备送到炉顶。同时，当原燃料供应系统发生故障或检修时，矿槽系统储存的原燃料能够维持高炉一定时间的连续生产。

现代高炉对供料和上料系统的要求是：

（1）生产能力要大，保证连续地、均衡地供应高炉冶炼所需的原料，并为进一步强化冶炼留有余地；

（2）在储运过程中应考虑改善高炉冶炼所必需的处理环节，如混匀、破碎、筛分等，在运输过程中应尽量减少破碎率；

（3）应该尽可能实现机械化和自动化，提高配料、称量的准确度；

（4）原料系统各转运环节和落料点都有灰尘产生，应有通风除尘设施。

4.1.1 高炉上料方式

目前高炉的上料方式主要有两种：中小型高炉一般采用料车上料，大型高炉采用皮带机上料。两种上料方式的流程示意图见图 4-1 和图 4-2，其工艺方式的比较见表 4-1。

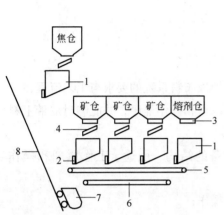

图 4-1　高炉斜桥料车上料的流程示意图

1—称量斗；2—称漏斗闸门；3—振动给料器；
4—振动筛；5—运矿皮带；6—粉矿皮带；
7—上料小车；8—斜桥

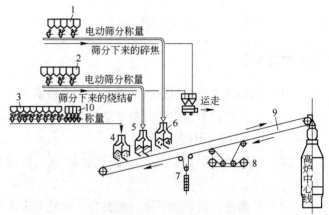

图 4-2　高炉皮带机上料的流程示意图

1—焦炭料仓；2—烧结矿料仓；3—矿石料仓；
4—矿石及辅助料集中斗；5—烧结矿集中斗；6—焦炭集中斗；
7—皮带机张紧装置；8—皮带机传动机构；9—皮带机；10—辅助原料仓

表 4-1　料车上料与皮带机上料的比较

料　车　上　料	皮带机上料
(1) 高炉周围布置集中，车间布置紧凑； (2) 对有 3 个出铁场的高炉布置有困难； (3) 对中小型高炉有利，大型高炉因料车过大，炉顶煤气管道与炉顶框架的间距必须扩大，炉子高度增加，投资较大； (4) 对炉料分布不利，且破碎率较大； (5) 炉顶承受水平力大； (6) 难以满足高炉强化后的供料要求	(1) 皮带坡度为 10° ~ 18°，高炉与原料称量系统的距离较远（约 300 m），布置分散，高炉周围自由度大； (2) 对大型高炉布置有利，可改善高炉环境； (3) 炉顶设备无钢绳牵引的水平拉力； (4) 皮带机运输能力大，可充分满足大型高炉上料的要求，并对降低建设投资有利

4.1.2 高炉上料设备

4.1.2.1 储矿（焦）槽

储矿槽位于高炉卷扬机一侧，与炉列线平行，与斜桥垂直，是炼铁厂供料系统中的重要设备。其作用是储存原料，用于解决高炉连续上料和间断供料的矛盾；对容积较大的储矿槽，还有混匀炉料的作用。

常见的储矿槽有钢筋混凝土结构和混合结构两种形式。储矿槽的总容积应能保证供给高炉 12 ~ 18h 的矿石量，储焦槽要保证供给高炉 6 ~ 8h 的焦炭需求量。一般储焦槽的总容积为高炉有效容积的 0.6 ~ 1.1 倍，小高炉取上限。储矿槽、储焦槽的容积与高炉容积的关系见表 4-2。

表 4-2 储矿槽、储焦槽的容积与高炉容积的关系

高炉容积/m³	255	600	1000	1500	2000	2500
储矿槽相当于高炉容积的倍数	>3.0	2.5	2.5	1.8	1.6	1.6
储焦槽相当于高炉容积的倍数	1.1	0.8	0.7	0.5~0.7	0.5~0.7	0.5~0.7

储矿（焦）槽的布置根据上料方式、原料来源、数量和品种等条件确定。

（1）采用胶带运输机上料时，储矿（焦）槽远离高炉布置，与上料胶带运输机的中心线可以不成直角，储矿、储焦槽可以靠在一起布置，也可以分开布置；采用料车上料时，储矿（焦）槽需靠近高炉，与上料斜桥成垂直布置。

（2）当矿石品种单一、储矿槽容积较大时，可设计为单排矿槽；当矿石品种较多，储矿槽容积较小时，可设计为双排矿槽。

（3）在储矿（焦）槽上采用胶带运输机向数座高炉供料时，转运站应布置在数座高炉的中间位置。采用料车上料的高炉，一般布置两个储焦槽。

储矿（焦）槽的宽度根据槽上供料方式及槽下筛分称量方式的要求确定。槽上采用胶带运输机供料时，储矿槽（烧结矿、球团矿）的宽度通常为 8~12m，其长度一般与宽度相同或按建筑模数的要求增减，其高度根据槽上胶带运输机的要求或在长度、宽度、容积确定后计算出来。

储矿槽底壁与水平线的夹角一般为 50°~55°，对于储焦槽不小于 45°。为延长储矿（焦）槽寿命，在其内壁衬以耐磨钢板或铸石保护板。

储矿（焦）槽的在库量应保持在每个槽有效容积的 70% 以上。槽内料位低于规定最低料位 3m 时，应停止使用，并向厂调汇报。各槽应遵循一槽一品种的原则，不得混料。总在库量低于管理标准时，应迅速判明情况，主动向有关部门汇报，同时做好应变准备，比如，当某 1800m³ 高炉总在库量小于 50% 时，要求高炉减风 10%~30%；当总在库量小于 30% 时，要求高炉休风。

4.1.2.2 闭锁装置

每个储矿槽下设有两个漏嘴，漏嘴上装有闭锁装置（即闭锁器），其作用是开关漏嘴并调节料流。要求闭锁器能正确闭锁住料流，不卡、不漏，而且还应该有足够的供料能力。大型高炉漏料能力达 15~25m³/min，目前常用的闭锁装置有启闭器和给料机两种。

启闭器的供料是借助炉料本身的重力进行的，常用形式有单扇形板式、双扇形板式、S 形翻板式和溜嘴式四种（见图 4-3），扇形板式多用于焦槽。

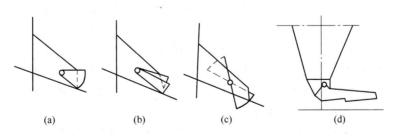

（a） （b） （c） （d）

图 4-3 启闭器

（a）单扇形板式；（b）双扇形板式；（c）S 形翻板式；（d）溜嘴式

　　给料机是利用炉料自然堆角自锁的，当自然堆角被破坏时，物料借助自重落到给料器上，然后又靠给料器运动，迫使炉料向外排出。振动给料机多设在烧结矿、球团矿、块矿、杂矿槽下，有电磁式和电机式两种形式，如图4-4和图4-5所示。

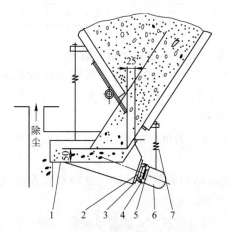
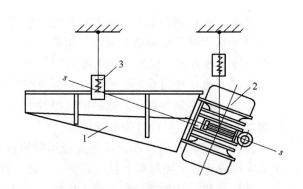

图4-4　电磁式振动给料机结构
1—料槽；2—连接叉；3—衔铁；4—弹簧组；
5—铁芯；6—激振器；7—减振器

图4-5　电机式振动给料机结构
1—槽体；2—激振器；3—减振器

　　电磁振动给料机在我国已有定型设计，最大生产能力可达400～600t/h。其结构由给料槽、激振器、减振器三部分组成。激振器的工作原理是：交流电源经过单相半波整流，当线圈接通后，在正半周电磁线圈有电流通过，衔铁和铁芯之间便产生一脉冲电磁力相互吸引，这时槽体向后运动，激振器的主弹簧发生变形，储存了一定的势能，在后半周线圈中无电流通过，电磁力消失，在弹簧作用下，衔铁和铁芯朝相反方向离开，槽体向前运动。电磁振动给料器在共振情况下工作，所以驱动功率小；设备没有回转运动的零件，故不需要润滑；由于物料前进呈跳跃式，几乎不在小槽板表面滑动，故小料槽磨损很小，维护比较简单，设备质量小。但噪声大，电磁铁易发热，弹簧寿命短，适应外部条件变化的能力差。

　　电机式振动给料机主要由槽体、激振器和减振器三部分组成。由成对电动机组成的激振器和槽体是用螺丝固结在一起的。振动电动机可以安装在槽体的端部，也可以安装在槽体的两侧。振动电机的每个轴端装有偏心质量，两轴做反向回转，偏心质量在转动时就构成了振动的激振器，驱动槽体沿s—s方向产生往复振动。电机式振动给料机的优点是更换激振器方便，振动方向角容易调整，激振可根据振幅需要进行无级调整。

4.1.2.3　振动筛

　　原燃料的粒度对高炉料柱的透气性有很大的影响，烧结矿、焦炭在入炉之前普遍进行筛分；球团、块矿和杂矿根据原料情况可以筛分，也可以不经筛分直接进入称量漏斗。生产时每班必须在料仓振动筛出口处进行一次随机取样，采样重量为10～50kg，并对其进行筛分检测，检查不同粒级的料样组成。

　　焦炭筛下不大于25mm的碎焦量占5%～10%，可用胶带运输机或碎焦卷扬机运出，送往烧结厂；或再次筛分，其中10～25mm的小粒焦返回小粒焦槽，与烧结矿混装入炉，既回收了部分小粒焦，又改善了高炉冶炼条件。

烧结矿筛下小于5mm的碎矿用胶带运输机输出,送往烧结厂;或再次筛分,将其中3~5mm的小粒烧结矿返回储矿槽的小粒矿槽,作为单独的小批装入炉内。

现有的振动筛种类很多,有偏心振动筛、惯性振动筛和自定中心振动筛等。从结构运动分析来看,自定中心振动筛较为理想。它的转轴是偏心的,平衡重与偏心轴相对应,在振动时,皮带轮的空间位置基本不变,只做单一的旋转运动,皮带不会时紧时松而疲劳断裂。但其筛箱运动没有给物料向前运动的推力,要依靠筛箱的倾斜角度使物料向前运动。

自定中心振动筛由框架、筛体和传动部分组成。框架是钢结构件,内设衬板。筛底选用高锰合金板,架设在底脚弹簧上;筛面常为条状结构,呈梳齿状形式。

槽下运输采用胶带运输机时,可归纳为"分散筛分、分散称量","分散筛分、集中称量"和"集中筛分、集中称量"三种方式。分散筛分、分散称量方式(见图4-6中高炉的储矿槽部分)的特点是:每个矿槽下都设有单独的筛分、称量设备,有的设矿石中间漏斗,有的直接送往上料胶带机;操作灵活,备用能力大,便于维护检修,适用于大料批、原料品种多的情况。储焦槽下多采用分散筛分、集中称量方式,此流程的特点是:有利于振动筛的检修,减少了称量设备,节省了投资;但带料启动、制动频繁,适用于给料量大和品种单一的情况,见图4-7。而集中筛分、集中称量方式的特点是:设备数量最少,投资省,布置集中;但备用能力低,一旦筛分设备或称量设备发生故障,就会影响高炉生产。

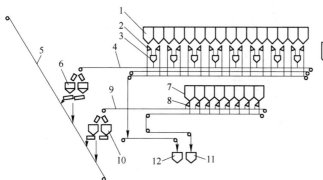

图4-6 矿石分散筛分、分散称量方式

1—储矿槽;2—烧结矿筛;3—矿石称量漏斗;
4—烧结矿输出胶带机;5—上料胶带运输机;
6—矿石集中漏斗;7—储焦槽;8—焦炭筛;
9—焦炭输出胶带机;10—焦炭称量漏斗;
11—粉焦仓;12—粉矿仓

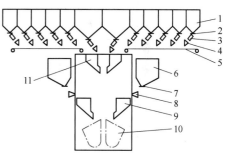

图4-7 分散筛分、集中称量方式

1—储矿槽;2,7—流嘴阀门;3—给料机;
4—烧结矿筛;5—烧结矿输出胶带机;
6—储焦槽;8—焦炭筛;9—焦炭称量漏斗;
10—料车;11—矿石称量漏斗

为了提高筛分效率,应视原料品质及炉况的需要选择合适的筛分速度。例如,某高炉槽下筛分速度一般按表4-3所示进行。

表4-3 筛分速度 (t/h)

品　名	焦　炭	烧结矿	球团矿	落地烧结矿
正常	70	110	120	100
透气性不良	50	100	100	90

4.1.2.4　运输设备

槽下运输设备有称量车和胶带运输机。由于胶带运输机设备简单、投资少、自动化程度高、生产能力大、可靠性强、劳动条件比较好，其已取代称量车成为目前槽下运输的主要设备。

4.1.2.5　称量漏斗

称量漏斗的作用在于称量原料，使原料组成一定成分的料批。它由厚 10 ~ 15mm 的钢板焊成，内衬 20 ~ 25mm 厚的锰钢板，其容积与料车的有效容积一致，斗底倾角应避免剩料。

根据称量传感原理不同，称量漏斗可分为杠杆式称量漏斗和电子式称量漏斗。杠杆式称量漏斗比较复杂，整个尺寸结构庞大，刀口变钝后不能保证其称量精度。而电子式称量漏斗质量小、体积小、结构简单、拆装方便，不存在刀口磨损和变钝的问题，计量精度较高，一般误差不超过 0.5%，因此目前在国内外被广泛应用。

如图 4-8 所示，电子式称量漏斗由传感器、固定支座、称量漏斗本体及启闭闸门组成。三个互成 120°角的传感器设在漏斗外侧突圈与固定支座之间，构成稳定的受力平面。料重通过传力滚珠及传力杆作用在传感器上。

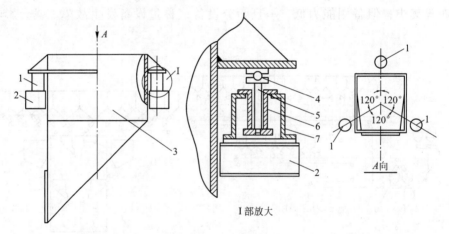

图 4-8　电子式称量漏斗
1—传感器；2—固定支座；3—称量漏斗；4—传力滚珠；5—传力杆；6—传感元件；7—保护罩

称量漏斗使用的配料方式主要有同排、正排和反排三种。同排配料即指本料批中所有选中的斗不论远近同时放料。其优点是配料时间短，控制简单；缺点是不但料流间断，而且皮带负载重，容易洒落。正排配料即指根据料单的填写，靠近主皮带的斗先放料，第一个斗放完后第二个斗开始放。这种配料方式不能避免同一料批内有料流间断的情况，放料时间长。焦炭料批一般可选择正排配料方式。反排配料的基本原则是远离主皮带的斗先放料，程序对烧结矿的料头和料尾分别跟踪。例如，第一斗是烧结矿，当烧结矿的料尾到达其他烧结矿斗下方时，其他烧结矿斗开始放料。这种配料方式可以缩短排料时间，应用广泛。

皮带上料时，熔剂一般加在矿料料条的尾部，锰矿及其他洗炉料应加在矿料料条的头部，焦丁（10 ~ 25mm）应均匀洒在矿料料条的表面，小粒烧结矿（3 ~ 5mm）使用时应以单加为主。

4.1.2.6 料车坑

斜桥下端向料车供料的场所称为料车坑，通常布置在主焦槽的下方。

料车坑的大小及深度取决于其中所容纳的设备和操作维护的要求。图 4-9 为某厂 $1000m^3$ 高炉料车坑剖面图。

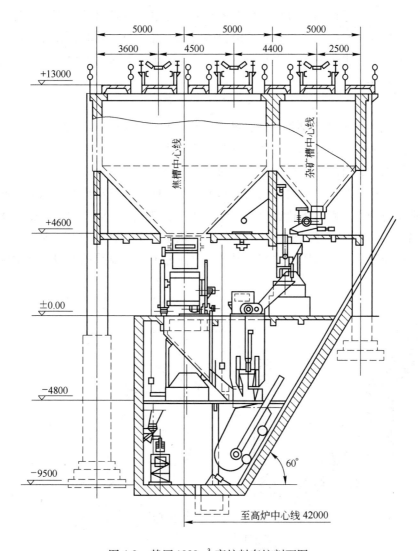

图 4-9 某厂 $1000m^3$ 高炉料车坑剖面图

料车坑四壁一般由钢筋混凝土制成。在地下水位较高的地区，料车坑的壁与底应设防水层，料车坑的底应考虑 0.5% ~ 3% 的排水坡度，将积水集中到排水坑内，再用污水泵排出。

料车坑内所有设备均应设置操作平台或检修平台。在布置设备时，应着重考虑各漏斗流嘴在漏料过程中能否准确地漏入料车内，并应注意各设备之间的空间尺寸关系，避免相互碰撞。

高炉料车坑中安装的主要设备有焦炭称量漏斗和矿石称量漏斗。称量漏斗一般为钢结构，内衬锰钢，其有效容积应与料车的有效容积一致。

4.1.2.7 料车式上料机

料车式上料机主要由斜桥、斜桥上铺设的轨道、料车、料车卷扬机及牵引用钢丝绳、绳轮等组成。

料车是由卷扬机卷筒两侧分别引出的钢丝绳，通过绳轮各自牵引而上下运行的。当卷扬机运转时，装满炉料的料车自料车坑沿斜桥轨道上升。与此同时，在炉顶卸完料的空料车沿斜桥轨道下降（此时料车自重得到平衡）。当上升料车到达炉顶卸料时，空料车进入料车坑受料位置。

A 斜桥

斜桥多采用由槽钢和角钢焊接的桁架式结构，见图 4-10，其角度为 55°～60°。通常，斜桥与高炉连接采用二支点式比较多，下面支点安装在料车坑的墙壁上；上面支点有的支撑在炉体的框架上，有的支撑在单独设立的门型架上。也有少数高炉采用三支点式，即三个支点分别安装在料车坑、单设的门型架和炉顶金属框架。在斜桥的下弦铺有两队平行的轨道，供料车行驶。一般料车轨道分为三段，其一是料坑直线段，为了充分利用料车有效容积，使料车多装些料，倾角为 60°；中间段直轨是料车高速行驶段，倾角为 45°～60°；上部为卸料曲轨段，过去常用曲线型卸料导轨，而近年来主要采用直线型卸料导轨，见图 4-11。

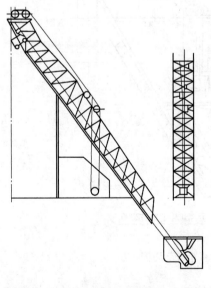

图 4-10 桁架式斜桥

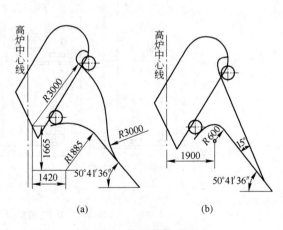

图 4-11 卸料曲轨的形式

（a）曲线型；（b）直线型

B 料车

料车由车体、车轮、辕架三部分组成，见图 4-12。料车车体由 10～12mm 的钢板焊成，在车的底部和侧壁均镶有铸钢或锰钢保护衬板，以防车体磨损。车体的后部做成圆角以防矿粉黏结，在尾部上方有一个小窗口，供撒落在料车坑内的料装回料车。料车前后两对车轮的构造不同，前轮只能沿主轨道滚动，后轮在斜桥上先沿主轨道运行，到达炉顶曲轨段后还要沿辅助轨道滚动，以便倾翻卸料，所以后轮要做成具有两个踏面形状的轮子。料车上的四个轮子可以单独转动，也可以做成轮子和轴固定的转轴式。单独转动的轮子采用双列向心球面轴承，它能避免车轮滑行、啃边及不均匀磨损。车辕是一个金属的门型框架，它与车体的连接为活动连接，便于车辕与车体做相对转动。在车体的前面焊有防止料车仰翻的挡板，钢丝绳与车辕的连接是通过能调整钢绳长度的调节器来进行的。一般牵引料车采用双钢丝绳结构，这样既可提高安全系数，又因为钢绳变细而减小钢绳刚度，使钢绳弯曲的曲率半径减小，绳轮和卷筒的直径减小，斜桥的质量减小。

料车容积为高炉容积的0.7%～1.0%，见表4-4。扩大料车容积一般采用增加料车高度和宽度并扩大开口的办法来进行，而很少加长料车。因为加长料车容易受到料车倾翻、曲轨长度以及运行时稳定性的限制。

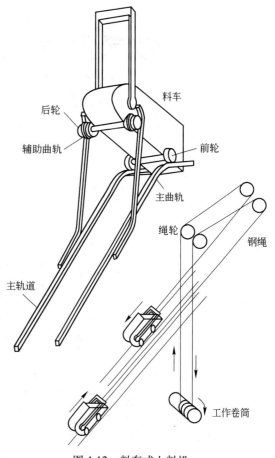

图4-12　料车式上料机

（图中标注：后轮、辅助曲轨、料车、前轮、主曲轨、绳轮、钢绳、主轨道、工作卷筒）

表4-4　料车有效容积与高炉有效容积的比值

高炉有效容积 V_u/m^3	焦炭批重范围/kg·批$^{-1}$	料车有效容积 $V_{料车}/m^3$	$(V_{料车}/V_u) \times 100$
100①	350～1000	1.0 或 1.2	1.0 或 1.2
255	900～2500	2.0	约0.8
620	1800～4500	4.5	0.725
1000	3000～6500	6.5	0.65
1500	4500～9000	9.0～10.0	0.6～0.667
2000	5000～11000	12.0	0.6
2500	5500～14000	15.0	0.6

①采用单料车卷扬系统时，料车有效容积为1.2m³；采用双料车卷扬系统时，料车有效容积为1.0m³。

C　料车卷扬机

料车卷扬机是上料的驱动设备，要求其运行安全可靠、调速性能良好、终点位置停车准确，且能自动运行。料车卷扬机的作业率一般不应超过75%，以利于低料线时能及时赶上料线，见图4-13。

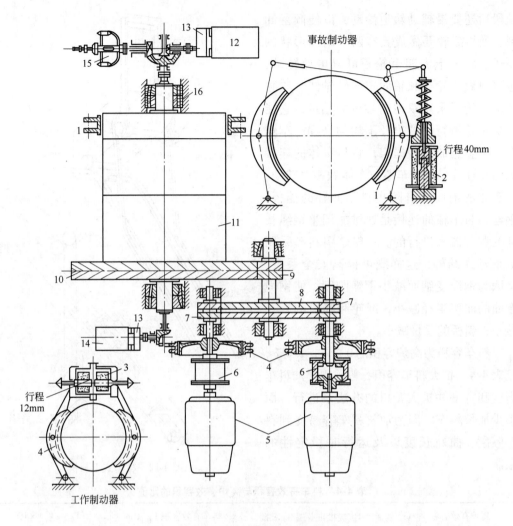

图 4-13 料车卷扬机的组成

1—事故制动器的制动块；2—事故制动器的电磁铁；3—工作制动器的电磁铁；
4—工作制动器的制动块；5—电动机；6—齿轮联轴节；7~9—传动齿轮；10—大齿轮；11—卷筒；
12—第一行程开关；13—减速箱；14—第二行程开关；15—速度继电器；16—轴承

料车卷扬机由调速性能比较好的直流电动机、减速箱、卷筒组成，还应设置安全保护装置。为确保安全，采用两台主卷扬电动机，当一台电动机发生故障时，另一台电动机可维持70%的工作量。主卷扬机的卷筒由铸铁制成，在它上面刻有左旋螺纹绳槽，用来缠绕两根平行的驱动钢绳，钢绳的一头用楔子或其他方法固定在卷筒上。卷筒的一端装有供传动用的齿环，另一端为事故制动盘。卷筒由中间轴和卷筒轴上两组人字齿轮减速传动。

为了保证料车卷扬机安全可靠地运行，卷扬机应有行程断电器、水银断电器、钢绳松弛断电器和事故制动器。

行程断电器可以控制料车在斜桥上的运行速度。当电气设备控制失灵时，采用水银断电器来控制（曲轨上的速度不应超过最大卷扬速度的40%~50%，直线段轨道上的速度不应超过最大卷扬速度的120%）。钢绳松弛断电器装于卷筒两侧，主要用来防止钢绳松弛。如果由于某种原因，料车下降时被卡住而导致钢绳松弛，钢绳压在横梁上，通过杠杆使断电器起作用,卷扬机便停车。

料车卷扬机的维护工作主要在润滑、制动器和钢丝绳方面。维护人员应按时、按要求完成所承担的设备维护项目,确保上料机正常运转;并按时对上料机进行检查,做好检查记录。料车卷扬机的点检路线为:电动机→轴流通风机→减速器→联轴器→滚筒松弛保护装置→液力抱闸→料线。料车卷扬机的技术特性见表4-5。

表4-5　料车卷扬机的技术特性

高炉容积/m³		255	620	1000～1300	1500～2000	2580
载重量/t	额定	5	7	15	22.5	35
	最大	7.5	11	19	25	40
料车容积/m³		2.0	4.5	6.5	10	15
卷绳速度/m·min⁻¹		73.8	150	180	210	228
钢绳	直径/mm	28	30	39	43.5	52
	有效长度/mm	56	68	86	95	88
卷筒直径/mm		1200	1850	2000	2000	2600
传动比		29.77	19.5	25.81	18.6	17.9
电动机	驱动系统	三相交流	发电机-电动机组	发电机-电动机组	发电机-电动机组	发电机-电动机组
	型号	JZR-72-10	ZD242.3/29-68	ZJD56/34-4	ZJD74/29-6	ZD265/44-8B
	功率/kW	80	125	190	260	500
	转速/r·min⁻¹	587	500～1200	620～920	500～700	500～1000
	数量/台	1	2	2	2	2

4.1.2.8　带式上料机

一座3000m³的高炉,料车坑深达五层楼以上,料车体积扩大使料车的容量和斜桥的重量加大,而且料车在斜桥上的振动力很大,使钢绳加粗到难以卷曲的程度,不论是扩大料车的容积还是增加上料次数,只要是间断式上料,都是很不经济的,故大型高炉都采用皮带机上料系统。

带式上料机由皮带、上下托辊、装料漏斗、头轮及尾轮、张紧装置、驱动装置、换带装置、料位监测装置以及皮带清扫除尘装置等组成。

(1) 皮带。皮带通常采用钢绳芯高强度皮带,这种皮带具有寿命长、抗拉力强、受拉时延伸率小、运输能力大等优点,但也具有皮带横向强度低、容易断丝的缺点。

(2) 上下托辊、头轮及尾轮。上下托辊采用三托辊30°槽型结构。头轮设置在卸料终端炉顶受料装置的上方,尾轮通过轴承座支撑在基础座上。

(3) 张紧装置、驱动装置及换带装置。张紧装置在皮带回程,利用重锤将皮带张紧。驱动装置多为双卷筒四电动机(其中一台备用)的驱动方式,以减少皮带的初拉力。在驱动装置中的一个张紧滚筒上设置换带驱动装置。换带时,打开主驱动系统的链条接手,然后利用旧皮带牵引新皮带,在换带驱动装置的带动下更新皮带。

(4) 料位检测装置。如图4-14所示,6、7两个检测点分别给出一个料堆的矿石或焦炭的料尾已通过的判断,解除集中卸料口的封锁,发出下一料堆可以卸到皮带机上的指

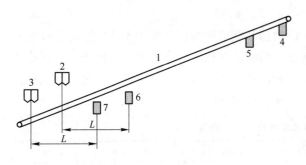

图 4-14　原料位置检测点

1—装料皮带机；2—矿石斗；3—焦炭斗；4—原料到达
炉顶检测点；5—炉顶准备检测点；6—矿石终点检测点；
7—焦炭终点检测点

压缩空气喷嘴、水喷嘴、橡胶刮板、回转刷及负
压吸尘装置。

4.2　高炉炉顶设备

　　高炉炉顶是炉料的入口，炉顶装料设备主要
经历了敞开式、单钟式、双钟式、无钟式的转变
过程。无论何种装料设备，均应满足以下基本
要求：

　　（1）要适应高炉生产能力；

　　（2）能够满足炉喉合理布料的要求，并能够
按生产要求进行炉顶调剂；

　　（3）能够保证炉顶可靠密封，使高压操作顺
利进行；

　　（4）力求设备结构简单、坚固，制造、运
输、安装方便，能够抵抗高温与温度的急剧变化；

　　（5）易于实现自动化操作。

4.2.1　双钟炉顶设备

4.2.1.1　双钟炉顶的组成

　　图 4-15 是典型的双钟炉顶设备结构示意图。

　　（1）受料漏斗。采用双料车上料的高炉上，
受料漏斗上口呈矩形，下面收缩为圆形漏料口。
为了便于漏料，在纵断面上漏斗下部倾角一般为
$45° \sim 50°$，最好是 $60°$。受料漏斗均采用钢板焊接
件结构，漏斗内壁衬有可更换的耐磨钢板。为了
便于安装，受料漏斗通常由两个半壳体用螺钉连

令。卸料口到检测点的距离（L）即为
两个料堆间的距离，应保证炉顶装料设
备的准备动作能够完成。料头到达检测
点 5 时，给出炉顶设备动作指令，并把
炉顶设备动作信号返回。料头到达检测
点 4 时，如炉顶设备的有关动作信号未
返回，上料机停机；如果炉顶设备的有
关动作信号已返回，料头通过检测点。
当料尾通过检测点 4 时，向炉顶装料设
备发出动作信号。

　　（5）皮带清扫除尘装置。在机尾
皮带返程端，设置橡胶螺旋清洁滚筒、

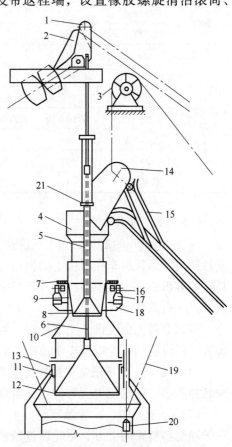

图 4-15　双钟炉顶设备结构示意图

1—大钟平衡杆；2—小钟平衡杆；3—料车天轮；
4—受料漏斗；5—小钟杆；6—大钟杆；7—大齿圈；
8—小料钟；9—小料斗；10—煤气封盖；11—大料斗；
12—大料钟；13—炉口钢圈；14—料车；15—斜桥
弯轨；16—托压辊；17—布料器；18—布料器托圈；
19—煤气上升管中心线；20—探料尺

接而成，漏斗口的尺寸应保证不卡料。

（2）布料器。布料器设在受料漏斗下端、煤气封盖以上，用来接受从受料漏斗卸下的原料，并完成向大钟漏斗布料的任务。典型的双钟炉顶布料器为马基式布料器，它由小料斗（漏斗）、小料钟、小钟杆及旋转传动装置组成。布料时，小料钟、小钟杆和小料斗一起旋转。为了达到均匀布料和解决小料斗日益严重的密封问题，我国一些高炉曾采用快速旋转布料器和空转螺旋布料器，见表4-6。

表4-6 典型的钟式炉顶结构

简 图						
材料设备形式	双钟式	双钟式	双钟式	三钟式	双钟双阀式	四钟式
布料器形式	马基式布料器	快速布料器	空转布料器	马基式布料器	回转斗布料器	马基式布料器
均压室个数	1	1	1	2	2	3

（3）装料器。装料器包括大料钟、大料斗、煤气封盖、大钟杆等。大料钟通常用 ZG35 整体铸造，壁厚为 55～80mm，钟壁与水平的倾角在 45°～55°之间，我国定型设计规定为 53°。大钟杆由 15 号钢做成，长度达 14～15m。大料斗安装在炉顶钢圈上，用铸钢 ZG35 整体浇注，壁厚 50～55mm，料斗壁的倾角大于 70°，一般为 85°～86°。

（4）大小钟的传动机构。大小钟的传动机构分为卷扬机钢绳传动机构和液压传动机构。前者为传统的机械传动方式，这种方式又分为自由下降和强迫下降两种形式；而液压传动能使炉顶设备大为简化。

4.2.1.2 双钟炉顶的装料过程

炉料由料车（或带式运输机）按一定程序和数量倒入受料漏斗后进入小料斗，然后根据布料器的工作制度旋转一定角度，打开小料钟，把小料钟漏斗内的炉料装入大料钟料斗。一般来说，小料钟工作四次以后，大料钟料斗内装满一批料。待炉喉料面下降到预定位置时，提起探料尺设备，同时发出装料指示，打开大料钟（此时小料钟应关闭），把一批料装入炉喉料面。

为了适应高炉大型化和炉顶压力提高的需要，先后又出现了三钟式、双钟双阀式、四钟式等多种形式的炉顶装料设备，见表4-6。

由于无钟炉顶的大量普及，钟式炉顶逐渐被淘汰。

4.2.2 无钟炉顶设备

自1972年由卢森堡设计的 PW 型无料钟炉顶成功应用以来，无钟布料已成为目前高炉的主要布料方式。按照料罐布置方式的不同，无钟炉顶可分为并罐式与串罐式两种基本形式。

4.2.2.1 并罐式无钟炉顶

并罐式无钟炉顶由受料漏斗（包括上部闸门）、料罐（包括上下密封阀及下部闸门）、叉形管、中心喉管、旋转溜槽以及传动、均压、冷却系统等组成，见图 4-16。

与钟式炉顶相比，并罐式无钟炉顶具有以下主要优点：

（1）布料理想，调剂灵活。旋转溜槽既可做圆周方向上的旋转，又能改变倾角，从理论上来讲，炉喉截面上的任何一点都可以布有炉料；两种运动形式既可独立进行，又可复合在一起，故装料形式是极为灵活的，从根本上改变了大小钟炉顶装料设备布料的局限性。

（2）设备总高度较低，大约为钟式炉顶高度的 2/3。它取消了庞大笨重而又要求精密加工的部件，代之以积木式的部件，解决了制造、运输、安装、维修和更换方面的困难。

（3）无钟炉顶用上下密封阀密封，密封面积大为减小，并且密封阀不与炉料接触，因而密封性好，能承受高压操作。

（4）两个称量料罐交替工作，当一个称量料罐向炉内装料时，另一个称量料罐接受上料系统装料，具有足够的装料能力和赶料线能力。

但是并罐式无钟炉顶也有其不利的一面，具体如下：

（1）炉料在中心喉管内成蛇形运动，因而造成中心喉管磨损较快。

（2）由于称量料罐中心线和高炉中心线有较大的间距，会在布料时产生料流偏析现象，称为并罐效应。高炉容积越大，并罐效应就越明显。在双料罐交替工作的情况下，由于料流偏析的方位是相对应的，尚能起到一定的补偿作用，一般只要在装料程序上稍做调整，即可保证高炉稳定顺行。但是从另一个角度来讲，毕竟两个料罐所装入的炉料在品种上、质量上不可能完全对等，因而并罐效应始终是高炉顺行的一个不稳定因素。

（3）尽管并列的两个称量料罐从理论上来讲可以互为备用，即在一侧料罐出现故障、检修时用另一侧料罐来维持正常装料；但是实际生产经验表明，由于并罐效应的影响，单侧装料一般不能超过 6h，否则炉内就会出现偏行，引起炉况不顺。另外，在不休风且一侧料罐维持运行的情况下对另一侧料罐进行检修，实际上也是相当困难的。因此，随后又推出串罐式无钟炉顶装料设备。

4.2.2.2 串罐式无钟炉顶

串罐式无钟炉顶的上下料罐同心重叠布置，上罐起受料和储料作用，仅在下罐设上下密封阀、料流调节阀和称量装置，称量不受外界影响，称量精度高。其设备高度与并罐式无钟炉顶基本一致。由于串罐式无钟炉顶与高炉同心，不仅减轻了炉料的偏析，而且减少了炉料运动的撞击、减少了破损，有利于煤气流的畅通和高效利用，同时也减少了中心喉管的磨损。此外，其投资少，结构简单，事故率低，维修量相应减少。但当一个料罐出现故障时，高炉要休风。

串罐式无钟炉顶的各部件与并罐式相似，见图 4-17。

（1）受料罐。受料罐是炉料从头轮罩到称量料罐之间的存储料仓，有固定与旋转两种形式。它由带衬板焊接的罐体、插入件、分配器、软密封等组成。插入件起到减轻炉料对衬板冲刷和蓬料的作用。分配器装在头轮罩内的下底板，由带衬板的导料槽和槽箱组成，能够使炉料分布均匀。

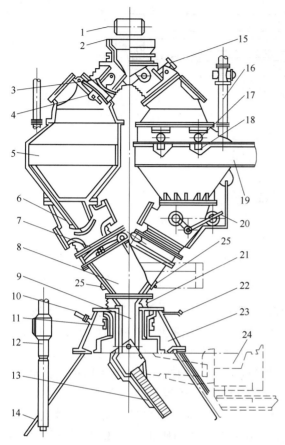

图 4-16 并罐式无钟炉顶装置示意图

1—皮带运输机；2—受料漏斗；3—上闸门；
4—上密封阀；5—储料仓；6—下闸门；7—下密封阀；
8—叉型漏斗；9—中心喉管；10—冷却气体充入管；
11—传动齿轮机构；12—探料尺；13—旋转溜槽；
14—炉喉煤气封盖；15—闸门传动液压缸；16—均压或放散管；
17—料仓支撑轮；18—电子秤压头；19—支撑架；
20—下部闸门传动机构；21—波纹管；22—测温热电偶；
23—气密箱；24—更换滑槽小车；25—消声器

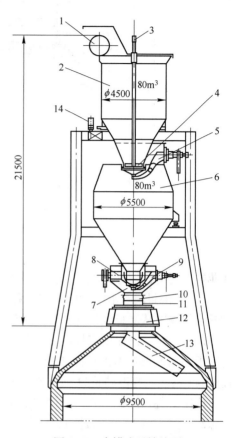

图 4-17 串罐式无钟炉顶

1—带式上料机；2—旋转料罐；3—油缸；
4—托盘式料门；5—上密封阀；6—密封料罐；
7—卸料漏斗；8—料流调节阀；9—下密封阀；
10—波纹管；11—眼镜阀；12—气密箱；
13—旋转溜槽；14—驱动电动机

（2）密封料罐。密封料罐也称称量料罐，它的作用是接受和储存炉料，如果料罐不密封，放料过程中炉内煤气沿导料管上升，会阻碍炉料的下降。料罐的上部装有上密封阀。罐中心设有防止炉料偏析、改善下料条件的插入件（导料器），其固定在料罐壁上，它可以上下调整高度。料罐下部设有防扭装置、抗震装置、称量装置等。在下密封阀的上部设有调节料流的闸门，一般用油缸驱动密封阀和调节料流的闸门。为了防止炉料磨损料仓壁，内壁装有耐磨衬板，材质为含铬 25% 的铸铁板。称量料罐属于压力容器，应用压力容器的钢板焊接。受料料罐与称量料罐的容积应大于最大矿批或最大焦批重量所占有的容积，这样才能满足装入最大矿批与最大焦批的需要。

（3）密封阀。密封阀用于料罐密封，其结构见图 4-18。高炉冶炼对它的要求是：密封

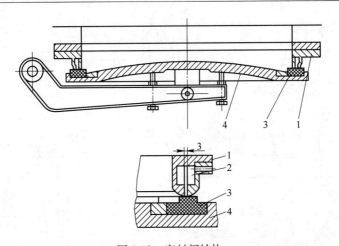

图 4-18　密封阀结构
1—阀座；2—吹扫座；3—橡胶圈；4—阀盖

性能好，耐磨性能好，能承受高压操作。

1）上密封阀。上密封阀安装在称量料罐上部锥体处。在称量料罐排压后，上密封阀打开，使炉料从受料罐经此阀流过而装入称量料罐内。受料罐停止供料后，该阀关闭，对料罐进行密封，以保证高炉高压操作。上密封阀主要由阀座、阀板和驱动装置组成。阀座与阀板是保证密封阀密封性能的关键部件。阀座在与密封圈接触处堆焊耐磨硬质合金，阀板上的胶圈为耐高温硅胶圈。阀座上设有蒸汽加热和热电偶测温元件，控制阀座和阀板接触面保持在一定的温度（105~120℃），使密封处不致产生冷凝水或潮湿积灰而影响密封性能。

2）下密封阀。下密封阀安装在下阀箱内，结构与上密封阀相同。在称量料罐均压后，打开下密封阀，再将料流调节阀打开，使炉料从称量料罐直接通过中心喉管、旋转溜槽进入炉内。在称量料罐排压前，先关闭料流调节阀，再关闭下密封阀，使炉气密封，以保证高炉高压操作。

（4）眼镜阀。眼镜阀用来切断炉顶通道，多环波纹管用于位移补偿与动作眼镜阀。

（5）料流调节阀（截流阀）。料流调节阀由两个带有耐磨衬板的半球形闸门组成，为方形开口，其开口大小决定了布料量与布料时间。料流调节阀的作用是：避免原料与下密封阀接触，以防密封阀磨损；调节和控制通过中心喉管料流的大小，与布料溜槽合理配合而达到各种形式的布料。一般是卸球团矿时开度小些，卸烧结矿时开度大些，卸焦炭时开度最大。料流调节阀与下密封阀均装在阀箱内，阀箱内装有称量用的压力传感器和测温用的温度传感器。

（6）旋转溜槽。旋转溜槽为半圆形槽体，长度为 3~3.5m。旋转溜槽本体由耐热钢铸成，上衬衬板。衬板上堆焊一定厚度的耐热、耐磨合金材料。旋转溜槽用 4 个销轴挂在 U 形卡具中，U 形卡具通过它本身的两个耳轴吊挂在旋转圆套筒下面，一侧伸出的耳轴上固定有扇形齿轮，以便传动并使溜槽驱动。旋转溜槽可以完成两个动作，一是绕高炉中心线做旋转运动，二是在垂直平面内可以改变溜槽的倾角，其传动机构在气密箱内，见图 4-19。

（7）监测系统。监测系统包括料仓空满显示装置，一般料仓上下是软接触的，仓体压在电子秤上，电子秤安装在炉顶框架的大梁上，靠它监视料仓满料、空料、过载以及料流快慢的情况，同时发出信号指挥上下密封阀的开启和关闭动作。另外，还有料面探测、炉顶温度显示及警报监测装置。

（8）料罐充压及排压系统。料罐充压及排压系统包括均压管路、排压管路、充压气体的加压设备，见图4-20。料罐设有上下密封阀，在放料、装料过程中需要均压。一般要进行两次均压，一次均压采用净煤气，以减少管道磨损；二次均压采用氮气，以减轻料流调节阀橡胶密封圈的磨损，延长密封圈的寿命。为了防止料罐内压力过大，还设有排压阀。为了防止炉尘及噪声对环境的污染，均压放散系统设置除尘器和消声器。

（9）冷却系统。冷却系统包括气密箱冷却设施（吹氮通水）和炉喉打水设备。一般炉顶温度为200℃，若通入氮气降温，则箱内温度不超过60℃，为了处理炉顶升温事故，还要设计给水设施。气密箱的温度是用热电偶检测的，并自动调节冷却气体用量。一般气密箱内压力比炉顶压力稍高，当炉顶压力（表压）为 0.2MPa 时，则氮气压力（表压）为 0.215MPa。

（10）探料装置。探料装置必须能准确地测定料线高度，并通过检测仪表反映高炉下料速度和炉况是否正常。

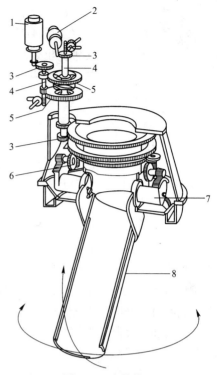

图 4-19　齿轮箱

1—旋转电动机；2—倾动电动机；3—蜗轮；
4—蜗杆；5—齿轮；6—旋转装置；
7—倾动装置；8—旋转溜槽

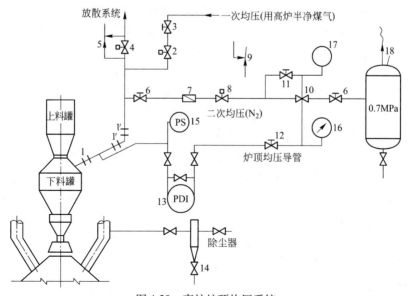

图 4-20　高炉炉顶均压系统

1—万向膨胀节；1′—单向膨胀节；2—二次均压阀；3，6—蝶阀；4—放散阀；5，9—安全阀；
7—单向阀；8—二次均压阀；10—差压调节阀；11—差压阀（N₂ 入口阀）；12—差压阀（高炉煤气入口阀）；
13—差压器；14—除尘器放水阀；15—压力继电器；16—压力表（N₂ 压力）；17—压力表（炉顶）；18—N₂ 罐

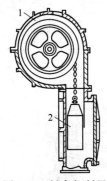

图 4-21　链条探料尺
1—链条的卷筒；
2—重锤

1）探料尺。探料尺是反映高炉下料情况的常用设备。链条探料尺（如图 4-21 所示）是将整个料尺密封在与炉内相通的壳内，只有转轴伸出处采用干式填料密封，探料深度为 4 ~ 6m。探料尺重锤中心与炉墙的距离不应小于 300mm，探料尺卷筒下面有旋塞阀，可以切断煤气，以便由阀上的水平孔中取出重锤和环链进行更换。探料尺的直流电动机是经常通电的（向提升探料尺方向），由于电动机启动力矩小于重锤力矩，重锤不能提升，只能拉紧钢丝绳。到了该提升的时候，只有切去电枢上的电阻，启动力矩随之增大，探料尺才能提升。当提升到料线零点以上时，才可以打开装料。这种机械探料尺存在两个缺点：一个是只能测两点，不能全面了解炉喉的下料情况；二是探料尺端部与炉料直接接触，容易滑尺和陷尺而产生误差。

2）放射性探测料面技术。用放射性同位素 ^{60}Co 可以测量料面形状和炉喉直径上各点的下料速度。放射性同位素的射线能穿透炉喉而被炉料吸收，使到达接收器的射线强度减弱，从而指示出该点是否有炉料存在。将射源固定在炉喉不同的高度水平，每一高度水平上沿圆圈每隔 90°安置一个放射源。当料位下降到某一层接收器以下时，该层接收到的射线突然增加，控制台上相应的信号灯就亮了。这种测试需要配有自动记录仪器。放射性探料与机械探料尺相比，结构简单，体积小，可以远距离控制，无需在炉顶开孔，检测的准确性和灵敏度比较高，可以记录出任何方向的偏料及平面料面；但射线对人体有害，需要加以防护。

3）红外线探测料面技术。现代高炉红外线探测料面技术是用安装在炉顶的金属外壳微型摄像机获取炉内影像，通过具有红外线功能的 CCD 芯片将影像传到高炉值班室的监视器上，在线显示整个炉喉料面的气流分布图像。如将上述图像送入计算机，经过处理还可得到料面气流分布和温度分布状况的定量数据，绘制出各种图和分布曲线。

4）激光探测料面技术。激光探测料面技术是在高炉炉顶安装激光器，连续向料面发射激光，激光反射波被接收器接收和处理后，经计算机计算可显示出炉喉布料形状和料线高度。激光探测料面技术比目前所用的探料尺要形象而精确得多。

5）料层测定磁力仪。料层测定磁力仪可以用来测试矿石层与焦炭层的厚度及其界面移动情况，这对了解下料规律及焦、矿层分布很有意义。

对于探料装置来说，要经常检查探料设备的运转是否正常、其动作与旋转溜槽（或料钟）的配合是否协调、润滑油是否适量等内容。

（11）布料器控制系统。布料器控制系统主要是调节和控制溜槽倾角，一般规定溜槽垂直时为 0°，水平时为 90°，通常溜槽倾角在 10° ~ 60°之间。在布料周期控制中，溜槽旋转一次布 $n + 1/6$ 圈（n 为规定的布料圈数），以避免因启动和制动所造成的圆周布料不均匀固定化。每次布料宜在 4 ~ 12 层之间，太少则圆周布料不均匀，太多则因离心力影响，会最后集中在一起布下。所以，要想布料均匀，就要把漏料时间和溜槽转速配合起来。

【技术操作】

任务 4-1　高炉槽下炉料的筛分、称量与运输操作

A 设备的点检

（1）确保电动机、给料机、振动筛、称量斗、胶带运输机、集中称量斗等设备无损坏。

（2）确保皮带机周围及皮带上无障碍物和事故隐患。

（3）确保操作盘、信号、按钮开关无损坏。

（4）主皮带与运矿、运焦、秤门联锁运行，必须先启动主皮带，然后方可启动运矿或运焦皮带。主皮带处于停机状态时，禁止启动运矿、运焦皮带及相应的秤门。

B 装料参数的输入

打开系统的配料设定、布料设定等画面，输入有关的装料参数，见图4-22。自动运行时，一切正常后将槽下系统的运行选择为自动即可。上料系统自动运行后，要经常检查计算机显示屏上的操作内容是否有误、操作内容与实际行动是否一致、各种声光信号与实际行动是否一致。有问题需要手动时，将自动运行转为手动运行，按照下列步骤进行手动操作。

料批设定 X + Y + Z

料批	配方	C1 α(度)	C1 圈数	C2 α(度)	C2 圈数	C3 α(度)	C3 圈数	C4 α(度)	C4 圈数	C5 α(度)	C5 圈数	C6 α(度)	C6 圈数	C7 α(度)	C7 圈数	C8 α(度)	C8 圈数	料线(dm)	β(度)	γ(%)	方向
A	J J	29.00	2	31.00	2	27.00	2	25.00	2	20.00	1	23.00	0	23.00	0	23.00	0	7	66	145	1->8
B	D S Q K S	30.00	3	32.00	4	29.00	3	30.00	0	30.00	0	30.00	0	30.00	0	30.00	0	7	66	150	1->8
C	J J	29.00	2	31.00	2	27.00	0	25.00	0	23.00	0	23.00	0	23.00	0	23.00	0	7	66	145	1->8
D	D S Z Q K S	30.00	3	32.00	4	29.00	3	30.00	0	30.00	0	30.00	0	30.00	0	30.00	0	7	66	154	1->8
E	J J	24.00	2	24.00	2	24.00	2	24.00	2	24.00	0	24.00	0	24.00	0	24.00	0	7	66	147	1->8
F	D S Q K S	27.00	3	27.00	4	27.00	3	27.00	0	27.00	0	27.00	0	27.00	0	27.00	0	7	66	128	1->8
G		0.00	0	0.00	0	0.00	0	0.00	0	0.00	0	0.00	0	0.00	0	0.00	0	0	0	0	1->8

自定义料批

| U | | 0.00 | 0 | 0.00 | 0 | 0.00 | 0 | 0.00 | 0 | 0.00 | 0 | 0.00 | 0 | 0.00 | 0 | 0.00 | 0 | 0 | 0 | 0 | 1->8 |

装料模型　　　　　　　　　　　　　　　　　全部料批数≤100

变料请求　X　4（1 A+ 1 B)+ 1（1 C+ 1 D)+ 0（0 E+ 0 F)+ 0 G　运行方式

　　　　　　1（1 A+ 0 B)+ 0（0 C+ 0 D)+ 0（0 E+ 0 F)+ 0 G　运行方式

变料确认　　0（0 A+ 0 B)+ 0（0 C+ 0 D)+ 0（0 E+ 0 F)+ 0 G　运行方式

重量设定

上料监控 料种	焦炭	烧结	球团	白云石	萤石	生矿	杂矿	焦丁
X	2480	10168	3224	0	0	1240	1860	350
说明 Y	0	0	0	0	0	0	0	0
Z	0	0	0	0	0	0	0	0

图4-22 某高炉装料参数的计算机设定画面

C 称量斗的备料操作

（1）根据料制要求选中某称量斗备料；

（2）确认该称量斗空、称量斗闸门关好；

（3）启动槽下的相应运矿或运焦皮带机；

（4）启动相应振动筛；

（5）称量斗达到预满值时，停止振动筛；

（6）运矿皮带停止工作时，焦丁皮带必须停机。

D　集中称量斗的备料操作

（1）确认集中称量斗空、闸门已关好；

（2）启动相应皮带机；

（3）打开已选上料称量斗的闸门进行放料；

（4）称量斗料放空后发出空点信号，延时关闭集中称量斗闸门。

E　集中称量斗的放料操作

（1）启动主卷扬机，启动相应的运矿或运焦皮带，确认主卷扬机运转正常；

（2）开启已选上料集中称量斗闸门进行放料；

（3）集中称量斗料放空后发出空点信号，延时关闭其闸门。

任务4-2　高炉炉顶布料操作

A　无钟炉顶设备的点检

（1）确保受料漏斗、上下密封阀和料流调节阀的油缸无泄漏，轴承无卡阻；

（2）确保各部螺栓齐全、不松动，润滑部件的润滑良好，油温正常；

（3）确保各运动部件运动灵活；

（4）确保衬板无磨损等。

B　炉顶布料系统的自动操作

全面检查皮带、机械、液压、电器、冷却、监测设备及开关信号等有无问题，一切正常时，将炉顶布料选择为自动，整个系统将按照设定的程序进行炉顶布料操作。布料系统自动运行后，要经常检查计算机显示屏上的操作内容是否有误、操作内容与实际行动是否一致、各种声光信号与实际行动是否一致。

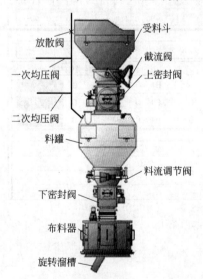

图4-23　某1800m³高炉串罐式
无钟炉顶结构

C　炉顶布料系统的手动操作

当高炉在维修、PLC硬件或程序等出现故障时，使用"手动"按钮进行炉顶布料操作。

某1800m³高炉串罐式无钟炉顶结构如图4-23所示，其布料操作程序如下：

（1）将各动作阀门和设备选择开关打到手动状态；

（2）启动液压油泵，使液压系统处于运行状态；

（3）启动上行料车（或皮带），将料倒入受料漏斗；

（4）打开称量料罐的均压放散阀，延时打开上密封阀；

（5）打开上闸门（截流阀），待受料罐的物料进入称量料罐后，关放散阀，关上部料闸，关上密封阀；

（6）当探料尺发出装料入炉的信号时，提探料尺，探料尺提到零位后，为了减小下密封阀的压力差，开一次均压阀，使称量料罐内充入均压净煤气；

（7）下罐满压后，关一次均压阀，开二次均压阀；

（8）打开下密封阀延迟数秒后，当旋转溜槽转到预定布料的位置时，打开料流调节阀，炉料按预定的布料方式向炉内布料；

（9）待称量料罐内物料全部流完、发出空料信号后延时数秒，关闭料流调节阀（或先完全打开，然后再关闭，以防止卡料），关闭下密封阀，关二次均压阀；

（10）将探料尺放至料面，循环上料。

任务4-3 高炉装料系统故障的诊断与处理

A 传动故障的诊断与处理

如果装料系统有故障时指示灯闪烁，可以直接点出画面查看，并可以进行复位；严重时立即通知电工，处理后即可使用。

B 闸门故障的诊断与处理

若闸门有故障时指示灯会闪烁，点击其可以查看，并通知维修工。

C 皮带撕裂的处理与预防

皮带撕裂的原因为皮带跑偏严重、托辊不合适、皮带上有铁器杂物等。

出现这种故障要及时处理，需要停风时则要停风处理，根据情况可采用打卡子、用胶粘的方法进行处理。

防止措施如下：

（1）皮带跑偏时要及时调整好；

（2）托辊、挡辊有问题的要及时更换；

（3）物料入皮带前应有防范措施（如安装箅子、拣铁器等，这样可保证大块料和杂物不入皮带）；

（4）皮带检修后，试车前要将皮带上的杂物清理干净；

（5）加强巡检，若发现有铁器杂物要及时拣出；

（6）在设备运转不正常时要及时采取措施或停机处理。

D 炉顶料罐装重料的处理

此事故是由于信号失灵或人工操作错误所致。故障征兆是上密封阀关不上，无法进入下面放料工作程序。此时要及时停止拉料，先将截流阀打开，将料放下一部分（截流阀与下密封阀之间的容积）。如果上密封阀关上了，就可进行正常上料工作。如果上密封阀关不上，只有使高炉放风改常压，手动先将溜槽按布料角度转动起来，再开下密封阀，放料后关严上密封阀，则高炉及时恢复风量、正常操作。待本罐料全部放空、检查各系统均正常无误后，倒回自动工作。

E 炉顶料罐压力放不净的处理

装料之前，放散阀打开后若料罐压力放不净不能装料，此时可将两个放散阀全开。如果仍不能放净，要检查一次均压阀、二次均压阀及下密封阀是否关严以及阀体是否损坏。如果是一次均压阀、二次均压阀、下密封阀未关严，重新开关一次即可排除。如果是阀体或胶圈损坏，必须停风处理。

F 放料时间过长或料空无信号的处理

料罐放料有时很长时间放不完，料空又无信号，不能正常装料。造成这种情况有两种可能：

（1）料罐或导料管有异物，通路局部受阻或全部堵死；

（2）密封阀不严或料罐漏气。

无论哪种原因都需要做出正确的判断，否则会损失很多时间。料罐漏气的原因一般不是磨损，多半是因固定衬板的螺孔处或人孔垫漏气造成的。料罐不密封，放料过程中炉内煤气将沿导料管向上流动，阻碍炉料下降，特别是阻碍焦炭下降。在并罐式高炉上，一个罐漏气会影响另一个罐放料。

判断是异物阻料还是密封阀不严的方法比较简单，可用放风处理做检查。如果是料罐漏风或密封阀不严，只要停风1~3min，罐内的炉料很快就会放空。如果是卡料，停风处理依然无效。

G　溜槽故障的处理

溜槽在炉内，无法直接观察。发现溜槽故障时，要立即减风并补焦，然后查找原因，进行处理。

如果溜槽磨漏，则溜槽从磨损到磨漏（磨透）有一段过程。磨漏初期因通过磨漏处的炉料较少，一时很难发现。特别是第一次碰到磨漏时，一切征兆不明，判断困难，有时甚至误以为是由炉料强度或粒度变化引起的而调整装料制度和送风制度，实际上并不起作用。

溜槽磨漏后的表现为：高炉煤气分布开始变化，初期炉况还能维持，但很快高炉就会失常，中心逐渐加重，边缘逐渐减轻；另一个特点是煤气分布不均，几个方向的煤气分布差别较大，而且这种差别是固定的。

发现溜槽磨漏时应及时更换，最好利用检修时间定期更换，防止因磨穿溜槽造成巨大损失。

如果溜槽不转，常见原因是由密封室温度过高引起的齿轮传动系统不转。密封室正常温度为35~50℃，最高不可超过70℃。若超过70℃，常出现溜槽不转故障。溜槽不转时要分析原因，不要轻易人工盘车，更不要强制启动，防止烧坏电动机或损坏传动系统。

密封室温度高时，应按如下顺序分析，找出原因：

（1）顶温过高引起密封室温度高；

（2）密封室冷却系统故障。用氮气、煤气或水冷却的密封室，应检查冷却介质的温度和流量是否符合技术条件，冷却介质的温度不应超过35℃；

（3）如果上两项均正常，密封室温度经常偏高，应检查密封室隔热层是否损坏。

虽然溜槽传动系统也可能会因机械原因（如润滑不好、灰尘沉积等）造成故障，但在首钢多年的运转中还未曾发生过。溜槽不转经常是由炉顶温度高引起的，但有时短时间减风或定点加一批料，顶温也会下降，转动溜槽即恢复正常。

【问题探究】

4-1　高炉冶炼对上料系统有何要求？

4-2　向高炉炉顶上料有哪几种方式，其特点是什么？

4-3　斜桥料车式上料机的组成有哪些？

4-4 无钟炉顶布料的特点有哪些?

4-5 并罐式无钟炉顶装料设备的组成与结构特点有哪些?

4-6 串罐式无钟炉顶装料设备的组成与结构特点有哪些?

4-7 如何处理炉顶料罐装重料的故障?

【技能训练】

项目4-1 根据下列条件,将一批料装入炉顶受料漏斗

项目4-2 根据下列条件,将一批料布入炉内

已知条件如下:

(1)原燃料成分,见表4-7。

表4-7 原燃料成分

物 料	Fe/%	FeO/%	CaO/%	SiO$_2$/%	MgO/%	S/%
烧结矿	54.95	9.00	10.40	6.70	3.20	0.029
球团矿	62.90	10.06	0.98	5.84	0.88	0.026
焦炭	0.54			5.55		0.76

(2)炉渣碱度 $w(CaO)/w(SiO_2) = 1.05$,MgO 含量为 12%。

(3)有关经验数据及设定值为:

$w[Si]/\%$	$w[Fe]/\%$	$\eta_{Fe}/\%$	L_S	挥发硫 $w(S)_{挥}/\%$
0.50	94.00	100.0	25.0	5.00

(4)装料制度为:$O_{33221}^{109876} C_{222224}^{1098761}$,矿石采用反排的配料方式,焦炭采用正排的配料方式,料线为 1.5m。

(5)球团矿批重为 1500kg/批,焦炭批重为 620kg/批,料批组成为烧结矿 + 球团矿 + 焦炭。

5 送风系统操作

【学习目标】

（1）熟知高炉送风系统的工艺流程；

（2）熟知高炉常用鼓风机的类型、工作原理及特性，具有根据高炉要求的风量、风压及特性曲线选择鼓风机的能力；

（3）熟知高炉热风炉的结构、用途和工作原理，并能够根据要求选择合适的热风炉结构；

（4）能够根据要求正确进行热风炉的烧炉操作；

（5）能够根据要求正确进行热风炉的换炉操作；

（6）能够根据要求进行热风炉的休风与复风操作；

（7）能够配合相关工种处理一般生产故障。

【相关知识】

5.1 高炉鼓风机

高炉送风系统由鼓风机、冷风管路、热风炉、热风管路以及管路上的各种阀门等组成，鼓风机是高炉炼铁最重要的动力设备。高炉冶炼对鼓风机的要求是：

（1）鼓风机应均匀地供给高炉足够的风量及一定的风压，以克服送风系统阻力与料柱阻力，并使高炉保持一定的炉顶压力。

（2）由于原燃料条件和操作的变化会引起炉况经常改变，要求高炉鼓风机具有一定的稳定调节范围和可靠的安全控制系统。

（3）炉机配合也是很重要的，它不仅影响高炉生产水平与效率，还影响基建投资的合理和运行中能源利用的程度。

一般情况下，一台高炉鼓风机配一座高炉。为确保高炉安全生产，容积相近的三座及以下高炉可合设一台备用高炉鼓风机，同时设置可以向任一座高炉供风的配风管，另外还可在配风管之间设分风管。分风管的作用是当一台高炉鼓风机发生事故而紧急停机时，可以由另一台高炉鼓风机送来少量鼓风，以确保设备的安全。

5.1.1 高炉鼓风机的类型与特性

一般排气压力在 $(1.15 \sim 7.0) \times 10^5 Pa$ 的风机称为鼓风机。鼓风机是一种能量转换工具，可分为叶轮式（离心式和轴流式）和容积式（活塞式和旋转式）两类。常用的高炉鼓风机类型主要是离心式鼓风机和轴流式鼓风机。

5.1.1.1 离心式鼓风机

离心式鼓风机的工作原理是利用旋转的叶轮推动气体质点运动，产生离心力，从而提高气体的势能和动能，送出具有一定压力和容量的风。离心式鼓风机叶轮的形状见图5-1。叶轮旋转时，气流沿轴向流入，当气体在叶片间流动时，气体的动能和势能都有增加，获得机械能的气体沿径向流出，由于形成负压，新的气体在压力差的作用下吸入叶轮，气体就连续不断地从风机排出。

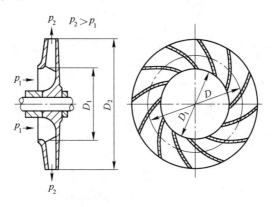

图 5-1　离心式鼓风机叶轮的形状

p_1—叶轮进口气体压力；p_2—叶轮出口气体压力；

D—叶片中心直径；D_1—叶片进口直径；D_2—叶片出口直径

为了使离心式鼓风机能产生较高的风压，往往将几个叶轮装在同一轴的机壳中串联使用，一般称为"多级离心式鼓风机"或"透平式鼓风机"。每个叶轮就是鼓风机的一个级，一般经过 2~5 级叶轮就能将气体由低压变为高压$((2~5)\times10^5\text{Pa})$。工作叶轮越多，获得的压力越高。大型离心式鼓风机常为两边进气、中间排气的结构，工作叶轮多达 8~10 级。

离心式鼓风机叶轮的圆周速度为 $250~300\text{m/s}$。风量与转速成正比，风压则与转速的平方成正比。同时，风量随风压大小而变化，而风压又自动限制在某个限度内，无论设备系统的阻力情况怎样，风压都不能超越这一限度，如关闭出风口，这时气体虽不能排出机外，但也无气体吸入，风机内部的风压不会继续升高，只是机内的气体随着叶轮旋转而已，故又称其为"定压式风机"。生产中允许变动出风口或进风口的开启程度来调节风量。

我国生产的 D400-41 四级离心式鼓风机的结构如图5-2所示，主要由静止部分与转动部分组成。静止部分有机壳、进风管、轴承、密封装置、扩叶器、回流器、出风管、机架等，转动部分由转子和装在转子主轴上的叶轮、推力盘、平衡轮等组成。鼓风机工作时，气体由吸气室吸入，进入叶轮第一级压缩；在离心力的作用下，提高了速度和密度的空气从叶轮顶端排出，进入环形空间扩散器，流速降低，压力提高，同时流向下一级叶轮继续压缩；经过逐级压缩后的高压气体汇集流向机壳的排气管口，排气管口为一圆锥形扩散段，可将气体的部分动能转变成压力能。

鼓风机的性能一般用特性曲线表示。在一定的吸气条件下，鼓风机的风压、效率及功率随风量与转速而变化的关系曲线称为鼓风机的特性曲线。它是在一定试验条件下，通过对鼓风机做试验运行实测得到的。

图 5-3 所示为用于 $1500~2000\text{m}^3$ 高炉的 K-4250-41-1 型离心式鼓风机的特性曲线，图

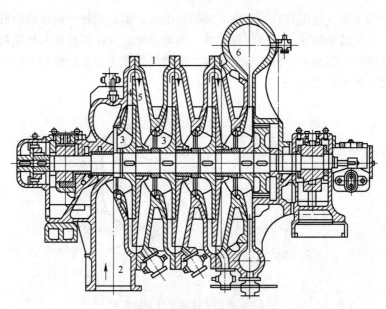

图 5-2   四级离心式鼓风机

1—机壳；2—进气口；3—工作叶轮；4—扩散器；5—固定导向叶片；6—排气口

5-4 所示为用于 1000m³ 高炉的 K-3250-41-1 型离心式鼓风机的特性曲线。它们具有以下特点：

（1）风机风量随外界阻力（要求的出口压力）增加而减少。当高炉炉况波动、炉顶压力或炉内料柱阻力变化时，风机出口压力的波动会引起风量的变化，为了保证高炉在所规定的风量下工作，鼓风机设有风量自动调节结构。

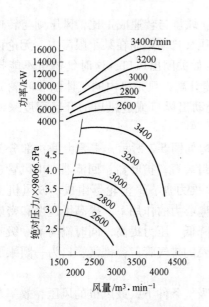

图 5-3   K - 4250 - 41 - 1 型离心式
鼓风机的特性曲线

（吸气条件：气温 20℃，气压 735.5 × 133.322Pa）

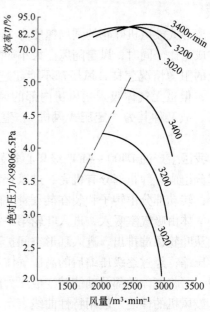

图 5-4   K - 3250 - 41 - 1 型离心式
鼓风机的特性曲线

（2）当风机的转速改变时，风量和风压也随之变化，故可以依靠自动控制风机的转速使风量保持在所规定的范围内。

（3）风机风压过低时，风量达到最大区段，此时原动机功率也增加，故大量放风时会导致原动机过载。

（4）风机风压过高时，风量迅速减小，超过飞动线（也称喘振线或振荡界限）时出现倒风现象，这时风机和管网系统内的气体不断地往复振荡，风机性能破坏，出现周期性剧烈振动的噪声，风机处于飞动状态而损坏，这种现象称为喘振现象，必须防止。产生喘振现象的边界线用图5-3、图5-4中的点划线表示。鼓风机只能在喘振边界线右边的安全运行范围内工作，一般为喘振边界线向右风量增加20%处，偏左运行危险，偏右运行不经济。

（5）风机转速越高，风压－风量曲线末尾的一部分线段就越陡。因此，当风量过大时，压力降低很多；中等风量时，曲线较平坦，效率也较高。这个较宽的高效率区间称为经济运转区。

（6）风机的特性曲线随吸气状态的不同而改变。由于大气温度、压力和湿度等气象条件的变化和各地区海拔高度的不同，其风量的变化是很大的。同一风机在同一转速下，夏季的出口风压往往要比冬季低20%～25%。因此，当应用风机特性曲线时，必须根据高炉所在地区的气象条件做风量和风压的折算。

离心式鼓风机的优点是：单级压缩比大，整机级数少，特性曲线平坦，适用于定风压操作；在不同的工况下有较稳定的效率；灰尘对叶片的污染和磨损较小。其缺点是：体积大，制造困难，耗用金属多；由于气流方向与轴向垂直，在同一风量条件下，相对于轴流式鼓风机，其压头高、功率消耗多、经济性较差；多级离心式鼓风机随级数的增加，稳定操作范围越来越小，效率越来越低。

5.1.1.2　轴流式鼓风机

与离心式鼓风机不同，轴流式鼓风机的气流沿着轴向吸入和排出。轴流式鼓风机的工作原理是：当原动机带动转子高速旋转时（圆周速度可达200～300m/s），气体从轴向吸入，经过进口导流器，依次流过轴流式鼓风机的各个级；在叶片连续旋转推动下，使之加速并沿轴向排出，从而获得动能和势能；气体离开最后一级后，经出口导流器和出口扩压器流向排气管口（即叶片把空气顺轴向往出风口"推"）。

图5-5为多级轴流式鼓风机的结构简图。静叶系列（导流叶系列）固定在机壳上，和机壳一起构成定子。动叶系列（工作叶系列）固定在转子上，转子支撑在轴承上，轴承既承受整个转子的径向载荷，又承受风机工作时所产生的轴向力。一片工作动叶与其后面一片导流静叶的组合称为轴流式鼓风机的一个级，轴流式鼓风机一般有5～10级。每一级导流静叶片用来使气流进入下一级时具有必需的速度与方向，同时还由于其动能的减小而使气体得到压缩。进气管口的作用是使气体能均匀地进入环形收敛器。进口收敛器是为了使进入进口导流器前的气流加速，并具有较均匀的速度场和压力场。出口导流器是为了使气流在出口处具有轴向速度，并能够压缩气体。在出口扩散器中，由于气体动能的减小，气体继续增压。

由于气体在轴流式鼓风机中被叶片螺旋推进，沿着轴向流动而没有转折，加之各种叶片装置、扩散器、吸气与排气管口等通流部件都比离心式鼓风机更合理，因此，与能力等

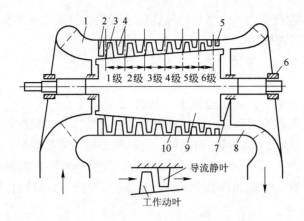

图 5-5　多级轴流式鼓风机的结构简图

1—进口收敛器；2—进口导流器；3—工作动叶；4—导流静叶；5—出口导流器；
6—轴承；7—密封装置；8—出口扩散器；9—转子；10—机壳

同的离心式鼓风机相比，轴流式鼓风机尺寸小、效率高（提高效率 10% 以上），同时由于能够调节静叶片角度，可以扩大风量的变动范围，提高风机的稳定性，广泛应用于大型高炉。我国新建 1000m³ 以上的高炉均采用轴流式鼓风机。宝钢 1 号高炉为全静叶可调型轴流式鼓风机，并采用同步电动机驱动，最大风量达 8800 m³/min，最大风压为 0.61MPa。

轴流式鼓风机的特性曲线见图 5-6，横坐标是鼓风机出口风量，以吸入状态下的体积流量为单位（m³/min）；纵坐标是鼓风机压力比 ε，即排气绝对压力与吸气压力之比。风机转速、静叶角度分别用 $n(\mathrm{r/min})$ 及 $\delta(°)$ 表示。

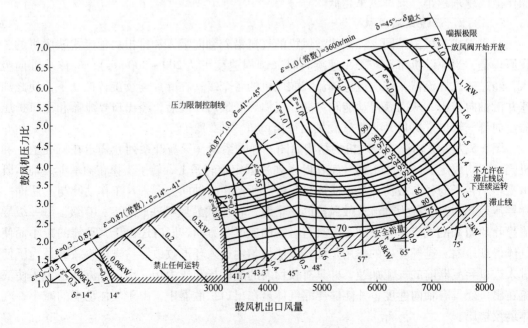

图 5-6　轴流式鼓风机的特性曲线

（吸入状态：气压 752×133.322Pa，气温 20℃，相对湿度 72%）

从轴流式鼓风机的特性曲线可以看出：

（1）风机风量随外界阻力（即要求的出口压力）增加而减少得不多，在大流量区内，风机特性曲线几乎成为与风压坐标相平行的直线，这样有利于高炉稳定风量操作。但根据高炉鼓风量来判断炉况时必须注意，当风压波动时，风量的变化反映迟钝甚至不动。这与建立在离心式鼓风机特性曲线上传统的风量关系观念是不同的。

（2）与离心式鼓风机相比，其特性曲线较陡，允许风量变化范围窄，即稳定运转区较窄。可见，轴流式鼓风机效率高的优越性只有在高炉稳定风量操作时才能真正地发挥出来。如果原料条件差，风量调节频繁，风机的工作效率必然降低，当其效率与理论效率的比值降到 0.9 时，轴流式鼓风机的高效率特点就发挥不出来了。所以在考虑是否选用轴流式鼓风机时，既要考虑建厂的具体条件，又要考虑可能达到的精料水平。

多级轴流式鼓风机的使用范围受四条界线的限制（见图 5-7 所示）。曲线 1 为喘振线（即飞动线），曲线 2 为旋转失速线，曲线 3 为末级阻塞线，曲线 4 为第一级阻塞线。对静叶可调型风机，静叶和动叶各有一条末级阻塞线。

为了防止发生鼓风机的喘振现象，保证鼓风机的安全，鼓风机要设置喘振自动防止装置。即在风机排气管上安装放风阀，当风机风量减少或风压增加到临近喘振边界线时，自动打开放风阀，使一部分风量经由放风阀排入大气或排入风机吸风管内，使风机的风量仍比喘振边界线的风量大，以避免可能产生的喘振现象。如图 5-8 所示，风机在 A 点以定风量运转时，如高炉内的阻损增大，风压达到 B 点，则立即打开放风阀，风机沿 BC 线运行到 C 点处，这时风压保持 C 点的值，而由于 BC 间的风量经放风阀放掉，入炉风量仍为 Q；当高炉内的阻损减少时，风机又自动沿 BC 线逆向返回到 B 点，放风阀完全关闭。

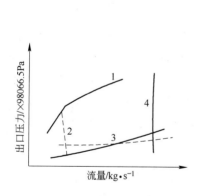

图 5-7　静叶可调型轴流式鼓风机的工况范围

1—喘振线；2—旋转失速线；

3—末级阻塞线；4—第一级阻塞线

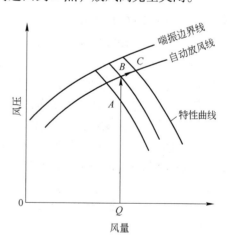

图 5-8　防止风机喘振的原理

可见，鼓风机安全运行有一个范围，一般称其为安全运行区或稳定工作区。不同形式的鼓风机，这个区域的边线也不完全一样。如果鼓风机在安全运行区以外工作，就会发生事故，甚至会把鼓风机毁掉。

轴流式鼓风机可以利用静叶可变机构，在风机转速一定的情况下调节风量。当静叶角度开大时，流量大幅度增加，压力比上升；反之，流量大幅度下降，压力比下降。

轴流式鼓风机的优点是：效率高（在相同压缩比的情况下，比离心式鼓风机高10%左右），设备结构紧凑，占地面积小，重量轻，运行检修方便。其缺点是：特性曲线较陡，稳定工况区较窄，叶片样式多，结构复杂；而且对灰尘很敏感，如果滤风设施不当，灰尘将使叶片磨损和积灰，大大降低鼓风机的出力和效率，甚至磨断叶片。

5.1.2　高炉鼓风机的选择

选择高炉鼓风机时，首先要根据高炉有效容积和生产能力所需要的风量、风压来确定鼓风机的额定风量与额定风压，力求使风机的额定流量和额定压力尽量接近工艺所要求的流量和压力，使机炉选配得当。这样，既不会因炉容过大受制于风机能力不足，也不会因风机能力过大而让风机经常处在不经济区运行或放风操作，浪费大量能源。选择风机时给高炉留有一定的强化余地是合理的，一般为10% ~20%的富余量。此外，还要注意单位产量的投资，这是衡量高炉与风机配合的指标。

5.1.2.1　鼓风机出口风量的确定

高炉鼓风机出口风量包括高炉入炉风量及送风管路系统的漏风损失：

$$Q = (1 + k)Q_0 \tag{5-1}$$

式中　Q——鼓风机出口风量，m^3/min；

　　　Q_0——标准状态下的入炉风量，m^3/min；

　　　k——送风管路系统的漏风率，正常情况下通常在0.1 ~0.2的范围内。

高炉入炉风量可通过物料平衡计算得到，也可按照下列公式近似计算：

$$V_0 = \frac{V_u I V_焦}{1440} \tag{5-2}$$

式中　V_u——高炉有效容积，m^3；

　　　I——高炉冶炼强度，$t/(m^3 \cdot d)$；

　　　$V_焦$——每吨干焦消耗的风量，m^3/t。

每吨干焦消耗的标态风量主要与焦炭灰分和鼓风湿度有关，一般为2450 ~2800m^3/t。风量不仅与炉容有关，还与高炉的冶炼强化程度有关。生产中也可按单位炉容2.1 ~2.5m^3/min的风量配备鼓风机，但实际上不少高炉考虑到生产的发展，配备的风机能力都大于这一数值。一般小高炉的冶炼强度较高，单位炉容所需的风量比大高炉多些。各类型高炉单位炉容所需的风机出口风量见表5-1。

表5-1　高炉单位炉容所需的风机出口风量

炉 容	原料条件	风机出口风量/ $m^3 \cdot min^{-1}$	
		平原地区	高原地区
大 型	50%烧结矿	2.3 ~2.6	2.6 ~2.9
	100%烧结矿	2.6 ~2.9	2.9 ~3.2
中 型	100%天然矿	2.8 ~3.2	3.2 ~3.5
	100%烧结矿	3.2 ~3.5	3.5 ~3.8

5.1.2.2　鼓风机出口风压的确定

高炉鼓风机出口风压应能克服送风系统的阻力损失、料柱的阻力损失，保证高炉炉顶压力符合要求。鼓风机出口风压用下式表示：

$$p = p_{\text{t}} + \Delta p_{\text{LS}} + \Delta p_{\text{FS}} \tag{5-3}$$

式中 p——鼓风机出口风压，Pa；

p_{t}——高炉炉顶压力，Pa；

Δp_{LS}——高炉料柱阻力损失，Pa；

Δp_{FS}——高炉送风系统阻力损失，Pa。

炉内料柱阻力损失与炉容大小、炉型有关，还取决于原燃料条件、装料制度和冶炼强度。送风系统阻力损失主要取决于送风管路布置形式、气流速度和热风炉形式。大型高炉炉顶压力已达到 0.25 ~ 0.40MPa。

不同容积高炉的炉顶压力、料柱和送风系统的阻力损失以及高炉所需风压，见表5-2。

表5-2 不同容积高炉所需的风压参考数据

炉容/m³	原料条件	料柱阻力损失 /×10⁵Pa	送风系统阻力损失/×10⁵Pa	炉顶压力 /×10⁵Pa	风机出口压力 /×10⁵Pa
4000	自熔性烧结矿	1.5 ~ 1.7	0.2	2.5	5.1 ~ 5.5
2500	自熔性烧结矿	1.4 ~ 1.6	0.2	1.5 ~ 2.5	3.1 ~ 4.3
2000	自熔性烧结矿	1.4 ~ 1.5	0.2	1.5 ~ 2.0	3.1 ~ 3.7
1500	自熔性烧结矿	1.3 ~ 1.4	0.2	1.0 ~ 1.5	2.5 ~ 3.1
1000	自熔性烧结矿	1.1 ~ 1.3	0.2	1.0 ~ 1.5	2.3 ~ 3.0
620	自熔性烧结矿	1.0 ~ 1.1	0.2	0.6 ~ 1.2	1.8 ~ 2.5

5.1.2.3 鼓风机运行工况点的确定

鼓风机运行工况点必须在鼓风机有效使用区内，且要经常处于高效率区，使风机的实际工况效率不低于风机最高效率的90%，保证工作的稳定性和经济性。

高炉合适的风压、风量与鼓风机铭牌（或额定）风量、风压并不是一回事；高炉要求的运行与调节范围与鼓风机提供的安全运行范围，特别是高效率的经济区范围，也不是一回事。

鼓风机运行工况点的确定，首先要考虑气象修正系数。这是因为高炉所需风量是按标准状态下计算的，但是大气的温度、压力和湿度则因地、因时而异，鼓风机的吸气条件并不是标准状态，因此，必须用气象修正系数来修正。例如，按西南某地设计的 Z-3250-46 风机，在沿海某厂试车时风量增加了 13.8%，夏季运行时还增加了 7.7%，这说明吸气条件不同时鼓风机的特性曲线不同。考虑大气状况影响时，工况点风量、风压的换算公式为：

$$Q' = Q/K \tag{5-4}$$

式中 Q'——鼓风机特性曲线上工况点的容积流量，m³/min；

Q——鼓风机出口风量，m³/min；

K——风量修正系数。

$$p' = p/K' \tag{5-5}$$

式中　　p'——鼓风机特性曲线上工况点的风压，MPa；

　　　　p——某地区鼓风机实际出口风压，MPa；

　　　　K'——风压修正系数。

我国各类地区风量修正系数 K 及风压修正系数 K' 的值见表 5-3。风量修正系数 K 值可按理想气体状态方程式 $pV/T = p'V'/T$ 计算，再扣除大气中湿分所占的体积。

表 5-3　我国各类地区风量修正系数 K 及风压修正系数 K' 的值

季　节	一类地区		二类地区		三类地区		四类地区		五类地区	
	K	K'	K	K'	K	K'	K	K'	K	K'
夏季	0.55	0.62	0.70	0.79	0.75	0.85	0.80	0.90	0.94	0.95
冬季	0.68	0.77	0.79	0.89	0.90	0.96	0.96	1.08	0.99	1.12
全年平均	0.63	0.71	0.73	0.83	0.83	0.91	0.88	1.00	0.92	1.04

注：地区分类按海拔标高划分。

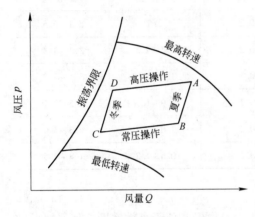

图 5-9　高压高炉鼓风机工况区示意图

鼓风机最大送风能力应能满足高炉在夏季达到最高冶炼强度时的需要，如图 5-9 中 A、B 两点所示，以免在夏季因风机能力不足而影响高炉生产；风机出力较大时，要求它能保证高炉在最低冶炼强度下操作而不放风或不进入飞动区，见图 5-9 中 C、D 两点。对于高压操作的高炉，应考虑常压冶炼的可行性和合理性。可见，图中 $ABCD$ 范围就是风机运行的工况区。A 点是夏季最高气温、高压操作的最高冶炼强度工作点，B 点是夏季最高气温、常压操作的最高冶炼强度工作点，C 点是冬季最低气温、常压操作的最低冶炼强度工作点，D 点是冬季最低气温、高压操作的最低冶炼强度工作点。

此外，应选择效率高、转数低、寿命长，并设有相应消声减振、足够调节与保护装置的风机。表 5-4 所示为不同容积高炉所配用的风机系列。

表 5-4　不同容积高炉所配用的风机系列

炉容/m³	风机型号	风压/MPa	风量/m³·min⁻¹	转速/r·min⁻¹	功率/kW	传动方式
310	D900-2.5/0.97 离心式	0.15	900	5534	2500	电动
620	AK-1300 离心式	0.18	1500	2200～3000	4500	汽动
	AK-1300 轴流式	压缩比 3.5	2000	调速汽轮机直接传动	6000	汽动
750	AV50-10 轴流式	0.255	2244	6780	6713	NK32/415
1000	K-3250-41-1 离心式	0.28	3250	2500～3400	12000	汽动
	2-3250-46 轴流式	压缩比 4.2	3250	4000	12000	电动
1080	AV56-41 轴流式	0.4	2433	5600	12000	T12000-4
1200	A63-16 轴流式	0.41	3923	4630	15000	N14.2-3.2/415

炉容/m³	风机型号	风压/MPa	风量/m³·min⁻¹	转速/r·min⁻¹	功率/kW	传动方式
1500	静叶可调型轴流式	压缩比4.0	4250	调速汽轮机直接传动		汽动
	K-4250-41 离心式	0.3	4250	2500~3250	17300	汽动
	AV63-14 轴流式	0.37	3390	调速汽轮机直接传动	15000	NK40/60
2000	K-4250-41 离心式	0.3	4250	2500~250	14000	汽动
	静叶可调型轴流式	压缩比4.0~5.0	6000	调速汽轮机直接传动		汽动
2500	静叶可调型轴流式	0.45	6000		32000	同步电动
3200	AG120116RL6 轴流式	7710	0.48	3000	39460	同步电动
4063	全静叶可调型轴流式	8800	0.51		48000	同步电动
4350	全静叶可调型轴流式	9200	0.58	3000	55000	同步电动

5.1.2.4　管网特性曲线

风机的特性曲线只能说明风机自身的性能，但风机在管网中工作时不仅取决于其本身的特性，还取决于管网系统的性能，即管网特性曲线。气体在管网中的流动阻力与流量的平方成正比，即：

$$\Delta p = AQ^2 \tag{5-6}$$

式中　Δp——管网的阻力损失，MPa；

　　　A——管网的阻力系数；

　　　Q——管网中的气体流量，m³/min。

如将这一关系绘在以流量 Q 与压头 p 组成的直角坐标图上，就可以得到一条通常称为管网性能的曲线，见图5-10中的 OC，它是一条抛物线。当管网的阻力系数增大时，管网特性曲线将变陡（左移）；反之，当管网的阻力系数减小时，管网特性曲线将右移。

管网特性曲线与风机特性曲线的交点 E 就是风机的工作点，此时风机所耗轴功率 N 及效率 η 皆在 E 点的垂直线上。

比如，风机在一定转速下的特性曲线是 AB，当高炉炉况顺行时，管网特性曲线是 OC，此时，风机的工作点（工况点）是 AB 与 OC 的交点 E；当高炉难行时，工况点就会发生变化，至于工况点是在 AB

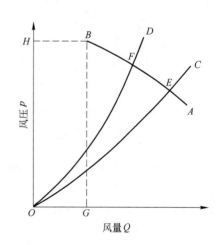

图5-10　风机特性与管网特性的关系

线上的哪一点，要看管网特性。显然，随着管网阻力系数 A 的增大，管网特性曲线左移至 OD，此时，风机的工作点是管网特性曲线 OD 与风机特性曲线 AB 的交点 F。可见，高炉由顺行转难行后，风机出口风压升高、风量减小。

当风机特性曲线与管路特性曲线无交点或交点所对应的风机所耗功率、效率不理想时，则说明这种风机的性能过高或过低，不能适应整个装置的要求，可更换风机，也可采取改变风机本身特性曲线、改变管网特性曲线或两条曲线同时改变的方法进行调节。

　　高炉鼓风机的驱动设备主要选用变转速汽轮机和同步电动机，有的也选用定转速汽轮机及小功率异步电动机。

5.1.3　提高鼓风机出力的途径

　　对于已建成的高炉，由于生产条件改变而感到风机能力不足或者新建高炉缺少配套风机时，都要求采取措施，满足高炉生产的要求。

　　提高风机出力的措施主要有：

　　（1）改造现有鼓风机本身的性能。如改变驱动力，增大其功率，使风量、风压增加；改变风机叶片尺寸，叶片加宽及改变其角度。

　　（2）改变吸风参数。如喷水降温、改变吸风口的温度等。

　　（3）风机串联。风机串联即在主风机吸风口前置一加压机，使主风机吸入的空气密度增加。由于离心式鼓风机的容积流量是不变的，通过主风机的空气量增大，不仅提高了压缩比，而且提高了风量，提高了风机出力。串联用的加压风机，其风量可比主风机稍大，而风压较低。两个风机串联，风机的特性曲线低于两者叠加的特性曲线，受两风机串联距离、管网的影响。同时，在加压风机后设冷却装置，否则主风机温度过高。一般串联是为了提高风压，如果高炉管网阻力很大、高炉透气性差而不需大风量，串联后可获得好的效果。

　　（4）风机并联。一般选用同性能的风机并联，把两台鼓风机出口管道顺着风的流动方向合并成一根管道送往高炉。并联的效果，从原则上来讲是风压不变，风量叠加。当管网阻力小、需要大风量时，可采用风机并联送风。为了保证风机并联效果，除两台风机应尽量采用同型号或相同性能外，每台鼓风机的出口都应设置逆止阀和调节阀。逆止阀用来防止风的倒灌，调节阀用来在并联时将两机调到相同的风压。同时，因为并联后风量增加，其送风管道直径也要相应扩大，使管线阻力损失不致增加。

　　串联、并联送风的方法只是在充分利用现有设备的情况下采用，但它提高鼓风机的出力程度是有限的，虽然能够提高高炉产量，但风机的动力消耗增加，是不经济的。

5.2　热风炉的类型与结构

　　高炉生产中，热风带入的热量约占高炉总热量的1/3，是高炉热量的重要来源。热风温度每提高100℃，可降低焦比4%~7%，增产3%~5%。当前氧煤强化炼铁新工艺的推广应用，使得高炉对高风温的需求更加迫切。

　　热风炉是加热鼓风的设备，1828年，英国人尼尔森（J. B. Neilson）发明了换热式（管式）热风炉，高炉进入热风冶炼时代，风温逐步提高到300~400℃。1857年，英国人考贝（E. A. Cowper）发明了蓄热式热风炉，管式热风炉逐渐被取代，至20世纪50年代风温可达到600~800℃。1910年，德国人首先申请了外燃式热风炉的专利。1928年，美国人建造了世界上第一座外燃式热风炉。1960年至今，德国、日本先后建成地得式（Didier）、柯柏式、马琴式和新日铁式外燃式热风炉，使高炉入炉风温有的已达到1200~1300℃。我国于1978年在首钢2号高炉（1327m³）建成世界上第一座顶燃式热风炉，前苏联于1982年在下塔吉尔冶金公司建成一座"卡鲁金式"顶燃式热风炉，成功使用至今。目前，内燃式、外燃式和顶燃式多种结构类型的高风温热风炉并存发展。

5.2.1 内燃式热风炉

燃烧室和蓄热室同置于一个圆形炉壳内并各处一侧的热风炉，称为内燃式热风炉，其基本结构见图 5-11。它由大墙、燃烧室、蓄热室、炉壳、炉箅子、支柱、管道及阀门等组成，燃烧室和蓄热室之间用隔墙隔开。内燃式热风炉的工作原理是煤气和助燃空气由管道经阀门送入燃烧器，并在燃烧室内燃烧，燃烧的热烟气向上运动经过拱顶时改变方向，再向下穿过蓄热室进入烟道，经烟囱排入大气。热烟气在穿过蓄热室时将蓄热室内的格子砖加热，格子砖被加热并蓄存一定热量后，热风炉停止燃烧，转入送风。送风时，冷风从下部冷风管道经冷风阀进入蓄热室，通过格子砖时被加热，经拱顶进入燃烧室，再经热风出口、热风阀、热风总管送至高炉。由于燃烧（即加热格子砖）和送风（即冷却格子砖）是交替工作的，为保证向高炉连续供风，每座高炉至少需配置两座热风炉，一般以配置 3 或 4 座为宜。

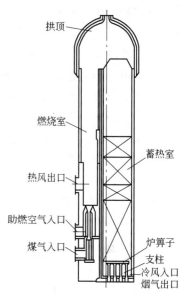

图 5-11　内燃式热风炉结构

热风炉的主要尺寸是外径（D）和全高（H），而高径比（H/D）对热风炉的工作效率有直接影响，一般新建热风炉的高径比在 5.0 左右。高径比过低，会造成气流分布不均，格子砖不能很好地利用；高径比过高，热风炉不稳定，并且可能导致下部格子砖不起蓄热作用。我国设计的不同高炉热风炉的尺寸见表 5-5。

表 5-5　我国设计的不同高炉热风炉的尺寸

V_u/m^3	100	255	620	1036	1200	1513	1800	2050	2516	4063（外燃）
H/mm	21068	28840	33500	37000	42000	44450	44470	54000	49660	54050
D/mm	4346	上 5400 下 5200	上 7300 下 6780	8000	8500	9000	上 9330 下 9000	上 9960 下 9500	9000	10100
H/D	4.80	5.57	4.80	4.70	4.95	4.93	4.93	5.70	5.57	5.35

5.2.1.1 炉基

热风炉主要由钢结构、大量的耐火砌体及附属设备组成，具有较大的荷重，对热风炉基础要求严格，地基的地耐力不小于 $2.96 \times 10^5 Pa$。为防止热风炉产生不均匀下沉，使管道变形或撕裂，要将热风炉基础做成一个整体，并高出地面 200 ~ 400mm，以防水浸。热风炉基础由 A3F 或 16Mn 钢筋和 325 号水泥浇灌成钢筋混凝土结构。

基础的外侧为烟道，过去采用地下布置，现常采用地上布置，以便于废气的余热利用。烟道断面积可按烟气在烟道内的流速为 2 ~ 5m/s 计算确定。热风炉烟囱一般为混凝土或砖结构，设置在烟道远离高炉方向的末端，其高度和直径应根据废气在热风炉系统中的阻力损失计算确定。大型高炉热风炉的烟囱高度为 70 ~ 80m，中小型高炉热风炉的烟囱高度为 40~60m。

5.2.1.2　炉壳

热风炉的炉壳由 8~40mm 厚的钢板焊成。为确保密封，炉壳连同底封板焊成一个不漏气的整体。由于炉内风压较高，加上炉壳、耐火砌体的膨胀，使热风炉底封板受到很大的拉力。为防止底封板向上抬起，热风炉炉壳用地脚螺栓固定在基础上，同时炉底封板与基础之间进行压力灌浆，以保证板下密实；或把地脚螺栓改成锚固板，并在底封板上灌混凝土，将炉壳固定使其不变形；也可以把平底封板加工成圆弧形，使热风炉成为一个受内压的气罐，减弱操作应力的影响。

为了减少热损失，防止高温区炉壳受热变形以及出现晶间应力腐蚀，提高热风炉系统的气密性，炉壳钢板内侧需要进行喷涂。太钢 4350m³ 高炉热风炉的钢壳内表面喷涂一层耐酸喷涂料，砖与喷涂层之间充填陶瓷纤维，以吸收拱顶砌体的热膨胀。

5.2.1.3　燃烧室

燃烧室是煤气燃烧的空间。内燃式热风炉的燃烧室位于炉内一侧，其断面形状有圆形、眼睛形和复合形三种，见图 5-12。

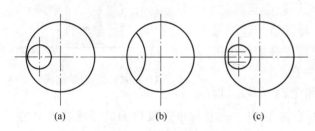

图 5-12　燃烧室断面形状
(a) 圆形；(b) 眼睛形；(c) 复合形

圆形燃烧室煤气燃烧较好，隔墙独立而稳定；但占地面积大，蓄热室死角面积大，相对减少了蓄热面积，目前除外燃式热风炉外，新建的内燃式热风炉均不采用。眼睛形燃烧室占地面积小，烟气流在蓄热室分布较均匀；但燃烧室当量直径小，烟气流阻力大，对燃烧不利，在隔墙与大墙的咬合处容易开裂，结构最不稳定，大多数热风炉大修之后已淘汰眼睛形燃烧室，但荷兰霍戈文热风炉采用矩形燃烧器，仍使用这种形式的燃烧室。复合形也称苹果形燃烧室，兼有上述两者的优点，应用较广，但砌筑复杂，一般多用于大中型高炉。

燃烧室的面积可以用烟气在燃烧室中的流速来确定。对于眼睛形燃烧室，其流速一般小于或等于 3.0m/s；对于圆形或复合形燃烧室，则小于或等于 3.5m/s。简易设计时，燃烧室尺寸也可用燃烧断面积（包括隔墙面积）占热风炉总断面积的 25%~30% 来确定。炉容越大，取值越大。

圆形或复合形燃烧室与大墙间留有 10mm 的缝隙，填充以黏土泥料或草袋，燃烧室两侧死角墙的夹角部分填充黏土泥料，如图 5-13 所示。为防止死角墙倒塌，砌燃烧室墙时每隔 1.5~2m 可各探出一块带砖，咬住死角墙。

砌眼睛形燃烧室时，燃烧室的内墙连接处应分层咬砌；燃烧室外墙与热风炉大墙连接处有两种砌法，一种是分层错开与大墙咬砌（见图 5-14），另一种是不与大墙咬砌，而在燃烧室上部的炉墙上设"锁砖"，防止炉墙倾斜，其结构形式见图 5-15。

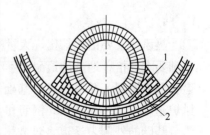

图 5-13　燃烧室墙砌砖
1—夹角部分填充黏土泥料；
2—填充黏土泥料或草袋

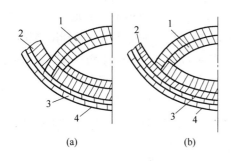

图 5-14 眼睛形燃烧室分层错开与大墙咬砌
(a) 奇数层；(b) 偶数层
1—燃烧室外墙；2—大墙；3—绝热层；4—炉壳

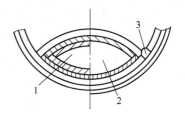

图 5-15 眼睛形燃烧室上部设锁砖
1，2—上部燃烧室断面积；3—锁砖

5.2.1.4 蓄热室

蓄热室是进行热交换的主要场所，为了提高送风温度，生产中要求蓄热室既要传热快又要储热多，还要有尽可能高的温度。现代热风炉的蓄热面积一般为 70 ~ 90m²/m³ 或 30 ~ 37m²/(m³·min)，有的甚至更大。蓄热室断面积一般是由选定的热风炉断面积扣除燃烧室断面积而得到的，它应该用填满格子砖后的通道气流速度来核算。为了保证传热速度，要求气流在紊流状态下流动，即雷诺数 $Re > 2300$。由于气体在高温下黏度增大，而蓄热室的格孔小，不易引起紊流，故近年来高风温热风炉要求有较高的流速以满足传热的要求。在生产中常有这样的情况，蓄热面积不小，顶温很高，但风温上不去，烟道温度却上升很快，这就是由于气体流速低造成的。

蓄热室由格子砖砌筑而成，是庞大的格子砖垛，格子砖是储存热量的介质，因此，格子砖的特性对热风炉的蓄热能力、换热能力以及热效率有直接影响。

对格子砖的要求是：有较大的受热面积进行热交换；有一定的砖重量来蓄热；保证送风周期内不产生过大的风温降落；能够引起气流扰动，保持高流速，提高传热效率；砌成格子室后结构稳定，砖之间不产生错动。

格子砖的主要特性指数有：

(1) 1m³ 格子砖的受热面积（或称蓄热面积）f，其单位为 m²/m³。一般板状格子砖的受热面积小，穿孔格子砖的受热面积大。

(2) 1m² 格子砖横截面中格孔所占的通道面积（或称活面积）ψ，其单位为 m²/m²。由于热风炉中对流传热的方式占了很大比重，ψ 值小可提高流速，从而提高传热速度；但过小则会导致气流阻力的增加，消耗较多的能量。ψ 值一般在 0.28 ~ 0.46m²/m² 之间。

(3) 1m³ 格子砖中耐火砖所占的体积（或称填充系数）V，其单位为 m³/m³，在数值上 $V = 1 - \psi$。它反映了格子砖的蓄热能力，同样的送风周期，填充系数大的砖型风温降落小，能维持较高的风温水平，所以要综合考虑 V 和 ψ 的影响。

(4) 格子砖的当量厚度 $S = \dfrac{2(1-\psi)}{f}$，其单位为 m。从传热和储热两方面考虑，砖量和受热面积应该配合起来。砖量过大但受热面积过小，砖量不能有效地利用；反之，风温降落会很大，建筑强度也不允许。为此，引入了当量厚度这个指标，其物理意义是把砖量完全平铺在两个受热面之间，如果格子砖是一块平板，两面受热，则其当量厚度就是实际砖厚。但实际上在垒砌时总要挡住一部分砖表面而不能直接受热，故当量厚度总是比平板砖的实际厚度大，也就是说，当实际砖厚一定时，当量厚度值越小，则说明格子砖利用得越好。

（5）格孔的流体直径（或称水力学直径）d_h，其单位为 m。从热工角度来看，格孔小些，砖厚些，蓄热能力增强，而且易形成扰动，强化了换热过程。但格孔大小主要取决于燃烧所用煤气的净化程度，煤气含尘量多，格孔过小就容易堵塞，且不易清灰。现代大型高炉的煤气含尘量不断下降，格孔有逐渐减小的趋势。格孔与煤气含尘量的关系如下：

煤气含尘量/mg·m⁻³　　< 10　　< 30　　> 30

格孔尺寸 d_h/mm　　　　45　　　60　　< 80

常用的格子砖基本分为板状砖和块状穿孔砖两类。板状砖具有价格低的优点，但砌成的蓄热室稳定性差，容易造成倒塌和错位，目前已经很少使用。

块状穿孔砖是在整块砖上穿孔，孔型有圆形、方形、三角形、菱形和六角形等，图 5-16 所示为七孔砖的结构。这类砖砌成的蓄热室稳定性好、砌筑快、受热面积大（砖厚常降到 30mm 左右），缺点是成本高。为了引起气流扰动和增加受热面积，可做成带锥度的孔或在孔内增加凸缘，还可将长方形孔每隔 1~3 层转 90°砌筑。

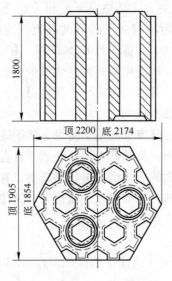

图 5-16　七孔砖

蓄热室的结构可以分为两类，即在整个高度上格孔截面不变的单段式和格孔截面变化的多段式。从传热和蓄热的角度考虑，采用多段式是比较合理的。因为使用格孔数相同的砖型时，上部高温区采用格孔较小而填充系数较大的格子砖，有利于高温下的辐射传热和多储存高温热量，这样送风期间风温不致冷却太快；而蓄热室下部由于温度低，气流速度也较低，对流传热效果减弱，如果采用与上段格孔不同的砌砖，比如波浪形格子砖或截面互变的格孔砖，有利于增加气体的紊流程度，从而改善下部对流传热效果。但多段式砌筑麻烦，清灰困难。

格子砖有独立砖柱和整体交错两种砌筑方式。使用独立砖柱支撑单独的炉箅子时，在从炉箅子至格子砖上表面的整个高度上格子砖不错缝，形成独立的砖柱。采用这种方法砌筑，制造格子砖时高度上的公差要求不严格，砌筑后也能保证较高的通孔率；但格孔砌体的稳定性较差，容易引起格孔倾斜或扭转。交错砌筑时，格子砖上凸下凹，上下层格子砖相互咬砌。交错砌筑的格孔表面应设有定位孔，使上下格子砖很好地咬合，防止格子砖倾斜位移。这种砌筑方式要求格子砖的高度尺寸公差小，同时砌筑前要选砖，以便每层用同一公差范围的格子砖，保持格子砖在同一水平面上。

5.2.1.5 大墙

大墙即指热风炉炉体围墙，是保护炉壳和降低热损失的保护性砌体，其炉衬自内向外由耐火砖、填料层、绝热层组成。耐火砖和隔热层厚度应根据炉壳温度与各种材料的界面温度确定。研究表明，高温区炉壳的安全温度为 $90 \sim 100℃$，实测温度为 $50 \sim 100℃$。

由于炉墙温度是自下而上逐渐升高的，应在不同的温度范围内选用不同材质和厚度的耐火砖与隔热砖，分段砌筑。如图 5-17 所示，下部区域温度低、荷重大，应选用较厚的耐火砖，减薄隔热砖，所留膨胀缝应较小；上部高温区荷重小，但应减少热损失，故选用较薄的耐火砖，增加隔热砖的厚度，膨胀缝也要相应加大。南钢联 $2500m^3$ 高炉热风炉的高温区由内向外采用硅砖、隔热砖砌筑，砖层总厚度为 $395mm$；中温区采用高铝砖、隔热砖砌筑，砖层总厚度为 $395mm$；下部低温区采用黏土砖、隔热砖砌筑，砖层总厚度为 $463mm$；炉壳内中上部进行喷涂。

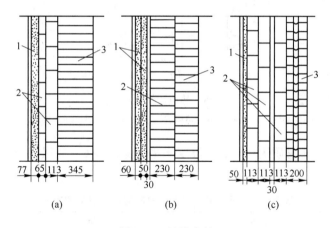

图 5-17 炉墙砌筑

（a）低温区；（b）中温区；（c）高温区
1—喷涂层；2—隔热砖；3—耐火砖

现代大型热风炉炉墙为独立结构，可以自由膨胀。

5.2.1.6 拱顶

拱顶是连接燃烧室和蓄热室的空间，它长期处于高温状态下工作，除选用优质耐火材料外，还要求其在高温气流作用下能够保持砌体结构的稳定性，使燃烧时高温烟气流均匀地进入蓄热室，隔热性能要好，施工要方便。

内燃式热风炉拱顶常见的形状有半球形、悬链线形（蘑菇形）和锥球形三种，见图 5-18。对于半球形拱顶来说，它可使炉壳免受侧向推力，拱顶荷重通过拱脚正压在大墙上，以保持结构的稳定性。但随着高风温热风炉的发展，加强了热风炉上部与拱顶的绝热保护，鉴于拱顶支在大墙上，大墙受热膨胀、受压而易于损坏，故改造后的热风炉拱顶一般采用悬链线形和锥球形。悬链线形拱顶内衬由钢结构支撑，拱顶与大墙分开，两者互不影响，由于拱顶砌体受力合理，从而保证了拱顶结构的稳定性。经实践证明，风量相同时，采用悬链线形拱顶的热风炉，其蓄热室断面上气流分布最均匀。因此，悬链线形是目前普遍采用的热风炉拱顶形式，也是霍戈文热风炉的突出特点。

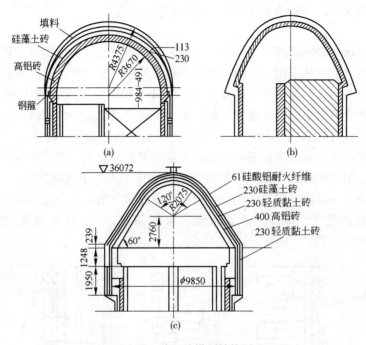

图 5-18　热风炉拱顶结构图

（a）半球形（1200m³ 高炉热风炉）；（b）悬链线形；（c）锥球形

拱顶内衬的耐火砖材质决定了炉顶温度水平，见表 5-6。高风温热风炉拱顶砌砖都采用硅砖。

表 5-6　热风炉拱顶耐火衬材质与炉顶温度的关系

材　质	黏土砖	高　铝　砖		硅　砖
标　号	RN-38	RL-48	LZ-65	DG-95
炉顶温度/℃	1250	1350	1450	1550

为了减小结构的质量和提高拱顶的稳定性，应尽量缩小拱顶的直径，并适当减薄砌体的厚度。拱顶砌体厚度减薄后，其内外温差降低，热应力减小，可相应延长拱顶寿命。中型热风炉拱顶砖厚以 300~500mm 为宜，大型热风炉则以 350~400mm 为宜。但是砖型过多则制造麻烦，过少则施工困难。

5.2.1.7　隔墙

隔墙即指燃烧室与蓄热室之间的墙，其厚度一般为 575mm 或 460mm，两层砌砖之间不咬缝，以免受热不均而造成破坏，同时便于检修时更换。隔墙与拱顶不能完全砌死、相互抵触，要留有 200~250mm 的膨胀缝。为了使气流分布均匀，隔墙要比蓄热室格子砖高 400~700mm。

隔墙下部，两侧温差很大（近于 1000℃），热膨胀的差值也很大，在燃烧和送风时温度和压力不断变化，使隔墙下部砌体受多种应力交替作用，隔墙易倾斜、变形、开裂、烧穿，甚至短路或倒塌。解决这一问题的办法是采用隔热密封的隔墙，即在隔墙的两层耐火砖之间加设隔热层。鞍钢2号高炉于1974年对原有内燃式热风炉进行了改造，在隔墙中下部的两层黏土砖之间增加了一层113mm厚的轻质黏土砖，温差减少了331℃，最好月平均风温达1200℃，该炉隔墙再未出现开裂、烧穿现象。如果在隔墙下部蓄热室侧的隔热砖墙内加设耐热合金钢板，可进一步防止隔墙烧穿和短路。霍戈文内燃式热风炉隔墙就采用了这种结构，见图5-19。

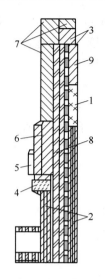

图 5-19 霍戈文内燃式热风炉隔墙结构图
1—42% Al_2O_3 黏土砖；2—42% Al_2O_3 黏土砖；
3—50% Al_2O_3 高铝砖；4—55% Al_2O_3 高铝砖；
5—60% Al_2O_3 高铝砖；6—66% Al_2O_3 高铝砖；
7—硅砖；8—隔热砖；9—耐热钢板

隔墙上部，由于靠格子砖一侧的隔墙为两面加热，而靠热风炉大墙一侧的燃烧室墙为一面加热，因此，前者的砖温比后者要高，产生的高温蠕变大，当耐火材料不适应高温时就会使燃烧室向格子砖方向倾斜，并进而使上部格子砖严重错乱。所以新设计的隔墙在燃烧室与蓄热室隔墙各个部分之间留有伸缩缝（或称滑缝），缝内填充可压缩的耐火纤维，彼此分离，膨胀时互不影响，并能自由滑动。

5.2.1.8 支柱及炉箅子

支柱和炉箅子的作用是承受蓄热室全部格子砖的载荷。当废气温度不超过350℃、短期不超过400℃时，用普通铸铁件能稳定地工作；当废气温度较高时，可用耐热铸铁（Ni 0.4%~0.8%，Cr 0.6%~1.0%）或高锰耐热铸铁件。

为了避免格孔堵塞，支柱和炉箅子的结构应与格孔相适应，故支柱做成空心的，如图5-20所示。炉箅子格孔与其筋厚之和等于格孔与格子砖厚度之和，一般炉箅子筋厚比格子

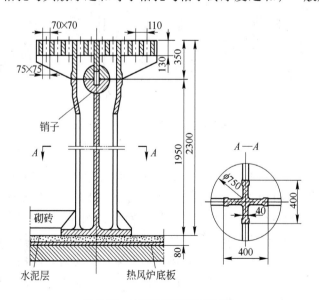

图 5-20 支柱和炉箅子的结构

砖小 5 ~ 10mm，用于砌砖时调整格孔尺寸。支柱高度要满足安装烟道和冷风管道的净空需要，同时保证气流畅通。炉算子的块数与支柱数相同，而炉算子的最大外形尺寸要能保证其可从烟道口进出。

5.2.1.9　人孔

对于大中型高炉热风炉，在拱顶部分蓄热室上方设置两个人孔，布置成120°，以供检查格子砖、格孔是否畅通，清理格孔表面的附着灰。为方便清灰工作，在蓄热室下方和燃烧室下部也应设置人孔，布置时应避开支柱和炉算子及下部各口。

5.2.2　外燃式热风炉

尽管对内燃式热风炉做了各种改进，但由于燃烧温度总是高于蓄热室温度，隔墙的两侧温度不同，炉墙四周仍然变形，拱顶仍有损坏，还存在隔墙"短路"窜风、寿命短等问题。

外燃式热风炉由内燃式热风炉演变而来，其工作原理与内燃式热风炉完全相同，只是燃烧室和蓄热室分别设在两个圆柱形壳体内，两个室的顶部以一定方式连接起来。不同形式外燃式热风炉的主要差别在于拱顶形式。按两个室顶部连接方式的不同，可以将外燃式热风炉分为四种基本结构形式，见图5-21。

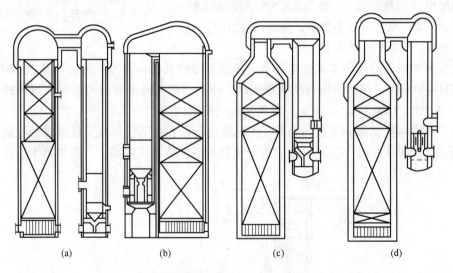

(a)　　　　　　　(b)　　　　　　　(c)　　　　　　　(d)

图 5-21　外燃式热风炉结构示意图

（a）柯柏式；（b）地得式；（c）马琴式；（d）新日铁式

地得式外燃热风炉的拱顶由两个直径不等的球形拱构成，并用锥形结构相互连通。柯柏式外燃热风炉的拱顶由圆柱形通道连成一体。马琴式外燃热风炉蓄热室的上端有一段倒锥形，锥体上部接一段直筒部分，其直径与燃烧室直径相同，两室用水平通道连接起来。新日铁式热风炉燃烧室和蓄热室采用等径半球拱顶，联络管设有波纹管和拉杆以吸收位移和水平推力。由于马琴式和新日铁式外燃热风炉气流分布均匀，柯柏式外燃热风炉气流分布较差，地得式外燃热风炉拱顶造价高、砌筑施工复杂、需用多种形式的耐火砖，所以新建的外燃式热风炉多采用新日铁式和马琴式。

外燃式热风炉具有如下特点：

（1）由于燃烧室单独存在于蓄热室之外，消除了隔墙，不存在隔墙因受热不均而被破坏的现象，有利于强化燃烧。

（2）燃烧室、蓄热室、拱顶等部位砖衬可以单独膨胀和收缩，结构稳定性较内燃式热风炉好，可以承受高温作用。

（3）燃烧室断面为圆形，当量直径大，有利于煤气燃烧。由于拱顶的特殊连接形式，有利于烟气在蓄热室内均匀分布，尤其是马琴式和新日铁式更为突出。

（4）送风温度较高，可长时间保持1300℃风温。

生产实践表明，外燃式热风炉还存着许多问题，主要如下：

（1）它比内燃式热风炉的投资高，钢材和耐火材料消耗大。

（2）砌砖结构复杂，需要大量复杂异型砖，对砖的加工制作要求很高。

（3）拱顶钢结构复杂，不仅施工困难，而且由于它的结构不对称，受力不均匀。为了处理燃烧室与蓄热室之间的不均匀膨胀，必须设置复杂的伸缩装置，而它往往成为钢结构的最薄弱环节，一旦处理不好，在高温、高压条件下就会产生炉顶连接管偏移或者开裂窜风现象。

（4）外燃式热风炉不宜在中小型高炉上使用。

（5）与其他高风温热风炉一样，提高拱顶温度后，外燃式热风炉容易因晶界应力腐蚀而引起钢壳开裂，从而限制了风温的继续提高。

晶界应力腐蚀问题产生的主要原因是，当拱顶温度达到1400℃以上时，氮氧化物迅速增加，与炉壳上的冷凝水作用生成腐蚀性酸液，腐蚀液从炉壳存在应力的地方沿着晶格深部侵入、扩展直至破裂，而且热风炉工作时产生的脉冲应力和疲劳应力又促进了腐蚀破裂进程。现在很多热风炉加强了高温区炉壳防晶界应力腐蚀的设计，比如采用耐腐蚀钢板、在热风炉炉壳里侧刷防腐涂料、在防腐涂料上再喷涂一层耐酸喷涂料；另外，将热风炉拱顶最大设计温度控制在1450℃以内，正常操作温度控制在1420℃以内，保证热风炉始终在安全温度下运行，控制氮氧化物的生成，从源头防止晶界应力腐蚀。

目前，3000m³以上的高炉几乎都采用外燃式热风炉，先进的高炉外燃式热风炉已取得了1300℃的高风温。

5.2.3 顶燃式热风炉

顶燃式热风炉利用拱顶空间进行燃烧，取消了侧燃室和外燃室。由于它是将煤气直接引入拱顶空间内燃烧，为了在短暂的时间和有限的空间内，使煤气与空气能很好地混合并完全燃烧，必须使用能力很大的短焰烧嘴或无焰烧嘴。京唐5500m³高炉采用的就是顶燃式热风炉，近几年新建的2500m³高炉热风炉中也以顶燃式居多，其形式主要有中国首钢型、俄罗斯卡鲁金式、旋流式、球式等。各种顶燃式热风炉的根本区别在于，顶部燃烧器的类型与布置方式不同。

5.2.3.1 中国首钢型顶燃式热风炉

我国首钢3号高炉热风炉的结构见图5-22。热风炉拱顶为半球形大帽子结构，拱顶砌砖与大墙分开，全部坐在上部炉壳标高不同的两个托圈上，拱顶与大墙的砌体可以自由涨落、互不干扰。在拱顶圆柱体部分侧墙上，开了4个向上倾斜、同时切向均匀分布的燃烧口，采用4个短焰燃烧器，燃烧火焰成涡流状态进入蓄热室。高温部采用低蠕变高铝砖砌筑，中部为普通高铝砖砌筑，下部是黏土砖砌筑。4座热风炉呈方块形布置，结构紧凑，占地面积小，而且热风总管较短，可提高热风温度20~30℃。

5.2.3.2　俄罗斯卡鲁金顶燃式热风炉

俄罗斯卡鲁金顶燃式热风炉（见图5-23）整体上分为蓄热室、拱顶与预燃室三部分，每两部分的结合处均预留足够的膨胀缝、滑移缝，在实际生产中形同金属膨胀节，各部分可独立自由胀缩、滑移，而对其他部分砌体不产生影响。拱顶与预燃室的载荷均通过炉壳直接作用于炉底基础上。

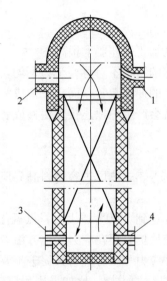

图5-22　首钢型顶燃式热风炉结构图
1—燃烧器；2—热风出口；
3—烟气出口；4—冷风入口

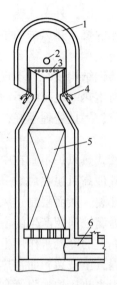

图5-23　俄罗斯卡鲁金顶燃式热风炉结构图
1—拱顶；2—热风出口；3—燃烧孔；4—混合道；
5—高效格子砖；6—烟道与冷风入口

预燃室在设计上较为独特，由煤气与助燃空气两个室组成，每个室均有两排多个通气管道。助燃空气有一排孔道沿垂直方向进入燃烧室，其他孔道均按一定角度沿燃烧室切线方向进入，在燃烧室内气流形成螺旋状，以达到煤气与助燃空气充分混合和完全燃烧的目的。在全高炉采用煤气作为燃料的情况下，设计热风温度可达1250℃。

5.2.3.3　旋流顶燃式热风炉

旋流顶燃式热风炉将多个（多于4个）外置燃烧器布置在热风炉顶部，燃烧器水平布置，并且各燃烧器的中心线相切于同一个切线圆，如图5-24所示。其特点是：

（1）燃烧效率高。煤气与空气进入烧嘴，在其内部迅速混合。各个烧嘴的射流相切于同一个切线圆，进入燃烧空间并做旋流运动，进行充分混合并加速燃烧。因设有多个烧嘴，且每个烧嘴均有煤气流和空气流，所以起到了细流分割的作用，为煤气和助燃空气的混合创造了条件。

（2）拱顶温度低。因烧嘴水平安装，这就使燃烧空间燃烧产物不断向下做旋流运动，避免了火焰直接冲刷拱顶，在拱顶与燃烧器平面之间形成了一个温度相对较低的空间，起到了保护拱顶的作用。承钢生产表明，拱顶温度较拱侧温度低100~150℃。

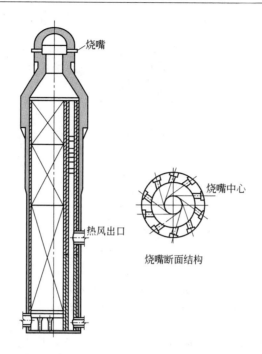

图 5-24　旋流顶燃式热风炉的拱顶结构示意图

（3）拱顶砌筑相对简单。旋流顶燃式热风炉采用外置燃烧器，燃烧器与燃烧带组合砖之间连接形式简单，组合砖砖型少，容易施工，造价低。

5.2.3.4　球式热风炉

球式热风炉的结构与顶燃式热风炉相同，热风出口、燃烧器都设在炉顶，拱顶一般为锥形和悬链线形，燃烧器多为金属与陶瓷相结合的套筒式。所不同的是，球式热风炉的蓄热室用自然堆积的耐火球代替格子砖，耐火球的直径通常为 25～60mm。填充耐火球的部分称为球床，球床一般由两段组成，上部高温区采用球径为 40～60mm 的硅质或高铝质耐火球，下部采用直径为 25～40mm 的高铝质或黏土质耐火球。球床的孔隙率与球的直径无关，只与球的排列状态有关。耐火球自然堆积时，孔隙率平均为 0.367；随着生产时间的延长，孔隙率降低到 0.28，此时就需要进行换球。球式热风炉的结构见图 5-25。

将 ϕ40mm 的耐火球与 40mm×40mm×40mm 的格子砖做比较，球床的热工特性如下：

（1）1m³ 球床的加热面积为 94.5m²/m³，而格子砖只有 25 m²/m³，相差 4 倍；

（2）1m³ 球床的重量与相同加热面积的格子砖相比，只是格子砖的 16.7%；

（3）参与热交换的当量厚度仅为格子砖的 1/4。

可见，球式热风炉主要有以下特点：

（1）蓄热面积大。由于球式热风炉单位容积具有较大蓄热面积，使得送风温度和拱顶温度很接近。在相同的拱顶温度下，球式热风炉出口温度比考贝式热风炉高 70℃ 左右，因而易获得较高的热风温度。但球床质量系数和耐火球当量厚度小，适合于快速烧炉与换炉的短周期工作。球床孔隙当量直径小，对发展对流传热有利，但其气流阻损有所增加，耐火球直径越小，阻损增加越大。

（2）传热系数大。球床孔隙当量直径小，气流在极不规则的孔隙中处于多维变换的运

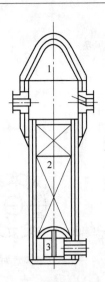

图 5-25　球式热风炉结构示意图
1—拱顶；2—球床（蓄热室）；3—支柱

动状态，促使球床横截面上气流分布均匀、温度分布均匀，因此，对流传热系数大。

（3）热效率高。由于球床热交换十分剧烈，致使球式热风炉废气出口平均温度比较低。运行正常的球式热风炉，废气出口平均温度通常只有 200℃ 左右，比同类型考贝式热风炉低 150～200℃，而炉子热效率可达 70% 以上。

（4）投资省，结构简单，材料消耗少，施工方便。球式热风炉每立方米鼓风占用的球量只有 200kg 左右，炉子高度大约只有考贝式热风炉的一半，因此，材料消耗和建设投资比考贝式热风炉低。一般其可节省钢材 50%，节省耐火材料 60%，投资可省 50% 左右，而且结构简单、施工方便、建设周期短。

球式热风炉要求耐火球质量好，煤气净化程度高，煤气压力大，助燃风机的风量、风压要大。煤气含尘量多时，会造成耐火球孔隙堵塞、表面渣化黏结甚至变形破损，使阻力损失增大，热交换变差，风温降低。只有煤气压力和助燃空气压力大，才能保证发挥球式热风炉的优越性。

球式热风炉球床使用周期短，需定期换球、卸球（卸球后 90% 以上的耐火球可以继续使用），但卸球劳动条件差，休风时间长，加之阻力损失大，功率消耗大，这是限制其推广使用的主要原因。顶燃式热风炉的主要优势有：

（1）炉内无蓄热死角，在炉内容量相同时，蓄热面积可增加 25%～30%；

（2）炉内结构对称，流场分布均匀，消除了因结构导致的格子砖蓄热不均现象；

（3）由于是稳定对称结构，因此炉型简单，结构强度好，受力均匀；

（4）燃烧器布置在热风炉顶部，减少了热损失，有利于提高拱顶温度；

（5）热风炉布置紧凑，占地小，节约钢材和耐火材料。

顶燃式热风炉虽然优势明显，但也有如下若干难题需要解决：

（1）需要性能良好的高效燃烧器，要求在拱顶有限的空间内完全燃烧，同时生成均匀的流场，无偏流存在；

（2）拱顶要经受强烈的温度波动，对耐火材料性能和砌筑方式都有严格要求；

（3）受热风炉膨胀影响，管系受力和膨胀位移较复杂，对管系设计和受力计算要求高。

5.3 热风炉用耐火材料

热风炉耐火材料砌体在高温、高压下工作，而且温度与压力又在周期性变化，条件十分恶劣。因此，结合其工作条件，选择合理的耐火材料、正确设计其结构形式、保证砌筑质量是达到热风炉高风温、长寿命之所在。

5.3.1 热风炉的破损机理

热风炉炉衬破损最严重的地方是拱顶、隔墙以及连接通道这些温度高、温差大以及结构较复杂的部位。热风炉的破损机理如下：

（1）热震破损。在热风炉内不仅有高温作用，还有周期性的温降，因此热风炉炉衬与格子砖经常在加热和冷却之间变化，承受着热应力的作用，到一定时间砌体便产生裂纹和剥落，严重时砌体倒塌。

（2）煤气粉尘的化学侵蚀。煤气中含有一定量的粉尘，其主要成分是铁氧化物和碱性氧化物。这些粉尘进入蓄热室后，部分会黏附于砖衬和格子砖表面，与耐火材料产生化学反应，使耐火砖的烧结颗粒逐渐熔融，液相逐渐增多，最后在热交换面上产生一层低熔点、低黏度的熔体，冷却后形成玻璃体，一般称为渣化现象。最终使砖表面不断剥落或逐渐向砖内渗透，改变耐火砖的耐火性能，导致组织破坏，发生龟裂。

（3）机械载荷作用。热风炉是一种较高的构筑物，蓄热室格子砖下部最大载荷可达到 0.8MPa，燃烧室下部砖衬静载荷可达到 0.4MPa。过去认为，热风炉拱顶变形、格砖下陷是由于耐火材料的耐火度不够所致。近年来，随着高炉煤气精细除尘设备的发展，热风炉燃烧操作实现自动控制，燃烧状态稳定，但仍出现拱顶下沉、格砖下陷等破坏事故，经深入研究认为，这是由于耐火砖在使用温度下长期负载发生蠕变变形而损坏的。

5.3.2 热风炉用耐火材料的类型与特性

为了适应热风炉耐火材料砌体的工作条件，减少破损，要求热风炉用耐火材料应具有较高的耐火度、荷重软化温度、抗蠕变性、体积稳定性、导热性、热容量、耐压强度等。热风炉各部位选择耐火材料的依据是，以它所在位置的加热面温度为准，并能够在承受载荷的条件下长期稳定地工作。比如，热风炉的高温部位，包括拱顶、燃烧室上部、蓄热室上部格子砖及炉墙，是以拱顶温度为标准，耐火材料的耐火度及抗蠕变性均应高于拱顶温度，这些部位多选用硅砖或优质高铝砖；蓄热室中下部温度较低，可以分别选用高铝砖和黏土砖；燃烧室下部温度波动相当大，应使用体积稳定性高和热膨胀小的高铝砖。

5.3.2.1 硅砖

硅砖的主要成分为 SiO_2，含量达 95% 左右。在高温下硅砖具有较好的特性，耐火度、荷重软化温度及蠕变温度高，蠕变率小，有利于热风炉稳定。其耐火度一般为 1680～1740℃，荷重软化温度为 1650℃。质量好的硅砖在 1550℃、$2.96 \times 10^5 Pa(2kg/$

cm^2）荷重下经 50h，蠕变率小于 0.2%。不足的是硅砖的体积密度小，蓄热能力差。硅砖由鳞石英、方石英、石英和玻璃相所组成。硅砖中含有一定数量的氧化铁，能改变其蠕变性能，添加适量的氧化铜可以提高硅砖的密度。其普遍用于热风炉拱顶和蓄热室上部。

5.3.2.2　高铝砖

高铝砖含 Al_2O_3 65% 左右，矿相组成主要是莫来石（约占 80%），其他矿相有刚玉（约 5%）和玻璃相（小于 10%）等。刚玉晶体和玻璃相均匀分布，弥散得非常细。

高铝砖质地致密、坚硬，密度大，机械强度高，有良好的耐磨性和导热性。在高温下体积稳定，抗蠕变性仅次于硅砖，普遍用于热风炉的高温区。

用作格子砖的高铝砖要有良好的蓄热能力。

5.3.2.3　黏土砖

黏土砖的主要成分为 SiO_2 和 Al_2O_3，随着比例的变化其特性也有较大变化。黏土砖热震稳定性好，高温烧成的产品残余收缩小，热膨胀曲线为直线；耐火度较低，在 1690～1780℃ 之间，荷重软化温度为 1250～1450℃，蠕变温度为 1150～1250℃。由于黏土砖价格便宜、容易加工，所以其广泛用于热风炉的中温和低温区。

5.3.2.4　隔热砖

耐火隔热砖有硅藻土砖、轻质硅砖、轻质黏土砖、轻质高铝砖以及陶瓷纤维砖、蛭石等。隔热砖的孔隙率大、密度小、导热系数低，随着温度的升高导热系数增大。隔热砖的机械强度差，但因隔热砖的自重轻，其强度足够支撑自身的荷重。隔热材料的主要性能见表 5-7。

表 5-7　隔热材料的主要性能

材料名称	体积密度/g·cm^{-3}	允许工作温度/℃	导热系数/W·(m·℃)$^{-1}$
硅藻土砖	0.35～0.95	900～1000	0.12～0.27
轻质黏土砖	0.4～1.30	1150～1400	0.09～0.41
轻质高铝砖	0.77～0.50	1250～1500	0.92～1.05
蛭石制品	0.07～0.28	900～1000	0.06～0.08
矿渣棉	0.10～0.30	800～900	0.06～0.11
石棉	0.22～0.80	500	0.09～0.14

5.3.2.5　不定形耐火材料

根据用途，不定形耐火材料可分为耐酸、耐火和隔热喷涂料。耐酸喷涂料用于拱顶、燃烧室及蓄热室上部，其作用主要是防止高温下生成 NO_x 等酸性氧化物腐蚀炉壳，同时也可防止窜风烧坏炉壳。耐火喷涂料主要用于高温部位及热风管道，防止窜风烧坏炉壳。隔热喷涂料的导热系数低，可减少热损失。

为了使喷涂料在炉壳上附着牢固，炉壳上一般都焊有各式锚固件，其形式有波浪形、V 形、Y 形和复合 Y 形，锚固件的长度一般等于喷涂层厚度的 2/3。

热风炉各部位使用的耐火材料可参考表 5-8。

表 5-8　热风炉各部位耐火材料质量

材质	使用部位	化学成分/%			耐火度/℃	蠕变温度(2.96×10⁵Pa,5h)/℃	显孔隙率/%	体积密度/g·cm⁻³	重烧线收缩率/%	抗压强度/×10⁵Pa
		SiO₂	Al₂O₃	Fe₂O₃						
硅砖	拱顶、燃烧室、蓄热室上部	95~97	0.4~0.6	1.2~2.2	1710~1750	1550	16~18	1.8~1.9	—	392~490
高铝砖	拱顶、燃烧室	20~24	72~77	0.3~0.7	1820~1850	1550	17~20	2.5~2.7	1500℃时:0~-0.3	588~981
	蓄热室上部	26~30	62~70	0.8~1.5	1810~1850	1350~1450	17~22	2.4~2.6	0~-0.5	539~981
	蓄热室中部	35~43	50~60	1.0~1.8	1780~1810	1270~1320	18~24	2.1~2.4	0~-0.5	392~883
黏土砖	蓄热室中部	约52	约42	约1.8	1750~1800	1250	16~20	2.1~2.2	1400时:0~+0.5	294~490
	蓄热室下部	约58	约37	约1.8	1700~1750	1150	18~24	2.0~2.1	1300℃时:0~+0.5	245~441
半硅砖	蓄热室、燃烧室	75	22	1.0	1650~1700		25~27	1.9~2.0	1450℃时:0~+1.0	196~392

5.4　热风炉附属设备

5.4.1　燃烧器

　　燃烧器是用来将煤气和空气混合，并送进燃烧室内燃烧的设备。燃烧器的种类很多，就材质而言，其可分为金属燃烧器和陶瓷燃烧器。金属燃烧器由钢板焊成，见图 5-26。煤气道与空气道为一套筒结构，进入燃烧室后煤气与空气相混合并燃烧。这种燃烧器的优点是结构简单，阻损小，调节范围大，不易发生回火现象；但因空气与煤气平行喷出，流股没有交角，混合不均匀，燃烧温度低，燃烧能力小且产生脉动，目前已被淘汰。

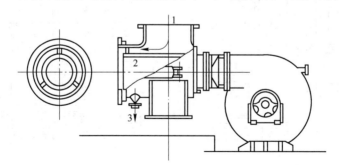

图 5-26　金属燃烧器
1—煤气；2—空气；3—冷凝水

　　陶瓷燃烧器是用耐火材料砌成的，就燃烧方法而言，可分为有焰燃烧器、半焰燃烧器及无焰燃烧器；就结构而言，有套筒式、三孔式等多种。

　　5.4.1.1　套筒式陶瓷燃烧器

　　套筒式陶瓷燃烧器是目前国内热风炉使用较普遍的一种燃烧器，属于有焰燃烧器。这种燃烧器由两个套筒和空气分配帽组成，如图5-27（a）所示。燃烧时，空气从一侧进入到外面的环形套筒内，从顶部的环状圈空气分配帽上的狭窄喷口中喷射出来（环隙为小流股）；煤气从另一侧进入中心管道内，并从其顶部出口喷出（中心为速度低的大流股）。由于空气喷出口中心线与煤气管中心线成一定交角，所以空气与煤气在进入燃烧室时能充分混合。

　　这种燃烧器的主要特点是：结构简单，构件较少，加工制造方便，对燃烧室掉砖、掉物不敏感，阻力损失小，强制燃烧时燃烧器上表面看不到火焰形状；但燃烧温度比无焰燃烧器低，火焰长，有时燃烧不完全，一般适合于中小型高炉的热风炉。

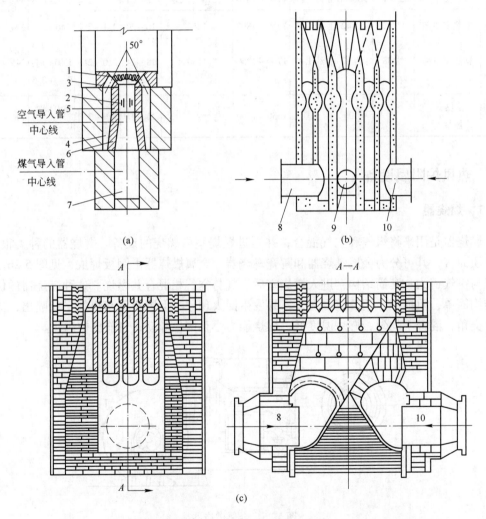

图 5-27　几种常用的陶瓷燃烧器
（a）套筒式陶瓷燃烧器；（b）三孔式陶瓷燃烧器；（c）栅格式陶瓷燃烧器
1—二次空气引入孔；2—一次空气引入孔；3—空气帽；4—空气环道；5—煤气直管；
6—煤气收缩管；7—煤气通道；8—助燃空气入口；9—焦炉煤气入口；10—高炉煤气入口

5.4.1.2　三孔式陶瓷燃烧器

图5-27(b)为三孔式陶瓷燃烧器的示意图，它的结构特点是有三个通道，即中心部分

为焦炉煤气通道，外侧圆环为高炉煤气通道，两者之间的圆环形空间为助燃空气通道。在燃烧器的上部设有气流分配板，各种气流从各自的分配板孔中喷射出来，被分割成小的流股，使气体充分混合并进行燃烧。三孔式陶瓷燃烧器属于半焰燃烧器。

三孔式陶瓷燃烧器不仅使气流混合均匀、燃烧充分，燃烧火焰短，而且采取了低发热值的高炉煤气将高发热值的焦炉煤气包围在中间燃烧的形式，避免了高温气流烧坏隔墙，特别是避免了热风出口处砖被烧坏的弊病。另外，采取高炉煤气和焦炉煤气在燃烧器内混合，其效果要比它们在管道中混合好得多。燃烧时，由于焦炉煤气是从燃烧器的中心部位喷出的，燃烧气流的中心温度比边缘温度高约200℃。这种燃烧器的主要缺点是结构复杂、使用砖型种类多、施工复杂，而且在阀门等设备安全保证方面要求严格，目前只有部分大型高炉的外燃式热风炉采用这种燃烧器。

5.4.1.3 栅格式陶瓷燃烧器

无焰燃烧器的典型结构为栅格式陶瓷燃烧器。这种燃烧器的空气通道与煤气通道成间隔布置，如图5-27(c)所示。

燃烧时，煤气和空气都从被分隔的若干个狭窄通道中喷出（煤气与空气都为小流股），在燃烧器上部的栅格处得到混合后进行燃烧。这种燃烧器与套筒式陶瓷燃烧器相比，其优点是空气与煤气混合更均匀，燃烧火焰短，燃烧能力大，耐火砖脱落现象少。但其结构复杂，构件形式种类多，并要求加工质量高，对燃烧室掉砖、掉物敏感。大型高炉的外燃式热风炉大多采用栅格式陶瓷燃烧器。

5.4.1.4 带自身预热的陶瓷燃烧器

有环形预热道的陶瓷燃烧器（见图5-28），其特征在于燃烧器本体的墙体内有空气环形预热道和煤气环形预热道，空气进管与空气环形预热道相连接，煤气进管与煤气环形预热道相连接。其优点是：结构简单，气体混合均匀，燃烧稳定，无振动，使用寿命长。

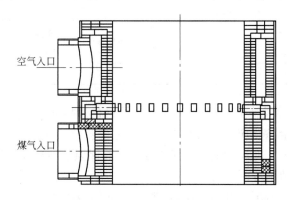

图5-28 多火孔环形无焰陶瓷燃烧器的结构示意图

总之，陶瓷燃烧器有如下优点：

（1）助燃空气与煤气流有一定交角，并将空气或煤气分割成许多细小流股，因此混合好，能完全燃烧；

（2）气体混合均匀，空气过剩系数小，可提高燃烧温度；

（3）燃烧气体向上喷出，消除了之字形运动，不再冲刷隔墙，延长了隔墙的寿命，同时改善了气流分布；

（4）燃烧能力大，为进一步强化热风炉和热风炉大型化提供了条件。

5.4.2　热风炉管道与阀门

5.4.2.1　热风炉管道

热风系统设有冷风总管和支管、热风总管和支管、热风围管、混风管、倒流休风管、净煤气主管和支管、助燃空气主管和支管。图5-29为内燃式热风炉管道布置简图。

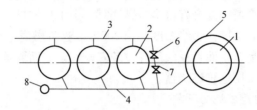

图5-29　内燃式热风炉管道布置简图

1—高炉；2—热风炉；3—冷风管；4—热风管；5—热风围管；
6—混风调节阀；7—混风大闸；8—倒流休风管

管道直径根据气体在管道内的流量及合适的流速（见表5-9）来决定，可按下式计算：

$$d = \sqrt{\frac{4Q_0}{\pi v_0}} \qquad (5\text{-}7)$$

式中　d——管道内径，mm；

　　　　Q_0——气体在标准状态下的单位体积流量（标态），m^3/s；

　　　　v_0——气体在标准状态下的流速，m/s。

表5-9　管道内气体流速参考数据

名　称		实际速度/$m \cdot s^{-1}$	名　称		实际速度/$m \cdot s^{-1}$
冷风管道	正风压	15~20	热风管道	正风压	30~35
	负风压	10~15		负风压	25~30
净煤气管道		6~12			

（1）冷风管道。冷风管道常用厚4~12mm的钢板焊接而成。由于冷风温度在冬季和夏季差别较大，为了消除热应力，故在冷风管道上设置伸缩圈，以便冷风管能自由伸缩。另外，为了减少热损失，冷风管道应做保温处理，其保温措施是在冷风管道的外面包裹一定厚度的陶瓷纤维、渣棉等耐火材料。

（2）热风管道。热风管道由8~10mm厚的普通钢板焊成，要求管道的密封性好、热损失少。热风管道一般用标准砖砌筑，内层砌黏土砖或高铝砖，外层砌隔热砖（轻质黏土砖或硅藻土砖），最外层垫石棉板以加强绝热，大中型高炉还在管道内壁喷涂不定形耐火材料。耐火砖应错缝砌筑，砖缝不大于1.5mm。一般每隔3~4m长留20~30mm的膨胀缝，缝内填塞石棉绳，内外两圈砌筑的膨胀缝位置要相互错开两块砖长，并不得留设在叉口与人孔的砌体上。热风管及其支柱之间采用活动连接，管子托在辊子上允许自由伸缩。在热风总管、热风炉出口里外短管、高炉鹅颈管处也有采用波纹管补偿器的，它可以起到减振、抗振、抗冲击和进行位移补偿的作用。

（3）混风管。混风管是为了稳定热风温度而设置的，它根据热风炉的出口温度而掺入一定量的冷风。若采用双炉并联（一炉为主送，一炉为副送）送风，高低风温互相配合调节，可取消混冷风操作。

（4）倒流休风管。倒流休风管实际上是安装在热风总管上的烟囱，其外壳是用 10mm 厚钢板焊成的直径为 1m 左右的圆筒，因为倒流气体温度很高，所以下部要砌一段耐火砖，并安装有水冷阀门（与热风阀相同），平时关闭，倒流休风时打开。

（5）净煤气管道。净煤气管道应有 0.5% 的排水坡度，并在进入支管前设置排水装置。

我国高炉热风炉各管道内径尺寸见表 5-10。

表 5-10 我国高炉热风炉各管道内径尺寸

炉容/m³	255	620	1000	1500	2000	4000
净煤气总管/mm	800	1300	1400	1600	1500	
净煤气支管/mm	700	900	1100	1100	1100	1700
冷风总管/mm	700	1000	1400	1400	1500	1800
冷风支管/mm	700	900	1200	1200	1200	1700
热风总管/mm	700	900	1500	1522	2000	1700
热风围管/mm	700	850	1200	1222	2000	2100
冷风混风管/mm	400	900	1200	1200	800	

5.4.2.2 热风炉阀门

热风炉用的阀门应该满足如下条件：设备坚固，能承受一定的温度；保证高压下密封性好，使漏气减到最少；开关灵活，使用方便；设备简单，易于检修和操作。

按工作原理，热风炉系统的阀门可分为闸式阀、盘式阀和蝶式阀三种基本形式。闸式阀的闸板开闭方向与气体流动方向相垂直，构造较复杂，但密封性好，适用于洁净气体的切断。盘式阀阀盘开闭的运动方向与气流方向平行，构造比较简单，多用于切断含尘气体，密封性差，气流经过阀门时方向转 90°，故阻力较大。蝶式阀是中间有轴、可以自由旋转的翻板，其开度大小可以调节气体流量。它调节灵活、准确，但密封性差，故不能用于切断。

按阀门在热风炉上的用途，其可分为燃烧系统阀门和送风系统阀门。控制燃烧系统的阀门主要有助燃空气调节阀、助燃空气切断阀、煤气调节阀、煤气隔断阀、烧阀、烟道阀、废风阀等。控制送风系统的阀门主要有冷风放风阀、冷风阀、混风阀、热风阀。

（1）煤气调节阀（见图 5-30）。它属于蝶式阀，安装在与燃烧器连接的煤气支管上。阀板为椭圆形，关闭时不必另设密封阀，转轴伸出阀外的部分有转

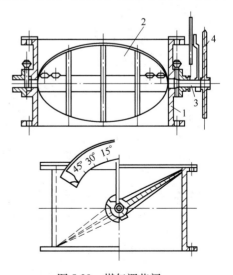

图 5-30 煤气调节阀
1—阀体；2—阀板；3—转动轴；4—杠杆

角位置指示针，还有驱动拉杆相连。自动控制燃烧时，煤气调节阀由电动执行机构来带动。

（2）煤气隔断阀（见图5-31）。它又称曲柄阀（俗称大头阀），安装在煤气管道上。当轴转动时，曲柄将阀盘和阀盘座分离，与曲柄铰连的杠杆中间铰接在阀盘背面的中心销孔内，下端有一水平向滚轴，两端伸在阀壳两侧的导槽内。阀门打开的过程并不是沿着阀座滑动，而是沿曲柄成旋转弧线上升，先离开后升起；关闭时则先落下后靠紧，并借助轴伸出阀盖外部分上固定的重锤压紧，磨损少，密封性好。

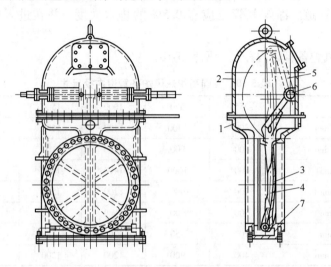

图5-31　煤气隔断阀

1—阀体；2—阀盖；3—阀盘；4—杠杆；5—阀柄的杠杆；6—轴；7—阀座

（3）燃烧器大闸（又称燃烧阀）。它也是曲柄阀，其构造与煤气隔断阀一样，只是增加了通水冷却管，但有时仍因受热变形不易打开或不能保证密封而跑风。因此，有的厂采用与热风阀结构完全相同的水冷闸式阀。在中小型高炉上，为了密封好，有的采用套筒和盖板互换的方式。

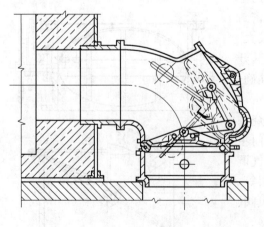

图5-32　盘式烟道阀

（4）烟道阀。它用于在热风炉燃烧期时将废气排入烟道，在送风时则关闭以切断热风炉与烟道的通路。大中型高炉每座热风炉都安装两个烟道阀，一则使格子砖断面上气流分布均匀；再则在废气量很大时，烟道阀和开孔的直径不致过大，以保证炉壳强度，便于制造和操作。烟道阀可采用盘式阀，其构造见图5-32。阀盘放在水冷阀座上，打开时阀盘转起，停在阀盖里面。这种阀构造简单，密封性尚可；但当废气温度高于400℃以上时，其虽有水冷但仍难免变形漏风。另外，转轴安装在阀壳上，开闭阀盘时常将固定的地脚螺钉拔松而漏气。现常用闸式阀，漏风率小，工作更可靠，寿命也较长。

（5）冷风放风阀。冷风放风阀安装在从鼓风机来的冷风管道上，是为了在不停止鼓风机运转的情况下减少或完全停止向高炉供风而设置的，主要有活塞式与蝶阀式两种构造，见图5-33。当调节蝶阀处于关闭状态时，冷风管被切断，此时放风口蝶阀处于最大开启状态，冷风经放风筒全部放入大气；当调节蝶阀开启时，冷风可部分或全部由调节阀板的一侧流向另一侧，此时不再放散或部分放散冷风。为了减少放风时的噪声，可将风排至烟道或安装消声器。冷风放风阀的阀体和阀板通常采用碳素钢焊接件，也可采用铸钢件；气缸及活塞采用灰铸铁；传动轴采用45钢、40Cr等性能相当的材料。冷风放风阀的驱动方式可以是电动传动，也可以是液压传动。其主阀和放风装置之间应具有联动动作功能，前者为内置形式，后者为外置形式。

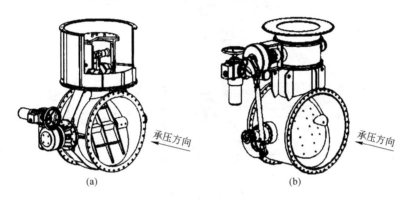

图 5-33 放风阀
（a）活塞式冷风放风阀；（b）蝶阀式冷风放风阀

（6）冷风阀。冷风阀是设在冷风管上的切断阀，它是冷风进入热风炉的闸门。当热风炉送风时，打开冷风阀可把高炉鼓风机鼓出的冷风送入热风炉；当热风炉燃烧时，关闭冷风阀，切断冷风管。冷风阀也是闸式阀，水平安装在冷风进入热风炉前的冷风支管上，闸板平动以利于关闭紧密。冷风阀的构造见图5-34。

冷风阀在大闸板上带有均压用小阀，这是由于烧好的热风炉关闭烟道阀前后，炉内处于与烟道负压相同的水平，冷风支管内的压力是鼓风压力，所以闸板上下压差很大。为使闸板在开启时能均衡两侧的压力差，故在主体阀上设置均压阀孔或旁通阀，使冷风先从小孔中灌入，待两边压力均等后，主阀就很容易打开了。减速器为差动齿轮箱，链轮可以手动，也可以由电动机带动。冷风小门只在热风炉充风时打开，打开冷风阀后即关闭。

（7）混风阀。混风阀的作用是向热风总管内掺入一定量的冷风，以保持热风温度稳定不变。其位置在混风管与热风总管相接处。它由调节阀和隔断阀组成，前者是为调节掺入的冷风量而设，后者是为防止冷风管道内压力降低时热风或高炉炉缸煤气进入冷风管道而设。高炉休风时，在切断热风阀之前先关隔断阀，以防煤气倒流进入冷风管道，造成极为严重的爆炸事故，所以混风阀又称混风保护阀。混风调节阀为蝶式阀结构，它可手动调节，也可借助调节器和电动执行机构自动调节。混风隔断阀是闸式阀，高风温、高风压的大中型高炉热风炉常用带有水冷闸板与水冷阀体的混风闸板阀，其构造与热风阀相似。

（8）热风阀。热风阀设置在热风炉的热风出口处。在热风炉送风期打开热风阀，热空

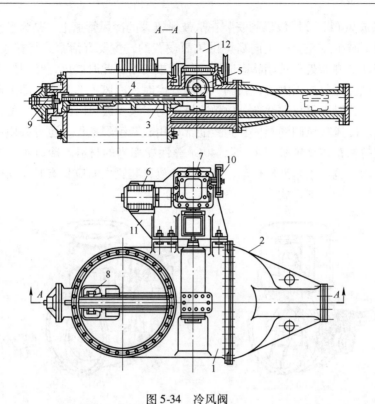

图 5-34　冷风阀

1—阀壳；2—阀盖；3—闸板；4—齿条连杆；5—小齿轮；6—电动机；7—减速器；
8—小通风闸板；9—弹簧缓冲器；10—链轮；11—底座；12—主令控制器

气经热风支管送往热风总管。在热风炉闷炉和燃烧期，热风阀是关闭的。随着高炉热风温度和热风压力的不断提高，热风阀的工作条件越来越差，已成为高炉设备的薄弱环节之一。热风阀处在高温、高压的气流中，热风氧化能力强，如果有漏气的间隙，则其表面就会氧化而迅速扩大，为了防止阀板和阀座受热变形，必须采用循环水冷却。过去的热风阀全部为金属结构，现在采用的热风阀改进为带耐火材料衬的闸式阀。鞍钢采用的新型高风温热风阀的结构如图 5-35 所示。这种新型热风阀的阀体、阀盖和阀板与高温热风接触的部位都浇注有不定形耐火材料内衬，并且通软水冷却。阀体与阀盖的法兰盘之间用石棉绳外缠绕不锈钢带的垫片密封。阀板的启闭是由安装在阀板上的进出水管作为阀杆带动的。为了防止高压气体泄漏，阀盖与阀杆之间设有密封装置。横梁下部的链板由传动链和安装在框架下部的链轮导向，可以强制性关闭阀板，以便很好地隔离热风炉与热风管道，避免热风冲刷烧坏阀门。为了更换方便，整个传动装置全部设置在阀门顶部的框架上，阀板可由液压缸、气缸或电动机驱动。在压力源和电源被切断的情况下，热风阀还可以用手摇卷扬机启闭。热风阀最高工作温度为 1250 ~ 1350℃，最大风压为 $(5 ~ 6) \times 10^5$ Pa。

（9）废风阀。当热风炉从送风转为燃烧时，炉内充满高压空气，但烟道阀阀盘下面却是负压，必须用另一小阀门将高压废风旁通引入烟道，降低炉内气压，故废风阀也称旁通阀。它的另一个作用是当高炉需要紧急放风而放风阀失灵或炉台上无法放风时，可通过废风阀将冷风放掉。废风阀安装在热风炉通往烟道的废气管道上，它属于盘式阀结构。废风的温度虽高，但由于作用时间短，无需水冷，只用一根丝杆顶开阀盘即可。对于大型高压

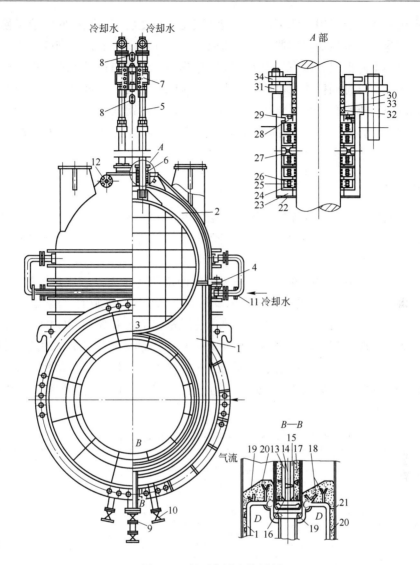

图 5-35 新型高风温热风阀

1—阀体；2—阀盖；3—闸板；4—垫片；5—阀杆；6—密封装置；7—拱顶横梁；8—链板；
9—排水阀；10，11—冷却水入口；12—冷却水出口；13，15—钢阀板；14—隔板；16—水圈；
17，19—不定形耐火材料衬；18，20—锚固件；21—膨胀缝垫片；22—密封圈；23—密封盒；
24—环状圈；25—迷宫环；26—弹簧圈；27—油环；28—附加环；29—O 形密封圈；
30—双头螺栓；31—密封盖填料盒；32—石棉填料；33—聚四氟乙烯填料；34—填料盖

高炉，废风阀阀盘中央有一小的均压阀，其工作原理与冷风阀相同。

（10）消声器。在大中型高炉和热风炉系统中，有时需将大量的炉顶煤气或鼓风机送出的冷风放散，当气体由炉顶放散阀及放风阀喷出时会发出强烈的叫嚣声，危害甚大，必须设置消声器，降低噪声。高炉放风阀常用的消声器属于标准消声器，它是一种扩张缓冲式消声器，内部用矿渣棉絮作减压阻尼材料。这种消声器结构简单、制造方便，在实际使用中，初期消声效果很好，可降低噪声强度 20dB；但在长期使用后，常因矿渣棉絮被高压气体吹掉而逐步降低消声效果，所以应对阻尼材料的固定结构进行改进。国内新建大型高炉煤气清洗系统中所采用的消声器，安装在减压阀组之后。为减压阀组消声使用的是卧式消声器，它是一种隔板式消声器，在扩张管内设有四组消声隔板。当高炉煤气通过四组消声隔板时将逐渐降低煤气压力，起到消声阻尼作用。消声隔板是由多孔板、玻璃布、吸声材料等组成的。这种隔板式消声器用在煤气清洗除尘之后，还可起到过滤脱湿作用。在消声器下部附设有排水孔。我国新建大型钢铁厂规定，在钢铁厂厂界外允许的平均噪声值为 65dB，其中不包括厂界外自然的其他原因引起的噪声值在内；在消声器附近的操作人员所在的场所，允许的平均噪声值应为 100dB。

5.4.3 助燃风机

助燃风机是为热风炉燃烧煤气提供助燃空气的送风设备，一般采用离心式通风机，其能力是根据燃料燃烧所需的助燃空气量及燃烧生成的烟气在整个流路系统中需要克服的压头损失来确定的。风量计算时，过剩空气系数取 1.2，流路阻力损失一般为 3~10kPa；此外，还应考虑到工作制度的改变（四座热风炉按两烧两送考虑，三座热风炉按一个半烧、一个半送考虑）、周期中燃烧的不均匀性以及采取强化燃烧等措施的可能性。确定风压时，应考虑到一部分格孔被堵塞的阻力损失。风压、风量应预留 15%~30% 的富余能力。采用短焰或无焰燃烧器时，其助燃风机的风压更高一些。新建的热风炉常采用集中送风方式，这样，用一台大功率的助燃风机通过管道输送一组热风炉燃烧所需的助燃空气，取代了一炉一机工作，以便维护和实现热风炉烧炉自动化。我国一些高炉热风炉配用的助燃风机特性见表 5-11。

表 5-11 我国一些热风炉配用的助燃风机特性

高炉容积/m³	助燃风机		电动机	
	风量/m³·h⁻¹	全风压/×10⁵Pa	功率/kW	转速/r·min⁻¹
255	25000	0.028	40	—
620	41200	0.032	55	1450
1000	48000	0.029	75	980
1200	64200	0.046	125	1500
1500	55840	0.047	130	980
2025	60100	0.088	115	1500

5.5 热风炉燃料及燃烧计算

5.5.1 热风炉用燃料

5.5.1.1 热风炉用煤气的成分

热风炉的主要燃料为高炉煤气。随着高炉强化冶炼的进行，高炉所需的风温越来越高，而焦比降低引起高炉煤气的发热值也降低。为了满足高炉对风温的要求，热风炉有时也混入高热值煤气来满足热风炉的燃烧需要。表 5-12 分别列出几种热风炉常用煤气的成分及发热值。

表5-12 热风炉常用煤气的成分及发热值

燃料名称	化学成分/%							发热值/ kJ·m⁻³
	CO	CO₂	H₂	CH₄	CₙHₘ	O₂	N₂	
高炉煤气	20~30	10~25	1.5~5				50~58	2930~4440
转炉煤气	50~60	15~18	1~2			0.4~0.8	25~35	6262
焦炉煤气	5~8	2~4	50~60	20~30	2~4	0.5~0.8	3~8	16700~18800

5.5.1.2 热风炉对煤气的质量要求

（1）可燃成分要多，发热值要高。煤气中的可燃成分有 CO、H₂ 及碳氢化合物，气体燃料的发热值随可燃成分的不同波动于 3000~50000kJ/m³ 之间。

（2）煤气含尘量要低。煤气中粉尘的主要成分为 Al_2O_3、SiO_2 和 Fe_2O_3，它们与热风炉耐火材料中的 Al_2O_3 和 SiO_2 结合形成低熔点化合物，降低了耐火材料的软化温度，造成格子砖渣化甚至堵塞格子砖。现代大型高炉煤气含尘量小于 5mg/m³，完全符合热风炉用煤气含尘量低于 10mg/m³ 的要求。此外，助燃空气含尘量也应尽量减少。

（3）煤气含水量要少。煤气含水会影响其发热值及理论燃烧温度，应尽量降低湿法除尘的洗涤水温，以减少饱和水含量。在热风炉附近的净煤气管道上设置脱水器，以除去机械水。目前，使用干法除尘的高炉可以克服这个缺点。

（4）净煤气压力要稳定。为了保证热风炉强化燃烧和安全生产，要求净煤气支管处的煤气压力稳定，见表5-13。

表5-13 热风炉净煤气支管处的煤气压力

高炉炉容/m³	255	620	1000
煤气压力/kPa	>3.5	>5	>6

5.5.2 热风炉煤气燃烧的有关计算

5.5.2.1 煤气低发热值（Q_{DW}）的计算

煤气低发热值 Q_{DW}（kJ/m³）可按下式计算：

$$Q_{DW} = \Sigma 煤气中可燃成分的体积分数 \times 该成分1\%体积的热效应$$

1 m³ 气体燃料中各可燃成分1%体积的热效应见表5-14。

表5-14 1 m³ 气体燃料中各可燃成分1%体积的热效应

可燃成分	CO	H₂	CH₄	C₂H₄	C₂H₆	C₃H₈	C₄H₁₀	H₂S
1%体积的热效应/kJ	126.36	107.85	358.81	594.4	643.55	931.81	1227.74	233.66

5.5.2.2 1m³ 煤气完全燃烧的理论空气需要量（L_0）和实际空气需要量（L_n）的计算

标准状态（0.1MPa，0℃）下，各种气体的1mol体积均为 22.4 m³，故每立方米煤气完全燃烧的理论空气需要量为：

$$L_0 = 4.76 \times [0.5\varphi(CO) + 0.5\varphi(H_2) + \Sigma(n+0.25m)\varphi(C_nH_m) + 1.5\varphi(H_2S) - \varphi(O_2)] \times 0.01 \tag{5-8}$$

式中，L_0 为 1 m³ 煤气完全燃烧的理论空气需要量，m³/m³；4.76 为空气的体积与其含氧体积之比，即 $100\%/21\% = 4.76$；$\varphi(CO)$、$\varphi(H_2)$、$\varphi(C_nH_m)$、$\varphi(H_2S)$、$\varphi(O_2)$ 分别为相应成分在煤气中的体积分数，%。

为了保证煤气的充分燃烧，生产中实际空气的需要量均应大于理论空气需要量。各种燃料的合理空气过剩系数列于表 5-15。实际空气需要量的计算式为：

$$L_n = nL_0 \tag{5-9}$$

式中　L_n ——实际空气需要量，m^3/m^3；

　　　n ——空气过剩系数。

表 5-15　各种燃料的合理空气过剩系数

燃料种类	高炉煤气	高炉煤气 + 焦炉煤气	高炉煤气 + 天然气
n	1.05 ~ 1.10	1.10 ~ 1.15	1.15 ~ 1.20

5.5.2.3　热风炉理论燃烧温度（$t_{理}$）的计算

热风炉理论燃烧温度 $t_{理}$（℃）可按下式计算：

$$t_{理} = (Q_{DW} + Q_{空气} + Q_{煤气} - Q_{分解})/(V_{产} c_{产}) \tag{5-10}$$

式中　Q_{DW} ——煤气低发热值，kJ/m^3；

　$Q_{空气}$，$Q_{煤气}$ ——分别为 $1\ m^3$ 助燃空气、煤气带入的显热，kJ/m^3；

　　$Q_{分解}$ ——燃烧过程中的分解吸热，kJ/m^3；

　　$V_{产}$ —— $1 m^3$ 煤气燃烧生成物的体积，m^3/m^3；

　　$c_{产}$ ——燃烧生成物在理论燃烧温度下的平均比热容，$kJ/(m^3 \cdot ℃)$。

由于计算过程较为复杂，生产中常用下列简单的经验公式计算：

单烧高炉煤气时　　　　　　$t_{理} = 0.287Q_{DW} + 330$

高炉煤气中混入焦炉煤气时　$t_{理} = 0.1485Q_{DW} + 770$

5.5.2.4　煤气富化比例的计算

焦炉煤气占煤气总量的百分比称为富化煤气比例，该值可通过下式进行计算：

$$Q_{混} = Q_{焦} x + (1 - x) Q_{高} \tag{5-11}$$

式中　$Q_{混}$ ——混合煤气热值；kJ/m^3；

　　$Q_{焦}$ —— 焦炉煤气热值；kJ/m^3；

　　$Q_{高}$ —— 高炉煤气热值；kJ/m^3；

　　x ——焦炉煤气的体积百分比；%。

5.5.2.5　煤气压力不足时空气量的调整计算

［例 5-1］　热风炉燃烧时，煤气量为 $16000m^3/h$，空气量为 $12800m^3/h$，拱顶温度上升速度正常。现因煤气压力不足，煤气量减少到 $14000m^3/h$，问空气量应调到多少才合适？

解　先求出原来的空燃比：

$$12800 : 16000 = 0.8$$

则现空气量应调整到：

$$14000 \times 0.8 = 11200m^3/h$$

所以，空气量应调到 $11200m^3/h$ 才合适。

5.6 热风炉的操作制度

5.6.1 热风炉烧炉指标的确定

5.6.1.1 拱顶温度

（1）拱顶温度的选择。热风炉拱顶温度主要受耐火材料理化性能的限制。首先，为防止因测量误差或燃烧控制不及时而烧坏拱顶，一般将实际拱顶温度控制在比拱顶耐火砖平均荷重软化温度低 50～100℃，高铝质耐火材料一般控制在不高于1350℃的范围内，高铝质低蠕变砖控制在不高于1400℃的范围内，硅质耐火材料可控制在不高于1500℃的范围内。其次，还要考虑煤气含尘量，因为格子砖渣化会缩短其使用寿命，产生格子砖渣化的主要原因是煤气含尘量和拱顶温度过高，不同含尘量允许的拱顶温度不同（见表5-16）。再次，拱顶还受到燃烧产物中腐蚀性介质的限制，热风炉燃烧生成的高温烟气中含有腐蚀性气体 NO_x，NO_x 的生成量与燃烧温度有关，为避免发生拱顶钢板的晶界应力腐蚀，必须将拱顶温度控制在不超过1400℃的温度范围内。

表5-16　不同含尘量允许的拱顶温度

煤气含尘量/mg·m⁻³	80～100	<50	<30	<20	<10	<5
拱顶温度（≤）/℃	1100	1200	1250	1350	1450	1550

（2）拱顶温度与热风炉理论燃烧温度的关系。由于炉墙散热损失和不完全燃烧等因素的影响，我国大、中型高炉热风炉实际拱顶温度低于理论燃烧温度 70～90℃。

（3）拱顶温度与热风温度的关系。据国内外高炉生产统计，大中型高炉热风炉的拱顶温度比平均风温高 120～220℃。小型高炉热风炉的拱顶温度比平均风温高 150～300℃。采取增大蓄热面积和格子砖重量，加强绝热保温，实现燃烧、换炉和送风全自动控制等措施，可缩小拱顶温度与平均风温的差值。测量拱顶温度可采用辐射高温计、红外线测温仪或热电偶。采用辐射高温计时，为防止镜头粘灰，必须以压缩空气吹扫。采用热电偶时，其插入方式有两种：一是自拱顶中心插入，合理深度为热电偶热端超出拱顶砖衬内表面 30～50mm；二是自蓄热室侧大墙人孔插入，并以碳化硅管作保护套管，碳化硅管伸入炉内 150～200 mm，热电偶热端距碳化硅管热端 30～50mm。

（4）拱顶温度的控制。热风炉的拱顶温度必须低于或等于规定温度，如果超出规定，可通过控制煤气热值来控制。

5.6.1.2 废气温度的确定

为了避免烧坏蓄热室下部的支撑结构，热风炉烟道废气温度不得超过400℃。

废气温度与热风温度的关系为：提高废气温度可以增加热风炉（尤其是蓄热室中下部）的蓄热量，若废气温度太低，则炉内蓄热不足，风温落降大，对高炉操作影响大。因此，通过增加单位时间燃烧煤气量来适当提高废气温度，可减少周期性风温降低，是提高风温的一种措施。当废气温度在 200～400℃范围内时，每提高废气温度100℃，约可提高风温40℃，但这种措施会影响热风炉的热效率。

影响废气温度的因素如下：

（1）单位时间燃烧煤气量。一般烧混合煤气时的废气温度比烧高炉煤气时的要低些。

（2）燃烧时间。延长燃烧时间，废气温度随之近似成直线上升。

（3）蓄热面积。当换炉次数和单位时间燃烧煤气量都一定时，热风炉蓄热面积越小，其废气温度越高。生产中废气温度的控制一般是通过调节煤气总量来实现的。

5.6.2　热风炉的燃烧制度

5.6.2.1　热风炉的燃烧方式

热风炉在烧炉时要保证合理燃烧，即：单位时间内燃烧的煤气量适当；煤气燃烧充分、完全，且热量损失最小；可能达到的风温水平最高，并确保热风炉的寿命。

要保证热风炉的合理燃烧，就要根据热风炉的条件选择合适的热风炉燃烧制度。目前常用的燃烧制度大体可分为以下三种：

（1）固定煤气量，调节空气量。在热风炉整个燃烧期内，始终保持最大煤气量。初期以较小的空气过剩系数进行燃烧，炉顶达到规定温度后，适当增加助燃空气量，稍微降低燃烧温度，以维持炉顶温度不变，直至燃烧期终止。整个燃烧期由于烟气体积增加，流速增大，有利于对流传热，从而强化了热风炉中下部的热交换作用，因此，该制度是一种较好的强化燃烧方法，但是仅适用于助燃空气可调、助燃风机有剩余能力的炉子。

（2）固定助燃空气量，调节煤气量。在热风炉整个燃烧期内，助燃空气量不变。初期使用较大的煤气量，以较小的空气过剩系数把炉顶很快烧到规定温度以后，逐渐减小煤气量以维持炉顶温度不再上升，直至燃烧期终止。这种方法后期废气量减少，不利于热交换，但是调节方便、易于掌握，适用于助燃风机能力不足或助燃空气量不能调节的炉子。

（3）煤气量和助燃空气量都不固定。热风炉燃烧初期使用较大煤气量和适当的空气量配合燃烧，炉顶很快达到规定温度以后，同时减少煤气量和空气量以保持炉顶温度。此法适用于计算机控制的热风炉。但手动操作时不易掌握空气和煤气的配比，难以保持炉顶温度不变，而且空气和煤气同时减少，必然造成整个热风炉蓄热量下降。

各种燃烧制度的操作特点见表 5-17。

表 5-17　各种燃烧制度的操作特点

项　目	固定煤气量，调节空气量		固定空气量，调节煤气量		煤气量和空气量都不固定（或煤气量固定，调节其热值）	
	升温期	蓄热期	升温期	蓄热期	升温期	蓄热期
空气量	适量	增大	不变	不变	适量	减少
煤气量	不变	不变	适量	减少	适量	减少
过剩空气系数	较小	增大	较小	增大	较小	较小
拱顶温度	最高	不变	最高	不变	最高	不变
废气量	增加		减少		减少	
热风炉蓄热量	加大，利于强化		减少，不利于强化		适量	
操作难易程度	较难		易		计算机控制	
适用范围	空气量可调，助燃风机容量大		空气量不可调，助燃风机容量小		自动燃烧	

5.6.2.2 合理燃烧周期的确定

热风炉内温度是周期性变化的，热风炉的一个周期是燃烧、送风和换炉三个过程的总和（见图5-36）。合适的送风时间最终取决于保证热风炉获得足够的温度水平（表现为拱顶温度）和蓄热量（表现为废气温度）所必需的燃烧时间。燃烧时间与送风时间的关系为：

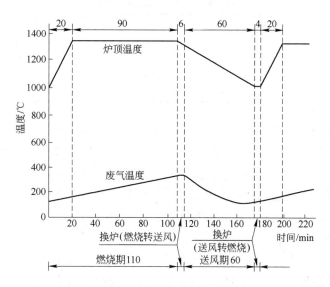

图5-36 热风炉的一个工作周期控制曲线

$$\tau_{燃} = (n-1)\tau_{送} - \tau_{换} \tag{5-12}$$

式中 $\tau_{燃}$，$\tau_{送}$，$\tau_{换}$——分别为燃烧时间、送风时间、换炉时间，min；

n ——一组热风炉数，座。

燃烧期不宜过长，因为随着燃烧期的延长，格子砖中心和表面的温差不断减小，热量透入砖内的速度不断减缓，热阻将增大。但燃烧期过短则不能满足热量的供应，过于频繁地换炉必然缩短有效的燃烧时间，对热风炉热量的储蓄是不利的。

燃烧期与送风期时间之比过去常为(2∶1)~(3∶1)，现在两期时间趋于相等。理论分析和生产实践都说明，适当缩短总周期、缩小燃烧时间与送风时间的比值，可以提高热风炉的加热能力和热效率，见图5-37。

国外高炉热风炉的送风时间一般都比较短，德国的一些高炉采用交叉并联送风操作，约有50%的热风炉送风时间在1h左右。日本约77%的热风炉送风时间不超过1h，其中有的只有0.5~0.75h。美国的试验表明，将送风时间缩短到0.5~0.75h是提高风温及减少热风炉蓄热面积的有效方法之一。为了缩短送风时间，减少换炉时间是非常必要的。

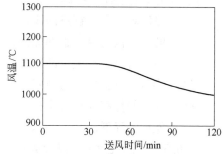

图5-37 热风炉送风时间与风温的变化
（拱顶温度1250℃，废气温度200℃，热风炉蓄热面积17800m²）

5.6.2.3 热风炉合理燃烧的判断

煤气与空气必须有合理的配比，这是热风炉

合理燃烧的关键。经验表明，$1m^3$ 煤气需要 $0.6 \sim 0.91m^3$ 空气。在装有分析仪表的高炉上，可以参考烟道废气成分进行燃烧调整，合理的烟道废气成分见表5-18。当煤气、空气配比适当时，废气成分中有微量的 O_2 而无 CO；空气过多时，废气中 O_2 含量增加；空气量不足时，废气中 CO 含量明显增加。

表 5-18　合理的烟道废气成分

项　目		$CO_2/\%$	$O_2/\%$	$CO/\%$	空气过剩系数
理论值		$23 \sim 26$	0	0	1.0
实际值	烧高炉煤气	$23 \sim 25$	$0.5 \sim 1.0$	0	$1.05 \sim 1.10$
	烧混合煤气	$21 \sim 23$	$1.0 \sim 1.5$	0	$1.10 \sim 1.20$

可以直接观察到燃烧室内火焰情况的热风炉，通过观察燃烧火焰的颜色也能判断燃烧情况。当煤气与空气配比适宜时，火焰颜色为中心黄色、四周微蓝而透明，燃烧室对面砖墙清晰可见。空气量过多时，周围蓝色火焰变淡、变窄，燃烧室对面砖墙清晰可见但发暗，炉顶温度下降，烟道废气温度上升较快。空气量不足时，燃料没有完全燃烧，火焰浑浊而呈红黄色，燃烧室不清晰，炉顶温度下降，烧不到规定值。

5.6.2.4　热风炉的调火原则

热风炉的调火原则是：以煤气压力为基础，以煤气流量为参考，以调节空气量和煤气量为手段，达到炉顶温度上升的目的。热风炉开始燃烧时以最大的煤气量、最小的空气过剩系数来强化燃烧，在短时间内（如不超过 20min）将炉顶温度烧到规定的最高值；当顶温达到规定值时，应适当加大空气过剩系数，保持顶温不变，提高烟道温度，以增加热风炉中下部的蓄热量；若顶温、烟道温度都达到规定值，不能减烧，应换炉通风；当烟道温度达到规定值仍不能换炉时，应适当减少煤气量以保持烟道温度不上升；当高炉不正常、要求低风温持续时间在 4h 以上时，应采取减烧与并联送风的措施。有预热的助燃空气或煤气时，调节其预热温度也可在一定范围内作为控制燃烧的辅助手段。

5.6.3　热风炉的送风制度

5.6.3.1　送风制度的选择原则

送风制度的选择要考虑以下几方面：

（1）热风炉座数与蓄热面积；

（2）助燃风机与煤气管网能力；

（3）高炉对风温、风量的要求；

（4）热风炉设备的潜力与安全；

（5）风温的提高和热效率；

（6）能耗的降低。

5.6.3.2　热风炉的送风方式

高炉配备三座热风炉时，送风制度有两烧一送、一烧两送和串并联交叉送风三种。配备四座热风炉时，主要送风制度有三烧一送、并联送风和交叉并联送风三种。部分送风制度作业示意图见图 5-38 ~ 图 5-40，各种送风制度的比较见表 5-19。

表 5-19 各种送风制度的比较

送风制度	适用范围	热风温度	热效率	煤气耗量
两烧一送	三座热风炉时常用	波动大，难提高	低	多
一烧两送	燃烧期短，需燃烧器能力足够大，控制废气温度	波动较小，能提高	较高	最少
串并联交叉	燃烧器能力较大，控制废气温度	波动较小，平均值提高	高	少
三烧一送	燃烧器能力不足	波动较小，能提高	最低	最多
并联	燃烧器能力大	波动较大，难提高	较高	较多
交叉并联	四座热风炉时常用	波动较小，平均值提高	高	多

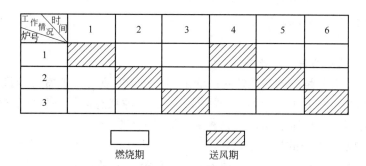

图 5-38 两烧一送送风制度作业示意图

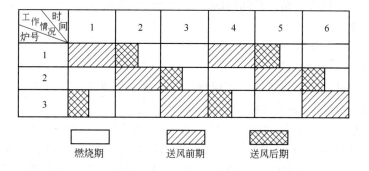

图 5-39 串并联交叉送风制度作业示意图

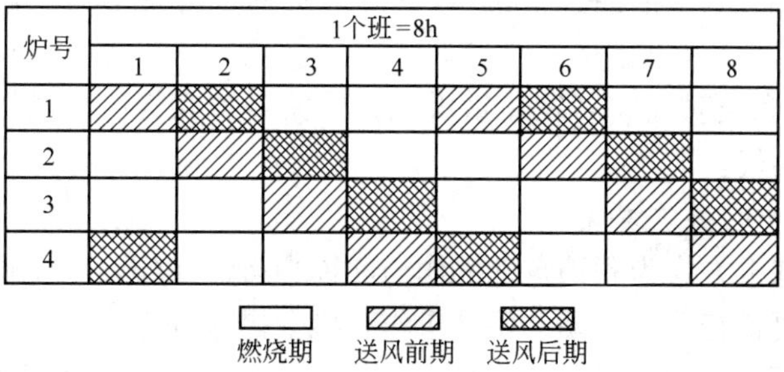

图 5-40 交叉并联送风制度作业示意图

当热风炉采用单炉送风（两烧一送、三烧一送）操作时，热风炉出口温度随送风时间的延续和蓄热室储存热量的减少而逐渐降低，为了得到规定的热风温度并使之基本稳定，一般通过混风阀来调节混入的冷风流量。

交叉并联送风又分为冷并联送风和热并联送风，两种送风操作制度的区别在于热风温度的控制方式不同。冷并联送风操作时的热风温度主要依靠"先行炉"的低温热风与"后行炉"的高温热风在热风主管内混合，由于混合后的温度仍高于规定的热风温度，需要通过混风阀混入少量的冷风才能达到规定的风温，而送热风炉的冷风调节阀始终保持全开状态。热并联送风操作时，热风温度的控制主要是依靠各送风炉的冷风调节阀来调节进入"先行炉"和"后行炉"的风量，使"先行炉"的低温热风与"后行炉"的高温热风在热风主管中混合后的热风温度符合规定的要求。

交叉并联送风与单炉送风相比，由于蓄热室的有效蓄热能力增加，热风炉燃烧期热交换效率提高，废气温度降低，可提高风温 $20 \sim 40℃$，据日本君津 4 号高炉经验，热效率可提高 10%。

5.6.3.3　热风炉的换炉技术要求

热风炉的生产工艺是通过切换各阀门的工作状态来实现的，通常称为换炉。换炉操作包括由燃烧转为送风、由送风转为燃烧两部分。在一种状态向另一种状态转换的过程中，应严格按照操作规程的程序工作，以免发生严重的生产事故。

（1）热风炉换炉操作的技术要求。热风炉换炉操作的主要技术要求是：风压、风温波动小，速度快，保证不跑风；风压波动不大于 $\pm 5kPa$；风温波动小于 $\pm 20℃$。

（2）热风炉换炉操作的注意事项。

1）热风炉属于高压容器，各阀门的开启和关闭必须在均压下进行，否则就会开不动、关不上或者拉坏设备。

2）换炉时要先关煤气闸板，后停助燃风机。

3）换炉时，废风要放尽。

4）换炉时灌风速度不能过快，要根据风压的波动灌风换炉。因为快速灌风会使高炉风量、风压波动太大，对高炉操作有不良影响。

5）操作中禁止"焖炉"。焖炉就是热风炉的各阀门呈全关状态，既不燃烧也不送风。焖炉后整个热风炉变成一个密闭的整体。在这个封闭的体系内，较高的炉顶部位高温度区向较低的温度区下移，进行热量平衡移动，废气温度过高，会烧坏金属支撑件。另外，热风炉封闭之后压力增大，炉顶、炉墙、各旋口难以承受，易造成砌体结构的破损。

6）换炉应先送后撤，即先将燃烧炉转为送风炉后，再将送风炉转为燃烧，绝不能出现高炉断风现象。

7）热风炉停止燃烧时先关高发热量煤气，后关高炉煤气；热风炉点炉时先给高炉煤气，后给高发热量煤气。

5.6.3.4　热风炉的操作方式

热风炉操作的基本方式为联锁自动操作与联锁半自动操作。为了便于识别、维护和检修，操作系统还需要备有单炉自动、手动操作和机旁操作等方式。

（1）联锁自动操作控制。按预先选定的送风制度和时间进行热风炉状态的转换，换炉过程全自动控制。

（2）联锁半自动操作控制。按预先选定的送风制度由操作人员指令进入热风炉状态的转换，换炉过程由人工干预。

（3）单炉自动控制操作。根据换炉工艺要求，一座炉子单独由自动控制完成热风炉状态转换的操作。

（4）手动操作。通过热风炉集中控制台上的操作按钮进行单独操作，用于热风炉从停炉转换成正常状态或转换为检修的操作。

（5）机旁操作。在设备现场可以单独操作一切设备，用于设备的维护和调试。

联锁是为了保护设备不误动作，在热风炉操作中要保证连续向高炉送风，杜绝恶性生产事故。因此，在换炉过程中必须保证至少有一座热风炉处于送风状态，这样另外的热风炉才可以转变为燃烧或其他状态。

【技术操作】

任务 5-1　热风炉的换炉操作

某高炉热风管道与阀门的布置见图 5-41。

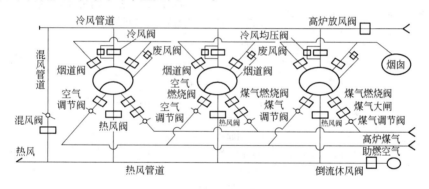

图 5-41　某高炉热风炉管道与阀门布置图

A　热风炉燃烧转送风的操作

（1）点击操作炉的煤气调节阀和空气调节阀的开度游标，关闭至 2% ~ 3%；

（2）关煤气调节切断阀、助燃空气调节阀；

（3）关煤气大闸；

（4）关燃烧阀和助燃空气切断阀；

（5）关烟道阀，开支管煤气放散阀，此时热风炉处于焖炉状态，显示焖炉信号，接送风信号后执行以下程序：

（6）点击"控制方式"至"送风"；

（7）开热风炉的冷风均压阀，先小开后大开，控制在 5 ~ 6min 内完成充压；

（8）充压完成后，开冷风阀；

（9）开热风阀，关闭冷风均压阀，使热风炉处于送风状态，此时显示送风信号。

B　热风炉送风转燃烧的操作

（1）关操作炉的热风阀；

（2）关冷风阀，此时热风炉处于焖炉状态，显示焖炉信号，接到燃烧信号后执行以下程序；

（3）开废风阀放废气；

（4）当烟道阀，前后压差等于给定值时开烟道阀，关废风阀；

（5）开燃烧阀，开空气切断阀；

（6）开煤气大闸；

（7）小开煤气调节阀和助燃空气调节阀；

（8）延时 30s，开煤气调节阀和助燃空气调节阀至指定的开度；

（9）按正常比例（空气量与煤气量比值为 1.05~1.10）烧炉，此时热风炉处于燃烧状态，显示燃烧信号。

C　热风炉换炉误操作的处理

热风炉换炉误操作时的征象，后果与处理方法，见表 5-20。

表 5-20　热风炉换炉误操作时的征象、后果与处理方法

事故原因	征　象	后　果	处　理　方　法
烟道阀或废风阀未关或未关严就灌风充压	风压表指示达不到规定值，冷风管道跑风声增大	跑风引起高炉风压剧烈波动，甚至发生崩料	关冷风均压阀停止灌风，待烟道阀或废风阀关严后再灌风
废气未放净，强开烟道阀	冷风压力表指针未回到零	拉断烟道阀钢绳或月牙轮，烧坏电动机	严格监视冷风压力表，废气不放净则不开烟道阀；若已损坏设备，应停炉更换
先停助燃风机，后关煤气阀	拱顶温度下降	部分未燃煤气进入热风炉，引起拱顶温度下降，并形成爆炸性气体，可能产生爆炸；部分煤气从燃烧器空气入口喷火伤人	严格按照规程操作，防止此类事故的发生
热风炉换炉过程中高炉出现憋风		极容易造成高炉灌渣	立即全开送风炉的冷风阀、热风阀；如冷风阀、热风阀开不动，可先开该炉废风阀，再开冷风阀和热风阀；若仍然开不动，可通知高炉值班室减风，再开冷风阀和热风阀

任务 5-2　热风炉的休风与复风操作

高炉因故临时中断作业，关上热风阀，称为休风。休风分为短期休风、长期休风和特殊休风三种情况。

当高炉更换风口等冷却设备时，炉缸煤气会从风口冒出，给操作带来困难。因此，需要进行倒流休风。

A　热风炉的休风操作

（1）接到休风指示后，正在送风的热风炉转入非正常换炉操作；

（2）关混风调节阀和冷风大闸；

（3）关送风热风炉的热风阀；

（4）关冷风阀，开废风阀放净废气；

（5）接到值班室倒流休风信号时，打开倒流休风阀；

（6）休风完毕后发出信号，通知高炉。

此时，热风炉处于焖炉状态，显示倒流休风信号。

B　热风炉的复风操作

事故解决完毕、接到解除倒流休风信号后，热风炉按如下步骤恢复正常操作：

（1）关倒流休风阀；

（2）关送炉的废风阀，开冷风均压阀，均压后开冷风阀；

（3）开热风阀；

（4）操作完成后通知高炉；

（5）开混风大闸和混风调节阀，将风温调至指定水平。

C　热风炉休风、复风过程中误操作的处理

热风炉休风、复风错误操作时的征象、后果与处理方法，见表5-21。

表5-21　热风炉休风、复风错误操作时的征象、后果与处理方法

事故原因	征象	后果	处理方法
倒流休风时忘关冷风大闸	如冷风未放净，高炉可见直吹管有风	冷风不放净则影响倒流不畅；冷风已放净，则高炉煤气可能进入冷风总管并发生爆炸	严格按照规程操作，防止此类事故的发生
倒流休风后，复风时忘关倒流阀或倒流炉热风阀	倒流管有跑风声，夜间可见倒流管发红；倒流热风炉的燃烧器及助燃风机吸口大量冒烟或喷火	忘关倒流阀，会造成从倒流管跑风；忘关倒流炉热风阀，则热风从倒流炉热风阀进入，烧坏该炉燃烧设备或引起爆炸	立即关闭送风炉的冷、热风阀，停止送风；关严倒流炉热风阀；用倒流管时，关严倒流阀

【问题探究】

5-1　内燃式热风炉主体由哪几部分构成，其热交换流程及热交换原理是什么？

5-2　为什么霍戈文热风炉比一般内燃式热风炉更有利于使用高风温？

5-3　为什么大型高炉主要采用外燃式或顶燃式热风炉？

5-4　热风炉支柱、炉箅子的作用是什么，应采用什么材质？

5-5　什么是热风炉炉壳晶界应力腐蚀，怎样消除或减弱？

5-6　送风系统设有哪些管道和阀门，热风炉哪些阀门需靠均压开启？

5-7　陶瓷燃烧器主要有哪些特点，国内外使用的陶瓷燃烧器主要有哪几种？

5-8　热风炉烧炉时，炉顶温度与烟道温度是如何确定的？

5-9　拱顶温度与风温的关系、烟道温度与风温的关系是什么？

5-10　热风炉的燃烧制度有哪些，特性是什么？

5-11　热风炉快速烧炉的调火原则是什么？

5-12　热风炉的送风制度有哪些，什么是交叉并联送风？

5-13　热风炉换炉操作有哪些技术要求？

5-14　热风炉停烧时为什么不能先关助燃空气阀，再关煤气阀？

5-15　未灌风就开热风阀会出现什么后果？

5-16　什么是焖炉，为什么要禁止焖炉？

5-17　休风时忘关冷风大闸会出现什么后果？

5-18　用热风炉倒流对炉子有什么危害？

5-19　什么是倒流休风，其操作程序是怎样的？

5-20　煤气倒流窜入冷风管道中时应如何处理？

5-21　某热风炉使用的高炉煤气和焦炉煤气成分如表 5-22 所示。

表 5-22　热风炉用煤气成分

燃料名称	化学成分/%						
	CO	CO_2	H_2	CH_4	C_nH_m	O_2	N_2
高炉煤气	24.2	16.8	3.0				56
焦炉煤气	6.3	2.8	57.2	25.5	3.6	0.7	3.9

估算：

（1）仅用高炉煤气进行烧炉时，理论燃烧温度是多少？

（2）燃烧 $1m^3$ 煤气需要的理论空气量是多少？

（3）当空气过剩系数 $n = 1.05$ 时，实际空气的需要量是多少？

（4）当理论燃烧温度需要提高 80℃ 时，需要配入的焦炉煤气比例有多大？

5-22　已知某高炉煤气发热值 $Q_高 = 3200kJ/m^3$，焦炉煤气发热值 $Q_焦 = 18000kJ/m^3$，要求混合后的发热值 $Q_混$ 达到 $4500kJ/m^3$。当一座热风炉每小时消耗高炉煤气量为 $3000m^3$ 时，试计算一座热风炉每小时需混入的焦炉煤气量。

【技能训练】

项目 5-1　热风炉的换炉操作

要求：

（1）烧炉时拱顶温度不高于 1350℃，废气温度不高于 350℃，助燃空气总管压力保持在 4～8kPa。请确定适当的空燃比，并在规定时间内按照快速烧炉法完成烧炉操作。

（2）将 1 号热风炉由送风转为烧炉，将 2 号热风炉由燃烧转为送风，将 3 号热风炉由焖炉转为燃烧。

项目 5-2　热风炉的倒流休风操作

高炉炉况的判断与处理

【学习目标】

（1）掌握判断炉况的基本方法；

（2）掌握高炉正常炉况的特征及失常炉况的征兆；

（3）能够借助炉顶热成像仪、炉喉 CO_2 曲线、十字测温曲线等手段，判断炉顶煤气流的分布；

（4）能够根据渣铁流动情况和渣铁样，判断炉缸炉温的变化趋势，铁水 [Si]、[S] 含量及炉渣碱度；

（5）能够对煤气流分布失常、炉缸大凉、炉缸冻结、悬料、崩料、管道、炉缸堆积、炉墙结厚、结瘤等失常炉况进行初步的判断与处理；

（6）会写炉况分析报告。

【相关知识】

6.1 高炉炉况的判断方法

要保持高炉优质、高产、低耗、长寿，首先就要维持高炉炉况的稳定顺行。而及时、正确地判断炉况是维持高炉稳定顺行的基本要素。判断炉况就是判断高炉炉况变化的方向与变化的幅度。这两者相比，首先要掌握变化的方向，使调剂不发生方向性的差错；其次，要掌握各种参数波动的幅度。只有正确掌握高炉炉况变化的方向和各种数据，才能恰如其分地对症下药。

6.1.1 高炉炉况的直接判断法

直接判断法是高炉操作者获得高炉信息的方法之一，虽然所观察到的情况往往是高炉的变化结果，但在炉况波动较大时仍显示出它的重要性。要掌握这种方法，就必须勤观察、细对比且日积月累，这样才能达到熟练辨识的程度。

6.1.1.1 看风口

风口处是唯一可以随时观察炉内情况的地方，从风口得到的信息要比看渣铁及时得多。高炉操作者必须经常观察风口，这样才能够把炉况波动问题尽早解决在萌芽阶段，确保高炉长期稳定顺行。

观察风口就是看各风口的明亮程度、下料状况、干净与活跃状况（包括直吹管）、喷吹物喷吹状况、风口设备有无漏水等内容，并以此为依据，判断炉温的变化趋势，炉缸工作是否均匀、活跃、炉况是否出现悬料、崩料、偏料等炉料运动失常的现象，煤粉是否完全燃烧，冷却设备有无漏水情况。

观察风口主要是在现场进行的，对于安装有高炉风口摄像仪及图像信息处理系统的高炉而言，工长在值班室的监视器上也能够通过实时在线观察风口工作状况的图像（见图6-1~图6-4）来指导高炉操作。

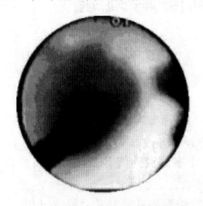

图6-1 风口煤粉正常喷吹的图像

图6-2 风口呆滞和煤粉停喷的图像

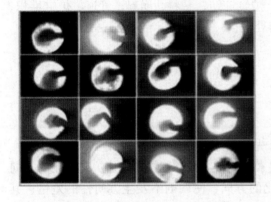

图6-3 多风口监视器图像

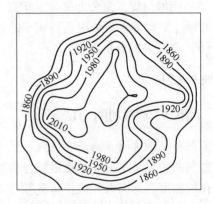

图6-4 风口回旋区温度场分布的图像处理界面（单位:℃）

（1）判断炉温变化趋势。高炉炉况正常、炉温充沛时，风口工作均匀、活跃，明亮但不刺眼，无生降（软熔状态的矿石在风口前呈黑色），不挂渣。当炉温向热发展时，风口明亮刺眼、活跃程度差。炉温下行时，风口明亮程度下降，有生降，个别风口周围轻微挂渣；高炉大凉时，风口周围挂渣严重，个别风口涌渣甚至灌渣。在这里应注意区别因风口破损漏水使风口挂渣的现象，风口破损时局部挂渣。

（2）判断炉缸工作均匀、活跃状况。当各风口亮度均匀时，说明各风口进风量、鼓风动能相近，表明炉缸圆周煤气流分布均匀、温度分布均匀。当炉缸内焦炭成回旋运动而不是缓慢滑动时，表明鼓风吹透中心，炉缸工作活跃。这些都是炉缸工作正常的标志，如果偏离这个水平则说明炉况失常。炉缸圆周工作是否均匀，与各风口风速及炉料在炉喉内分布是否均匀有直接关系。风速高的风口鼓风动能大，中心气流分布多；反之，则边缘气流分布多。当高炉用料车上料造成偏料（斜桥一侧矿石多，斜桥对侧焦炭多）时，必然导致各风口明亮程度不均。

（3）判断顺行情况。高炉顺行时，风口工作均匀、活跃，明亮但不刺眼，无生降，不挂渣，破损很少，每小时下料批数均匀、稳定，其差值不大于2批/h。高炉难行时，风口前焦炭运动呆滞。例如，悬料时，风口前焦炭运动微弱，严重时停滞。当高炉崩料时，如果属于上部崩料，风口没有什么反映；若在下部成渣区崩料很深时，崩料前风口表现非常活跃，而崩料后焦炭运动呆滞。在高炉发生管道时，正对管道方向的风口在管道形成期很活跃，但不明亮；在管道崩溃后焦炭运动呆滞，有生料在风口前堆积。

（4）判断喷吹煤粉燃烧状况。风口处的黑色流股即为喷吹煤粉，各风口黑色流股的大小不同，表明风口进煤量不同。喷煤时，要求煤粉在风口中心，否则将对风口有磨损。当煤粉流股在高炉内很长、像扫帚的尾巴时，表明煤粉燃烧速度慢、燃烧率低。

（5）判断风口水套漏水情况。当风口水套烧坏漏水时，风口将挂渣、较暗，并且水管出水不均匀，夹有气泡，出水温度高。

有经验的高炉操作者对观察风口十分重视，并且对所操作的高炉摸索出自己认为判断炉况最灵敏和最准确的风口。

6.1.1.2 看出渣

每次出渣不仅要仔细观察渣流的明亮程度、流动性、气体释放及黏沟结壳状况，也要取样观察渣滴的抽丝情况和渣样的断面组织、颜色，进而估计炉温的水平和变化趋势、预测炉渣碱度的高低，以此作为调剂焦炭负荷及炉渣碱度的依据。

（1）根据炉渣流动情况判断炉缸温度。炉热时，渣水温度充沛、光亮夺目、流动性良好、不易黏沟；上下渣温度基本一致，渣中不带铁，渣沟不结厚壳，渣口烧损少，渣水流动时表面有小火焰。炉凉时，渣水颜色变为暗红色，流动性差，易黏沟，严重时黏稠变黑；上渣带铁多，渣口易被凝渣堵塞，渣沟难清理，放渣困难，凝固后渣样为黑色，炉前工人劳动强度大。

（2）看渣样判断炉渣碱度和炉渣成分。炉渣碱度高时，样勺倾倒时熔渣成粒状滴下；炉渣凝固后其断口粗糙，成石头状，称为石头渣，在空气中存放一定时间后会产生粉化现象；炉渣碱度低时，熔渣成丝状滴下，渣样断口亮、平滑，成玻璃状，称为玻璃渣。碱度在1.05~1.15的炉渣断口呈褐色玻璃状。当渣中（MgO）含量升高时，炉渣就会失去玻璃光泽而转变为淡黄色石状渣；如果（MgO）含量大于10%，炉渣断口即变为蛋黄色石状。渣样为黑渣时，表明渣中（FeO）含量高，炉温低。

6.1.1.3 看出铁

通过直接观察出铁过程中铁水流动时的颜色、火花、流动性及凝固后的铁样，可判断炉缸热制度的变化和生铁［Si］、［S］含量的变化。

（1）判断炉温的变化趋势。从铁流来看，炉温高、［Si］含量高时，铁水光亮耀眼、流动性较差、易挂沟。随着硅含量的升高，火花逐渐稀少，当铁水含硅1.0%以上时，铁沟中几乎看不到火花而出现小火球；当铁水硅含量大于3.0%后，基本上无火星。炉温低、硅含量低时，铁流的火花矮、密、细，流动性好，不黏铁沟，铁样断口呈白色，晶粒呈放射形针状。从铁样断口来看，硅含量高的铁样呈灰色，晶粒粗大。随着硅含量的降低，断面逐渐由灰口转为白口，断面边缘是白色放射状结晶，中心处有石墨细结晶粒。

（2）判断生铁硫含量。从铁流来看，生铁硫含量低时，铁水明亮，表面的"油皮"薄而稀少；硫含量较高时，铁流表面有一层"油皮"。从铁样来看，生铁硫含量低时，铁水凝固较快，表面凸起而光滑；而硅低硫高时，铁水在样模中凝固慢，表面多纹并发生颤动，铁样表面粗糙、较脆易断，中心凹进，四周有飞边；高硅高硫时，铁样断口虽呈灰色，但布满白色星点。

（3）判断炉缸工作的均匀程度。出铁前期和后期铁水成分变化不大，说明炉缸工作均匀，炉况正常；如果出铁前后期铁水成分相差较大，说明炉温向某个方向变化，据此可以掌握炉况发展趋势。

6.1.2 高炉炉况的间接判断法

随着检测技术的不断发展，高炉检测手段也越来越多，检测精度也在不断提高，大大方便了操作者对炉况的掌握。监测高炉生产的主要仪器、仪表，按测量对象可分为以下几类：

（1）压力计类，包括热风压力计、炉顶煤气压力计、炉身静压力计、压差计等。

（2）温度计类，包括热风温度计、炉顶温度计、炉喉十字温度计、炉身温度计、炉基温度计、冷却水温度计等。

（3）流量计类，包括风量计、氧量计、冷却水流量计等。

此外，还有炉喉煤气分析仪、炉喉热成像仪、探料尺等。高炉炉况部分监控曲线见图6-5。

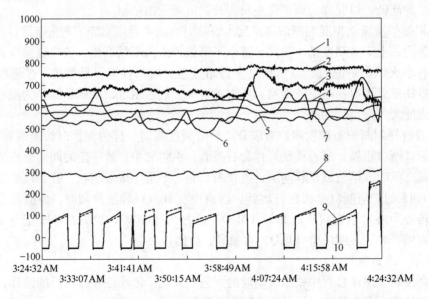

图 6-5　　高炉炉况部分监控曲线

1—热风温度；2—冷风流量；3—透气性指数；4—冷风压力；5—热风压力；
6—炉顶温度；7—炉顶压力；8—全差压；9—南探料尺；10—北探料尺

6.1.2.1 利用 CO_2 曲线判断炉况

炉喉煤气曲线（见图6-6）中，CO_2 含量低的区域煤气流分布多；相反，CO_2 含量高的区域煤气通过少。CO_2 含量平均水平高，表明高炉煤气化学能利用充分。

当边缘气流不足而中心气流过分发展时（见图6-6中曲线3），中心处 CO_2 含量值为曲线的最低点，而最高点移向2点，严重时移向1点，边缘与中心 CO_2 含量差值大，其曲线呈 V 形。

当炉缸中心堆积时，中心气流微弱，边缘气流发展（见图 6-6 中曲线 2），边缘第 1 点 CO_2 含量值很低，最高点移向 4 点，严重时移向中心，曲线呈馒头状。

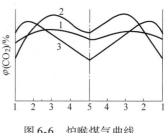

图 6-6　炉喉煤气曲线

当高炉结瘤时，1 点的 CO_2 含量值升高，炉瘤越大，CO_2 含量值越高，曲线有倒勾现象。如果一侧结瘤，则该侧煤气曲线失常；如果圆周结瘤，CO_2 含量曲线全部失常。

当高炉产生管道行程时，管道方向 1、2 点 CO_2 含量值下降，其他点则正常，管道方向最高点移向 4 点。

当高炉崩料、悬料时，曲线紊乱，无一定规则形式，曲线多数平坦，边缘与中心气流都不发展。

现代高炉的正常煤气曲线一般是中心比边缘低 3%，最高点在 3 点或 3、4 点之间，这就是所谓的喇叭花形曲线。而平坦形曲线是最好的煤气曲线，它的中心比边缘低 2%，2、3、4 点 CO_2 含量相同。世界先进高炉的煤气曲线都是中心发展但又接近平坦形的曲线。

6.1.2.2　利用炉顶红外成像和十字测温判断煤气流分布

中心气流发展时，炉顶红外成像（见图 6-7）显示中心处亮度大、亮度范围广。边缘气流发展时，边缘处亮度大，中心处亮度偏低。两道气流同时发展时，边缘和中心处亮度相差比较小。

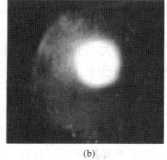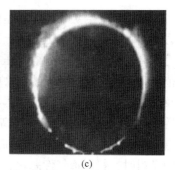

　　　　(a)　　　　　　　　　　　(b)　　　　　　　　　　　(c)

图 6-7　炉顶煤气流分布红外成像

（a）两道气流型；（b）中心过分发展型；（c）边缘过分发展型

利用十字测温曲线（见图 6-8）判断煤气流分布时，边缘温度高，意味着边缘气流比较发展；中心温度高，表明中心煤气流分布比较多。

6.1.2.3　利用冷风流量和热风压力、压差判断炉况

冷风流量计安装在放风阀与热风炉之间的冷风管道上，是判断炉况的重要仪表之一。它与风压变化相对应，在正常操作中，增加风量，热风压力随之上升。

热风压力计安装在热风总管上，反映出炉内煤气压力与炉料透气性相适应的情况，并能准确、及时地说明炉况的稳定程度，是判断炉况最重要的仪表之一。炉况正常时，热风压力曲线平稳，波动范围不大于 ±5kPa，并与风量相对称；炉温向热时，风压升高，风量减少；炉温向凉时，风压降低，风量增加。如果风压的波动范围超过 ±5kPa，表明炉况处于不正常状态，必须及时采取调节措施。炉况严重失常时，风压剧烈波动。

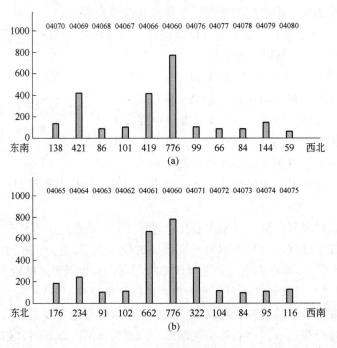

图 6-8　十字测温曲线

　　热风压力与炉顶压力的差值近似于煤气在料柱中的压头损失，称为压差。炉顶煤气压力计安装在炉顶煤气上升管上，它代表煤气在上升过程中克服料柱阻力而到达炉顶时的压力。高压操作时，炉顶煤气压力变化不大。小于 1000m³ 的高炉，压差一般在 100 ~ 140kPa 范围内；1000 ~ 3200m³ 的高炉，压差一般在 110 ~ 180kPa 范围内。高炉顺行时，热风压力及炉顶煤气压力变化不大，因此压差在一个较小的范围内波动；高炉难行时，由于料柱的透气性恶化，使热风压力升高，因此压差也升高。高炉在崩料前由于料柱产生明显的管道，热风压力下降，压差也随之下降；崩料后料柱压紧，透气性变差，压差转为上升。高炉悬料时，料柱透气性恶化，热风压力升高，压差升高。在炉况波动不大的情况下，应把压差稳定在正常的范围内，如果压差波动太大或变化频繁，煤气流分布不能稳定，则易发生崩料和悬料现象。

6.1.2.4　利用透气性指数判断炉况

　　在目前使用的各种方法中，反映透气性变化比较灵敏的参数是透气性指数，它的物理意义是单位压差允许通过的风量。透气性指数可由下式计算：

$$\psi = \frac{Q^2}{\Delta p} = K \frac{\varepsilon^3}{1 - \varepsilon}$$

式中　ψ ——透气性指数；

　　　Q ——高炉入炉风量，m³/min；

　　　Δp ——煤气的压力差，MPa；

　　　K ——与原料、料线有关的常数；

　　　ε ——散料孔隙率。

透气性指数能够及时反映炉料的透气性、煤气流变化以及炉况凉热的走势。它不仅是良好的判断炉况的参数，还能很好地指导高炉操作。在一定的冶炼条件下，透气性指数有一个合适的波动范围，超过或低于这个范围说明风量与透气性不相适应，应及时调整。高炉增加风量后，风压也相应增加，如果透气性指数降低到下限，说明此时料柱透气性已经接近恶化程度，不可继续加风；高炉加风后，如果透气性指数上升到上限，继续加风至超过料柱透气性允许的程度，将形成局部过吹，引起煤气流失常。

6.1.2.5 利用炉顶、炉喉和炉身温度判断炉况

四个测定炉顶煤气温度的热电偶装在四根煤气上升管的根部，从顶温的差别可以判断炉内煤气流的分布和煤气利用的好坏。炉况正常时，顶温曲线是数值为150~200℃、具有一定宽度并只随上料而波动的温度带，各上升管的温差小、煤气分布均匀、利用程度好，炉顶温度较低。当边缘煤气过分发展时，炉顶温度升高，温度带变宽。当中心发展时，炉顶温度比正常炉况时要高，温度带变窄。当悬料、低料线时，炉顶温度升高。当管道行程时，各上升管温差增大，且管道方位的温度比其他方位都高。

炉喉及炉身温度可以反映边缘煤气流的强弱、炉温的变化以及炉墙的侵蚀程度。当炉况正常时，炉身、炉喉各温度相近且稳定。当边缘煤气流发展以及炉温上行时，四个方向的炉身、炉喉温度都较高；当中心气流发展以及炉温下行时，则相反。当炉料偏行或结瘤时，炉喉四周各点温差偏大。

6.1.2.6 利用炉身压力判断高炉顺行情况

炉身压力可反映炉内煤气压力的变化情况。当炉身压力升高而风压尚无变化时，说明该处上部炉料的透气性变坏；若风压也升高，说明该处上下部的透气性都变坏。通过炉身压力可提前发现透气性变化而引起的炉缸变化，而且还能推测方位和程度。

6.1.2.7 利用探料尺曲线判断炉况

来自探料尺曲线的信息比风口现象要超前不少时间，它是值得重视的信息源之一。用探料尺曲线可以判断下料速度、下料均匀程度、高炉是否下料失常以及炉温的变化。

炉况正常时，探料尺均匀下降，没有停滞和陷落现象；炉况难行时，探料尺呆滞；料线停止不动（时间超过两批正常料的间隔时间），称为悬料；料线陷落深度超过500mm以上，称为崩料；两个料尺下降不均衡，经常性的相差300mm以上时，称为偏料；若两料尺相差很大，但装完一批料后差距缩小很多时，一般是管道行程。炉温由凉转热时，料速由快变慢，每小时料批数减少；而料批数增快，则预示炉温将由热转凉。

6.1.3 高炉炉况的综合判断

高炉冶炼过程受到许多主观和客观因素的影响，操作者必须善于掌握各种反映现象中的主次，进行综合判断和分析。

（1）要重视对原燃料质量的分析。

（2）要重视对操作日报表的分析。因为高炉的变化是循序渐进的，一般情况下不会突然和无规则的变化，所以必须用冶炼原理来分析、推断近日报表内的数据，通过对数据的分析，科学地推测某炉铁的炉温是何时配料冶炼的结果、现在的炉渣碱度与当时配料的炉渣碱度有无差异等，这对于指导以后的变料具有重要的意义。

（3）在分析炉况时，应注意风量与风压是否对称，是偏高还是偏低；风量与料速的对应关系怎样；下料速度对炉温有何影响等。必须记住一些经验数据，再结合 Δp、CO_2 曲

线、风口状况、出渣及出铁情况来分析炉缸工作是否均匀、活跃，炉况是否正常。

（4）在分析炉温时，要从总体来看炉温变化的趋势，而不要片面地被某炉铁的特殊值所迷惑；要注意 w［Si］与 w［S］有明显的相反关系；还应注意混合煤气中的 CO_2 含量，它是煤气化学能利用好坏的标志。

6.2　正常炉况的特征与失常炉况的类型

6.2.1　正常炉况的特征

正常炉况是指高炉稳定顺行的炉况，即炉缸工作均匀、活跃，炉温充沛、稳定，下料均匀、稳定，煤气分布合理，炉型比较规则，见图6-9。

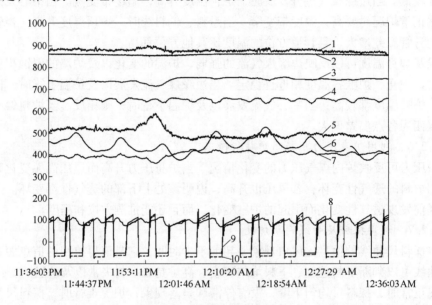

图6-9　正常炉况的特征曲线
1—冷风流量；2—热风温度；3—冷风压力；4—热风压力；5—透气性指数
6—炉顶温度；7—炉顶压力；8—全差压；9—南探料尺；10—北探料尺

正常炉况具有如下特征：

（1）风口明亮、焦炭运动活跃、圆周工作均匀、无生降、不挂渣，风口烧坏少。

（2）炉渣热量充沛、温度合适、流动性良好，渣中不带铁，上下渣温度相近，渣中 FeO 含量低于0.5%，渣口破损少。

（3）铁水明亮刺眼，出铁时铁沟内火花较多并有石墨碳析出。铁样表面下凹，断口呈灰黑色并有明显的石墨碳析出。铁水温度，大型高炉为 1450～1550℃，中小型高炉为 1400～1480℃。铁水温度前后变化不大，而且流动性良好、化学成分相对稳定。

（4）风压、风量和透气性指数平稳，曲线无锯齿状，风量与风压相适应，透气性指数与风量对称。

（5）高炉炉顶煤气压力曲线平稳，没有较大的上下尖峰。

（6）炉顶煤气温度一般为 150～200℃，曲线呈规则的波浪形，四点温度相差不大，炉尘吹出量少且稳定。

（7）炉喉、炉身温度各点接近，并稳定在一定的范围内波动。

（8）炉腹、炉腰和炉身各处温度稳定，炉喉十字测温温度规律性强、稳定性好。

（9）炉料下降均匀、顺畅，没有停滞和崩落的现象，不偏料，单位时间内下料批数与风量相适应。

（10）冷却水温差符合规定要求。

6.2.2　失常炉况的类型

由于影响高炉冶炼进程的因素错综复杂，炉况总是处于不断的波动中，一旦处理不及时或有方向性错误就会引起炉况失常。炉况失常的原因很多，表现也是各种各样，但基本可分为以下几类：

（1）高炉煤气流分布失常，如边缘气流过分发展、中心气流过分发展、管道行程；

（2）炉缸工作失常，如热制度失常、炉缸堆积；

（3）炉料分布与运动失常，如低料线、悬料、崩料、偏料；

（4）炉型失常，如炉墙结厚、结瘤；

（5）设备工作失常，如冷却器漏水、风口及渣口破损等。

【技术操作】

任务 6-1　高炉煤气流分布失常的判断与处理

A　边缘气流过分发展

a　边缘气流过分发展的征兆

（1）炉喉成像显示，边缘处亮度大，中心火焰明显减弱，甚至看不到中心火焰。炉喉 CO_2 曲线呈馒头形，煤气利用率下降，见图 6-10。

（2）风量、风压和料速三者关系失调。初期风压平稳，但示值明显偏低；风量自动增大；下料转快。严重时风压曲线呈锯齿状波动，有崩料现象，顶压常出现向上尖峰。

（3）炉喉温度、炉身温度以及炉腹以上冷却器水温差均上升，炉顶温度也升高且波动幅度加宽。

（4）风口在出渣、出铁时有向凉的趋势，工作迟钝，个别风口有生降，炉温下行，生铁硫含量上升，上下渣温差趋大。

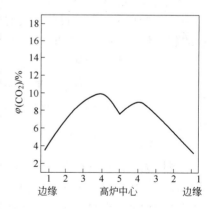

图 6-10　边缘气流过分发展时的
CO_2 曲线

b　边缘气流过分发展的处理

（1）采取适当抑制边缘气流的装料制度，如增加边缘处布矿份数或扩大矿焦角差，批重偏大时可以缩小矿批，但不可操之过急，以免边缘和中心同时受堵，造成悬料。

（2）计算风速和鼓风动能是否在正常范围内，如偏离正常范围，可适当缩小风口直径或调整风口长度，使风速合理并保证吹向中心。

（3）当炉温不足而顺行程度尚好时，可提高风温或增加喷煤量，炉温偏低时应适当减风；当下行之势已成、顺行已被破坏时，减风的同时应减轻负荷或加入空焦，以便为以后较快地恢复风量创造条件。

（4）改善原燃料质量，特别是降低原料的含粉率，从而减少中心处粉末的沉积，促使中心气流的发展。

　　B　中心气流过分发展

　　a　中心气流过分发展的征兆

（1）炉喉成像显示，中心火束明亮有力，边缘亮度偏低。

（2）风压偏高且易波动，透气性指数下降，风量自动减少，崩料后风量下跌过多且不宜恢复，顶压相对降低、不稳定并有向上尖峰。边缘气流不足可视为炉况难行的信号。

（3）料速明显不均，风口工作极不均匀，出铁前料速变慢，出铁后加快；伴随有崩料现象，严重时崩料后容易悬料。

（4）上下渣温差大，上渣凉，下渣热；渣中易带铁，放渣较难；铁水先凉后热。

　　b　中心气流过分发展的原因

（1）风口截面积过小或风口过长，引起鼓风动能过高或风速过大，超过实际需要水平。

（2）装料制度不合理，长期采用加重边缘的装料制度。

（3）使用的原燃料粉末过多，使得料柱的透气性指数下降。

（4）长期堵风口操作。

（5）风口、渣口及部分冷却设备大量漏水。

（6）喷吹燃料、鼓风动能增加后，上下部没有做相应的改变。

（7）长期采用高碱度炉渣操作。

　　c　中心气流过分发展的处理

（1）处理中心气流过分发展的基本方针是改善透气性，防止其转为悬料，采用疏松边缘的装料制度，扩大批重时务必谨慎。

（2）当上部调剂无效时，应考虑扩大风口直径。

（3）长期炉况不顺、炉墙结厚时，应采取洗炉措施。

（4）当炉温充足时，可减风温或煤量；当风压急剧上升或炉温不足时，应减风量、降风压。

　　C　管道行程

料柱透气性和风量不相适应，在炉内断面上出现局部煤气流的剧烈发展，其他区域的煤气流相对减弱，称为管道行程。管道产生后，煤气能量利用明显恶化，易引起炉凉；同时料柱结构也会变得不稳定，极易引起悬料。

　　a　管道行程的征兆

（1）炉喉成像显示，局部区域亮度偏高；CO_2煤气曲线不规则，在管道方向上的CO_2含量值很低。

（2）风量、风压及顶压波动大，管道严重时风压下降、风量增加，"风量大，风压低，不是炉凉是管道"说的就是这种情形。当管道被堵后，风压直线上升，风量锐减；管道方向炉喉煤气温度升高，圆周各点的温差增大。

（3）风口工作不均匀，管道方向忽明忽暗，有时有生降，下料快；管道堵塞后出现生降，其他风口比较呆滞，但较明亮。

（4）渣温不匀，上下渣温差大；铁水温度波动大，生铁［S］含量增加。

（5）管道行程严重时，煤气上升管内有炉料的撞击声或有小焦丁被吹出，更严重时该部位的上升管被烧红。

（6）管道形成后其最大的特点是"偏"，这在下料、风口工作及温差方面都会反映出来；另外，高炉行程不稳定，如风量、风压和料速不稳定，甚至在同一炉炉渣温度也不稳定。

b　管道行程的处理

管道行程是一种较易发生且后果较难预测的炉况。发现管道后要及时处理，力争主动。

（1）上部管道行程的处理。上部管道的处理方针是以疏为主、堵塞为辅，具体方法是：

1）发现管道时最常用的方法是适当疏松边缘，减轻边缘负荷。无钟炉顶可采取定点布料的方法来堵塞管道，但管道堵塞后风压升高时应减风。

2）高压转常压，使气流重新分布以消除管道。

3）如果炉温向热发生管道行程，采取撤风温的措施，煤气体积减小后使之能够与料柱的透气性相适应。如果风温作用不明显，可进一步采取减风的措施。

4）风量、风温频繁波动时要果断减风，按风压操作，使风压比出现管道时的风压低20~30kPa，力求风量、风压对称并保持稳定，而后缓慢加风恢复至正常。

5）若以上方法仍不见效，可采取铁后放风坐料处理。坐料后逐渐恢复风压和风量，使煤气流重新分布。

（2）下部管道行程的处理。下部管道多数是由软熔带透气性变坏造成的，其处理方法是：

1）按风压操作、风压冒尖时，需要减风，减风幅度为风压冒尖值的2~3倍，如图6-11所示。

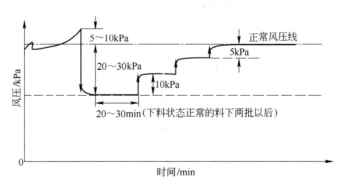

图6-11　处理下部管道行程的示意图

2）无钟炉顶布料自动改手动，选用扇形或定点布料2批或3批。

3）若减风后风量、风压仍不对称，操料尺工作仍不正常，应立即组织出铁，铁后休风堵部分风口。休风可破坏管道，堵风口后有利于炉况的恢复。在坐料破坏管道后，复风时要注意控制风压和风量水平，一般要低于原来水平，然后再逐步恢复。

4）管道严重时要加适量空焦，这样既可以疏松料柱又可以防止炉凉，并为最后坐料强行破坏管道做准备。

5）常有管道气流方位的风口，可考虑缩小风口直径或临时堵上风口。

任务6-2　高炉大凉与炉缸冻结的判断与处理

A　高炉大凉与炉缸冻结的征兆

（1）风口发暗、见生降、挂渣，渣口放出黑渣且流动性差。

（2）放出的铁呈暗红色，温度极低，流动性差。

（3）铁口放不出铁，说明炉缸温度已降到1150℃以下，这时炉缸已冻结。

B　高炉大凉与炉缸冻结的原因

（1）燃料质量严重恶化，调剂不及时。

（2）称量系统不准，误差高于规定标准；连续低炉温后处理不当。

（3）装料程序长时间失误或变料单写错，多上矿石或少上焦炭没能及时发现。

（4）冷却设备烧坏，特别是休风期间大量向炉内漏水。

（5）渣皮或炉墙塌落。

（6）重大事故状态下的紧急休风来不及变料，且休风时间长，炉缸热量损失过大。

（7）连续崩料、低料线和顽固悬料处理不当，加焦不足。

（8）长期低压操作，热量补偿不足。

C　高炉大凉的处理

（1）首先减风（中小型高炉50%左右，大型高炉20%左右）控制料速，遏制炉温继续下行；减风的同时加5~10批净焦，并相应减轻焦炭负荷。

（2）组织炉前出净渣铁，尽量避免风口灌渣及烧穿事故，等待净焦下达。

（3）确保风压和风量稳定，按风压操作，尽量避免崩料和悬料。

（4）当炉况急剧冷却又发生悬料时，应以处理炉冷为主。

（5）当炉冷且渣碱度高时，应降碱度或加适当批数的酸料。

（6）应尽最大努力保证在大凉期间内不发生其他事故迫使高炉休风，如果休风可堵部分风口，严重时可堵50%以上，尽量集中堵。

（7）风口有涌渣现象时应加强监护，风口外部打水，防止风管烧穿。

D　炉缸冻结的处理

（1）果断采取加净焦的措施，并大幅度减轻焦炭负荷，净焦数量和随后的轻料可参照新开炉的填充料来确定。炉子冻结严重时，集中加焦量应比新开炉时多些，冻结轻时则少些。同时应停煤、停氧，把风温用到炉况能接受的最高水平。

（2）堵死其他方位风口，仅用铁口上方少数风口送风，用氧气或氧枪加热铁口，尽力争取从铁口排出渣铁。铁口角度要尽量减小，烧氧气时角度也应尽量减小。

（3）尽量避免风口灌渣及烧穿情况发生，杜绝临时紧急休风，尽力增加出铁次数，千方百计地及时排净渣铁。

（4）加强冷却设备检查，坚决杜绝向炉内漏水。

（5）如铁口不能出铁，说明冻结比较严重，应及早休风，准备用渣口出铁、保持渣口上方两个风口送风，其余全部堵死。送风前渣口小套、三套取下，将渣口与风口间用氧气烧通，并应见到红焦炭。烧通后用炭砖加工成外形与渣口三套一样、内径与渣口小套相当的砖套，装于渣口三套位置，外面用钢板固结在大套上。送风后风压不大于0.03 MPa，堵铁口时减风到底或休风。

（6）如渣口也出不来铁，说明炉缸冻结相当严重，可转入风口出铁，即使用渣口上方两个风口，一个送风，一个出铁，其余全部堵死。休风期间将两个风口间烧通，并将备用出铁的风口和二套取出，内部用耐火砖砌筑，深度与二套平齐；大套表面也砌筑耐火砖，并用炮泥和沟泥捣固、烘干，外表面用钢板固结在大套上。在出铁的风口与平台间安装临时出铁沟，并与渣沟相连，准备流铁。送风后风压不大于0.03 MPa，处理铁口时尽量用钢钎打开，堵口时要低压至零或休风，尽量增加出铁次数，及时出净渣铁。

（7）采用风口出铁次数不能太多，防止烧损大套。风口出铁顺利以后，迅速转为备用渣口出铁，渣口出铁次数也不能太多，砖套烧损时应及时更换，防止烧坏渣口二套和大套。渣口出铁正常后，逐渐向铁口方向开风口，开风口速度应与出铁能力相适应，不能操之过急，否则会造成风口灌渣。开风口过程要进行烧铁口，铁口出铁后问题得到基本解决，之后再逐渐开风口直至正常。

任务6-3 炉料分布失常的判断与处理

A 偏料

高炉截面上两探料尺下降不均匀，呈现一边高、一边低的固定性炉况现象，小高炉两料线的差值为300 mm，大高炉为500 mm，这就称为偏料。

a 偏料的征兆（见图6-12）

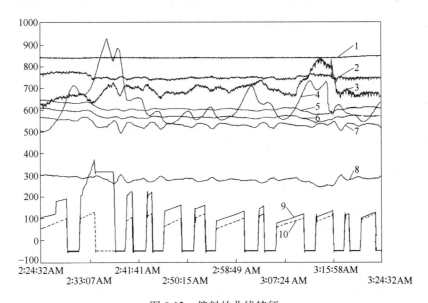

图6-12 偏料的曲线特征

1—热风温度；2—冷风流量；3—透气性指数；4—炉顶温度；5—冷风压力；
6—热风压力；7—炉顶压力；8—全差压；9—南探料尺；10—北探料尺

（1）两料线经常相差300~500 mm。

（2）风口工作不均匀，低料面的一侧风口发暗，有生降，易挂渣、涌渣。

（3）炉缸脱硫效果差，炉温稍一下行，生铁〔S〕含量就会升高，炉渣的流动性也会变差。

（4）风压波动且不稳定，炉顶温度各点的差值也较大，在料面低的一侧温度高，料面高的一侧温度低。

（5）CO_2 曲线歪斜、不规则，最高点移向中心。

b　偏料的原因

（1）由于高炉炉衬的侵蚀不一致，侵蚀严重的一侧边缘气流较强，其他地方的煤气较弱，这样就造成炉料的下降不均。

（2）边缘管道行程或炉墙结厚、结瘤，致使下料不均，造成偏料。

（3）炉喉钢砖损坏脱落，造成炉料沿炉喉截面的圆周方向分布不均。

（4）管道行程导致偏料。

c　偏料的处理

（1）凡能修复校正的设备缺陷（如不同心、布料器不转、风口内有残渣堵结），应及时修复校正。

（2）在设备缺陷一时难以修复而上部调剂无效时，可在低料线的一侧改小风口或长风口，以减少该处的进风量，在高料面侧改用大风口。

（3）由于炉型变化而造成的偏料，可适当降低冶炼强度，结合洗炉或控制冷却水温差来消除。如果是非永久性原因造成的偏料，在上部可设法向低料线的一侧集中布料，以减轻偏料程度，把料面找平。

（4）由于管道行程造成的偏料，要首先消除产生管道行程的因素，采取坐料的方法来破坏管道，同时在赶料线时可找平料线。

B　低料线

炉料不能及时加入炉内，致使高炉实际料线比正常料线低 0.5m 或更低时，称为低料线。低料线作业对高炉冶炼危害很大，它打乱了炉料在炉内的正常分布位置，改变了煤气的正常分布，使炉料得不到充分的预热与还原，引起炉凉和炉况不顺，诱发管道行程。严重时由于上部高温区的温度大幅波动，容易造成炉墙结厚或结瘤，顶温控制不好还会烧坏炉顶设备。料面越低，时间越长，其危害性越大。

a　低料线的原因

（1）上料设备及炉顶装料设备发生故障。

（2）原燃料无法正常供应。

（3）崩料、坐料后的深料线。

b　低料线的处理

（1）当低料线的情况发生后，要迅速了解低料线产生的原因，判断处理失常所需时间的长短。根据时间的长短采取控制风量或停风的措施，尽量减小低料线的深度。

（2）由于上料设备系统故障不能上料，引起顶温升高（无钟炉顶高于 250℃，钟式炉顶高于 500℃）时，开炉顶喷水或炉顶蒸汽控制顶温，必要时减风（顶温低于 150℃ 后应及时关闭炉顶喷水），减风的标准以风口不灌渣和保持炉顶温度不超过规定为准则。如果不能上料时间较长，要果断停风。造成的深料线（大于 4 m）可在炉喉通蒸汽的情况下，在送风前加料到4m以上。

（3）由于冶炼原因造成低料线时，要酌情减风，防止炉凉和炉况不顺。

（4）若低料线时间在1h以内，应减轻综合负荷5%～10%。若低料线时间在1h以上及料线超过3m，在减风的同时应补加净焦或减轻焦炭负荷，以补偿低料线所造成的热量损失。冶炼强度越高，煤气利用越好，低料线的危害就越大，所需减轻负荷的量也要相应增加。低料线时间与加焦量的关系见表6-1。

表6-1 低料线时间与加焦量的关系

低料线时间/h	料线深/m	加焦量/%
0.5	一般	5～10
1	一般	8～12
1	>3.0	10～15
>1	>3.0	15～25

（5）当装矿石系统或装焦炭系统发生故障时，为减少低料线，在处理故障的同时可灵活地先上焦炭或矿石，但不宜加入过多。一般而言，集中加焦不能大于4批，集中加矿不能大于2批，而后再补回大部分矿石或焦炭。当低料线因素消除后，应尽快把料线补上。

（6）赶料线期间一般不控制加料，并且采取疏导边缘煤气的装料制度。当料线赶到3m以上后，逐步回风。当料线赶到2.5m以上后，根据风压与风量的关系可适当控制加料，以防悬料。

（7）当低料线期间加的炉料到达软熔带位置时，要注意炉温的稳定和炉况的顺行。

（8）当低料线不可避免时，一定要果断减风，减风的幅度要取得尽量降低低料线的效果，必要时甚至应停风。

C 悬料

炉料停止下降延续至超过正常装入两批料的时间，即为悬料；经过三次以上坐料仍未下降，称为顽固悬料；如果一个班悬料不少于3次，称为连续悬料。悬料按部位可分为上部悬料和下部悬料，下部悬料又分为冷悬料和热悬料。

a 悬料的原因

悬料的主要原因是炉料透气性与煤气流运动不相适应，上升煤气流对炉料的阻力超过炉料下降的有效重力后，导致炉料不能正常下降。

常见的原因如下：

（1）原燃料强度降低、粉末增多，炉料透气性变差，导致风量和风压不对称，当风压升高超过正常风压后若处理不及时，会发生小滑料而造成悬料。

（2）炉温波动幅度大使软熔带发生变化，软熔带高度增加后炉料的透气性降低，调节不及时就会发生悬料。

（3）炉缸工作不均匀或气流分布不合理，容易发生悬料。例如，边缘气流过分发展，虽然一般风压偏低，但边缘通道堵塞后风压剧增，处理不及时就会悬料。

（4）剖面失常，高炉结瘤、结厚时，容易悬料。

（5）炉况难行，产生管道后崩料，也会造成高炉悬料。

b　悬料的征兆

（1）探料尺下降不正常，下下停停，停顿几分钟后又突然塌落，当停滞时间超过10min后就会造成悬料。

（2）风压缓慢上升或突然冒尖，风量逐渐减少或锐减。

（3）炉顶压力下降，压差升高，透气性指数显著低于正常水平。

（4）炉顶温度升高，四点温差缩小。

（5）风口焦炭呆滞，个别风口出现生降。

c　悬料的预防

（1）低料线、净焦下到成渣区域时，可以适当减风或撤风温，绝对不能加风或提高风温。

（2）原燃料质量恶化时，应适当降低冶炼强度，禁止采取强化措施。

（3）渣铁出不净时，不允许加风。

（4）恢复风温时，幅度不可超过50℃/h；加风时，每次不大于150 m³/min。

（5）炉温向热、料慢、加风困难时，可酌情降低煤量或适当撤风温。

d　悬料的处理

应根据形成原因及炉缸积存渣铁的多少，决定悬料的处理措施和时机。

（1）减风处理悬料。发现悬料后，立即采取减风的方法，力争悬料自行崩落，不坐而下。

（2）放风坐料。下部悬料和顽固的上部悬料，当减风无效时需要放风坐料。放风坐料就是减风到50~70kPa或到零，使炉料在煤气浮力很小或没有煤气浮力的情况下自行崩落下来。悬料发生在出铁前，应提前出铁，待出完铁后再进行坐料；如果发生在出铁后而铁又基本出净，可直接进行放风坐料。坐料操作程序如下：

1）放风坐料前，通知鼓风机、热风炉、燃气管理室等单位。

2）炉顶与除尘器通蒸汽，炉顶打水时要停止打水。

3）关冷风调节阀和冷风大闸。

4）停煤、停氧后再减风。

5）减风至50~70kPa后，先检查风口，如果没有灌渣，料坐下来后可以立即回风，回风时风压控制在正常风压的1/2左右，待风压稳定并与风量对称后再进行加风。

6）如果2~3min后料仍然没有坐下，需要减风到零。料坐下后回风时，风压控制在70~90kPa的范围内，待风压稳定并与风量相对称后再进行加风，具体操作见图6-13。

坐料后回风上料时首先补足焦炭，并临时改变装料制度，使中心和边缘气流都适当发展。

（3）休风坐料。放风坐料后料仍下不来时，采取休风坐料，操作程序如下：

1）减风到零以后悬料仍然没有崩落时，可通知热风炉开送风炉的废气阀，进一步降低炉内压力，使悬料崩落。

2）仍不下料时，可以通知热风炉倒流，在倒流时的抽力作用下使悬料落下。

3）料坐下后送风时按风压操作，回风风压为60~80kPa，恢复过程中，必须待风压与风量对称、风压平稳15~20min以后才能逐渐加风。坐料时的炉料过了软熔带以后，再把风量恢复到正常水平。

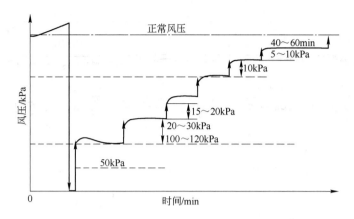

图 6-13　放风坐料复风操作示意图

（4）当连续悬料时，坐料后应休风堵 3~5 个风口，送风时控制风压为 60~100kPa，并根据风口数目适当缩小批重。

[**操作案例 6-1**]　2002 年 12 月在处理某高炉炉凉时，对炉况的发展程度认识不足，采取措施不得力，促使炉凉进一步恶化，低炉温坐料后导致料柱坐死。12 月 27 日零点，出完第一次铁后放风坐料，同时喷吹铁口，料未塌，紧接着每小时空喷铁口一次，共计 11 次。白班 14：30 放风坐料，仍未塌料，复风后采取高渣口喷吹 0.5h。19：00 休风，卸下 2、6、7 号风口中小套往外扒焦炭，扒出红焦近 20t。23：20 复风，同时堵 2、3、4、5、6 号风口，只留下 1、7、8 号三个风口送风。28 日夜班 02：00，南、北上升管温度升高至 590℃后彻底自塌料，顽固悬料结束，转入恢复炉况操作。白班每小时打开铁口一次，排放凉渣铁。于 10：15 和 11：00 分别捅开 6 号及 2 号风口。12：10 见料线 2800mm，顶温为 90℃。13：10 出铁约 6t，铁过小坑，捅开 3 号、5 号风口。14：30 再次出铁过小坑，捅开 4 号风口。至此，8 个风口全开。

D　崩料与连续崩料

探料尺突然塌落，下降深度超过 0.5m 或更多，称为崩料，见图 6-14。如果一个班连续发生三次或更多的崩料，则称为连续崩料。连续崩料会影响矿石预热和还原，特别是下部连续崩料，会使炉缸急剧向凉甚至造成炉缸冻结事故，必须及时果断处理。

a　崩料和连续崩料的征兆

（1）探料尺连续出现停滞和塌落现象。

（2）风压、风量不稳，剧烈波动，风量接受能力变差；透气性指数随风量、风压的波动而波动，并逐渐降低；崩料后顶温升高，压差升高。

（3）风口工作不均，部分风口有生降和涌渣现象，严重时自动灌渣。

（4）炉温波动，严重时铁水温度显著下降，放渣困难。

b　崩料和连续崩料的处理

（1）发生两次崩料后应果断减风 30%~40%，高压改常压。

（2）相应减少喷煤量和富氧，同时补足焦炭（加 2 或 3 批净焦），既可以防止炉凉，又起到了改善料柱透气性的作用。

（3）临时缩小矿批，减轻焦炭负荷，酌情疏导边缘。

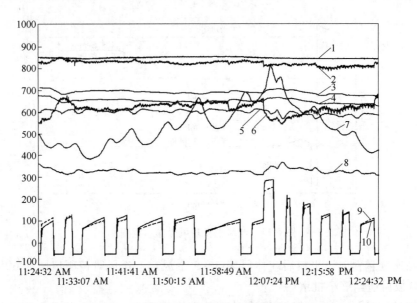

图 6-14　崩料的特征曲线

1—热风温度；2—冷风流量；3—冷风压力；4—热风压力；5—炉顶压力；

6—透气性指数；7—炉顶温度；8—全差压；9—南探料尺；10—北探料尺

（4）出铁后彻底放风坐料，使气流重新分布。

（5）铁后休风时可堵 3~5 个风口，以利于炉况恢复。

（6）只有炉况转为顺行、炉温回升时才能逐步恢复风量。

[**操作案例 6-2**]　安钢 8 号高炉有效容积为 $2200m^3$，2006 年 10 月 12~18 日，入炉原燃料发生变化，导致高炉不接受风压、风量，形成恶性悬料。这次炉况处理过程大致分为以下三个阶段：

（1）一般处理阶段。12 日高炉悬料后只是采取了退矿批的措施，焦炭负荷未做大的调整，继续高煤比操作，受高炉前段时间顺行惯性的影响，基本上维持顺行。

（2）炉况处理阶段。14 日 06：45，高炉突然悬料，坐料后恢复时只能在低风压状态下维持短暂的顺行，当风压加大到一定程度后吹出管道，接着又悬料，如此往复，一直处于恶性循环状态，而且透气性越来越小，料柱越来越死，炉况恢复困难较大。于是将料批由原来的 58t/批减小到 45t/批，并改为全焦冶炼；同时为了保证煤气流有一定的通道，布料矩阵由 $O_{2\ 3\ 3221}^{11109876} C_{2\ 22224}^{1098761}$ 改为 $O_{3\ 3212}^{109876} C_{2\ 22224}^{1098761}$。调整后效果不明显，料柱太死，需要进一步调整。20：18~20：49，高炉休风，堵 4 个风口，风口面积由原来的 $0.313m^2$ 缩小到 $0.270m^2$，矿批进一步缩小到 40t/批，布料矩阵改为 $O_{22221}^{98765} C_{222224}^{987651}$。送风初期，高炉不接受风量，炉料全靠塌料下降。

（3）逐步恢复阶段。由于坐料时料线深，就保持在 70kPa 的风压下赶料线，料线到 4m 左右时逐步开始增加风量，料线到 2m 以内时，风量恢复到 $2700m^3/min$，达到全风量的 69%。此时边缘气流发展，不断有小管道吹出，说明原有的操作制度不能适应当前情况。将布料矩阵调整为 $O_{2\ 3\ 3221}^{11109876} C_{2\ 22224}^{1098761}$，矿批由 40t/批增加到 42t/批，调整后风量、风压趋于平稳，随着料线正常逐步捅开堵死的风口，加风、加矿批，15 日 23：00，矿批加到 45t，调整焦炭负荷，高炉开始喷煤。18 日 20：00，矿批加到 47t，实现全风口送风，风量达到 3900m³/min，风压达 370kPa，高炉炉况顺行平稳。

在处理炉况期间，共损失生铁 14000t，多消耗焦炭 300t。

任务6-4 炉型失常的判断与处理

A 炉墙结厚

高炉炉墙结厚或结瘤是已经熔化的液相又重新凝结的结果。它严重地破坏了高炉的顺行，影响了高炉的生产技术指标，是高炉生产中严重的炉况失常。

炉墙结厚可视为结瘤的前期表现，也可以作为一种炉型畸变现象。它是黏结因素强于侵蚀因素，经长时间积累的结果；在炉温波动剧烈时，也可在较短的时间内形成。

a 炉墙结厚的征兆

（1）高炉不顺，不易接受风量，应变能力差。当风压较低时，炉况尚算平稳；当风压偏高时，易出现崩料、管道和悬料。

（2）煤气分布不稳定，煤气利用变差；改变装料制度后，达不到预期的目标；上部结厚时，结厚部位的 CO_2 曲线升高；下部结厚常出现边缘自动加重。

（3）结厚部位的冷却水温差及炉皮表面温度均下降。

（4）风口工作不均匀，风口前易挂渣。

b 炉墙结厚的原因

（1）原燃料质量低劣、粉末多，造成高炉料柱的透气性差。

（2）长期低料线作业，对崩料、悬料处理不当，长期堵风口作业或长期休风后的复风处理不当。

（3）炉顶布料不均，造成炉料在炉内的分布不均匀。

（4）炉温大幅度波动，造成软熔带根部的上下反复变化。

（5）造渣制度失常，使炉渣碱度大幅度波动。

（6）冷却器大量漏水。

c 炉墙结厚的处理

（1）初期结厚可通过发展边缘气流来冲刷结厚部位，同时要减轻负荷、提高炉温。

（2）对于渣碱度高引起的炉墙结厚，在保证炉况顺行的前提下降低碱度或加一定数量的酸料。

（3）控制结厚部位的冷却水，适当降低该部位的冷却强度，提高其冷却水温差。

（4）结厚部位较低时，可采用锰矿、萤石、均热炉渣、氧化铁皮或空焦洗炉。

B 炉墙结瘤

炉墙结厚未能制止或遇炉况严重失常时将发展为炉瘤，见图 6-15。

a 炉墙结瘤的征兆

（1）炉况顺行程度大大恶化，高炉不易接受风量，透气性变差，不断发生崩料、管道和悬料，煤气分布失常，生铁质量下降。

（2）结瘤方位的料线下降慢，料线表面出现台阶，有偏料、悬料、崩料和埋住料线等现象。

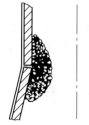

图 6-15 高炉炉喉结瘤示意图

（3）结瘤方位的炉墙温度和冷却水温差明显下降，但在该部位下方的炉料疏松，煤气过多，炉墙温度反而升高。

（4）炉缸工作不均匀，经常偏料，结瘤方位的风口显凉甚至涌渣。

（5）炉尘吹出量大幅增加。

b　炉墙结瘤的原因

（1）原燃料质量低劣、粉末多、软化温度低、低温粉化严重，而高炉操作者只为了片面追求产量而强求加风，忽略了顺行，造成悬料、崩料及管道行程。随之而来的便是送风制度和热制度的剧烈波动，造成成渣带的上下波动，使炉墙产生结厚，最后形成炉瘤。

（2）高炉煤气流分布不合理，大量的熔剂落在边缘。

（3）在炉渣碱度偏高时，炉温波动易将渣铁挂结在炉墙上。

（4）冷却强度过大或冷却设备漏水，易将已软化的渣铁凝结到炉墙上。

（5）碱金属在高炉上部炉墙上富集。

c　炉墙结瘤的处理

炉瘤一经确认后，一般采用"上炸下洗"的方法处理。

（1）洗瘤。下部炉瘤或结瘤初期可采用强烈发展边缘的装料制度和较大的风量，以促使其在高温和强气流作用下熔化。如果炉瘤较顽固，则应通过加入均热炉渣、萤石或集中加焦等来消除。但应注意，要保证炉况顺行、炉温充沛，将渣碱度放低，尽量全风作业。

（2）炸瘤。当上部或中上部结瘤依靠洗炉消除的效果不明显或无效时，应果断休风、炸除炉瘤。

1）炸瘤作业中最关键的是弄清炉瘤的位置和体积，以便确定休风料的安排与降料线的深度。

2）装入适当的净焦、轻负荷料和洗炉料，然后降料线至瘤根下面，使瘤根能完全暴露出来，休风后用泥堵严风口。

3）打开人孔，观察瘤体的位置、形状和大小，以决定安放炸药的数量和位置。

4）炸瘤时应自下而上，常见的炉瘤一般是外壳硬、中间松，黏结最牢的是瘤根，应先炸除。如果先炸上部，将会使炸落的瘤体覆盖住瘤根，不能彻底驱除瘤根。

5）由于炸下的炉瘤在炉缸内要经过一段时间才能熔化，在这段时间内要保持足够的炉温，所以在复风后可根据所炸下的瘤量补加足够的焦炭，以防炉凉；同时可加一些洗炉料，促使熔化物排出炉外。

d　炉墙结瘤的预防

（1）严格贯彻"精料"方针，改善原燃料的理化性能及冶金性能，降低各种碱金属含量及有害杂质的入炉量，降低渣铁比，减少入炉石灰石量。

（2）加强入炉料的筛粉工作，减少入炉粉末，改善料柱的透气性。

（3）稳定高炉的操作制度，防止炉温、炉渣碱度的大起大落，减少或杜绝悬料、崩料、低料线及管道行程的发生。

（4）要勤检查高炉冷却水的变化情况，发现漏水时要及时处理，以维护好合理的操作炉型。

（5）尽量避免长时间的无计划休风，对长期的休风一定要加足焦炭以保证炉温，这样才能为快速复风创造条件。

（6）当炉身温度降低、煤气曲线不正常、长时间低料线以及长期休风时，应强烈发展边缘气流或以萤石、均热炉渣等及时洗炉。

（7）要注意控制冷却强度，使水温差不超过允许值范围。

[**操作案例6-3**]　某高炉在生产过程中产生炉瘤，且有厚度逐渐增厚、范围进一步扩大之势，造成高炉有效容积减少、炉况恶化，制约了高炉的生产能力，影响其正常生产。经研究，拟在高炉短暂休风期间用爆破方法炸除炉内瘤体。在高炉休风以后，首先将炉内料面下降到15.52m平台高度以下，打开高炉该平台的探孔和顶部人孔，充分降温并确认炉瘤情况。对炉腰以上的瘤体，根据炉瘤的形状、厚度和位置，在炉壳上钻两个孔。在钻孔时，因温度高钻头会发红，要坚持边排粉、边降温，以利于顺利钻凿炮孔。炮孔凿好后，根据炉瘤情况分别装入散装的炸药，并按体积公式计算单孔装药量，同时必须保证药包全部安放在炉瘤内。炸药内放置工业导爆索，药包在外面加工好以后用耐火泥等防火材料包好，然后用火雷管和导火索连接导爆索，待孔内温度下降，迅速装入药包后起爆。对冷却壁段，由于是铸造件，不能采用钻孔爆破的办法，则先将直径为6.5mm的钢丝绳一端固定在有炉瘤的探孔部位，另一端从炉内牵引至高炉顶部的人孔外面，形成一条钢丝绳缆索。再加工一段长度为300mm的25号角钢，在角钢的两端钻孔，用绳卡将角钢的一端串在钢丝绳上面，将加工好并进行过防火耐温处理的炸药包吊在角钢的另一端。然后在高炉人孔外面点燃炸药包的导火索，将炸药包溜放到炉瘤位置爆炸，达到炸除炉瘤的目的。

任务6-5　炉缸堆积的判断与处理

炉缸堆积是指炉缸工作达不到正常状态，由不活跃区逐渐变成死区的现象。炉缸堆积物可能是一些焦粉、难熔炉渣或钛化物等。

A　炉缸堆积的原因

（1）原燃料质量恶化，特别是焦炭的质量降低影响最大。

（2）长时间高炉温、高碱度操作，加剧了石墨碳沉积而导致炉缸堆积。

（3）长期采用发展边缘的装料制度。

（4）长期减风低压操作，风速不足。

（5）冷却设备漏水。

（6）长期冶炼铸造生铁。

（7）炭块-陶瓷砌体复合结构的炉缸，长期高炉温（$w_0[\mathrm{Si}] \geq 0.7\%$）操作。

B　炉缸堆积的征兆

（1）接受风量能力变差，热风压力较正常值升高，透气性指数降低。

（2）中心堆积，上渣率显著增加；出铁后，放上渣时间间隔变短。

（3）放渣出铁前，憋风、难行、料慢；放渣出铁时，料速显著变快，憋风现象暂时消除。

（4）风口下部不活跃，易涌渣、灌渣。

（5）渣口难开，渣中带铁，伴随渣口烧坏多。

（6）铁口深度容易维护，打泥量减少，严重时铁口难开。

（7）风口大量破损，多坏在下部。

（8）边缘堆积，一般先坏风口，后坏渣口。

（9）中心堆积，一般先坏渣口，后坏风口。铁水物理热不足，易出低硅高硫铁，严重时出高硅高硫铁，见下渣后铁量少，铁口变深、变长且难开。

（10）边缘结厚部位水箱温度下降。

C　炉缸堆积的处理

（1）改善原燃料质量（重点是提高转鼓强度、减少粉末），提高炉料透气性，选择科学合理的炉料结构、装料制度、送风制度，这是预防和处理炉缸堆积的根本措施。

（2）边缘堆积时要减轻边缘，扩大风口直径，根据炉温调节焦炭负荷。

（3）中心堆积时采用加重边缘的料制，改用长风口，缩小风口直径，提高风速，吹透中心。短期慢风作业要堵风口。

（4）炉渣中 Al_2O_3 含量高（大于 15%）时，要提高 MgO 含量（12% 左右），改善料柱透气性。

（5）降低炉料碱金属负荷，采取低碱度炉渣排碱。

（6）炉缸严重堆积时要洗炉。

（7）对于风口、渣口破损较多的炉缸堆积，要增加出铁次数和放渣次数，减少炉缸存渣铁量。

[操作案例 6-4]　2009 年 1 月，方大特钢新 1 号高炉受焦炭质量恶化的影响炉况失常，由于处理不及时导致炉缸堆积。本次处理过程分为以下三个阶段进行：

（1）2 月 19 日 ~ 23 日为第一阶段，主要解决顺行问题，19 日堵 7 号 ~ 10 号四个风口，矿批从 31t/批逐渐减小至 22t/批，α 角整体退 2°，负荷从 3.84 逐渐减轻至 3.22，逐步改全焦冶炼，以对付亏料和稳定炉温，21 日加净焦、酸料和萤石，发展边缘，稳定炉况。

（2）2 月 24 日 ~ 27 日为第二阶段，以加锰矿洗炉、稳定边缘气流为主。25 日晚班炉温回升，$w[Si]$ 大于 2.0%，但铁水物理热低于 1400℃，造成炉渣碱度失控，总结分析可知是萤石的作用。因此改用锰矿，以 $w[Mn]$ = 0.8% 来控制，渣铁流动性有所改善；但碱度失控，造成 5 号、16 号风口烧损。

（3）2 月 28 日 ~ 3 月 6 日为第三阶段，在加锰矿的同时使用砾石，提渣比，逐渐压制边缘气流，恢复全风口作业。

在炉况失常期间，损失金额约 764 万元。

【问题探究】

6-1　判断炉况的方法有哪些？

6-2　怎样由观察风口来判断炉况？

6-3　怎样从出铁、出渣情况来判断炉况？

6-4　正常炉况有哪些特点？

6-5　失常炉况的类型有哪些？

6-6　边缘气流过分发展、中心气流过分发展、管道行程的征兆各有哪些，如何处理？

6-7　低料线、管道行程有何危害？

6-8　如何处理悬料、崩料、偏料？

6-9　如何处理炉墙结厚和结瘤？

【技能训练】

项目6-1 判断生铁〔Si〕、〔S〕含量以及炉渣碱度, 并说明理由

条件: (1) 铁样、渣样;
(2) 生产现场相关情况

项目6-2 案例分析

[**案例1**] 某高炉5月9日14:16~15:30发生主卷扬系统故障, 无法上料, 被迫减风至最低并被迫在16:18休风处理, 料线降至4m左右。6月2日, 铁中w〔Si〕的平均值达0.80%, 比正常值高0.2%。6月3日8:00开始, 连续11炉铁中w〔Si〕的平均值为0.22%, 最低一炉仅为0.15%。

(1) 分析该高炉在5~6月期间发生了哪些炉况失常问题? 这些失常如果不能及时处理, 将导致怎样的破坏?

(2) 该高炉10月13日与10月23日的装料制度如表6-2所示。与13日相比, 23日装料制度的改变对煤气流分布将产生怎样的影响?

表6-2 装料制度

日 期	装 料 制 度		
10月13日	$K \begin{array}{cccccc} 8 & 7 & 6 & 5 & 4 \\ 2 & 2 & 2 & 2 & 1 \end{array}$		$J \begin{array}{ccccccc} 8 & 7 & 6 & 5 & 4 & 3 & 2 \\ 2 & 2 & 2 & 2 & 2 & 3 & 3 \end{array}$
10月23日	$K \begin{array}{cccccc} 9 & 8 & 7 & 6 & 5 & 4 \\ 1 & 2 & 2 & 2 & 2 & 2 \end{array}$		$J \begin{array}{ccccccc} 8 & 7 & 6 & 5 & 4 & 3 & 2 \\ 1 & 2 & 2 & 2 & 2 & 3 & 3 \end{array}$

[**案例2**] 某387m³高炉在2006年8月9日早班风量为989m³/min, 风压为145kPa, 料速为7批/h, 焦炭水分为8.1%。中班风量为984m³/min, 风压为149kPa, 焦炭水分为10%。夜班01:00, 风量为990m³/min, 02:00时达到1010m³/min, 05:00增加到1020m³/min; 而风压从01:00的147kPa逐渐下降到142kPa。从中班22:00开始到次日06:00, 8h内下了8批料, 且铁水物理热从1480℃依次变化为1467℃、1437℃、1434℃、1439℃、1420℃、1387℃、1349℃, 夜班焦炭水分为11%。从9日夜班06:00减风开始, 热风压力开始升高, 到149kPa时透气性指数下降到38m³/(min·kPa)。自07:40热风炉换炉后, 风压曲线开始出现锯齿形波动, 炉况开始崩料。09:00以后, 风量、风压出现严重波动。10:35悬料, 并减风坐料。8月10日早班第二炉, 铁口不能出铁、风口涌渣、灌死, 15:40被迫休风处理风口, 研究恢复方案。

变料情况如下: 8月9日全天变料两次, 即早班第25批加焦30kg/批, 负荷由2.92调至2.89; 早班第45批减焦70kg/批, 将负荷由2.89加至2.96, 之后全天负荷未做调整。

基于以上材料, 分析下列问题:

(1) 该高炉在2006年8月9~10日期间出现了哪些炉况失常现象, 产生的原因有哪些?

(2) 有哪些教训需要反思? 写出分析报告。

7 高炉强化冶炼操作

【学习目标】

(1) 掌握高炉强化的途径；
(2) 了解精料、高压操作、高风温操作富氧鼓风操作、喷吹煤粉、冶炼低硅生铁的意义；
(3) 掌握高风温、高压、富氧鼓风操作及喷吹煤粉等措施对高炉冶炼的影响；
(4) 掌握高炉高压操作的工作原理；
(5) 掌握高炉喷煤的工艺流程；
(6) 掌握煤粉制备系统主要设备的构造、工作原理；
(7) 掌握煤粉喷吹系统主要设备的构造、工作原理；
(8) 能够进行高压、常压转换操作；
(9) 能够进行喷吹用煤粉的制备和喷吹操作；
(10) 能够处理煤粉喷吹过程中的一般故障。

【相关知识】

7.1 高炉强化途径

由于现代炼铁技术的进步，高炉生产有了巨大发展，单位容积的产量大幅度提高，单位生铁的消耗，尤其是燃料消耗大量减少，高炉生产强化达到了一个新的水平。

高炉强化是指在保证生铁质量和延长高炉寿命的同时，尽可能提高高炉有效容积利用系数，达到高炉冶炼的经济化操作。

高炉有效容积利用系数可表示为：

$$\eta_u = \frac{I_{综}}{K_{综}} \tag{7-1}$$

式中　η_u——高炉有效容积利用系数，$t/(m^3 \cdot d)$；

　　　$K_{综}$——综合焦比，t/t；

　　　$I_{综}$——综合冶炼强度，$t/(m^3 \cdot d)$。

冶炼强度与焦比是互相关联、互相影响的，它们的关系如图 7-1 所示。即在一定的冶炼强度下，存在着一个与最低焦比相对应的最适宜的冶炼强度 $I_{适}$，当冶炼强度低于或高于 $I_{适}$ 时，焦比将升高，而产量也开始逐渐降低，这种规律反映了高炉内煤气与炉料两流股间的复杂传热、传质现象。因为在

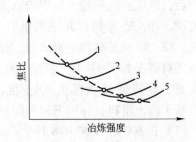

图 7-1　冶炼强度与焦比的关系示意图
（1~5 表示不同的冶炼条件）

冶炼强度很低时，风量以及相应产生的煤气量均很小，流速低，在高炉内分布极不均匀，煤气与矿石不能很好地接触，结果煤气的热能和化学能得不到充分利用，进入高温区的炉料因还原不充分，直接还原发展，消耗了大量宝贵的热量，因此焦比很高。随着冶炼强度的提高，风量、煤气量相应增加，煤气流速也增大，出现了风口回旋区，煤气流的运动状态由层流转为湍流，大大改善了与炉料间的接触条件，焦比明显下降。但当冶炼强度大于 $I_{适}$ 后，随着冶炼强度的继续提高，煤气量增加，进一步提高了煤气流速，容易导致中心过吹或管道行程，最终表现为焦比升高、产量下降。

当前我国高炉的强化方针是："以精料为基础，以节能为中心，改善煤气能量利用，选择适宜的冶炼强度，最大限度地降低焦比和燃料比，有效地提高利用系数"。而建立最低燃料比的综合冶炼强度在 $1.0 \sim 1.1t/(m^3 \cdot d)$ 的概念，是高炉炼铁节能降耗工作的重要指导思想。

目前强化高炉生产的主要措施有精料、高风温、高压、富氧鼓风、加湿或脱湿鼓风、喷吹燃料以及高炉过程的自动化等。

7.2 精料

精料就是全面改进原燃料的质量。高炉炼铁是以精料为基础的，精料水平对高炉指标的影响率为70%，所以要重视改善原燃料质量的作用。精料的具体内容可概括为"高、熟、净、匀、小、稳、少"。

"高"指的是提高入炉原燃料的品位以及原燃料的强度。提高入炉原燃料的品位是精料工作的核心内容。据统计，原燃料品位每提高1%，焦比可降低1%～2%，产量增加1.5%～2.5%。高炉工作者习惯以吨铁的渣量来衡量入炉料的品位。当前先进高炉的吨铁渣量在 $200 \sim 300kg/t$ 之间，我国的高炉渣量大多数在 $400 \sim 600kg/t$ 之间。提高入炉原燃料品位就是使渣量降低到 $300kg/t$ 以下，这是保证高炉强化和大喷煤的必要条件。提高原燃料强度是精料工作的重要内容。生产实践表明，烧结矿、球团矿转鼓指数每提高1%，高炉产量提高1.9%。焦炭 M_{40} 每提高1%，高炉产量提高4%，燃料比下降 $5.6kg/t$；M_{10} 每减少0.2%，高炉产量提高5%，燃料比下降 $7kg/t$。

"熟"是指高炉入炉原料中熟料（指烧结矿和球团矿）的比例要高，炉料结构要合理。20世纪60年代中期到80年代初期，我国高炉开始从生矿冶炼改为烧结矿和球团矿冶炼，由于人造富矿的品位、脉石数量、碱度和有害杂质可以在一定程度上得到控制，而且还有较为理想的软熔、滴落性能，因而促进了高炉热制度的稳定与炉况的顺行，故"熟"在当时条件下指的是提高入炉原料的熟料配比。随着高炉炼铁生产技术的不断进步，为了降低成本，现已不再追求高的熟料比，而是更加注重合理的炉料结构，目前国内大多数高炉采用烧结矿 + 球团矿 + 块矿的三元炉料结构。优化高炉炉料结构的方向是提高球团矿配比，高炉多用球团矿可有效地提高入炉矿品位，同时会使炼铁系统的能耗降低，有较好的节能减排效果。目前，我国球团矿配比在15%左右，个别企业已达50%以上，鞍钢、武钢等企业均有进一步发展球团矿的规划。块矿比例以10%～15%为好，过高会对炼铁能耗产生一定副作用。

"净"是指原燃料必须经过筛分去除粉末，保持入炉料"干净"。如果粉料不能筛除，就会充填于块状炉料的空隙间，严重影响高炉料柱的透气性，影响煤气流的合理分布，甚至造成高炉悬料、崩料、结瘤等后果；此外，炉料含粉率高还会使炉尘吹出量增加，从而增加炉料消耗。因此，入炉原燃料中小于5mm粒度的颗粒组成要低于总量的5%。

"匀"指的是原燃料粒度要均匀。根据几何学计算，用直径相同的球体组成的散料层，其孔隙率只取决于球体排列方式，与球体的直径无关，最大值可达0.472，最小值为0.263。高炉内的料柱由散料组成，虽然炉料不是球体，但依照上述原理，如果粒度均匀一致，将能获得较大的孔隙率，从而改善高炉料柱的透气性。我国高炉入炉烧结矿的粒度一般是5~40mm，焦炭为25~60mm，易还原的赤铁矿和褐铁矿为8~30mm；对于中小型高炉而言，原燃料粒度还允许再小一点。如果入炉原料粒级差别大，应采取分级入炉的装入方法。

"小"指的是在保证料柱透气性的前提下缩小原燃料粒度。矿石粒度缩小有利于改善其还原性，取得降低吨铁能耗的效果。缩小焦炭粒度既可以扩大燃料的使用范围，进一步降低成本，又与缩小的矿石粒度相适应。根据经验，焦炭应比矿石的平均粒度大3~5倍。近年来大中型高炉生产中，将15~25mm粒级的焦丁与矿石一起混装，取得了很好的冶炼效果。

"稳"是指保持原燃料化学成分和物理性能的稳定，这一点对高炉稳产、高产和低耗至关重要。因为入炉原燃料成分的波动往往会造成炉温和生铁质量的波动，在这种情况下，值班人员常常被迫采取"宁热勿凉"的保守操作，不能充分发挥高炉生产能力。2008年公布的《高炉炼铁工艺设计规范》中对烧结矿质量的要求是：铁分波动不大于±0.5%，碱度波动不大于±0.08，铁分和碱度波动达标率不小于80%~98%；FeO含量不大于9.0%，波动不大于±1.0%。目前，一些企业达不到这个标准，严重影响了高炉的正常生产。现在，我国炼铁存在的最大问题是生产不稳定，其主要原因是原燃料质量不稳定。稳定是高炉生产的灵魂，炼铁企业应当在生产稳定上下工夫。

"少"是指应尽量减少原燃料中S、P等有害杂质的含量，这是冶炼优质生铁的基础。常见的有害杂质为硫和磷，高炉过程虽能脱硫，但必须以提高碱度为代价；高炉对磷几乎无能为力，必须控制原燃料的磷含量才能使生产的生铁达到指定的要求。我国南方的铁矿中还含有As、Cu、Pb，包头矿中含有碱金属、F、Zn等。S、P、As、Cu都易还原进入生铁，对生铁及其钢材的性能有很大的危害。碱金属、Zn、Pb和F等虽然不进入生铁，但对高炉的炉衬起破坏作用或在冶炼过程中循环富集，严重时造成悬料结瘤或污染环境。

《高炉炼铁工艺设计规范》中对原燃料质量提出的要求见表7-1~表7-7。

表7-1　对原料粒度的要求

烧结矿		块　矿		球团矿	
粒度范围	5~50mm	粒度范围	5~30mm	粒度范围	6~18mm
>50mm	≤8%	>30mm	≤10%	9~18mm	≥85%
<5mm	≤5%	<5mm	≤5%	<6mm	≤5%

表7-2　入炉原料含铁品位的要求

炉容级别/m³	1000	2000	3000	4000	5000
平均铁含量/%	≥56	≥58	≥59	≥59	≥60
熟料率/%	≥85	≥85	≥85	≥85	≥85

表7-3 入炉原燃料有害杂质控制值 （kg/t）

$K_2O + Na_2O$	Zn	Pb	As	S	Cl^{-1}
≤3.0	≤0.15	≤0.15	≤0.1	≤4.0	≤0.6

表7-4 烧结矿质量要求

炉容级别/m³	1000	2000	3000	4000	5000
铁分波动/%	≤ ±0.5	≤ ±0.5	≤ ±0.5	≤ ±0.5	≤ ±0.5
碱度波动	≤ ±0.08	≤ ±0.08	≤ ±0.08	≤ ±0.08	≤ ±0.08
铁分与碱度波动的达标率/%	≥80	≥85	≥90	≥95	≥98
FeO含量/%	≤9.0	≤8.8	≤8.5	≤8.0	≤8.0
FeO含量波动/%	≤ ±1.0	≤ ±1.0	≤ ±1.0	≤ ±1.0	≤ ±1.0
转鼓指数（+6.3mm）/%	≥71	≥74	≥77	≥78	≥78

表7-5 球团矿质量要求

炉容级别/m³	1000	2000	3000	4000	5000
铁含量/%	≥63	≥63	≥64	≥64	≥64
转鼓指数（+6.3mm）/%	≥89	≥89	≥92	≥92	≥92
耐磨指数（-0.5mm）/%	≤5	≤5	≤4	≤4	≤4
常温耐压强度/N·球⁻¹	≥2000	≥2000	≥2000	≥2500	≥2500
低温还原粉化率（+3.15mm）/%	≥85	≥85	≥89	≥89	≥89
膨胀率/%	≤15	≤15	≤15	≤15	≤15
铁分波动/%	≤ ±0.5	≤ ±0.5	≤ ±0.5	≤ ±0.5	≤ ±0.5

表7-6 入炉块矿质量要求

炉容级别/m³	1000	2000	3000	4000	5000
铁含量/%	≥62	≥62	≥64	≥64	≥64
热爆裂性能/%	—	—	≤1	<1	<1
铁分波动/%	≤ ±0.5	≤ ±0.5	≤ ±0.5	≤ ±0.5	≤ ±0.5

表7-7 高炉对焦炭的质量要求

炉容级别/m³	1000	2000	3000	4000	5000
M_{40}/%	≥78	≥82	≥84	≥85	≥86
M_{10}/%	≤8.0	≤7.5	≤7.0	≤6.5	≤6.0
反应后强度CSR/%	≥58	≥60	≥62	≥64	≥65
反应性指数CRI/%	≤28	≤26	≤25	≤25	≤25
焦炭灰分/%	≤13	≤13	≤12.5	≤12	≤12
焦炭硫含量/%	≤0.7	≤0.7	≤0.6	≤0.6	≤0.6
焦炭粒度范围/mm	75~25	75~25	75~25	75~25	75~30
大于上限/%	≤10	≤10	≤10	≤10	≤10
小于下限/%	≤8	≤8	≤8	≤8	≤8

7.3　高压操作

　　高压操作是指提高炉内煤气压力至超过常压高炉的水平。高压操作的程度常以高炉炉顶压力来表示，常压高炉炉顶压力低于 130 kPa（绝对压力），凡是炉顶压力超过此值均称为高压操作。

　　高炉采用高压操作的设想早在 1915 年就由俄国工程师叶斯曼斯基提出，直到 1940 年才在前苏联的一座高炉上采用。美国于 1941 年在高炉上采用高压并取得了良好效果。日本使用高压较晚，直到 1962 年才从美国引进高压技术，但是发展迅速，日本 2000 m³ 高炉炉顶压力为 250 ~ 350 kPa，4000 ~ 5000 m³ 高炉炉顶压力达到 330 ~ 400 kPa。我国于 1956 年首先在鞍钢 9 号高炉实现高压操作，之后在各厂相继推广。近年来随着无钟炉顶的广泛使用，炉顶压力水平普遍提高，一般为 240 ~ 250 kPa，新设计的巨型高炉通常都按 350 kPa 考虑。

　　高压操作的条件是：

　　（1）鼓风机要保证在高压条件下能向高炉供应足够的风量；

　　（2）整个炉顶煤气系统、送风系统和高炉必须保证可靠的密封与足够的强度，以满足高压操作的要求；

　　（3）高压操作作为强化高炉冶炼的手段，顺行是保证高炉不断强化的前提。因此，只有在炉况基本顺行、风量已达全风量的 60% 以上时，才可从常压转为高压操作。

7.3.1　高压操作对高炉冶炼的影响

　　高压操作对高炉冶炼产生如下影响：

　　（1）有利于降低压差、加大风量、提高冶炼强度。当风量不变时，高压操作后，炉内煤气平均压力提高、体积缩小、流速降低，煤气压差下降，有利于炉况顺行。但沿高炉高度方向各部位压差降低的幅度并不一致，高炉上部（块状带）的压差降低较多，下部压差降低较少。如某高炉顶压由 20 kPa 提高到 80 kPa（表压）时，下部压差仅由 82.7 kPa 降至 81.7 kPa；而上部压差却由 58.9 kPa 降至 28.9 kPa，即降低了 50% 以上。因此，高压后产生的难行或悬料多发生在高炉下部。高压后如果维持 Δp 值不变，则可加大风量，强化高炉行程，提高冶炼强度。武钢 2 号高炉炉顶压力由 30kPa（表压）提高到 135kPa 时，产量增加了 30%。日本统计资料则是顶压每提高 10kPa，可增产 1.2% ~ 2.0%，降焦 5 ~ 7 kg。

　　（2）有利于减少管道行程，降低炉尘吹出量。高压操作后由于 Δp 降低，煤气对料柱的支撑力减小，不易产生管道。同时，因炉顶煤气流速降低，炉况变得稳定，使炉尘吹出量减少，每吨生铁的原料消耗量减少。现代高炉顶压提高到 150 ~ 250 kPa 后，炉尘吹出量降低到 10 kg/t 以下。

　　（3）有利于降低焦比。高压操作后降低焦比的原因可归纳如下：

　　1）高压操作后炉况顺行，煤气分布稳定，煤气利用改善，炉温稳定。

　　2）高压操作后可以加大风量，提高冶炼强度，使产量提高，单位生铁的热损失降低。

　　3）炉尘减少，实际焦炭负荷增加。

　　4）高压操作后有利于反应 $CO_2 + C \longrightarrow 2CO$ 向左进行，反应开始温度 $T_{开}$ 升高，故间接还原区域增大,直接还原区域减小,r_d 降低。

5)高压操作可抑制硅还原反应($SiO_2 + 2C = Si + 2CO$)的进行,有利于降低生铁硅含量,促进焦比降低。据资料报道,煤气流速在 2.5~3.0m/s 之间时,每降低煤气流速 0.1 m/s,可降低焦比 2.5~3 kg/t,增产 0.55%。

(4)有利于延长煤气在高炉内的停留时间,加快间接还原进程。高压操作后,煤气流速降低,煤气在炉内的停留时间延长。据有关高炉测定,煤气压力每提高 10kPa,炉喉煤气速度降低 5.6%,且煤气浓度提高,有利于加快间接还原进程。

(5)容易促使边缘气流发展。提高炉内煤气压力后,由于煤气流速降低,特别是边缘煤气流速降低较大,容易促使边缘气流发展。如不相应地加大风量、采取加重边缘的装料制度或适当减小风口面积,则炉喉煤气 CO_2 曲线的最高点将向中心移动,类似于慢风操作,煤气分布失常,能量利用变差。

(6)影响生铁成分。提高炉顶压力对硅还原不利,因而有利于降低生铁硅含量。高压操作后,由于析碳反应($2CO = CO_2 + C$)产生的烟碳量增加,使海绵铁渗碳量增多,最终使得生铁碳含量升高。

(7)高压操作还是一种调剂炉况的有效手段。在炉温充足、原料条件较好的情况下,如果由于管道生成后风压突升,上部炉料难下,此时立即由高压改为常压可以有效处理悬料。因为高压改常压后炉内压力降低,风量会自动增加,煤气流速加快,此时上部煤气压力突减,煤气流对炉料产生一种"顶"的作用,使炉料被顶落。同时,应将风量减至常压时风量的 90% 左右并停止上料,等风压稳定后可逐渐上料,待料线赶上即可改为高压全风量操作。如果悬料的部位发生在高炉下部,也需要改高压为常压,但主要措施应该是减少风量(严禁高压放风坐料),使下部压差降低,这样有利于下部炉料的降落。

7.3.2 高压操作工艺

7.3.2.1 高压操作的工艺流程

高压操作主要是通过减压阀组或 TRT 来实现的。减压阀组也称调压阀组或高压阀组,安装在高炉的净煤气管道上,是控制高炉炉顶煤气压力的阀门组。TRT 是高炉煤气余压透平发电装置,它是利用高炉炉顶煤气具有的压力能及热能,使煤气通过透平膨胀机做功,将其转化为机械能,驱动发电机发电的一种二次能量回收装置。

图 7-2 为我国某 $1000m^3$ 高炉采用高压阀组以及 TRT 进行高压操作的工艺流程示意图。从高炉排出的煤气,经除尘系统净化、进入净煤气管道后分成两路。一路是当 TRT 不工作时,煤气经过减压阀组减压后进入煤气管网。中小型高炉减压阀组由四根煤气管道组成,分别由三个电控或液控的大蝶阀(1号、2号、3号)及一个小蝶阀(4号)控制。蝶阀设置手动和自动控制开关。四个阀门全开时高炉为常压操作,当各阀门逐渐关小时炉顶压力随之升高,高炉则处于高压状态,炉顶压力的高低可用此四个阀门关闭的程度来决定。一般在炉顶压力设定为某一数值后,三个大阀门关闭到某一位置或全关,由小阀门自动进行开关来调节炉顶压力并稳定在预定水平,以达到稳定顶压的目的。煤气通过调压阀组后,压力能损失很大。另一路是当 TRT 运转时,净煤气经过入口电动蝶阀、入口插板阀、快速切断阀后,经透平机膨胀做功,带动发电机发电,自透平机出来的煤气经过出口插板阀、电动蝶阀进入低压管网。TRT 正常运行时对高炉顶压的调节以 TRT 侧的高炉顶压设定

值为目标值,通过调节控制 TRT 静叶开度达到控制高炉炉顶压力稳定的目的。这种工艺既回收了煤气白白泄放的能量,又改善了高炉炉顶压力的控制质量,使炉顶压力的波动比用调压阀组时要小。

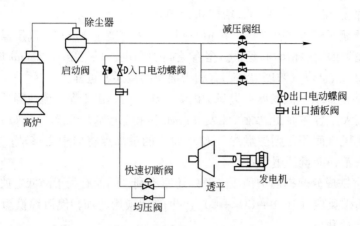

图 7-2　高压操作的工艺流程示意图

7.3.2.2　常压改高压的操作程序

某 400m³ 级高炉常压改高压的操作规程如下:

(1) 当常压转高压条件具备后,向风机、热风炉、上料系统、煤气除尘部门发出转换高压操作的信号,将高压阀组的控制开关打到手动调节位置,给定炉顶压力值;

(2) 当加风风量达到全风风量的 60% 时,手动依次逐个关小 1 号、2 号、3 号调节阀,使顶压达到 80kPa;

(3) 当炉况允许加风时,加风并提顶压。根据加风情况,先关 1 号调节阀,再关 3 号调节阀,然后将 2 号、4 号调节阀手动关到 50%,使高炉压差保持或稍低于常压的压差水平;

(4) 全风后,用 2 号调节阀调节到要求的顶压,将 4 号调节阀改为自动;

(5) 有 TRT 的高炉确认炉况正常后,给 TRT 操作室发出"允许启动"的信号,TRT 操作室发出"并网状态"的信号;

(6) 高炉主控室输入顶压设定值,并通知 TRT 操作室;

(7) TRT 操作室发出"顶压调节"信号,转入 TRT 静叶自动调节顶压,至此,顶压完全转入 TRT 操作状态。

7.3.2.3　TRT 与高压阀组正常切断的操作程序

(1) TRT 操作室与高炉联系,TRT 需要停止运行;

(2) 高炉主控室逐渐开 2 号调节阀、4 号调节阀到适当开度,直到 TRT 全关;

(3) 将 4 号调节阀转为自动调节,此时顶压转为由旁通阀组控制;

(4) TRT 操作室发出"降功率"信号,同时去掉"顶压调节"信号。

7.3.2.4　高压改常压的操作程序

(1) 向送风机、热风炉、上料系统、煤气除尘部门发出改常压操作的信号;

(2) 高炉主控室逐渐降低炉顶压力设定值 (100m³/min 对应 5~7kPa 的炉顶压力),炉内减风到一定程度后,直接将顶压设定值设定为 30kPa,全开静叶;

（3）如果静叶全开仍然不能将顶压降低到 30kPa 以下，可以手动开 1 号调节阀、4 号调节阀，直至顶压降到要求水平；

（4）高压阀组控制顶压时，如果进行高压转常压的操作，应先将 4 号调节阀由自动转为手动后再减风，控制压差等于或稍高于高压操作时的压差水平，然后依次全开 1 号、2 号、3 号、4 号调节阀。

7.3.2.5 高压操作注意事项

（1）高压、常压转换会引起煤气流分布的变化，所以转换操作应缓慢进行，以免损坏设备和引起炉况不顺。

（2）转高压后一般会导致边缘气流发展，要视情况相应调整装料制度与送风制度。

（3）炉顶压力必须与风量相适应，避免因顶压波动较大引起煤气流分布的波动，从而造成崩料。提高炉顶压力必须增加风量以保持一定的风速，当风量不能增加时则不应提高顶压。

（4）加风提高顶压时，必须保持压差在原来的基础上不超过 ±5kPa。

（5）高压操作时，风口、渣口的冷却水压应高于炉内压力 50 kPa 以上。

（6）当炉况出现崩料、悬料时，应根据实际情况进行调整，禁止使用高顶压操作。处理悬料时，首先要改常压，然后放风坐料，严禁在高压下强迫放风坐料。

（7）当炉外事故来不及按正常程序转常压操作时，可先放风，同时改常压。

（8）在高压转常压的过程中，应完全设置为手动。

7.4 高风温操作

高风温是高炉降低焦比、提高喷吹量及强化冶炼的有效措施。2010 年，我国重点企业高炉平均风温为 1160℃，一些 2000m³ 以上的高炉风温达到 1200℃ 以上，实现了高风温操作。

7.4.1 高风温对高炉冶炼的影响

7.4.1.1 高风温与炉温的关系

从热量利用方面来看，高炉内热量来源于两方面：一是风口前碳燃烧放出的化学热，二是热风带入的物理热。碳燃烧放出的化学热不能在炉内全部利用（随着碳的燃烧必然产生大量的煤气，这些煤气将携带部分热量从炉顶逸出炉外，即造成热损失），而热风带入的物理热能使焦比降低、产量提高、单位生铁的煤气量减少、炉顶温度有所降低、热能利用率提高，故可认为这部分热量在高炉内是 100% 被有效利用的。可以说，热风带入的热量比碳燃烧放出的热量要有用得多。例如，高炉有效热量利用率 $\eta_{有效} = 0.8$ 时，如果风温提高多带入 100kJ 的热量，且其他条件未变，将节省相当于 100/0.8 = 125kJ 热量的碳。

7.4.1.2 高风温与降低焦比的关系

由热平衡计算可知，热风带入的热量占总热量收入的 20%，每提高 100℃ 风温，燃料比下降 10 ~ 15kg/t。

（1）高风温带入了物理热，减少了作为发热剂那部分热所消耗的焦炭。

（2）风温提高后焦比降低，使单位生铁生成的煤气量减少，煤气水当量减少，炉顶煤气温度降低，煤气带走的热量减少。

（3）由于风温提高后焦比降低，产量相应提高，单位生铁热损失减少。

（4）风温升高，炉缸温度升高，炉缸热量收入增多，可以加大喷吹燃料数量，更有利于降低焦比。

　　风温水平不同，提高风温的节焦效果也不相同。风温越低，降低焦比的效果越显著；反之，风温水平越高，增加相同的风温所节约的焦炭越少。

　　高风温需要高发热值的煤气在热风炉内进行燃烧，这对热风炉结构、材质以及送风设备提出了更高的要求。从能量观点分析，如果加热冷风所需的热量多于热风给高炉节省的热量就不经济了。一则风温提高后，节能效果下降；二则热风炉效率影响能量消耗，所以风温水平应当有个限度，超过这个水平再提高风温毫无意义。由此引出经济风温的概念，即在能够节能范围内的风温称为经济风温。经济风温与吨铁的耗风量有关，吨铁风量消耗越小，风温的效率越高；当风耗大于 $2000\ m^3/t$ 时，高风温就不经济了。

7.4.1.3　高风温与喷吹燃料的关系

　　提高风温为喷吹燃料提供了良好的条件，而喷吹量的增加又促使风温进一步提高。高炉喷吹煤粉后，由于煤粉从常温提高到风口前燃烧时的温度需要热量，而且燃烧时还要分解吸热，同时煤气量增加等原因也会导致喷煤后风口前理论燃烧温度下降，因此，喷吹燃料后应提高风温进行热补偿。喷吹量越大，需补偿的热量越多。据鞍钢经验，喷吹 1kg 煤粉时要补偿 1009kJ 热量，需要提高风温 $1.3\sim1.8℃$；否则会影响喷吹效果，甚至可能引起炉况失常。

　　提高风温后，增加了炉缸热量，确保燃烧带具有较高温度水平，促进了风口前煤粉的裂化和燃烧，有利于喷吹燃料热能和化学能的充分利用。所以，提高风温是加大喷煤量和提高喷吹效果的积极措施。首钢高炉风温在 $1000℃$ 以上时，喷吹煤粉量为 $140\sim150\ kg$，相当于总燃料的 30% 左右；如果风温降到 $900℃$ 左右，喷吹量减少到总燃料量的 20% 左右。可以说，高风温是维持高炉正常冶炼需要的最低理论燃烧温度和提高煤粉置换比的有效措施。

7.4.1.4　高风温与炉况顺行的关系

　　生产实践表明，在一定条件下，若风温提高到某一水平时再进一步提高风温，高炉顺行将受到影响。其原因主要有三个方面：

　　(1) 风温提高后，炉缸温度随之升高，炉缸煤气体积膨胀、流速增大，高炉压差（尤其是下部压差）升高，不利于顺行。

　　(2) 风温提高后会加速风口燃烧区 SiO 的挥发，据研究，温度达到 $1500℃$ 时，高炉焦炭灰分中 SiO_2 还原产生的 SiO 开始挥发；$1800℃$ 时，SiO 的挥发量达到 30%；$1880℃$ 时，在炉缸表压为 $0.12\sim0.15\ MPa$ 的情况下，SiO 沸腾温度为 $1970℃$。因此，当风温过高导致风口前焦炭燃烧的温度在 $1970℃$ 以上时，将引起 SiO 大量挥发和循环富集，使料柱透气性恶化；或在 $1650℃$ 时其又重新软化，变成一种酸性、黏性物质，堵塞料柱孔隙，造成高炉难行、悬料。

　　(3) 风温提高以后，料柱内透气性好的焦炭数量减少，整个料柱的孔隙率减小，Δp 上升，高炉顺行也将受到影响。

　　据统计，在冶炼条件不变时，风温每提高 $100℃$，炉内 Δp 升高约 10kPa，冶炼强度下降 2% 左右。

　　加强整粒、筛出粉料、提高炉料的高温冶金性能以及减少渣量，可以减少风温升高的不利影响；而增加喷吹量或加湿鼓风，能够防止炉缸温度过高，保持炉况顺行。

7.4.1.5 高风温对还原的影响

提高风温对高炉还原既有有利的一面也有不利的一面。有利的一面是加快风口前焦炭的燃烧速度，热量更集中于炉缸，使高温区域下移，中温区域扩大。不利的一面是提高风温使单位生铁还原剂的数量因焦比降低而减少，中温区虽扩大，但温度降低，还原速度变慢。总的来看，风温提高，间接还原略有降低，直接还原度 r_d 略有升高。

7.4.2 提高风温的途径

目前，我国风温水平与国际先进水平的差距在 100℃ 左右，且热风炉寿命大多数达不到 25 年。造成这一差距的原因有理论燃烧温度较低、一些热风炉结构不合理、购买劣质耐火砖、施工质量不高、维护不当、送风与燃烧制度不合理等。

提高风温可通过以下几个途径：

（1）提高煤气发热值（$Q_{煤}$）。由于目前高炉焦比大幅度降低，煤气的发热值相应减少，其低发热值在 3100 kJ/m³ 左右。在不预热的情况下热风炉单烧高炉煤气时，风温只能达到 1000~1050℃，满足不了高炉高风温的要求。而焦炉煤气与转炉煤气的低发热值分别在 17600kJ/m³ 和 6700 kJ/m³ 左右，明显高于高炉煤气的低发热值。所以，在高炉煤气中配入焦炉煤气、天然气或转炉煤气能够提高 $Q_{煤}$ 值，但由于焦炉煤气与天然气价格昂贵，此法不是提高风温的最佳选择。

（2）预热助燃空气与燃烧煤气。据统计，煤气温度每提高 100℃，理论燃烧温度提高 40~50℃。助燃空气温度在 100~800℃ 范围内，每升高 100℃，相应提高理论燃烧温度 30~35℃。助燃空气与煤气同时预热，其提高理论燃烧温度的效果为两者分别预热的效果之和。但是在预热过程中必须考虑煤气的安全性，煤气预热温度过高，势必存在一定的安全隐患，一般煤气预热温度不超过 250℃。同时，要考虑换热器的阻力损失，由于煤气压力往往受到管网等因素的影响而偏低，所以在预热空气时，应降低换热器的阻损，并尽可能提高煤气的压力。目前预热煤气与空气的方式主要有以下几种：

1）热风炉烟气预热法。在热风炉的主烟道上建一台大型换热器，利用回收的烟气余热来预热煤气与助燃空气，可将煤气预热到 140~150℃。此法设备简单，运行可靠，见图7-3。

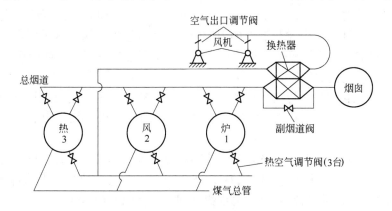

图 7-3 热风炉烟气余热煤气工艺流程图

2）附加炉加热法。建一座小型燃烧炉（见图7-4），在由其燃烧高炉煤气产生的

1000~1100℃高温烟气中混入热风炉废气（约250℃），勾兑成600℃的高温烟气。它的稳定控制以燃烧炉燃烧煤气量为主控，当燃烧炉燃烧正常稳定后，用兑入的热风炉废气量来控制换热器入口前的烟气温度。混合好的高温烟气将分别进入煤气换热器和空气换热器，在经过换热管管内时将热量通过管壁传给煤气和助燃空气。而煤气与助燃空气吸收热量后变成了热煤气和热空气，进入热风炉进行燃烧。

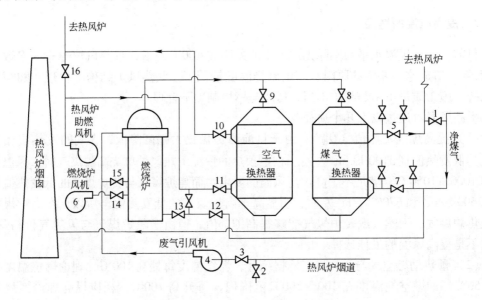

图 7-4 鞍钢热风炉双预热工艺流程

1—煤气总管旁通阀；2—热风炉烟道阀；3—烟气自动调节阀；4—废气引风机；5—煤气出口阀；6—风机；
7—煤气入口阀；8，9—烟气入口阀；10—空气出口阀；11—空气入口阀；12—燃烧炉煤气调节阀；
13—燃烧炉煤气阀；14—燃烧炉空气阀；15—焦炉煤气总火阀；16—空气总管旁通阀

3）热风炉自身预热法。此法利用热风炉给高炉送风后的余热来预热助燃空气，以提高理论燃烧温度，从而用低发热量的煤气烧出1200℃的风温。对于有三座热风炉的高炉而言，可采用"一烧一送一预热"的工作制度进行热风炉的自身预热。即一座热风炉给高炉送风完毕后再改送助燃空气，送完助燃空气后再转为燃烧，如此周而复始地进行，能够将空气预热到800~900℃，但预热温度的限度应依据废气温度及风温水平而定。热风炉自身预热法只能预热空气，不能预热煤气。新建热风炉采用带自身预热的陶瓷燃烧器，也可起到预热煤气与助燃空气的作用。

（3）降低煤气含水量。煤气机械水含量每增加1%，理论燃烧温度随之降低约13℃。加强煤气洗涤后的脱水，尤其是实施煤气干法除尘，有助于减少煤气中的含水量，提高理论燃烧温度。

（4）降低空气过剩系数。据统计，燃烧高炉煤气混入焦炉煤气时，将空气过剩系数由1.15降低到1.10，可以提高理论燃烧温度25~30℃。燃烧高炉煤气混入部分天然气时，将空气过剩系数由1.2降低到1.15，可以提高理论燃烧温度约30℃。

（5）缩小拱顶温度与热风温度的差值，提高热风炉的废气温度。采取增大蓄热面积和格子砖重量、加强绝热保温、改善热风炉的气流分布、实现燃烧换炉送风全自动控制等措施，可缩小拱顶温度与热风温度的差值。改进支柱与炉箅子的材质，可提高废气温度。

（6）采用新式热风炉，改造老式热风炉，选择合理的热风炉工作制度。新式热风炉无论是结构还是材质，其提高风温的效果都比较好。旧式热风炉可以通过改造进一步提高其风温水平，如冷水江钢铁厂将内燃式热风炉改造为顶燃式后，热风炉效率由73%提高到80.1%，风温提高100℃。四座热风炉送风时，采用并联交叉送风比两烧两送能够提高风温20～40℃。增加换炉次数，缩短工作周期，也有利于提高风温。

7.5 高炉富氧鼓风操作

向高炉鼓风中加入工业氧（一般纯度为85%～99.5%），提高鼓风中的氧含量，称为富氧鼓风。20世纪初就有人提出提高鼓风中氧含量的建议，但是直到1930年才在德国首次进行。1966年6月，我国首钢高炉鼓风中氧含量提高到25.2%后，利用系数达2.26t/（m³·d），焦比降至369kg/t，喷煤率达到66.4%。近年来，随着制氧机和喷吹燃料技术的发展，高富氧、大喷煤取得显著成效。据统计，鼓风中氧含量每增加1%，约提高煤比15kg/t，可增产4%～5%。

7.5.1 富氧鼓风对高炉冶炼的影响

鼓风中氧含量增加后，燃烧单位碳量所需的鼓风量减少，生成的煤气量减少，煤气中CO含量因此而增大，这些变化对冶炼过程产生多方面的影响，具体如下：

（1）有利于提高冶炼强度。由于风中氧含量增加，冶炼1t生铁所需的风量减少，产生的煤气体积减小，煤气对炉料下降的阻力也降低，为加大鼓风量、提高冶炼强度创造了条件。若保持风量不变，冶炼强度增加可提高产量，在焦比不变时即可获得相同的增产值；若焦比有所降低，可望增产更多。经计算，在保持综合焦比不变时，每富氧1%相当于增产3.89%。

（2）冶炼单位生铁的煤气量减少，煤气中CO浓度提高。富氧后就冶炼单位生铁或燃烧相同的碳量而言，因为风中氮量减少，故煤气量是减少的。据计算，富氧率每增加1%，风量减少3.85%～4.55%，煤气量减少3.18%～3.76%。但当风量维持不变，即保持富氧前的风量时，富氧相当于增加了风量，因而也增加了煤气量。每富氧1%，炉缸煤气量约增加0.83%。随鼓风中氧含量的提高，煤气中CO含量增加，煤气的还原能力提高。

（3）有利于提高风口前理论燃烧温度。富氧鼓风后，由于单位生铁燃烧产物体积减小，燃烧放出的热量增加，有利于提高风口前理论燃烧温度。富氧率每提高1%，可提高理论燃烧温度35～45℃。由于理论燃烧温度的提高，使热量集中于炉缸，有利于冶炼高温生铁。富氧鼓风改变了炉内温度场的分布，其规律与高风温相似，即风口前的理论燃烧温度升高，高温区下移，炉身温度和炉顶温度下降，但其影响程度比高风温要大，严重时会造成炉身热平衡紧张。

（4）不利于炉况顺行。富氧鼓风使燃烧带的焦点温度提高，炉缸半径方向的温度分布不合理，SiO气体在高炉内循环富集，降低了料柱透气性，不利于炉况顺行。生产实践表明，若仅富氧而不喷吹燃料，在冶炼炼钢生铁时，当风中的氧含量超过24%后就会引起炉况不顺。所以在既富氧又采用高风温时，用喷吹燃料控制风口前理论燃烧温度是经济合理的。若无喷吹燃料装置，则应进行加湿鼓风。

7.5.2　高炉富氧鼓风工艺

7.5.2.1　富氧率

高炉富氧程度常用富氧率（x_{O_2}）表示，它是指高炉鼓风中氧含量提高的幅度。由于人们对富氧率概念的认识不同，富氧率的计算存有多种公式，下面介绍其中的一种。

以通常的大气（湿风）为基准，设大气湿度为 f（%），$1m^3$ 鼓风里兑入的富氧气体量为 W（m^3/m^3），工业氧的纯度为 α（%），则鼓风的氧含量为：

$$\varphi(O_2) = (1 - W) \cdot (1 - f) \times 0.21 + (1 - W) \cdot f \times 0.5 + W \cdot \alpha$$

经整理得到：

$$\varphi(O_2) = 0.21 + 0.29f + (\alpha - 0.21) \cdot W - 0.29f \cdot W$$

式中等号右侧第四项数值很小，可忽略不计，因此上式表示为：

$$\varphi(O_2) = 0.21 + 0.29f + (\alpha - 0.21)W$$

式中等号右侧第一项为干风带入的氧量，第二项为鼓风湿度带入的氧量，第三项为富氧引起的氧增量，

故
$$x_{O_2} = (\alpha - 0.21)W \tag{7-2}$$

[**例 7-1**]　若高炉冶炼需要富氧 3%，高炉风量为 $2500m^3/min$，富氧气体氧气纯度为 99%，试计算向鼓风中兑入的富氧气体量为多少？

解　　　　　$W = x_{O_2} / (\alpha - 0.21) = 0.0385\ m^3/m^3$

$$Q_{O_2} = 2500 \times 0.0385 = 96.25\ m^3/min = 5775\ m^3/h$$

因此，若不计算管道损失，需要制氧厂每小时供给 $5775\ m^3$ 的氧气。

7.5.2.2　富氧鼓风的加氧方式

向高炉鼓风中富氧的方式有以下三种：

（1）将氧气厂送来的高压氧气（1.6MPa）经部分减压（0.6MPa）后加入冷风管道，经热风炉预热后再送入高炉，见图 7-5。

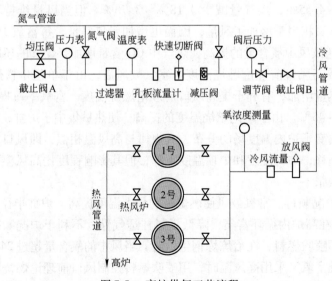

图 7-5　高炉供氧工艺流程

（2）低压制氧机的氧气或低纯度氧气送到鼓风机吸入口混合，经风机加压后送至高炉。

（3）利用氧煤枪或氧煤燃烧器将氧气直接加入高炉风口，强化煤粉在风口前的燃烧。

供氧方式可远距离输送，氧压高，输送管路直径可适当缩小，在放风阀前加入，易于联锁控制；但热风炉系统一般存在一定的漏风率，氧气损失较多。

第二种供氧方式的动力消耗最省，它可低压输至鼓风机吸入口，操作控制可全部由鼓风机系统管理；但氧气漏损大。

第三种方式是较经济的用氧方法，旨在提高氧煤枪出口区域的局部氧浓度，改善氧煤混合效果，提高煤粉燃烧率，扩大喷吹量；但供氧管线要引到风口平台，安全防护控制措施较繁琐，没经过热风炉预热的氧气也存在不利于燃烧的一面。

7.5.2.3　高炉送氧操作

（1）高炉需要供氧时，需提前与公司总调度室、氧气厂（车间）的负责人共同对输氧系统的管道、阀门、仪表、仪器进行严格检查和试验，确认已达到送氧要求并共同签字后方可向高炉送氧。

（2）送氧前检查确定 A、B 截止阀（氧气管网中的切断阀门）关闭，快速切断阀、流量调节阀全开，减压阀处于运行状态。

（3）送氧前，高炉应通知公司总调度室、氧气厂、鼓风机站。

（4）高炉通知氧气厂将氧气送到 A 阀。

（5）高炉确认氧气到达 A 阀后，关小流量调节阀，开 B 阀，使鼓风进入低压端。

（6）开氮气阀向管道充氮气，使 A 阀两端压差小于 0.3MPa 后，缓慢开启 A 阀。

（7）缓慢开大流量调节阀，当流量达到规定值时，改为自动进行正常送氧操作。

7.5.2.4　高炉停氧操作

（1）高炉停氧前通知公司总调度室、氧气厂，并发出停氧信号。

（2）高炉短期停氧（鼓风机不停风）时，将氧量自动调节改为手动并逐渐关闭。在关闭氧量调节阀的过程中，当氧气压力减小到高于冷风压力 0.1 ~ 0.15MPa 时，关闭快速切断阀并通知调度。

（3）停氧时间超过 4h 时，应将 A、B 两阀关闭。打开氮气阀吹扫氧气管道，并通知调度室。

（4）高炉长期休风或鼓风机突然停风时，立即关闭快速切断阀和 B 阀。

7.5.2.5　富氧操作注意事项

（1）富氧鼓风后煤气体积减小，要相应缩小风口面积。富氧 1%，风口面积缩小 1.0% ~ 1.4%，控制炉腹煤气速度接近或略高于富氧前的水平。

（2）在正常操作中，原则上是固定氧量、调整风量。炉温偏高、加风困难时，可适当加氧（500 ~ 1000m³/h），在炉温恢复到正常水平之前就应该把氧量减回。

（3）炉况不顺，特别是连续崩料时，首先要停氧减煤（或停煤），与此同时要相应减轻焦炭负荷，防止炉凉。

（4）高炉因设备故障或其他原因减风至 80% 以及鼓风机突然停风时，要立即关闭供氧系统的快速切断阀，然后依次关闭快速切断阀前的截止阀、快速切断阀后往高炉冷风管道上送氧的切断阀。

（5）富氧鼓风后，炉缸、炉腹部位冷却设备的水温差稍有升高，炉身部位水温差降低，应该适当调整冷却强度，保持水温差基本不变。

（6）富氧鼓风后，风口前理论燃烧温度提高，要相应增加喷煤量。

（7）氧气管道结冻时严禁用火烤，可用蒸汽解冻。

7.6　鼓风湿度的调节与低硅生铁的冶炼

7.6.1　鼓风湿度的调节

7.6.1.1　加湿鼓风

加湿鼓风是指向鼓风中加入蒸汽，使鼓风所含湿度超过自然湿度，用于调节炉况。因为大气中总是含有一定量的水分（自然湿度一般为1%~3%），大气的湿度在不同季节或昼夜之间都有波动。鼓风湿度的波动必然会引起炉况波动。在冷风总管加入一定量的水蒸气能够使鼓风湿度保持在一定的水平，以稳定高炉热制度。此外，加湿鼓风能提高风中的氧含量，增加了还原性气体 CO 和 H_2 的数量，富化了煤气，有利于提高冶炼强度。但水分分解吸收热量将引起炉缸温度降低，需要用高风温来补偿。

7.6.1.2　脱湿鼓风

脱湿鼓风与加湿鼓风正好相反，它是将鼓风中的湿分脱除到较低水平以增加干风温度，从而稳定风中湿度，提高理论燃烧温度和增加喷吹量。

1904 年美国就在高炉上进行过脱湿鼓风试验，湿风含水量由 $26g/m^3$ 降到 $6g/m^3$，风温由 382℃提高到 465℃，高炉产量增加 25%，焦比下降 20%。但因脱湿设备庞大、成本高，此法一度未得到发展。20 世纪 70 年代以来，由于焦炭价格暴涨，脱湿设备已臻完善，脱湿鼓风才又被一些企业使用。

日本四面临海，大气湿度高，所以脱湿鼓风作用明显，因而得到采用。日本某 $1680m^3$ 高炉使用 5 台氯化锂液脱湿设备，将鼓风中湿度脱除到 $5~6g/m^3$，结果高炉焦比降低 10%~15%，增产 10%；同时炉况稳定，铁水硅含量降低。

目前脱湿鼓风的方法有氯化锂干式、湿式和冷冻式三种。

（1）氯化锂干式脱湿鼓风。采用结晶 LiCl 石棉纸过滤鼓风空气中的水分，吸附水分后生成 $LiCl \cdot 2H_2O$，然后再将滤纸加热至 140℃以上，使 $LiCl \cdot 2H_2O$ 分解脱水，LiCl 则再生循环使用。

（2）氯化锂湿式脱湿鼓风。采用浓度为 40% 的 LiCl 水溶液吸收经冷却的水分，LiCl 溶液则被稀释，然后再送到再生塔，通蒸汽加热 LiCl 的稀释液，使之脱水再生以供使用。此法平均脱湿量可以达到 $5 g/m^3$。

（3）冷冻式脱湿鼓风。冷冻法是随着深冷技术的发展而采用的一种方法。其原理是用大型螺杆式泵把冷媒（氨或氟利昂）压缩液化，然后使其在冷却器管道内汽化膨胀，吸收热量，使冷却器表面的温度低于空气的露点温度，高炉鼓风温度降低（夏季可由 32℃降到 9℃，冬季可由 16℃降到 5℃），饱和水含量减少，湿分即凝结脱除。

7.6.2　低硅生铁的冶炼

冶炼低硅生铁是高炉增铁节焦的一项技术措施，多年来的实践证明，$w[Si]$ 每降低 0.1%，可降低焦比 4~7kg/t。炼钢采用低硅铁水可减少渣量和铁耗，缩短冶炼时间，获得显著的经济效益。目前，日本生铁硅含量已降到 0.2% ~ 0.3% ，我国重点企业生铁硅含量一般为 0.3% ~ 0.45% 。

控制生铁硅含量的方法有以下几种：

（1）控制硅源。提高矿石品位、降低焦炭灰分是冶炼低硅生铁的基础。

（2）减小原燃料化学成分的波动。原燃料成分波动小、保持炉温的稳定是冶炼低硅生铁的重要环节。

（3）喷吹低灰分煤粉，控制风口前理论燃烧温度。硅在高炉中的反应为

$$SiO_{2(灰分,渣)} + C \Longrightarrow SiO_{(g)} + CO$$
$$SiO + C \Longrightarrow Si + CO$$

由于灰分中 SiO_2 的活度大，还原条件优于炉渣，故先气化。生产中通过喷吹煤粉，降低风口前理论燃烧温度，可以减少从 SiO_2 中挥发的 SiO 量，有助于降低生铁硅含量。

（4）适当提高炉渣碱度。适当提高炉渣碱度，尤其是提高三元碱度，不仅可抑制 SiO_2 的还原，还能提高炉渣的脱硫能力和保持充足的炉缸温度。碱度控制水平应由原燃料条件决定，一般二元碱度为 1.05 ~ 1.20，三元碱度为 1.30 ~ 1.35。

（5）提高风温，富氧鼓风，控制滴落带高度。因为生铁中的硅是通过上升的 SiO 气体与滴落带中的碳作用而还原的，所以降低滴落带高度可减少 C 与 SiO 的接触机会，有利于冶炼低硅生铁。

（6）增加炉缸中的氧化性，促进铁水脱硅反应的进行。渣中的 MnO、FeO 等通过下列反应可消耗铁水中的 ［Si］，因而降低生铁硅含量：

$$［Si］+ 2(MnO) \Longrightarrow 2［Mn］+ SiO_2$$
$$［Si］+ 2(FeO) \Longrightarrow 2［Fe］+ SiO_2$$
$$［Si］+ 2(CaO) + 2［S］\Longrightarrow (SiO_2) + 2(CaS)$$

（7）提高炉顶压力，采用控制边缘与疏松中心的装料制度。

（8）增加铁水锰含量，改善渣铁流动性，提高炉渣脱硫能力，有利于低硅生铁的冶炼。

（9）在炉况稳定顺行、渣铁流动性良好的前提下，控制较低的炉温。

7.7 喷吹燃料操作

向高炉喷吹燃料是 20 世纪 60 年代初期发展起来的一项新技术。高炉喷吹燃料是指从风口向高炉喷吹煤粉、重油、天然气等各种燃料，以大幅度降低焦比。

我国从 60 年代初就开始喷煤、喷油。由于喷油工艺比较简单、投资少，到 70 年代其应用已比较普遍。由于重油是国家的高级能源和重要的外汇物质，到 1981 年下半年，全国高炉喷油几乎全部被煤粉取代，目前世界上有 90% 以上的生铁是由喷吹煤粉的高炉冶炼的，喷吹煤粉带动了整个炼铁技术的发展。

7.7.1 高炉喷吹用煤粉的种类及要求

高炉既可以喷吹无烟煤，也可以喷吹烟煤或混合煤。烟煤与无烟煤都是从风口喷入高炉用以代替一部分焦炭的，但由于两者化学成分不同，要求喷吹操作也有所不同。

7.7.1.1 喷吹烟煤与无烟煤的区别

（1）烟煤挥发分含量高，有自燃及易爆的特性。为了确保喷吹烟煤的安全作业，在制粉、输粉、喷吹等系统都需有严密的气氛保护，必须有温度控制及灭火和防爆装置。而无

烟煤则无需气氛保护，温度控制和防爆装置也简单一些。因此，烟煤喷吹设施投资高。

（2）烟煤挥发分含量高、着火点低、易于燃烧，容易被高炉接受，同样条件下可以扩大喷吹量。

（3）烟煤 H_2 含量高，产生的煤气还原能力强，有利于间接还原的发展。

（4）烟煤一般煤质较软，可磨性比无烟煤好，磨制烟煤时制粉机出力可以提高。根据首钢实践，大同烟煤与京西无烟煤的制粉机出力相比，可提高 13%。

（5）烟煤的密度比无烟煤小，输煤时可以增大浓度，因而输送速度较快。首钢输送挥发分为 30% 的烟煤时，其速度比无烟煤快 25% ~ 30%。

（6）烟煤中挥发分含量较高，单位质量的煤完全燃烧所需补偿的热量与氧气要多一些，所以同等条件下的允许最大喷煤量要比无烟煤小一些。但喷吹烟煤有利于使用高风温和富氧。

（7）烟煤的结焦性比无烟煤强，因此对喷吹支管防止积煤的要求更严格，在炉况不顺、风口不活跃时，不能像无烟煤那样大量强制喷煤，以免风口结焦。

（8）两种煤对置换比的影响不同，无烟煤碳含量高，需要补偿的热量少；但单纯喷吹无烟煤时，当喷煤量逐渐提高后，容易在炉缸内产生死料柱，不利于炉缸活跃。

7.7.1.2　置换比

喷吹量增加到一定限度时，焦比降低的幅度会大大减小。喷吹效果通常取决于喷吹物的置换比（也称替换比），置换比高，喷吹效果就好。置换比指的是喷吹 1kg 燃料所能取代的焦炭量。

置换比与喷吹燃料的种类、数量、质量、煤粉粒度、重油雾化程度、天然气裂化程度、风温水平以及鼓风氧含量等有关，并随冶炼条件和喷吹制度的不同而发生变化。据统计，通常煤粉的置换比为 0.7 ~ 1.0kg/kg，重油为 1.0 ~ 1.35kg/kg，天然气为 0.5 ~ 0.7kg/m^3，焦炉煤气为 0.4 ~ 0.5kg/m^3。

7.7.2　喷吹煤粉对高炉冶炼的影响

7.7.2.1　炉缸煤气量增加，中心气流发展

煤粉碳氢化合物含量远高于焦炭。无烟煤挥发分含量为 8% ~ 10%，烟煤为 20% ~ 30%，而焦炭一般为 1.5%。碳氢化合物在风口前气化产生大量氢气，使煤气体积增大。燃料中 H 与 C 的原子比 $n(H)/n(C)$ 比越高，增加的煤气量越多。表 7-8 所示为风口前 1kg 燃料燃烧产生的煤气体积，可见，喷吹煤粉后高炉炉缸煤气量增加。

表 7-8　风口前 1kg 燃料产生的煤气体积

燃　料	$n(H)/n(C)$	CO/m^3	H_2/m^3	还原气体总和		N_2/m^3	煤气量/m^3	CO + H_2/%
				体积/m^3	百分比/%			
焦炭	0.002 ~ 0.005	1.553	0.055	1.608	100	2.92	4.528	35.50
无烟煤	0.02 ~ 0.03	1.408	0.41	1.818	113	2.64	4.458 5.572①	40.80
鞍钢用烟煤	0.08 ~ 0.10	1.399	0.659	2.056	128	2.66	4.716 5.895①	43.65

①表示置换比为 0.8 时的煤气量。

喷吹燃料后鼓风动能增加，有利于发展中心气流。由于从煤枪喷出的煤粉在风口前和风口内就开始脱气分解和燃烧，在入炉之前燃烧产物与高温的热风形成混合气流，它的流速和动能远大于全焦冶炼时的风速或鼓风动能，促使燃烧带向中心扩展。又由于氢的黏度和密度小，扩散能力远大于 CO，无疑也使燃烧带向中心扩展。因此，随着喷煤量的提高，应适当扩大风口面积，以维持合适的鼓风动能。根据我国的喷煤经验，每增加 10% 的喷煤量，风口面积应扩大 8% 左右。

但当煤比超过一定值（如大中型高炉超过 120kg/t，巨型高炉超过 180kg/t）以后，若继续增加喷煤量，则中心气流减弱而边缘气流增加。这是因为随着煤比的进一步提高，一方面所喷入的煤粉无法在风口前端全部迅速燃烧，大部分煤粉会进入回旋区进行燃烧，煤量越大，进入回旋区的部分就越多，激射速度不但要比风口前端低，而且呈束性不强，导致风口回旋区径向缩短，流向边缘的煤气量增加。另一方面，煤比提高后，燃烧率相对降低，未燃煤粉吸附在中心焦堆内而影响中心焦堆的透气性，增加了煤气穿透中心的难度，减弱了中心气流。此外，煤比提高后，大量煤气对中心焦炭的冲击作用强烈，会使高炉中心焦炭粒度变小、碎焦增加、透气性变差，从而也减弱了中心气流，促使边缘气流发展。据资料表明，首钢 1 号高炉，当煤比在 115 ~ 140kg/t 时，中心气流较强，主要表现为中心 CO_2 含量值降低，炉身冷却软水温差降低，炉喉成像显示中心火束明亮有力；当煤比提高到 145 ~ 155kg/t 的水平时，边缘与中心煤气趋于平缓，且边缘煤气 CO_2 含量值略有降低；当煤比达到 170kg/t 时，炉喉成像显示中心火焰明显减弱甚至看不到，炉身冷却软水温差大幅提高，炉衬温度升高且波动，呈现明显的边缘气流发展之势。

7.7.2.2 间接还原条件改善，炉缸温度升高

高炉喷吹燃料后促进了间接还原反应的发展，炉缸温度提高。这是因为：

（1）喷煤后炉缸煤气中 N_2 含量减少，还原剂 CO 和 H_2 含量增加，有利于间接还原反应的进行。尤其是氢气含量增加后，下部约 1/3 的氢将代替碳参与直接还原反应。

（2）喷煤后煤气黏度减小，间接还原反应速度加快。

（3）喷煤后单位生铁炉料容积减小，炉料在炉内停留时间延长，这也改善了间接还原的条件。

（4）由于焦比降低，减少了焦炭与 CO_2 的反应面积，进一步降低了直接还原反应速度，减轻了炉缸热耗，有利于炉缸温度的提高。

7.7.2.3 理论燃烧温度降低，需要热补偿

据统计，高炉喷煤量每增加 10kg，风口前理论燃烧温度降低 12 ~ 20℃。其原因在于：

（1）煤气量增多，用于加热燃烧产物所需的热量相应增加；

（2）喷吹物气化时因碳氢化合物裂化耗热，使燃烧放出的热值降低；

（3）焦炭到达风口燃烧带时已被上升煤气加热到约 1500℃，为燃烧带来部分物理热，而喷吹燃料温度一般为 100℃ 左右，减少了热收入。

各种喷吹物的分解热相差很大，理论燃烧温度的降低值也不尽相同。喷吹天然气使理论燃烧温度降低最多，其次为重油、烟煤，无烟煤降低最少。

高炉喷吹燃料后，理论燃烧温度 $t_{理}$ 降低，为保持正常的炉缸热状态，就要求进行热补偿，以便将 $t_{理}$ 控制在适宜的水平。高炉 $t_{理}$ 的下限应保证渣铁熔化、燃烧完全，上限应不引起高炉失常，一般认为合适值为 2100 ~ 2300℃。补偿方法可采用提高风温、降低鼓风

湿分和富氧鼓风的措施。如以提高风温进行热补偿，可根据热平衡求出补偿温度：

$$V_风 \cdot c_{p,风} \cdot t = Q_分 + Q_{1500} \tag{7-3}$$

式中　$V_风$——风量，m^3/kg；

　　　$c_{p,风}$——热风在温度 $t_风$ 时的比热容，$kJ/(m^3 \cdot ℃)$；

　　　　t——喷吹煤粉时需补偿的热风温度，℃；

　　　$Q_分$——煤粉的分解热，kJ/kg；

　　　Q_{1500}——煤粉升温到1500℃时所需的物理热，kJ/kg。

$$Q_分 = 33411m(C) + 121019m(H_2) + 9261m(S) - Q_低 \tag{7-4}$$

式中　$m(C), m(H_2), m(S)$——煤粉的化学组成，kg/kg；

　　　33411，121019，9261——完全燃烧时产生的热量，kJ/kg；

　　　　　　　　　$Q_低$——煤粉的低发热值，kJ/kg。

$$Q_{1500} = \Sigma c_{p,i} \cdot \Delta t \cdot m(i) \tag{7-5}$$

式中　$c_{p,i}$——组分 i 在 Δt 时的平均比热容，$kJ/(kg \cdot ℃)$；

　　　Δt——温度变化范围，℃；

　　　$m(i)$——单位煤粉中组分 i 的质量，kg/kg。

　　[**例7-2**]　已知条件如下：煤粉的成分（质量分数）为 C72.04%、$H_2$4.42%、S0.65%，温度为60℃，$Q_低 = 27795kJ/kg$，气化温度为500℃。高炉风温为1050℃，鼓风湿度为2%，风量为1400m^3/t，煤粉带入压缩空气加热到1500℃需要热量130kJ/kg，热风在1050℃的比热容为1.413 $kJ/(m^3 \cdot ℃)$（见表7-9），喷吹煤粉的比热容见表7-10。问喷煤量由50kg/t增加到100kg/t需要补偿的风温为多少？

表7-9　喷吹气体的比热容　　　　　　　　　$(kJ/(m^3 \cdot ℃))$

喷吹气体	900℃	1000℃	1100℃	1200℃	1300℃
空气	1.349	1.407	1.419	1.428	1.436
氮气	1.382	1.394	1.407	1.415	1.424

表7-10　喷吹煤粉的比热容　　　　　　　　　$(kJ/(m^3 \cdot ℃))$

温度范围/℃	0~500	500~800	800~1500
煤粉比热容	1.00	1.26	1.51

　　解　$Q_分 = 33411 \times 0.7204 + 121019 \times 0.0442 + 9261 \times 0.0065 - 27795 = 1683.5 \text{ kJ/kg}$

　　　　$Q_{1550} = 1.0 \times (500 - 60) + 1.26 \times (800 - 500) + 1.51 \times (1500 - 800) = 1875 \text{ kJ/kg}$

则　　　　　$t = \dfrac{(1683.5 + 1875 + 130) \times (100 - 50)}{1400 \times 1.413} = 93.2℃$

7.7.2.4　料柱阻损增加，压差升高

　　高炉喷煤使单位生铁的焦炭消耗量大幅度降低，料柱中矿焦比增大，透气性变差；使煤气量增加，流速加快，炉料下降的阻力加大；喷吹量较大时，炉内未燃煤粉增加，软熔带和滴落带的透气性恶化。综合上述因素，高炉喷煤后压差总是升高的。但由于焦炭量减少，炉料有效重力增加，允许高炉适当提高压差操作。

7.7.2.5 炉顶温度升高

炉顶温度与单位生铁的煤气量有关，煤气量大，炉顶温度升高。而煤气量大小又与煤粉置换比有关，煤粉置换比高时产生的煤气量相对较少，炉顶温度上升则较少；反之，炉顶温度上升则较多。

7.7.2.6 热滞后现象

燃料喷入高炉后，对炉温的影响要经过一段时间才能完全显示出来，这种现象称为"热滞后现象"。这是因为喷吹初期，燃料要在炉缸分解吸热，使炉缸温度暂时降低，当被 CO 和 H_2 含量高的还原性煤气加热和充分还原的上部矿石下降到炉缸后，由于直接还原消耗的热量减少，炉缸温度开始提高，喷吹燃料的热效果才能完全显示出来，此过程所经过的时间称为热滞后时间。所以用改变喷吹量调节炉温时，不如提高风温直接、迅速。

热滞后时间与喷吹燃料的种类以及冶炼周期有关。喷吹物含 H_2 越多，在风口前分解耗热越多，则热滞后时间越长。重油比烟煤时间长，烟煤比无烟煤时间长，一般为 $2.5 \sim 3.5h$。

热滞后时间可按下式进行粗略估算：

$$\tau = \frac{V_{总}}{V_{批}} \cdot \frac{1}{n} \tag{7-6}$$

式中　τ——热滞后时间，h；

$V_{总}$——H_2 参加还原反应的起点平面（炉身部位 $1100 \sim 1200℃$ 的区域）至风口平面之间的容积，m^3；

$V_{批}$——每批料的体积，m^3；

n——每小时的下料批数，批/h。

[**例7-3**]　某高炉 $V_{总}$ 约为 $478m^3$，焦炭批重为 $5.2t/批$，矿石批重为 $20t/批$，平均下料速度为 6.6 批/h，求热滞后时间为多少（炉内焦炭堆积密度为 $0.45t/m^3$，矿石堆积密度为 $1.64t/m^3$）？

解　
$$\tau = \frac{478}{\dfrac{5.2}{0.45} + \dfrac{20}{1.64}} \times \frac{1}{6.6} = 3.05h$$

当喷吹、停吹或大幅度增、减喷吹量时，由于热滞后性，炉缸热状态会出现所谓的"先冷后热"和"先热后冷"现象，即开始喷吹或大幅度增加喷煤量时，炉缸先暂时变冷而后转热；相反，停止喷吹或大幅度减少喷吹量时，炉缸先变热而后转冷。因此，在高炉实际操作中，有计划地喷吹、停吹或大幅度增、减喷吹量时，应按照热滞后时间，事先调整焦炭负荷使之适应。在喷煤之前调重负荷，在重负荷料下降一定时间（冶炼周期减去热滞后时间）后，按预定量喷煤。待重负荷料下达炉缸之后，煤粉的燃烧正好发挥作用，这样可以减少炉况和炉温的剧烈波动。计划停煤时，先调轻负荷，当轻负荷料达到炉腹水平时即可停煤。停煤虽然使理论燃烧温度升高，但轻负荷料已下达到软熔带，可以改善料柱的透气性，再配合以适当地降低风温操作，就可以避免高炉难行或悬料。

7.7.2.7 冶炼周期延长

随着喷吹量的增加，含铁炉料比例增大，焦炭使用量减少，炉料的冶炼周期相应延长，有利于间接还原反应的进行。增加喷煤量，多消耗鼓风中氧量，使料速变慢，导致炉温上升；减少喷煤量，则炉温降低。因此，值班工长应密切注意料速的快慢，料快炉温向凉时，适当增加喷煤量；料慢炉温向热时，根据需要减少喷煤量。

7.7.2.8　对生铁质量的作用

喷煤后适于冶炼低硅、低硫生铁，其原因是：

（1）炉缸活跃，炉缸中心温度提高，炉缸内温度趋于均匀，渣铁的物理温度有所提高，这些均有助于提高炉渣的脱硫能力。

（2）还原情况改善，减轻了炉缸工作负荷，渣中（FeO）含量比较低，有利于 L_S 的提高。

（3）大幅度降低了焦比和渣量，降低了风口前理论燃烧温度，因此减少了 SiO_2 的来源和抑制了硅的还原。又由于高炉热状态稳定，生铁成分波动小，因而生铁的［Si］含量可以控制在下限水平。

7.7.2.9　未燃煤粉对高炉冶炼的影响

煤粉喷入炉缸燃烧经历煤粉加热分解、挥发分燃烧结焦与残焦燃烧三个阶段，这三个阶段是在有限空间（风口到风口前燃烧带共 1600～2000mm）、有限时间（0.01～0.04s）、高速加热（加热速度为 103～106m/s）和高压（0.25～0.45MPa）下交织进行的。

国内外高炉喷煤实践和研究表明，在高炉炼铁的条件下，喷入炉缸的煤粉在有限空间和短暂时间内不可能 100% 完全气化，而且挥发分中碳氢化合物会不可避免地产生出很多抗表面氧化能力的炭黑微粒，这些就是喷煤操作中称为未燃煤粉的来源。未燃煤粉数量与煤粉的燃烧性能，特别是煤粉的粒度、鼓风中氧含量、风口工作的均匀性等有关。一般要求未燃煤粉量应低于喷煤量的 20%。超量的未燃煤粉随煤气进入料柱，将会产生对高炉顺行不利的如下影响：

（1）未燃煤粉进入炉渣超过直接还原所要求的数量时，将以悬浮状存在于炉渣中，增加炉渣的黏度，严重时造成滴落带渣流不顺利和炉缸堆积。

（2）未燃煤粉附着在炉料表面和孔隙中，会降低料柱的孔隙率，恶化煤气上升过程中的流体力学条件。近年来一些喷吹量大的高炉和喷吹煤粉粒度较粗的高炉，出现中心气流难打开而边缘气流易发展的现象，其原因之一就是未燃煤粉和炭黑随气流上升较多地沉积在料柱的中心部分，使其透气性变差。

（3）大量未燃煤粉和炭黑滞留在软熔带及滴落带，降低了它们的透气性和透液性，出现下部难行或悬料，这是造成液泛现象的前提。

因此，在生产中提高煤粉在风口前的燃烧率（气化率），是提高喷吹量的重要课题。实践表明，喷入高炉的煤粉量在 200kg/t 以下时，其燃烧率应达到 80%～85%，而且喷吹量越大，其燃烧率越应保持在较高的水平。近年来，日本、宝钢和欧洲一些高炉，在喷吹量提高、中心气流难打开时，通过调整边缘和中心的煤气流分布，使未燃煤粉在炉内进一步气化，也为高炉正常运行创造了条件，大大推动了喷吹煤粉量的迅速提高。

7.7.3　高炉综合喷煤操作

高炉综合喷煤就是将高风温、富氧和喷煤结合在一起的高炉冶炼过程。从高风温、富氧和喷煤对冶炼过程影响的对比可以看出，三者结合可以取长补短，更好地提高冶炼效率。

（1）维持适宜的理论燃烧温度。如果 $t_{理}$ 过低，炉料因加热和还原不足将导致炉凉；如 $t_{理}$ 过高，风口前大量的 SiO 循环富集将导致炉况不顺。应控制 $t_{理}$ 在 (2100 ± 50)℃，使进入燃烧带的焦炭温度达到 1550～1600℃，炉缸铁水温度在 1400～1550℃。一般在高炉操作过程中，变动氧、煤、风温、湿度均按其对理论燃烧温度的影响来协调，各种参数变化对风口前理论燃烧温度的影响结果为：风温 ± 100℃，影响理论燃烧温度 ± 76℃；煤比 ± 10kg/t，影响理论燃烧温度 ∓ 12～20℃；富氧率 $\pm 1\%$，影响理论燃烧温度 $\pm (35～40)$℃；湿度 $\pm 1\%$，影响理论燃烧温度约 ∓ 39℃。可见，风温提高 100℃，增加煤比约 40kg/t；而富氧 1%，煤比约增加 20kg/t，

（2）应用上下部调节，控制好煤气流分布。综合喷煤时，如果出现中心气流过分发展的倾向，上部应采取大料批、正分装，下部则扩大风口面积；而出现边缘气流发展趋势时，上部则要进行中心加焦，并相应缩小矿批，下部要缩小风口面积。另外，还应注意保持软熔带中焦窗的厚度，加大喷煤量调负荷时，尽量保持焦批不动而变动矿石批重，以减少矿－焦边界处界面效应（焦炭崩塌）的影响。

（3）用富氧维持煤粉燃烧所要求的氧过剩系数，提高煤粉燃烧率。喷煤量为 100～150kg/t 时，富氧率应为 2%～3%；喷煤量达到 150～200kg/t 时，富氧率不小于 3%。在没有富氧时，为提高煤粉燃烧率可将煤粉磨到适当的细度，增加煤粉的比表面积以改善其与氧接触的传质条件。均匀喷吹也是提高氧过剩系数和煤粉燃烧率的有效措施。

（4）做好精料工作，改善料柱的透气性。主要操作要点是：提高入炉品位，降低焦炭灰分和硫含量，以保证渣量在 300kg/t 以下，宝钢提出煤比达到 250kg/t 时，渣量应降到 270kg/t 以下；烧结矿质量要达到低 SiO_2、高还原性、无粉末和低还原粉化率的要求。

（5）降低鼓风中的湿分，减少鼓风中水分分解消耗的热量。由理论计算可知，风中湿分降低 $1 g/m^3$ 可多喷煤 1.5kg/t 左右。宝钢通过脱湿鼓风将风中的湿分由 $25 g/m^3$ 以上降到 12～14 g/m^3，取得了明显的效果。

（6）煤粉要细磨，采用多风口均匀喷吹。减少每个风口的喷吹量，配合高风温、富氧鼓风，提高煤粉在风口前的燃烧率，可减少未燃煤粉的数量。

（7）配合高压操作，改善料柱透气性。

总之，综合喷煤操作在我国应遵循高风温（1200℃）、低富氧（2%～3%，相对于国外的 5%～8%）、低湿分、高喷煤量的原则。

7.7.4 高炉喷煤的工艺流程

高炉喷煤系统主要由原煤储运、干燥气制备煤粉制备、煤粉输送、煤粉喷吹、供气和煤粉计量与控制等几部分组成，其工艺流程见图 7-6 和图 7-7。

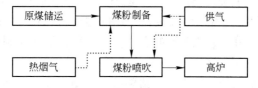

图 7-6 高炉喷煤系统工艺

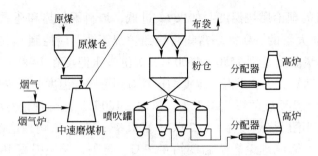

图 7-7　典型高炉喷煤的工艺流程

　　（1）原煤储运系统。为保证高炉喷煤作业的连续性和有效性，在喷煤工艺系统中首先要考虑建立合适的原煤储运系统。原煤储运系统主要由原煤场及原煤仓组成。原煤场进行原煤堆放、储存、破碎、筛分及去除金属杂物的工作，同时还需要将过湿的原煤进行自然干燥。原煤仓则用于存放准备进入制粉系统的原煤。原煤仓一般设计为双曲线形状，因为原煤是靠自重下落的，在双曲线上的原煤每下落一点高度，其自重在垂直方向上的分力都比前一个高度的分力大，因此，原煤下降比较顺利，不容易悬料。

　　（2）干燥气制备系统。高炉喷煤要求入炉煤粉的水分含量低于1%，而原煤中煤粉水分含量高达5%以上，需要通入干燥气来降低煤粉的含水量。干燥煤粉不仅是冶炼上的要求，也是煤粉破碎和运输的要求，因为湿度大的煤粉黏性大，会降低破碎效率，并且容易堵塞管道和喷枪，也容易使喷吹罐下料不畅。干燥气系统的主要设备是烟气炉。

　　（3）煤粉制备系统。煤粉制备是通过磨煤机将原煤加工成粒度和含水量均符合高炉喷吹需要的煤粉，再将煤粉从干燥气中分离出来存入煤粉仓内。制粉系统包括原煤仓、给煤机、磨煤机、布袋收粉器及煤粉仓等。在烟煤制粉中，还必须设置相应的惰化、防爆、抑爆及监测控制装置。

　　（4）煤粉输送系统。煤粉的输送有两种方式可供选择，即采用煤粉罐装专用卡车或管道气力输送。气力输送连续性好、能力大且密封性好，是高炉喷煤中普遍采用的煤粉输送方式。依据粉与气比例的不同，管道气力输送又分为浓相输送（大于40 kg/kg）和稀相输送（10～40 kg/kg）。浓相输送载气量小，煤粉输送速度低，既节省了能源，又减少了输送管道及煤粉的磨损；此外产生静电小，更有利于改善管道内气、固相的均匀分布和烟煤的安全输送，是煤粉输送技术的发展方向。

　　（5）煤粉喷吹系统。喷吹系统由布袋收粉器、煤粉仓、喷吹罐、混合器、喷枪等组成。根据现场情况，喷吹罐组可布置在制粉系统的煤粉仓下面，直接将煤粉喷入高炉；也可布置在高炉附近，用设在制粉系统煤粉仓下面的仓式泵，将煤粉输送到高炉附近的喷吹罐组内。

　　（6）供气系统。供气系统是高炉喷煤工艺系统中不可缺少的组成部分，主要涉及压缩空气、氮气和少量的蒸汽。压缩空气主要用于煤的输送和喷吹，同时也为一些气动设备提供动力。氮气和蒸汽主要用于维持系统的安全正常运行，如烟煤制粉和喷吹时采用氮气和蒸汽惰化、灭火等。

　　（7）煤粉计量与控制系统。煤粉计量结果是高炉操作人员掌握和了解喷煤效果，并根据炉况变化实施调节的重要依据。目前煤粉计量主要有两大类，即喷吹罐计量和单支管计量。随着喷煤量的增加，喷煤系统设备启动频率增高，手动操作已不能适应生产要求，计算机控制和自动化操作已广泛使用。根据实际生产条件，控制系统可以将制粉与喷吹分开，形成两个相对独立的控制站，再经高炉中央控制中心用计算机加以分类控制；也可以将制粉和喷吹设计为一个操作控制站，集中在高炉中央控制中心，与高炉采用同一方式控制。

7.7.5 热烟气系统

7.7.5.1 干燥气的类型

制粉对干燥气的要求是进入磨煤机时的温度在(280 ± 20)℃，氧含量在6%以下。制粉系统使用的干燥气有燃烧炉烟气＋冷空气、热风炉烟道废气以及燃烧炉烟气＋热风炉烟道废气三种类型，目前第三种较普遍。

燃烧炉产生的烟气温度为1000℃左右，必须兑入冷空气，结果使烟气氧含量升高，有可能超过所要求的6%，所以这种干燥气只适用于无烟煤。热风炉烟道废气用作磨煤干燥气，既可利用它的余热，又能惰化制粉系统的气氛，但它的温度波动大，从热风炉抽到磨煤机处的温度可能达不到要求。由85%～90%的热风炉烟道废气和5%～10%的燃烧炉烟气组成的混合干燥气，既可保证磨煤机入口处的温度在280℃左右，又可保持氧含量低于6%，是适用于任何煤种的常用干燥气。

引用热风炉烟道废气作干燥气时，应注意以下几点：

（1）要降低热风炉的漏风率，特别要使烟道阀关严，避免送风期内冷风从烟道阀漏入烟道废气内；

（2）换炉时，由废风阀排出的剩余热风应用单独的管道直通烟囱排放；

（3）优化热风炉的烧炉达到完全燃烧，并降低烧炉的空气过剩系数至1.05～1.10。

7.7.5.2 烟气炉

某高炉喷煤系统烟气炉的结构见图7-8。烟气炉由燃烧室与混合室组成。燃烧室是一个由保温耐火材料砌筑的封闭燃烧空间，金属炉壳内有耐火喷涂材料，并黏结20mm厚的耐火隔热纤维毡和两层黏土砖，有很好的气密性和隔热性。混合室装有两个冷空气吸入孔，可通过调节挡板的开度来调节气体的吸入量。

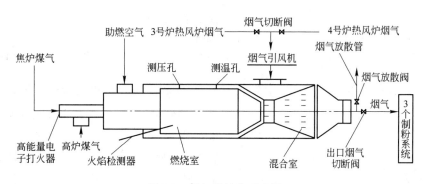

图7-8 烟气炉结构示意图

7.7.5.3 烟气炉的送烟气操作

调节燃烧烧嘴的数量及燃烧强度，将烟气炉炉顶温度控制在900～1000℃之间，不得过高（高于1100℃）和过低（低于700℃）。

一律采用过剩空气燃烧, 不得使煤气过剩, 以免煤气燃烧不完全而进入磨煤机进口管道或磨煤机内燃烧。管网煤气压力低于5kPa时, 必须停止烧炉以免发生事故。

关闭高温引风机的进口调节阀, 启动引风机。运行平稳后, 调节该阀使混合后烟气温度在250~280℃之间, 不得超过300℃。

提高磨煤机进口温度的方法是增加煤气量, 关小高温引风机的进口调节阀。降低磨煤机进口温度的方法与上相反。

烟气炉应在微负压状态下运行, 不可出现正压或负压太大的情况, 可通过调节燃烧烟气量的大小、兑入热风炉烟气量的多少、主排粉风机进气阀的开度等手段来进行控制。烟气炉出口压力控制在-250~-150Pa, 目测烟气炉火焰在烧嘴到第一层保温砖之间。

在主排粉风机启动与停机前, 制粉工要先将主排粉风机的入口调节阀开度调至5%, 然后方可进行, 以免烟气炉煤气熄火。

烟气放散阀及放散管的温度不得高于350℃。

停磨时, 必须关小煤气烧嘴, 使烟气炉进入保温燃烧状态。

7.7.6　煤粉制备系统

为了便于气力输送和煤粉的完全燃烧, 经过磨制的煤粉要求湿度小于1%, 小于200网目 (0.074mm) 的部分应占总量的80%以上。制粉工艺分为球磨机制粉和中速磨煤机制粉两种, 见图7-9与图7-10。

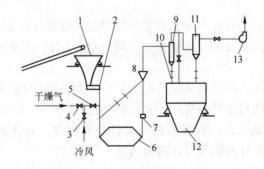

图 7-9　球磨机制粉的工艺流程

1—原煤仓; 2—给煤机; 3—冷风调节阀; 4—切断阀; 5—调节阀; 6—球磨机; 7—木屑分离器;
8—粗粉分离器; 9—旋风分离器; 10—锁气器; 11—布袋收粉器; 12—煤粉仓; 13—主排粉风机

图7-9所示为20世纪90年代后改进的球磨机制粉工艺, 原煤仓中的煤经给煤机送入球磨机内磨制, 干燥气经切断阀和调节阀送入球磨机。干燥气和煤粉混合物中的木屑等其他杂物被木屑分离器捕捉后, 由人工清理。煤粉随干燥气上升, 并经粗粉分离器分离, 分离后不合格的粗粉经回粉管返回球磨机, 合格的细粉被吸入旋风除尘器进行气粉分离, 大量的煤粉被分离后经锁气器落入煤粉仓, 尾气由布袋收粉器过滤后由二次风机排入大气中。

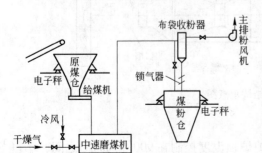

图 7-10　中速磨煤机制粉的工艺流程

目前制粉的主要工艺是中速磨煤机制粉工艺，原煤仓中的煤粉经给煤机送入中速磨煤机进行碾磨，干燥气对磨煤机内的原煤进行干燥，中速磨煤机自身带有粗粉分离器，从磨煤机出来的气粉混合物直接进入布袋收粉器，被捕捉的煤粉落入煤粉仓，干燥气由抽风机抽入大气，中速磨煤机不能磨碎的粗硬煤粒或杂物从主机下部的清渣孔排出。

7.7.6.1 给煤机

给煤机位于原煤仓下部，用于向磨煤机提供原煤，制粉系统常用的给煤机类型有圆盘给煤机、电磁振动给煤机、埋刮板给煤机及称重式皮带给煤机。圆盘给煤机漏风系数大，密封性较差，不能满足喷吹烟煤的要求。电磁振动给煤机不适合输送含水量高、黏性大的煤，对环境温度与湿度要求严格。埋刮板给煤机，见图7-11，便于密封，可多点受料和多点出料，并能调节刮板运行速度和输料厚度，能够发送断煤信号；但结构复杂，维护量大。

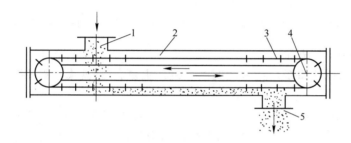

图7-11 埋刮板给煤机结构示意图
1—进料口；2—壳体；3—刮板；4—星轮；5—出料口

埋刮板给煤机由链轮、链条和壳体组成。壳体内有上下两组支承链条滑移的轨道和控制料层厚度的调节板，刮板装在链条上，壳体上下设有一个或数个进出料口和一台链条松紧器。链条由电动机通过减速器驱动。原煤经进料口穿过上刮板落入底部后，由下部的刮板带走。埋刮板给煤机对原煤的要求较严，不允许有铁件和其他大块夹杂物，因此在煤粉储运过程中要增设除铁器，以去除其中的金属器件。目前广泛使用的是称重式皮带给煤机。

7.7.6.2 磨煤机

根据磨煤机的转速，其可以分为低速磨煤机和中速磨煤机。

低速磨煤机又称钢球磨煤机或球磨机，筒体转速为 16～25r/min，其结构见图7-12。球磨机主体是一个大圆筒筒体，筒内镶有波纹形锰钢钢瓦，钢瓦与筒体间夹有隔热石棉板，筒外包有隔声毛毡，毛毡外面是用薄钢板制作的外壳。筒体两头的端盖上装有空心轴，它由大瓦支撑。空心轴与进出口短管相接，内壁有螺旋槽，螺旋槽能使空心轴内的钢球或煤块返回筒内。

球磨机制粉工艺对各种煤都可通用，但设备笨重、系统复杂、电耗高，煤的硬度大时则影响产量。

中速磨煤机转速为 50～300r/min，具有结构紧凑、占地面积小、基建投资低、煤粉均匀性好、噪声小、耗水量少、金属消耗少和磨煤电耗低等优点。但磨煤元件易磨损，尤其是平盘磨和碗式磨的磨煤能力随零件的磨损明显下降。由于磨煤机干燥气的温度不能太高，因此磨制水分含量高的原煤较为困难。另外，中速磨煤机不能磨硬质煤，原煤中的铁

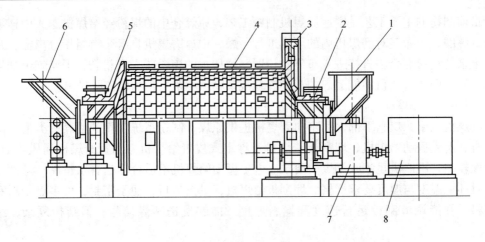

图 7-12　球磨机结构示意图

1—进料部件；2—轴承部件；3—传动部件；4—转动部件；5—螺旋管；6—出料部件；7—减速器；8—电动机

件和其他杂物必须全部去除。

中速磨是目前制粉系统广泛采用的磨煤机，主要有辊-盘式、辊-碗式、辊-环式及球-环式等多种形式。

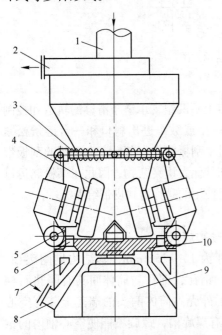

图 7-13　平盘磨煤机结构示意图

1—原煤入口；2—气粉出口；3—弹簧；
4—辊子；5—挡环；6—干燥气通道；7—气室；
8—干燥气入口；9—减速器；10—转盘

（1）平盘磨煤机（辊-盘式）。图 7-13 为平盘磨煤机结构示意图，转盘和辊子是平盘磨煤机的主要部件。电动机通过减速器带动转盘旋转，转盘带动辊子转动，煤在转盘和辊子之间被研磨。它是依靠碾压作用进行磨煤的，碾压煤的压力包括辊子的自重和弹簧拉紧力。原煤由落煤管送到转盘的中部，依靠转盘转动产生的离心力使煤连续不断地向转盘边缘移动，煤在通过辊子下面时被碾碎。转盘边缘上装有一圈挡环，其可防止煤从转盘上直接滑落出去，还能保持转盘上有一定厚度的煤层，提高磨煤效率。干燥气从风道引入风室后，以大于 35m/s 的速度通过转盘周围的环形风道进入转盘上部。由于气流的卷吸作用，将煤粉带入磨煤机上部的粗粉分离器，过粗的煤粉被分离后又直接回到转盘上重新磨制。在转盘的周围还装有一圈随转盘一起转动的叶片，叶片的作用是扰动气流，使合格煤粉进入磨煤机上部的粗粉分离器。此种磨煤机装有 2~3 个锥形辊子，辊子轴线与水平盘面的倾斜角一般为 15°。辊子上套有用耐磨钢制成的辊套，转盘上装有用耐磨钢制成的衬板，辊子和转盘磨损到一定程度时就应更换辊套和衬板。弹簧拉紧力要根据煤的软硬程度进行适当的调整。为了保证转动部件的润滑，此种磨煤机的进风温度一般应低于 350℃。干燥气通过环形风道时应保持稍高的风速，以便托住从转盘边缘落下的煤粒。

（2）碗式磨煤机（辊-碗式）。如图7-14所示，此种磨煤机由辊子和碗形磨盘组成，故称为碗式磨煤机，沿钢碗圆周布置有三个辊子。钢碗由电动机经蜗轮蜗杆减速装置驱动，做圆周运动。弹簧压力压在辊子上，原煤在辊子与钢碗壁之间被磨碎，磨细的煤粉从钢碗边溢出后即被干燥气带入上部的煤粉分离器，合格煤粉被带出磨煤机，粒度较粗的煤粉再次落入碾磨区进行碾磨，原煤在被碾磨的同时还被干燥气干燥。难以磨碎的异物落入磨煤机底部，由随同钢碗一起旋转的刮板扫至杂物排放口，并定时排出磨煤机体外。

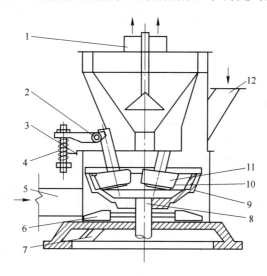

图 7-14　碗式磨煤机结构示意图

1—气粉出口；2—耳轴；3—调整螺丝；4—弹簧；5—干燥气入口；6—刮板；7—杂物排放口；
8—转动轴；9—钢碗；10—衬圈；11—辊子；12—原煤入口

（3）MPS 磨煤机（辊-环式）。MPS 磨煤机的结构见图7-15，该机属于辊与环结构，它与其他形式的中速磨煤机相比，具有出力大、碾磨件使用寿命长，磨煤电耗低、设备可靠以及运行平稳

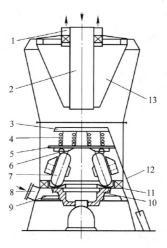

图 7-15　MPS 磨煤机结构示意图

1—煤粉出口；2—原煤入口；3—压紧环；4—弹簧；5—压环；6—滚子；7—磨辊；
8—干燥气入口；9—刮板；10—磨盘；11—磨环；12—拉紧钢丝绳；13—粗粉分离器

等特点，新建的中速磨煤机制粉系统采用这种磨煤机的较多。它配置三个大磨辊，磨辊的位置固定，互成120°角，与垂直线的倾角为12°~15°，随着主动旋转着的磨盘转动，在转动时还有一定程度的摆动，磨碎煤粉的碾磨力可以通过液压弹簧系统调节。干燥气通过喷嘴环以70~90m/s的速度进入磨盘周围，用于干燥原煤，并且提供将煤粉输送到粗粉分离器的能量。

磨煤机出口温度的下限应保证在布袋收粉器处的气体温度高于露点；而上限则应根据煤粉系统防爆安全条件，即煤粉在制粉系统内的着火点及着火的可能性来决定，一般不应超过130℃。

7.7.6.3　粗粉分离器

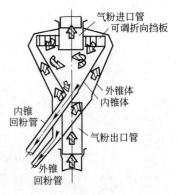

图 7-16　离心式粗粉分离器

粗粉分离器的任务是把经过磨制的过粗煤粉分离出来，送回磨煤机再磨。目前使用较多的粗粉分离器如图7-16所示。其叶片角度可调，有效调节范围是30°~75°，从而改变了煤粉气流的旋转强度。影响煤粉粒度的因素除叶片角度外，还有分离器的容积强度，即流经分离器的干燥气量与分离器容积之比。对一定容积的分离器，如果提高磨煤干燥气流量，煤粉在分离器内的停留时间将缩短，煤粉将变粗，可见，磨煤机的通气量是控制煤粉粒度的重要参数之一。

7.7.6.4　锁气器

锁气器是装在旋风分离器下部的卸粉装置，其任务是只让煤粉通过而不允许气体通过。常用的锁气器有斜板式和锥式两种，如图7-17所示。其重锤质量可以调节，煤粉积到一定程度时活门开启一次，煤粉通过后又迅速关闭。为了达到气流无法向下流动的目的，常安装两台串联锁气器，始终处于一开一关状态或双闭状态。

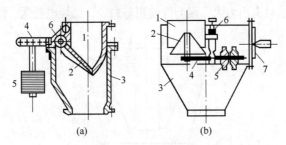

(a)　　　　　　　　(b)

图 7-17　锁气器

（a）斜板式；（b）锥式

1—煤粉管道；2—活门；3—外壳；4—杠杆；5—重锤；6—支点；7—手孔

7.7.6.5　布袋收粉器

新建煤粉制备系统一般采用高浓度脉冲式布袋收粉器一次收粉，简化了制粉系统的工艺流程。常用的布袋收粉器为PPCS型气箱脉冲式，见图7-18。

PPCS型气箱脉冲式布袋收粉器由箱体、灰斗、排灰装置、脉冲清灰系统等组成。箱体由多个室组成，内装滤袋，每个室配有两个脉冲阀和一个带汽缸的提升阀。

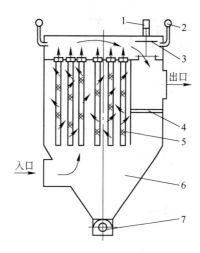

图 7-18　高炉 PPCS 型气箱脉冲式布袋收粉器的结构
1—提升阀；2—脉冲阀；3—阀板；4—隔板；5—滤袋及袋笼；
6—灰斗；7—叶轮给煤机或螺旋输送机

布袋收粉器下设星形阀，细粉通过它落到细粉仓中。为了避免布袋收粉器在正压情况下漏风排出煤粉而污染环境，有的厂改为使其在负压下工作，此时在布袋收粉器后要设置二次风机，用它将气体由布袋收粉器抽出后放到大气中。这样一来，整个制粉系统为全负压操作，没有外泄煤粉，生产时没有粉尘飞扬，车间内空气含尘量小，生产环境好。

7.7.6.6　主排粉风机

主排粉风机是制粉系统的主要设备，它是整个制粉系统中气、固两相流流动的动力来源。其风叶呈弧形，通过抽风操作，喷煤系统成负压控制。

7.7.7　煤粉喷吹系统

7.7.7.1　煤粉喷吹方式

按制粉车间与喷吹车间的布置形式，喷煤工艺可分为直接喷吹和间接喷吹。直接喷吹是将喷吹罐设置在制粉系统的煤粉仓下面，直接将煤粉喷入高炉风口，高炉附近无需设喷吹站。其特点是节省喷吹站的投资及相应的操作维护费用。间接喷吹则是将制备好的煤粉，经专用输煤管道或罐车送入高炉附近的喷吹站，再由喷吹站将煤粉喷入高炉。其特点是投资较大，设备配置复杂，除喷吹罐组外还必须配制相应的收粉、除尘装置，一般在老企业改造高炉车间难以布置制粉车间时才采用。

7.7.7.2　喷吹罐的布置形式

喷吹罐的布置形式有并罐式和串罐式两种（见图 7-19 和图 7-20），目的是通过喷吹罐的顺序倒换或交叉倒换来保证高炉不间断喷煤。

并罐式喷吹是将两个或两个以上喷吹罐在同一水平面上并列布置的一种喷吹方式。为便于处理事故及提高喷吹稳定性，并列罐数常为 3 个或 4 个。并罐式喷吹若采用顺序倒罐，对喷吹的稳定性会产生一定的影响；而采用交叉倒罐，则可改善喷吹的稳定性。并罐式喷吹工艺流程简单、投资较小、煤粉计量准确，常用于高炉直接喷吹流程系统。

串罐式喷吹是指将两个主体罐重叠设置而形成的喷吹系统。下罐称为喷吹罐，总是处

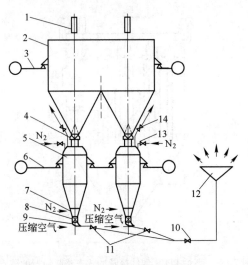

图 7-19　并罐式喷吹工艺

1—塞头阀；2—煤粉仓；3—煤粉仓电子秤；4—软连接；5—喷吹罐；6—喷吹罐电子秤；7—流化器；
8—下煤阀；9—混合器；10—安全阀；11—切断阀；12—分配器；13—充压阀；14—放散阀

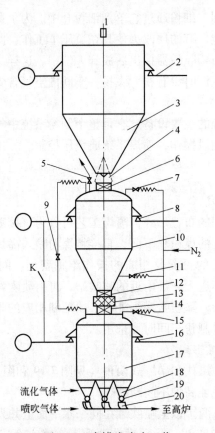

图 7-20　串罐式喷吹工艺

1—塞头阀；2—煤粉仓电子秤；3—煤粉仓；4，13—软连接；5—放散阀；6—上钟阀；7—中间罐充压阀；
8—中间罐电子秤；9—均压阀；10—中间罐；11—中间罐流化阀；12—中钟阀；14—下钟阀；
15—喷吹罐充压阀；16—喷吹罐电子秤；17—喷吹罐；18—流化器；19—给煤球阀；20—混合器

于向高炉喷煤的高压工作状态。上罐称为加料罐，自身装粉称量时处于常压状态，仅当向下罐装粉时才处于与下罐相连通的高压状态。串罐式喷吹的倒罐操作是通过连接上下罐的均排压装置完成的。根据实际需要，串罐可以采用单系列，也可以采用多系列，以满足大型高炉多风口喷煤的需要。串罐式喷吹装置占地小、喷吹距离短、喷吹稳定性好，但称量复杂、投资较大。

7.7.7.3 喷吹罐的出粉方式

喷吹罐的出粉方式有多管路喷吹和单管路加分配器喷吹两种。所谓多管路喷吹，是指喷吹罐直接与同风口数目相等的支管相连接而形成的喷吹系统，一般一根支管连接一个风口。其主要特点有：

（1）每根支管均可装煤粉流量计，用以自动测量和调节每个风口的喷煤量。其调节手段灵活，误差小，有利于实现高炉均匀喷吹和大喷煤量的操作调节。

（2）喷吹距离受到限制，一般要求不超过300m。这是因为在喷吹距离相同的条件下，多管路喷吹方式的管道管径小，阻力损失大，过长的喷吹距离将导致系统压力增加，从而使压力超过喷吹罐的允许罐压极限。

（3）单支管流量计数目多，仪表和控制系统复杂，因此投资也较大。

（4）支管数目多，需要转向的阀门太多，因此多管路喷吹仅适用于串罐式，而不适用于并罐式。

所谓单管路加分配器喷吹，是指每个喷吹罐内接出一根总管，总管经设在高炉附近的煤粉分配器分成若干根支管，每根支管分别接到每个风口上。其主要特点有：

（1）一般在分配器后的支管上不装流量计，通过各风口的煤粉分配关系在安装试车时一次调整完毕，因此不能进行生产过程中的自动调节。此外，通过分配器对各支管煤粉量的控制精度不仅取决于分配器的结构设计，而且还受运行过程中分配器各个喷嘴不等量磨损的影响，因此需要经常加以检查和调整。

（2）系统的阻力损失较小，喷吹距离可达600m。

（3）支管不必安装流量计，控制系统相对简化，投资较少。

（4）对喷吹罐的安装形式无特殊要求，既适用于并罐式又可用于串罐式。

7.7.7.4 高炉喷煤设备

（1）喷吹罐组。喷吹罐组一般包括煤粉仓、中间罐、喷吹罐等。它们的有效容积取决于高炉的喷煤量、喷吹流程及工作制度。喷吹罐上设流化装置、放散阀、充压阀、防爆装置、电子秤等。装煤前，先放散减压；喷煤前，先流态化和充压。喷吹罐的充压管在罐顶。充气从煤粉的上方进入，称为罐顶充气或补气。刚装完煤的备用罐粉位高、料层厚、压力传递较难，这就需要较高的罐压；随着喷吹的不断进行，罐内料面不断下移，料层减薄，这时的罐压应对低些，补气时间间隔可适当延长；当料层进一步减薄时将破坏自然料面，补充气与喷吹气相通，这就要加大补气量，提高罐内压力。因此，罐压应随罐内粉位的变化而改变。罐顶补气容易将罐内的煤粉压结，喷吹速度越慢，停喷时间越长，煤粉被压结的可能性越大。停喷时应把罐内压缩空气放掉，把罐压卸到零。生产中多利用喷吹罐锥体部位的流态化装置进行补气。流态化就是从喷吹罐的下面引入氮气（或压缩空气），使罐内煤粉呈均匀的悬浮状态，不仅可实现恒定罐压操作，而且还可起到松动煤粉和增强煤粉流动性的作用。煤粉在罐内的流态化程度通过调节进气量控制。

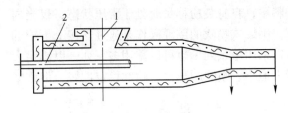

图 7-21　喷射混合器结构图
1—混合器外壳；2—混合器喷嘴

（2）混合器。混合器是高压喷煤时将压缩空气与煤粉混合并使煤粉启动的设备，其工作原理是利用从喷嘴喷射出的高速气流所产生的相对负压将煤粉吸附、混匀和启动。混合器可分为喷射混合器、流化罐混合器和沸腾式混合器三种形式，见图 7-21 ~ 图 7-23。

1）喷射混合器。喷射混合器多用于多管路下出料喷吹形式，结构简单，价格便宜，寿命长；但煤粉混合浓度低，混合不均匀，不易实现煤量自动控制，目前已被淘汰。

2）流化罐混合器。流化罐混合器的外观呈罐形，内设水平流化板，下为气室。煤粉流出管道垂直于水平流化板，由上部插入，其距离大小可调节煤粉量。流化罐混合器的特点是：结构比较复杂，造价高，但可以通过二次风调节煤粉浓度，适宜于浓相喷吹，且易于实现煤量的自动控制。

3）沸腾式混合器。沸腾式混合器的特点是：壳体底部设有气室，气室上部为沸腾板，通过沸腾板的压缩空气能提高气粉混合效果，增大煤粉的启动动能。

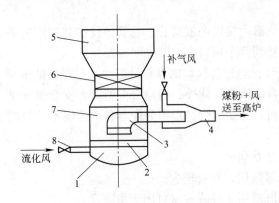

图 7-22　流化罐混合器结构图
1—流化气室；2—流化板；3—排料口；4—补气装置；
5—喷煤罐；6—下煤阀门；7—流化床；8—流化风入口

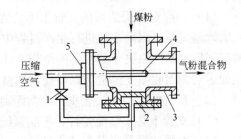

图 7-23　沸腾式混合器结构图
1—压缩空气阀门；2—气室；3—壳体；
4—喷嘴；5—调节帽

（3）分配器。单管路喷吹必须设置分配器。煤粉由设在喷吹罐下部的混合器供给，经喷吹总管送入分配器。在分配器四周均匀布置了若干个喷吹支管，喷吹支管数目与高炉风口数目相同，煤粉经喷吹支管和喷枪喷入高炉。喷煤使用的分配器种类有瓶式、盘式、锥式和球式分配器等。

1）瓶式分配器。瓶式分配器（见图 7-24（a））结构简单，但是分配器内易产生涡流，阻力大，易积粉，目前逐渐被其他形式的分配器所取代。

2）盘式分配器。盘式分配器（见图 7-24（b））使得喷吹介质和煤粉沿固定流向出入，阻力小，分配精度高，分配均匀，不易堵塞。

3）锥式分配器。锥式分配器（见图 7-25）是在进气室的上端装有分配盘，在分配盘的上端装有若干根分配支管，在分配盘中心下端装有分配锥。进气室、分配盘、分配锥均安装在同一中心轴线上,而每根分配支管的中心轴线与分配锥的中心轴线的夹角均应大于30°。这种分配器分配煤粉均匀,不易积粉,且内壁喷镀耐磨材料,寿命大大提高。

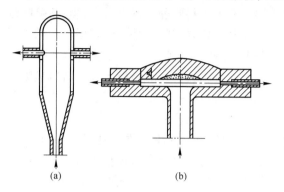

图 7-24　分配器结构示意图

(a) 瓶式分配器;(b) 盘式分配器

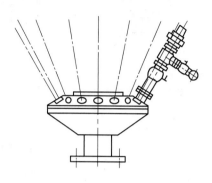

图 7-25　锥式分配器结构示意图

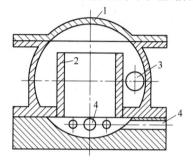

图 7-26　球式分配器结构示意图

1—球腔;2—圆筒;3—进口;4—出口

4)球式分配器。球式分配器(见图7-26)由一个球形空腔和空腔中的一个垂直圆筒组成,圆筒下部与球体密封固定,煤粉从侧面切向进入球内壁与圆筒外侧的空腔内,边旋转边上升,由上面进入球筒内部后再旋转下降,从下面等角布置的出口流出。这种分配器克服了其他分配器所要求的垂直安装高度的问题,且适合于浓相喷吹。

(4)喷煤枪。喷煤枪是高炉喷煤系统的重要设备之一,由耐热无缝钢管制成,直径为15~25mm。根据喷枪插入方式,其可分为斜插式、直插式和风口固定式三种形式,如图7-27所示。喷枪与喷煤支管(钢管)之间采用一段适当长度的胶皮管连接,这样不仅操作方便,而且当热风倒入管路时胶管即被烧断,可避免热风倒入喷吹系统,保证安全。喷吹管道应设逆止阀,以防倒风。

1)斜插式喷煤枪。斜插式是常见的喷煤枪插入方式,从直吹管插入,喷枪中心与风口中心线有一夹角,一般为 12°~14°。斜插式喷煤枪的操作较为方便,直接受热段较短,不易变形,但是煤粉流会冲刷直吹管壁。

2)直插式喷煤枪。直插式喷煤枪从窥视孔插入,喷枪中心与直吹管的中心线平行,喷吹的煤粉流不易冲刷风口;但是妨碍高炉操作者观察风口,并且喷枪受热段较长,喷枪容易变形。

3)风口固定式喷煤枪。风口固定式喷煤枪由

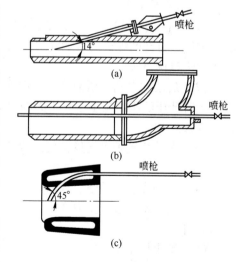

图 7-27　喷煤枪

(a) 斜插式;(b) 直插式;(c) 风口固定式

风口小套水冷腔插入,无直接受热段,停喷时不需拔枪,操作方便;但是制造复杂,成品

率低，并且不能调节喷枪伸入长度。

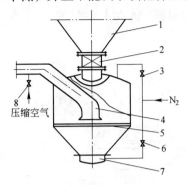

图 7-28　上出料仓式泵
1—煤粉仓；2—给煤阀；3—充压阀；
4—喷出口；5—沸腾板；6—沸腾阀；
7—气室；8—补气阀

（5）仓式泵。仓式泵可作为输煤设备，也可被用作喷吹罐，它有下出料和上出料两种，下出料仓式泵与喷吹罐的结构相同，上出料仓式泵实际上是一台容积较大的沸腾式混合器，其结构如图 7-28 所示。仓式泵仓体下部有一气室，气室上方设有沸腾板，在沸腾板上方出料口呈喇叭状，与沸腾板的距离可以在一定范围内调节。仓式泵内的煤粉沸腾后，由出料口送入输粉管。

（6）供气系统。布袋的脉冲气源一般都是采用氮气，氮气用量应根据需要进行控制。在布袋箱体密封不严的情况下，若氮气量不足或压力过低，空气被吸入箱内会提高氧含量；反之，氮气外逸又有可能使人窒息。喷吹罐补气风源、流态化风源一般使用氮气。处理煤粉堵塞和球磨机满煤时应使用氮气，严禁使用压缩空气。喷吹载气一般使用压缩空气。在条件具备的情况下，可用氮气作为载气进行浓相喷吹。

【技术操作】

任务 7-1　煤粉的制备操作

A　磨煤机启动前的检查工作

（1）确认启动磨煤机前其内无废料、排渣口无堵塞现象。

（2）确认相关设备工作正常、电气极限信号反映正确、安全自动联锁装置良好且可靠、计量仪表信号指示正确。

B　磨煤机启动操作

（1）启动主排粉风机，空转正常后，启动布袋反吹系统、烟气引风机。烟气引风机运转正常后，打开磨煤机进口烟气切断阀，同时关闭烟气放散阀和混冷风阀，逐步打开两个风机的进口调节阀。

（2）启动润滑站低压油泵，同时令加热器工作，油温高于 31℃ 时切断加热器。启动磨煤机时低压油压不应小于 0.13MPa，磨煤机运转正常后，油压控制在正常范围（0.1 ~ 0.15 MPa）内。

（3）调节烟气炉煤气量，使磨煤机出口温度逐渐上升至 75℃ 以上，并调整磨煤机的氧气浓度。

（4）启动煤粉振动筛、煤粉叶轮给料机。

（5）润滑站油温升至 20℃ 以上时，启动高压油泵，两个油泵运转正常达 1min 后，启动磨煤机。

（6）磨煤机正常运转 3min 后，关闭液压站泄压阀，将液压站开关打到自动位置，使油缸加载（油温低于 10℃ 时，开启加热器；高于 20℃ 时，切断加热器），加载压力控制在 0.4 ~ 0.7MPa 范围内。

（7）启动原煤给料机。

（8）将全封闭称重给煤机打到手动位置，给煤量控制在 10t 左右，启动全封闭称重给煤机，同时启动清扫电动机。

（9）调节烧嘴燃烧煤气量、燃烧烧嘴数量以及热风炉烟气引风机入口调节阀的开度，以调节中速磨煤机的入口温度，将其控制在 230~270℃ 范围内，不得超过 280℃（测温点距磨煤机入口 2.5~3m）。

（10）调节磨煤机压差，将中速磨煤机进出口压差控制在 5~6kPa。

（11）调节烟气量，将布袋收粉器入口温度控制在 65~95℃，最高不得超过 100℃。

（12）调节给煤量，使磨煤机出煤量最大。

（13）检查各设备运行是否正常。

（14）检查粗粉分离器折向板开度、磨球压力，调整给煤量和烟气量，保证煤粉粒度分布（小于 0.074mm 粒级的含量）在控制要求内。

C 磨煤机停机操作

（1）煤粉仓磨满后准备停磨（磨满的技术规程为理论存煤量的 80%）。

（2）停全封闭称重给煤机、清扫电动机、原煤叶轮给料机，延时 5~10min，待磨煤机压差降至 4200Pa 后停机（磨煤机检修时，压差降至 3700Pa 以下后停磨）。

（3）打开加热炉放散阀和冷风阀，关闭切断阀。

（4）关闭引风机入口调节阀至 10%，停烟气引风机。

（5）通知烟气炉将煤气量调到最小，烟气炉保温燃烧。

（6）磨煤机停稳后等待 30s 停高压油泵，高压油泵停后 2min 再停低压油泵（少于 20min 停磨可不停润滑站）。

（7）停布袋收粉器反吹系统、煤粉叶轮给料机，3min 后停煤粉振动筛。

（8）待除尘器入口温度降到不高于 60℃ 时，关闭主排粉风机进口调节阀，停主排粉风机（少于 40min 停磨可不停主排粉风机）。

（9）磨煤机停机后，排渣工及时打开泄压阀，将液压站油压泄掉，再将液压站打到手动位置。

任务 7-2 煤粉的喷吹操作

A 并罐式喷煤系统的喷煤操作

某高炉并罐式喷煤系统的操作画面见图 7-29。

a 喷煤前的准备工作

（1）接到高炉要求喷煤的信息后，认真检查喷吹系统各阀门及设备是否完好、气源压力能否达到 0.55MPa 以上。

（2）通知喷枪工打开喷吹给风阀，检查各喷枪及喷吹管路是否气流畅通，正常后将喷枪插入各风口，等待喷吹。

（3）在计算机上输入相关喷煤参数。

b 向待喷罐装煤操作

（1）确认下煤阀关、流化切断阀关、排气阀关、充压阀及稳压阀门关；

（2）开放散阀，确认待喷罐内罐压为零；

（3）关放散阀；

（4）开上钟阀；

（5）开下钟阀；

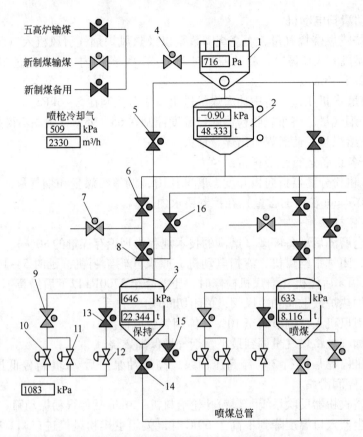

图 7-29　某高炉并罐式喷煤系统的操作画面

1—收粉器；2—煤粉仓；3—喷吹罐；4—输煤阀；5—放散阀；6—上钟阀；7—排气阀；
8—下钟阀；9—稳压切断阀；10—大稳压阀；11—小稳压阀；12—快充阀；
13—快充切断阀；14—下煤阀；15—流化阀；16—氮气回收阀

（6）将煤粉装入喷煤罐；

（7）关下钟阀；

（8）关上钟阀；

（9）开排气阀。

c　向待喷罐充压操作

（1）当工作罐位喷到2t左右时，开始对备用罐（待喷罐）充压，关放散阀；

（2）打开罐底流化阀，开充压阀；

（3）当罐压达到设定值后，关闭充压阀，打开补压阀，并给出补压设定值。

d　喷吹罐喷煤操作

（1）开喷煤管路上各阀门。

（2）开自动切断阀并投入自动。

（3）开喷煤罐充压阀，使罐压达到一定的数值后，关喷煤罐充压阀。

（4）开喷枪上的阀门，并关严倒吹阀。

（5）开下煤阀。

（6）开补压阀并调整到一定位置。

（7）检查并确认各喷煤风口、喷枪不漏煤，而且煤流在风口中心线。

（8）通知高炉已喷上煤粉。

（9）调节煤量主要靠改变喷煤罐罐压以及调节喷吹管路补气量来实现。喷煤罐内压力越高，则喷煤量越大。向喷吹管路补气量越大，则管路压力越高，煤粉浓度越低，喷吹量越小，反之则喷吹量越大。

e 停煤操作

（1）因炉况原因个别喷枪停煤时，可操作分配器上的三通球阀，使之只送压缩空气、停送煤。

（2）高炉需要停喷时，只关闭喷吹罐出煤阀和充压阀，不必停氮气。

（3）如果高炉短时休风，先关喷吹罐充压阀、出煤阀，待高炉休风后关补气阀和混合阀，可不拔枪。

（4）因喷吹等原因需要停煤、停风时，高炉必须拔枪。喷吹罐必须停补气阀、出煤阀、充压阀、流化阀，打开放散阀，使罐压降到零。

B 串罐式喷煤系统的喷吹操作

a 喷煤前的准备工作

（1）接到高炉要求喷煤信息后，认真检查喷吹系统各阀门及设备是否完好、气源压力能否达到 0.55MPa 以上；

（2）通知喷枪工打开喷吹给风阀，检查各喷枪及喷吹管路是否气流畅通，正常后将喷枪插入各风口，关闭吹扫阀等待喷吹；

（3）在计算机上输入相关喷煤参数，串罐式喷煤工艺流程见图 7-30。

b 煤粉仓向中间罐装煤操作

（1）确认中间罐内煤粉已倒净，为"料空"信号；

（2）打开中间罐放散阀，确认中间罐内压力小于 0.02MPa；

（3）确认中间罐充压阀、流化阀、上锥阀、下锥阀关闭，确认中间罐与喷吹罐中间的均压阀处于关闭状态；

（4）开煤粉仓的下锥形阀；

（5）开中间罐的上锥形阀；

（6）关煤粉仓放散阀；

（7）开煤粉仓流化阀；

（8）中间罐发出"料满"信号；

（9）关煤粉仓流化阀，开煤粉仓放散阀；

（10）关煤粉仓下锥形阀；

（11）关中间罐上锥形阀。一个罐在装煤前，首先要校正电子秤的零位，当电子秤达到所需重量时，关闭上、下锥形阀，记录装入量。

注意：

（1）煤粉从煤粉仓到中间罐倒罐顺序结束，中间罐处于"料满"状态；

（2）中间罐的加料时间同时受时间控制，若在规定时间没有达到"料满"则出现"故障"，提示操作人员手动控制或检修；

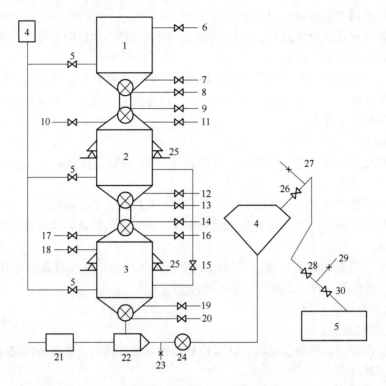

图 7-30　串罐式喷煤工艺流程图

1—煤粉仓；2—中间罐；3—喷吹罐；4—氮气储罐；5—灭火氮气阀；6，10，17—放散阀；

7，12，19—流化阀；8—煤粉仓下锥形阀；9—中间罐上锥形阀；11，16—充压阀；

13—中间罐下锥形阀；14—喷吹罐上锥形阀；15—均压阀；18—补气阀；20—下煤球阀；

21—空气储罐；22—给料器；23，27，29—吹扫阀；24—快速切断阀；

25—电子秤；26—分配器出口直管阀；28，30—喷枪喷吹阀

（3）连续生产时，中间罐的每次加料均来自"料空"信号，满足上述条件即自动倒罐。

　　c　中间罐向喷煤罐装煤操作

（1）确认喷煤罐内煤粉已快到规定低料位，自动发出"允许加料"信号；

（2）喷吹罐内压力达到设定值，若未达到则首先开充压阀和自动调节阀，使其达到设定值，确认喷吹罐下煤球阀、补气阀关闭；

（3）确认中间罐"料满"；

（4）关中间罐放散阀，开中间罐充压阀；

（5）中间罐与喷吹罐压差小于设定值时，关闭充压阀，打开两罐间均压阀；

（6）开中间罐下锥形阀，开喷吹罐上锥形阀；

（7）开中间罐流化阀；

（8）煤粉全部装入喷煤罐，中间罐发出"料空"信号；

（9）关中间罐流化阀，关中间罐下锥形阀；

（10）关喷吹罐上锥形阀，关中间罐充压阀，关中间罐与喷吹罐间均压阀；

（11）开中间罐放散阀；

（12）当下锥形阀关不严时，开喷煤罐充压阀，待下锥形阀关严后，关喷煤罐充压阀。

d 喷煤操作

（1）联系高炉，得到高炉"允许喷吹"信号，确认喷煤罐内料位不低于下限；

（2）确认喷煤量及喷煤风口正常，插好喷枪；

（3）开自动切断阀并投入自动（打开分配器出口阀和喷枪前后喷吹阀）；

（4）开安全阀（即快速切断阀）；

（5）开充压阀、流化阀，向喷吹罐充压到 0.6MPa 左右时打开补气阀；

（6）开下煤球阀；

（7）启动给料器；

（8）检查并确认各喷煤风口、喷枪不漏煤，而且煤流在风口中心线；

（9）通知高炉已喷上煤粉；

（10）喷煤过程中观察其混合压力、喷煤量的大小，适时调整设定罐压，以达到喷吹量的需要。

e 停喷操作

（1）发出停喷指令；

（2）终止各倒罐操作；

（3）关喷吹罐下煤阀；

（4）停给料器；

（5）关安全阀。

C 高炉喷吹系统常见故障的处理

（1）混合器前后软连接断开。关下煤阀停止给煤，关喷吹风阀、快速切断阀和喷枪进口阀，启动排气风机吹净室内浊气，清理场地，更换软连接，通知高炉正常喷煤。

（2）压缩空气突然停风，氮气压力突然降低。压缩空气突然停风时，充压、补压、流化和喷吹全部转为氮气喷煤。如无供氮气设施，则停止喷煤并通知高炉。氮气压力突然降低时，转为全用压缩空气喷煤。若各煤粉罐内煤粉喷净后氮气压力仍然不能恢复，则停止喷吹烟煤，如条件许可改为无烟煤喷吹。

（3）喷吹管道堵塞。当喷吹管道堵塞时，关下煤阀，沿喷吹管路分段用压缩空气吹扫，并用小锤敲击，直至管道畅通为止。处理喷吹管道堵塞要通知高炉拔枪。当罐压低于正常值（0.4~0.6 MPa）时，应检查原因，确定是由气源问题还是局部泄漏造成，进行对症处理。

【问题探究】

7-1 高压操作、高风温、富氧操作对高炉冶炼有何影响？

7-2 高炉中速磨煤机喷吹系统的主要工艺流程是怎样的？

7-3 国内高炉磨煤机主要采用哪种形式，其特点有哪些？

7-4 喷吹煤粉对高炉冶炼有哪些影响？

7-5 冶炼低硅生铁需要采取哪些措施？

7-6 喷煤系统混合器与分配器的作用是什么？

7-7 什么是煤粉的浓相输送技术？

7-8　如何判断和处理输粉管道堵塞？

7-9　并罐式喷吹与串罐式喷吹的特点是什么？

7-10　提高风温的措施有哪些？

7-11　高炉喷煤正常工作的标志是什么？

7-12　喷煤枪有哪几种，各有何特点？

7-13　影响煤粉爆炸的因素有哪些？

7-14　高炉喷吹系统常见的故障有哪些，如何处理？

7-15　某高炉炉缸直径为 7m，炉腰直径为 7.9m，炉腹、炉腰高度各为 3m，$V_总$ 约为 478m³，焦炭批重 5.0t，矿石批重为 20.0t，焦炭的堆比重为 0.5t/m³，矿石的堆比重为 2.0t/m³，平均下料速度 6.6 批/h，求热滞后时间为多少？

7-16　某高炉风量为 5000m³/min，工业氧纯度为 96%，富氧率为 3%，富氧前后风量不变。问：富氧流量是多少？

7-17　已知某高炉风口数为 24 个，正常使用风量为 3200m³/min，小时煤量为 25.5t，由于某种原因停喷了一支枪，氧气的纯度为 99.9%，为使煤粉能够完全燃烧，要求氧过剩系数 ≥0.95，求每小时的富氧量？（煤粉完全燃烧时的理论耗氧量为 1.77m³/kg）

【技能训练】

项目 7-1　进行高压和常压转换操作

项目 7-2　高炉煤粉制备操作

要求：

（1）中速磨煤机的入口温度控制在 230～270℃，不得超过 280℃；

（2）控制中速磨煤机出口温度在 65～95℃；

（3）布袋收粉器进出口压差小于 2kPa。

项目 7-3　高炉喷吹煤粉操作

要求：

（1）小时喷煤量为 33t，喷吹罐压力上限为 650kPa，下限为 20kPa；

（2）罐内煤粉温度低于 70℃；

（3）罐内氧浓度小于 8%；

（4）煤粉喷吹均匀，无脉动现象。

8 高炉炉前操作

【学习目标】

(1) 掌握高炉风口平台及出铁场的工艺布置;
(2) 掌握高炉渣、铁沟和撇渣器的构造;
(3) 掌握炉前主要设备的性能、结构和工作原理;
(4) 了解铁水与炉渣的处理工艺及设备;
(5) 能够正确进行出铁操作和撇渣器操作;
(6) 能够配合相关工种处理炉前事故。

【相关知识】

炉前操作是高炉生产的重要环节之一。认真做好炉前工作是高炉强化冶炼,达到高产、稳产、优质、低耗、安全和长寿的可靠保证。

炉前操作的任务是:利用开铁口机、泥炮、堵渣口机等专用设备和各种工具,在规定的时间分别打开渣、铁口,出净渣铁;做好铁口和各种炉前专用设备的维护工作;制作和修补撇渣器、主沟及渣、铁沟;更换风、渣口等冷却设备,并清理渣铁运输线。

8.1 炉前工作平台

为方便炉前各种操作而在炉缸四周设置的风口平台、出铁场统称为炉前工作平台,常用钢筋混凝土或钢板做成架空式结构。风口平台高于出铁场,出铁场的高度取决于最低的渣、铁沟流嘴的高度,最低渣、铁沟流嘴下缘距铁轨的距离不能低于4.8m,以便机车安全运行。

8.1.1 风口平台

风口平台一般比风口中心线低1150~1250mm,用于更换风口装置及存放风口、直吹管等备品备件,操作人员在这里可以通过风口观察炉况、更换风口、检查冷却设备、操纵一些阀门等。风口平台应尽量保持完整、宽敞、平坦,还要留有一定的排水坡度,以防地面积水。

为了便于出铁操作,中小型使用老式电动或液压泥炮的高炉,其风口平台在铁口处断开。大型高炉有两个及两个以上的铁口,如果风口平台被分割成几小块,会使操作很不方便,为此,应尽量采用矮式液压泥炮,尽量保持风口平台完整。

8.1.2 出铁场

在出铁口一侧延长并加宽了的炉前工作平台称为出铁场。出铁场上空设有天棚,防止铁沟和铁水罐被雨淋湿或积水导致出铁时发生爆炸事故。

出铁场有矩形出铁场和环形出铁场两种形式。矩形出铁场（见图 8-1）呈长方形布置，宽度为 15～30m，长度取决于渣铁罐位数。采用多流嘴及固定罐位出铁、出渣方式的出铁场，渣铁运输线与出铁场中心线平行，一般分别设在出铁场两侧；大型高炉采用混铁炉式铁水罐车装运铁水时多采用摆动流嘴，渣铁运输线大多与出铁场中心线垂直。矩形出铁场的炉前作业区和检修区分别设置，宽敞、安全，但起重机作业范围比较小。

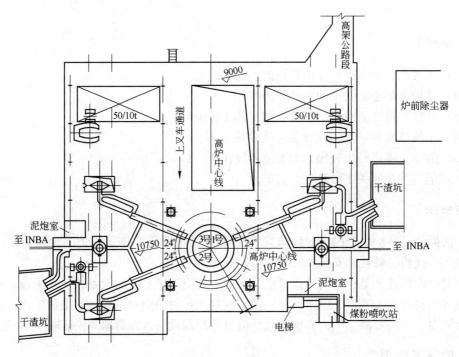

图 8-1　矩形出铁场

多铁口高炉也有采用环形出铁场（见图 8-2）的，它是指整个出铁场环绕高炉圆周布置。现代大型高炉多采用环形出铁场，它与矩形出铁场相比具有如下优点：

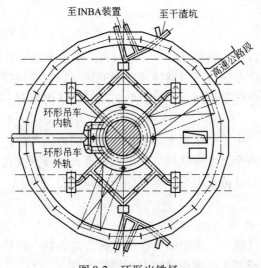

图 8-2　环形出铁场

（1）出铁口可均匀布置；

（2）面积较小，渣、铁沟长度缩短；

（3）环形出铁场一般配备有单轨环形吊车，吊车作业面积增大，提高了炉前机械化水平，可减轻炉前劳动强度；

（4）汽车可通过引桥直接进入环形出铁场，将备品备件、沟料、泥炮等原材料运到风口平台，简化了炉前操作程序；

（5）这种特殊结构为出铁场提供了良好的自然通风条件，使其热量能均匀分布，降低了环境温度。

出铁场除安装开铁口机、泥炮等炉前设备外，还布置有主沟、铁沟、渣沟、撇渣器、炉前吊车、储料仓、降温设备及除尘实施。烟尘收集装置主要是吸尘罩，从各尘源点收集起来的烟尘均抽送给除尘器进行除尘净化。

目前 1000 ~ 2000m^3 高炉多数设两个出铁口，2000 ~ 3000m^3 高炉设 2 个或 3 个出铁口，对于 4000m^3 以上的巨型高炉则设 4 个出铁口轮流使用，基本上实现连续出铁。

8.1.2.1　主沟

从铁口至撇渣器之间的一段沟槽称为主沟，铁水和下渣都经主沟流至撇渣器，按密度差别进行分离。主沟的长度和宽度与铁水流速及每次出铁量有关（铁流速度正常为 3 ~ 8t/min，炉渣流速为 2 ~ 6t/min），随着铁口出铁速度的加快，主沟的长度逐渐加长。出铁速度达 3 ~ 4t/min 时，主沟长度为 10 m 左右；大型高压高炉出铁速度达 8t/min 以上，主沟长度已逐渐加长到 19m，不同炉容高炉的主沟长度参考值见表8-1。主沟的宽度是逐渐扩张的，以便降低渣铁的流速，有助于渣铁分离。

表 8-1　不同炉容高炉的主沟长度参考值

炉容/m^3	620	1000 ~ 1500	2000 ~ 2500	4000
主沟长度/m	10	12	14 ~ 16	19

主沟的结构形式主要有非储铁式、半储铁式及储铁式三种。

非储铁式主沟的坡度在 5% 以上，出铁后主沟内铁量很少，只有砂口内存有一定量的铁水。非储铁式主沟内衬大部分暴露在空气中，温度变化大，主沟寿命低，只在小型高炉上使用。

半储铁式主沟的坡度为 3% ~ 5%，铁水冲击区有 100 ~ 200mm 的铁水层。因储铁少，主沟前部内衬暴露在空气中，影响主沟寿命，一般在中型高炉上使用。

储铁式主沟的坡度为 1% ~ 3%，沟内经常储存一定深度的铁水（450 ~ 600 mm），使得从铁口喷出的呈射流状的铁水不致直接冲击沟底（见图 8-3），由于其内衬被铁水覆盖，温度波动小，可避免大幅度热震的破坏作用，也减轻了空气对沟衬的氧化，从而延长了主沟的寿命。

主沟的底部为钢板槽（或铸铁槽），其上依次为隔热砖（大高炉使用）、黏土砖等耐火砖，最上部是由浇注料或捣打料制成的工作衬。图 8-4 和图 8-5 分别为宝钢高炉储铁式主沟结构图及中小高炉主沟断面图。浇注料主要由刚玉、碳化硅、焦粉、矾土水泥、硅粉和添加剂组成。使用浇注料的主沟寿命长，铁沟的过铁量也比较多，有利于降

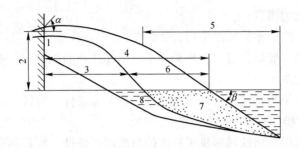

图 8 – 3　铁口处的铁水以射流状落入储铁式主沟的情况示意图

1—铁口孔道；2—落差；3—最小射流距离；4—最大射流距离；

5—与铁水体积对应的主沟长度；6—落入范围；7—射流落入体积；8—沟底泥料；

α—铁口角度；β—落入角度

低劳动强度和减轻成本。

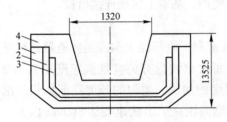

图 8-4　宝钢高炉储铁式主沟结构图

1—隔热砖；2—黏土砖；

3—高铝碳化硅砖；4—浇注料

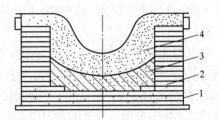

图 8-5　中小高炉主沟断面图

1—钢板外壳；2—黏土砖；

3—炭素捣料；4—铺沟泥

　　主沟衬损坏时的清除和修补工作十分困难，劳动条件差，有些高炉为了缩短主沟修补的时间、减轻炉前工人的劳动强度，采用可整体更换的活动主沟。主沟接近铁沟部分设置有沟盖机，用于出铁过程中盖住主沟，以满足环境保护的需要。

8.1.2.2　铁沟

　　铁沟的上端与撇渣器的小井相接，下端分别通向各个铁水罐。在铁沟上分段安装拨流闸板，使铁水分别流入各铁水罐。铁沟坡度一般为 5% ~8%。大型强化高炉铁水流速快，在沟料材质改变不大的情况下，铁沟寿命都不长。为此，有些铁厂采用活动铁沟，其构造见图 8-6。

8.1.2.3　渣沟

　　与渣口相连的是上渣沟，在撇渣器大闸前设有下渣沟。下渣沟的前端与撇渣器的砂坝相接并与主沟垂直，后端通向各渣罐或冲渣池。上渣沟与下渣沟都是在壁厚 40 ~

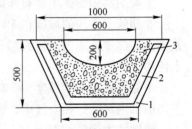

图 8-6　活动铁沟断面图

1—钢板外壳；2—黏土砖；

3—捣固内衬

80mm 的铸铁槽内捣一层 150 ~200mm 厚的垫沟料，铺上河砂即可，不必砌砖衬（因为渣液遇冷会自动结壳）。渣沟的坡度在渣口附近较大，为 20% ~30%，流嘴处为 10%，其他地方为 10% 以上。上下渣沟在较平坦的地方均应设置沉铁坑，以使熔渣中的铁能沉积下来，这样不仅减少了生铁损失，而且在冲渣或流进渣罐时可以避免发生铁水爆炸或烧穿渣罐事故。

由于高炉采用精料,渣量大幅减少,很多高炉已经不放上渣,因此不设置上渣沟。

8.1.2.4 流嘴

流嘴是出铁场平台的铁沟进入铁水罐的末端那一段,其构造与铁沟类同,只是悬空部分的位置不易炭捣,常用炭素泥砌筑。出铁少时,可采用固定流嘴,大型高炉多采用摆动流嘴。摆动流嘴安装在出铁场下面,其作用是把经铁水沟流来的铁水注入出铁场平台下的任意一个铁水罐中。采用摆动流嘴时,要求渣铁罐车双线停放,以便依次移动罐位,这样大大缩短了铁沟长度,简化了出铁场布置,减轻了修补铁沟的负担。

摆动流嘴由驱动装置、摆动流嘴本体及支座组成,如图8-7所示。电动机通过减速器、曲柄带动连杆,使摆动流嘴本体摆动。在支架和摇台上设有限止块,为减轻工作中出现的冲击,在连杆中部设有缓冲弹簧。一般摆动角度为30°,摆动时间为12s。

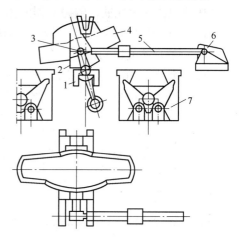

图8-7 摆动流嘴
1—支架;2—摇台;3—摇臂;4—摆动
流嘴本体;5—曲柄-连杆传动装置;
6—驱动装置;7—铁水罐车

8.1.2.5 撇渣器

撇渣器又称渣铁分离器,它位于主沟末端,其工作原理是利用渣铁密度的不同,使熔渣浮在铁水面上,用挡渣板把下渣挡住,只让铁水从下面穿过,达到渣铁分离的目的。生产中对撇渣器的要求是保证渣铁能够实现良好的分离,确保渣沟不过铁、铁沟不过渣、撇渣器不憋铁。

撇渣器的结构如图8-8所示,它由前沟槽、大闸、过道孔(砂口眼)、小井、砂坝和残铁孔组成。

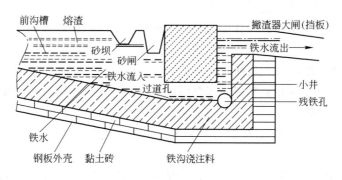

图8-8 高炉撇渣器结构

大闸可挡住前沟槽的熔渣。过道孔连通着前沟槽和小井,仅能使铁水通过。小井有一定的高度,使大闸前后保持一定的铁水深度。前沟槽中的铁水面上积聚了一定量的熔渣后,推开砂坝使熔渣流入下渣沟内。

撇渣器的尺寸要合适。当撇渣器的过道孔过大时,渣铁分离差,易导致撇渣器过渣;

当过道孔过小时，对铁流的阻力大，易使铁水流入渣沟。高砂坝的标高要高于低砂坝的标高，低砂坝的标高应等于或稍高于小井上缘的沟头高度，以免铁水流入渣沟。撇渣器可以一周或数周放一次残铁。闷撇渣器的作用是：

（1）减少铁中带渣和铁中带渣，降低铁耗，延长铁水罐的使用寿命；

（2）延长撇渣器的使用寿命，使撇渣器处于恒温状态，消除热应力的影响；

（3）残铁孔用耐火料捣固，不易漏铁，同时也可减轻劳动强度；

（4）减少铁后放残铁程序，缩短了铁水罐调配运输时间。

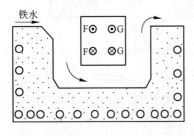

图 8-9　活动式水冷撇渣器剖面示意图

由于普通撇渣器使用时间短、修补工作繁重，所以出现了可整体更换的活动式撇渣器、双撇渣器和水冷撇渣器等几种形式。

某高炉使用的活动式水冷撇渣器的结构见图 8-9，它是根据高炉冷却壁的工作原理，在撇渣器四周及大闸内部埋设数根蛇形无缝钢管用于冷却，并用炭素捣料经捣制成型的新型整体撇渣器。此种撇渣器可整体吊运安装，使用时通工业水强制冷却，从而在炭素捣料和铁水之间形成等温凝固线保护层，最终减缓铁水对四周炭素捣料的侵蚀速度，延长了撇渣器的使用寿命（一代使用寿命在一年以上）。

8.2　渣铁系统主要设备

8.2.1　开铁口机

开铁口机是高炉出铁时打开铁口的设备。根据生产条件及安全需要，开铁口机必须满足下列要求：

（1）开孔钻头应在出铁口中开出具有一定倾斜角度的直线孔道；

（2）开铁口时，不应破坏覆盖在铁口区域炉缸内壁上的耐火泥和铁口内的泥道；

（3）能够进行机械化、远距离操作；

（4）为了不妨碍炉前各种操作的进行，开铁口机的外形要尽量小，并能够在打开铁口后迅速远离。

开铁口的常用方法有以下几种：

（1）单杆钻孔法。用钻孔机钻到赤热的硬层，然后人工用钢钎或钢棒捅开。当赤热层有凝铁时，可用氧气烧开。

（2）双杆钻捅法。具有双杆的开铁口机，先用一杆钻到赤热层，再用另一杆捅开铁口。

（3）埋置钢棒法。堵完铁口后，立即用钻头将铁口钻到一定深度，然后换上比钻头稍细的铁钎插透铁口，再后退 100mm 左右，将铁钎留在铁口内不动，待下次出铁时启动开铁口机将铁钎拔出，铁口便自动打开。这种方法要求炮泥质量好、炉缸铁水液面较低，否则会出现钢棒熔化、渣铁流出事故。此法一般应用于开铁口机具有正打和逆打功能的大型高炉上。

开铁口机按结构形式，分为吊挂式、框架式、斜座式、高架立柱式、矮座式、折叠式；按钻削原理，分为单冲式、单钻式、冲钻联合式和正反冲钻联合式；按动力源，分为电动式、气动式、液动式、气-液结合式、电-气结合式与电-液结合式。

8.2.1.1 钻孔式开铁口机

钻孔式开铁口机的特点是：结构简单，操作容易；靠旋转钻孔，不能进行冲击及捅铁口操作，且钻孔角度不易固定；一般靠人工对位，钻出的铁口孔道是一条弓形的倾斜通道，适用于有水炮泥开口作业。

常用的钻孔式开铁口机主要由回转机构、推进机构和钻孔机构三部分组成，见图8-10。

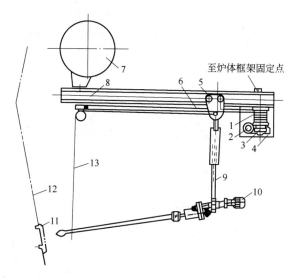

图 8-10 钻孔式开铁口机示意图

1—钢绳卷筒；2—推进电动机；3—蜗轮减速器；4—支架；5—小车；6—钢绳；7—热风围管；
8—滑轮；9—连接吊挂；10—钻孔机构；11—铁口框；12—炉壳；13—抬钻钢绳

钻孔式开铁口机的回转机构由电动机、减速器、卷筒、牵引钢绳及横梁组成。横梁的一端用旋转轴固定在热风围管上，开铁口前以铁口为圆心旋转到铁口位置并对准铁口中心线，待钻到红点后再往回旋转，回到铁口的一侧。

推进机构也称行走机构或送进机构，由电动机、减速器、卷筒、牵引钢绳及滑动小车组成。其作用是钻铁口时前后往复运动。

钻孔机构是为了开铁口时能使钻头旋转，它由电动机、减速器、钻头及钻杆组成。钻杆直径有50mm和60mm两种，用厚壁无缝钢管制成。一般钻杆分为四段，即钻头、进入铁口内的短杆、主杆和具有密封装置的空心连接轴。钻杆又直又长，并且承受较大的阻力，所以对其强度和刚度的要求较高。钻头材质为铜焊的硬质合金。

钻孔式开铁口机的工作原理是：由于其钻杆和钻头是空心的，钻杆一边旋转一边吹风，这时利用压缩空气在冷却钻头的同时把钻铁口时切削下来的粉尘吹出铁口孔道外，当吹屑中开始带铁花时，说明已经钻到红点，此时应退钻，再用捅铁口钢钎或圆钢棍捅开铁口，以免铁水烧坏钻头。

8.2.1.2 冲钻式开铁口机

冲钻式双用开铁口机由钻孔机构、冲击机构、移送机构、换杆机构、锁紧与压紧机构组成，见图 8-11。开口机构中钻头以冲击运动为主，同时通过旋转机构使钻头产生旋转运动，即钻头既可以进行冲击又可以进行旋转。

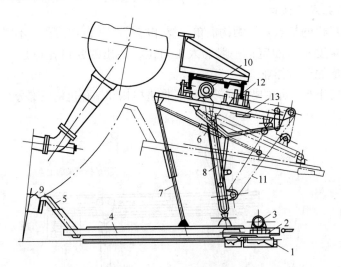

图 8-11　冲钻式开铁口机

1—钻孔机构；2—送进小车；3—风动电机；4—轨道；5—锚钩；6—压紧气缸；7—调节蜗杆；
8—吊杆；9—环套；10—升降卷扬机；11—钢绳；12—移动小车；13—安全钩气缸

开铁口时，移动小车使开铁口机移向出铁口，并使安全钩脱钩，然后开动升降机构，放松钢丝绳，将轨道放下直到锁钩钩在环套上，再使压紧气缸动作，将轨道通过锁钩固定在出铁口上，这时钻杆已对准出铁口，开动钻孔机构风动电机使钻杆旋转，同时开动送进机构风动电机使钻杆沿轨道向前运动。当钻头接近铁口时，开动冲击机构，开铁口机一边旋转一边冲击，直至打开出铁口。而后立即使送进机构反转（当钻头阻塞时，可用冲击机构反向冲击钻杆），使钻头迅速退离出铁口，然后开动升降机构使开铁口机升起并挂在安全钩上，最后用移动小车将开铁口机移离出铁口。当需要捅铁口时，可换上捅杆进行捅铁口操作。

冲钻式开铁口机的特点是：钻出的铁口通道接近于直线，可减少泥炮的推泥阻力；开铁口速度快，时间短；自动化程度高，大型高炉多采用这种开铁口机。

几种开铁口机的主要性能指标见表 8-2。

表 8-2　几种开铁口机的主要性能指标

项　目	宝钢 3 号	宣　钢	马　钢	邯　钢
高炉容积/m³	4350	1260	2500	1260
开铁口机数/台	4	2	3	2
结构形式	全气动悬挂式	全气动悬挂式	全气动悬挂式	全气动悬挂式
开铁口机行程/m	6.0	4.0	5.5	4.0
开孔深度/m	4.281	2.5	4.0	2.5

续表 8-2

项 目	宝钢 3 号	宣 钢	马 钢	邯 钢
开铁口角度/(°)	10	10	10	7、10、13
钢钎直径/mm	38、42、50	38	38、42、50	50
退避回转角度/(°)	154	135	140	125
回转时间/s	35~40	43	35~50	35~50
升降时间/s	升 10~15 降 15~18	15~20	升 10~20 降 15~18	15~20

8.2.2 堵铁口泥炮

泥炮是在出完铁后用来堵铁口的专用设备。泥炮需在高炉不停风、全风压的情况下把堵铁口炮泥填满铁口孔道，并能修补出铁口周围损坏的炉缸内壁。高炉操作对泥炮的基本要求如下：

（1）泥缸应具有足够的容量，保证供应足够的堵口泥，能够一次堵住铁口；

（2）打泥活塞应具有足够的推力，用以克服较密实堵口泥的最大运动阻力，并将堵口泥分布在炉缸内壁上；

（3）炮嘴应有合理的运动轨迹，炮嘴进入出铁口泥套时应尽量沿直线运动，以免损坏泥套，而且泥炮到达工作位置时应有一定的倾角；

（4）工作可靠，能够远距离操作。

泥炮按驱动方式分为汽动泥炮、电动泥炮和液压泥炮三种。汽动泥炮采用蒸汽驱动，由于泥缸容积小、活塞推力不足，目前已被淘汰。随着高炉容积的大型化和无水炮泥的使用，要求泥炮的推力越来越大，因此，电动泥炮也难以满足现代高炉的要求，已经被液压泥炮取代。

8.2.2.1 电动泥炮

电动泥炮主要由打泥机构（见图 8-12）、压紧机构、锁炮机构和转炮机构组成，过去常用电动泥炮的性能见表 8-3。

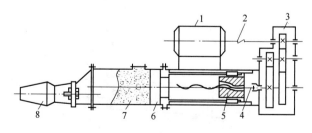

图 8-12 电动泥炮打泥机构

1—电动机；2—联轴器；3—齿轮减速器；4—螺杆；

5—螺母；6—活塞；7—炮泥；8—炮嘴

表8-3   常用电动泥炮的性能

高炉容积 /m³	公称推力 /kN	泥缸有效容积 /m³	泥缸直径 /mm	活塞单位压力 /MPa	活塞速度 /m·s⁻¹	吐泥速度 /m·s⁻¹	活塞行程时间 /s	打泥电机功率 /kW
620	1000	0.3	500	4.5	0.0234	0.323	52	32
1000	1600	0.5	650	5.0	0.0201	0.268	78	50
1500~2000	2120	0.4	580	8.0	0.0134	0.200	113	40

8.2.2.2　液压泥炮

液压泥炮由液压驱动、转炮用液压马达、压炮和打泥用液压缸组成。它的特点是体积小、结构紧凑、传动平稳、工作稳定、活塞推力大，能适应现代高炉高压操作的要求。但是，液压泥炮的液压元件要求精度高，必须精心操作和维护，以避免液压油泄漏。

现代高炉多采用液压矮式泥炮。所谓矮式泥炮，是指泥炮在非堵铁口和堵铁口位置时均处于风口平台以下，不影响风口平台的完整性。目前国外使用的液压泥炮主要有 IHI 型、MHG 型、PW 型、DDS 型、KD 型等多种。其中，IHI 型和 MHG 型液压泥炮由打泥机构、压炮机构、转炮机构、锁炮装置和液压站等组成；PW 型、DDS 型及 KD 型液压泥炮将转炮机构、锁炮机构和压炮机构合为一体，用一个转炮机构来代替，从而使结构变得更为简单。国内使用的液压泥炮主要有日本的 MHG 型、德国的 DDS 型以及国产 BG 型。下面简要介绍 DDS 型液压泥炮的结构组成。

DDS 型液压泥炮由立柱基础、立柱、回转悬臂装置、调整装置、炮体、打泥机构及吊挂缓冲装置组成，见图 8-13。

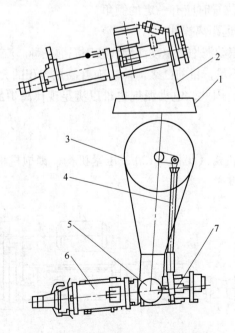

图 8-13　DDS 型液压泥炮的设备组成

1—基础架；2—立柱与旋臂连接装置；3—回转悬臂装置；4—调整装置；
5—炮体与臂架连接装置；6—打泥机构；7—吊挂缓冲器

回转机构采用有两个固定铰支点的六连杆机构形式，回转油缸设置在悬臂体内，避免了油缸与溅渣等的接触。DDS 型液压泥炮没有单独的压炮机构，它的压炮动作是随着悬臂的回转过程同时完成的。转臂通过吊挂机构与打泥机构铰接在一起，由转臂、斜机柱、控制杆共同组成了平面四连杆机构，这一连杆机构的机械特性可以保证当打泥机构接近铁口位置时，炮嘴前端的运动轨迹近似为直线；可以保证当连杆机构的铰点因磨损间隙加大时，炮嘴不会左右摆晃，能对准出铁口；同时，炮嘴运动轨迹近似为直线段，有利于保护出铁口，见图 8-14。

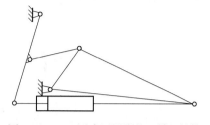

图 8-14　DDS 型液压泥炮的回转机构简图

打泥机构（见图 8-15）采用油缸活塞杆固定，缸体运动时推动泥缸活塞前进，油缸座上装有挡泥环和漏泥孔，泥缸活塞采用涨圈式，较有效地保证了泥缸缸体内表面不被坚硬的泥渣划伤。炮嘴和过渡管的连接采用插口灯头式，更换装卸方便、快捷、省力。

改变吊挂机构缓冲器的丝杠长度可以调整炮嘴的上下位置，改变旋转调整装置的螺杆长度可以调整炮嘴的水平位置。

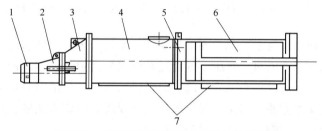

图 8-15　DDS 型液压泥炮的打泥机构简图

1—炮嘴帽；2—炮嘴；3—过渡管；4—泥缸；5—打泥活塞；6—打泥油缸；7—隔热护板

部分液压泥炮的主要性能列于表 8-4。

表 8-4　部分液压泥炮的主要性能

高炉容积 /m³	形式	泥炮推力 /kN	泥缸有效容积 /m³	泥缸直径 /mm	泥缸压力 /MPa	打泥油压 /MPa
550		1280	0.215	500	6.4	15
1200		2350	0.250	550	9.8	20
4197		3000	0.250	480	16.4	30
4080	IHI	4000	0.250			30
5070	MHG60	6000	0.400			34

8.2.3　堵渣口机

堵渣口机是用来堵塞渣口的设备。中小高炉普遍采用电动连杆式堵渣机和液压折叠式堵渣机。

8.2.3.1　电动连杆式堵渣机

常用的连杆式堵渣机是平行四连杆机构，如图 8-16 所示。堵渣机的塞杆和塞头均为空心，其内通水冷却。塞头堵入渣口，在冷却水的作用下熔渣凝固，起封堵作用。放渣时，堵渣机塞头离开渣口后人工用钢钎捅开渣壳，熔渣就会流出。这样操作既不方便又不安全，因此，这种水冷式的堵渣机已被逐渐淘汰。

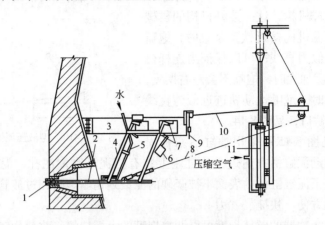

图 8-16　平行四连杆式堵渣机

1—塞头；2—塞杆；3—框架；4—平行四连杆；5—塞头冷却水管；6—平衡重锤；

7—固定轴；8—钢绳；9—钩子；10—操纵钩子的钢绳；11—气缸

吹风式堵渣机的构造与水冷式相同，只是塞杆变成一个空腔的吹管，在塞头上也钻了孔，中心有一个孔道。堵渣时，高压空气通过孔道吹入高炉炉缸内，由于塞头中心孔连续不断地吹出压缩空气，渣口不会结壳。放渣时，拔出塞头，熔渣会自动放出，无需再用人工捅穿渣口，放渣操作方便。塞头内通压缩空气不仅起到冷却塞头的作用，而且压缩空气吹入炉内还能消除渣口周围的死区，延长渣口寿命。

四连杆机构堵渣机存在的问题是：所占空间和运动轨迹大，铰接点太多，连杆太长，连杆变形后将导致塞头轨迹发生变化，使塞头不能对准渣口，高温环境下零件寿命短。

8.2.3.2　液压折叠式堵渣机

液压折叠式堵渣机的结构如图 8-17 所示。打开渣口时，液压缸活塞向下移动，推动

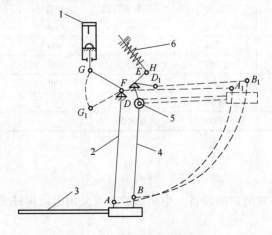

图 8-17　液压折叠式堵渣机

1—摆动油缸；2，4—连杆；3—堵渣杆；5—滚轮；6—弹簧

刚性杆 *GFA* 绕 *F* 点转动，将堵渣杆抬起；在连杆 2 未接触滚轮时，连杆 4 绕铰接点 *D*（*DEH* 杆为刚性杆，此时 *D* 点受弹簧的作用不动）转动；当连杆 2 接触滚轮后，就带动连杆 4 和 *DEH* 杆一起绕 *E* 点转动，直到把堵渣杆抬到水平位置，*DEH* 杆转动时弹簧受到压缩。堵渣杆抬起的最高位置离渣口中心线可达 2m 以上。堵出渣口时，液压缸活塞向上移动，堵渣杆得到与上述相反的运动，迅速将渣口堵塞。

8.2.4 铁水处理设备

高炉生产的炼钢生铁主要以液态的形式供给炼钢厂，但当炼钢设备检修等暂时性生产能力配合不上时，需将部分铁水铸成铁块；而铸造生铁一般要铸成铁块。铁水处理设备包括运送铁水的铁水罐车和铸铁机两种。

8.2.4.1 铁水罐车

铁水罐车是用普通机车牵引的特殊铁路车辆，由车架和铁水罐组成。铁水罐由钢板焊成，罐内砌有耐火砖衬，并在砖衬与罐壳之间填入石棉绝热板。铁水罐上设有被吊车吊起的枢轴，并通过本身的两对枢轴支撑在车架上，此外还设有供铸铁时翻罐用的双耳和小轴。

常见的铁水罐车有上部敞开式和混铁炉式两种类型，如图 8-18 所示。图 8-18（a）所示为上部敞开式铁水罐车，其散热量大，但修理铁水罐比较容易。图 8-18（b）所示为 420t 混铁炉式铁水罐车，又称鱼雷罐车，它的上部开口小，散热量也小，有的上部可以加盖，但修理铁水罐较困难。

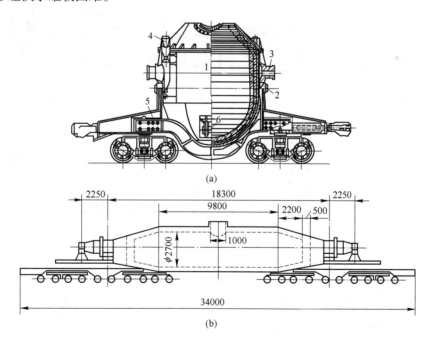

图 8-18 铁水罐车
（a）上部敞开式铁水罐车；（b）420t 混铁炉式铁水罐车
1—锥形铁水罐；2—枢轴；3—耳轴；4—支承凸爪；5—底盘；6—小轴

由于混铁炉式铁水罐车容量较大，可达到 200～600t，大型高炉上多使用混铁炉式铁水罐车装运铁水。

我国常用铁水罐车的性能参数见表8-5。

表 8 – 5 我国常用铁水罐车的性能参数

型 号	容量 /t	满载时总重 /t	吊耳中心距 /mm	车钩舌内侧距 /mm	通过轨道最小曲率半径/mm	自重 /t	外形尺寸（长×宽×高） /mm×mm×mm
ZT – 35 – 1	35	46.4	3050	6580	25	24.0	6730 × 3250 × 2700
ZT – 65 – 1	65	85.9	3620	8200	40	39.3	8350 × 3580 × 3664
ZT – 100 – 1	100	127.5	3620	8200	40	49.2	8350 × 3600 × 4210
ZT – 140 – 1	140	170.8	250	9550	80	59.3	9700 × 3700 × 4500

8.2.4.2 铸铁机

铸铁机是把铁水连续铸成铁块的机械化设备，是一台倾斜向上的、装有许多铁模和链板的循环链带，如图8-19所示。

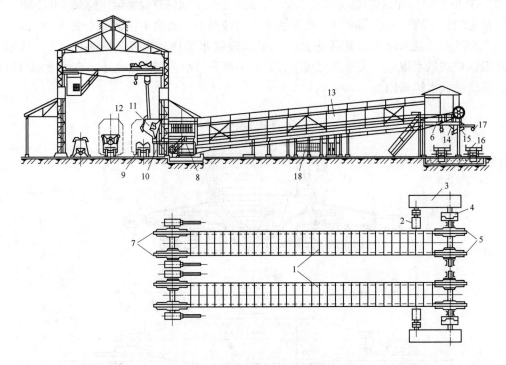

图 8-19 铸铁机及厂房设备图

1—链带；2—电动机；3—减速器；4—联轴器；5—传动轮；6—机架；7—导向轮；8—铸台；
9—铁水罐车；10—倾倒铁水罐用的支架；11—铁水罐；12—倾倒耳；13—长廊；14—铸铁槽；
15—将铸铁块装入车皮用的槽；16—车皮；17—喷水用的喷嘴；18—喷石灰浆的小室

铸铁机环绕着上下两端的星形大齿轮运转，上端的星形大齿轮为传动轮，由电动机带动；下端的星形大齿轮为导向轮，其轴承位置可以移动，以便调节链带的松紧度。按辊轮固定的形式，铸铁机可分为两类：一类是辊轮安装在链带两侧，链带运行时，辊轮沿着固定轨道前进，称为辊轮移动式铸铁机；另一类是把辊轮安装在链带下面的固定支座上，用于支撑链带，称为固定辊轮式铸铁机。

铸铁机的工作流程是：机车将装好铁水的铁水罐车从高炉运送至铸铁机车间，由倾翻机构将铁水罐倾翻，铁水经铁水流槽流入铸模内，装满铁水的铸模在链带的带动下徐徐向上移动。运行一段距离后（一般为全长的1/3），铁水表面冷凝，冷却装置将冷却水喷淋在已结壳的铁块上，以加速铁块降温冷却。当链带绕过上端的星形大齿轮时，已经完全凝固的铁块便脱离铁模，沿着铁槽落到车皮上运出。个别不易脱落的铁块由扒铁装置清理脱落。在空链带从铸铁机下面返回的途中，向铁模内喷一层 1～2mm 厚的石灰与煤泥的混合泥浆，以防止铁块与铁模黏结。

铸铁机的生产能力取决于链带速度、倾翻卷扬速度及设备作业率等因素。链带速度一般为 5～15m/min，过慢会降低生产能力；过快则冷却时间不够，易造成"淌稀"现象，使铁损增加、铁块质量变差，同时也加速铸铁机设备零件的磨损。链带速度还应与链带长度配合考虑，链带短时不利于冷却；太长则会使设备庞大，在铁模的预热等措施跟不上时，铁模温度不够，喷浆效果就差，可能造成黏模现象。

8.2.5　炉渣水淬处理工艺及设备

高炉炉渣可以作为水泥原料、隔热材料以及其他建筑材料，用途不同，其处理方法也不相同。高炉渣的处理方法有放干渣、半水冲渣和水渣处理三种方式。干渣处理主要用于处理开炉初期炉渣、炉况失常时渣中带铁的炉渣以及在水冲渣系统事故检修时的炉渣。半水冲渣处理又称膨胀渣生产，它是将流入渣槽后的热炉渣经喷水急冷，又经高速旋转的滚筒击碎、抛甩并继续冷却，从而使熔渣自行膨胀并冷却成珠的过程，膨胀渣主要用于生产绝热材料。目前，国内高炉炉渣普遍采用水渣处理，熔渣经水淬粒化制成水渣，它是生产建筑材料的好原料。

8.2.5.1　沉渣池法

沉渣池法是一种传统的炉渣处理工艺，在我国中小型高炉上普遍采用，其工艺流程见图8-20。

高炉熔渣流进熔渣沟后，经高压水水淬成水渣，经过水冲渣沟流进沉渣池内进行沉淀，水渣沉淀后将水放掉，然后用抓斗起重机将沉渣送到储渣场或汽车内运出。这种方法具有设备简单、工作可靠、耗电少、生产能力高等特点，但存在沉淀池占地面积大、浮渣无法回收利用、废水排放和水渣粒化过程中产生硫化氢气体污染环境、蒸汽大等问题。

8.2.5.2　底滤（OCP）法

底滤法的工艺与沉渣池法相似，差别是水渣的脱水方法不同，其工艺流程如图8-21所示。高炉熔渣经水冲渣沟进入水冲渣喷嘴，由高压水喷射制成水渣，渣水混合物经水渣沟流入底滤式过滤池，过滤池底部铺有滤石，水经滤石池排出，达到渣水分离的目的。水渣用抓斗起重机装入储渣仓或汽车内运走，过滤出的水通过设在滤床底部的排水管排到储水池内作为循环水使用，滤石要定期清洗。

8.2.5.3　沉渣池-过滤池法

这种工艺是将沉渣池法与底滤法组合在一起的工艺。高炉熔渣经熔渣沟流入水冲渣喷嘴，被高压水射流水淬成水渣，渣水混合物经水渣沟流入沉渣池，水渣沉淀，水经过溢流口流到配水渠中而分配到过滤池内。过滤池结构与底滤法完全相同，水经过滤床排出，循

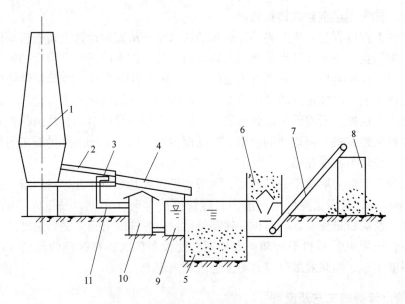

图 8-20　沉渣池法处理高炉熔渣的工艺流程

1—高炉；2—熔渣沟；3—水冲渣喷嘴；4—水冲渣沟；5—沉渣池；6—储渣槽；
7—运输皮带；8—储渣场；9—吸水井；10—水冲渣泵房；11—高压水管

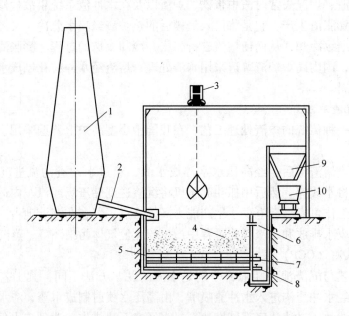

图 8-21　底滤法处理高炉熔渣的工艺流程

1—高炉；2—熔渣沟和水冲渣槽；3—抓斗起重机；4—水渣堆；5—保护钢轨；
6—溢流水口；7—冲洗空气进口；8—排出水口；9—储渣仓；10—运渣车

环使用。此种工艺具有沉渣池法和底滤法的优势。

8.2.5.4　INBA 法

INBA 工艺是由卢森堡 PW 公司开发的一种炉渣处理工艺，见图 8-22。水淬后的渣

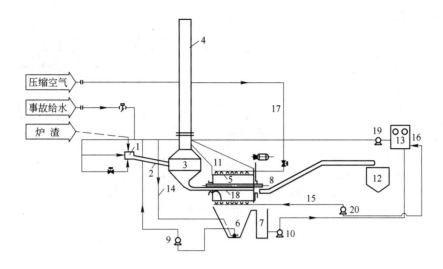

图 8-22　回转圆筒式冲渣（INBA 法）的工艺流程

1—冲渣箱；2—水渣沟；3—水渣槽；4—烟囱；5—滚筒过滤；6—温水槽；7—中继槽；8—排料胶带机；
9—底流泵；10—温水泵；11—盖；12—成品槽；13—冷却塔；14—搅拌水；15—洗净水；
16—补给水；17—空气；18—分配器；19—冲渣泵；20—清洗泵

水混合物经水渣槽流入分配器，经缓冲槽落入脱水转鼓中，脱水后的水渣经过转鼓内的胶带机和转鼓外的胶带机运至成品水渣仓内进一步脱水。滤出的水经集水斗、热水池、热水泵站送至冷却塔冷却后进入冷却水池，冷却后的冲渣水经粒化泵站送往水渣冲制箱循环使用。其优点是：可以连续滤水，环境好，占地少，工艺布置灵活，吨渣电耗低，循环水中悬浮物含量少，泵、阀门和管道的寿命长。INBA 法在我国新建高炉上应用较为普遍。

8.2.5.5　拉萨（RASA）法

RASA 法是由英国 RASA 公司和日本钢管公司共同研究开发的，于 1967 年开始在日本的高炉上采用，其工艺流程见图 8-23。高炉熔渣经熔渣沟进入水冲渣槽，在水冲渣槽中用水渣冲制箱的高压喷嘴进行喷射，水淬成水渣，渣水混合物一起流入搅拌槽，水渣在搅拌槽内经搅拌破碎成细小颗粒（粒度为 1 ~ 3mm），与水混合成渣浆后再用输渣泵送入分配槽中，分配槽将渣浆分配到各脱水槽中，分离出来的水经过脱水槽的金属网汇集到集水管，流入沉降槽。在沉降槽里排除混入水中的细粒渣后，水流入循环水槽。其中一部分水用冷却泵打入冷却塔，冷却后再返回循环水槽，用循环水槽的搅拌泵将水温搅拌均匀；一部分水作为给水直接送至水渣冲制箱；还有一部分水用搅拌槽的搅拌泵打入搅拌槽进行搅拌，用以防止水渣沉降。在沉降槽里沉淀的细粒水渣用排污泵送给脱水槽，进行再脱水处理。拉萨法在我国宝钢 1 号高炉得到应用。

8.2.5.6　图拉法

图拉法是由俄罗斯图拉公司开发的，其工艺流程见图 8-24。炉渣从熔渣沟流到转轮粒化器上，粒化器由电动机带动旋转。落到粒化器上的液态炉渣被粒化轮上快速旋转的叶片击碎，并沿切线方向抛射出去，同时，受从粒化器上部喷头喷出的高压水射流冷却

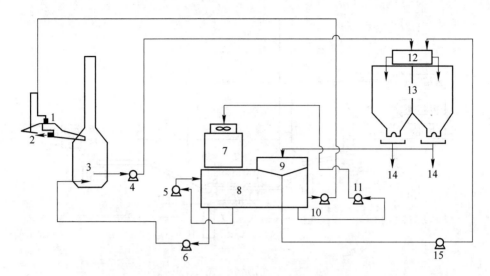

图 8-23　拉萨法处理高炉熔渣的工艺流程

1—水渣槽；2—喷水口；3—搅拌槽；4—输渣泵；5—循环槽搅拌泵；6—搅拌槽搅拌泵；

7—冷却塔；8—循环水槽；9—沉降槽；10—冲渣给水泵；11—冷却泵；

12—分配器；13—脱水槽；14—汽车；15—排泥泵

而水淬成水渣。渣水混合物进入脱水转鼓中，由于喷水只对液态熔渣起水淬作用，对转轮粒化器起冷却作用而没有输送作用，因此水量消耗少。转鼓上的筛网将渣水分离，过滤后的水渣落入受料斗中，再经胶带机输送到堆渣场或渣仓中。脱水转鼓过滤的水通过溢流口和回水管进入集水池或集水罐，经循环泵加压后再打到转轮粒化器喷头上。循环水中仍含有一部分粒度小于 0.5mm 的固体颗粒，沉淀在集水池下部。这部分固体沉淀物用气力提升泵提升到高于脱水器筛斗的上部，使其回流进行二次过滤，进一步净化循环水。图拉法在唐钢 2560 m³ 高炉上得到应用。

8.2.5.7　螺旋法

螺旋法水渣工艺为机械脱水工艺的一种，其工艺流程见图 8-25。它是通过螺旋机将渣水进行分离，螺旋机成 10°～20°倾斜角安装在水渣槽内，螺旋机随着传动机构进行旋转，螺旋叶片将水渣从槽底部捞起并输送到水渣运输皮带机上，水则靠重力向下回流到水渣槽内，从而达到渣水分离的目的。浮渣则采用滚筒分离器进行分离，并将其输送到水渣运输皮带机上。水经过水渣槽上部溢流口溢流后，经沉淀、冷却、补充新水等处理后循环使用。螺旋法在日本部分钢铁厂的大中型高炉上得到使用。

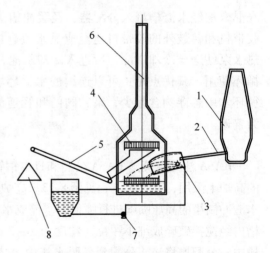

图 8-24　图拉法处理高炉熔渣的工艺流程

1—高炉；2—熔渣沟；3—粒化器；

4—脱水器；5—皮带机；6—烟囱；

7—循环水泵；8—堆渣场

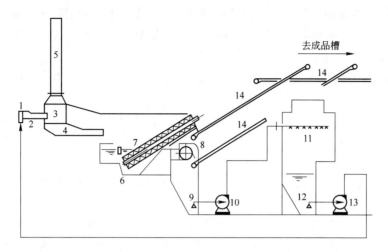

图 8-25 螺旋法处理高炉熔渣的工艺流程
1—冲制箱；2—水渣沟；3—缓冲槽；4—中继槽；5—烟囱；6—水渣槽；
7—螺旋输送分离机；8—滚筒分离器；9—温水槽；10—冷却泵；
11—冷却塔；12—冷水槽；13—给水泵；14—皮带机

8.3 炉前操作的指标与出铁口的维护

8.3.1 炉前操作的指标

8.3.1.1 出铁正点率

出铁正点是指按时打开铁口并在规定的时间内出净渣铁。出铁正点率指的是正点出铁次数占出铁总次数的百分比。

提前或晚点出铁对高炉炉况有重要的影响。若提前出铁，会因为潮泥而"打火箭"或爆喷，引起铁口过浅；若晚点出铁，会因炉内憋铁而引起炉况不顺，还会给渣铁罐的正常调配带来困难，影响生产的组织和协调。生产中要求出铁正点率越高越好。

不同炉容高炉的正常出铁时间参考值可见表 8-6。

表 8-6 高炉有效容积与正常出铁时间的参考值

高炉容积/m³	<600	800 ~ 1000	1800 ~ 2025	2500	4000
正常出铁时间/min	30 ±5	35 ±5	45 ±5	55 ±5	60 ±5

8.3.1.2 铁口深度合格率

铁口深度合格率是指铁口深度合格次数与实际出铁次数的百分比。它是反映铁口维护工作好坏的一个重要指标，其数值越高，说明铁口维护越好。保证铁口深度是维护铁口、保护炉缸炉衬的重要措施。

生产中维持正常足够的铁口深度，可促进高炉中心渣铁流动，抑制渣铁对炉底周围的环流侵蚀，起到保护炉底的效果。同时，由于深度较深，铁口通道沿程阻力增加，铁前泥包稳定，钻铁口时不易断裂，有利于促进炉况稳定顺行。

如果铁口过浅，会导致以下危害：

（1）无固定的泥包保护炉墙，在渣铁的冲刷侵蚀作用下，炉墙越来越薄，不仅使铁口难以维护，还容易造成铁水穿透残余砖衬而烧坏冷却壁，甚至发生铁口爆炸或炉缸烧穿等重大恶性事故。

（2）出铁时往往发生"跑大流"和"跑焦炭"事故，高炉被迫减风出铁，造成煤气流分布失常、崩料、悬料和炉温的波动。

（3）渣铁出不尽，使炉缸内积存过多的渣铁，恶化炉缸料柱的透气性，影响炉况的顺行；同时还造成上渣带铁多，易烧坏渣口，给放渣操作带来困难，甚至造成渣口爆炸的不良后果。

（4）此外，往往在退炮时容易导致铁水冲开堵泥流出，造成泥炮倒灌，烧坏炮头，甚至发生渣铁漫到铁道上烧坏铁轨的事故。

但若铁口过深，则其稳定性变差，出铁时间延长，出现断铁口、开口困难、不易出铁、见渣迟、炉内储渣量增加、铁口易卡焦炭等现象，也不利于高炉的正常维护。

根据铁口的构造，正常铁口深度原则上是炉缸内衬至炉壳厚度的 1.2~1.5 倍。生产中铁口深度是指从铁口保护板到"红点"（与液态渣铁接触的硬壳）间的长度。不同炉容高炉要求的正常铁口深度范围见表8-7。

表 8-7　高炉有效容积与正常铁口深度的关系

高炉容积/m³	<350	500~1000	>1000~2000	>2000~4000	>4000
铁口深度/m	0.7~0.5	1.5~2.0	2.0~2.5	2.5~3.2	3.0~3.5

8.3.1.3　铁量差

铁量差是指实际出铁量与理论计算出铁量的差值，它是衡量铁水是否出净的指标。为了保持最低铁水液面的稳定，一些厂要求每次出铁的铁量差不大于15%。铁量差超过一定数值即为亏铁。亏铁会影响顺行，造成高炉憋风，减少下料批数，导致上渣带铁，烧坏冷却设备，还易使高炉铁口难以维护。

$$铁量差 = nm_{理} - m_{实} \tag{8-1}$$

式中　n——两次出铁间的下料批数，批；

　　　$m_{理}$——理论出铁量，t/批；

　　　$m_{实}$——本次实际出铁量，t/批。

8.3.1.4　全风堵口率

正常出铁堵铁口应在全风下进行，不应放风。全风堵口的次数占实际出铁次数的百分比称为全风堵口率。全风堵口率的高低反映了铁口的工作状况。

全风堵口有利于提高泥包泥质的密度，形成坚固泥包，还可增强铁口孔道强度及抗冲刷性能。为此，必须保证铁口泥套及炮头完整、堵口时炮头周围没有残渣积铁，防止铁口过浅和出铁失常。

8.3.1.5　上渣率和见渣时间

有渣口的高炉，从渣口排放的炉渣称为上渣，从铁口排出的炉渣称为下渣，上渣率是指从渣口排放的炉渣量占全部炉渣量的百分比。上渣率高（一般要求在70%以上），说明上渣放得多，从铁口流出的渣量少，可减轻炉渣对铁口的冲刷和侵蚀作用，有利于铁口的维护。大型高炉不设置渣口，渣口操作考核指标已丧失它的意义。

不设渣口的高炉，渣和铁都从铁口排出。因此，每次出铁对见渣时间有严格要求，以确保在出铁时能将炉内的渣子及时排出。日产9000~9500t的高炉，一般要求从上次出铁堵口时间起算到这次出铁的见渣时间不大于60min；日产9500t以上的高炉，则要求在45min内见渣。若超过该时间，就应该安排重叠出铁（即两个铁口同时出铁）。比如宝钢规定，在日产生铁9500t以上时，相邻两次铁有10~20min的重叠出铁。

8.3.2　出铁口的维护

8.3.2.1　出铁口的构造

出铁口的整体构造如图8-26所示，其由铁口框架、保护板、泥套、铁口孔道等组成。开炉烘炉前，需先在铁口区构筑泥套和泥包，在生产中起导入炮泥和保护砌体的作用。高炉生产过程中，铁口区域的炉墙砖衬会被渣铁冲刷侵蚀而变薄，全靠堵泥形成泥包和渣皮进行保护。生产过程中的铁口状况如图8-27所示。

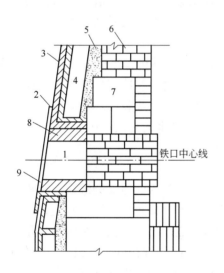

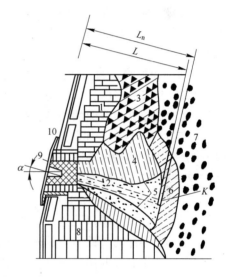

图8-26　开炉前出铁口的整体构造示意图

1—铁口孔道；2—铁口框架；3—炉皮；
4—炉缸冷却壁；5—填充料；6—砖套；
7—砖墙；8—砖衬；9—铁口保护板

图8-27　生产过程中的铁口状况示意图

1—残存的炉墙砌砖；2—铁口孔道；3—渣皮；
4—旧堵泥；5—出铁时泥包被渣铁侵蚀的变化；
6—新堵泥；7—炉缸焦炭；8—残存的炉底砌砖；
9—铁口泥套；10—铁口框架；
L_n—铁口全深；L—铁口深度；K—红点

8.3.2.2　出铁口的工作条件

高炉生产时，每昼夜必须从铁口放出大量的铁水和炉渣，铁口区受到高温、机械冲刷和化学侵蚀等一系列的破坏作用，工作条件十分恶劣。

（1）铁口会受到高温熔渣、铁水和煤气的冲刷。高炉炉缸内的铁水和熔渣不仅本身具有静压力，还受到热风压力和炉料有效重力的作用，铁口一打开，铁水就会以很高的流速从铁口流出。同时，炉缸内其他部位的铁水和熔渣也会迅速补充过来，使铁口周围的铁水流量与热负荷达到最高。受铁口孔道的限制，在炉内的高压作用下，大量处于运动状态的渣铁在铁口孔道前将形成"涡流"，剧烈地冲刷铁口的泥包，最后把铁口孔道的里端冲刷成喇叭口状。此外，铁口前的渣铁、焦炭也会受到风口循环区的"搅动"，对黏结在炉墙上的铁口泥包产生刷蚀。风口循环区越靠近炉墙，对泥包的冲刷就越剧烈，破坏作用也越强，因此，铁口上方两侧风口的直径、长度都会对这种"搅动"产生影响。为了利于铁口的维护，铁口上方两侧的风口宜用直径较小的长风口，有时甚至采取暂时堵住这两个风口的办法来处理铁口过浅的问题。

（2）出铁时铁口会受到热应力的作用。出铁时，铁口泥包和铁口孔道被液态渣铁加热到很高的温度（达1500℃以上）。由于铁口泥导热性差，使铁口孔道表面温度与内部有很大的温差，造成热膨胀程度的不一致，因而产生热应力。

（3）熔渣对铁口的化学侵蚀。除了渣铁对铁口孔道和泥包进行冲刷外，熔渣中的 CaO 和 MgO 等碱性物质还会与堵泥中的 SiO_2 发生化学反应，产生低熔点的化合物，使堵泥很快被侵蚀。当熔渣碱度高、流动性好时，这种作用更为严重。

（4）炉缸内红焦的沉浮对铁口泥包的磨损。出铁过程中，随着炉缸内积存渣铁的减少，风口前的焦炭下沉充填；堵铁口后，随着炉缸存积渣铁的增多，渣铁夹着焦炭又逐渐上升。焦炭在下降和浮起的过程中是不规则的，无规则运动的焦炭对铁口泥包有一定的磨损作用。

（5）物理冲击的影响。开铁口时，强烈的钻击可以震裂和破坏耐火材料和蘑菇保护层。使用氧气打开铁口时，如出现烧偏现象，会造成耐火材料和冷却器的损坏。泥炮力量太大时，会造成出铁口表面的损坏，引起耐火材料的移动，形成裂纹。

（6）潮铁口出铁会破坏孔道和泥包。铁口潮时，在铁水的高温作用下水分急剧蒸发，产生的巨大压力会使铁水喷溅，造成铁口状况的恶化。

8.3.2.3　维护出铁口的措施

（1）出净渣铁，全风堵出铁口。如果渣铁未出净，则打入的堵泥会因液态渣铁的冲刷或漂浮而消失，甚至连铁口孔道外端的喇叭口也弥补不上，只封住了铁口孔道，使铁口变浅。渣铁连续出不净时，铁口会越来越浅，极易酿成事故。出净渣铁和全风堵口是维护好铁口的保证。要做到按时出净渣铁，必须及时配好渣铁罐并维护好出铁设备。开铁口时，应根据上次铁的铁口深度及炉温变化，正确控制铁口眼的大小，以保证渣铁在规定的时间内出净。

（2）稳定打泥量。为了使炮泥克服炉内的阻力和铁口孔道的摩擦阻力全部顺利地进入铁口形成泥包，打泥量一定要适当而稳定。通常 $1000 \sim 2000 \ m^3$ 高炉每次打泥量为 $200 \sim 300 \ kg$，炮泥单耗为 $0.5 \sim 0.8 kg/t$。实践表明，产量每增加30t，要增加打泥量 $1 \sim 2kg/t$，以确保足够的铁口深度。打泥量是根据铁口深度的变化来决定的。铁口深度稳定时，打泥量也应稳定。铁口深度连续两炉超过标准范围时，可增减打泥量，但每次增减幅度不得大于 $20 \sim 40kg$，以稳定铁口深度。

（3）固定适宜的铁口角度。铁口角度是指出铁时铁口孔道中心线与水平面间的夹角。铁口角度固定，可以保持死铁层的厚度、保护炉底和出净渣铁。同时，也可在堵铁口时使铁口孔道内的渣铁液能全部倒回炉缸中，避免渣铁夹入泥包，引起破坏和给开铁口造成困难。现代高炉为了减轻铁水环流对炉缸、炉底砖衬的侵蚀，死铁层设计较深，出铁口由一套组合砖砌筑，铁口孔道固定不变，如铁口角度改变，必然破坏组合砖。传统高炉由于死铁层较浅，随着炉龄的增加，炉底砖衬被侵蚀，将导致最低铁水面下移，在这种情况下可适当增加铁口角度以出净渣铁和维护好铁口。传统高炉一代炉役中铁口角度的变化见表8-8。

表8-8　传统高炉一代炉役中铁口角度的变化

炉龄/年	开炉	1~3	4~6	7~10	停炉
铁口角度/(°)	0~2	2~8	8~12	12~15	15~17

（4）改进炮泥质量。炮泥质量应满足以下要求：

1）要有良好的塑性，使其能够比较容易地从泥炮中推入铁口，填满铁口通道；

2）要具有快干、速硬性，使其能够在较短时间内硬化；

3）其耐高温渣铁磨蚀和熔蚀的能力要好，使出铁过程中铁口孔道不扩大，铁流稳定；

4）要有良好的体积稳定性，其在铁口中随温度升高体积变化小，中间不断裂；

5）要有适宜的孔隙率，使其具有足够的透气性，有利于其中挥发分的外逸。

长期以来，堵铁口所用炮泥大部分是传统炮泥，这种炮泥以焦炭粉、黏土粉、铝矾土熟料为主要原料，用水拌和，在混碾机中经一定时间的混碾成为高炉铁口所用的炮泥，因此这类炮泥称为有水炮泥。有水炮泥体积密度小、耐渣铁侵蚀性差，在堵高炉出铁口时易造成铁口深度不够，在出铁期间往往跑焦炭、出铁放风、出不净渣铁熔液。但由于其成本低，经改进后仍在部分中小型高炉上使用，单耗在 1.0kg/t 以上。20 世纪 80 年代后，随着大型高炉的增加和原燃料条件的不断改善，新建和改建的高炉一般不再设出渣口，仅设有 1~4 个出铁口，铁口每天排出的渣铁量很大，如宝钢 4063m^3 的大型高炉，日最大出铁量为 10000t，出渣量为 3200t。要满足这些工作条件，有水炮泥显然难以胜任，为此采用了无水炮泥。最初的无水炮泥以刚玉、碳化硅和焦粉为主要原料，以焦油作为结合剂，同时配加不同的外加剂，其耐渣铁熔液的侵蚀性能比有水炮泥大为提高，可以使铁口出铁时间延长，降低出铁次数；但焦油在使用中遇高温铁水会产生烟雾，恶化工作环境。现在则采用以酚醛树脂为结合剂的无水炮泥。使用无水炮泥后，铁口泥套的使用寿命提高 10 倍以上，出铁过程中减少了喷焦炭现象。

炮泥原料中各种成分的作用如下：黏土能增加泥料中的可塑性和高温下的结构强度，但它的主要缺点是水分不能迅速蒸发，干燥后收缩大，易产生裂纹。熟料在泥料中用作骨料，能够减少体积收缩、提高耐火泥料的致密度和强度、改善其热稳定性，但其可塑性较差。沥青软化时可增加泥料的塑性，高温熔化时起黏结剂的作用，挥发分逸出后残余碳素结焦，可将配方中的各种散料粒胶结在一起，并具有一定的强度。焦粉具有较高的抗渣性和耐火度，并具有良好的透气性，使泥料中的水分能很快蒸发；但其缺点是可塑性较差，配量多时会造成打泥困难。绢云母具有中低温强度好、干燥迅速、烧结性能好的特点，配入炮泥中有利于提高铁口孔道的低温强度，且堵口后干得快。刚玉和碳化硅都具有软化温度较高、质密、高温强度好、耐磨性高、抗渣能力强的特点，但其可塑性差。焦油和酚醛树脂是生产无水炮泥的结合剂。焦油在常温与低温加热过程中具有很好的浸润、渗透和润滑性能，50~100℃时能与泥料充分混炼，使炮泥具有良好的塑性，而高温下结焦形成焦化网络又使炮泥具有一定的结构强度。酚醛树脂具有较好的热硬性，干燥强度大，与以碳素为主的各种骨料结合性好，在低温（150℃）下树脂聚合，可使炮泥具有较大的强度。

与焦油相比，树脂焦化时间短，堵住铁口 20min 后即可拔炮，对环境污染小。

（5）严禁潮铁口出铁。潮铁口出铁时，堵泥中残余的水分和焦油受热后急剧蒸发，产生的高压不但会使铁水喷出而危及人身安全，也会使铁口泥包出现裂纹及脱落，甚至会使潮泥连同铁水一起从铁口喷出，使铁口泥套受到严重破坏，造成炉前漫铁的事故，严重时还会酿成铁口堵不上及烧坏铁口区冷却壁等重大事故。因此，操作要细心，严禁潮铁口出铁。

（6）保持正常的铁口直径。铁口直径变化直接影响渣铁流速。孔径过大易造成流量过大，引起铁水跑大流；另外，由于过早地结束出铁工序，将使下一次出铁的时间间隔延长，也影响到炉况的稳定。而孔径过小则易导致规定时间内渣铁出不净。不同铁种的开口机钻头直径可参考表 8-9 选用。

表 8-9　不同铁种选用开口机钻头直径的参考值

炉顶压力/MPa	0.06	0.08	0.12 ~ 0.15	0.15
铸造生铁选用开口机钻头直径/mm	80 ~ 70	70 ~ 65	65 ~ 60	60 ~ 50
炼钢生铁选用开口机钻头直径/mm	70 ~ 60	65 ~ 60	60 ~ 50	50 ~ 40

（7）定期修补，制作泥套。在铁口框架内距铁口保护板 250 ~ 300mm 的空间内，用泥套泥填实压紧的可容纳炮嘴的部分称为铁口泥套。只有当泥炮的炮嘴和泥套紧密吻合时，才能使炮泥在堵口过程中顺利地将泥打入铁口孔道内。由于泥套不断受到高温和渣铁液的冲刷侵蚀，很容易产生裂纹或大块脱落而失去其完整性，导致发生冒泥甚至堵不上铁口的现象，所以应及时修补和更换泥套，保持其完整性。更换泥套的方法如下：

1）更换旧泥套时，应将旧泥套泥和残渣铁抠净，深度应大于 150mm；

2）填泥套泥时应先充分捣实，再用炮头准确地压出 30 ~ 50mm 的深窝；

3）退炮后挖出直径小于炮头内径、深 150mm、与铁口角度基本一致的深窝；

4）用煤气烤干。

（8）控制好炉缸内安全渣铁量。高炉内生成的铁水和熔渣积存于炉缸内，如果不及时排出，液面逐渐上升接近渣口或达到风口水平，不仅会产生炉况不顺，还会造成渣口或风口烧穿事故。炉缸安全容铁量可用以下公式进行计算：

$$m_{安} = \frac{1}{4} k \pi d^2 h_{渣} \rho_{铁} \tag{8-2}$$

式中　$m_{安}$——炉缸安全容铁量，t；

　　　k ——炉缸容铁系数，一般为 0.6 ~ 0.7；

　　　d ——炉缸直径，m；

　　　$h_{渣}$ ——渣口中心线与铁口中心线之间的高度，m；

　　　$\rho_{铁}$ ——铁水密度，计算时一般取 7.0t/m³。

我国大中型高炉一般每昼夜出铁 8 ~ 10 次，利用系数高时，可增加到 11 ~ 12 次。当前国内 400m³ 级高炉，利用系数在 3.5t/(m³·d) 以上，应加强炉内渣铁量控制。大型高炉铁口较多，几乎经常有一个铁口在出铁，出铁速度不快，炉缸内的渣铁液面趋于某一水平，故炉缸内不易积存过多的渣铁量，相对比较安全。

【技术操作】

任务 8-1　出铁操作

A　高炉铁口操作标准

（1）安全、正点、均衡、出净渣铁；

（2）铁口深度符合本高炉目标管理值；

（3）铁口角度符合本高炉目标管理值；

（4）流铁量符合本高炉目标管理值；

（5）全风出铁、堵口不跑泥等。

例如，某1000m³高炉规定铁口深度为2200～2400 mm，铁口角度为10°～12°，流铁量为3～4t/min。

B　出铁前的准备工作

做好出铁前的准备工作是保证正点和按时出净渣铁、防止各种意外事故发生的先决条件。某高炉出铁前的准备工作如下：

（1）清理好渣、铁沟，垒好砂坝和砂闸；

（2）检查铁口泥套、撇渣器、渣铁流嘴是否完好，发现破损应及时修补和烤干；

（3）泥炮装好泥并顶紧打泥活塞，装泥时注意不要把硬泥、太软的泥和冻泥装进泥缸内；

（4）开铁口机、泥炮等机械设备都要进行试运转，有故障应立即处理；

（5）检查渣铁罐是否配好、渣铁罐内是否有水或潮湿杂物、有没有其他异常，发现问题应及时联系处理，如冲水渣应检查水压是否正常并打开正常喷水；

（6）钻铁口前把撇渣器内铁水表面残渣凝盖打开，保证撇渣器大闸前后的铁流通畅；

（7）准备好出铁用的河砂、覆盖剂、焦粉等材料及有关的工具；

（8）开启除尘风机；

（9）进行开铁口前的确认。

C　开铁口操作

（1）接到值班室指令后，铁口工开启油泵。

（2）将开口机开至铁口位置，钻杆对准泥套中心。

（3）按旋转手柄进行开口。

（4）将进退手柄扳向推进位置。

（5）将冲击手柄扳向冲击位置。

（6）钻至铁口达1800～2200mm时（不同高炉情况不同），将开铁口机退至待机位置，主炮手在操作室内扳动冲击手柄，将钻杆震松后扳旋转手柄，反方向旋转卸下钻杆；停旋转手柄，将小直径的新钻杆换上，重新钻至红点后用钢钎捅开铁口。

（7）铁口打开后，将冲击手柄扳向停打位置，将进退手柄扳向退出位置，直至冲击棒（或钢钎）退出铁口；将旋转手柄扳向停转位置，将回转手柄扳向退回位置，将开铁口机退至原位；停止油泵工作，开铁口完毕。

（8）若铁口过潮，应钻入2000 mm，然后用氧气进行烤干后出铁。

（9）若铁口过硬，应及时组织人员用氧气烧开，执行烧铁口操作技术规程。

（10）若铁口过浅，应慎用冲击，换小钻头，严防钻漏跑大流，必要时通知值班室减风作业。

D　出铁过程中的操作

（1）要保持全风状态下出铁，铁流平稳，呈圆柱形，流速为 3~4t/min，下渣不带铁，撇渣器不过渣；

（2）当铁口未全开或铁口卡焦炭时，应组织人员用圆钢捅铁口，使之保持正常流速和出铁时间；

（3）当铁口深度低于 1.9m，而且铁流速度大于 6t/min，可能出现"出铁跑大流"时，应联系工长减风；

（4）若渣流大，造成冲渣沟堵，向外跑红渣时，应联系工长减风。

E　堵铁口前的准备工作

（1）堵口前，提前 5min 开启油泵；

（2）将泥嘴前硬泥吐出 50mm，并观察吐泥速度是否正常（1000m³ 级高炉吐泥速度约为 0.21m/s）；

（3）堵铁口前检查并确认泥套完整、泥炮炮嘴保护垫无缺口；

（4）保证铁口两侧 1.5m 以内无残渣凝铁，铁口内无焦炭堵塞；

（5）确认泥炮运转正常，各压力在正常范围内。

F　堵铁口操作

（1）铁口喷，渣铁出净，经工长同意，开始堵铁口；

（2）将转炮手柄扳向转炮位置；

（3）到位后，炮嘴压紧泥套；

（4）将打泥手柄扳向打泥位置，同时开始打泥，打泥要稳定；

（5）观察打泥标尺进到指定位置后，停止打泥；

（6）堵后，向泥炮炮嘴适量打水冷却；

（7）堵口后，铁口工在操作室观察 5min，确认堵口无跑泥后再停泵；

（8）如有跑泥，铁口工可根据跑泥量的多少及煤气火的大小及时对泥炮进行补泥，并做好监护工作。

G　退炮操作

铁口正常，堵口 20min 后由铁口工操作进行退炮。

（1）退炮前，要确认泥炮旋转半径内无人、周围环境内无障碍物；

（2）开启备用油泵；

（3）将打泥手柄扳向退炮位置，放净泥缸内的蒸汽；

（4）将转炮手柄扳向退炮位置，使泥炮退回原位，操作时要稳、准；

（5）打水冷却炮嘴；

（6）停止油泵。

H　开铁口困难时氧气烧铁口的操作

（1）退回开铁口机。

（2）在铁口前架上横梁将氧气管拿到铁口前，缓慢打开氧气阀，确认氧气吹出后，将氧气管沿铁口中心线慢慢插入铁口，注意烧的角度应与铁口孔道一致，防止铁口烧偏。铁口烧开后，拔出氧气管，迅速离开，最后关闭氧气阀。

（3）当铁口烧漏后铁流较大时，可停烧，用 20mm 或 28mm 的圆钢将铁口捅开。

I　出铁事故的预防与处理

a　铁水跑大流

打开铁口以后，有时在出铁一段时间之后铁流急速增加，远远超过正常铁流，渣铁越过沟槽漫上炉台，甚至流到铁轨上，这种不正常的出铁现象称为铁水跑大流。

（1）原因。

1）铁口过浅，开铁口操作不当，使铁口眼过大；

2）铁口眼漏时闷炮，闷炮后发生跑大流；

3）炮泥质量差，抗渣铁冲刷和侵蚀能力弱，见下渣后铁口眼迅速扩大，造成跑大流；

4）潮铁口出铁，铁口眼内爆炸，使铁口眼扩大；

5）铁口浅，连续几次渣铁出不净，炉缸里存积渣铁过多。

（2）处理。

1）高炉工长应根据流势和炉缸渣铁量，适当减风，以减弱铁流的流势；

2）炉前操作人员应根据铁流的流势做好及时拔闸的准备，防止渣铁罐过满而淌到铁路上烧坏铁轨。

b　退炮时渣铁流跟出

退炮时渣铁流跟出，如果退炮迟缓，将会烧坏炮头，有时甚至铁水灌进炮膛而烧坏炮筒。此时，如果砂口眼被捅开，铁水顺残铁沟流入残铁罐，罐满后流到地上，会烧坏铁道，陷住铁罐车；如砂坝被推开，铁水顺着下渣沟流入渣罐，会烧漏渣罐，陷住罐车，造成大事故。

（1）原因。

1）铁口过浅，渣铁出不净。堵上铁口后，铁口前仍然存在大量液态渣铁，使打入的炮泥漂浮四散，形不成泥包。在炉内较高的压力作用下，加上退炮时的瞬时抽力，渣铁冲开炮泥流出。

2）退炮时间早，堵口炮泥没有充分硬化和结焦，没有形成一定的结构强度。

3）操作失误。退炮时先抽打泥活塞后抬炮，抽打泥活塞时对堵泥形成抽力，而堵泥又没有形成一定的强度，因此堵泥被抽动后渣铁跟出。

（2）预防。

1）在铁口浅而渣铁又未出净的情况下，堵上铁口后先不退炮，待下次渣铁罐到位后再退炮，同时炮膛的泥不要打完；

2）装泥时不要把太稀、太软的泥装进炮膛，防止炮嘴呛铁，争取出净渣铁。

c　炉缸烧穿

炉缸烧穿的根本原因是：铁口长期过浅，特别在一代炉龄的中后期，砖衬被渣铁侵蚀严重，如果铁口区炉墙又无固定泥包保护，砖衬直接与渣铁接触，炉墙被渣铁冲刷侵蚀会变得越来越薄，导致铁水穿过残余砖衬直接与冷却壁接触，烧坏冷却壁。冷却壁漏水后，造成炉缸爆炸。

如鞍钢 4 号高炉铁口深度长期过浅，由原来的 1200mm 降到 600mm 左右，出铁时铁口堵不上，后休风人工堵口。第二次铁要出完时，铁口下面部位炉缸烧穿，渣铁流入炉台排水沟中，严重爆炸。

预防炉缸烧穿事故的措施是维护好铁口，保持铁口的正常深度。

铁口长期过浅的处理方法是：首先调度室要确保渣铁罐的正点调配运输或采用顶罐的办法，以保证出净渣铁，使铁口深度逐渐恢复；改炼铁种，由冶炼炼钢生铁改炼铸造生铁，适当降低炉渣碱度，减轻渣铁对铁口区的冲刷和侵蚀；堵铁口上方两侧的风口，使铁口区域炉缸不活，待铁口深度恢复正常后，立即捅开铁口上方的风口或减小两侧风口的直径，改善高炉顺行和提高产量。

任务 8-2　撇渣器操作

A　撇渣器的操作

（1）钻铁口前必须把撇渣器铁水面上（挡渣板前后）的残渣凝结盖打开，并将残渣凝铁从主沟两侧清除；

（2）出铁过程中见少量下渣时，可适当往大闸前的渣面上撒一层覆盖剂保温；

（3）当主沟中铁水表面被熔渣覆盖后熔渣将要外溢出主沟时，打开砂坝，使熔渣流入下渣沟（此时冲渣系统处于待工作状态）；

（4）出铁作业结束并确认铁口堵塞后，将砂闸推开，用推耙推出撇渣器内铁水面上剩余的炉渣；

（5）主沟撇渣器的表面（包括小井的铁水面）撒足覆盖剂进行保温。

B　下渣壕操作

（1）出铁前必须把渣壕清理干净，埋好各槽闸板和砂坝，当渣流大时能顺利倒罐。

（2）冲水渣时，要先启动水泵，供水正常后方可放渣，避免铁水进入粒化槽引起放炮。冲渣过程中，渣流过大及水量过小时要及时分流，大块干渣不准推入冲渣壕内。

C　撇渣器各类事故的预防与处理

a　撇渣器凝结

（1）原因。

1）炉凉，铁水温度低、流动性差，在撇渣器内逐渐凝结，最后导致撇渣器凝死；

2）在铁水温度低的情况下，出铁后熔渣没有推净或者保温不好，长时间后发生凝死；

3）休风时间超过预定时间而没有放出撇渣器内的存铁，易造成撇渣器凝死；

4）炉台上的水流入撇渣器内，铁水急剧冷却后凝死。

（2）处理。撇渣器内的铁水凝结后必须烧开，尽量将未凝固的铁水放出。残铁放出后用氧气先烧过道孔的凝铁，然后再烧前沟槽和小井中的残铁，达到出铁不憋流时才能出铁。

（3）预防。

1）新上的撇渣器由于温度低，头两次铁不保温，将存铁放出，待铁水流动性能改善、铁温充足时再进行储存铁水，并做好保温工作；

2）出铁不顺，如炉缸冻结恢复时，做临时撇渣器，待正常后再用撇渣器；

3）防止水流入撇渣器内。

b　撇渣器烧漏

出铁期间或出铁后，铁水从撇渣器内漏出，造成铁流淌到地面上的事故。

（1）原因。

1）撇渣器损坏后没有及时修补，铁水从撇渣器内层破损处渗出，烧坏钢板外壳后漏出；

2）修补撇渣器时残铁未抠净，残铁熔化后与储存的铁水连通，烧坏内衬层及钢板外壳后漏出；

3）新修补的撇渣器没有烤干就出铁，出铁过程中铁水与潮泥接触发生放炮，崩坏内衬层后铁水漏出；

4）新修补的撇渣器残铁孔没有堵牢，被铁水冲开后漏铁。

（2）处理。发现撇渣器烧漏时立即堵上铁口，铁罐对位放残铁，尽快打开撇渣器残铁孔，放出撇渣器内存铁，以免事故进一步扩大，然后检查处理。

（3）预防。

1）定期放撇渣器的存铁并进行检查，发现破损时及时修补；

2）残铁孔一定要堵牢，并用火烤干；

3）修补主沟与撇渣器接口处时保持顺茬，防止呛铁后冲坏而从接缝处漏铁。

c 下渣沟过铁

渣坝过铁会造成铁水流入渣槽放炮，堵塞渣槽，严重时会崩倒渣槽，导致高炉被迫休风。

（1）原因。

1）挡砂坝时没有抠净残渣铁形成的夹层，出铁时铁水将残渣铁化开，铁水从砂坝下穿过；

2）挡砂坝用料潮，没有烤干，出铁时铁水遇潮发生放炮，砂坝损坏后下渣沟过铁；

3）挡砂坝尺寸不符合要求，铁流又大，越过砂坝进入下渣沟；

4）撇渣器各部位尺寸不符合要求，撇渣器憋铁，导致下渣沟过铁；

5）操作失误。

（2）处理。

1）当下渣沟过铁多、可能发生事故时，应立即堵口；

2）若下渣带铁少，可在下渣沟临时挡几道砂岗。

例如：西钢2号高炉某年春检复风后，撇渣器流铁不畅通，由于电炮出现故障，不能够及时堵口，致使渣坝过铁，铁水流入渣槽放炮，崩倒渣槽并崩坏渣槽衬板，高炉被迫休风，影响了炉况的正常恢复。

d 砂口放炮

用炮泥修补砂口后，为了赶时间，烘烤时间短，砂口未彻底烘干，出铁时砂口内壁新的泥层中水分受热剧烈蒸发，体积骤然膨胀而爆炸（放炮），轻则砂口局部损坏，严重时整个砂口炸坏。

砂口放炮较轻时对出铁影响不大，可以继续出铁，出完铁后再修补。如果破坏严重，不能继续出铁时，唯一的办法就是堵上铁口，然后放出砂口残铁进行修补。

D 撇渣器的修补

（1）将残渣、残铁及破损的泥层抠净，不准有夹层存在；

（2）确保各部位尺寸合适；

（3）新糊泥层要大于100mm并捣实；

（4）确保烘干后再出铁，以免潮气穿过铁水发生放炮；

（5）新撇渣器安装后，头一次出铁需捅撇渣器将铁放出，防止过冷结死。

【问题探究】

8-1　出铁场的形式有哪些，环形出铁场的优点是什么？

8-2　摆动流嘴的优点有哪些？

8-3　为保证正常打开铁口，开铁口机应满足哪些要求？

8-4　国内外常用的开铁口机有哪几种？

8-5　为保证正常堵住铁口，泥炮应满足哪些要求？

8-6　泥炮按驱动方式可以分为哪几种，液压泥炮有何优点？

8-7　出铁口损坏的原因有哪些，如何维护好出铁口？

8-8　铁口浅会造成什么危害，铁口浅的原因有哪些？

8-9　炉前操作的指标有哪些？

8-10　撇渣器渣铁分离的原理是什么？

8-11　铁水跑大流如何处理？

8-12　撇渣器凝结的原因及处理措施有哪些？

【技能训练】

项目 8-1　计算炉前操作指标

（1）已知某高炉每批料的配比为矿石 15.5t/批、焦炭 3800kg/批，其中矿石含铁 55%，焦炭灰分为 12.35%，灰中含铁 5%，生铁含铁 93%。两次铁间下料批数为 16 批，实际出铁量为 120t。问是否亏铁，如果亏铁可能造成什么后果？

（2）某高炉炉缸直径为 7.5m，渣口中心线与铁口中心线之间的距离为 1.5m，矿批重 25t/批，$w[Fe]=93\%$，矿石品位为 55%，每小时下料 7 批，求炉缸安全容铁量是多少，两次出铁间隔为多长（炉缸铁水安全系数取 0.6，铁水密度取 $7.0t/m^3$）？

项目 8-2　判断与处理炉前事故

（1）高炉发生炉凉状况，低风量操作，炉渣流动性差，这时如果请你安排炉前出渣铁，你会怎样安排？

（2）某高炉计划检修 20h 更换成型储铁沟，正常复风 2h 后出第一次铁，铁水温度为 1390℃，$w[Si]=0.95\%$，第一炉铁铁水顺利通过撇渣器，出铁 65min 后堵口。45min 后打开铁口出第二次铁，开口 5min 后发现主沟液面铁水溢出，撇渣器出口铁流断流，此时高炉处于恢复状态，无法堵口。请分析撇渣器是否堵塞，堵塞的原因有哪些？总结本次事故的教训。

9 高炉煤气除尘操作

【学习目标】

(1) 掌握高炉煤气湿法除尘与干法除尘的工艺流程及其特点；
(2) 掌握炉顶各种管道和阀门的位置、作用与结构；
(3) 掌握重力除尘器、轴流旋风除尘器、文氏管、环缝洗涤塔的结构和工作原理；
(4) 掌握布袋除尘器的结构和工作原理；
(5) 掌握煤气安全知识；
(6) 正确进行布袋除尘器的反吹清灰操作；
(7) 正确进行高炉切煤气、引煤气操作。

【相关知识】

高炉冶炼过程中会产生大量煤气，由高炉炉顶排出的煤气温度为 150~300℃，含有可燃成分 CO 和 H_2，热值为 2900~3800kJ/m^3，但含有粉尘 40~100g/m^3。如果直接使用，会堵塞管道，并引起热风炉和燃烧器等耐火砖衬的侵蚀破坏。因此，高炉煤气必须除尘，将含尘量降低到 10mg/m^3 以下后才能作为燃料使用，但炉尘中含大量的含铁物质与燃料，可以综合回收利用。

高炉煤气带出的炉尘粒度为 0~500μm，由于颗粒大小不同、密度不同，其沉降速度也不相同。粒度与密度越小的颗粒，沉降速度越低，越不容易沉积。10μm 以下的颗粒沉降速度只有 1~10mm/s。由于气体的黏度随温度升高而加大，高温不利于尘粒沉降。

高炉煤气的除尘过程是循序渐进的，一般采用能量消耗最少、费用低的三段式除尘，即粗除尘、半精细除尘和精细除尘。60~100μm 及以上颗粒的除尘称为粗除尘，效率可达 60%~80%；20~60μm 颗粒的除尘称为半精细除尘，效率可达 85%~90%；小于 20μm 颗粒的除尘称为精细除尘。实用的除尘技术都是借助外力作用使尘粒与气体分离的，可借用的外力有惯性力、加速力、重力、离心力、静电力和束缚力等。

高炉煤气除尘分为湿法除尘和干法除尘两种工艺。高炉荒煤气经重力除尘器或轴流旋风除尘器粗除尘后，进入湿式精细除尘器，依靠喷淋大量的水，最终获得含尘量在 10mg/m^3 以下的净煤气，此过程称为湿法除尘。而干法除尘是指荒煤气在除尘过程中不使用水，就可使净煤气的含尘量达到 10mg/m^3 以下的除尘工艺。

湿法除尘效果稳定，清洗后煤气的质量好；但其缺点是既要消耗大量的水，又要进行污水处理。

干法除尘不仅投资少、占地少、简化了工艺系统，从根本上解决了二次水污染和污泥的处理问题，而且配合煤气余压发电系统可以合理回收利用煤气显热，可显著增强煤气发电能力，有效降低吨铁能耗；同时，由于煤气含水率较低，煤气发热值得到了提高。但是干法除尘稳定性差。在我国，420m³ 以下高炉采用纯干法除尘，而大型高炉大都采用干湿法并联除尘，如果干法达不到清洗要求则切换成湿法，但干法除尘的应用越来越广泛。

9.1　高炉煤气管道与粗除尘设备

9.1.1　煤气输送管道与阀门

9.1.1.1　煤气输送管道

高炉煤气由炉顶封板（炉头）引出，经导出管、上升管、下降管进入重力除尘器，如图 9-1 所示。从高炉炉顶到粗除尘设备之间的煤气管道称为荒煤气管道，从粗除尘设备到精细除尘设备之间的煤气管道称为半净煤气管道，精细除尘设备以后的煤气管道称为净煤气管道。

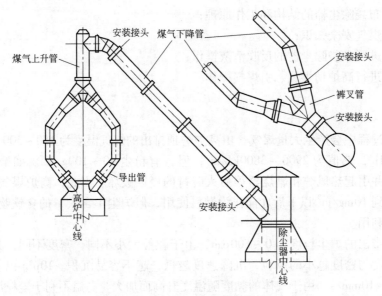

图 9-1　高炉炉顶煤气管道

煤气导出管的设置应有利于煤气在炉喉截面上均匀分布，减少炉尘吹出量。大中型高炉设有四根导出管，均匀分布在炉头处，总截面积不小于炉喉截面积的 40%。为了增加导出口截面积和不受炉顶封板高度的限制，导出管与炉顶封板的接触处常做成椭圆形断面，为了简化高炉管道结构，也可以采用圆形断面结构。煤气在导出管内的流速为 3~4m/s。导出管倾角应大于 50°，一般为 53°，以防止灰尘沉积堵塞管道。

煤气上升管的总截面积为炉喉截面积的 25%~35%，上升管内煤气流速为 5~7m/s。上升管的高度应能保证下降管有足够大的坡度。

为了防止煤气灰尘在下降管内沉积而堵塞管道，下降管内煤气流速应大于上升管内煤气流速，一般为 6~9m/s，或按下降管总截面积为上升管总截面积的 80% 考虑，同时应保证下降管倾角大于 40°。

我国 20 世纪 50~70 年代，大中型高炉的荒煤气管道基本采用"双辫子"式连接，见图 9-1。即四根上升管每两根交汇到一根上升总管，每根上升总管侧向导出一根下降管，两根这样的下降管交汇到一根下降总管与重力除尘器相连，而每根上升管上方导出一根放散管。这种连接方式结构简单，但除尘器一般都在高炉对称线上，总图布置不够灵活。

日本、英国、法国的荒煤气管道布置多采用"三叉管"式。即四根导出管和上升管以人字形合并成两根上升管后，再用一根横管连接起来，然后在横管中央用一根单管作为煤气下降管，将煤气引至重力除尘器。近年来，唐钢、宣钢 1260m³ 高炉在设计时改进了这种连接方式，见图9-2，将横管变为近似半圆形的钢管，下降管就连接在这个半圆形钢管的顶部。这种连接方式减小了煤气的阻力损失，下降管顶部降低了 4~5m，给施工和维护带来了方便。

现在，高炉炉顶煤气管道的"球形节点"式连接已经广泛应用（见图9-3），它是将四根煤气上升管以轴线 45°方向倾斜向上交汇于球心，再从球心壳体节点上引出下降管，下降管末端接重力除尘器（球节点还要引出较小的煤气放散管）。这种方式连接紧凑，减少一次管道汇合，能保证气流通畅，使炉顶总高度降低而节省投资。采用球心节点式连接后，下降管可以沿连接球任意方向布置，在场地拥挤的情况下总图布置更加灵活。同时，由于上升管向高炉中心交汇于球心，使上升管上部得以让开，这样均排压平台及设施可以在上升管支撑的平台上成一直线布置，减少了管道拐弯，使得均排压平台与炉顶无料钟设备平台分开布置，增加了炉顶设备的检修空间，使整个炉顶显得美观、整齐、有序。

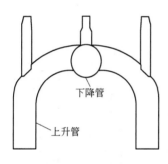

图9-2 三叉管式结构

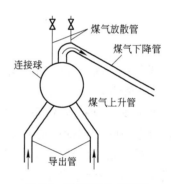

图9-3 球形节点式连接

煤气导出管、上升管、下降管用壁厚为 8~14mm 的钢板焊接而成，内砌一层黏土砖，每隔 1.5~2.0m 焊有托板。管道拐弯、岔口和接头处常衬以锰钢板保护。重力除尘器以后的管道用普通钢板焊制，要求管内煤气流速高（12~15m/s），以免管内沉积灰尘。管内衬以耐火砖或铸钢板，在拐弯、岔口和接头处应避免急剧变化，管外涂以防腐的耐热漆。为了煤气系统的安全，在煤气管道上应设有通入蒸汽的管道阀门和煤气放散阀。

9.1.1.2 煤气管道阀门

（1）煤气放散阀。煤气放散阀属于安全装置，设置在炉顶煤气上升管的顶端、除尘器的顶端和除尘系统煤气放散管的顶端，为常关阀。当高炉休风时，打开放散阀并通入水蒸气，将煤气驱入大气，操作时应注意不同位置的放散阀不能同时打开。对煤气放散阀的要求是密封性能良好、工作可靠、放散时噪声小。煤气压力高的高炉常采用连杆式放散阀和揭盖式放散阀（见图9-4）。连杆式放散阀由阀体、阀盖以及连杆开合机构组成，阀盖为90°翻转，密封结构为软硬结合的复合密封。阀盖上设有蝶形弹簧，使阀盖密封面与阀座密封面通过蝶形弹簧压紧力保持接触，并且保持一定的预紧压力。揭盖式放散阀在操作时用平衡重压住，阀盖与阀座接触处加焊硬质合金，在阀壳内设有防止料块飞出的挡帽。

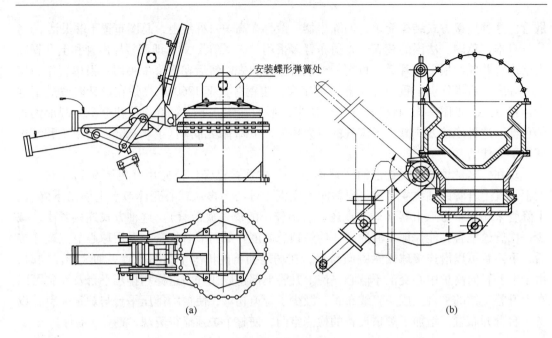

图 9-4　煤气放散阀

（a）连杆式；（b）揭盖式

　　（2）煤气遮断阀。煤气遮断阀设置在重力除尘器上部的圆筒形管道内，属于盘式阀，如图 9-5 所示。高炉正常生产时其处于常通状态，阀盘提到虚线位置，煤气入口与重力除尘器的中心导入管相通。高炉休风时其关闭，阀盘落下，将高炉与煤气除尘系统隔开。要求煤气遮断阀的密封性能良好，开启时压力降要小。

9.1.2　粗除尘设备

9.1.2.1　重力除尘器

　　重力除尘器属于粗除尘设备，使用历史悠久，运行可靠，是高炉煤气除尘系统中应用最广泛的一种除尘设备，其基本结构见图 9-6。重力除尘器的除尘原理是煤气经中心导入管进入后，由于中心管与除尘器直径相差甚大，因此煤气速度突然降低，气流转向 $180°$，煤气中的灰尘颗粒在重力和惯性力作用下沉降到除尘器底部而达到除尘的目的。煤气在除尘器内的流速必须小于灰尘的沉降速度，这样灰尘才不会被煤气带走。而灰尘的沉降速度与灰尘的粒度有关，荒煤气中灰尘的粒度与原料状况及炉顶压力有关。一般重力除尘器内煤气的流速为 $0.6 \sim 1.5 \mathrm{m/s}$。

　　除尘器直筒段高度取决于煤气在除尘器内的停留

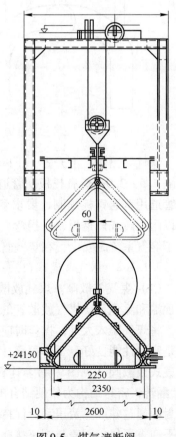

图 9-5　煤气遮断阀

时间，一般应保证 12~15s。除尘器中心导入管可以是直圆筒状，也可以做成喇叭状，中心导管以下的高度取决于储灰体积，一般应满足 3 天的储灰量。为了便于清灰，除尘器底部做成锥形，其倾角不小于 50°。我国部分高炉重力除尘器的主要尺寸见表 9-1。

通常，重力除尘器可以除去粒度大于 $30\mu m$ 的灰尘颗粒，除尘效率在 60% 左右，出口煤气含尘量可降至 1~6g/m^3，阻力损失较小，一般为 50~200Pa。

除尘器内的灰尘颗粒干燥且细小，排灰时极易飞扬，严重影响劳动条件并污染周围环境，目前多采用螺旋清灰器排灰，可改善清灰条件。螺旋清灰器的结构见图 9-7。

重力除尘器的除尘清灰操作如下：

（1）操作前的检查。检查螺旋清灰器是否正常运转、卸灰车是否对正清灰口。

（2）卸灰操作。启动螺旋清灰器，开清灰阀，开水管阀门。

（3）停止清灰操作。关清灰阀，关打水管，清灰车装满后停止清灰器。

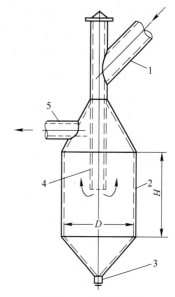

图 9-6 重力除尘器

1—煤气下降管；2—除尘器；3—清灰口；
4—中心导入管；5—出口管；
D—除尘器内径；H—除尘器直筒段高度

表 9-1 我国部分高炉重力除尘器的主要尺寸

高炉容积/m^3	620	1000	1513	2025	4063
除尘器内径/mm	7750	8000	10734	11744	14000
中心导管内径/mm	2510	3200	3274	3270	3600/720
排灰口外径/mm	850	1385	967	600	
上锥体高度/mm	5050	4000	5965	8245	
直筒段高度/mm	10000	11484	12080	13400	
下锥斗高度/mm	4263	3958	5961	6640	
锥斗壁倾角/(°)	50	50	50	50	

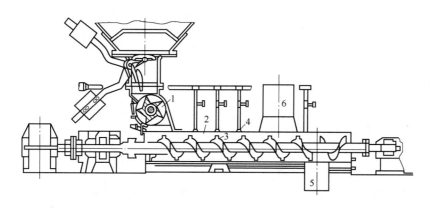

图 9-7 螺旋清灰器

1—筒形给料器；2—出灰槽；3—螺旋推进器；4—喷嘴；5—水和灰泥的出口；6—排气管

9.1.2.2　轴流旋风除尘器

为了减轻后续煤气清洗的压力，目前许多新建高炉采用了轴流旋风除尘器。轴流旋风除尘器分三个区域，即上部导流区、中部旋流除尘区和下部储灰区（如图9-8所示）。高炉煤气从轴流旋风除尘器顶部的椭圆封头顶盖进入上部导流区，然后经过导流锥体进入中部旋流除尘区。煤气流在旋流板的导向作用下形成旋转气流，气流中的尘粒因离心力作用向除尘器筒壁运动，并在自重和气流的作用下沿筒壁下滑，经旋流除尘区底部的环形灰缝落入下部储灰区。气流则在反射锥体的作用下改向，形成上旋气流，通过中间的排气管排出，灰仓内的粉尘由灰仓锥体下部的排灰口排出。

轴流旋风除尘器结构小巧，可以除去大于 $25\mu m$ 的粉尘颗粒，除尘效率高，一般可达到80%以上；但轴流旋风除尘器对设备及材料的要求高，投资相对要大一些。

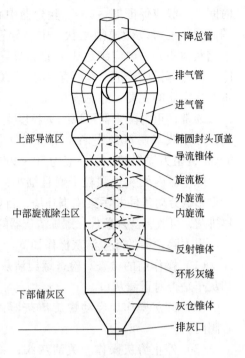

图9-8　轴流旋风除尘器

9.2　高炉湿法除尘工艺及设备

9.2.1　湿法除尘工艺

传统高炉常用的煤气清洗工艺是塔后调径文氏管系统（简称塔文系统），近年来国内外大型高炉煤气清洗主要采用串联双级文氏管系统（简称双文系统）和环缝洗涤塔系统（也称比肖夫洗涤塔系统），它们的布置示意图分别见图9-9～图9-12。其中，图9-10为不带余压发电的串联双级文氏管煤气净化系统，图9-11为带余压发电的串联双级文氏管煤气净化系统。

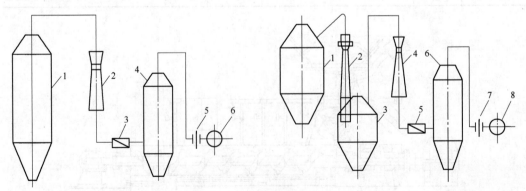

图9-9　塔后调径文氏管系统
1—洗涤塔；2—调径文氏管；3—调压阀组；
4—脱水器；5—叶形插板；6—净煤气总管

图9-10　串联双级文氏管系统（不带余压发电）
1—重力除尘器；2—溢流文氏管；3—脱泥器；4—二级调径文氏管；
5—调压阀组；6—脱水器；7—叶形插板；8—净煤气总管

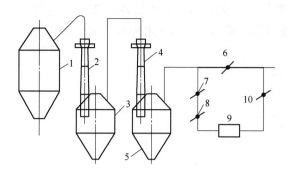

图 9-11　串联双级文氏管系统（带余压发电）

1—重力除尘器；2—一级调径文氏管；3—脱水器；

4—二级调径文氏管；5—脱水器；6—调压阀组；

7—快速切断阀；8—调速阀；9—余压透平；10—切断阀

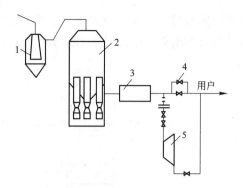

图 9-12　环缝洗涤塔系统

1—重力除尘器；2—环缝洗涤器；

3—脱水器；4—旁通阀；5—透平机组

塔文系统水单耗为 $5 \sim 5.5 kg/m^3$，耗水量大，比较落后，目前国内外新建的大型高炉已不用此系统。

双文系统的优点是操作、维护简便，占地少，耗水量低（水气比为 $3 \sim 4 L/m^3$），节约投资 50% 以上，煤气温度比塔文系统的略高 $2 \sim 3 ℃$，经除尘后煤气含尘量小于 $10 mg/m^3$。但一级文氏管磨损较严重。

环缝洗涤塔系统将煤气净化、冷却、脱水及调节炉顶压力等功能集于一体。其与双文系统相比，耗水少（水气比为 $2 \sim 2.5 L/m^3$），节水明显；除尘效率高达 99.8% 以上，经除尘后煤气含尘量小于 $5 mg/m^3$；使用寿命长，维护工作量小，便于管理。比如，环缝洗涤塔工艺的易损件为环缝洗涤器，其环缝元件表面进行了耐磨处理，使用寿命可达 15 年左右；而双文、塔文系统的 R 型文氏管洗涤器使用寿命短，尤其是一级洗涤器喉口设备冲蚀磨损速度快，使用寿命只有 $2 \sim 3$ 年。而且环缝洗涤塔集成度高，两段均在一个塔体内，塔径小；而双文和塔文系统均需要两个独立塔体，所以与之相比，环缝洗涤塔单体设备重量轻、占地少。此外，该系统阻力损失比双文系统小 $10 \sim 20 kPa$，可增加 TRT4% 左右的发电量，并可调节顶压，使顶压比较稳定，一般顶压的波动范围为 $\pm 2 kPa$。目前，环缝洗涤塔系统已被大型高炉广泛使用。

9.2.2　湿法除尘设备

9.2.2.1　半精细除尘设备

半精细除尘设备设在粗除尘设备之后，其作用是用来除去粗除尘设备不能沉降的细颗粒粉尘，降低煤气温度。半精细除尘设备主要有洗涤塔和溢流文氏管，一般可将煤气含尘量降至 $0.5 g/m^3$ 以下。

A　洗涤塔

空心洗涤塔为细高的圆筒形结构，如图 9-13（a）所示。其外壳由 $8 \sim 16 mm$ 钢板焊成，煤气由入口管道进入塔内，入口管道带有一定的角度，目的是避免煤气直接冲刷对面器壁。在煤气入口管道上方设有煤气分配盘，其作用是使煤气分布均匀，有利于降尘、降温。在分配盘上方铺设 2 或 3 层喷水管，每层都设有均匀分布的喷头，最上层逆气流方向喷水，喷水量占总水量的50%；下面两层则顺气流方向喷水，喷水量各占25%，这样不致造成过大的煤气阻力且除尘效率较高。喷头呈渐开线形，喷出的水为伞状细小雾滴。

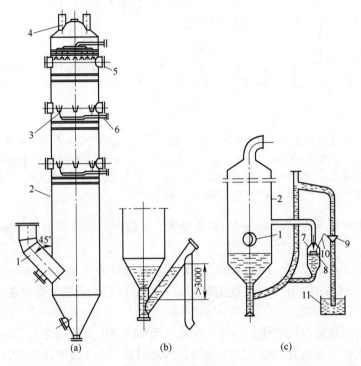

图9-13　洗涤塔

（a）空心洗涤塔；（b）常压洗涤塔的水封装置；（c）高压煤气洗涤塔的水封装置

1—煤气导入管；2—洗涤塔外壳；3—喷嘴；4—煤气导出管；5—人孔；6—给水管；
7—水位调节器；8—浮标；9—蝶式调节阀；10—连杆；11—排水沟

　　洗涤塔的工作原理是：当煤气由洗涤塔下部进入自下而上运动时，遇到由上而下喷洒的水滴，煤气与水进行热交换，使煤气温度降至40℃以下；同时，煤气中携带的灰尘被水滴所润湿，小颗粒灰尘彼此凝聚成较大颗粒，由于重力作用，这些较大颗粒离开煤气，随水一起流向洗涤塔下部，再经塔底水封排出，经冷却和洗涤后的煤气由塔顶管道导出。

　　洗涤塔的排水机构，常压高炉可采用水封排水，见图9-13（b），在塔底设有排放淤泥的放灰阀；高压操作的高炉洗涤塔上设有自动控制的排水设备，见图9-13（c），一般设有两套，每套都能排除正常生产时的用水量，蝶式调节阀由水位调节器中的浮标牵动，它既能使水封保持在像普通压力下那样的高度，又能在压力变化时使塔内水位稳定在一定水平上。

　　影响洗涤塔除尘效率的主要因素是水的消耗量、水的雾化程度和煤气流速。耗水量越大，除尘效率越高。水的雾化程度应与煤气流速相适应，水滴过小会影响除尘效率，甚至由于过高的煤气流速和过小的雾化水滴使已捕集到灰尘的水滴被吹出塔外，致使除尘效率下降。为防止载尘水滴被煤气流带出塔外，可以在洗涤塔上部设置挡水板，将载尘水滴捕集下来。

　　洗涤塔筒体直径是根据煤气在洗涤塔内的平均流速来确定的，平均流速一般为1.8～2.5m/s，过大的流速会将过小的水滴和灰尘带出洗涤塔而影响除尘效率。直筒部分的高度

是指煤气入口管中心至最高一层喷水嘴之间的距离，按 10
~ 15s 的煤气停留时间计算，不超过 1500m³ 的高炉都采用
一座洗涤塔。洗涤塔上锥体与水平成 45°夹角，下锥体与
水平成 60°夹角。

洗涤塔的除尘效率可达 80% ~ 85%，压力损失为 80
~ 200Pa。

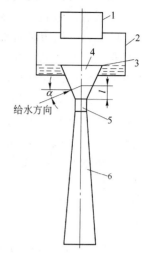

图 9-14　溢流文氏管结构示意图
1—煤气入口管；2—溢流水箱；
3—溢流水；4—收缩管；5—喉口；
6—扩张管

　　B　溢流文氏管

溢流文氏管是由文氏管发展而来的，它在较低喉口流
速（50 ~ 70m/s）和低压头损失（3500 ~ 4500Pa）的情况
下，不仅可以部分地除去煤气中的灰尘，使含尘量由 6 ~
12g/m³ 降至 0.25 ~ 0.35g/m³，还可有效地将煤气冷却到
约 35℃。

溢流文氏管的结构见图 9-14。它由煤气入口管、溢流
水箱、收缩管、喉口和扩张管等几部分组成。工作时，溢
流水箱的水不断沿溢流口流入收缩段，保持收缩段至喉口
连续地存在一层水膜，防止喉口堵塞。为了在圆周上得到
均匀的一层水膜，安装时应保证溢流水箱的水平度，使水
流处于旋流状态。溢流水箱给水可从切线方向引入，给水角度为 α，喷水嘴与喉口的距离
为 l。为了防止溢流水被溅起，煤气入口管下的收缩管应高出喉口溢流面 100 ~ 200mm，喉
口直径不宜大于 500mm。当需要大的断面时，可采用矩形或椭圆形，这是由于气流在高速
运动下喷水的水平距离有限，喉口给水为外喷式。

溢流文氏管的工作原理是：煤气进入文氏管后，由于收缩段截面不断缩小，煤气流速
不断增大，当高速煤气流通过喉口时与水激烈冲击，使水雾化而与煤气充分接触，两者进
行热交换后煤气温度降低；同时，细颗粒的水使粉尘颗粒润湿、相互撞击凝集在一起，使
颗粒变大。在扩张段中，由于煤气流速不断降低，凝集后的尘粒靠惯性力从煤气中分离出
来，随水排出。其排水机构与洗涤塔相同。

溢流文氏管主要的设计参数是：收缩角为 20° ~ 25°，扩张角为 6° ~ 7°，喉口长度为
300mm，喉口煤气流速为 40 ~ 50m/s，喷水单耗为 3.5 ~ 4.6t/km³，溢流水量为 0.4 ~ 0.5t/km³。

溢流文氏管与洗涤塔比较，具有结构简单、体积小、水耗低、除尘效率高、可节省钢材
50% ~ 60% 等优点；但煤气的出口温度比洗涤塔高 3 ~ 5℃，阻力损失大，为 1500 ~ 3000Pa。

9.2.2.2　精细除尘设备

高炉煤气经粗除尘和半精细除尘之后，尚含有少量粒度更细的粉尘，需要进一步精细
除尘之后才可以使用。湿法除尘系统精细除尘的主要设备有高能文氏管和环缝洗涤塔。精
细除尘后煤气含尘量小于 10mg/m³。

　　A　高能文氏管

高能文氏管又称喷雾管，由收缩管、喉口、扩张管三部分组成，一般在收缩管前设两
层喷水管，在收缩管中心设一个喷嘴，见图 9-15。

高能文氏管的除尘原理与溢流文氏管相同，只是通过喉口部位的煤气流速更大，气体对
水的冲击更激烈，水的雾化更充分，可以使更细的粉尘颗粒得以湿润凝聚并与煤气分离。

由于高炉冶炼条件的变化常引起煤气的变化，为了保证喉口处煤气流速的稳定，也可采用调径文氏管。调径文氏管多采用矩形喉口，宽度不大于 350mm，喉口高度为 200 ~ 300mm。收缩后采用边缘喷水的溢流水槽，两块调节板由传动轴伸向管外，并有平衡重调节叶板的偏心力矩，两块叶板全关闭时四周应留有 1 ~ 2mm 的缝隙，以便排泄洗涤水。

高能文氏管的除尘效率与喉口处煤气流速和耗水量有关，当耗水量一定时，喉口流速越高，则除尘效率越高；当喉口流速一定时，耗水量多，除尘效率也相应提高。但喉口流速过分提高，会导致阻力损失的增加。

高能文氏管一般用 A3 钢板焊成，喉口部分厚 12 ~ 16mm，其他部分厚 8 ~ 12mm。矩形文氏管在喉管外壁有加强筋，调节叶板由铸铁制成。高能文氏管的基本参数是：喉口煤气流速为 90 ~ 120m/s，压力降为 12 ~ 15kPa，水气比为 0.5 ~ 1L/m³。两级文氏管串联使用可以使煤气含尘量降至 5mg/m³ 以下。

B　环缝洗涤塔

环缝洗涤塔（又称比肖夫洗涤塔，即 Bischoff 洗涤塔）由筒体、洗涤水喷嘴、环缝洗涤器及液压驱动装置、上下段锥形集水槽、煤气入口及出口管等组成，见图 9-16。

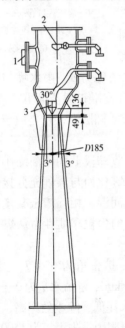
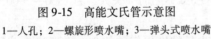
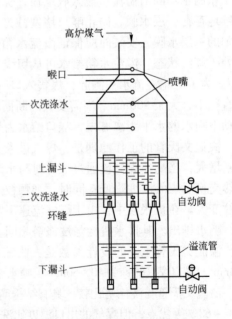

图 9-15　高能文氏管示意图　　　　　　图 9-16　环缝洗涤塔结构示意图
1—人孔；2—螺旋形喷水嘴；3—弹头式喷水嘴

塔体可分为三段：上段为预清洗段，内设有多层喷嘴，这些喷嘴布置在塔内中心线上喷水，使煤气冷却，同时较大直径的尘粒被雾化后的水滴捕集后从半净煤气中分离出来。含尘水滴汇集在预清洗段下部的集水槽处，在第二段之前排出，经沉淀、加药处理后循环使用。中段为环缝洗涤段，内设有多个并联的环缝洗涤元件（AGS），在每个环缝洗涤装置的导流管中设有一个大流量喷嘴将洗涤水雾化，雾化后的水滴在环缝洗涤器内被高速气流进一步雾化成更细小的颗粒，一般粒度大于 5μm 的尘粒均能被水滴捕集，只要控制 AGS 的适当差压（20 ~ 25kPa）就可保证半净煤气流经此区域后含尘量小于 5mg/m³。塔体下段内设有驱动环缝洗涤元件的液压站。

　　环缝元件是环缝洗涤塔的关键部件（见图9-17），主要由文氏管和锥形件组成。锥形件由液压驱动，做垂直方向运动。通过改变锥形件和文氏管之间的环缝宽度，可达到控制高炉顶压及保证煤气清洗质量的目的。比肖夫洗涤塔系统的这种环缝结构使得流经环缝元件的气流、水流分布均匀，冲刷磨损小，不易积灰，操作简单，维护工作量小，使用寿命长；也使得环缝元件具有控制炉顶压力的功能，从而可取消减压阀组，相应地消除了减压阀组调节炉顶压力时造成的严重噪声污染。

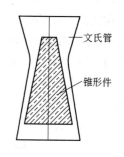

图9-17　环缝元件示意图

9.2.3　湿法除尘的附属设备

9.2.3.1　喷水嘴

　　常用的喷水嘴有渐开线形、碗形、辐射形等形式。见图9-18～图9-20。

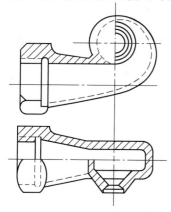

图9-18　渐开线形喷水嘴

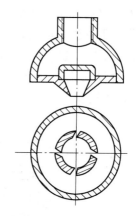

图9-19　碗形喷水嘴

　　（1）渐开线形喷水嘴。渐开线形喷水嘴又称螺旋形喷水嘴或蜗形喷水嘴，其结构简单，不宜堵塞；但喷淋不均匀，中心密度小，圆周密度大，供水压力越高越明显。此种喷水嘴喷射角为68°，流量系数小，一般常用于洗涤塔。

　　（2）碗形喷水嘴。碗形喷水嘴雾化性能好，水滴细，喷射角大（67°～97°）；但结构复杂，易堵塞，对水质要求高，喷淋密度不匀，常用于文氏管与静电除尘器。

　　（3）辐射形喷水嘴。辐射形喷水嘴用于文氏管喉口处，它的结构简单，中心是空圆柱体，沿周边钻有1或2排水孔，水孔直径为6mm。在其前端圆头部分沿中心线钻一个直径为6mm的小孔或三个直径为6mm的斜孔，以减少堵塞现象。

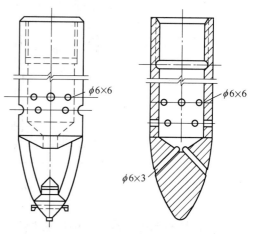

图9-20　辐射形喷水嘴

9.2.3.2　脱水器

湿法除尘后的煤气含有大量细粒水滴，而且水滴吸附有尘泥，这些水滴必须除去，否则会降低净煤气的发热值，腐蚀和堵塞煤气管道，降低除尘效果。因此，在精细除尘设备之后设有脱水器（又称灰泥捕集器），使净煤气中吸附有粉尘的水滴从煤气中分离出来。

（1）重力式脱水器。重力式脱水器的结构如图 9-21 所示。其工作原理是：气流进入脱水器后，由于气流流速和方向的突然改变，气流中吸附有尘泥的水滴在重力和惯性力作用下沉降，与气流分离。重力式脱水器的特点是结构简单，不易堵塞，但脱泥、脱水的效率不高。其通常安装在文氏管后，煤气在重力式脱水器内的流速为 4～6m/s。

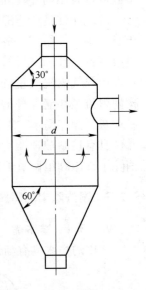

图 9-21　重力式脱水器

（2）挡板式脱水器。挡板式脱水器的结构如图 9-22 所示，一般设在调压阀组之后。煤气从切线方向进入后，在脱水器内一边旋转、一边沿伞形挡板曲折上升，含泥水滴在离心力和重力作用下与挡板、器壁碰撞，被吸附在挡板和器壁上并积聚向下流动而被除去。入口处煤气流速不小于 12m/s，筒内流速为 4～5m/s，压力降为 500～1000Pa，脱水效率约为 80%。

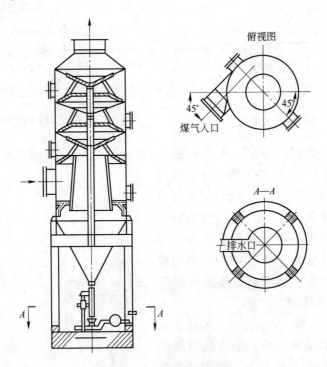

图 9-22　挡板式脱水器

（3）填料式脱水器。填料式脱水器的结构见图 9-23。作为最后一级脱水设备，它的脱水原理是靠煤气流中的水滴与填料相撞失去动能，从而使水滴与气流分离。填料式脱水器一般设两层填料,填料多为塑料杯。填料式脱水器的筒体高度约为直径的 2 倍,脱水压力降为 500~1000Pa,脱水效率为 85%。

9.2.3.3 煤气调压阀组

煤气调压阀组又称减压阀组或高压阀组,是高压高炉煤气清洗系统中的减压装置,既控制高炉炉顶压力,又确保净煤气总管压力为设定值。

调压阀组设置在净煤气管道上,其构造见图 9-24。对于 1000m³ 高炉来说,调压阀组由三个 $\phi750$mm 的设有手动控制的电动蝶阀、一个内径为 $\phi400$mm 的设有手动控制的电动蝶阀和 $\phi250$mm 的常通管道组成。当三个 $\phi750$mm 的蝶阀逐次关闭后,高炉进入高压操作状态,自动控制蝶阀则不断变动其开启程度,维持稳定的炉顶压力。$\phi400$mm 的阀门用于细调,$\phi750$mm(或 800mm)的阀门用于粗调或分挡调节,常通管道起安全保护作用。

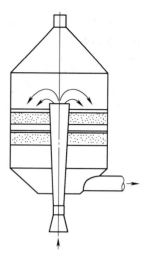

图 9-23 填料式脱水器

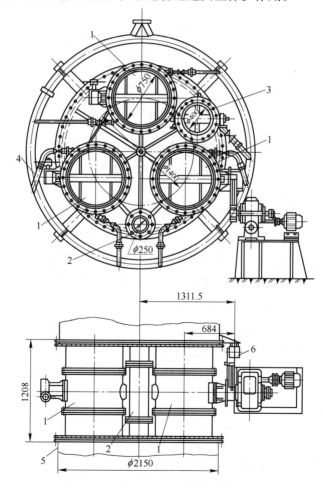

图 9-24 煤气调压阀组

1—电动蝶式调节阀;2—常通管;3—自动控制蝶式调节阀;4—给水管;5—煤气主管;6—终点开关

调节阀组的煤气压力降可达 19.6kPa 以上，而且每个阀门前都有喷水装置，这对除尘有显著的效果。

9.2.3.4　高炉煤气余压透平发电设备

现代高炉炉顶压力高达 0.15 ~ 0.25MPa，炉顶煤气中存在大量势能。高炉煤气余压透平发电装置（TRT）就是利用高炉炉顶煤气具有的压力能及热能，使煤气通过透平膨胀机做功，将其转化为机械能，驱动发电机发电的一种二次能源回收装置，见图 9-25。根据炉顶压力不同，生产每吨铁可发电 20 ~ 50kW·h。

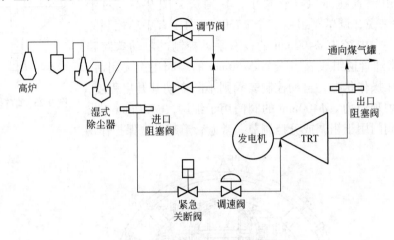

图 9-25　某 1800m³ 高炉的 TRT 系统

TRT 装置由透平主机、大型阀门系统、润滑油系统、液压油系统、给排水系统、氮气密封系统、高低发配电系统以及自动控制系统组成。它的工作原理是：高炉净煤气经过入口蝶阀、插板阀等阀门后进入透平入口，通过导流器使气体转成轴向进入静叶，气体在动叶和静叶组成的通道中不断膨胀做功，压力和温度逐渐降低，并转化为动能作用于转子使转子旋转，转子通过联轴器带动发电机一起转动而发电。做功后的气体通过扩压器进行扩压，然后经排气蜗壳流出透平，经过填料脱水器后进入煤气管网。

TRT 与减压阀组并联，可以通过调节机组静叶控制和稳定高炉炉顶压力，替代其减压功能。煤气只是从 TRT 里流过，不消耗数量，不改变化学成分，既回收了由减压阀组白白泄放的能量，净化了煤气，又降低了减压过程的噪声；而且不产生任何污染，可实现无公害发电。TRT 是国内外钢铁企业公认的节能环保装置。当定期检修或因其他原因必须停止TRT 时，只要关闭透平设备入口和出口处的切断阀即可，对高炉的正常操作没有任何妨碍。

9.2.3.5　煤气洗涤污水处理

含有大量悬浮物及有毒物质的高炉煤气洗涤水，是钢铁联合企业有毒废水之一。如果将其直接排放到附近的江河水域，既浪费水力资源，又严重污染环境，危害人们身体健康。因此，对这些污水必须进行净化处理，而回收的清水可以作为循环水继续使用。煤气洗涤污水的处理通常采用沉淀法。

9.3　高炉干法除尘工艺及设备

9.3.1　干法除尘工艺

　　随着科技的进步与发展，高炉煤气干法除尘技术已经逐步成熟。干法除尘工艺主要有两种，即重力除尘器＋静电除尘器，见图9-26；重力除尘器＋布袋除尘器，见图9-27。迄今为止，国内高炉煤气应用干式静电除尘器的不多，且都为引进设备，并备用了一套湿法除尘系统。而布袋除尘工艺越来越受到世界各国钢铁企业的重视和青睐，并已从中小型高炉逐步推广应用到大型高炉，它是当前高炉节能环保技术的一项重要标志。据测定，正常运行时布袋除尘工艺的除尘效率均在99.8％以上，净煤气含尘量在10mg/m³以下（一般为6mg/m³以下），而且比较稳定。

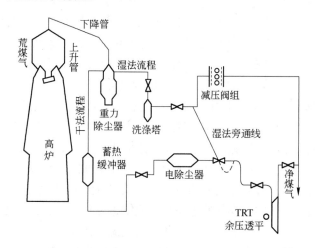

图 9-26　重力除尘器 + 静电除尘器的工艺流程

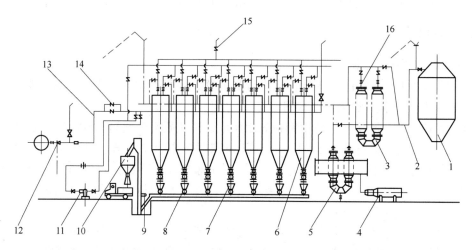

图 9-27　重力除尘器 + 布袋除尘器的工艺流程

1—重力除尘器；2—荒煤气管；3—降温装置；4—燃烧炉；5—换热器；6—布袋箱体；
7—卸灰装置；8—螺旋输送机；9—斗式提升机；10—灰仓；11—煤气增压机；
12—叶式插板阀；13—净煤气管；14—调压阀组；15—蝶阀；16—翻板阀

布袋除尘工艺按其过滤方式可分内滤式和外滤式，按其进气方式可分为上进气式和下进气式，按其清灰方式分为机械振动型、加压反吹型和脉冲喷吹型三种形式。

采用上进气时，除尘灰的下落方向与净煤气的流向相同，灰尘易产生返流，由气流再次带入净煤气管中，造成净煤气含尘浓度增高。所以，煤气除尘时极少采用上进气方式。

目前各高炉主要采用下进气内滤式加压反吹大布袋除尘和下进气外滤式脉冲小布袋除尘工艺。

下进气内滤式加压反吹大布袋除尘的工艺流程是：荒煤气经过粗除尘后，含尘半净煤气由布袋除尘器的下部进入箱体，经过分配板进入各布袋将灰尘滤下，煤气穿过布袋壁进入箱体，变成净煤气后由出口管引出。当灰尘增厚到影响过滤时，进行反吹。反吹用的高压煤气来源于反吹加压风机，反吹后的脏煤气回到脏煤气管道中，再分配到其他箱体过滤。

下进气外滤式脉冲小布袋除尘工艺是近几年国内煤气除尘采用的主流技术。与前者相比，该技术采用小直径滤袋，使得单个箱体内可以容纳更多的滤袋，过滤面积大；在相同的过滤能力条件下，可以减少箱体的设计数量，减少系统的占地面积及建设投资，操作简单，除尘效率高，运行稳定安全。它的工作流程是：荒煤气经过粗除尘后，含尘半净煤气由除尘器下部沿箱体壁切线方向向下成一定角度（如15°）进入，在下部形成旋流并上升。此过程能除去部分粗颗粒，上升旋流在导流板处被阻挡而重新分布，继续上升，到达布袋后粉尘被阻留在袋外，煤气穿过布袋壁进入袋内，并向上由袋口和箱体顶部出口管逸出箱体。为防止布袋被气流向外压扁，袋内装有支撑框架。反吹采用 N_2，减压后进入脉冲反吹装置。在装置内，由电磁阀控制脉冲阀迅速开启，开启时间为 65～85s。在此瞬间，氮气通过脉冲阀进入喷吹管，并从管内小孔垂直向下喷入布袋内，喷出的中压氮气形成高速气流，从周围引入数倍于喷射气量的净煤气冲进滤袋，致使滤袋急剧膨胀，引起一次冲击振动，同时瞬间产生由里及外的逆向气流。由于冲击和逆向气流的作用，附着在滤袋外层的粉尘被抖落，而嵌于滤布孔隙中的粉尘也被吹掉，滤袋完成一次反吹清灰后可重新过滤煤气。滤袋清灰可连续周期性地进行，也可采用定压差或定时按顺序的间歇喷吹操作方式进行。

9.3.2　干法除尘设备

9.3.2.1　布袋除尘器

布袋除尘器主要由箱体、滤袋、反吹清灰装置、煤气调温装置及输、卸灰装置构成。图 9-28 为布袋低压脉冲除尘器结构图。

（1）箱体。布袋除尘器箱体由钢板焊制而成，箱体截面为圆筒形或矩形，箱体下部为锥形集灰斗，水平倾斜角应大于60°，以便于清灰时灰尘容易下滑。集灰斗下部设置螺旋清灰器，定期将集灰排出。一座高炉采用 6～14 个布袋除尘器箱体。例如，宝钢 1 号高炉干法除尘共设有筒体直径为 5.6m 的布袋除尘器 14 个，成双排并联布置，而每个除尘器内装有 368 条玻璃纤维覆膜布袋。

（2）滤袋。布袋除尘器箱体内装的滤袋材质主要有三种，即无碱玻璃纤维针刺毡、合成纤维针刺毡（又称尼龙针刺毡）和氟美斯针刺毡。一般玻璃纤维滤袋的直径为 230mm、250mm、300mm，耐高温（280～300℃），使用寿命为 1.5 年以上，价格便宜，但其缺点是抗折性差。合成纤维滤袋的过滤风速是玻璃纤维滤袋的 2 倍左右，抗折性好；但耐温低，一般为 204℃，瞬间可达 270℃。合成纤维滤袋价格较高，是玻璃纤维滤袋的 3～4

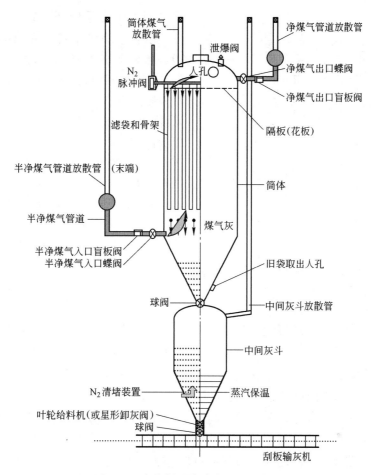

图 9-28 布袋低压脉冲除尘器结构图

倍，目前仅在大型高炉上使用。近几年开始使用的氟美斯针刺毡有一定的耐温性，可长期在 220~250℃下工作，短期（30min）使用温度达 280℃，过滤负荷为 32~42m³/（m²·h），价格比玻璃纤维针刺毡高，使用寿命为 1~1.5 年。

（3）反吹清灰装置。高炉布袋除尘器的反吹清灰装置常用加压闭路反吹与氮气脉冲反吹两种形式。加压闭路反吹需从净煤气管道专门引出净煤气，经煤气加压机加压后再通过反吹阀等进入箱体，穿过布袋，反吹掉布袋上的积灰，最后排出箱体。氮气脉冲反吹主要设备由贮气罐、喷吹管、脉冲阀、分气包等组成，低压氮气通过脉冲膜片阀产生脉冲气流，振落滤袋外表面附着的积灰而达到清灰的目的。

（4）输、卸灰装置。布袋除尘器输、卸灰系统流程为：上灰仓→中间灰仓→埋刮板机→斗式提升机→高位灰仓→加湿机→下灰仓→外运。此系统流程太长，运行中不可避免地出现二次扬尘现象，目前国内还没有较好的解决办法。包钢、济钢采用新开发的高炉煤气除尘罐车输灰装置克服了上述缺点，但在应用上还需进一步完善。

（5）煤气调温装置。干法除尘滤袋能承受的最高温度大约为 280℃，而进入滤袋除尘器的煤气温度下限应高于露点温度 80℃，因此，为防止因温度超高而烧损滤袋或因温度过低而黏结滤袋，有效地控制进入箱体的煤气温度对布袋除尘器的正常运行是极为重要的。

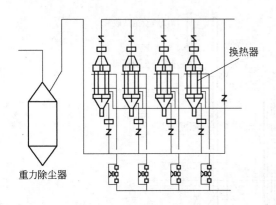

图 9-29　调温系统工艺流程

目前国内通常采用调温系统来控制炉顶温度，以利于除尘系统的正常运行，见图 9-29。当炉顶煤气温度正常时，煤气走旁通管，进入布袋可正常工作。当炉顶上升管煤气温度达 300 ~ 350℃ 时，马上切换到调温系统，启动风机吸入冷风进行热交换降温，以保证布袋除尘器煤气温度控制在 280℃ 以下。当温度低时，启动风机吸入热风炉废气进行升温。

布袋除尘器的主要技术参数如下：

（1）过滤面积（F）。其可由下式计算：

$$F = Q / i$$

式中　F——布袋除尘器的过滤面积，m^2；

　　　Q——过滤煤气量，m^3/h；

　　　i——过滤负荷，$m^2/(m^2 \cdot h)$。

（2）过滤负荷。布袋的过滤负荷用每小时、每平方米滤袋通过的煤气量来表示。高炉越大，过滤负荷越重。一般玻璃纤维滤袋的过滤负荷为 45 $m^3/(m^2 \cdot h)$，反吹周期约为 1.5h；合成纤维滤袋的过滤负荷为 70 $m^3/(m^2 \cdot h)$，反吹周期为 20 ~ 30min。

目前我国布袋除尘尚待解决的问题如下：

（1）要尽快研究出耐高温、高强度、高效率、寿命长的合成纤维和金属纤维的布袋材质；

（2）应研究布袋破损的自动检测手段；

（3）需解决耐高温、高压阀门的密封问题，防止煤气泄漏；

（4）进一步解决除尘系统的控温和防尘问题。

9.3.2.2　静电除尘器

我国高炉煤气使用的静电除尘器有管式、板式和套筒式三种。静电除尘是电晕放电在除尘技术上的应用。当导体电极通电时，导体周围产生电场，使气体电离，引起气体导电，这称为电晕放电。当高炉煤气通过导体电场时，产生电晕现象，煤气被电离，正离子在放电极失去电荷，负离子则附着于灰尘上，使灰尘带负电，从而被阳极捕集。沉积在阳极上的灰尘失去电荷后，用振动或水冲的办法使其流下排除。

静电除尘器由煤气入口、煤气分配装置、电晕板、沉淀板、冲洗装置、高压瓷瓶绝缘箱、供电和整流设备等组成，具体结构见图 9-30。

管式静电除尘器的沉积板是一些直径为 200 ~ 300mm 的无缝钢管，电晕极穿过这些无缝钢管中心的钢丝，钢丝两端用绝缘器悬挂；板式静电除尘器的沉积板由许多并列的钢板组成；套筒式静电除尘器的沉积板则由许多直径不同的同心套筒构成。后两种静电除尘器的电晕线是按一定间距均匀分布在两沉积板（套筒）间的钢丝。为了加强放电，电晕线上固定着许多星形或正方形的电晕片。为使煤气在电除尘器内均匀分布，煤气入口处分别设置导向叶片及分配板。

上述三种静电除尘器中，后两种设备质量小、投资少，特别是套筒式静电除尘器，它

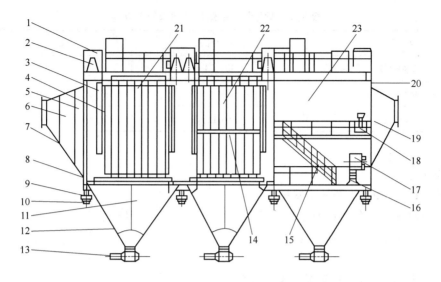

图 9-30 静电除尘器的结构

1—绝缘子室；2—阴极吊挂装置；3—阴极大框架；4—集尘极部件；5—气流分布板；6—分布板振打装置；
7—进口变径管；8—内部分走道；9—支座接头；10—支座；11—灰斗阻止流板；12—灰斗；
13—星形卸灰阀；14—电晕极振打部位；15—平台；16—集尘极振打；17—检修门；
18—电晕极振打；19—出口变径管；20—壳体；21 ~ 23——一、二、三电场

不仅节约大量无缝钢管，而且具有良好的除尘效果。

静电除尘器的电气部分主要是整流和升压装置。过去用机械整流器，即在变压器的高压端，用一个同步旋转的转子保持输出端的极性不变。机械整流机组比较稳定，二次电压达 60 ~ 70kV。近年来，机械整流器被硅整流器及可控硅整流器取代，有的还使用硒整流器。后者体积小，并有无级调压的优点，在新设计中采用比较多。

9.3.2.3 煤气系统的安全控制

高炉煤气作为气体燃料，具有输送方便、操作简单、燃烧均匀、温度和用量易于调节等优点，是工业生产的主要能源之一。高炉煤气的主要成分是 CO、H_2、N_2、CO_2，其中 CO 有毒。在煤气生产过程中，常见的事故主要有煤气中毒、煤气火灾和煤气爆炸。

煤气中毒的主要原因是煤气泄漏。存在泄漏煤气的部位有高炉风口、热风炉煤气闸阀、煤气管道的法兰部位、煤气鼓风机周围等处，作业人员在这些区域作业时最容易发生煤气中毒事故。我国劳动卫生标准规定：在作业环境中 CO 允许浓度不超过 30mg/m^3。当 CO 浓度为 50mg/m^3 时，连续工作时间不应超过 1h；当 CO 浓度为 100mg/m^3 时，连续工作时间不应超过 0.5h；当 CO 浓度为 200mg/m^3 时，连续工作时间不应超过 20min。

煤气燃烧必须具备两个条件：一是有足够的空气，二是有明火或者达到煤气的燃点。

煤气爆炸必须具备三个条件：一是煤气浓度在爆炸极限范围以内，二是受限空间，三是存在点火源。只有这三个条件同时具备，煤气才能爆炸。常见气体的爆炸范围和着火点见表9-2。

表 9-2　常见气体的爆炸范围和着火点

煤气名称	爆炸范围/%	着火点/℃
高炉煤气	40~70	700
焦炉煤气	6~30	650
天然气	5~15	550

【技术操作】

任务 9-1　布袋除尘器的清灰操作

某高炉对脉冲式布袋除尘器清灰操作的要求是：荒、净煤气压差达到 5kPa 时需进行反吹清灰（高炉不正常时定时反吹），正常情况下为自动反吹，氮气压力不足时选择手动反吹。

A　收到清灰信号后选择反吹箱体操作

（1）先选择 1 号箱体；

（2）关闭 1 号箱体的出气蝶阀，滤袋进入清灰状态，将控制开关旋至反吹位置，开启脉冲阀进行反吹；

（3）所有滤袋清灰完毕，关闭脉冲阀；

（4）再经过一定时间的延时，使筒体内较细的粉尘有一个静止沉降的过程，此过程结束后打开 1 号箱体的出气蝶阀；

（5）依次选择本组其他箱体进行反吹，反吹完毕后，控制开关恢复到正常位置。

B　箱体卸灰（上球阀常关）操作

（1）启动 1 号斗式提升机、1 号刮板输送机；

（2）选择 1 号箱体，开箱体上卸灰球阀，使筒体内灰尘进入中间灰斗；

（3）关 1 号箱体上卸灰球阀，开星形卸灰阀，开下卸灰球阀；

（4）1 号箱体卸灰完毕，关其下卸灰球阀，停星形卸灰阀；

（5）依次完成本组所有箱体的卸灰工作，停 1 号刮板输送机，停 1 号斗式提升机；

（6）再进行下一组箱体卸灰，卸灰步骤同上。

任务 9-2　高炉切煤气、引煤气操作

A　干法除尘高炉切煤气操作

（1）切断煤气前先进行脉冲清灰，筒体灰斗、中间仓和输灰系统中的积灰要排放干净；

（2）切断煤气前与高炉、热风炉、调度室认真联系，统一操作；

（3）炉顶通蒸汽，重力除尘器通蒸汽，打开炉顶放散阀，关闭重力除尘器遮断阀，开重力除尘器放散阀（断源）；

（4）关闭并网煤气管道上的蝶阀和盲板阀，防止煤气管网的煤气倒流；

（5）关闭该系统净煤气管道蝶阀、盲板阀，关闭各工作筒体入口和出口煤气蝶阀；

（6）按由高到低的顺序打开煤气切断部位各放散阀；

（7）向滤袋筒体通 N_2，向荒煤气、净煤气管道通 N_2，保持煤气系统正压；

（8）待煤气检测合格后方可进行检修。

B　高炉引煤气操作

（1）引煤气前，检查并确认布袋除尘器各箱体内无冷凝水。

（2）确认各人孔关严。

（3）确认重力除尘器遮断阀、放灰阀、清灰阀关。

（4）确认重力除尘器进口荒煤气阀、出口处电动蝶阀关。

（5）确认重力除尘器放散阀、荒煤气放散阀、净煤气放散阀开。

（6）接到高炉引煤气通知后，按下列步骤操作：

1）开重力除尘器遮断阀，放散数分钟后关炉顶放散阀；

2）开布袋除尘器前荒煤气阀，关重力除尘器放散阀；

3）开净煤气阀，关荒煤气输送阀和净煤气输送阀；

4）按指令开煤气管网阀，关净煤气放散阀，完成引煤气操作；

5）通知用户开启阀门，向用户供气。

【问题探究】

9-1　目前高炉煤气湿法除尘有哪几种工艺，它们的特点是什么？

9-2　文氏管的除尘原理是什么，影响文氏管除尘效率的因素有哪些？

9-3　环缝洗涤塔的构造与工作原理是怎样的？

9-4　高压阀组的结构是怎样的？

9-5　什么是 TRT？

9-6　布袋除尘器的除尘原理是什么？

9-7　布袋除尘器由哪几部分构成，怎样才能延长布袋的使用寿命？

【技能训练】

项目 9-1　进行外滤式脉冲布袋除尘器的反吹操作

　　要求：

（1）滤袋脉冲压差不大于 5kPa；

（2）进入滤袋筒体内的煤气温度低于 260℃；

（3）净化后煤气含量小于 10mg/m³。

项目 9-2　进行高炉的切煤气与引煤气操作

10 高炉特殊炉况操作

【学习目标】

(1) 掌握高炉短期休风与复风的操作程序；
(2) 掌握高炉长期休风、紧急休风的操作要点；
(3) 了解高炉开炉工作程序，掌握其操作要点；
(4) 了解高炉停炉方法、停炉程序及停炉操作要点；
(5) 能够正确进行高炉短期休风、紧急休风与复风操作；
(6) 能够进行高炉开炉配料计算。

【相关知识】

10.1 高炉休风与复风操作

高炉在生产过程中因检修、处理事故或其他原因需要中断生产时停止送风冶炼，称为休风。根据休风时间的长短，高炉休风可分为短期休风和长期休风。休风 4h 以下，更换冷却设备、修理设备等的临时休风称为短期休风；休风 4h 以上（高炉的计划检修、重大事故的处理、重大的外界影响导致高炉不能生产）则称为长期休风。长期休风又可分为计划休风与非计划（事故）休风两种。

10.1.1 短期休风与复风操作

10.1.1.1 短期休风操作

(1) 值班工长提前向调度汇报，发出休风指令，并与热风炉、风机房、布袋除尘、加料、TRT 等相关单位进行联系。
(2) 组织炉前出铁。
(3) 停止 TRT，顶压调节改为旁通阀组控制。
(4) 渣铁出净后，根据铁口喷吹情况以适当的时间间隔分次减风。减风不能过快、过急，尤其是炉凉时休风，因渣铁流动性差，不易出净渣铁，减风要慢，低压时间可长些。
(5) 减风过程中，配合减风调整炉顶压力，调整喷煤量和富氧量。
(6) 减风到常压风量时，全开减压阀组，高压改常压操作。
(7) 减风到 50% 时停止上料，提起探料尺。
(8) 关闭混风大闸和混风调节阀，打开炉顶放散阀。
(9) 关闭除尘器切断阀，开切断阀上部的蒸汽或氮气，停止回收煤气，准备休风。

（10）放风到风压小于20kPa，检查各风口，没有灌渣危险时，工长全开放风阀，发出休风信号。

（11）热风炉按休风程序休风，关闭热风阀和冷风阀，打开废气阀。

（12）需要倒流休风时，通知热风炉进行倒流，开倒流休风阀。

（13）热风炉执行完休风程序后，通知风机房休风，并回休风信号，通知调度已经休风。

（14）休风后指挥炉前工打开风口大盖，进行检查并处理问题。

短期休风操作示意图见图10-1。

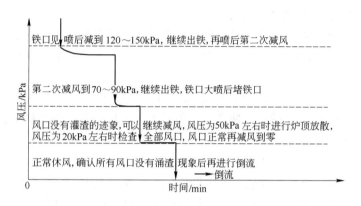

图10-1 短期休风操作示意图

10.1.1.2 短期休风后的复风操作

（1）采用倒流休风时，复风前关闭倒流休风阀，停止倒流，关闭所有的风口大盖。

（2）检查放风阀是否处于全开状态。

（3）发出送风信号，通知风机房将风送至放风阀。

（4）通知热风炉送风。关送风炉的废气阀，打开冷风小门，开冷风阀、热风阀（热风阀开的时间作为送风开始时间），关冷风小门，完成并确认后通知高炉。

（5）高炉接到通知后，逐渐关闭放风阀，缓慢加风升压。

（6）慢风时检查风口、渣口、吹管等是否严密可靠，确认不漏风时才允许加风。

（7）送风量达到正常1/3以上时，可以视顶温情况引煤气。开除尘器上煤气切断阀，逐个关严炉顶放散阀，关闭炉顶、除尘器和煤气切断阀处的蒸汽。

（8）风量加至全风的50%～60%、炉况顺行时，酌情将常压转高压，恢复高压操作，恢复富氧鼓风和喷煤。

（9）慢慢增风到规定风量后，转TRT工作，开始发电。

10.1.2 长期休风与复风操作

10.1.2.1 长期休风与短期休风的区别

长期休风的操作程序与短期休风相同，其与短期休风的区别如下：

（1）计划长期休风前要清洗炉缸，减轻焦炭负荷，保持炉况的顺行。如果炉况顺行差，应当调整好后再准备休风，休风前2或3次铁要把炉温提高到$w[\mathrm{Si}]=0.65\%\sim$

0.85%的水平。

（2）装好休风料。休风料的作用是：

1）补偿休风期间仍需支付的热量，例如300m³高炉需支付的热量折算成焦炭量为800~900kg/h（冷却器漏水时应更高一些），这部分焦炭一般以空焦方式加入。

2）鉴于复风时不能同时恢复喷煤，应将复风后停煤时间的煤量折算成焦炭量，在休风料中以轻料方式补偿。轻料的批数由复风后停煤的时间估算，使其作用时间与喷煤的热滞后时间吻合。此外，风温恢复时间较长时，风温损失的热量也应在休风料中补偿。当休风料下到炉腹部位时出最后一次铁，确保渣铁出净。

3）休风料的炉渣碱度要适当降低。

（3）全面彻底地检查冷却设备是否漏水，发现破损漏水时应立即减水。如果风、渣口破损，休风后立即更换；倘若冷却壁（板）漏水，休风后关闭至不断水即可，避免往炉内漏水。

（4）要将重力除尘器等处的炉尘清除干净，防止残存热炉尘与煤气。

（5）休风后风、渣口要密封，并进行炉顶点火。上料皮带、中间料斗、称量斗、料罐不存炉料，以便进行检修。

10.1.2.2　长期休风时的煤气处理

无钟炉顶长期休风时，先休风，然后处理煤气，最后点火，以降低炉顶温度；钟式高炉长期休风时，一般是先进行炉顶点火，然后休风，这样点火比较容易。

处理煤气的原则是稀释、断源、敞开、禁火。

（1）稀释。向整个煤气系统的隔断部分通蒸汽或氮气，以达到稀释煤气浓度、降低系统温度，进而置换出系统中残余煤气的目的。

（2）断源。关闭盲板阀（或水封），切断本高炉与煤气管网的联系。炉顶点火后高炉内的残余煤气被烧掉，做到彻底断绝气源。

（3）敞开。按先高后低、先近后远（对高炉而言）的次序，开启煤气系统的所有放散阀和人孔，使系统完全与大气相通。

（4）禁火。在处理煤气期间，整个煤气系统与附近区域严禁动火。

10.1.2.3　长期休风时高炉与送风系统、煤气系统彻底隔断的操作

高炉与送风系统彻底隔断的操作为：关热风炉的热风阀、冷风阀，卸下风管并进行堵泥，根据休风时间长短决定是否停风机。

高炉与煤气系统彻底隔断的操作为：关上与煤气管网联络的盲板阀并进行高炉炉顶点火，重力除尘器以后进行撵煤气操作。

［操作案例10-1］　某1800m³高炉休风操作程序及注意事项见表10-1。

表10-1　某1800m³高炉休风操作程序及注意事项

	操作划分	操作顺序	作业划分	亮灯	作业注意事项
1	联系	（1）煤气厂调度； （2）鼓风机，水泵房； （3）炼铁厂调度； （4）水渣工段，TRT	值班室	［高压］ ［风量设定］	（1）电话或口头联系； （2）联系内容：休风原因，休风计划时间，休风处理事项和委托处理事项

操作划分		操作顺序	作业划分	亮灯	作业注意事项
2	减风	（1）停止除尘器打灰	除尘		正在打灰时及时停止
		（2）TRT停止	煤气		（1）按"停止"按钮； （2）顶压调节改为旁通阀组控制
		（3）减风开始（以适当的时间间隔分次减风到常压水平）		[高压] [风量设定]	（1）开始减风时应充分确认渣铁已出尽（以铁口喷为准）； （2）开始减风时，同时停止原料称量； （3）正常休风时每次减风200~300m³/min
		（4）调整炉顶压力（配合减风进行调整）	煤气		（1）紧急减风、减压时，调整旁通阀组； （2）按风量比例进行调整，每减100m³/min风量，相应减顶压5kPa
		（5）调整喷煤量、富氧量	喷煤 热风		（1）减风到正常风量的80%（2000m³/min）时停煤； （2）停止富氧
3	常压	（1）旁通阀组全开； （2）热风炉停止燃烧； （3）按压差操作	煤气 热风 值班室	[常压] [风量设定]	（1）常压风量为1500m³/min （2）联系煤气厂调度
4	减压	（1）减压开始； （2）减至20~50kPa； （3）$p_顶$<20kPa时切煤气； （4）发出休风信号	值班室 煤气 值班室	[常压] [减压] [风压设定] [休风]	（1）选择"风压设定"，每次减压20kPa； （2）观察风口有无漏、灌渣、破损； （3）开炉顶放散阀，关煤气切断阀； （4）全开放风阀
5	休风	进行休风程序	热风	[休风]	关闭热风阀和冷风阀

10.1.2.4 长期休风后的复风操作

[**操作案例10-2**] 某1800m³高炉复风前的准备操作程序见表10-2，复风操作程序见表10-3。

表10-2 某1800m³高炉复风前的准备操作

试运转（运转岗位设备）	（1）试运转（预定送风前2h开始）； （2）运转准备（预定送风前1h开始）
送风启动准备	预定送风前1h发出"送风准备"信号
送风准备作业	（1）关闭炉顶点火人孔； （2）向炉顶送蒸汽，向除尘器通N₂； （3）关闭炉顶放散阀； （4）送风到排风阀，清除风口堵泥； （5）插入煤枪； （6）关闭倒流阀

送风前点检	预定送风前 1 h 点检： （1）点检高炉供水系统各区的流量、压力； （2）点检风口排水状况
出铁准备	（1）决定出铁口； （2）配置铁水罐； （3）渣铁沟点检； （4）装炮泥； （5）准备开铁口

表 10-3　某 1800m³ 高炉复风操作程序

操作划分		操作顺序	作业划分	亮　灯	作业注意事项
1	联络确认	（1）鼓风机启动完确认	中控	［休风］ ［切煤气］ ［送风准备］	在计划送风时间前 15min： （1）确认炉顶已通入蒸汽； （2）确认炉顶放散阀开； （3）确认准备送风通知下达； （4）确认高炉排风阀开； （5）设定好指定的风量
		（2）发出把风送到排风阀的指令	中控	［休风］ ［切煤气］ ［放风］ （风压设定 0kPa）	在计划送风时间前 5min： （1）将指定风压值设于信号设定盘上（10～20kPa）； （2）根据风压确认风是否送到排风阀
		（3）送风开始前再次确认	炉前 水渣		（1）设备检修负责人确认； （2）再次确认点检及操作状况； （3）发出"送风开始"通知
2	送风	（1）发出送风信号； （2）开冷风小门、冷风阀及混风阀	中控 热风	（风压设定 0kPa） ［放风］ ［送风］	
		（3）开热风阀	热风	［减风］ ［切煤气］ ［放风］ ［送风］	开热风阀的时间作为送风开始时间
		（4）关排风阀； （5）慢慢升压	中控	［切煤气］ ［减压］	（1）观察风口内部； （2）点检各送风支管、人孔有无漏风
3	送煤气	（1）联系送煤气	中控	［切煤气］	（1）与调度联系； （2）与煤气厂联系

续表 10-3

操作划分		操作顺序	作业划分	亮 灯	作业注意事项
3	送煤气	（2）开除尘煤气遮断阀； （3）关炉顶放散阀； （4）关炉顶蒸汽	中控 除尘	［减压］	风压 20kPa 时进行
4	升压和风量指定	（1）送煤气后慢慢升压	中控	［减压］ ［风压］	10~20kPa/次（按风压操作）
		（2）风量指定	中控	［风量］	大于 1500m³/min
		（3）炉顶压力调整； （4）喷煤和开始富氧； （5）热风炉燃烧开始； （6）慢慢增风到规定风量； （7）启动 TRT	煤气 喷煤 热风 煤气	［风量］ ［高压］	（1）暂时停止加风升压，确认喷煤状况，如有煤枪堵塞应换掉； （2）开始喷煤； （3）风量为 1500m³/min 以上时提顶压，每 100 m³/min 风量对应顶压 5kPa； （4）喷煤状况正常时，与风机房联络确认进行加风； （5）每次加风量 100~300m³/min； （6）炉顶压力为 200kPa 且确认炉况正常，启动 TRT

10.1.3 高炉紧急休风操作

当高炉遇到猝不及防的事故时进行的休风，称为紧急休风。在最紧急的情况下，高炉工长至少应做好三件事：

（1）立即关闭混风阀，将高炉与鼓风机隔离；

（2）立即打开炉顶蒸汽；

（3）立即组织出铁，然后进行休风。

紧急休风中，以应对断风和断水的事故较为常见，要有针对性地做好应急准备。

10.1.3.1 高炉断水

（1）立即通知停煤、停氧；

（2）立即通知风机房、布袋除尘做好休风准备；

（3）开启炉顶煤气放散阀；

（4）立即手动放风；

（5）立即下达休风指令；

（6）通知热风炉开启倒流休风阀，确认热风炉倒流后逐一打开风口大盖，如有灌渣应组织人员更换；

（7）立即通知看水工检查冷却水系统出水管是否有水，有水时控制其他水门，并通知循环水泵房开启柴油泵，确保风口用水；

（8）短时断水（20min 以内）可不考虑卸风口小套，长期断水必须卸风口小套甚至风口中套；

（9）立即组织更换漏水设备；

（10）来水后指挥看水工分段缓慢开水，直至恢复正常冷却。

10.1.3.2　鼓风机突然停机

A　鼓风机突然停风在高炉仪表上的表现

（1）冷风流量急速回零；

（2）冷风压力逐渐回零，热风压力逐渐回零。

B　处理方法

（1）首先向各辅助单位发出紧急休风信号，停氧并通知喷煤人员停煤；

（2）通知热风炉先关闭混风阀，然后关闭送风炉的热风阀、冷风阀，其他热风炉进行焖炉操作，并进行紧急休风操作；

（3）把高压阀组调至手动并全开；

（4）炉顶通蒸汽，打开炉顶放散阀，关煤气切断阀，通知布袋切煤气；

（5）停止上料，禁开下密封阀；

（6）将放风阀改为手动，并逐步将滑动条打到全开；

（7）通知热风炉倒流，确认倒流休风阀开启后方可组织炉前开窥视孔检查各风口，如有灌渣则打开大盖放渣，组织人员进行更换；

（8）通知调度高炉停风。

10.1.3.3　高炉系统停电

（1）装料系统停电不能上料，按低料线处理；

（2）全厂停电，按鼓风机突然停风处理。

10.2　高炉开炉操作

高炉开炉是个庞大的系统工程，牵涉面很广，不允许有任何漏洞。因此，开炉前应事先制定详细的开炉规划，重点抓好开炉准备、人员培训、设备试车等工作，确保开炉顺利并预期达到正常水平。

10.2.1　设备验收及试车

高炉建成后，凡是运转设备都必须进行试车，其目的就是把问题尽量暴露在投产以前并认真解决。

（1）鼓风机、水泵及电气设备安装完毕后，应进行不小于8h的试车，只有合乎规定要求才能验收。

（2）试风。开炉前试风，主要检查送风系统的管道及阀门是否严密、各阀门操作是否灵活可靠等。试风的步骤是先试冷风及热风管道，再试热风炉炉体及各种阀门。试风前应先将高炉各风口的吹管卸下，用铁板将各风口弯头封死，然后打开各风口的窥孔。试冷风及热风管道时，将各热风炉的热风阀及冷风阀关严，打开混风阀，通过风机控制一定的送风压力（一般为高炉工作压力的60%~100%），然后检查管道，发现漏风处要做好标记，以便试风后进行修补。管道试风完毕后，将热风炉的废风阀打开，如发现有风则说明冷风阀或热风阀可能漏风，需进入热风炉内检查漏风情况。最后试烟道阀，将热风炉灌满风，关冷风阀及热风阀10min后，根据风压下降情况检查烟道阀是否漏风，同时可进行热风炉炉体的漏风检查。

（3）试水。高炉冷却水总管和冷却器在安装前已进行过试压。开炉前的试水主要是检查以下几项内容：

1）全部冷却设备正常通水后是否仍能保持规定的水压；

2）炉身上部的冷却器或喷水管出水是否正常；

3）排水系统是否正常畅通；

4）水管连接处有无漏水现象。

试水方法是先将各冷却器阀门关死，将水引至各多足水管里，并打开多足水管下面的卸水阀门，先将管道内杂物冲洗干净，然后关上卸水阀门。从炉缸开始，逐个打开冷却器阀门，将水引入各冷却器直至最上层冷却器为止，逐层试验，逐层检查。全部通水后，再检查供水能力与总排水是否畅通。

（4）试汽。高炉使用蒸汽的地方不多，主要是煤气管道系统与保温系统。试汽时，事先应将蒸汽管打开，然后将蒸汽引入高炉汽包以便将凝结水排除，再逐个打开通往煤气管道的蒸汽阀门，并打开相应的放散阀，检查蒸汽是否畅通以及阀门是否灵活、严密。

（5）试车。试车的范围较广，凡是运转设备都需进行试车。试车可分为单体试车、小联锁试车和系统联锁试车，又分为试空车（不带负荷）和试重车（带负荷）。试车顺序是：由单体试车到系统联锁试车，由试空车到试重车，只有试重车正常后才可开炉生产。

（6）开炉前的设备检查。除上述试风、试水、试汽、试车外，还要进行建筑与结构的检查，如检查高炉中心线与装料设备中心线是否垂直重合；各风口的中心线是否在同一水平面上，与炉缸中心是否交于一点；炉顶装料设备安装是否水平等。它们的误差值都必须在允许误差范围内，这是高炉设备安装必须达到的要求，否则会给高炉造成先天缺陷，严重影响生产指标与寿命。此外，在开炉前应指定专人对各种设备进行全面检查，包括计器信号是否正常，炉体各孔洞是否堵好、焊好；各处照明是否符合要求；各阀门是否做好开关记号并做到该关的关上、该开的开着；探料尺是否对好零点等，只有一切正常后才能点火开炉。

10.2.2 烘炉

烘炉包括热风炉烘炉和高炉烘炉两部分。烘炉目的是缓慢地去除炉衬中的水分，增加砌体的固结强度，避免水分逸出过快使炉衬爆裂和膨胀而损坏。烘炉升温的原则是前期慢、中期稳、后期快。

10.2.2.1 热风炉烘炉

热风炉可以利用煤气烘炉，煤气不足或没有煤气时也可用木柴或煤燃烧烘炉。

A 烘炉的基本要求

（1）烘炉前松开地脚螺丝，以免炉体受热膨胀后损坏设备。

（2）烘炉前先用木柴燃烧烘烤烟囱的烟道，然后用煤气或固体燃料烘热风炉。

（3）升温速度必须与砌体的膨胀率相适应。350℃前是水分大量蒸发阶段，升温需谨慎，并在300~350℃温度区间内至少保持恒温3个班；700℃以前，硅砖在升温过程中有较大的晶格转变，膨胀率很大，在600~700℃时再保持6~9个班的恒温。

（4）烘炉应严格按预定的烘炉曲线升温，温度偏差尽量控制在 ±10℃ 范围内，操作时应利用烟道阀、风量调节阀和煤气调节阀来控制加温速度。大、中修的烘炉时间不少于 6~7 天。

（5）烘炉温度力求均匀、避免波动，以免影响砖衬寿命，烘炉时废气温度不大于300℃。

（6）炉顶温度达到 700~800℃ 时可以烘高炉，达到 900~1000℃ 时可以送风。

不同材料砌筑的热风炉烘炉温度曲线见图 10-2。

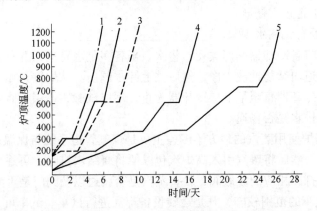

图 10-2　热风炉烘炉温度曲线

1—黏土高铝砖中修热风炉；2—黏土高铝砖新建、大修热风炉；
3—耐热混凝土热风炉；4—使用多年的硅砖热风炉；5—新砌筑的硅砖热风炉

B　烘炉操作

（1）点炉前启动助燃风机，用大风量将热风炉吹扫20min。

（2）烘炉前需要首先烘烤烟囱，将烟囱的大门打开，装入木柴，浇油后点燃，火熄灭后将大门封死。

（3）先开煤气燃烧阀和煤气调节阀，待煤气燃烧后再开助燃空气阀和空气调节阀，将火焰调至正常。

（4）按顺序进行点炉，待一座热风炉燃烧正常后再点下一座热风炉。

10.2.2.2　高炉烘炉

高炉用热风烘炉最方便，它不用清灰，烘炉温度上升均匀，而且容易掌握，不过它要在热风炉提前竣工的条件下才有可能进行。

高炉烘炉的原则是：以热风温度为依据，以风量为调节手段，与炉顶温度相制约，无钟炉顶温度最好控制在250℃以下。

高炉烘炉的重点是炉缸、炉底。烘炉前要做好下列准备工作：

（1）烘炉前一个班高炉炉体各冷却设备以及风、渣口通水，风、渣口通水量为正常水量的 1/4，冷却壁通水量为正常水量的 1/2。

（2）砌筑好铁口砖套，制作好铁口泥套。

（3）安装风口、铁口的烘炉导管，将部分热风导向炉底中心。风口导管应伸到炉缸半径 2/3 处，距炉底 1m 左右，一般有 1/3~2/3 的风口装上导管就够了。铁口导管伸到炉底中心，伸入炉缸内的部分钻些小孔，上面加防护罩，防止装料时堵塞。热风烘高炉的示意图见图 10-3。

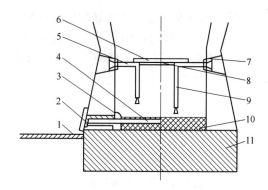

图 10-3 热风烘高炉的示意图

1—主铁沟；2—铁口泥套；3—泥炮；4—铁口煤气导出管；
5—短烘炉弯管；6—烘炉盖板；7—风口；8—固定弯管拉筋；
9—长烘炉弯管；10—干渣；11—耐火砖

（4）安装炉缸、炉底表面测温计。使用炭捣或炭砖砌筑的炉底、炉缸，应在表面砌好黏土砖保护层，防止烘炉过程中炭砖被氧化。

烘炉风量（单位为 m^3/min）开始稍大一些，一般相当于高炉容积，小高炉可以大于此值，大高炉相当于高炉容积的 80% 左右。随着水分蒸发，顶温升高，风量要相应减少。

烘炉终了时间应根据炉顶废气湿度判断，当废气湿度等于大气湿度后，稳定两个班以上即可开始凉炉。一般烘炉时间为 5~7 天。

10.2.3 开炉料的准备

10.2.3.1 对开炉料的要求

（1）采用天然块矿时，粒度应不大于 50mm，筛出 5mm 的粉末，还原性要好；对于人造富矿，要求还原性好，粉末少，硫、磷含量低，成分稳定。

（2）焦炭要求强度高，灰分低，硫含量低，水分稳定，M_{40} 大于 70%，M_{10} 小于 9%。

（3）石灰石要求块度均匀，粉末少，粒度小于 50mm，氧化钙含量高。

（4）锰矿锰含量要高，硫、磷等杂质要少。

10.2.3.2 开炉工艺参数

（1）开炉总焦比的确定。开炉总焦比指料线以下全部焦炭量与理论出铁量之比。开炉时由于高炉炉衬温度、料柱温度都很低，炉料未经充分预热和还原直接达到炉缸，需要消耗的热量多，所以开炉总焦比高于正常料焦比。选择适宜的开炉总焦比对开炉进程有决定性的影响，焦比太高则浪费焦炭，导致高温区向上移动，并延长转入正常生产的时间；焦比太低则供热不足，容易造成炉凉与炉缸冻结。开炉总焦比与烘炉程度、开炉送风温度、原料种类及炉缸填充方式有关。开炉总焦比与炉缸填充方式的关系参见表 10-4。

表 10-4 开炉总焦比与炉缸填充方式的关系　　　　　　　　（t/t）

炉缸填充方式	人造富矿		天然块矿	
	开炉总焦比	正常料焦比	开炉总焦比	正常料焦比
枕　木	3.0~3.8	0.9~1.0	3.5~4.0	1.1~1.2
焦　炭	2.5~3.5	0.8~0.9	3.0~3.5	1.0~1.1

（2）造渣制度的选择。开炉炉渣应保证具有良好的流动性并兼顾脱硫的要求。采用天然矿时，二元碱度一般为 1.0 ~ 1.05；采用烧结矿时，碱度可选用 0.95 ~ 1.0，控制渣中 Al_2O_3 含量不大于 16%，如果超出此值，必须使 MgO 含量不小于 8%。

（3）铁水成分。铁水成分应满足：$w[C] = 4.0\% ~ 5.0\%$，$w[Mn] = 0.6\% ~ 0.8\%$；$w[Si] = 3.0\% ~ 4.5\%$。

10.2.3.3 开炉配料计算

A 已知条件

已知条件见表 10-5 ~ 表 10 ~ 7。

表 10-5 原燃料理化指标

开炉料	成分/%									碱度	堆积密度 /t·m⁻³
	TFe	SiO₂	CaO	MgO	Al₂O₃	P	S	TiO₂	Mn		
烧结矿	54.51	6.13	10.81	3.26	2.5	0.082	0.026	0.29	0.35	1.76	1.66
球团矿	63.76	5.14	1.01	0.75	1.12		0.001	0.49	0.14	0.202	2.23
锰矿	11.15	27.89	4.4	2.52	1.64		0.103		18.07		1.7
石灰石		3.66	50.4	1.32							1.5
焦炭	0.55	6.49		0.49	4.93	0.024	0.67				0.72

注：其中焦炭水分为 6%，灰分为 12.79%。

表 10-6 高炉各部位装料体积 （m³）

炉缸及死铁层	炉腹	炉腰	炉身	炉喉	总计
107.08	95.22	55.55	271.86	1.16	530.87

表 10-7 预定生铁成分 （%）

Fe	Mn	Si	C	S	P
92.00	0.70	2.50	4.33	0.04	0.16

B 参数设定

（1）焦炭批重为 4200kg/批，全炉焦比为 3.6t/t，正常料焦比为 700kg/t，炉渣碱度为 1.0，铁的回收率为 99.5%，锰的回收率为 60%。

（2）料线为 1.6m，净焦压缩率为：炉缸 15%，炉腹 13%，炉腰及以上 12%。

（3）正常料中 80% 的焦炭参与第一反应，空料中 75% 的焦炭参与第一反应。

（4）炉料堆积密度（t/m³）为：烧结矿 1660，球团矿 2230，锰矿 1700，焦炭 720，石灰石 1500。

C 装料安排

炉缸及死铁层填充净焦，炉腹填充空焦，炉腰至料线 1.6m 填充净焦和正常料，最上面为正常料。

D 计算

（1）空料的组成。

空料焦炭批重 = 4200kg/批

石灰石的有效熔剂性 = 50.4% – 3.66% × 1.0 = 46.74%

每批空料中应加石灰石量 $=4200 \times 75\% \times 6.49\%/46.74\% = 437.8$ kg/批（取440kg/批）

（2）正常料的组成。

正常料批料出铁量 $=4200/0.7 = 6000$ kg/批

设正常料中有烧结矿 $x$kg、球团矿 $y$kg、锰矿 $z$kg，则由铁平衡得：

$(0.5451x + 0.6376y + 0.1115z + 4200 \times 0.8 \times 0.0055) \times 0.995/0.92 = 6000$

由锰平衡得：

$(0.0035x + 0.0014y + 0.1807z) \times 0.6 = 6000 \times 0.007$

由 CaO 平衡得：

$0.1081x + 0.0101y + 0.044z - (4200 \times 0.8 \times 0.0067 + 0.00026x + 0.00103z) \times 0.9 \times 56/32$
$= (0.0613x + 0.0514y + 0.2789z + 4200 \times 0.8 \times 0.0649 - 2.14 \times 6000 \times 0.025) \times 1.0$

解得：$x = 4303$ kg（取4300kg）

$y = 4947$ kg（取4950kg）

$z = 266$ kg（取270kg）

核算批料出铁量 $= (0.5451x + 0.6376y + 0.1115z + 4200 \times 0.8 \times 0.0055) \times 0.995/0.92$
$= 6001$ kg/批

（3）每批净焦、空料、正常料压缩后的体积。

净焦（含水）批重 $=4200/0.94 = 4468$ kg/批

炉缸净焦的体积 $= \dfrac{4468 \times (1 - 15\%)}{720} = 5.27$ m³/批

炉腰及以上净焦的体积 $= \dfrac{4468 \times (1 - 12\%)}{720} = 5.46$ m³/批

炉腹空料的体积 $= (\dfrac{4468}{720} + \dfrac{440}{1500}) \times (1 - 13\%) = 5.66$ m³/批

正常料的体积 $= (\dfrac{4468}{720} + \dfrac{4300}{1660} + \dfrac{4950}{2230} + \dfrac{270}{1700}) \times (1 - 12\%) = 9.8$ m³/批

（4）装料批数。

净焦（炉缸及死铁层）批数 $= 107.08/5.27 = 20.31$ 批（取20批）

空焦（炉腹）批数 $=95.22/5.66 = 16.82$ 批（取17批）

按总焦比和炉腰以上至料线的容积计算净焦和正常料批数，设装正常料 m 批、净焦 n 批，则：

$9.8m + 5.46n = 55.55 + 271.86 + 1.16$

$\dfrac{4.2 \times (20 + 17 + m + n)}{6.001m + (20 + 17 + n) \times 4.2 \times 0.8 \times 0.0055 \times 0.995/0.92} = 3.6$

解得：$m = 16.4$ 批（取16批）

$n = 30.9$ 批（取31批）

综上，装正常料16批、净焦31批。

（5）核算总焦比和装料总体积。

总焦比 $= \dfrac{4.2 \times (20 + 17 + 16 + 31)}{6.001 \times 23 + (20 + 17 + 31) \times 4.2 \times 0.8 \times 0.0055 \times 0.995/0.92} = 3.6$ t/t

装料总体积 $=20 \times 5.27 + 17 \times 5.66 + 31 \times 5.46 + 16 \times 9.8 = 527.8$ m³

（6）核算表。

核算表见表 10-8。

表 10-8　核算表

部位	装料内容	炉　料　构　成						出铁量/t	焦比/t·t⁻¹
		体积/m³	湿焦/t	石灰石/t	烧结矿/t	球团矿/t	锰矿/t		
死铁层及炉缸	20J	105.4	89.36						0.462
炉腹	17(J+P)	96.22	75.96	7.48					0.393
炉腰及炉身下部	5(3J+Z)	130.9	89.36		21.5	24.75	1.35	30.28	1.94
炉身中部	12J+7Z	134.1	84.89		30.1	34.65	1.89	42.28	1.89
炉身上部及炉喉	4(J+Z)	61.0	35.74		17.2	19.8	1.08	24.1	1.39
合计	51J+17(J+P)+16Z	527.8	375.31	7.48	68.8	79.2	4.32	97.52	3.6

10.2.4　开炉装料操作

10.2.4.1　装料原则

（1）炉缸净焦是骨架，是填充料。高炉生产的主要反应区是风口以上区域，风口以下的炉内空间多被焦炭所填充，主要起料柱骨架的作用。所以，开炉装料时高炉下部主要装净焦。

（2）空焦是提供开炉前期所需巨额热量的主要来源，这是确定空焦数量及其所处位置的依据。一般空焦均加至炉腰上沿附近，这大约是点火送风后 2～3h 的焦炭消耗量。空焦数量不宜太多，空焦太多不仅会增加燃料消耗，还会导致局部升温过快而危害炉衬。

（3）熔渣需在炉缸内冷料完全消失后才进入炉缸，以免造成炉缸冻结和铁口难开。

（4）铁水应在炉缸积存有足够的高温熔渣后再进入炉缸，以免铁水直接与炉墙接触而凝固。所以，矿料在可能的条件下要装在较高位置，以尽量推迟第一批渣铁到达炉缸的时间。

（5）按总焦比决定的焦炭量不应平均分配，焦比自下而上应逐渐降低，以保证高炉上部炉墙和上部炉料得到充分预热。

10.2.4.2　料段安排

（1）炉缸的填充。开炉料的炉缸填充分为枕木填充、焦炭填充和半木柴填充三类：

1）枕木填充法。枕木填充法是用枕木填充炉缸，相邻枕木间距为 100～200mm，层与层之间交错 30°以上，炉腹立有保护炉墙的圆木。其优点是有利于炉料松动；点火时可均匀开风口，有利于顺行；到达炉缸的焦炭经过风口区燃烧加热，有利于加热炉缸和开铁口。其缺点是装炉费工时、费木柴。

2）焦炭填充法。焦炭填充法是用焦炭填充炉缸。它的优点是节约木柴与装炉时间，由于不需要进入炉内填充木柴，烘炉后凉炉温度也可高些。其缺点是从炉顶装入焦炭会产生一些碎焦，使炉缸透气性变差；炉缸加热的时间长，点火时圆周风口开得不均匀（一般先开铁口、渣口上方风口），对顺行与迅速加热炉缸不利。

3）半木柴填充法。半木柴填充法是在炉缸下部填一部分木柴（一般填到渣口附近），上面再用焦炭填充。它只用少量的废木柴，却基本保持了枕木填充法的优点。

（2）炉腹、炉腰、炉身的填充。一般来说，用枕木法或半木柴法填充炉缸时，炉腹部位与炉腰下部装净焦，炉腰上部及炉身下部装空焦。炉身上部正常料与空焦（净焦）间隔加入。空焦（净焦）自下而上逐渐减少，正常料应自下而上分段加重负荷，最下层正常料负荷一般为 0.5～1.0，其余各段加负荷的幅度可以大一些，有利于矿石的预热与还原。用焦炭填充高炉炉缸时，炉腹 1/2 以下装净焦、炉腹 1/2 以上部位、炉腰部位装空焦，炉身部位空焦（或净焦）与正常料间隔装入。

10.2.4.3 装料方法

开炉装料的方法有带风装料与不带风装料两种。带风装料的主要特点是：

（1）缩短烘炉后的凉炉时间，加快开炉进程；

（2）改善料柱透气性，有利于顺行；

（3）减轻炉料对炉墙的冲击磨损；

（4）蒸发部分焦炭水分，有利于开炉后保持大风量、活跃炉缸。

济钢 350m^3 高炉在 2007 年开炉时采用带风装料的方法，规定风量控制在 400～500m^3/min，装料时的风温不超过 250℃，并设专人监视焦矿装车情况。开炉后炉况顺行，炉缸热状态良好。采用带风装料时风温要严格控制，不允许在装料过程中发生炉内着火。

10.2.4.4 料面测量

装料是高炉开炉过程中至关重要的环节之一，炉内炉料的初始分布状况直接影响高炉的顺行与长寿。由于高炉生产过程的连续性与密闭性，目前很难观察到生产过程中料面的情况，只能进行局部定点测量。为了掌握装料设备的布料规律以便更好地指导生产，必须在开炉过程中对不同工艺条件下的料面形状进行实地测量，用实测来调整溜槽的布料倾角。目前已有的料面形状测量方法有：

（1）传统的人工测量法。此法需要测量人员进入炉内，但作业环境恶劣、费时费力，同时会破坏料面的原始形状，影响测量的准确性。

（2）摄影摄像法。此法在炉内安装辅助装置，但在布料过程中会对料流造成扰动，且装料时灰尘较大，拍摄范围有限，难免存在视觉误差。

（3）激光测距技术结合三角函数法。此法利用激光测距技术测出料面到测量点的距离，同时测出激光束的入射角度，将数据输入计算机，根据三角函数的关系计算出垂直料线，最终绘制出料面形状。其优点是：省时省力，测量准确，安全高效，节省开炉时间。

10.2.5 开炉操作

10.2.5.1 开炉点火

点火前应先进行下列操作：

（1）打开炉顶放散阀；

（2）有高压设备的高炉，一、二次均压阀关闭，均压放散阀打开，无钟高炉的上、下密封阀关闭，眼镜阀打开；

（3）打开除尘器上的放散阀，并将煤气切断阀关闭，高压调节阀组各阀打开；

（4）关闭热风炉混风阀，热风炉各阀处于休风状态；

（5）打开冷风总管上的放风阀；

（6）将炉顶、除尘器及煤气管道通入蒸汽；

（7）冷却系统正常通水；

（8）检查各人孔是否关好、风口吹管是否压紧等。

上述操作完成后即可进行点火。点火的方法有热风点火和人工点火两种。热风点火是使用700℃以上的热风直接向高炉送风。最好使用蓄热较多且靠近高炉的热风炉点火，这样可以得到较高的风温，易将风口前的引火物和焦炭点着。此法点火方便，但是风温不足的高炉不能采用。人工点火是在每个风口前填装一些木柴刨花、棉丝等引火物，然后用火炬伸入风口点燃引火物。不管使用哪种点火方法，为了保证点火顺利，均可在风口前喷入少量煤油。

10.2.5.2　炉内操作

开炉操作的方针是：以稳定顺行为主，强化速度不宜过快，维持适宜的冶炼强度和适当的风速，保持充沛的炉温，渣的碱度控制在中下限。

（1）装料制度。开炉时风量小，边缘气流易发展，应加重边缘，这对改善煤气分布、使炉况及早正常与保护炉衬有好处。

（2）送风制度。开炉风量依据高炉容积大小、炉缸填充方法、点火方式、设备可靠程度而定。一般开炉使用的风量为高炉容积的0.8～1.2倍。高炉容积大，用焦炭填充法填充炉缸，设备可靠程度较低、故障多时应采用偏下限的风量；相反，高炉容积小，用枕木填充法填充炉缸，设备可靠时可选用偏上限的风量。采用热风点火时，开始送风量即可接近开炉风量；而采用人工点火时，开始送风量一定要小，以免大风将火吹灭，然后再根据风口引火物的燃烧情况逐渐加大送风量，直到接近开炉风量。对不清理炉缸的中修开炉，送风量也要小一些（应靠近下限），以减慢炉料的熔化速度，延长加热炉缸的时间。开炉时，要均匀地堵部分风口，以获得接近于正常生产时的鼓风动能。点火后的加风速度随设备可靠性与技术操作水平而定。待出第一炉铁后，便可根据各方面的情况决定加风速度。如生铁质量合格、炉温充足、设备正常，加风速度可很快达到高炉容积的1.8倍以上。开炉时风口要加套圈或堵部分风口，点火时鼓风为全风量的1/2～3/4，待各风口燃烧明亮后可下降到全风量的1/3～1/2，以后视顺行与炉温情况逐渐加风，加风速度不宜过快，大高炉通常13～14h后出第一次铁，中小高炉可短些。

（3）炉温控制。高炉开炉降低炉温不宜幅度太大，要逐步调整负荷。例如，某500m³级高炉开炉调整焦炭负荷的进度如下：

1）第一次变料，焦比降至850kg/t，预计生铁硅含量为1.5%～2.0%（维持2～3个班）；

2）第二次变料，焦比降至750kg/t，预计生铁硅含量为0.85%～1.25%（维持1～2天）；

3）第三次变料，焦比降至 600kg/t，预计生铁硅含量为 0.75% ~ 1.0%（维持 2 ~ 3 天）；

4）第四次变料，焦比降至 500 ~ 580kg/t，预计生铁硅含量为 0.45% ~ 0.85%。

全风后逐步强化，控制在 10 天左右达到设计指标，这样有利于形成合理的操作炉型并使高炉长寿。

10.2.5.3　开风口

开风口速度不宜过快，应遵循以下原则：设备正常，原燃料充足，铁口工作正常，渣铁出净，风口均匀活跃，炉况稳定顺行，然后才可逐渐打开风口。开风口的顺序为：按铁口左右方向依次对开，每开一个风口应该增加一定的风量。

10.2.5.4　炉前操作

（1）点火后从铁口吹出的煤气要点燃，煤气火焰小时应透铁口，待见熔渣后堵铁口；

（2）堵上铁口后 4 ~ 5h 出第一次铁，第一次开铁口往往有凝铁，应备用氧气以用于烧铁口；

（3）待渣铁流动性良好时方可走撇渣器，撇渣器过 2 或 3 次铁后可以保温。

[操作案例 10-3]　　某 1080m³ 高炉开炉实践

某 1080m³ 高炉于 2008 年 12 月 29 日建成投产，高炉采用陶瓷杯炉缸、卡鲁金顶燃式热风炉、串罐式无钟炉顶、矩形出铁场、炉前液压矮泥炮、液压开铁口机、嘉恒法炉渣粒化处理等新技术、新设备。

A　开炉前的准备

（1）烘炉。

1）热风炉。1080m³ 高炉配置四座卡鲁金顶燃式热风炉。设计风温为 1200℃，烘炉时间为 15 天，通过调节煤气量、热风炉燃烧阀的开度，以拱顶温度为主、烟道温度为辅进行烘炉操作。燃烧室温度达到 1100℃ 以上，废气温度达到 350℃，烘炉结束。

2）高炉。在炉底安装两支临时热电偶，烘炉温度以炉底、炉缸温度为主，参考炉顶温度，以调节风量、风温等手段控制升温速度，并且在高炉上安装四处膨胀标记，观测高炉在烘炉过程中的膨胀情况。高炉烘炉时间为 12 天。

（2）高炉调试。

1）试水。高炉试水工作在烘炉前进行，试水工作的重点是冲洗管道内部锈蚀物和检查管道的密闭性。由于冬季开炉，气温接近 -30℃，给试水工作带来较大困难，整个系统经过多次冲洗、反吹管道内积水、处理发现的漏点，逐步使冷却水系统具备正常使用条件。

2）试压、试漏。先后对热风炉、高炉系统和布袋除尘系统进行多次检漏、试压，最高炉顶压力达到 150kPa，持续 1h。对于跑风漏气的地方进行标记补焊。经过多次试压、试漏工作，确保高炉开炉以后整个系统的气密性。

B　开炉的关键技术控制

（1）全风口开炉。风口直径为 80mm，制作 φ80mm 的耐火套，安装在风口小套上。装炉料主要参数为：全炉焦比为 3.3t/t，正常料焦比为 900kg/t，炉渣二元碱度为 0.95，炉料压缩率为 12%，正常料线为 1.5m。

（2）半木柴填充开炉。死铁层内装满焦炭并铺平后，填充枕木至渣口中心线，渣口中心线至炉腹装净焦，炉腰、炉身下部 2m 装空焦，炉身中上部为空焦和正常料。

（3）带风装料。全炉炉料配置采用多段式过渡，初期进行实测炉料静态运动轨迹，当得出结论且开炉料装到超过炉腹时开始送冷风，料制采用 C↓O↓，装料角 $\alpha_C = 31.5°$、$\alpha_O = 31.5°$，料流阀开度角为 $v_C = 23°$、$v_O = 17°$，布料环数（份数）$n_C = 12$ 圈、$n_O = 9$ 圈。初始冷风流量按全风量的 20% ～30% 供应，逐步加到全风量的 30% ～40%，风温在 300℃ 以下。

（4）半料线点火。开炉料装到炉身中下部时，开始送热风点火。

（5）送风后的高炉操作。

1）风量控制。点火后尽可能采用较大的初始风量，当炉顶煤气检测合格且顶温高于 100℃ 后引煤气，并根据炉况进行加风，加风幅度要小，按照先加风、后提顶压的原则进行。

2）炉温控制。炉温依设备及炉况而定，如设备运行正常，炉况无明显难行，可根据风温水平逐渐加重负荷，使炉温逐步降低。在调整负荷的同时进行炉渣碱度的调整，避免出现高炉温、高碱度炉渣，降低炉温不宜过快。

送风后的变料情况如下：

①第一次变料，焦比降至 700kg/t，物料包括烧结矿、球团矿、焦炭和萤石，$w[Si] = 2.0\%$ ～3.5%，炉渣碱度保持在 0.95～1.0，引煤气后 4h 左右变料，冶炼时间控制在一天之内；

②第二次变料，焦比降至 600kg/t，$w[Si] = 1.25\%$ ～1.6%，炉渣碱度为 1.0～1.05，冶炼时间控制在两天之内；

③第三次变料，焦比降至 580kg/t，$w[Si] = 0.85\%$ ～1.25%，炉渣碱度为 1.0～1.05，冶炼时间为 7 天。

C　开炉情况

2008 年 12 月 29 日 9：58 高炉点火送风，风量为 1200m³/min、实际风速为 165m/s、送风温度为 650℃，送风 30min 后风口前焦炭开始燃烧。22：20 铁口见渣，进行堵铁口操作。30 日 2：50 高炉出第一炉铁水，渣铁流动性比较好。2009 年 1 月 1 日产铁 1000t，至 1 月 6 日，利用系数达到 2.60t/(m³·d)；1 月 16 日，利用系数达到 3.23t/(m³·d)。

10.3　高炉停炉操作

高炉生产到一定年限就需要进行中修和大修。长期以来，我国将要求处理炉缸缺陷、料线降至风口、出净炉缸残铁的停炉，称为大修停炉；料线降至风口、不要求出残铁的停炉，称为中修停炉。高炉停炉是个比较危险的作业，其重点是抓好停炉准备工作和安全措施，做到安全、顺利停炉。

停炉方法可分为填充法和空料线法两种。填充法即在停炉过程中用碎焦、石灰石或砾石代替正常炉料向炉内填充，当填充料下降到风口附近时进行休风。这种方法的优点是停炉过程比较安全，炉墙不易塌落；缺点是停炉后炉内清除工作繁重，耗费大量人力、物力和时间，很不经济。空料线法是指在停炉过程中不向炉内装料，采用炉顶打水控制炉顶温度，当料面降至风口附近时进行休风。此法的优点是停炉后炉内清除工作量少，停炉进程加快，为大、中修争取了时间；缺点是停炉过程炉墙容易坍塌，并需要特别注意煤气安全。

10.3.1 填充法停炉操作

10.3.1.1 碎焦法

停炉过程陆续装入湿度比较高的碎焦代替正常炉料，如炉顶温度过高可进行炉顶打水，碎焦降至炉腹附近出最后一次铁，铁后进行休风。然后卸下风管，继续打水，直至红焦熄灭为止。但打水速度不能过快，打水过程风口平台周围不许有人通行和工作，防止烧伤。采用碎焦法停炉的优点是：湿焦与打水量配合，易于控制炉顶温度；产生大量水蒸气，可稀释煤气中 CO 浓度；炉内有碎焦填充，炉墙不易塌落；碎焦透气性好，有利于顺行和出净渣铁；与其他填充法相比，碎焦容易从炉内清除。其缺点是：碎焦价格较贵，停炉过程要打水控制炉顶温度，并且必须防止水进入高温区急剧气化而形成爆炸。

10.3.1.2 石灰石法

停炉过程以石灰石代替正常炉料装入炉内，待石灰石下降至风口附近时停炉休风。该法的优点是：石灰石分解吸热可降低煤气温度，因而不需要炉顶打水；石灰石分解产生大量 CO_2，可稀释 CO 浓度，有利于煤气系统安全；炉内有石灰石填充，因而可防止炉墙塌落。其缺点是：因石灰石分解生成的 CaO 易粉化变碎，使炉料透气性变差，炉况不顺；停炉后炉内清除工作困难，劳动条件恶劣，故此法很少采用。

10.3.1.3 砾石法

停炉过程以砾石代替正常炉料装入炉内，待砾石下降至风口附近时停炉休风。砾石法停炉的优点是：砾石来源广、价格低；炉顶温度易于控制；可少用填充料并相应降低清除量，砾石滚动性好，清除工作容易。

[操作案例 10-4] 武钢 4 号高炉中修填充法停炉

1981 年 4 月，武钢 4 号高炉（2516 m³）中修停炉，为保护炉内设备和防止炉身砖衬塌落，采用砾石填充法停炉。砾石原始粒度为 25 ~ 100mm，主要为 50 ~ 75mm，破碎到 1.2 ~ 2.5mm 后荷重（0.196kPa）软化温度高于 1500℃，耐火度在 1700℃以上。

停炉操作过程如下：

（1）装停炉料。4 月 9 日中班开始装停炉料，每批料减矿石 2t、加锰矿 0.9t；18：20 和 19：20 各装一批锰矿；21：00 开始装净焦 24 批，共 242t。装完净焦后料线为 1.75m，炉顶温度为 200℃。

（2）装填充料。4 月 10 日 0：45 开始装砾石，炉顶温度显著降低；1：35 炉顶温度为 170 ~ 180℃；4：00 炉顶温度降为 60℃；5：00 料线为 5m 以后，为防止炉顶温度过低，改为按炉顶温度不超过 400℃上料；8：40 料线为 8.5m；8：20 和 8：30 分别从东西铁口出最后一次铁，共装砾石 1684.5t。

（3）休风停炉。8：47 改常压操作；9：25 开炉顶放散阀，关煤气切断阀；9：45 开放风阀放风；10：00 炉顶点火；10：05 倒流休风，风口堵泥，卸下风管，料线为 10.6m。

（4）打水凉炉。10：25 装炉顶打水管；13：25 开始炉顶打水，为防止大钟变形，打水期间不开大钟。连续打水 13h，共打水 750t。

（5）清除填充料。11 日 11：00 停止炉顶打水后 8h，开始从 2、5、8、11、14、18、20、23 号风口扒料，各风口扒出 5 ~ 20t 焦炭后出现砾石并逐渐增加，砾石滚动性良好，用水一冲即随水排出。12 日 8：00，经 21h 共扒料约 1000t，至 20：00 又扒出约 600t。但自下午起扒料速度变慢，因炉顶打水停止后炉内温度升高，焦炭燃烧。13 日 6：00，三个上升管温度分别为 240℃、338℃、317℃，个别风口出现滴渣现象，9：00～15：00 从炉顶再次打水。由于焦炭燃烧，造成砾石表面渣化黏结，加上炉身渣皮脱落，很难从风口扒出，经爆破后从风口排出，少数为砾石块，多数是凝渣，共用炸药 250kg。扒料工作至 14 日中班结束。

10.3.2　空料线法停炉操作

10.3.2.1　停炉前的准备工作

（1）提前停止喷吹燃料，改为全焦冶炼。停炉前如炉况顺利、炉型较完整、没有结厚现象，可提前 2～3 个班改全焦冶炼；若炉况不顺、炉墙有黏结物，应适当早一些改全焦冶炼。

（2）停炉前可采用疏导边缘的装料制度，以便清理炉墙，同时要降低炉渣碱度、减轻焦炭负荷、改善渣铁流动性和出净炉缸中的渣铁。当炉缸有堆积现象时，应加入少量锰矿或萤石清洗炉缸。

（3）安装炉顶喷水设备和长探料尺。停炉时为了保证炉顶设备及高炉炉壳的安全，必须将炉顶温度控制在 400℃ 以下。可以安装两台高压水泵，把高压水引向炉顶平台，并插入炉喉喷水管；某些高炉还要求安装临时测料面的较长探料尺，为停炉降料面做准备。

（4）准备好清除炉内残留炉料、砖衬的工具，包括一定数量的钢钎、铁锤、耙子、钩子、铁锹、风镐、胶管及劳动安全防护用品等。

（5）停炉前要用盲板将高炉炉顶与重力除尘器分开，也可以在关闭的煤气切断阀上加沙子来封严，防止煤气漏入煤气管道中去。同时，应保证炉顶蒸汽管道能安全使用。

（6）安装出残铁用的残铁沟、铁罐和连接沟槽，切断已坏的冷却设备水源，补焊开裂处的炉皮，更换破损的风口和渣口。

（7）对停炉料的要求为：控制生铁硅含量为 0.6%～1.0%，扣除煤粉减轻焦炭负荷 10%。

10.3.2.2　预休风

在装完停炉料和盖焦后，要进行一次预备休风。预休风主要是为停炉做一些准备工作，如安装炉顶喷水设备、安装临时探料尺、调整炉顶放散阀配重、补焊炉壳、处理损坏的冷却设备等。

10.3.2.3　空料线操作

空料线是整个停炉过程的关键，它分为不回收煤气和回收煤气两种。在停炉过程中，必须确保减少大崩料、悬料、风口破损及炉顶煤气爆炸，达到安全、顺利停炉。

A　不回收煤气的空料线停炉

（1）在预休风送风后，将炉顶和除尘器通入蒸汽，无钟高炉气密箱和阀箱通入氮气。

（2）连续装入盖面净焦（停炉休风时到达炉缸起填充作用），其数量相当于炉缸及炉底死铁层容积的净焦量，然后停止上料。

（3）随着料面下降，炉顶温度升高，无钟炉顶温度控制在 250～300℃ 之间，最高点不高于 350℃。当炉顶温度超过规定值时，开始向炉内喷水。因为顶温过高将导致炉顶着火，损坏炉顶设备；而炉顶温度过低则表明打水过量，会造成炉内料柱上段积水，引起爆炸；若炉顶温度长期过低，水可能渗入到高炉下部甚至浇灭燃火，产生更大的危险。同时，必须注意煤气中的 H_2 含量不能超过 6%。如 H_2 含量超过 6% 时炉顶温度仍然偏高，可适当减风以降低炉顶温度。

（4）停炉过程中不可休风。必要时，应先停止打水，且炉顶点火后再休风。在有条件的情况下，可每隔30min取煤气样及测量料线各一次，并认真记录。

（5）空料线过程中风量调节的基本原则是：在炉况顺行的基础上维持允许的最大风量操作，以加快空料线的速度；当料面降到炉身中下部时，可将风量减到全风量的2/3；当料面降到炉腰时，将风量减到全风量的1/2。

（6）当料面降到风口以上1~2m处时，如需出残铁，此时可从铁口出最后一次铁，同时用氧气烧残铁口；如不必出残铁，可稍晚从铁口出最后一次铁。出残铁也可在休风后进行。

（7）料面降到风口区时，其标志是：风口不见焦炭，风口没有亮度，同时炉顶煤气成分中CO_2浓度升高，煤气中出现过剩氧。为保证安全，风压不得低于20kPa，切忌中途停止打水。

（8）在停炉过程中，若发现风口破损、漏水不严重时，可适当减少供水量，使之不向炉内大量漏水；如风口破损严重时，迅速切断冷却水，从外部喷水冷却，直到休风为止。在停炉过程中要特别注意顺行，如有悬料或崩料时，应及早地减少风量或降低风温。对炉身下部区崩料的处理方法是：当出现风压下降、风量自动增加的现象时，应减风，减风量以每次降低风压0.005MPa为宜，或在料线降到炉身下部时先减风10%~15%。对炉腰区崩料的处理方法是：如果炉顶压力缓慢升高，可以不减风；若顶压升高过快时，应减风到炉顶压力不升高为止。

（9）在停炉前几天就要将铁口角度增大。需要大修的传统高炉停炉时，最后一次将铁口角度加大到20°左右；中修时，最后一次铁口角度比大修时稍小，并尽量喷吹铁口，以利于减少残铁量。出完最后一次铁即可休风，可按短期休风程序进行。如需放残铁，用氧气烧残铁口。

（10）休风放完残铁后，迅速卸下直吹管，用炮泥将风口堵严，然后向炉内喷水凉炉。中修停炉时，风口有水流出，即说明炉缸内焦炭已经熄灭，可停止打水。大修停炉时要继续打水，直到铁口向外流水为止。休风后的打水量，大修时打水要多，一般为8~12h；中修时打水较少，可间断打水，直至风口熄火为止。

B 回收煤气的空料线停炉

回收煤气的空料线停炉与不回收煤气的空料线停炉基本相同，不同之处在于前者对炉顶蒸汽或氮气的压力要求较高（不低于0.39MPa），不需要关闭煤气切断阀和均压阀。

[操作案例10-5] 攀钢一高炉空料线降料面停炉操作实践

攀钢炼铁厂第四代1号高炉于2002年9月开炉，有效容积为1200 m^3，有18个风口、一个铁口和两个渣口，炉顶采用并罐式无钟炉顶、炉身采用五层乌克兰大模块，炉腰和炉腹采用两段铜冷却壁。2008年10月18日，采用空料线降料面炉顶打水停炉方法停炉检修，整个过程历时9h10min。

A 停炉前的准备工作

（1）原燃料的准备。根据炉况调整及停炉要求合理配矿，混匀后过筛并做全分析；加强烧结矿、球团矿成分和成品粒级的管理，准备普通石灰石块600 t，其中$w(CaO) \geqslant 50\%$。

（2）炉顶打水系统的准备。炉顶打水系统采用高炉常规供水和加压泵供水水源，炉台安装两套供水系统（6 台水泵），每台水泵水量为 70 t/h，出水压力大于 0.8MPa；为确保水泵供水稳定，水泵采用两组电源，每组运转两台，一台备用。准备四支长 4.60m 的喷水管，前端封死，前端 2.5m 处钻三排圆孔，中间一排孔径为 3mm，边上两排孔径为 4mm，边上两排圆孔与中间一排圆孔排成 45°，孔距为 50mm。

B　停炉前的炉况调整

（1）矿种及热制度和造渣制度的选择。停炉前一天改变入炉原燃料配比，根据攀钢以往的停炉经验并结合 1 号高炉 10 月的炉况和风温使用情况，变料前期减轻焦炭负荷，后期逐渐增加负荷。风温根据炉温情况调剂，控制在 850 ~ 1000℃ 范围内，炉渣碱度控制在 0.95 ~ 1.25。

（2）炉况调整及料线控制。为改善渣铁流动、稳定炉况、安全停炉，16 日改变炉料结构，缩小矿批，减轻焦炭负荷，适当集中加焦，以维持合适的炉温，保证炉况顺行。轻负荷炉料下达炉缸后，根据炉温和顺行情况停止喷煤。17 日 6:00 开始控制上料批数，逐步降低料线；随着料面下降以及轻负荷炉料对料柱透气性的改善，炉内压差减小，高炉维持一定的大风量操作，上料批数控制在 5 ~ 7 批/h；13:10 料线达到 10.9m；13:40 开始预休风。

（3）装料制度的调整。为确保炉况顺行，装料制度采用在发展中心的同时兼顾边缘气流的装料制度，为安全、顺利停炉提供了保障。

C　预休风操作

根据停炉变料和冶炼进程，17 日 13:40 开始预休风，采取炉顶点火赶荒煤气休风的方式，预休风工作主要包括以下几方面：

（1）安装炉顶喷水管。在煤气取样孔安装四根喷水管，喷水管圆孔向下，插入炉内深度自炉皮算起为 3.4m，外面用法兰固定。喷水管装上后适当过水，防止烧弯。

（2）安装雾化打水装置。休风时在炉顶煤气封罩平台安装四套雾化喷水装置，喷嘴与平台呈 50° ~ 100° 角，喷嘴向下，自炉皮算起伸入炉内 1.0m，外面用法兰固定。喷嘴装上后通 N_2 以防堵塞。四套喷嘴分别设置水管、阀门，能单独调节水量和 N_2 量。

（3）安装炉身 N_2 喷嘴。在炉身二、三层平台交叉区域选择四处热电偶安装地，取出热电偶导管，从热电偶孔向炉内烧通，然后插入 $\phi 31.75mm$ 的圆管，上好法兰，接通 N_2 管道并通入 N_2，防止管道堵塞。

（4）安装煤气取样管道。在炉顶压力一次表管路上引出两根煤气取样管到炉台，装好阀门和取样嘴。

（5）出残铁准备工作。在确定的两残铁口位置割开 600mm × 600mm 的方口炉皮，炉皮与冷却壁之间填上石棉绳，做好残铁口泥套，将残铁沟靠紧炉皮垫好并烤干，此时具备出铁条件。等料线降至 20m 时抠掉残铁口泥套，拆开炉底砖 150mm，再做好泥套并烤干，泥套深度不小于 400mm，防止铁水从冷却壁缝隙及铁沟连接处下漏。

（6）炉前工作。检查并确认炉前四大件无故障，将开铁口机的角度调至最大，钻头直径为 80 mm，主沟高度整体往下降低，并将开铁口机和液压泥炮调整到相应位置。

（7）确定初始料面为 11.92m。

D　不回收煤气的空料线降料面停炉操作

10 月 17 日 18:16 送风，料线为 11.92m，风量为 1000m³/min，风压控制在 50 ~ 60

kPa，料动后逐渐加风，风量加到 2650m³/min。随着料面的降低，煤气压力出现尖峰，炉内出现崩料时风量减至 2200m³/min。降料面期间，当炉顶温度达到 350℃ 时开始炉顶喷水，先开雾化喷水器，如果雾化喷水器开到最大时炉顶温度仍降不下来，再开喷水管喷水。21：30 根据煤气分析，煤气中 CO_2 含量降低到 3.6%，可判断料面进入炉腰，由风耗推算料线为 16.48m。00：00 根据煤气分析，可判断料面进入炉腹，由风耗推算料线为 19.54m。当炉顶温度和 H_2 含量超过规定时，适当减风至 1900m³/min。3：00 煤气中 CO_2 含量达 17.2%，O_2 含量和 N_2 含量大幅度升高，观察风口出现挂渣，吹开见黄绿色火苗，同时结合风量消耗量计算，可判断料面已接近风口，料线为 22.12m。组织炉前开始出铁，出铁时关一个放散阀，提高炉内压力，力争从铁口多出铁。出铁后，开始烧残铁口出残铁。3：20 炉顶煤气取样中 CO_2 含量急剧下降，O_2 含量达到 6% 左右，N_2 含量达到 80% 左右，铁口大喷，渣铁断流，从风口观察可确认料面已降至风口以下，炉内渣铁已经出净。3：26 休风停炉。

【问题探究】

10-1 开炉前要做哪些准备工作？

10-2 开炉焦比和炉渣碱度怎样确定？

10-3 怎样装开炉料？

10-4 怎样进行点火开炉操作？

10-5 怎样进行停炉前的准备工作？

10-6 停炉方法有哪几种，如何操作？

【技能训练】

项目 10-1 进行休风操作

某 1000m³ 高炉生产过程中发现风口漏水，写出休风程序，并进行休风操作训练。已知条件为：全风量为 2200～2300m³/min，喷煤量为 25～28t/h，富氧量为 3500～4000m³/h，压差为 145～150kPa。

项目 10-2 开炉配料计算

根据下列已知条件及参数设定进行开炉配料计算。

（1）已知条件，见表 10-9～表 10-11。

表 10-9 原燃料理化指标

| 开炉料 | 成分/% | | | | | | | | | 配比/% | 堆积密度 /t·m⁻³ |
	TFe	SiO₂	CaO	MgO	Al₂O₃	P	S	TiO₂	Mn		
烧结矿	55.29	6.17	11.11	2.29	2.56		0.028			70	1.85
球团矿	61.21	5.83	0.97		2.19		0.071			20	2.10
块矿	61.83	2.50	0.10		2.22		0.018			8	2.10
锰矿	16.30	23.86							22.71	2	1.80
白云石		2.69	29.47	20.80							1.50
焦炭灰分		45	4.50	1.70	34.00						

注：其中焦炭水分为 11.5%，灰分为 12.91%，硫分为 0.74%，固体碳含量为 85.63%，堆积密度为 0.55 t/m³。

表 10-10　高炉各部位装料体积　　　　　　（m³）

炉缸及死铁层	炉腹	炉腰	炉身	炉喉	总计
118.14	95.15	63.44	247.36	6.93	528.02

表 10-11　预定生铁成分　　　　　　（%）

Fe	Mn	Si	C	S	P
91.36	0.6	3.5	4.0	0.04	0.5

（2）参数设定。

1）焦炭批重为 4200kg/批，全炉焦比为 2800kg/t，正常料焦比为 1000kg/t；炉渣碱度为 1.0，MgO 含量为 8%；铁的回收率为 99.7%，锰的回收率为 60%。

2）料线为 1.6m；炉缸净焦压缩率为 15%，炉腹为 13%，炉腰以上为 12%。

11 炼铁新技术

【学习目标】

(1) 了解炼铁自动控制的内容；
(2) 了解非高炉炼铁的意义与特点；
(3) 掌握 Midrex 直接还原工艺流程；
(4) 掌握 Corex 熔融还原工艺流程。

【相关知识】

11.1　高炉冶炼过程的自动化及控制

11.1.1　高炉冶炼过程的计算机控制

借助于计算机控制高炉冶炼过程，可以获得良好的冶炼指标，取得最佳的经济效益。高炉冶炼过程作为控制对象，是一种时间非常长的非线性系统。根据控制目标，可将控制过程分为长期、中期和短期控制三种。长期控制是决策性的，根据原燃料供应、产品市场需求、企业内部需求的平衡变化等，对炼铁生产计划、高炉操作制度等做出重大变更决策；中期控制是预测预报性的，主要是对一定时期内高炉炉况的趋势变化进行预测和分析，如对炉热水平发展趋势、异常炉况发生的可能性进行预测和预报，使操作人员及时调整炉况，同时还可根据高炉操作条件对高炉参数和技术经济指标进行优化，使高炉处于最佳状态下运行；短期控制是调节性的，根据炉况的动态变化随时调节，消除各种因素对炉况的干扰，保证高炉生产稳定顺行、产品质量合格。现代高炉的计算机控制系统，常担负起基础自动化、过程控制和生产管理三方面的功能。但在高炉生产的计算机系统中一般不配置管理计算机，其功能由厂级管理计算机完成。

11.1.2　高炉基础自动化

高炉基础自动化是设备控制器，主要由分散控制系统（DCS）和可编程序逻辑控制器（PCL）构成。它们完成的职能有：

(1) 矿槽和上料系统控制，包括矿槽分配和储存情况、料批称量、水分补正、上料程序、装料制度的控制以及上料情况显示及报表打印。

(2) 高炉操作控制，包括检测信息的数据采集和预处理、鼓风参数（风温、风压、风量、湿度等）的调节与控制、喷煤系统操作的控制以及出铁场上各种操作（出铁量测量、铁水和炉渣温度测量、铁水罐液位测量、摆动流嘴变位及冲水渣作业等）的控制。

(3) 热风炉操作控制，包括换炉、并联送风、各种休风作业、热风炉烧炉的控制等。

（4）煤气系统控制，包括炉顶压力的调整与控制、余压发电系统运行的控制、煤气清洗系统（洗涤塔喷水、文氏管压差等）的控制以及炉顶煤气成分的分析等。

（5）高炉冷却系统控制和冷却器监控，包括软水闭路循环运行的控制、工业水冷却系统的控制、各冷却器工作的监测和冷却负荷的调整与控制。

11.1.3　高炉过程控制职能

高炉过程控制由配置的各种计算机完成，它们的职能是：

（1）采集冶炼过程的各种信息数据，并进行整理加工、存储显示、通信交换、打印报表等。

（2）对高炉过程全面监控，通过数学模型计算对炉况进行预测预报和异常情况报警，其中包括生铁硅含量预报、炉缸热状态监控、煤气流和炉料分布控制、炉况诊断、炉体侵蚀监控、软熔带状况监测、炉况顺行及异常的监测与报警等。

（3）进行炼铁工艺计算。

（4）进行高炉生产技术经济指标、工艺参数的计算和系统分析、优化等。

高炉计算机控制主要采取功能分散、操作集中的方式来完成它的职能，在配置上采用分级系统或分布系统。

11.1.4　高炉过程专家系统

专家系统是指在某些特定的领域内，具有相当于人类专家的知识经验和解决专门问题能力的计算机程序系统。专家系统不同于一般的计算机软件系统，它的特点是具有知识信息处理、知识利用系统以及知识推理、咨询解释能力。20世纪80年代，人们开始将专家系统引入高炉领域，按高炉操作专家所具备的知识进行信息集合和归纳，通过推理做出判断，并提出处理措施，形成了高炉冶炼的专家系统。它是在原高炉过程计算机系统中配备专用的人工智能处理机而构成的，程序以功能模块组成，包括数据采集、推理数据处理、过程数据库、推理机、知识库及人工智能工具（包括自学习知识获取、置信度计算、推理结论和人机界面等）。专家系统要有高精度控制能力，能满足和适应频繁调整的要求，具有一定的容错能力，与原监控系统有良好的兼容性。在功能上，专家系统一般包括炉热状态水平预测及控制、对高炉行程失常现象（悬料、管道、难行等）预报及控制、炉况诊断与评价、布料控制、炉衬状态诊断与处理、出铁操作控制等。

我国高炉专家系统从20世纪80年代开始开发，90年代应用于高炉上的有首钢2号高炉专家系统，鞍钢4号、10号高炉专家系统，宝钢在引进的GO-STOP系统基础上研制完成的炉况诊断专家系统等。20世纪末，武钢4号高炉引进了芬兰罗德利格专家系统，在生产中取得了令人满意的结果。我国中小型高炉（济钢、龙钢、莱钢等）上应用的炼铁优化专家系统也取得了很好的效果。

11.2　非高炉炼铁

当今世界，铁矿资源总的蕴藏量很大，而炼焦资源的蕴藏量却相对太少，导致炼焦煤资源和焦炭的价格逐渐上涨，由于传统的高炉炼铁工艺设备投资巨大、建设周期长、生产调整灵活性差和环保费用较高等原因，迫使人们重新认识现代钢铁工业结构的合理性及其适应竞争的能力，并积极探索新工艺、新方法，于是各种非高炉炼铁法应运而生。非高炉炼铁的种类很多，有的已有上百年的历史。随着钢铁生产技术的发展，近十几年非高炉炼铁得到了迅速发展，2008 年，全世界直接还原铁产量为 6850 万吨（其中气基产量为 5090 万吨，占总产量的 74.3%），占世界铁产量的 6.76%。

非高炉炼铁法是高炉炼铁法之外不用焦炭炼铁的各种工艺方法的总称。按工艺特征、产品类型和用途，其主要分为直接还原法和熔融还原法两大类。

11.2.1 直接还原法

直接还原法（direct reduction）是指不用高炉而将铁矿石炼制成海绵铁的生产过程。直接还原铁是一种低温下固态还原的金属铁。它未经熔化而仍保持矿石外形，但由于还原失氧形成大量气孔，在显微镜下观察形似海绵，因此也称为海绵铁。直接还原铁的碳含量低（小于 2%），不含硅、锰等元素，还保存了矿石中的脉石，因此，其不能大规模用于转炉炼钢，只适于代替废钢作为电炉炼钢的原料。

在钢铁冶炼技术的发展过程中，最先出现的是直接还原法，高炉取代原始的直接还原法（块炼铁）是钢铁冶金技术上的重大进步；但是随着钢铁工业的飞速发展，供应高炉合格焦炭的问题日益紧张。1870 年，英国提出了第一个直接还原法——Chenot 法，直到 20 世纪 60 年代，直接还原法才有较大成果。到现在，直接还原法已有上百年的发展历史。

现今世界上的直接还原法有 40 多种，但达到工业规模的并不多。按使用的还原剂，直接还原法可分为气基还原剂法和煤基还原剂法两大类。目前运行的气基直接还原设备有三种：第一种是竖炉，其特点是炉料与煤气在炉内逆向运动，下降的炉料逐渐被煤气加热和还原，以 Midrex 流程为代表，竖炉流程占据了大部分直接还原生产能力；第二种是反应罐，其采用落后的固定床非连续生产方式，目前正处于逐渐被淘汰的过程中；第三种是流化床，它是指用还原剂还原铁矿粉的方法，目前唯一的代表是 Fior 法。煤基还原剂法中只有回转窑流程拥有可观的生产能力，具有代表性的回转窑流程是 SL-RN 法；电热直接还原要消耗大量的电力，目前已停产。下面介绍几种直接还原法的典型工艺流程。

11.2.1.1 Midrex 法

Midrex 法标准流程由还原气制备和还原竖炉两部分组成，见图 11-1。

该流程的主体设备是竖炉，竖炉为圆形，分为上下两部分，上部又分为预热带和还原带。作为还原原料的氧化球团矿由炉顶加入竖炉后，依次经过预热、还原、冷却三个阶段。还原得到的海绵铁冷却到 50℃后排出炉外，以防再氧化。还原气中 $\varphi(CO) + \varphi(H_2) > 95\%$。它是由天然气和炉顶循环煤气按一定比例组成的混合气（$\varphi(CO) + \varphi(H_2) > 75\%$），在换热器温度（900~950℃）条件下经镍催化剂裂解获得的。该气体组成不另外补充氧气和水蒸气，由炉顶循环煤气作为唯一的载氧体供氧。还原煤气的转化反应式为：

$$CH_4 + H_2O \Longrightarrow 3H_2 + CO + 9203 kJ/m^3$$

$$CH_4 + CO_2 \Longrightarrow 2H_2 + 2CO + 11040.49 kJ/m^3$$

生成的还原性气体温度（视矿石的软化程度而定）定在 700~900℃之间，由竖炉还原带下部通入。炉顶煤气回收后，部分用于煤气再生，其余用于转化炉加热和竖炉冷却。因此，该法的煤气利用率几乎与海绵铁还原程度无关，而热量消耗较低。

竖炉下部为冷却带。海绵铁被底部气体分配器送入的含氮气 40% 的冷却气冷却到

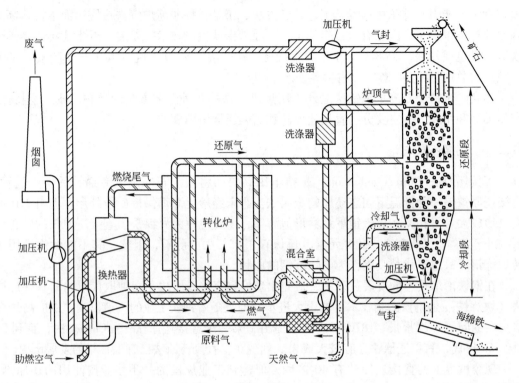

图 11-1　Midrex 法工艺流程

100℃以下，然后用底部排料机排出炉外。冷却带装有 3 ~ 5 个弧形断路器，调节弧形断路器和盘式给料装置可改变海绵铁的排出速度。冷却气由冷却带上部的集气管抽出炉外，经冷却器冷却净化后，再用抽风机送入炉内。为防止空气吸入和再氧化的发生，炉顶装料口、下部卸料口都采用气体密封，密封气是重整转化炉排出的氧含量小于 1% 的废气。

含铁原料除氧化球团矿外，还可用块矿或混合料，入炉粒度为 6 ~ 30mm，小于 6mm 粒级的比例应低于 5%，并希望含铁原料有良好的还原性和稳定性。入炉原料的脉石和杂质元素含量也很重要，竖炉原料内 SiO_2 与 Al_2O_3 的总含量最好在 5% 以下，全铁含量为 65% ~ 67%。

还原产品的金属化率通常为 92% ~ 95%，碳含量按要求控制在 0.7% ~ 2.0% 范围内。产品耐压强度应达到 5MPa 以上，否则在转运中产生较多粉末。产品的运输和储存应注意防水，因为海绵铁极易吸水而促进其再氧化。

Midrex 竖炉自 1969 年第一次建厂生产后发展迅速，已成为直接还原法的主要生产形式，此法的特点是设备紧凑、热能充分利用、生产率高。

11.2.1.2　HYL 法（希尔法）

HYL 法属于固定床法，又称罐式法，其工艺流程见图 11-2。它是用 H_2、CO 或其他混合气体，将装于移动或固定容器内的铁矿石还原成海绵铁的一种方法。第一个工业规模的罐式法生产装置于 20 世纪 40 年代末在美国建成。经改进后，于 1955 年在墨西哥蒙特利尔镀锌板和薄板公司（Hozalata. Y. Lemina SA，简称 HYL）建成一座实验设备，效果很好。

1957 年，建造了有五个反应罐的第一套气体罐式法工厂。该法作业稳定、设备可靠，迅速得以推广。

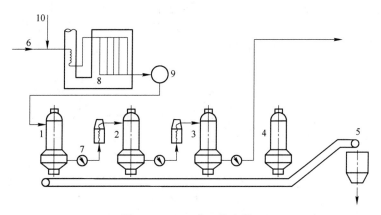

图 11-2 HYL 法工艺流程

1—冷却罐；2—预还原罐；3—终还原罐；4—装料及排料；5—直接还原铁；
6—天然气；7—脱水器；8—煤气转化；9—冷却塔；10—水蒸气

HYL 法直接还原设备由制气部分与还原部分组成，制气部分的主要设备是转化炉。转化炉内有许多不锈钢管，管内涂有镍催化剂。加热后的天然气和过热蒸汽经过不锈钢管而发生裂解，生成主要由 H_2 和 CO 组成的还原气，其反应式为：

$$CH_4 + H_2O = 3H_2 + CO$$

该工艺也可用甲烷、挥发油等制备还原气。

还原部分由四个还原气反应罐组成。还原气体制成后送入反应罐，在同一时间每个反应罐的工作阶段依次是：

(1) 第一阶段为加热和初还原。

(2) 第二阶段为主还原，使用的还原气是来自转化炉的新鲜还原气。

(3) 第三阶段为冷却和渗碳，冷却后的还原产品通常含碳 2.2% ~ 2.6%。

(4) 第四阶段为卸料和装料，海绵铁由反应罐底部卸出。关闭密封卸料门，从顶部用插入式旋转布料槽加料，大块料装在下部，以改善料柱的透气性和气流分布。

HYL 法的每个反应罐均是间歇式生产，四个罐联合起来构成连续性生产。

在 HYL 法中，产品的还原度与煤气利用率有尖锐矛盾，欲达到高还原率，必须降低 H_2 停留时间，即增大煤气量则会降低煤气利用率，所以该法的煤气利用率总是较差。

HYL 法的缺点是煤气反复冷却、加热，全系统热效率不高，产品还原度不均匀（上、下偏析）；其优点是设备简单、运转部件少、对天然气转化要求低，由于煤气温度高（1000℃以上），产品碳含量高达约 2%。

11.2.1.3 Fior 法（流态化法）

Fior 法由美国埃索尔公司发明，它用天然气和重油等作还原剂。

流态化是指物质在气体介质中呈悬浮状态。所谓流态化直接还原，则是指在流态化床中用煤气还原铁矿粉的方法。在该法中，煤气除用作还原剂及热载体外，还用作散料层的流态化介质。细粉矿层被穿过的气流流态化，并依次加热、还原和冷却，其工艺流程如图 11-3 所示。

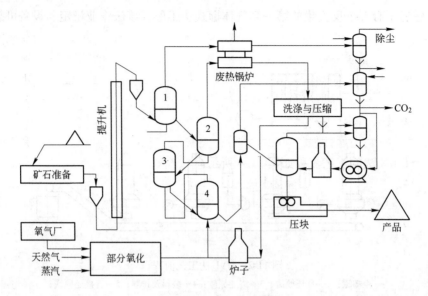

图 11-3　Fior 法工艺流程

1——一级流化床反应器；2—二级流化床反应器；3—三级流化床反应器；4—四级流化床反应器

　　Fior 法所用还原气可以用天然气（或重油）催化裂化或部分氧化法来制取。新制造的煤气与循环气相混合进入流态化床；用过的还原气经过冷却、洗涤、除去混入的粉尘后脱水，压缩回收后再循环使用。

　　在该法中，流态化条件所需的煤气量大大超过还原所需的煤气量，故煤气的一次利用率低。为提高煤气利用率和保证产品的金属化率，采用五级式流化床。第一级流化床为氧化性气氛，矿石直接与燃烧气体接触，被预热到预还原所需的温度，同时可除去矿石中的结晶水和大部分硫。第二级～第四级用于还原。第五级用于还原产品的冷却。

　　Fior 法选用脉石含量小于 3% 的高品位铁矿粉作原料，可省去造块工艺。但由于矿粉极易黏结引起"失常"或矿粉沉积而失去流态化状态，要求入炉料含水率低；入炉料粒度应小于 4 目（4.76mm），操作温度要求在 600～700℃范围内。这个条件不仅减慢了还原速度，而且极易促成 CO 的分解反应。另外，该法煤气的一次利用率低。

　　正常情况下，此法产品的金属化率可达到 90%～95%。还原产品经双辊压球机热压成球团块，然后在一个旋转式圆筒筛内通过滚动将团块破碎成单个球团，卸入环形炉箅冷却机冷却并进行空气钝化，最终产品就是抗氧化性产品。

11.2.1.4　SL-RN 法（回转窑法）

　　SL-RN 又称固体还原剂直接还原法，其还原剂为固体燃料。矿石（球团矿、烧结矿、块矿或矿粉）和还原剂（有时包括少量的脱硫剂）从窑尾连续加入回转窑，炉料随窑体转动并缓慢向窑头方向运动，窑头设燃烧喷嘴，喷入燃料加热。矿石和还原剂经干燥、预热进入还原带，在还原带铁氧化物被还原成金属铁。还原生成的 CO 在窑内上方的自由空间燃烧，燃烧所需的空气由沿窑身长度方向上安装的空气喷嘴供给。通过控制窑身空气喷嘴的空气量，可有效控制窑内温度和气氛。窑身空气喷嘴是直接还原窑的重要特征，由它供风燃烧是保证回转窑还原过程进行的最重要的基础之一。窑身空气喷嘴的控制是该法最主要的控制手段之一。炉料还原后，在隔绝空气的条件下进入冷却器，使炉料冷却到常温。冷却后的炉料经磁选机磁选分离，获得直接还原铁。过剩的还原剂还可以返回使用。

回转窑内的最高温度一般控制在炉料的最低软化温度之下 100 ~ 150℃。在使用低反应煤时，窑内温度一般为 1050 ~ 1100℃；在使用高反应煤时，窑内温度可降低到 950℃。

回转窑的产品是在高温条件下获得的，因而不易再氧化，一般不经特殊处理就能直接使用。回转窑生产的海绵铁的金属化率达 95% ~ 98%，硫含量可达到 0.03% 以下，碳含量为 0.3% ~ 0.5%。

回转窑对原燃料适应性强，可以使用各种类型和形态的原料，还可以使用各种劣质煤作还原剂。SL-RN 法的工艺流程如图 11-4 所示。

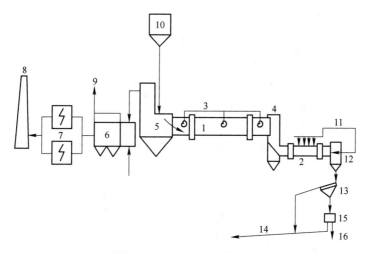

图 11-4　SL-RN 法工艺流程

1—回转窑；2—冷却回转筒；3—二次风；4—窑头；5—窑尾；6—废热锅炉；7—静电除尘；
8—烟囱；9—过热蒸汽；10—给料；11—间接冷却水；12—直接冷却水；
13—磁选；14—直接还原铁；15—筛分；16—废料

此法的缺点是：填充率低，产量低（$\eta_u \approx 0.5 \text{t}/(\text{m}^3 \cdot \text{d})$），易产生结圈故障，炉尾废气温度高达 800℃以上，热效率低，热耗为 $(13.4 \sim 15) \times 10^6 \text{kJ/t}$。

11.2.2　熔融还原法

熔融还原（smelting reduction）法是指在熔融状态下把铁矿石还原成熔融态铁水的非高炉炼铁法。它以非焦煤为能源，得到的产品是一种与高炉铁水相似的高碳生铁，适合作为氧气转炉炼钢的原料。

液态生铁的生产是个高温作业过程，而高温下只能进行碳的直接还原，反应如下：

$$3C + Fe_2O_3 = 2Fe + 3CO \qquad \Delta H^\ominus = 466 \text{kJ/mol}$$

析出的 CO 含有大量的热量：

$$3CO + \frac{3}{2}O_2 = 3CO_2 \qquad \Delta H^\ominus = -840 \text{kJ/mol}$$

如能充分利用此项热量，则供给还原耗热后还有富余，如生产过程能用这个热量满足需要，则液态生铁能耗仅为 $9.41 \times 10^6 \text{ kJ/t}$。

按工艺阶段划分，熔融还原法可分为一步法和二步法。

一步熔融还原法是用一个容器完成铁矿石的高温还原及渣铁熔化，生成的 CO 排出反应器，再加以回收利用。此法包括回转窑法、悬浮态法和电炉法等。

二步熔融还原法是先利用 CO 能量在第一个反应器内把矿石预还原，在第二个容器内完成还原并熔化。此法将熔融还原过程分为固相预还原及熔融态终还原，并分别在两个容器中完成，改善了熔融还原过程中的能量利用，降低了渣中 FeO 的含量，使熔融还原有了突破性的进展。二步熔融还原法的主要工艺有 Corex 法、川崎法、SC 法、Plasmasmelt 法、COIN 法等，但典型流程是 Corex 法，目前全世界有 5 台 Corex 装置（南非 1 台、韩国 1 台、印度 2 台、中国 1 台）正在运行中。Corex 法工艺设备由预还原竖炉、熔融气化炉和煤气除尘调温系统组成（见图 11-5）。

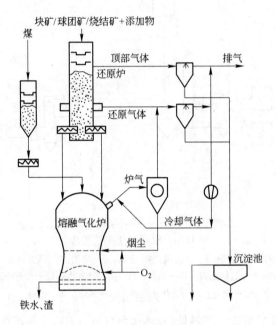

图 11-5　Corex 法工艺流程

天然矿石或人造块矿自竖炉上部装入，经过预还原，金属化率为 90% ~93%。熔融气化炉排出的煤气中 CO 与 H_2 的总含量在 95% 以上，经处理后作为还原剂和热载体经环管送入预还原竖炉内，逆流穿过下降的矿石层。熔融气化炉上部是半球形拱顶，下部为圆柱形。煤炭和经过预还原的金属化炉料从其顶部加入，氧气由下部吹入。煤在炉内热解并燃烧生成 CO，释放出热能，金属化炉料中尚未还原的少量氧化铁被还原，进而渗碳、熔化，最终实现渣铁分离。煤气在炉内上升过程中与煤相遇，煤被加热分解，放出挥发分进入煤气，最终煤气从熔融气化炉排出，经除尘后供给竖炉使用。

熔融气化炉排出的煤气温度为 1000 ~1100℃，氧化度小于 5%，掺杂大量烟尘，这种高温含尘煤气需经降温除尘后才能供预还原使用。处理方法是：将高温含尘煤气和部分处理好的冷净煤气混合，降温后通过热旋风除尘器除尘；处理后的煤气温度约为 850℃，降尘分离出来的粉尘通过粉尘循环系统返回熔融还原炉，由一支安装在熔融气化炉中部偏上、位于熔融还原炉半焦流化床位置的专门烧嘴将粉尘中的 C 燃烧成 CO，同时熔化其他物质。处理好的煤气大部分供预还原使用，其余部分制成净煤气。Corex 煤气处理系统中，关键的部分是热旋风降尘器。

Corex 工艺的主要原料是矿石、煤、氧气和熔剂，可以使用块矿，也可使用球团矿和烧结矿（曾使用过 100% 球团矿冶炼），但不能使用粉矿。煤中固定碳燃烧生成 CO 是反应的唯一热源，而煤的挥发分脱除和热裂解是吸热过程，固定碳含量过高，可能会使熔融气化炉提供给预还原的煤气量不足；挥发分过高，则造成熔融气化炉热量不足、煤耗太大，同时可能会导致熔融气化炉排出的煤气含尘量高。工艺使用的氧气压力为 0.55～0.6MPa。熔剂为白云石和石灰石，块度为 6～20mm，随矿石一起入炉；当煤或矿石中 Al_2O_3 含量高时，则可加入酸性熔剂调整炉渣碱度。最终煤气从熔融气化炉中排出。

Corex 法的优点是：以非焦煤为能源，对原燃料适应性强；生产的铁水可直接用于转炉炼钢；直接使用煤和氧，不需要焦炉及热风炉设备；减少污染，降低基建投资。其不足之处是精矿需要造矿、氧耗多、不宜冶炼低硅铁、能耗高等。

【问题探究】

11-1 为什么要进行非高炉炼铁？

11-2 非高炉炼铁有哪几种方法？

【技能训练】

项目 11-1 描述 Midrex 法炼铁的工艺流程

项目 11-2 描述 Corex 法炼铁的工艺流程

参 考 文 献

［1］贾艳，李文兴. 高炉炼铁基础知识［M］. 2 版. 北京：冶金工业出版社，2010.

［2］王明海. 炼铁原理与工艺［M］. 北京：冶金工业出版社，2006.

［3］王筱留. 钢铁冶金学（炼铁部分）［M］. 2 版. 北京：冶金工业出版社，2000.

［4］周传典. 高炉炼铁生产技术手册［M］. 北京：冶金工业出版社，2005.

［5］林万明，宋秀安. 高炉炼铁生产工艺［M］. 北京：化学工业出版社，2010.

［6］郑金星. 炼铁工艺及设备［M］. 北京：冶金工业出版社，2010.

［7］张殿有. 高炉冶炼操作技术［M］. 2 版. 北京：冶金工业出版社，2010.

［8］那树人. 炼铁计算辨析［M］. 北京：冶金工业出版社，2010.

［9］李世耀. 高炉砌筑技术手册［M］. 北京：化学工业出版社，2011.

［10］胡洵璞. 高炉炼铁设计原理［M］. 北京：化学工业出版社，2010.

［11］刘云彩. 高炉布料规律［M］. 3 版. 北京：冶金工业出版社，2005.

冶金工业出版社部分图书推荐

书 名	作 者	定价(元)
非高炉炼铁	张建良 刘征建 杨天钧 著	90.00
钢铁冶金学(炼铁部分)(第3版)	王筱留 主编	60.00
高炉布料规律	刘云彩 著	39.00
高炉高风温技术进展	国宏伟 张建良 杨天钧 编著	56.00
高炉高效冶炼技术	张寿荣 王筱留 毕学工 等著	78.00
高炉炼铁基础知识(第2版)	贾 艳 李文兴 主编	40.00
高炉炼铁设备	王宏启 王明海 主编	36.00
高炉炼铁设计原理	郝素菊 等编著	28.00
高炉炼铁生产技术手册	周传典 主编	118.00
高炉炼铁生产实训	高岗强 王晓东 贾锐军 主编	35.00
高炉炉前操作技术	胡 先 主编	25.00
高炉喷煤技术(第2版)	金艳娟 主编	25.00
高炉生产知识问答(第3版)	王筱留 编著	46.00
高炉失常与事故处理	张寿荣 等编著	65.00
炼铁机械(第2版)	严允进 主编	38.00
炼铁技术	卢宇飞 杨桂生 主编	29.00
炼铁设备及车间设计(第2版)	万 新 主编	29.00
炼铁学	梁中渝 主编	45.00
炼铁原理与工艺(第2版)	王明海 主编	49.00
难熔金属材料与工程应用	殷为宏 汤慧萍 编著	99.00
轻金属冶金学	杨重恩 主编	39.80
人造金刚石工具手册	宋月清 刘一波 主编	260.00
实用高炉炼铁技术	由文泉 主编	29.00
现代高炉长寿技术	张福明 程树森 编著	99.00
有色冶金概论(第2版)	华一新 主编	30.00